# Flash CS5 动画设计经典100例

余丹 ● 编著

中国电力出版社
CHINA ELECTRIC POWER PRESS

## 内 容 提 要

这本书用：

13个实例帮你迅速进入Flash的世界，了解各种绘图及编辑工具；

28个实例让你了解Flash的动画方法及动画的基本规律，让世界为你而动；

35个实例让你进入互动体验的过程，与AS3亲密接触；

18个实例进入高级阶段，体会迷人的Flash粒子特效；

6个实例进入综合演练操作，每一个都是现实工作中最常遇到的命题，涉及前面学到的各部分内容的综合应用。

所以，这是一本经典的书——这么说绝不是因为我是它的作者，而是以我10年使用Flash的经验来说。

这本书历经2009年的第一次出版，2010的再版，及2012年的全新升级和全面修订。书中的各个实例经过反复筛选，使本书成为一本完全"以实用为出发点"的Flash软件学习工具书。它不仅能帮助你尽快地学习和掌握Flash的软件应用，还能帮助你创造出你自己的时尚炫酷作品。

与大多数Flash教学的书不同，本书旨在"学一个就会一个"，每一个实例都涵盖Flash的1个或多个知识点，通过100个实例由浅入深，循序渐进，最终全面掌握Flash的"绘画"、"动画"、"互动"、"特效"及"大型项目策划设计"等多方面综合技能。你可以根据自己的兴趣及未来发展方向，重点学习本书相关的部分。

**图书在版编目（CIP）数据**

Flash CS5动画设计经典100例／余丹编著．—北京：中国电力出版社，2012.4

ISBN 978-7-5123-2966-9

Ⅰ.①F… Ⅱ.①余… Ⅲ.①动画制作软件 Ⅳ.①TP391.41

中国版本图书馆CIP数据核字（2012）第078271号

中国电力出版社出版、发行

（北京市东城区北京站西街19号 100005 http://www.cepp.sgcc.com.cn）

北京丰源印刷厂印刷

各地新华书店经售

*

2012年9月第一版　2012年9月北京第一次印刷

787毫米×1092毫米　16开本　30.75印张　795千字　8彩页

印数0001—4000册　定价**65.00**元

# 前言

我并不认为你能一一练习完这本书上的每一个例子——至少我是做不到的。

但我希望你能熟悉每个例子，当你实际需要时，能想起在哪个例子中提过，然后再来详细地查询它的做法——有时候我也这样来完成的工作。

这是一本经典的书——这么说绝不是因为我是它的作者，而是以我 10 年使用 Flash 的经验来说。这本书历经 2009 年的第一次出版，2010 的再版，及 2012 年的全新升级和全面修订。书中的各个实例经过反复筛选，使本书成为一本完全“以实用为出发点”的 Flash 软件学习工具书。它不仅能帮助你尽快地学习和掌握 Flash 的软件应用，还能帮助你创造出你自己的时尚炫酷作品。

Adobe Flash 发展到今天的 CS6 版本，不得不感谢它为每一个 Flash 爱好与制作者带来了高效与充满创意的体验过程。Flash 可以应用在广告、动画、多媒体展示、网站制作等多个领域，其制作周期较短，制作成本相对较低，同时学习 Flash 的门槛也并不很高（只要你有一定的计算机使用基础和审美能力就行），这些因素都为 Flash 的迅速普及铺平了道路。

本书主要针对有一定计算机使用基础、并对 Flash 有着极大学习兴趣的人群。假如你会一点儿 Flash，那你更加会为本书中介绍到的 Flash CS5 的新增功能而感到激动——不想写程序，那么就用“代码片段”（Code Snippets）吧；不想制作动画，就用“预设动画”（Motion Presets）吧。

与大多数 Flash 教学的书不同，本书旨在“学一个就会一个”，通过 100 个实例由浅入深，循序渐进，帮助你全面掌握 Flash 的“绘画”（见第 2 章）、“动画”（见第 3 章）、“互动”（见第 4 章）、“特效”（见第 5 章）及“大型项目的策划设计”（见第 6 章）等多方面综合技能。你可以根据自身的兴趣及未来发展方向，重点学习本书相关的部分。

曾有位著名学者说现代人读书越来越“功利”，读书只读那些能升官发财赚钱保命的书。可作为年轻的你，时间如此的宝贵，功利就功利吧，本书就是要让你用最短的时间走上一条实现梦想、创造更美好生活的快速路。赶快跟随本书学习 Flash，迎接你的是一个充满趣味的旅程。没有 Flash 基础的请你老老实实地从头开始，有 Flash 基础的就挑你喜欢的实例开始吧！

任何关于本书的疑问或关于 Flash 学习的疑问都欢迎发送 E-mail 至 yudan333@yahoo.cn，我一定全力为你解答。

感谢中国电力出版社出版本书，感谢陈雷、余娜对本书编写提供的大量帮助。同时感谢魏欣、王志红、周凤枝、毕晓琳为本书的文字校对提供帮助，感谢李程、王俊田、李蜀、李永峰、王麟、卫景楠、冯祥玉、王静、洪柳熹、陈传福、左立达、邢宁利、周哲、孙坡为本书提供实例素材。

↗ **实例 1** 开天辟地

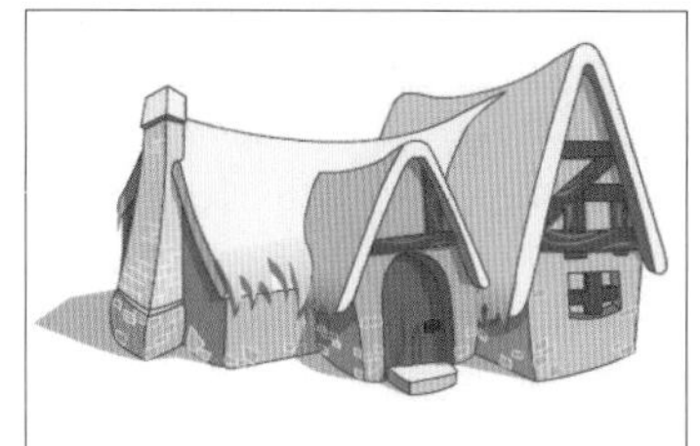

↗ **实例 2** 建造房屋

↗ **实例 3** 瀑布河流

↗ **实例 4** 种植绿树

↗ **实例 5** 开满鲜花

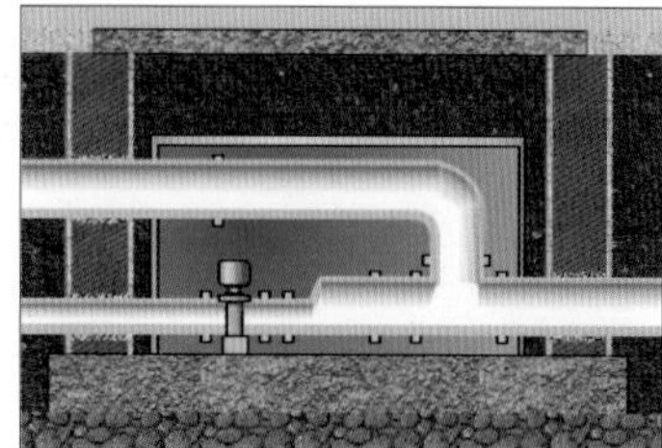

↗ **实例 6** 地下世界

↗ **实例 7** “鼠”我最牛——动物画法

↗ **实例 8** 万物主宰——人物画法

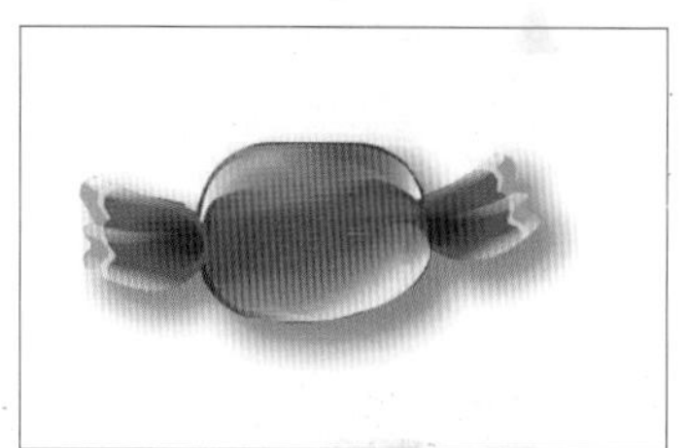

↗ **实例 9** 水晶糖果

↗ **实例 10** 国画牡丹

↗ **实例 11** 情人节卡

↗ **实例 12** 欲望都市

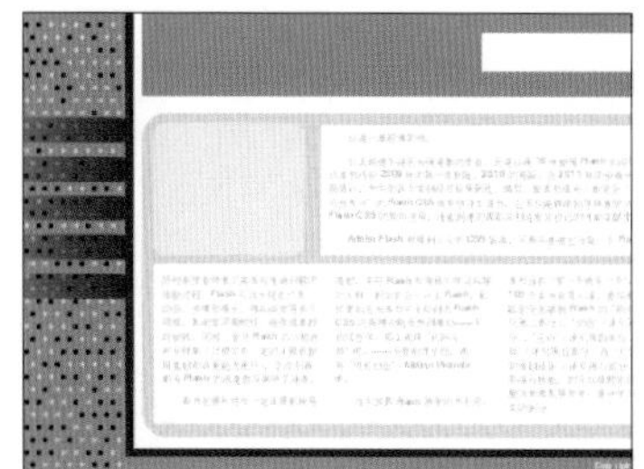

↗ **实例 13** 网页设计

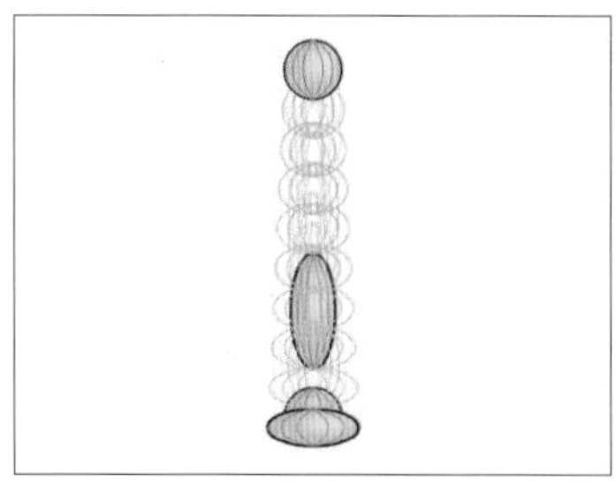

↗ **实例 14** 皮球弹跳

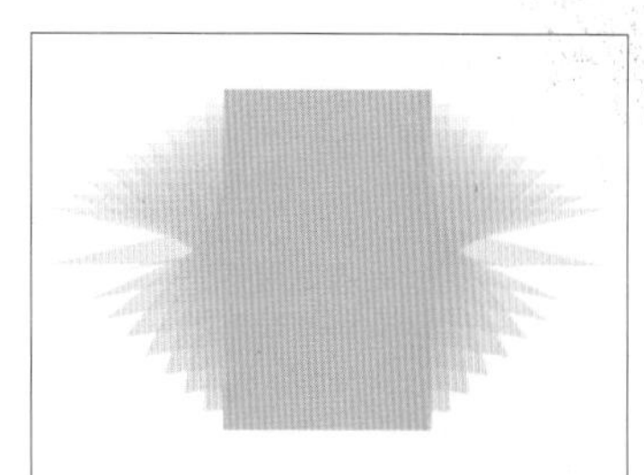

↗ **实例 15** 书页翻动

↗ **实例 16** 红旗飘舞

↗ **实例 17** 声波模拟

↗ **实例 18** 旋转扑克

↗ **实例 19** 探照字幕

↗ **实例 20** 风车转啊

↗ **实例 21** 蝴蝶飞啊

↗ **实例 22** 新春礼花

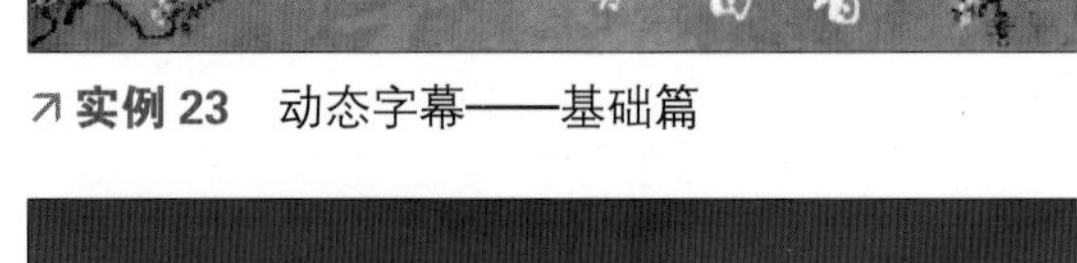

↗ **实例 23** 动态字幕——基础篇

↗ **实例 24** 动态字幕——高级篇

↗ **实例 25** 让水流动

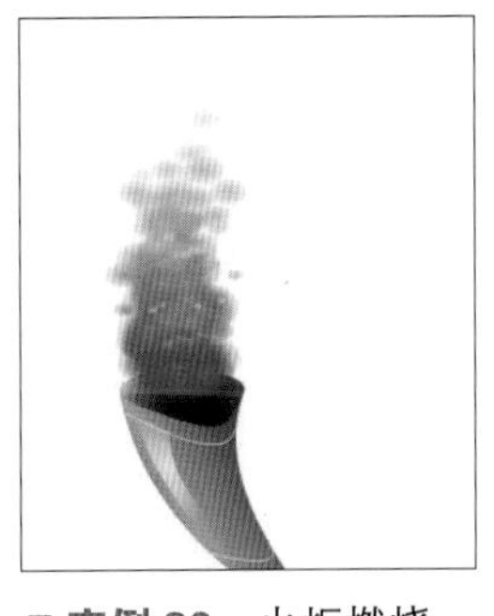
↗ **实例 26** 火炬燃烧

↗ **实例 27** 鱼上钩了——骨骼动画基础

↗ **实例 28** 夏日暴雨

↗ **实例 29** 穿梭时空

↗ **实例 30** 水滴滴落

↗ **实例 31** 翻动书页

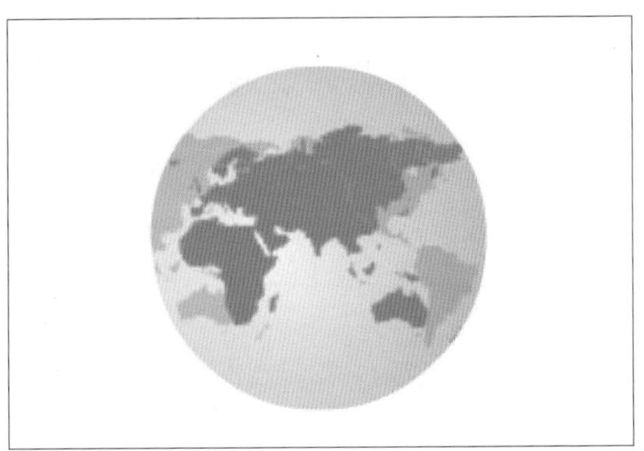
↗ **实例 32** 旋转地球

↗ **实例 33** 圣诞响铃

↗ **实例 34** 小树快长

↗ **实例 35** 爱车快跑

↗ **实例 36** 美女飘飘——中级骨骼动画

↗ **实例 37** 马赛克转场

↗ **实例 38** 魔法金笔

↗ **实例 39** 屏幕保护

↗ **实例 40** 原著舞蹈——高级骨骼动画

↗ **实例 41** 开口说话

↗ **实例 42** 加载图片

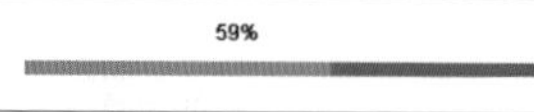

↗ **实例 43** 加载影片

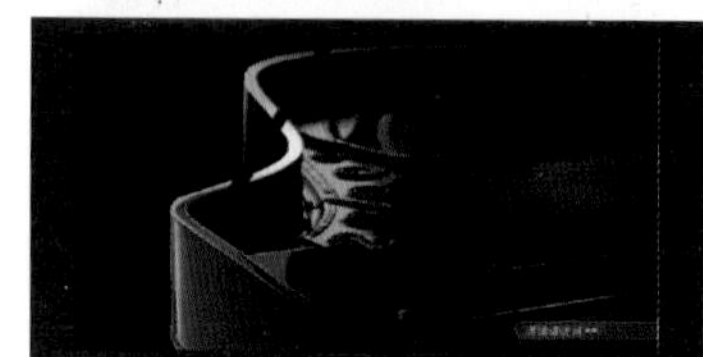
↗ **实例 44** 跳转网页

↗ **实例 45** 泡泡光标

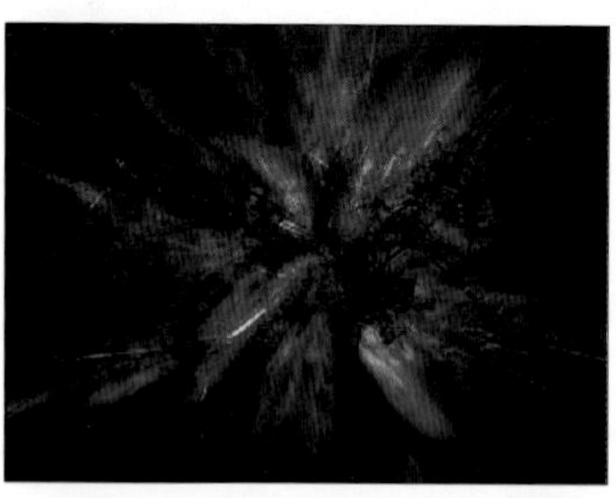
↗ **实例 46** 加载音乐


↗ **实例 47** 加载文本

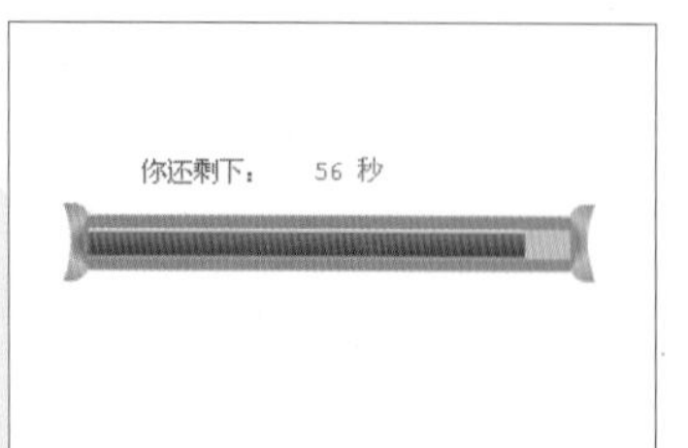

↗ **实例 48** 倒计时器

↗ **实例 49** 老花眼镜

↗ **实例 50** 长大的猪

↗ **实例 51** 电子相册——内部载入篇

↗ **实例 52** 迟钝蜗牛

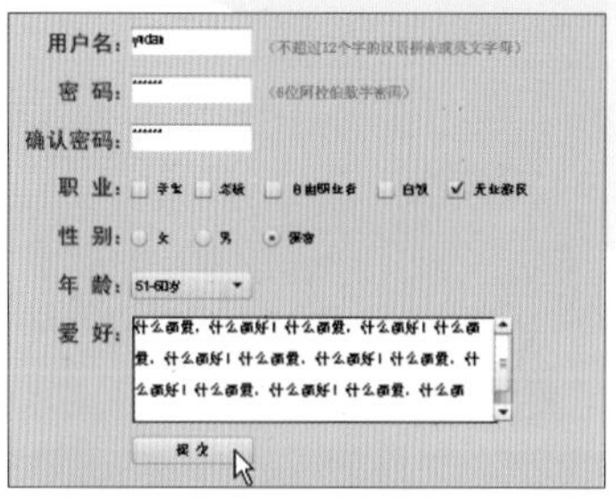


↗ **实例 53** 用户注册

↗ **实例 54** 电子时钟

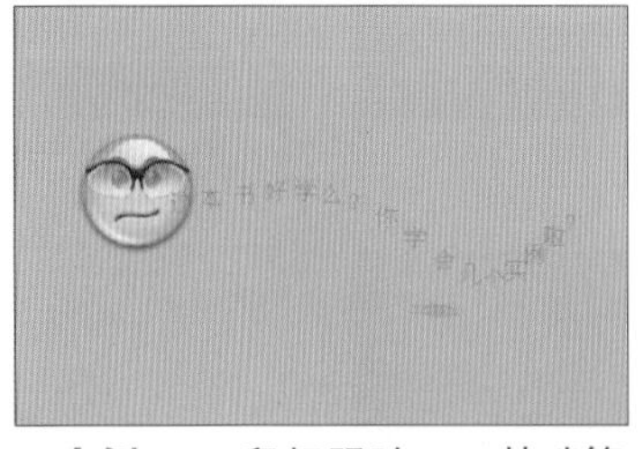

↗ **实例 55** 鼠标跟随——基础篇

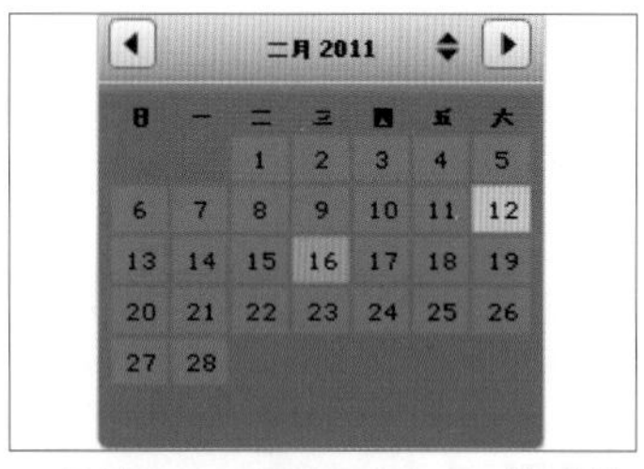


↗ **实例 56** 电子日历——基础篇

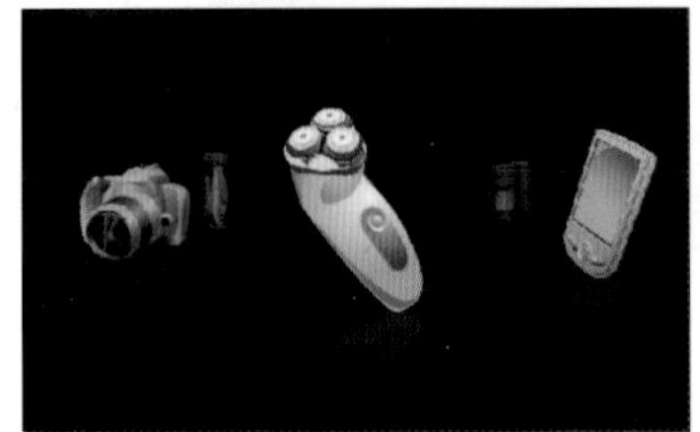

↗ **实例 57** 3D 旋转菜单

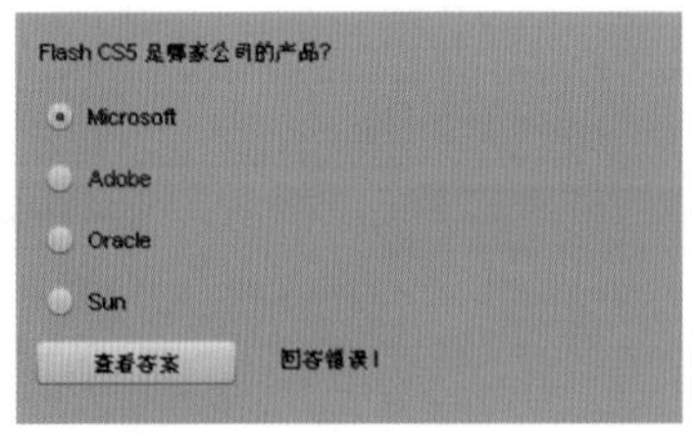


↗ **实例 58** 一问一答

↗ **实例 59** 详看图片

↗ **实例 60** 电子日历——高级篇

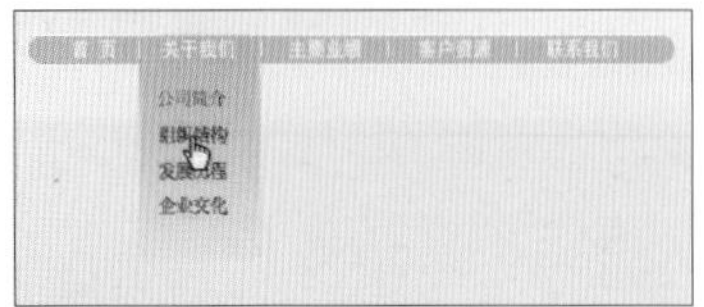

↗ **实例 61** 下拉菜单

↗ **实例 62** XML 菜单

↗ **实例 63** 播放视频——FLV 基础篇

↗ **实例 64** 动感导航

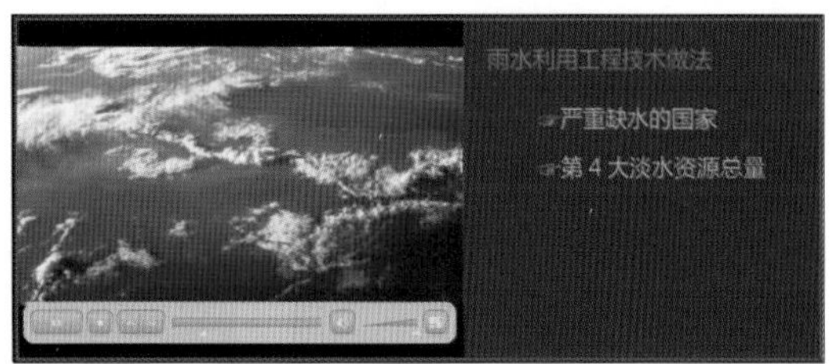


↗ **实例 65** 视频控制——FLV 高级篇

↗ **实例 94** 下雪特效

↗ **实例 95** 商务贺卡

↗ **实例 96** 结婚相册

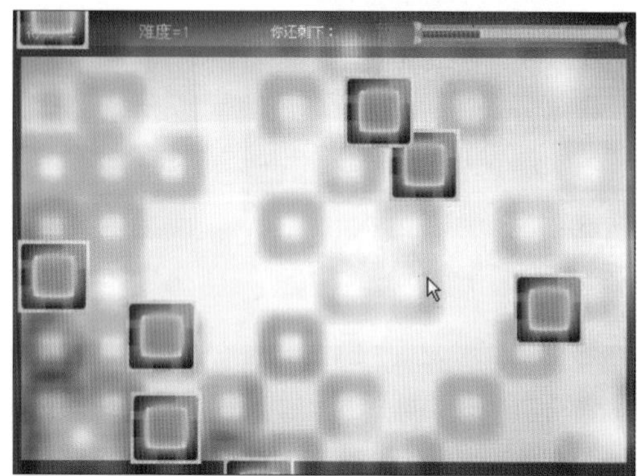

↗ **实例 97** 方块游戏

↗ **实例 98** Flash 网站

↗ **实例 99** 电子杂志

↗ **实例 100** 课件点播

# 目录

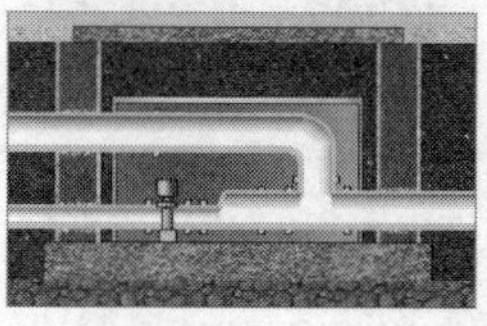

## 

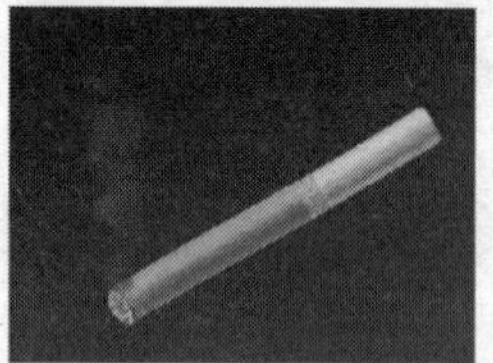

NO FIRE!

Dior

# 第1章 了解Flash CS5

## 1.1 Flash 可以帮你实现梦想

Flash 是美国 Adobe 公司出品的矢量图形编辑和动画创作的软件，它与该公司的 Dreamweaver（网页设计）和 Fireworks（图像处理）组成网页制作的 Dreamteam，俗称网页设计“三剑客”。当我最初接触 Flash 的时候（大约在 2000 年），Flash 更多的是作为网页制作的一部分，制作 Flash 的人被誉为“闪客”。

经过十几年发展，Flash 已经发展成为 Internet 上最流行的动画制作工具，被广泛用于各种动感网站、动画 LOGO、时尚广告、MV、在线游戏、交互式多媒体及教学课件的制作等，并成为事实上的交互式矢量动画标准，就连软件巨头微软也不得不在其新版的 Internet Explorer 内嵌入 Flash 播放器。

那么，Flash 能够帮你做什么呢？

Flash 可以实现你计算机绘图的梦想。Flash 中各种简单而且容易操作的绘图工具能绘制各种各样的图形，同时支持手写板输入设备。更重要的是，Flash 中绘制的图形均为矢量，你可以任意地放大缩小你的作品！（在本书的第 2 章“绘画篇”有详细的介绍。）

Flash 可以实现你当导演的梦想。我认识一些学习纯美术的艺术家，他们非常喜欢使用 Flash 来展示他们的动画作品，因为 Flash 的动画实在太好学了，他们几乎可以不用花多少时间在软件的研究上。试想让舞台上的那些演员按照你的意图出场、表演、行动，然后退场，是不是很神奇？导演一部 Flash 电影的时间成本与经济成本都是非常划算的！（在本书的第 3 章“动画篇”有详细的介绍。）

Flash 可以让你实现人机互动的梦想。交互性是 Flash 最强有力的竞争优势之一，也是 Flash 商业作品最吸引人的地方。无须学习多么复杂的编程语言，只需要有一些简单的英语基础或 JavaScript 基础，ActionScript 的脚本你都能看懂（在本书的第 4 章“互动篇”有详细的介绍）。

Flash 还能做什么呢？制作动感的网站自然不在话下、还有 Flash 电子贺卡、Flash 屏幕保护、Flash MV、Flash 广告、Flash 小品、Flash 影片、Flash 游戏、Flash 手机动画、Flash 手机游戏、Flash 电子杂志、Flash 幻灯片、Flash 课件、Flash 电子相册等等、而所有的这些都可以在 Internet 上被方便地展示、传递及发布（在本书的第 6 章“终极篇”有详细的介绍）。

这就是 Flash 的巨大魅力，它能实现你的梦想！

## 1.2 Flash CS5 新功能

Adobe Flash Professional CS5（简称 Flash CS5）的新增功能概括起来主要包括九大部分：

### 1.2.1 针对用户界面的调整

#### 1. 颜色面板

使用过 Flash 老版本的人一定知道，Flash 颜色面板上的 HSB 就是明度、饱和度、亮度的设置，需要与 RGB 光谱三原色进行切换调试，因此不是很方便。而在 CS5 的版本里，HSB 与 RGB 的设置在同一个面板上实现，如图 1-1 所示，这样极大地方便了我们对色彩的调试。

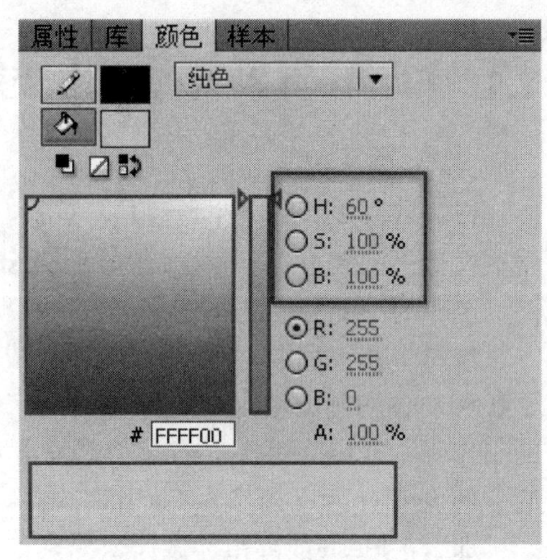

属性
库
颜色
样本
纯色
H: 60 °
S: 100 %
B: 100 %
R: 255
G: 255
B: 0
A: 100 %
# FFFF00
图 1-1　改良颜色面板

#### 2. 信息提示栏

如图 1-2 所示，CS5 中的信息提示栏可以采用鼠标拖动的方式进行实时修改，而在以前的版本里只能手动输入。这种微小的改变虽然不是很起眼，却与 Adobe 的其他软件形成了协同，也使 Flash 的操作与使用更加人性化。

#### 3. 针对 SWF 文件大小的历史记录栏

如图 1-3 所示，在 CS5 的“文档属性”面板下添加了“SWF 历史记录”的新功能，从而能记录“测试影片”、“发布”和“调试影片”操作期间生成的所有 SWF 文件的大小，以方便我们控制输出文件的大小。

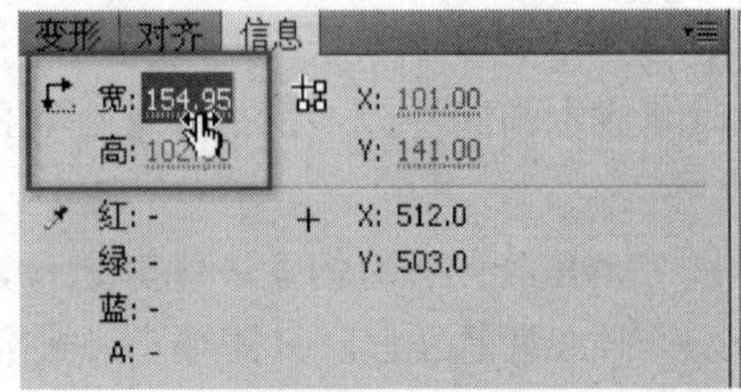

变形
对齐
信息
宽: 154.95
X: 101.00
Y: 141.00
红: -
X: 512.0
绿: -
Y: 503.0
蓝: -
A: -
图 1-2　改良信息提示栏

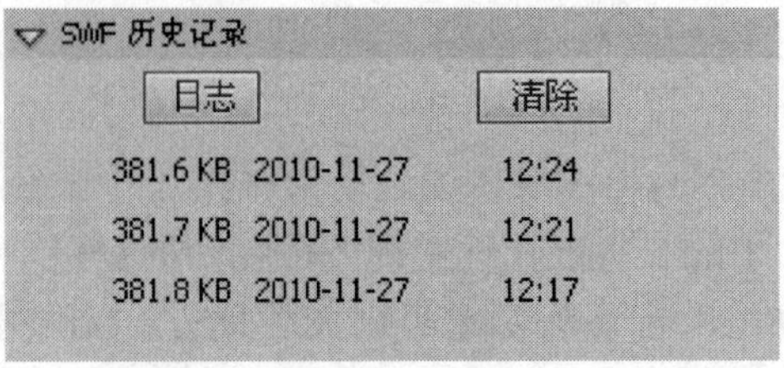

SWF 历史记录
日志
清除
381.6 KB　2010-11-27　12:24
381.7 KB　2010-11-27　12:21
381.8 KB　2010-11-27　12:17
图 1-3　新增 SWF 历史记录

## 1.2.2　对文本编辑的加强

### 1. TLF 文本引擎

新的 TLF 文本引擎增加了对文本属性和流的控制，更增加了各种灵活而强大的文本编排功能，对中文的支持也加强了，如图 1-4 所示。

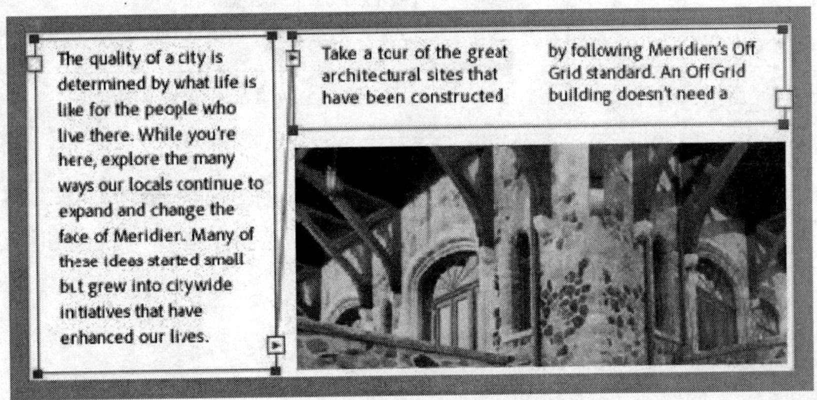


图 1-4　新增 TLF 文本引擎

### 2. "字体嵌入"对话框

你一定看见过有些 SWF 影片文件的字体错位、乱码或断行等情况吧？那是因为该影片在发布的时候没有将所使用的特殊字体嵌入。新的 Flash CS5 设有专门的"字体嵌入"功能，而且是基于 FLA 文件，而不是作为文本对象，如图 1-5 所示。通过新的"字体嵌入"对话框可以快速访问所有"字体嵌入"功能。

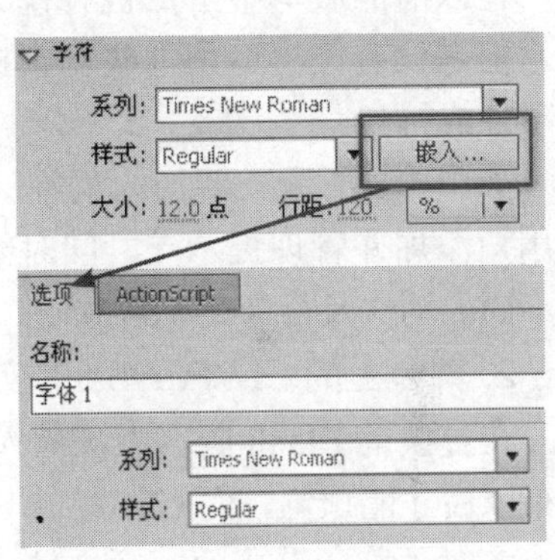


图 1-5　新增字体嵌入功能

## 1.2.3　对 ActionScript 代码功能的强化

### 1. 代码片断

这个在我看来是 CS5 最好用的新增功能，它直接将用户从 ActionScript 代码中解放出来。对于那些常使用的代码，如图 1-6 所示，"代码片断"面板允许非程序员应用 ActionScript 3.0 代码进行常见交互，而不需要学习 ActionScript。这样既提高程序编写效率，也能重复调用一些常用的代码。

### 2. 代码提示

CS5 以前版本的代码提示仅针对 Flash 自带的各种类，现在除 Flash 内置类外，还对用户自定义的 ActionScript 3.0 类启用了代码完成或代码提示。同时针对不同的事件、方法采用了不同样式的彩色图标进行视觉上的区分，极大地提高了代码编写的效率，如图 1-7 所示。

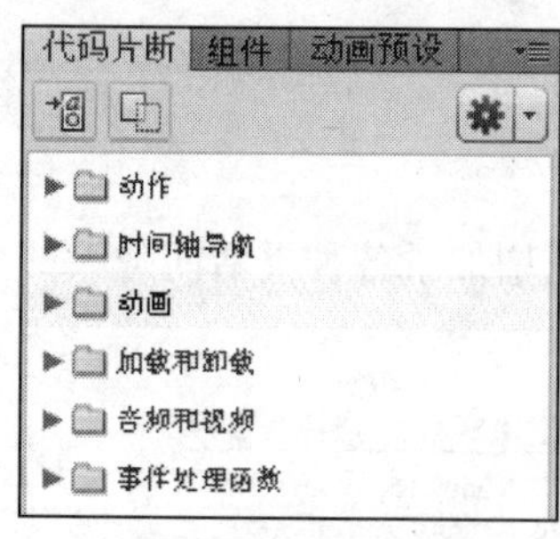


图 1-6 新增代码片段

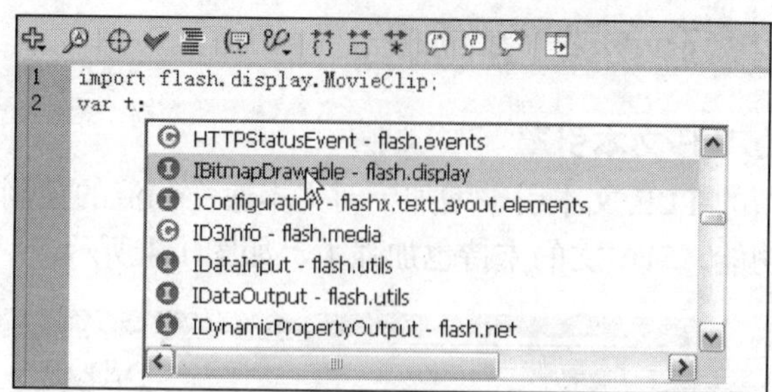


图 1-7 改良的代码提示功能

### 3. 自动插入右括号

这是个小小的改进，但是确实很方便。当你在“动作”面板或“脚本”窗口中键入一个左括号 { 时，Flash 将自动添加相应的右括号 }。这将节省编写代码和调试的时间，也更像一个专业的代码编写工具了。

## 1.2.4 对视频播放与控制功能的强化

### 1. 视频提示点可用性

在以前的版本中虽然也有视频提示点的相关属性，但是没有办法运用这些视频提示点去控制相应的事件或行为。

如图 1-8 所示，新加入的视频提示点面板能方便用户添加并管理提示点，同时给不同的提示点添加不同的动作及行为，非常方便。

图 1-8 改良的提示点功能

### 2. 舞台上的 FLVPlayback 实时预览

在过去的 Flash 版本中，导入的视频文件不能在舞台上实时拖动、实时显示，只有发布以后才能预览。而 CS5 中的 FLVPlayback 组件的 ActionScript 3.0 版本已经能够在舞台上实时预览所链接的视频文件。如图 1-9 所示是在舞台窗口显示视频画面，并能实时拖动时间滑块预览画面。

图 1-9 FLV 实时预览

### 3. FLVPlayback 组件的新外观

CS5 为 FLVPlayback 组件提供了新的外观，可以在 Flash 项目中启用更多种类的设计样式。

## 1.2.5 基于 XML 的文件数据交换模式

### 1. 新增 XFL 文件格式

简单来说 XFL 是 CS5 新增加的一种 Flash 工程存储格式，它能更完整高效地保存文档的相关信息。

对于大多数用户来说，这个更新似乎用处不大。但是，新格式支持与其他 Adobe 应用程序实现更好的数据交换，并允许你选择以未压缩的 XFL 格式工作。而未压缩的 XFL 文件格式是一种有效率的工程项目文件，能允许你查看组成 Flash 文件的每个独立部分或子文件，从而能实现在 Flash 文档外部进行修改更新等操作，因而能帮助团队开发环境中使用源控制系统。

### 2. 新增 FXG 文件格式

FXG 文件格式允许 Flash 以完全保真度与其他 Adobe 应用程序交换图形。FXG 用于素材的导出，它能记录素材元件的位置、颜色、形状等信息。由于基于 XML，所以能方便地以文本文件的方式打开并对其进行修改和保存。

## 1.2.6 对图形图像功能的强化

### 1. 新增装饰性绘画 Deco 工具

如图 1-10 所示，Deco 工具中添加了几种新的装饰性绘画工具，能非常方便快捷地生成植物纹样等。

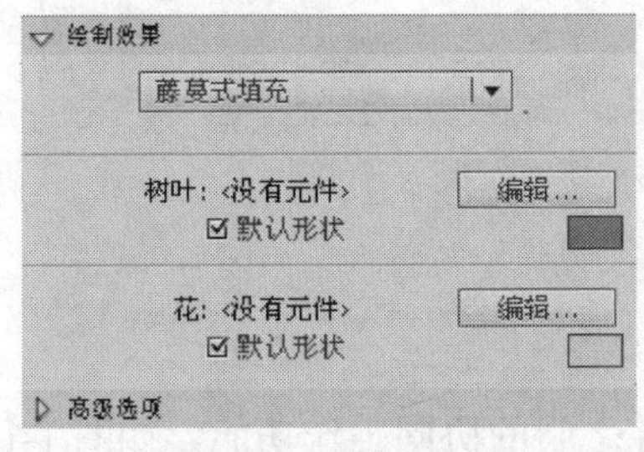

图 1-10 新增 Deco 工具

### 2. 3D 及动画笔刷

如图 1-11 所示，在 CS5 中新增了“3D 刷子”的笔刷工具，能根据舞台设置，模拟出具有 3D 视觉效果的笔刷样式。同时还增加了如“烟动画”、“火焰动画”、“闪电刷子”等动画笔刷，能够方便地生成带有动画效果的笔刷样式。

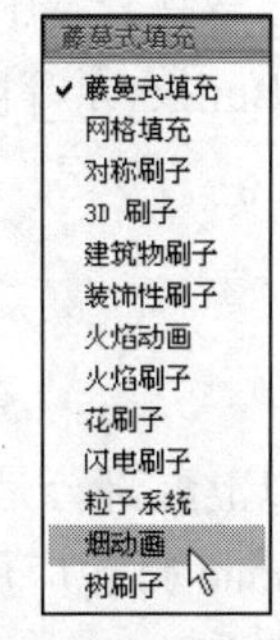


图 1-11 新增动画笔刷

### 3. 使用 Photoshop CS5 编辑图像素材

在 CS5 以前的版本里，对位图素材的编辑都需要打开外部软件，编辑后保存，然后在 Flash 中更新修改过的位图素材或重新导入该位图素材，比较麻烦。而现在可以直接在 Photoshop CS5 中执行位图图形的往返编辑，一旦存储，Flash 中的位图素材就自动更新。

### 1.2.7 IK 骨骼的弹簧属性

如图 1-12 所示，CS5 中的 IK 面板新增加了“弹簧”属性面板，通过“强度”、“阻尼”属性的设置，能帮助在骨骼动画中显示出逼真的动作效果。

图 1-12 新增弹簧属性

### 1.2.8 新模板

Flash CS5 包含一系列新模板，使得在 Flash 中创建常见类型的项目更轻松。这些模板出现在“欢迎”屏幕和“新建文档”对话框中，如图 1-13 所示。

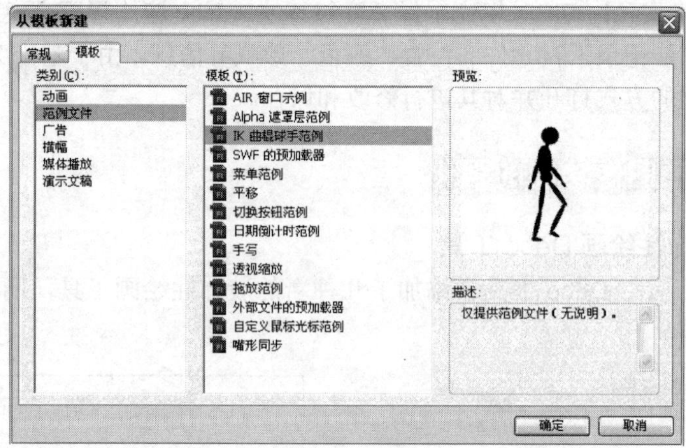


图 1-13 新增模板

### 1.2.9 更好的协同工作

CS5 也加强了与其他 Adobe CS5 软件之间的协同工作功能，如图 1-14 所示，Flash CS5 能与其套装中的 Photoshop CS5、Illustrator CS5、InDesign CS5、Flash Catalyst CS5、Flash Builder 4 等协同工作。

图 1-14 加强与其他软件的协同工作

以上九部分是我认为的 CS5 版本最值得了解和掌握的更新，另外还具有的更新包括：为 iPhone 打包应用程序、社区帮助、CS Live 服务等。具体的内容可以按 F1 键在使用帮助中查看。

## 1.3　学习 Flash 必须了解的专业术语

- 动画

虽然我的美国老师拒绝承认 Flash 是动画，但是 Flash 动画还是席卷了全世界的动画领域。严格地说，动画是指赋予对象生命力，从它的英文单词 Animation 就可很好理解了。然而 Flash 的很多形式比如 Flash 广告、Flash 多媒体等，它更类似于 Motion Picture 或 Interactive Game，所以，Flash 确实不同于 Animation，它已发展成为一种独立的门类。它的作品形式称为 Flash，它的制作者称为“闪客”。

- 关键帧动画

关键帧动画是 Flash 动画中最接近传统动画的一种表现形式。从字面意思就能理解，它需要你画出较多的关键帧来组成整个动画。关键帧，是决定事物运动的起点及落点的画面。关键帧越多，动画越柔和，反之，动画就会有跳跃感，不连贯。制作 Flash 关键帧动画通常需要你有专业的动画基础知识、熟悉动画规律及原理，当然，绘画能力要很强。

- 位图动画

Flash 位图动画是 Flash 商业影片中最常见的表现形式。它主要利用位图图片作为动画的对象，所需要考虑的主要问题是：如何让图片的运动符合创意的需要，以及如何在保证图片高质量的同时尽可能压缩图片的大小。

- 位移动画

它是 Flash 动画常用形式，是当对象在两个关键帧中处于不同的位置时，所发生的动画效果。

- 变形动画

它是 Flash 动画常用形式，是当对象在两个关键帧中处于不同的大小比例或角度时，所发生的动画效果。

- 渐变动画

它是 Flash 动画常用形式，是当对象在两个关键帧中处于不同的 Alpha 值时，所发生的动画效果。

- 帧频

帧频是动画播放的速度，以每秒播放的帧数（fps）为度量单位。帧频太慢会使动画看起来一顿一顿的，帧频太快会使动画的细节变得模糊。在 Web 上，帧频为 12fps 时通常会得到最佳的效果。中国电视 PAL 制式下的 AVI 影片的帧频通常是 25fps，电影标准的运动图像速率是 24fps。

- 绘制对象与组

绘制对象是使用 Flash 绘制工具以对象绘制模式创建的图形元素。当工具处于对象绘制模式时，使用该工具创建的形状为自包含形状。形状的笔触和填充不是单独的元素，并且重叠的形状也不会相互更改。根据绘制的样式和要创建的内容，对象绘制模式能非常方便你的绘图操作。在绘制对象功能发明以前，都是用“组”来使各图形之间互不干扰的。组不能直接编辑和修改它的相关属性，而绘制对象是可以的。组可以包含多个绘制对象，但绘制对象不可以包含组。

● 元件

元件就是演员，是用来制作动画的基本元素，有时也称为实例，这两个概念其实是不一样的。元件的英文名是 Symbol，实例的英文名是 Instance，在英文版里很容易区分。一个元件可以有多个实例，每个实例可以有不同的大小比例、颜色或 Alpha 值，还可以有不同的实例名称，响应不同的行为。修改实例不会影响元件，但修改元件必然影响实例。元件有 3 种主要的类型，即图形元件、按钮元件和影片剪辑元件。

● 图形元件

图形元件（图标为）可用于静态图像，并可用来创建动画。图形元件的优点是它与主时间轴同步运行，能方便你的实时预览，它在 FLA 源文件中的尺寸小于按钮元件和影片剪辑元件。但是，交互式控件和声音在图形元件的动画序列中不起作用，而且也无法为其添加行为和滤镜。

● 按钮元件

使用按钮元件（图标为）可以创建用于响应鼠标单击、滑过或其他动作的交互式按钮。可以定义与各种按钮状态关联的图形，然后将动作指定给按钮实例。

● 影片剪辑

使用影片剪辑（图标为）可以创建可反复使用的动画片段。影片剪辑拥有各自独立于主时间轴的多帧时间轴。你可以将多帧时间轴看作是嵌套在主时间轴内，它们可以包含交互式控件、声音甚至其他影片剪辑实例。也可以将影片剪辑实例放在按钮元件的时间轴内，以创建动画按钮。此外，还可以对其添加行为。

● 时间轴

时间轴用于组织和控制一定时间内的图层和帧中的文档内容。与胶片一样，Flash 文档也将时长分为帧。时间轴的主要组件是图层、帧和时间滑块。时间轴顶部的时间轴标题指示帧编号，时间滑块指示当前在舞台中显示的帧。播放文档时，时间滑块从左向右通过时间轴。时间轴状态显示在时间轴的底部，它指示所选的帧编号、当前帧频以及到当前帧为止的运行时间。

● 帧

时间轴上的每一个小格都代表 1 帧。帧也就是画面，一个 100 帧的动画，其实由 100 幅画面组成。帧分为普通帧、关键帧和空白关键帧。普通帧是关键帧之间用来过渡的帧，它相当于传统动画里的动画。

● 关键帧

关键帧相当于传统动画里的原画，它决定一段动画的起点及终点。在 Flash 里，关键帧越多，文件越大。需要制作动画的关键帧上只能放置一个实例。

● 空白关键帧

空白关键帧可以用来封闭一段动画，使其不用再被添加上多余的帧，也可以用来制作“空屏”效果。当然，它最大的作用常常是用来添加行为。

● 图层

图层就像堆叠在一起的多张幻灯胶片一样，每个图层都包含一个显示在舞台中的不同图像。你可以通过移动、删除图层来决定各图像出现的位置及前后关系。

● 引导层

引导层可以帮助对象按照指定的路径运动。引导层不会导出，因此不会显示在发布的 SWF 文件中。任何图层都可以作为引导层，引导层名称左侧的辅助线图标表明该层是引导层。

● 遮罩层

遮罩层通常用来帮助显示其下方图层的部分区域。若要获得聚光灯效果和过渡效果，可以使用遮罩层创建一个孔，通过这个孔可以看到下面的图层。遮罩项目可以是填充的形状、文字对象、图形元件的实例或影片剪辑。 将多个图层组织在一个遮罩层下可创建复杂的效果。若要创建动态效果，可以让遮罩层动起来。对于用作遮罩的填充形状，可以使用补间形状；对于类型对象、图形实例或影片剪辑，可以使用补间动画。 当使用影片剪辑实例作为遮罩时，可以让遮罩沿着运动路径运动。一个遮罩层只能包含一个遮罩项目。 遮罩层不能在按钮内部，也不能将一个遮罩应用于另一个遮罩。

● 创建补间动画

第一次看到这样的名称确实不好理解，它的英文是“Create Motion Tween”，其实就是在两个关键帧间（也就是两个实例间）建立运动关系。这个命令只能应用于元件上，如果你忘记将图形转换为元件了，执行该命令后，Flash 会自动帮你转换元件为“补间 1”、“补间 2”、“补间 3”、“补间 4”……

● 创建补间形状

它的英文是“Create Shape Tween”，就是在两个图形间建立变形的运动关系。这个命令只能应用于打散的矢量图形上，对于元件是非法的。

● 组件

Flash 组件是带参数的影片剪辑，你可以通过参数面板修改它们的外观和行为。组件既可以是简单的用户界面控件（例如，单选按钮或复选框），也可以包含内容（例如，滚动窗格）；组件还可以是不可视的（例如，FocusManager，它允许你控制应用程序中获得焦点的对象）。使用组件，可以构建复杂的 Flash 应用程序，即使你对 ActionScript 没有深入的理解。比如，你可以不必创建自定义按钮、组合框和列表，而只是将这些组件从“组件”面板拖到应用程序中，就能为应用程序添加相关功能。而且你还可以方便地自定义组件的外观，从而满足你自己的设计需求。

● 滤镜

Flash 滤镜是一种图形效果，它可以为文本、按钮和影片剪辑增添有趣的视觉效果。与 Photoshop 等软件的滤镜功能相对而言，Flash 可以使用补间动画让应用的滤镜动起来。

● ActionScript

这就是大名鼎鼎的 AS 了，它是一种面向对象的编程语言。在 Flash CS5 中，AS 3.0 的编程环境更加人性化，代码清晰且运行速度更快。

● 类（Class）

类可以简单理解为一种对象，MovieClip 就是影片剪辑的类，而文本框、影片剪辑、按钮、字符串和数值等都有它们自己的类。一个类最基本的两个部分：属性（数据或信息）、行为（动作或它能做的事）。属性（Property）指用于保存与该类有关的信息变量，行为（Behavior）就是指函数，如果一个函数是这个类中的一部分，那么我们就称它为方法（Method）。

- 包（Package）

包主要用于组织管理类。包是根据类所在的目录路径所构成的，并可以嵌套多层。包名所指的是一个真正存在的文件夹，用“.”进行分隔。

- 发布

通常发布是将 FLA 文件发布为可在网页中显示并可使用 Flash Player 回放的 SWF 文件。通过设置，也可以将 FLA 文件发布成为 EXE、MOV、GIF 等多种不同的格式，也能发布成为富媒体形式应用于移动设备中。同时通过发布设置能有效地控制图形、声音的压缩比例。

## 1.4 Flash 常用辅助软件

首先，要隆重推介的当然是 Adobe Master Collection CS5（中文名叫做奥多比设计大师套装 CS5）。这个套装虽然会占用你机器上大约 8 ～ 9GB 的空间，且对计算机性能要求较高，但由于 Adobe 对于自家软件的研发非常注重各不同软件的协同工作能力，因此这个套装几乎能帮你完成所有 Flash 能够做的事情。如果再加上 Acrobat 9.0 及 Microsoft Office 2007、Adobe Presenter 7 等，可以肯定地说，Flash 没有你做不了的工作。

如果你不愿意安装全套的 Adobe Master Collection CS5，只想安装 Flash CS5，那么你很可能需要以下这些辅助的软件帮助你更快捷地实现更多特殊的效果。

- SwiFt3D

由 Electric Rain 公司出品的 SwiFt3D 是一款非常优秀的三维 Flash 解决软件，能够构建模型，并渲染 SWF 文件，充分弥补了 Flash 在三维动画效果制作上的不足。SwiFt3D 制作完成的作品可放在 Flash 中使用，而且制作简单，鼠标只需单击几下即可完成。

- Vecta3DMax

Vecta3DMax 是 3d max 的插件，可将 max 中的三维动画输出为 Flash 的专有格式 .swf。比起其他同类软件来，Vecta3DMax 对机器配置要求不高，但其精细度更高，也更加可靠，而且比同类产品的运行速度快 25 倍。能自动处理多个物体，而不需要把所有物体聚合以后再进行操作，可以完成最复杂的渲染任务，可以同时输出 SWF 和 AI 文件，非常方便。

- 3D Flash Animator

3D Flash Animator 是一套理想的 Flash 动画制作软件，除了实现 Flash 中原有的功能外，还可以制作出高水准具互动效果的 3D Flash 动画。它提供了完整的树状标示图，对于 Layer 的深度亦不设限，动画制作者可以自由发挥，使创作 Flash 动画中的程序也不再是难事。3D Flash 动画的制作是 3D Flash Animator 的强项之一，在 3D Flash Animator 中提供了真实的 3D 动画开发环境，你可以绘制出逼真的 3D Model 并能添加物件的材质、颜色、灯光等。

- SWiSHmax

SWiSHmax 是一个专门用来制作特效字的软件，内置了多种效果的 FLash 动画，通过相互的组合及参数设置，可以制作出许多意想不到的效果。最新版本已经可以完全支持 Flash MX 的语法，只要点几下鼠标，你就可以加入让你的网页在众多网站中令人注目的酷炫动画效果。你可以创造形状、文字、按钮以及移动路径，也可以选择内置的超过 150 种诸如爆炸、漩涡、3D 旋转以及波浪等预设的动画效果，还可以制作一个互动式电影。

- FlashForge

FlashForge 能轻松将又美又炫的 Flash 动画变成屏幕保护程序，而且整个制作过程可以说是简单又愉快。

- FlashPaper

FlashPaper 能轻松地将任何可打印的文档（Word、Excel）转换为 SWF 文件或 PDF 文件，并且转换后的文件具有很强的保密性，可以防止浏览者进行复制、粘贴，从而保护了作者的劳动成果。此软件最大的好处是让文档便于在网络上浏览和打印，而不用担心浏览者是否安装有打开原文档的专用软件。

- SWFKit Pro

SWFkit 可以转换 SWF 动画为 EXE 文件，可以从 Flash 中创建 Windows 应用程序和屏幕保护程序，以及 Flash 杂志打包等，而且 SWFkit 能为他们建立安装程序。SWFkit 还提供了一个剪辑制作程序和 FFish 脚本，FFish 脚本是一种类似于 Flash 的动作脚本语言。利用 FFish 可以非常方便地生成 Win32 API，并且使用 ActiveX 控件，也可用 ADO 方式连接数据库，并在播放程序和 SWF 影片间交换数据。

- Flash Saver

Flash Saver 是一款下载网页中 SWF 文件的工具，可以从网页中保存所有的 Flash 动画，包括 Flash 站点、游戏、MTV、电影、广告等。

- KoolMoves

KoolMoves 能够制作 Flash Movies 以及与动画相关的内容。Flash Movies 是一种压缩率相当高的网络动画文件格式。该软件还能够制作 GIF 动画、制作文字特效、导入矢量剪贴画、附加 WAV 音频文件、为文字按钮和帧增加动作，以及其他许多与网站动画效果相关的内容。

- Liatro SWF Tools

Liatro SWF Tools 是 Liatro 公司出品的一个 Flash 动画辅助设计软件包，包括 Liatro SWF Decoder v3.0 和 Liatro SWF Compress v2.0 两个部分。Liatro SWF Decoder 是一个非常好的 Flash 文件（*.swf）资源分解工具，它可以将 Flash 文件（*.swf）分解成一个一个的元件、脚本、按钮、图形等，方便学习和编辑。它还支持在线分解 Flash 文件，你只需要给出一个 Flash 的网址，就可以自动下载分解，非常方便。Liatro SWF Compress 是一个 Flash 动画（*.swf）压缩工具，内置强大的精灵向导，支持批量压缩。

- SWFText

SWFText 是一款非常棒的 Flash 文本特效动画制作软件，可以制作超过 200 种不同的文字效果和 20 多种背景效果，可以完全自定义文字属性，包括字体、大小、颜色等等，使用 SWFText 完全不需要任何的 Flash 制作知识就可以轻松地做出专业的 Flash 广告条和个性签名。

- A4 Flash Menu Builder

A4 Flash Menu Builder 是一款简单易用、基于模板并且集所有功能于一身的 Flash 菜单制作软件，它能帮你在很短的时间内建立专业的 Flash 菜单，包括子菜单，背景图像、音乐和图标按钮。不要求任何 Flash 设计脚本或专业技能。

- SWiSH Jukebox

SWiSH Jukebox 能将 MP3 文件转换为超酷的 Flash 声音播放器，它可输入多个 mp3 文件，并定制播放设置，可发布为 SWF 或 FLV，也可以 HTML 形式发布。

- Geovid Flash To Video Encoder PRO

Geovid Flash To Video Encoder PRO 是一个可以将任何 SWF 文件转换成 AVI 或 MP4 或 ASF/WMV 视频文件，并直接刻录成 DVD 的工具。支持水印、音频转化、设置输出尺寸等功能。

- Vid2Flash

Vid2Flash 是一个极富特色的格式转换程序，它可以把几乎所有常见的视频以及图像文件转换为 Flash。Vid2Flash 支持的视频文件格式包括 AVI、MPG 和 MOV 等，图像格式包括 BMP、JPG、GIF 和 PNG 等。使用它只需要简单的 2 步就可以完成转换操作，而且还可以为图像文件添加背景 WAVE 音乐。

- Flash Optimizer

Flash Optimizer 是一个功能强大、简单易用的 Flash 动画文件优化工具，它采用特殊的算法可以将 Flash 动画文件的体积缩小到只有原来的 60% ～ 70%，而且基本保持动画品质不变，是网页设计师、专业 Flash 动画设计师首选的 Flash 优化压缩解决方案。

- Adobe Captivate

Captivate 是一款屏幕录制软件，使用方法非常简单，任何不具有编程知识或多媒体技能的人都能够快速创建功能强大的软件演示和培训内容。它可以自动生成 Flash 格式的交互式内容，而且不需要用户学习 Flash。

- TrendyFlash Site Builder

TrendyFlash Site Builder 这款高级的 Flash 网站设计器提供了 7500 种设计可能，最多支持 100 个页面的设计，还提供联系表格功能。可以添加自己的标识、图像、音乐和文本，嵌入了图像库、音乐库和主题库。

# 第2章 绘画篇
## ——创世界

欢迎你来到第 2 章，本章将为你打开 Flash 的大门。

作为 Flash 的入门必修课，绘画课可能比动画课要略显单调一些，尤其初次接触 Flash 的人，熟练各种工具和命令也不是件容易的事。因此，本章在编写上尽可能地从初学者的角度出发，详细的介绍每个步骤及菜单的位置，帮助新手迅速适应 Flash 的工作环境。所以，请想象你是“上帝”，面对一张白纸，你就要开始创造一个世界啦！

开始创世界之前你需要先熟悉一些视图方面的基本操作：按住键盘“空格键”，移动舞台，使用“缩放工具”（快捷键 Z）放大视图窗口，使用“缩放工具”的同时按住 Alt 键缩小视图窗口。

本部分实例是逐渐加大难度的，不建议初学者跳着学习。

## 实例 1

# 开天辟地

图 2-1　实例 1：开天辟地

上帝创造世界用了 7 天的时间，我们也用 7 个例子来创造一个世界吧，一起感受 Flash 神奇的绘画造型功能。

**提示：**

在这个例子里（如图 2-1 所示），你能利用简单的矩形和圆形工具创建任意的图形！你还能用渐变色调整工具为它们调整颜色！

## 步骤一：创建及保存文件

**01** 打开 Adobe Flash Professional CS5，会弹出一个欢迎窗口，如图 2-2 所示。单击“新建”下的“ActionScript 3.0”选项，新建一个 Flash 工程文件，其后缀名为“.fla”。如果你的 Flash CS5 没有显示欢迎界面，不用担心，请选择“文件”|“新建”命令，如图 2-3 所示，在弹出的“新建文件”对话框中选择“常规”面板下的“ActionScript 3.0”，单击“确定”，同样也能创建一个 Flash 工程文件。

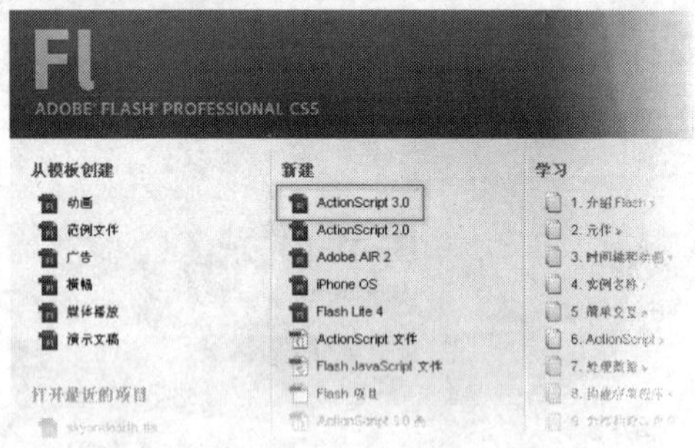

图 2-2　新建工程文件

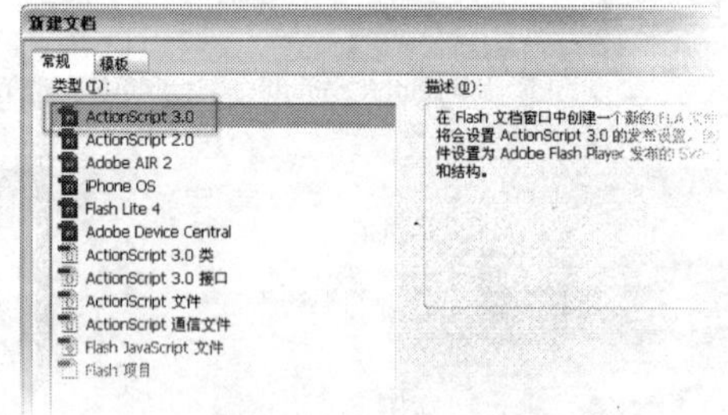

图 2-3　新建工程文件

**02** 这时舞台上出现了一个白色的工作区域。在窗口右侧找到如图 2-4 所示的“属性”面板（如果默认没有打开，请单击属性前面的小三角，或者请在顶部菜单栏中选择“窗口”|“属性”命令），单击右侧的“编辑”按钮。

图 2-4　打开属性面板

**03** 如图 2-5 所示，在打开的“文档设置”面板中将“尺寸”设为“720 像素”×“480 像素”。将“背景颜色”设为“白色”，“帧频”设为“12.00”（帧频为什么是 12？这个在后面的第 3 章有详细的介绍，这里你先记住就好了），单击“确定”按钮。

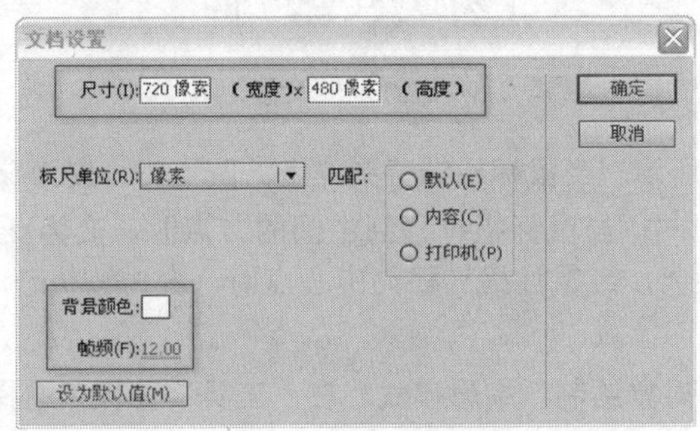


图 2-5　设置文档属性

**04** 按 Ctrl+S 键存储文件，或者选择菜单“文件”|“保存”命令。提示：养成随时存盘的好习惯有利于你应对突然的死机、软件非正常退出、断电等各种意外情况——这都是实际工作中常会发生的情况。同时，请一定养成将软件安装在非系统盘，将文件存储在非系统盘的习惯！这样才能保证当系统崩溃后，你的文件依然安全。

## 步骤二：创建天空

**01** 在“工具”面板中选择“矩形工具”（如果默认没有打开，请在顶部菜单栏中选择“窗口”|“工具”命令），如图 2-6 所示。在“属性”面板上打开“填充和笔触”，将“笔触颜色”设为“无”，将“填充颜色”设为“蓝色”，然后在舞台上按住鼠标左键从左到右画出一个矩形，约占舞台整个区域的 1/2。注意保持“工具”面板上的“贴紧至对象”及“对象绘制”开启。

**02** 在“工具”面板中选择“选择工具”，在舞台上单击你画的矩形进行选择。如图 2-7 所示，在“颜色”面板上将默认的“纯色”改成“线性渐变”（如果默认没有打开，请在顶部菜单栏中选择“窗口”|“颜色”命令）。系统默认颜色为“黑白”，单击颜色滑块左侧按钮将其调为“浅黄色”（模拟天空下部颜色），右侧按钮调为“湛蓝色”（模拟天空上部颜色）。

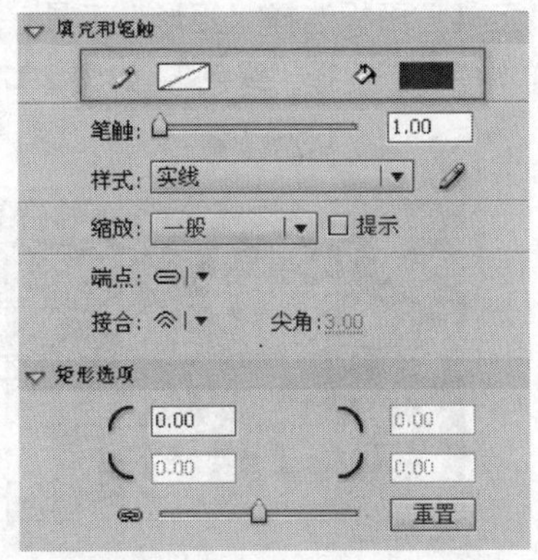


图 2-6　设置填充与笔触颜色

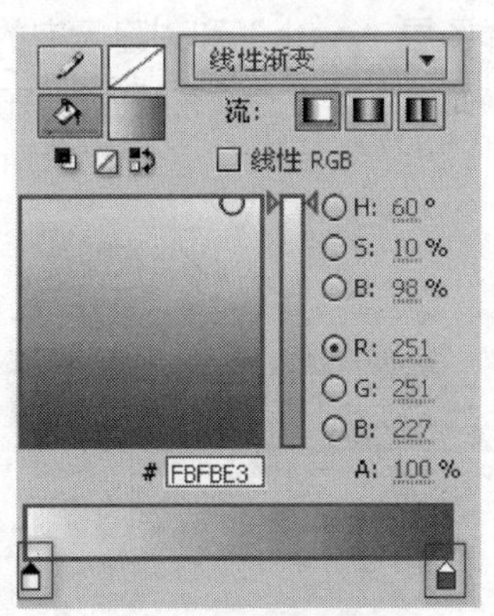


图 2-7　调整填充颜色

**03** 如图 2-8 所示，在“工具”面板中选择“渐变变形工具”。

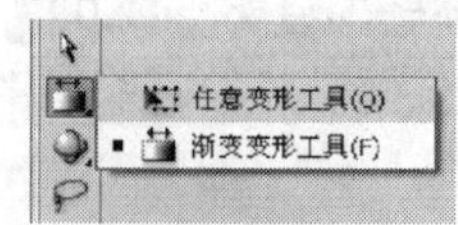


图 2-8 选择渐变变形工具

**04** 单击矩形，如图 2-9 所示。当鼠标指针移到左上方圆点时，变为状态，表示可以旋转，从而控制渐变色的方向；当鼠标指针移到中间的方点时，变为状态，表示可以拉伸，从而控制渐变色的距离；当鼠标指针移动中心点时，变为状态，表示可以移动，从而控制渐变色的中心点的位置。

**05** 双击该矩形，进入“对象绘制”编辑模式。在“工具”面板中选择“选择工具”调整天空的轮廓，当鼠标指针移至矩形边缘附近变为时，如图 2-10 所示，按住鼠标左键拖拽曲线到合适的弧度。

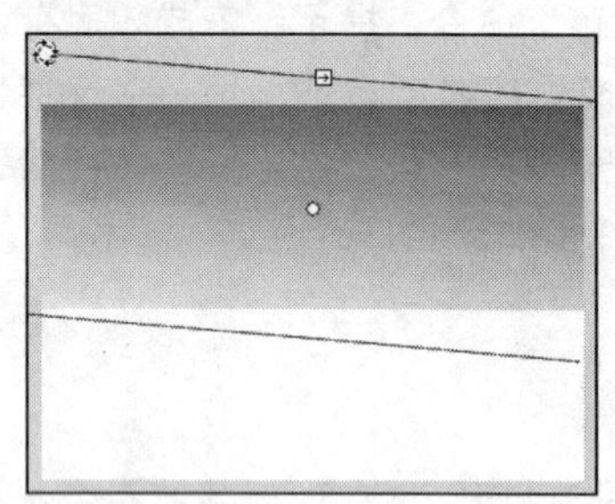

图 2-9 调整天空的渐变色

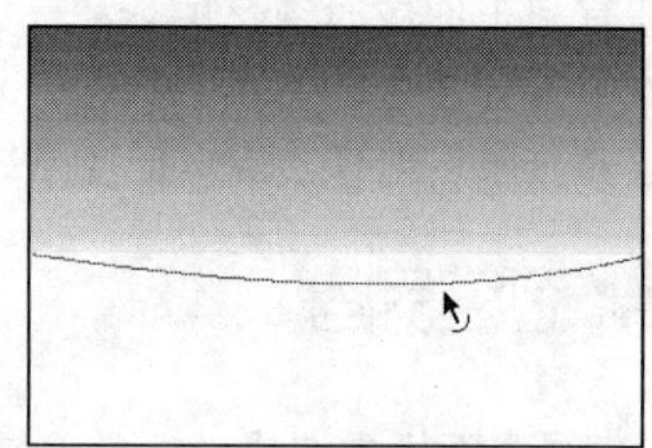

图 2-10 调整天空的曲线弧度

**06** 在“编辑栏”单击“场景 1”即，回到“场景”编辑模式下。

## 步骤三：创建大地

**01** 如图 2-11 所示，在“时间轴”控制面板中双击“图层 1”，将“图层 1”的文字重命名为“sky”。

提示：养成给图层命名的好习惯，在处理大型多元件多图层的项目时会非常有效！单击“新建图层按钮”新建“图层 2”，双击“图层 2”的文字将其重命名为“earth”。将图层“sky”锁定。

**02** 选择图层“earth”，和创建天空的方法一样，在“工具”面板选择“矩形”工具，在“工具”面板上单击“填充颜色”，在弹出的“色块样本栏”上选择“绿色”，如图 2-12 所示。

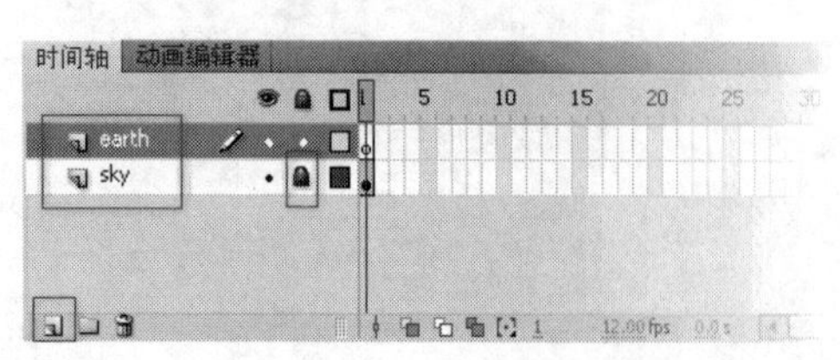


图 2-11 新建图层，修改图层名称并锁定图层

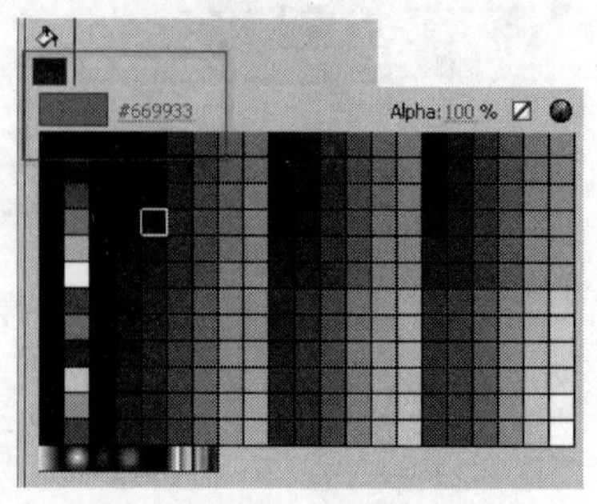


图 2-12 调整填充颜色

**03** 在舞台中画出两个分开的矩形作为地面，中间留出一条小路来。如图 2-13 所示，使用“工具”面板的“选择”工具调整矩形的外轮廓。

**04** 在“工具”面板选择“套索工具”，画出需要的曲线范围，如图 2-14 所示。然后按 Delete 键删掉被选取的部分。

图 2-13　调整地面小路的曲线弧度

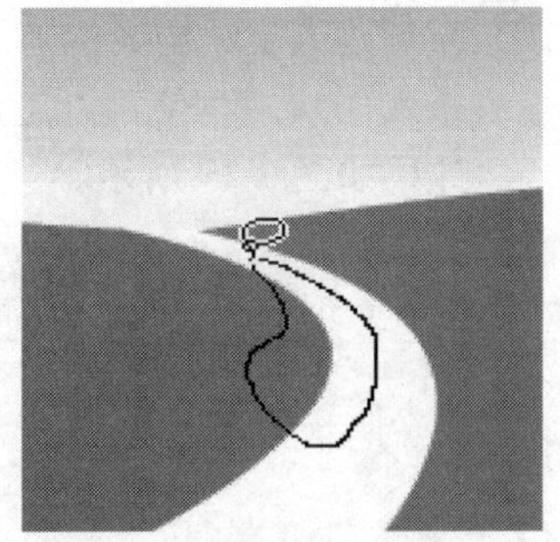

图 2-14　套索勾画曲线范围

**05** 选择地面，在“颜色”面板中调整地面的颜色为“线性渐变”，分别调整左侧和右侧颜色滑块的色值和位置，如图 2-15 所示。

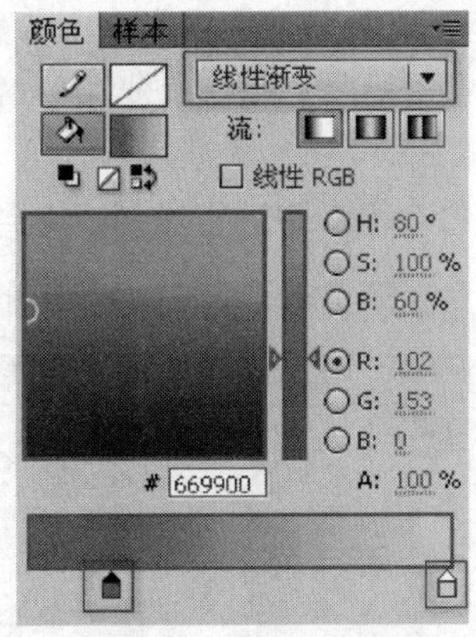


图 2-15　调整填充颜色

**06** 在“工具”面板中选择“渐变变形工具”，如图 2-16 所示。

**07** 按 Ctrl+A 键，选择舞台上的地面，按 Ctrl+B 键将其打散，然后选择“修改”|“合并对象”|“联合”命令，这样就得到了一个整体的地面。

**08** 重复上面的第 2 ～ 6 步，用同样的方法创建一条小路，得到的效果如图 2-17 所示。

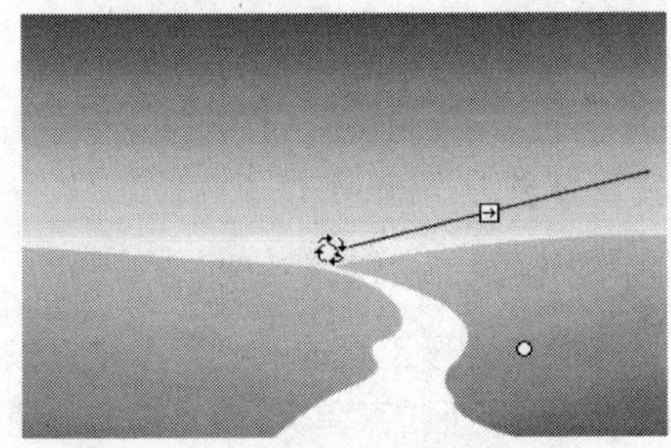

图 2-16　调整地面的渐变色

图 2-17　绘制小路

## 步骤四：创建群山

**01** 在“时间轴”控制面板中新建“图层 3”，将其重命名为“hill”，按住图层“hill”，将其移入 sky 和 earth 图层之间，如图 2-18 所示。Flash 里的图层和 Photoshop 的一样，图层的上下层之间有遮挡关系。需要做动画的图层只放置一个元件，方便控制。

**02** 与创建天空、地面的方法一样，在“工具”面板中选择“矩形工具”，在舞台上画出基本形状。再使用“工具”面板上的“选择工具”调整矩形的外轮廓使其像山一样，效果如图 2-19 所示。

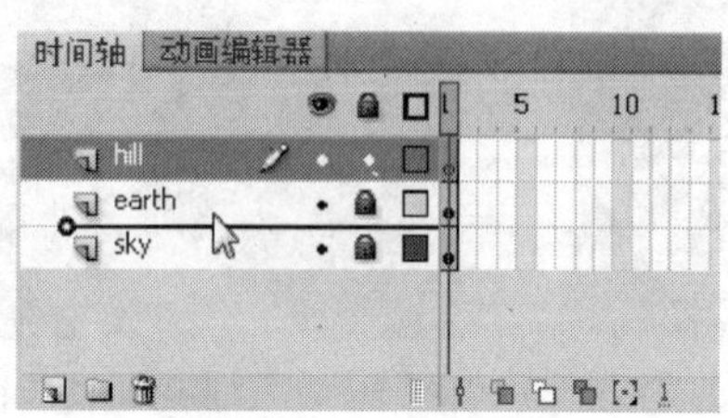


图 2-18　调整图层位置

图 2-19　画出远山

**03** 选择山的图形，在“颜色”面板中调整“填充颜色”如图 2-20 左图所示。由于山是远景，可以设置一定的“Alpha”值，使其自然地融入天空背景里（Alpha 值控制颜色的透明度，值越高，透明度越低；反之，值越低，透明度越高）。使用“工具”面板中的“渐变变形工具”调整山的渐变色。

**04** 选择绘制好的山，连续按 2 次 Ctrl+D 键进行复制，得到 3 座远山图形。

**05** 在“工具”面板中选择“任意变形工具”，调整山的大小如图 2-20 右图所示。

图 2-20　调整山的填充颜色并调整山的大小

**提示：**

这个变形工具和 Photoshop 的变形工具非常类似，也可以进行旋转、拉伸，拖动中心点等操作。

## 步骤五：创建云朵

**01** 在“时间轴”控制面板中新建“图层 4”，并将其重命名为“cloud”。

**02** 将“工具”面板上的“贴紧至对象”按钮及“对象绘制”按钮关闭。

**03** 在“工具”面板中选择“椭圆工具”（椭圆工具藏在矩形工具的二级菜单里，按住矩形工具不动或单击矩形工具下的小三角，系统会自动弹出下拉菜单），将“填充颜色”设为“白色”，“笔触颜色”设为“无”，在舞台上绘制白云，如图 2-21 所示。

图 2-21　绘制白云

**04** 使用“工具”面板中的“选择工具”调整白云的外轮廓。

**05** 选择白云形状，在“颜色”面板中调整“填充颜色”为“白色到透明”的渐变色，如图 2-22 左图所示。使用“工具”面板的“渐变变形工具”调整白云颜色，如图 2-22 右图所示。

**06** 重复上面的第 3 ～ 5 步，继续绘制云朵。使用“工具”面板的“选择工具”调整云朵的外轮廓，如图 2-23 所示。

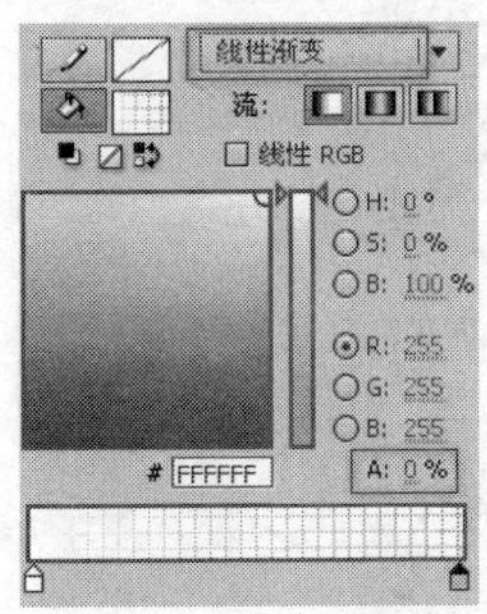


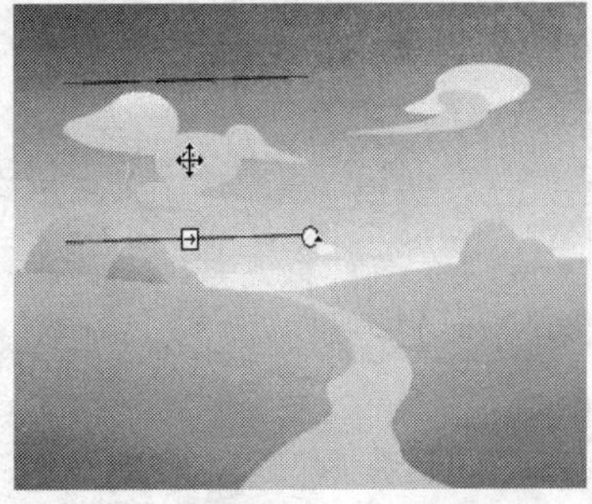

图 2-22　调整白云颜色

图 2-23　调整白云形状

**07** 按 Ctrl+S 键存盘，最终效果见图 2-1。

本例到这里结束，有没有成就感啊？

## 实例 2

# 建造房屋

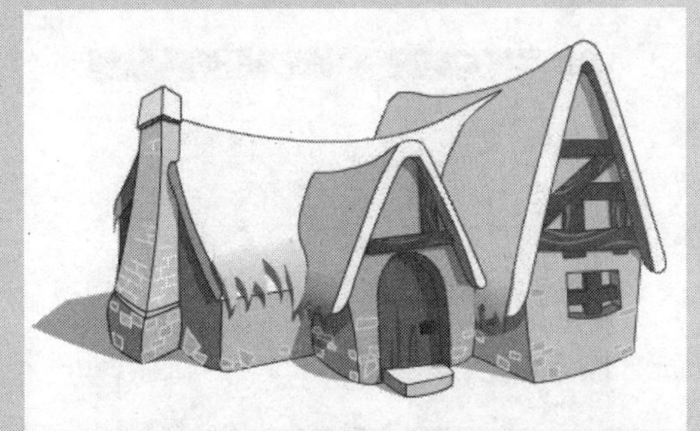

图 2-24　实例 2：建造房屋

**提示：**

在这个例子里（如图 2-24 所示），你能利用神奇的钢笔和线条工具创建任意的图形，还能用颜料桶工具和滴管工具为它们添加颜色！

## 步骤一：创建文件

**01** 打开 Adobe Flash Professional CS5，选择“新建”面板下的“ActionScript 3.0”选项，新建一个 Flash 工程文件。

**02** 在“属性”面板中单击“编辑”按钮，在弹出的“文档设置”面板中将“尺寸”设为“720像素”×“480 像素”。将“背景颜色”设为“白色”，“帧频”设为“12.00”。单击“确定”按钮。

## 步骤二：导入参考图

**01** 选择“文件”|“导入”|“导入到舞台”命令，导入画好的草图“drawing.jpg”，如图 2-25 所示。一般草图可以用手绘的方法在纸上画好，然后扫描存为图片，也可以直接用手写板在计算机中画好，输出成一张图片。

图 2-25　导入参考图

**02** 选择“drawing.jpg”，按 F8 键将其转换为元件，将其“名称”设为“ref”，“类型”设为“图形”，如图 2-26 所示，然后单击“确定”按钮。

**03** 在“属性”面板中将该元件的“色彩效果”前的小三角打开，将“样式”设为“Alpha”，“值”设为“30%”，如图 2-27 所示。这样参考图的颜色就会变得比较浅，从而不影响新勾绘的线条，使其更清晰地显示，方便操作。

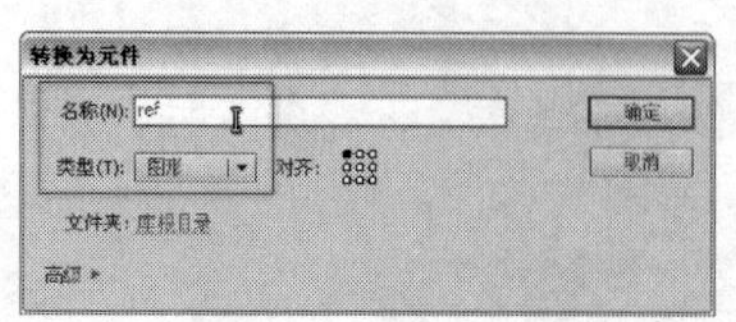


图 2-26　将参考图转换为元件

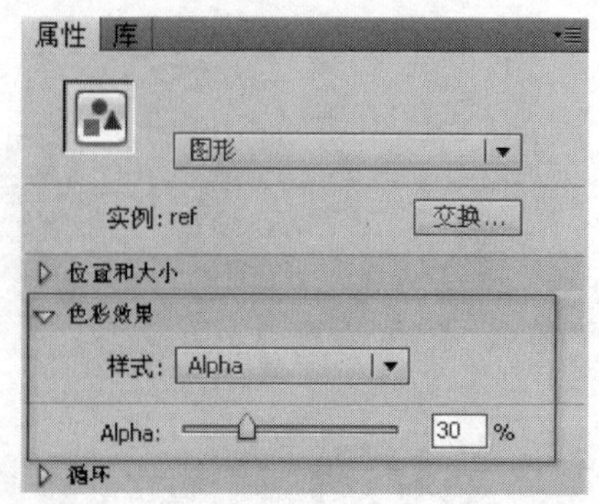


图 2-27　调整元件的 Alpha 值

**04** 在“时间轴”控制面板中双击“图层 1”，将其重命名为“drawing”，并将其“锁定”（一定要锁上噢），如图 2-28 所示。新建“图层 2”，并将其重命名为“build”（时刻牢记起名字）。

**05** 选择图层“build”，单击鼠标右键在弹出菜单中选择“属性”命令，打开“图层属性”对话框，如图 2-29 所示，修改“轮廓颜色”为较为明显的“亮黄色”。这个步骤是为了勾绘时方便观看。

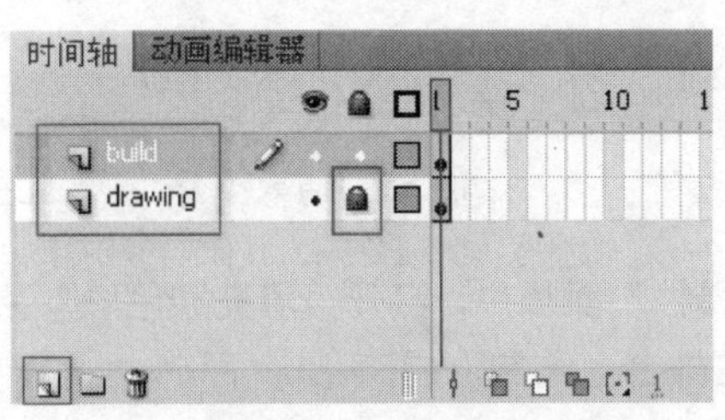


图 2-28　新建图层

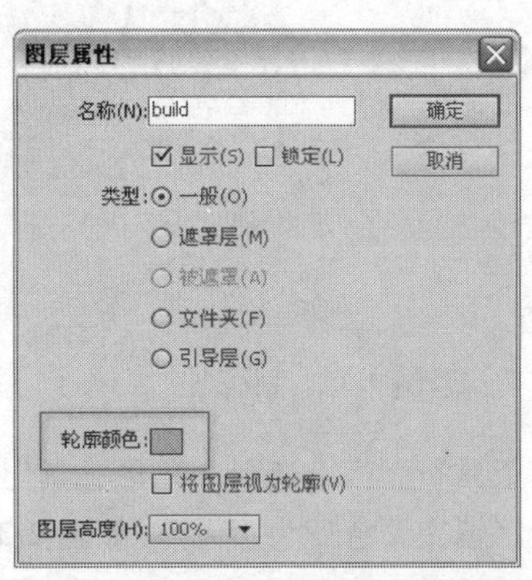


图 2-29　调整图层属性

## 步骤三：绘制外轮廓

**01** 将“工具”面板上的“贴紧至对象”按钮及“对象绘制”按钮关闭。

**02** 在“工具”面板上选择“钢笔工具”，在舞台上按照参考图的样式勾绘（与 Photoshop 和 Illustrator 一样，单击鼠标可以创建直线，按住鼠标左键拖拽，将创造曲线），如图 2-30 所示。

**03** 使用“工具”面板中的“选择工具”，将鼠标移到曲线的附近。当鼠标状态变为时，拖拽曲线调整弧形造型，如图 2-31 所示。

图 2-30　钢笔勾绘外轮廓

图 2-31　调整曲线弧度

**04** 在“工具”面板上选择“线条工具”，继续画出木栅栏，如图 2-32 所示。通常可以直接绘制直线，然后使用“选择工具”将直线调整为弧线，如图 2-33 所示（注意对于需要填充颜色的图形部分，勾绘的线条应尽可能封闭）。

图 2-32　画线条

图 2-33　调整线条

**05** 在“工具”面板上选择“矩形工具”，在“属性”面板中，打开“填充和笔触”菜单，设置“填充颜色”为“无”，如图 2-34 所示，在舞台上绘制窗户。

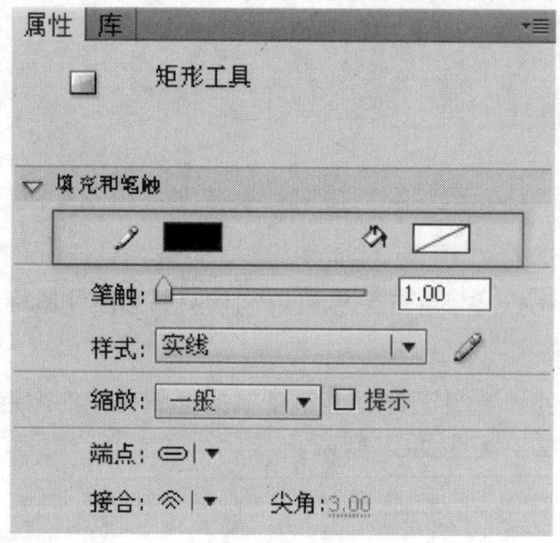


图 2-34　调整矩形的填充属性

**06** 使用“工具”面板中的“选择工具”将矩形调整到合适的位置。如图 2-35 所示。

**07** 选择窗户右侧和下方的线条，按 Ctrl+D 键复制线条，并将其移动到合适的位置，如图 2-36 所示。选择窗户外面多余的线条，按 Delete 键删除。

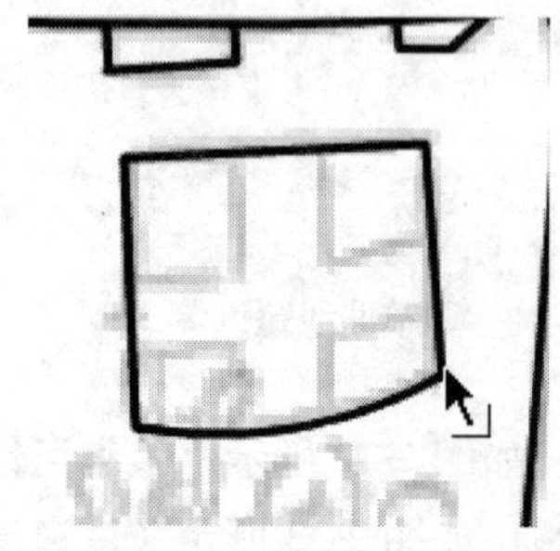

图 2-35　调整矩形

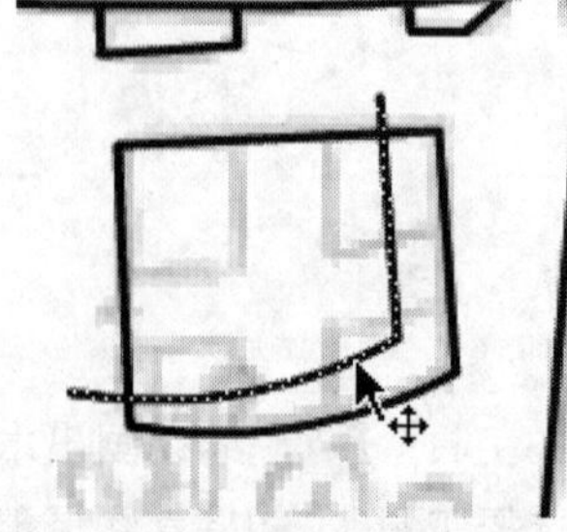

图 2-36　复制线条

图 2-37　创建窗户的厚度

**08** 在“工具”面板上选择“线条工具”，画出窗户的结构线，如图 2-37 所示。

**09** 按 Ctrl+G 键，将调整好的图形组合在一起备用。

**10** 按照以上的方法，综合运用“工具”面板中的“钢笔工具”、“线条工具”、“选择工具”等绘制房屋的线条。

当需要放大舞台时，可以选择“工具”面板中的“缩放工具”，单击为放大，按住 Alt 键时为缩小，双击该图标时为 100% 显示。当需要移动舞台时，可以选择“工具”面板中的“手形工具”或按住键盘上的“空格”键不放，移动舞台区域。双击该命令图标时会按照最适合窗口的大小显示舞台区域。

绘制完成的线条图如图 2-38 所示。

图 2-38　初步绘制好的图形与组合

**11** 按 Ctrl+A 键全选舞台上的图形和组，再按 Ctrl+B 键把组合解散。如果有多层组嵌套，则需要重复按 Ctrl+B 键，直到把所有组解散。选择交叉的多余的线条，按 Delete 键删除。得到如图 2-39 所示效果。

图 2-39　绘制好的房子外轮廓

## 步骤四：填充基本色

**01** 在“时间轴”控制面板上选择图层“build”的第一帧，然后单击鼠标右键，在弹出菜单中选择“复制帧”命令。

**02** 在“时间轴”控制面板上新建图层。选择第一帧，然后单击鼠标右键，在弹出菜单中选择“粘贴帧”命令。这时图层名会自动变为与所复制对象一样的名字。

**03** 将粘贴得到的图层“build”的“显示 / 隐藏开关”关掉。如图 2-40 所示。这是用来备份绘制好的轮廓线，以防意想不到的错误操作。

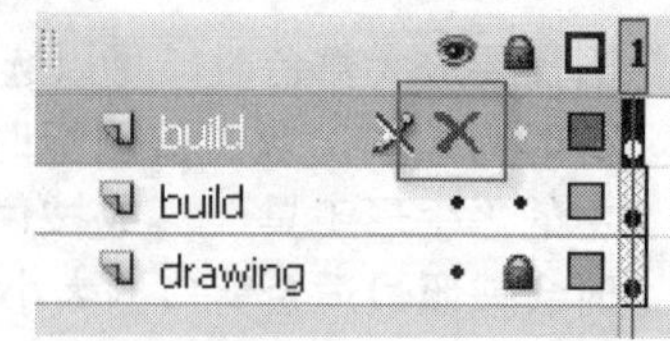


图 2-40　隐藏图层显示

**04** 在“工具”面板上选择“颜料桶工具”，选择开启着的图层“build”。在“属性”面板上调整“填充颜色”值为“#CCCC99”，如图 2-41 所示。在舞台上单击房屋正面的墙，填充颜色。

**05** 在“属性”面板上调整“填充颜色”值为“#CC9966”，填充屋子的侧面；调整“填充颜色”值为“#996600”，填充木板木门；调整颜色值为“#FDFCDF”，填充屋顶的正面；调整颜色值为“#E1D08C”，填充屋顶的侧面，效果如图 2-42 所示。这个步骤是快速大面积区分物体的受光、背光和中间色三个大的层次。

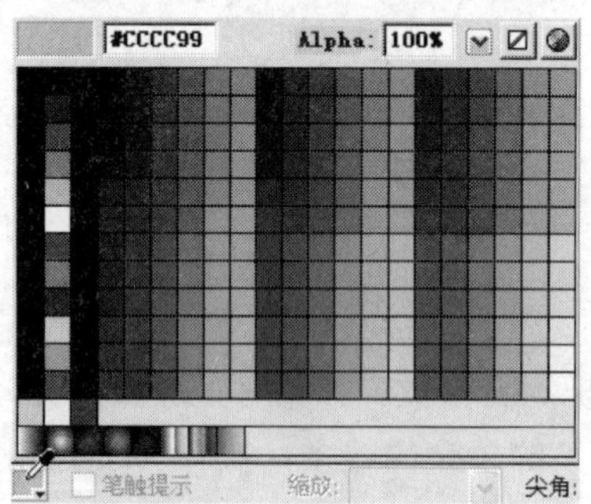


图 2-41　选择颜色填充

图 2-42　填充颜色

**06** 在“工具”面板上选择“滴管工具”，吸取屋顶亮部颜色，如图 2-43 所示。这时“属性”面板中的颜色会自动变为刚刚吸取的屋顶的颜色，而鼠标显示也变成了“带锁的颜料桶”形式（“带锁的颜料桶”表明当前采用吸取的颜色）。单击舞台上台阶的空白处，填充颜色，如图 2-44 所示。

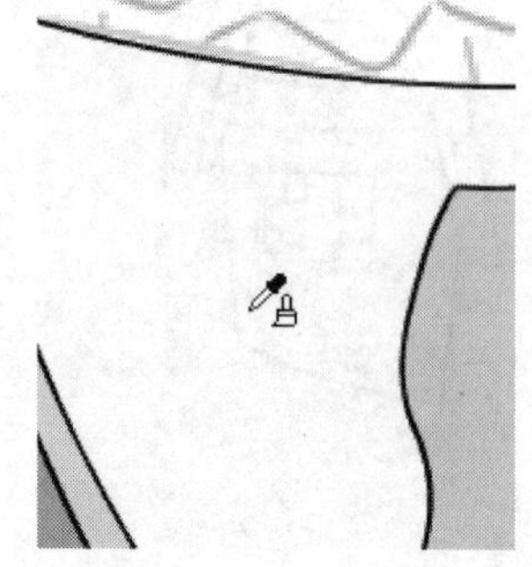

图 2-43　吸取颜色

图 2-44　填充颜色

**07** 在“时间轴”面板上关掉图层“drawing”。

**08** 按 Ctrl+A 键全选舞台上的图形，在“属性”面板中将所有图形的“笔触颜色”设为“#634F3D”，样式设为宽度“0.5”的“实线”，如图 2-45 所示。

图 2-45　改变线条属性

**09** 选择墙面图形，选择“颜色”面板，如图 2-46 所示，通过调节滑杆，进一步调节图形的颜色，使各图形之间颜色有所区别，使之更加符合最终的效果要求。调节完成后，效果如图 2-47 所示。

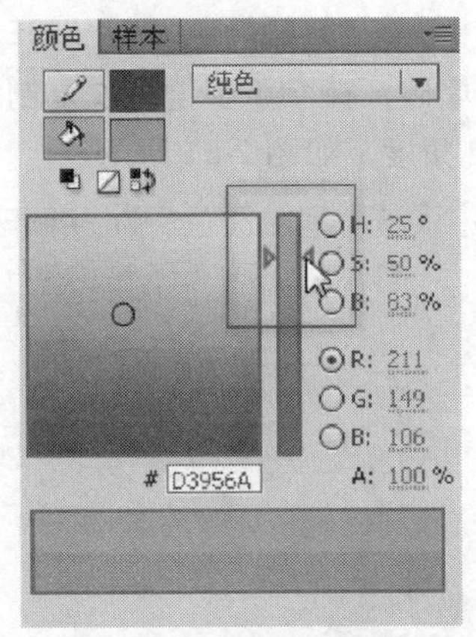


图 2-46　调节颜色滑杆

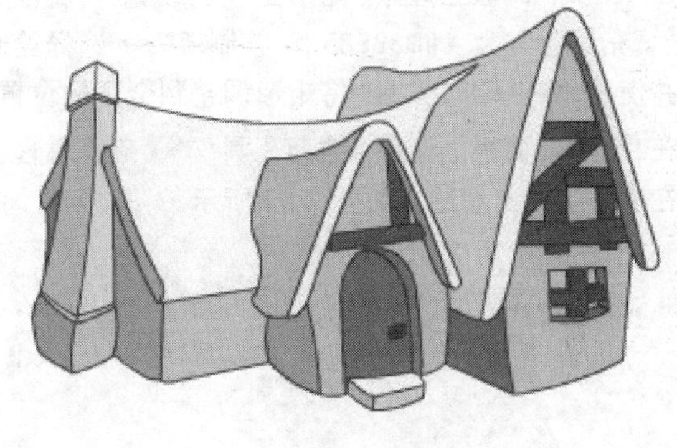

图 2-47　颜色填充效果

## 步骤五：绘制细节

**01** 在“时间轴”控制面板中选择图层“build”，按 Ctrl+G 键将调整好的图形组合在一起备用。

**02** 保持“工具”面板上的“对象绘制”按钮开启。

**03** 在“工具”面板上选择“钢笔工具”，勾画出屋顶的茅草，如图 2-48 所示。

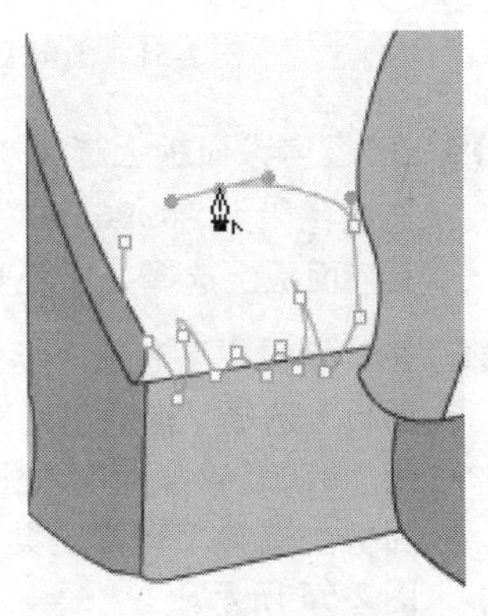

图 2-48　勾画屋顶茅草轮廓

**04** 双击茅草轮廓线，进入“对象绘制”编辑模式下，选择“工具”面板上的“选择工具”，调整茅草的形状。

**05** 在“工具”面板上选择“颜料桶工具”为茅草填充颜色，在“颜色”面板上将“填充方式”设为“线性渐变”。

双击左侧颜色滑块，如图 2-49 所示，在“样本”面板上选择屋顶的浅色作为茅草的颜色，双击右侧颜色滑块，在“样本”面板选择屋顶的深色作为茅草的深色。然后在“工具”面板中选择“渐变变形工具”，调整渐变色的起始方向和中心点。调整好的图形如 2-50 所示。

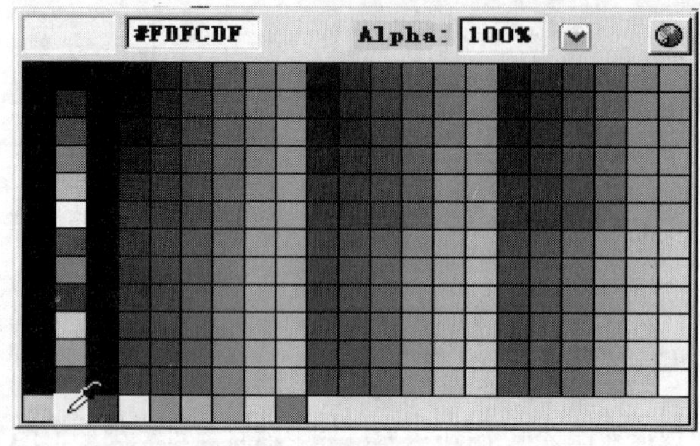

图 2-49　选择屋顶的浅色

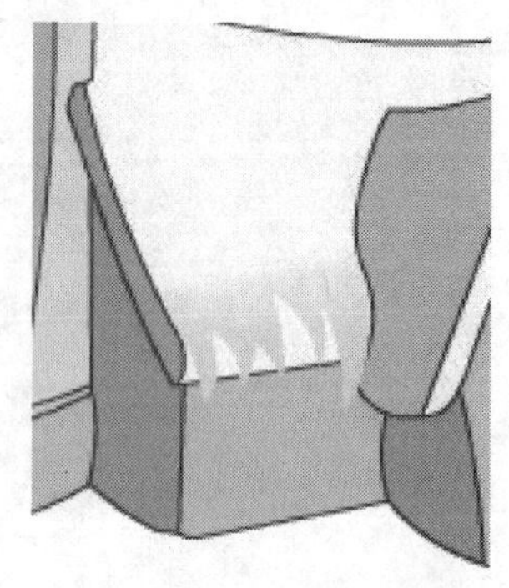
图 2-50　调整好的茅草的颜色

**06** 在“编辑栏”单击“场景 1”即，回到“场景”编辑模式下。

**07** 在“工具”面板上选择“矩形工具”，在“属性”面板中设置“笔触颜色”为“#F3EFD0”，“填充颜色”为“#D8BE85”，绘制墙砖。选择绘制好的墙砖，按 Ctrl+D 键多次复制墙砖，并使用“选择工具”将矩形调整到合适的位置及透视角度，如图 2-51 所示。

**08** 在“工具”面板上选择“线条工具”，在“属性”面板中设置“笔触颜色”为“#F9F4E3”，在房子上画出墙缝，如图 2-52 所示。

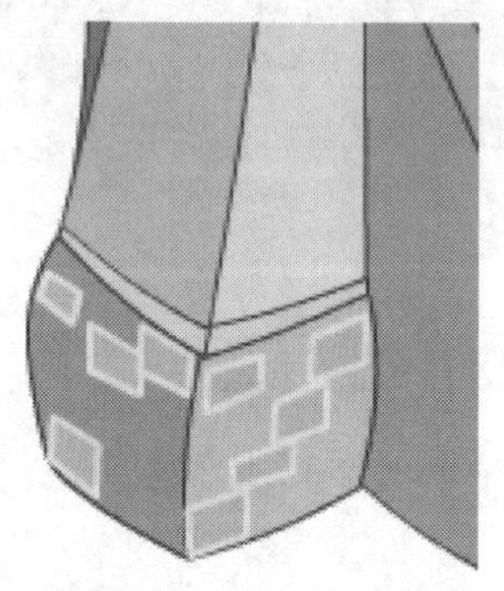
图 2-51　画出墙砖

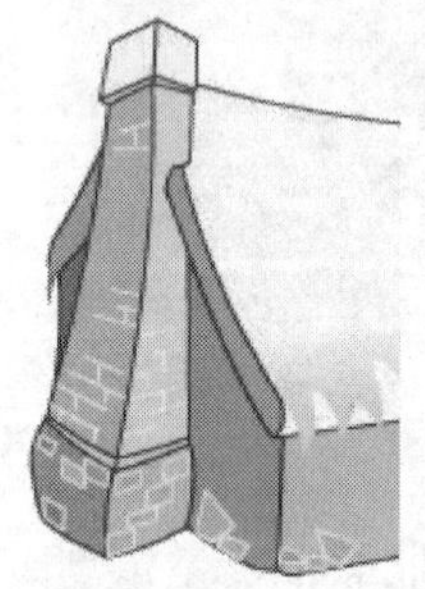
图 2-52　画出砖缝

**09** 在“工具”面板上选择“矩形工具”，在“属性”面板中设置“笔触颜色”为“无”、“填充颜色”为“#996600”，绘制门上木纹。双击图形，进入“绘制对象”编辑模式，在“工具”面板上选择“套索工具”画出曲线，如图 2-53 所示。按 Delete 键删除多余的部分。

**10** 在“编辑栏”单击“场景 1”即，回到“场景”编辑模式下。在“工具”面板上选择“椭圆工具”，在“属性”面板中设置“笔触颜色”为“无”、“填充颜色”为“#C69142”，绘制木栅栏上的木纹。双击图形，进入“绘制对象”编辑模式，在“工具”面板上选择“套索工具”画出曲线，按 Delete 键删除多余的部分。得到最终效果如图 2-54 所示。

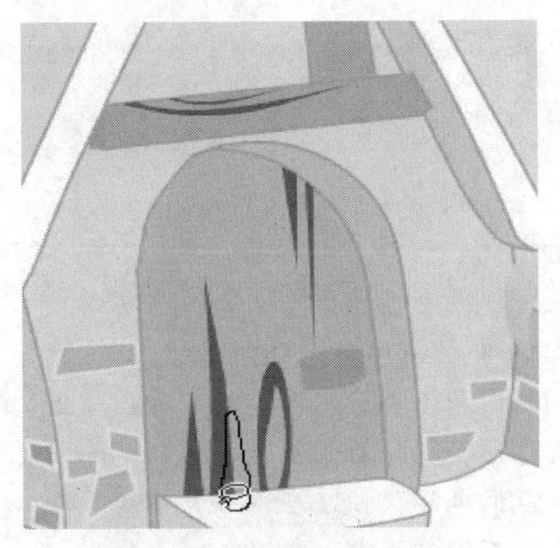

图 2-53　画出门上的木纹

图 2-54　添加细节后的小屋

## 步骤六：添加阴影

**01** 在“编辑栏”中单击“场景 1”，即 ，回到“场景”编辑模式下。选择茅草图形，按 Ctrl+D 键复制茅草。选择复制的图形，在“颜色”面板，调整“填充颜色”值为“#636363”，设置“Alpha”值为“75%”。

**02** 使用“工具”面板上的“选择工具” 将矩形调整到合适的位置，单击鼠标右键，在弹出的命令列表里选择“排列”|“下移一层”命令，将阴影移到茅草的下面。然后通过键盘的↑、↓、←、→键精确调整其位置，得到茅草阴影效果如图 2-55 所示。按照同样的方法，制作场景中其他茅草的阴影。

**03** 按 Ctrl+G 键，将调整好的图形组合在一起备用。

**04** 打开“工具”面板上的“锁定按钮” 。

**05** 在“工具”面板上选择“矩形工具” ，在“属性”面板中设置“笔触颜色”设为“无”，“填充颜色”为“#5E5E5E”，设置“Alpha”值为“45%”。绘制矩形，并使用“工具”面板上的“选择工具” 将矩形调整到合适的位置，效果如图 2-56 所示。用同样的方法绘制房屋的阴影。

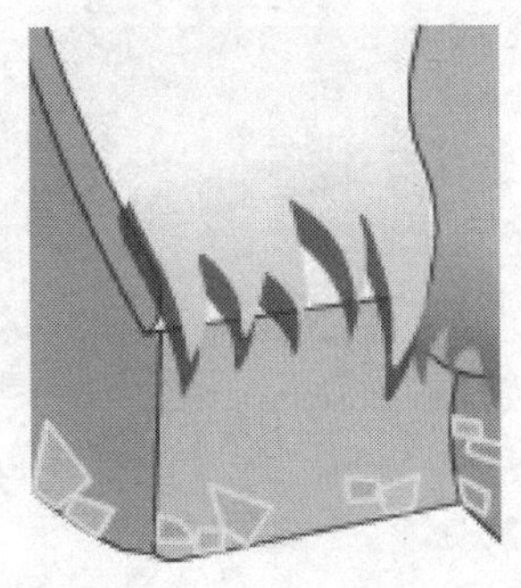

图 2-55　茅草阴影效果

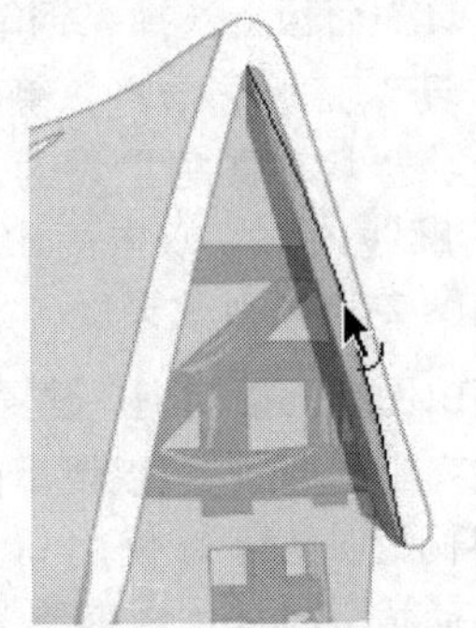

图 2-56　调整阴影形状

**06** 整体调节小屋的颜色，最终得到效果如图 2-24 所示。

本例到这里结束。让我们休息一会儿吧！

## 实例 3

# 瀑布河流

图 2-57　实例 3：瀑布河流

**提示：**

在这个例子里（如图 2-57 所示），你能学会利用部分选取工具精确调整图形轮廓，用墨水瓶工具找出任意图形的轮廓！你还能学到增加渐变色的色块，以及变形命令中的“垂直变形”和“水平变形”！

## 步骤一：创建文件

**01** 打开 Adobe Flash Professional CS5，选择“文件”|“打开”命令，打开前面做好的实例 1“skyandearth.fla”文件。

**02** 选择“文件”|“另存为”命令，将文件另存为“pubu.fla”文件。

## 步骤二：创建瀑布

**01** 在“时间轴”控制面板中的图层“earth”上面新建“图层 6”，双击将其重命名为“pubu”，然后锁定其他图层。

**02** 将“工具”面板上的“锁定按钮”及“对象绘制”关闭。

**03** 在“工具”面板上选择“钢笔工具”，画出高山轮廓。在“工具”面板上选择“颜料桶工具”，在“属性”面板上将“填充颜色”设为“#669999”，在舞台上填充高山轮廓线内部。双击高山轮廓线，按 Delete 键删除，得到如图 2-58 所示效果。

图 2-58　绘制高山

**04** 选择高山图形，按 Ctrl+C 键复制高山图形，按 Ctrl+V 快捷键粘贴高山图形。也可以使用前面学过的 Ctrl+D 直接复制，两者不同之处在于，使用 Ctrl+D 时，必须保持有对象处于被选择状态，而 Ctrl+V 是调用上次复制到缓存中的内容，不需要有对象被选择。使用“工具”面板上的“选择工具”将矩形调整到合适的形状，如图 2-59 所示。选择调整好的图形，按 Ctrl+G 键，将其组合在一起。

**05** 将“工具”面板上的“锁定按钮” 打开。

**06** 在“工具”面板上选择“钢笔工具” ，如图 2-60 所示，勾出瀑布的外轮廓。

图 2-59　调整高山外形

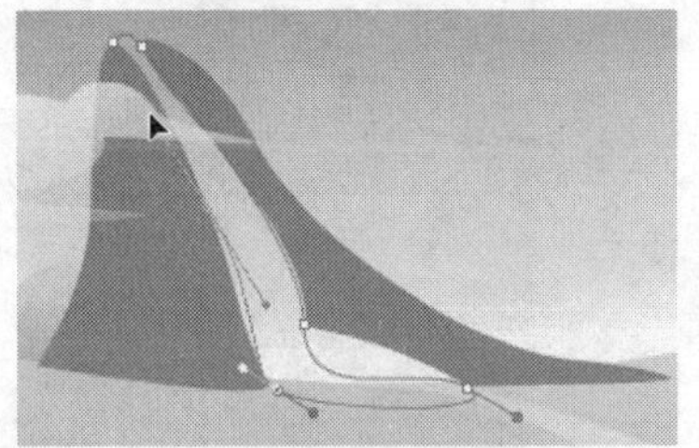

图 2-60　勾画瀑布外形

**07** 在“工具”面板上选择“部分选取工具” ，如图 2-61 所示，精确调整瀑布的外轮廓。提示：这个工具类似于 Photoshop 中的路径调节工具，按住锚点可以按照 Bezier 曲线方式调整曲线弧度，按住中心点可以移动节点的位置，按住 Alt 键同时按住锚点可以单向调节锚点。

**08** 在“工具”面板上选择“线条工具” ，分别在瀑布的上部和中部画两道线，如图 2-62 所示。选择所有瀑布的轮廓线，按 Ctrl+G 键，将其组合在一起。

图 2-61　调整瀑布外形

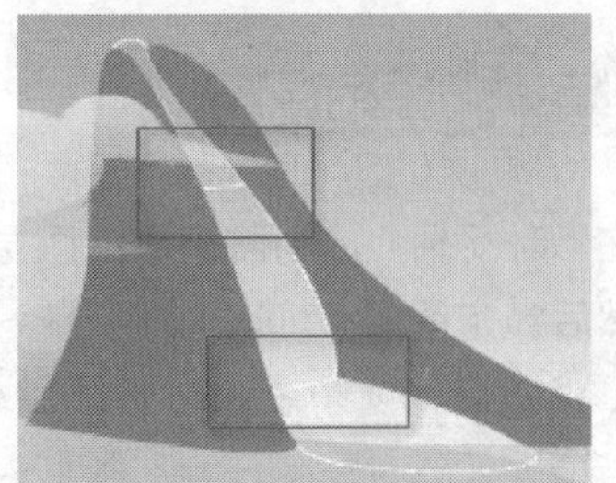

图 2-62　绘制线条

**09** 双击“瀑布”轮廓线组，进入“组”编辑模式。在“工具”面板上选择“颜料桶工具” ，如图 2-63 所示，在“属性”面板上调整“填充颜色”值为“黑白渐变色”，填充轮廓线，如图 2-64 所示。然后双击瀑布外轮廓线进行选择，按 Delete 键将其删除。

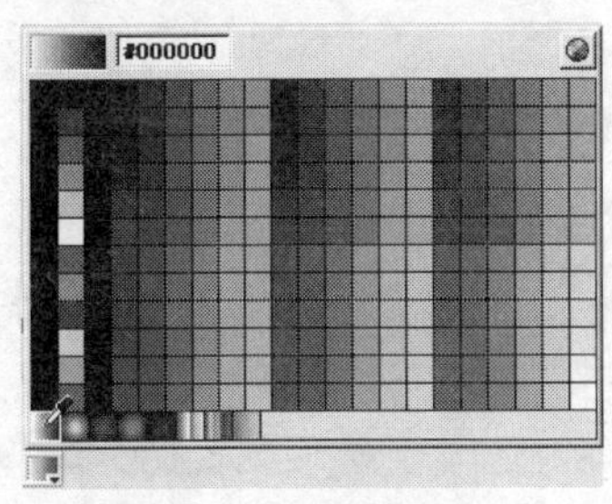


图 2-63　选择渐变色

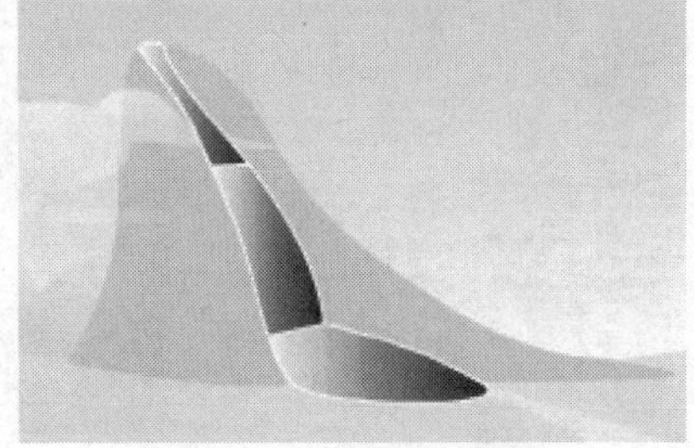

图 2-64　分段填充渐变色

**10** 选择瀑布形状，在“颜色”面板单击颜色滑块左侧按钮将其调为“浅蓝色”（用于模拟瀑布受光颜色），右侧按钮往左侧移动一定距离，调为“蓝绿色”（用于模拟瀑布背光颜色），单击颜色条右侧下方空白处，创建一个新的颜色按钮，选择该按钮调整颜色为“蓝白色”（用于模拟瀑布反光颜色），如图 2-65 所示。

**11** 在“工具”面板中，选择“渐变变形工具”，调整瀑布的颜色，得到如图 2-66 所示效果。

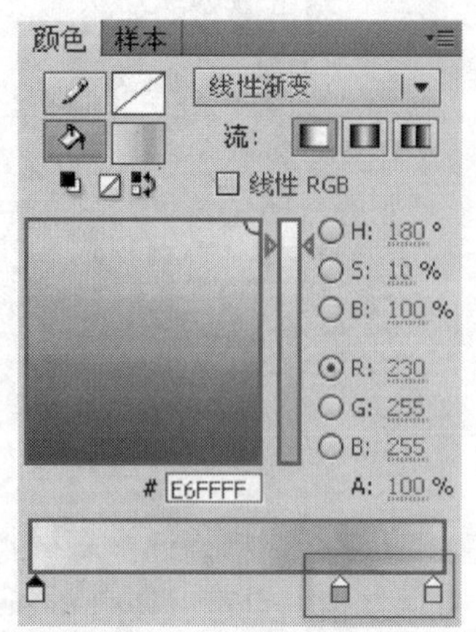


图 2-65　调整渐变色值

图 2-66　瀑布基本色效果

**12** 在“编辑栏”单击“场景 1”，即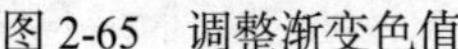，回到“场景”编辑模式下。按 Ctrl+B 键把瀑布的组合解散，这样它就到了山的下面一层。全选组成高山和瀑布的所有图形，按 Ctrl+G 键将它们组合在一起。

## 步骤三：创建河流

**01** 在“时间轴”控制面板中的图层“earth”的上方新建“图层 7”，并将其重命名为“heliu”，然后锁定图层“pubu”。

**02** 采用和创建瀑布同样的方法，先用“钢笔工具”画出河流基本轮廓。然后在“工具”面板上选择“选择工具”，将矩形调整到合适的形状，如图 2-67 所示。

**03** 在“工具”面板上选择“颜料桶工具”，在“属性”面板上调整“填充颜色”为“黑白渐变色”。在“颜色”面板单击颜色滑块左侧按钮将其调为“#D4F3F9”，右侧按钮调为“#5A85CB”。在“工具”面板中，选择“渐变变形工具”，调整河流颜色的渐变范围。双击选择轮廓线，按 Delete 键删除，得到效果如图 2-68 所示。

图 2-67　调整河流轮廓线

图 2-68　河流渐变色效果

**04** 选择河流图形，按 Ctrl+G 键将它们组合在一起。

## 步骤四、添加细节

**01** 在“时间轴”控制面板中将图层“pubu”的“锁定”打开，并选择该图层。

**02** 将“工具”面板上的“对象绘制”开启。

**03** 在“工具”面板上选择“矩形工具”，在“属性”面板中设置“笔触颜色”为“无”，“填充颜色”为“白”，绘制矩形。

**04** 双击进入“对象绘制”编辑模式，使用“工具”面板上的“选择工具”将矩形调整到合适的形状。按 Ctrl+C 键复制水流图形，按 Ctrl+V 键粘贴，多次粘贴，得到图 2-69 效果。

**05** 在“编辑栏”单击“场景 1”即，回到“场景”编辑模式下。在“时间轴”控制面板将图层“cloud”的“锁定”打开。按 Ctrl+C 键复制天空右侧的云朵，在“时间轴”控制面板选择图层“heliu”，按 Ctrl+V 键粘贴。

**06** 在顶部菜单栏选择“修改”|“变形”|“垂直翻转”命令，将复制的云朵垂直镜像。在“工具”面板上选择“任意变形工具”将云朵缩放到合适的大小和位置，如图 2-70 所示。注意云朵的位置要和天空上的云朵位置相对应，才能更好地模拟水中倒影效果。

图 2-69 瀑布水流细节

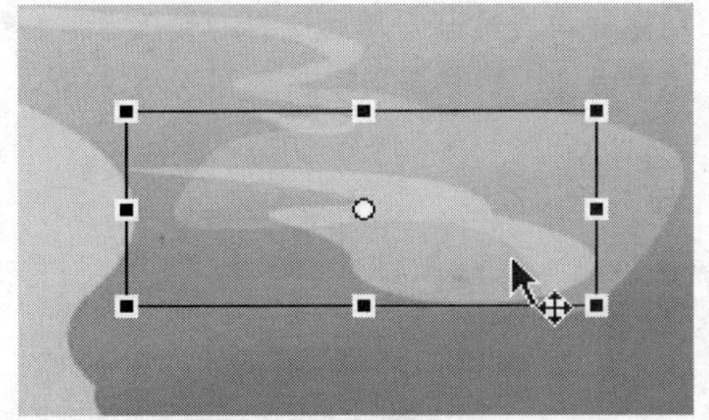

图 2-70 模拟水中倒影

**07** 双击倒影云，进入“组”编辑模式。在“颜色”面板中将“填充颜色”的“Alpha 值”设为“20%”。在“工具”面板上选择“套索工具”画出被草地遮挡的部分，按 Delete 键删除多余的部分。

## 步骤五：添加阴影

**01** 将“工具”面板上的“锁定按钮”及“对象绘制”关闭。

**02** 在“工具”面板上选择“墨水瓶工具”，在“属性”面板中设置“笔触颜色”为“红色”，在舞台上单击河流的图形，即可获得河流的轮廓线。如图 2-71 所示，选择红色的轮廓线，将其移动一定距离。

**03** 在“工具”面板上选择“颜料桶工具”，在“属性”面板上调整“填充颜色”值为“#666666”。在需要模拟阴影的地方填充颜色，如图 2-72 所示。

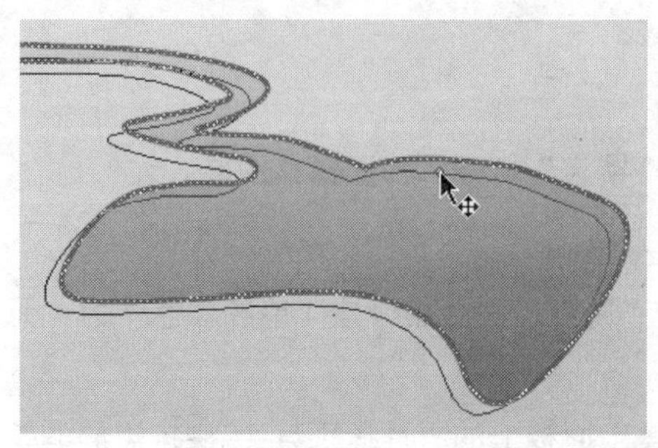
图 2-71 寻找阴影轮廓线

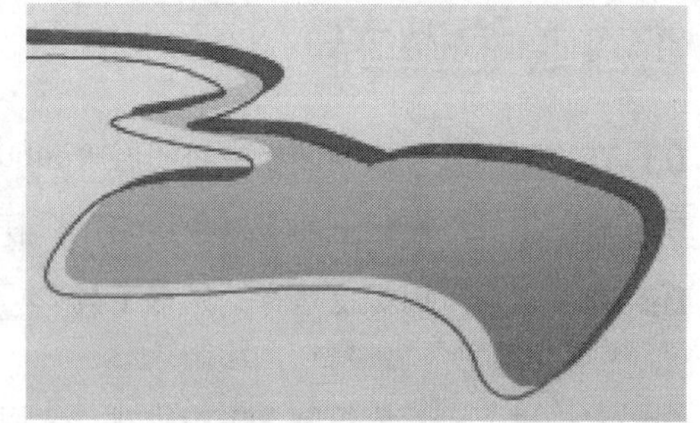
图 2-72 填充阴影

**04** 接下来删除红色的辅助线。有时候一个一个的选择线条会很麻烦，而且很可能会漏选错选，这时候有一种简单的办法。按 Ctrl+A 键全选所有图形，在“属性”面板中将“笔触颜色”设为“无”，这时那道红色的线条就没有了，得到如图 2-73 所示效果。

**05** 再给高山添些棱角阴影吧。在“时间轴”控制面板选择图层“pubu”。在“工具”面板上选择“矩形工具”，在“属性”面板中设置“笔触颜色”为“无”。“填充颜色”为“#566978”，绘制矩形。按 Ctrl+G 键将该矩形组合在一起。

**06** 双击矩形，进入“组”编辑模式。在“颜色”面板上将“填充色”的 Alpha 值设为“90%”。使用“选择工具”将矩形调整到合适的形状。按 Ctrl+C 键复制山的阴影，按 Ctrl+V 键粘贴并再次粘贴，然后选择“修改”|“变形”|“水平翻转”命令，将复制的阴影图形水平镜像，最终得到如图 2-74 所示效果。

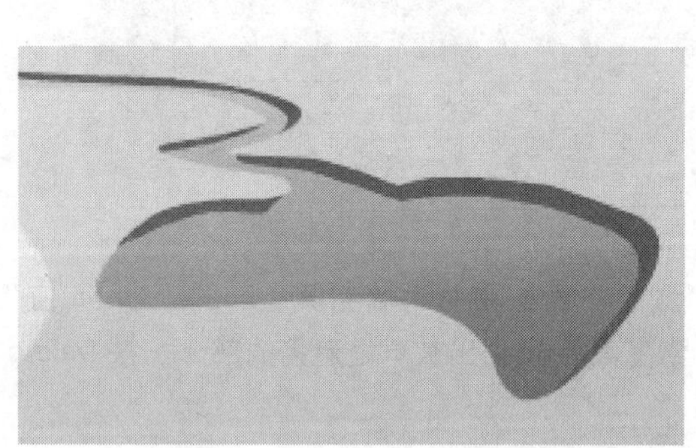
图 2-73 去除辅助红线

图 2-74 给高山添加阴影

**07** 最后使用“工具”面板上的“选择工具”将河流、倒影调整到合适的形状，得到如图 2-57 所示效果。

好了，本例到这里结束。用基本几何形和钢笔工具创造图形的方法你掌握了么？接下来我们就要用神奇的笔刷和铅笔工具啦！

## 实例 4

# 种植绿树

图 2-75　实例 4：种植绿树

本例来体验一下使用 Flash CS5 的新增 Deco 工具！

**提示：**

在这个例子里（如图 2-75 所示），你能学会使用刷子工具和神奇的喷涂刷工具、Deco 工具！你还能学到“合并对象”、“旋转”、“排列”，“导出”及“库”面板的使用！

## 步骤一：创建文件

**01** 打开 Adobe Flash Professional CS5，选择“新建”面板中的“ActionScript 3.0”选项，新建一个 Flash 工程文件。

**02** 在“属性”面板中单击“编辑”按钮，在弹出的“文档设置”面板中将“尺寸”设为“720 像素”×“480 像素”。将“背景颜色”设为“白色”，“帧频”设为“12.00”，单击“确定”按钮。

使用 Flash 绘制图形常常会需要用到手写板，如图 2-76 所示。如果你有手写板，就赶快将它安装好吧，今天的实例里会需要用它。没有也没有关系，用鼠标也可以实现，只是可能不会很顺手！不要担心啦！

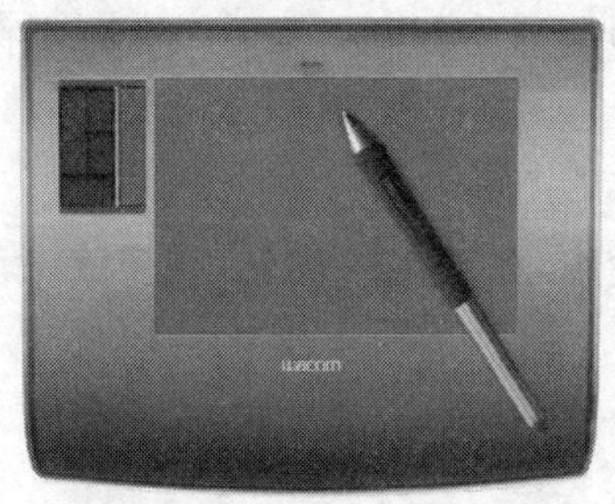

图 2-76　用来绘图的手写板

## 步骤二：创建树的基本形

**01** 将“工具”面板上的“锁定按钮”及“对象绘制”关闭。

**02** 在“工具”面板上选择“刷子工具”，打开“使用斜度”按钮和“使用压力”按钮（注意，如果没有安装手写板，是没有这两个选项的），在“颜色”面板上将“笔触颜色”设为“无”，“填充颜色”值设为“#333300”，画出树干的轮廓，如图 2-77 所示。在使用“工具”面板上的“选择工具”将树干调整到满意的形状，如图 2-78 所示。

图 2-77　绘制树干外形

图 2-78　调整树干外形

**03** 选择调整好的图形，选择“修改”|“合并对象”|“联合”命令，如图 2-79 所示。这样图形就成为一个整体。

**04** 在“工具”面板上选择“刷子工具”，在“颜色”面板上将“填充颜色”值设为“#669900”，如图 2-80 所示，画出树叶的轮廓。使用“选择工具”将树叶的轮廓调整到满意的形状，然后选择调整好得图形，使用“修改”|“合并对象”|“联合”命令将其合并为一个整体。

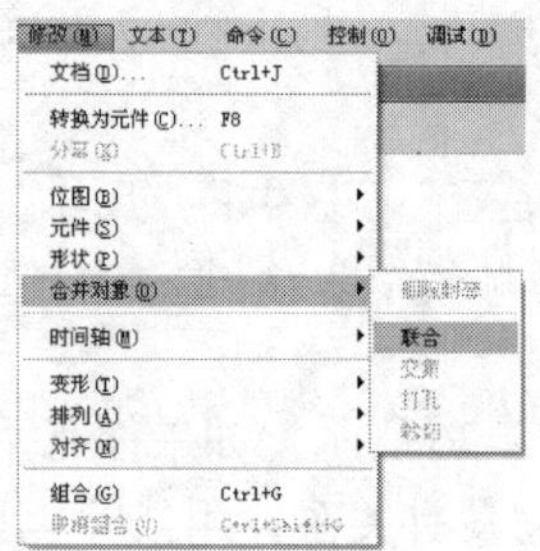

图 2-79　将图形合并

图 2-80　绘制树叶的轮廓

**05** 选择树叶的图形，按 Ctrl+D 键直接复制得到另一个树叶的轮廓，重复三次，得到 4 个树叶的图形。选择右侧的树叶在“变形”面板上设置“旋转”为“–180 度”，如图 2-81 所示，这样就能得到一个有所变化的图形。

**06** 选择最右侧的第 4 个树叶轮廓，如图 2-82 所示，使用鼠标右键选择“排列”|“移至底层”命令。

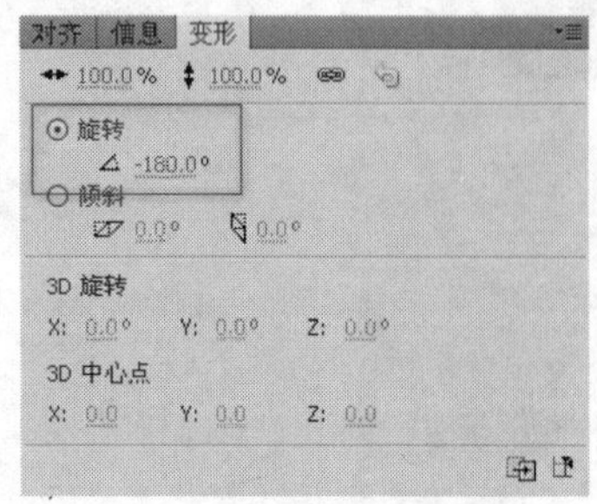

图 2-81　修改图形角度

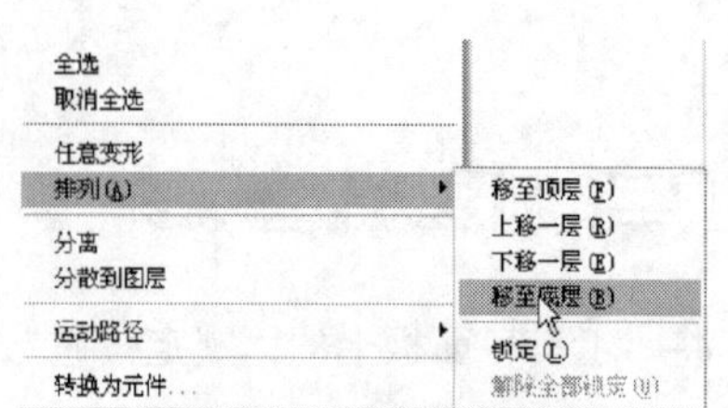

图 2-82　排列图形顺序

**07** 使用“工具”面板上的“任意变形工具”将第 4 个树叶的外轮廓放大一些，使其有所变化，如图 2-83 所示。

**08** 双击第 3 个树叶轮廓，进入“绘制对象”编辑模式。在“工具”面板上选择“椭圆工具”（别忘了它躲在“矩形工具”的二级菜单里），在“颜色”面板上将“填充颜色”设为“橙色”（随便什么颜色，与绿色相区别就可以啦！），画出一个轮廓，如图 2-84 所示。选择该圆形，按 Delete 键删除，这样就挖空了一个洞。

图 2-83　调整树叶轮廓

图 2-84　绘制圆形

**09** 在“编辑栏”中单击“场景 1”，即，回到“场景”编辑模式下。双击树干，进入树干的绘制对象编辑模式下，然后在“工具”面板上选择“刷子工具”，在“属性”面板上将“填充颜色”值设为“#333300”（即树干的颜色），画出树梢的 2 个较细的枝干，如图 2-85 所示。

**10** 在“编辑栏”中单击“场景 1”，即，回到“场景”编辑模式下。选择树干，在“颜色”面板将“填充类型”设为“线性渐变”，将左侧颜色滑块调为较浅的“咖啡绿色”用来模拟树的受光颜色，将右侧颜色滑块调为较深的“咖啡色”用来模拟树的背光颜色，如图 2-86 所示。

**11** 选择树叶，在“颜色”面板将“填充类型”设为“线性渐变”，将左侧颜色滑块调为较浅的“草绿色”用来模拟树叶的受光颜色，将右侧颜色滑块调为较深的“中绿色”用来模拟树叶的背光颜色。在“工具”面板中，选择“渐变变形工具”工具，调整树叶的渐变颜色，如图 2-87 所示。

图 2-85　绘制树梢

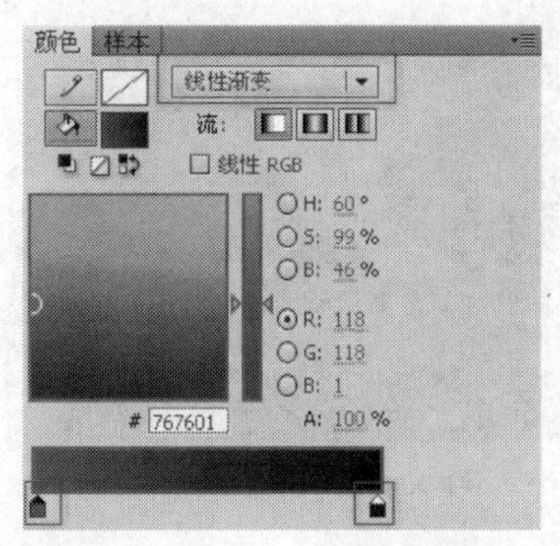



图 2-86　调整树干的填充颜色

图 2-87　调整渐变色的范围

## 步骤三：创建树叶

刚才绘制的树叶轮廓是较大的树叶外形，现在来添加一些树叶的细节。

**01** 将“工具”面板上的“对象绘制”按钮打开。在“工具”面板上选择“刷子工具”，调整“笔刷大小”为“较大”，“刷子形状”为“竖状的椭圆形”，在“颜色”面板上将“填充颜色”值设为“#66CC00”，画出一片小树叶，如图 2-88 所示。

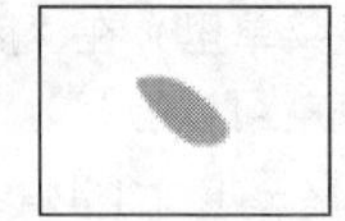

图 2-88　绘制小树叶

**02** 选择该图形，按 Ctrl+D 键直接复制 5 ～ 6 片小树叶，将其排列为一组，并使用“工具”面板上的“任意变形工具”调节各个小树叶的方向和大小，如图 2-89 所示。选择这一组树叶，按 Ctrl+B 键将其打散，然后使用“修改”|“合并对象”|“联合”命令将其合并为一个整体。

**03** 选择该图形，按 Ctrl+D 键直接复制多组小树叶，将其沿着树叶轮廓排列，通过使用“工具”面板的“任意变形工具”调节各组小树叶的方向和大小，得到如图 2-90 所示效果。

图 2-89　制作一丛小树叶

图 2-90　复制小树叶

## 步骤四：添加细节

**01** 在“工具”面板上选择“刷子工具”，调整“刷子大小”为“较小”。“刷子形状”为“圆形”，在“属性”面板上将“填充颜色”值设为“#996600”，如图 2-91 所示，画出弧线形的树纹。

图 2-91　绘制树纹

**02** 在“工具”面板上选择“椭圆工具”，在“属性”面板上将“笔触颜色”设为“无”，“填充颜色”设为“#003300”，在树下画一个椭圆形作为树的阴影，使用鼠标右键选择“排列”|“移至底层”命令。在“颜色”面板中调整“填充类型”为“径向渐变”，调整颜色滑块的颜色的“Alpha”分别为“75%”、“50%”和“0%”。然后在“工具”面板中选择“渐变变形工具”，调整阴影的渐变颜色范围，如图 2-92 所示。

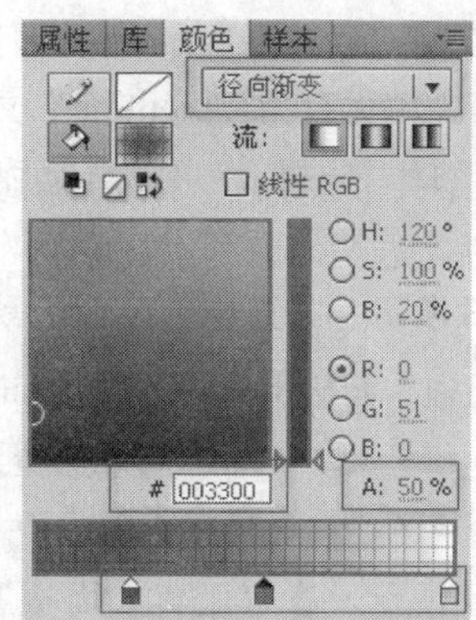


图 2-92 绘制阴影

**03** 在“工具”面板上选择“刷子工具”，调整“刷子大小”为“较小”，“刷子形状”为“圆形”，在“属性”面板上将“填充颜色”值设为“#99CC00”，画出一根小草，如图 2-93 所示。

**04** 使用与步骤三制作树叶相同的方法，按 Ctrl+D 键复制多个小草，并组成一组。再复制成组的小草，得到如图 2-94 所示效果。

图 2-93 绘制小草

图 2-94 绘制小草

## 步骤五：种植绿树

最神奇最有趣的部分开始啦！根据上面的步骤，你已经绘制好了一棵树，如果你想把漫山遍野都种上树应该怎么办呢？不错，我们可以使用 Ctrl+D 键进行复制，可是那是很落伍的办法啦。

**01** 首先，选择舞台上所有图形，可以使用 Ctrl+A 键进行快速选择。然后选择“文件”|“导出”|“导出所选内容”命令，在“文件名”中输入“tree”，在“保存类型”中选择“Adobe FXG（*.fxg）格式”，如图 2-95 所示。（FXG 是 Flash CS5 新增的素材文件格式，导出后，会记录元件的位置、颜色、形状等信息。且能以 txt 的方式打开并对其进行修改，能被再次调入并反复使用）。

图 2-95 导出 FXG 文件

**02** 选择“文件”|“打开”命令，打开实例 3 中的“pubu.fla”文件，选择“文件”|“另存为”命令，将文件另存为“plant.fla”文件。

**03** 选择“文件”|“导入”|“导入到库”命令，在打开的对话框中选择刚才输出的“tree.fxg”文件，这时，你可以在你的“库”面板中看到一个新增加的名叫“tree.fxg”的元件如图 2-96 所示。如果你的库面板默认没有打开，请选择“窗口”|“库”命令。

**04** 在“时间轴”面板上选择图层“hill”，选择“新建图层”，双击“图层 1”将其重命名为“tree_far”（这个图层用来放置远景的树）。选择图层“pubu”，选择“新建图层”，双击“图层 2”将其重命名为“tree_close”（这个图层用来放近景的树）。

**05** 如图 2-97 所示，在“工具”面板选择“喷涂刷工具”（它在“刷子工具”的二级菜单中）。

图 2-96　导入 FXG 文件

图 2-97　选择“喷涂刷工具”

**06** 在“属性”面板中打开“元件”选项区，单击“编辑”按钮，在打开的“选择元件”对话框中选择“tree.fxg”，将“缩放宽度”和“缩放高度”都设为“20%”，如图 2-98 所示。确保“随机缩放”选项被勾选，“旋转元件”和“随机旋转”两个选项不被勾选。在“画笔”面板中将“宽度”设为“0”像素，“高度”设为“0”像素，“画笔角度”设为“0”顺时针。

**07** 在“时间轴”面板选择图层“tree_far”，按下鼠标左键在远处草地与天交界的地方拖移鼠标，得到如图 2-99 所示效果。

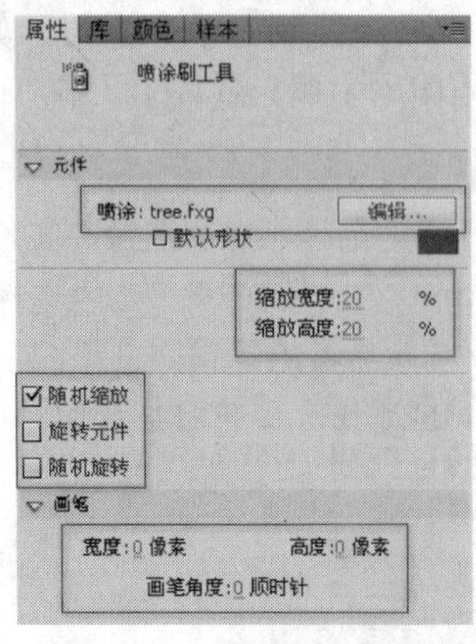


图 2-98　设置喷涂刷属性

图 2-99　种植远景的树

**08** 在“时间轴”面板中选择图层“tree_close”，在“工具”面板上选择“Deco 工具”，在“属性”面板上的“绘制效果”中选择“3D 刷子”，单击“对象 1”后面的“编辑”按钮，在打开的“选择元件”对话框中选择“tree.fxg”，将其他的“对象”前的勾选框关闭。在“高级选项”中设置“最大对象数”为“1000”，“喷涂区域”为“200”，如图 2-100 所示，在近景草地上画出更多的树。

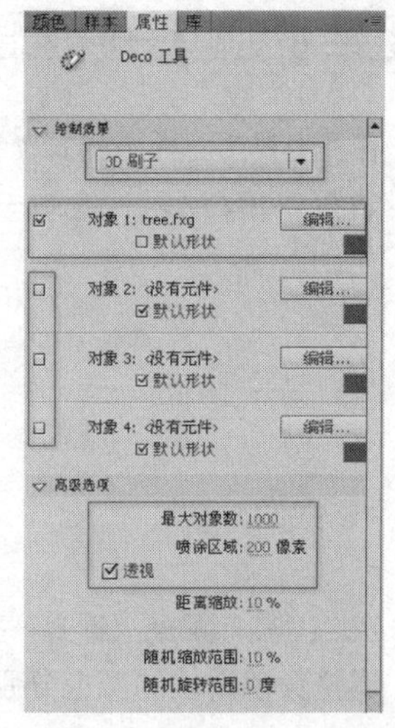

图 2-100　种植近景的树

**09** 使用“工具”面板上的“选择工具”对树进行移动调整（这时的树都是一个一个的组，组里包含“tree.fxg”这个元件），得到如图 2-75 所示效果，是不是很神奇很快捷啊。

本例到这里结束。请反复练习刷子工具，特别是刚开始使用手写板时！

## 实例 5

# 开满鲜花

图 2-101　实例 5：开满鲜花

终于合在一起了，看看这几个例子做下来最后会是什么样子？

**提示：**

在这个例子里（如图 2-101 所示），你能学会使用铅笔工具，你还能学到“如何将多个文件合并在一起”、“调整变形点”、“旋转复制”，以及“滤镜”等命令的使用！

### 步骤一：创建文件

**01** 打开 Adobe Flash Professional CS5，选择“新建”面板下的“ActionScript 3.0”选项，新建一个 Flash 工程文件。

**02** 在“属性”面板中单击“编辑”按钮，在弹出的“文档设置”面板中将“尺寸”设为“720 像素”×“480 像素”。将“背景颜色”设为“白色”，“帧频”设为“12”，单击“确定”按钮。

## 步骤二：创建一个花朵

**01** 在“工具”面板上选择“铅笔工具”，在“属性”面板上将“笔触颜色”设为“#FF9900”，如图 2-102 所示，绘制一片花瓣的形状。

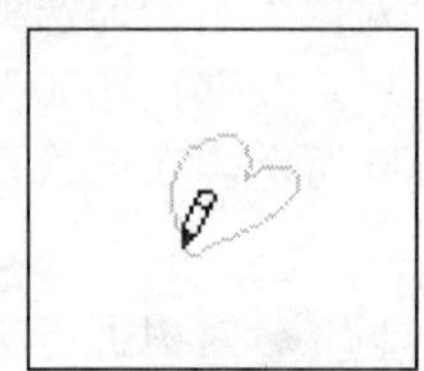

图 2-102　绘制花瓣外轮廓

**02** 在“工具”面板上选择“颜料通工具”在“颜色”面板将“颜色类型”设为“线性渐变”，调整颜色滑块的颜色分别为“橙色”和“红色”，如图 2-103 所示。在舞台上填充花瓣。

**03** 在“工具”面板中，选择“任意变形工具”工具，将花瓣的变形点（就是中间那个白色的小圆点点）移到花瓣外，如图 2-104 所示。

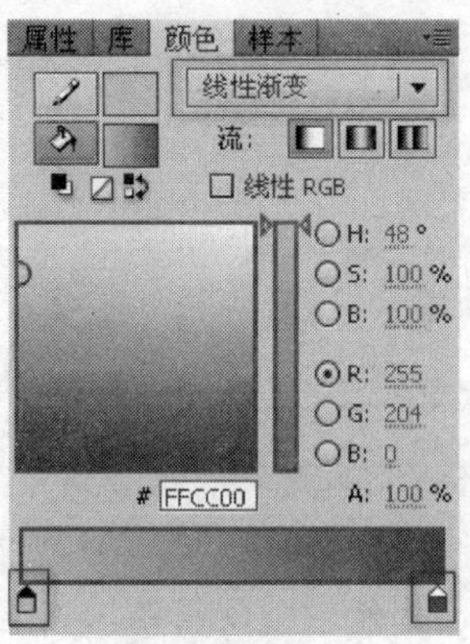


图 2-103　调整填充颜色

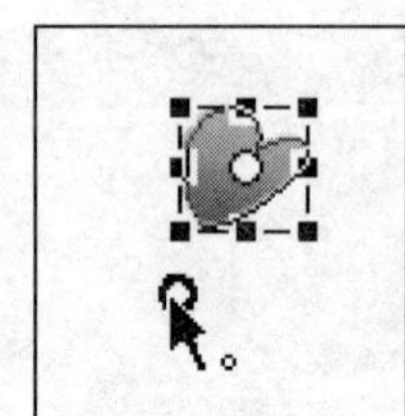

图 2-104　调整花瓣变形点

**04** 在“变形”面板上设置“旋转”为“45°”，如图 2-105 所示，单击“复制选区和变形”按钮，这样就能得到一个“旋转”后的图形。连续重复同样的操作 7 次，得到如图 2-106 所示的效果。

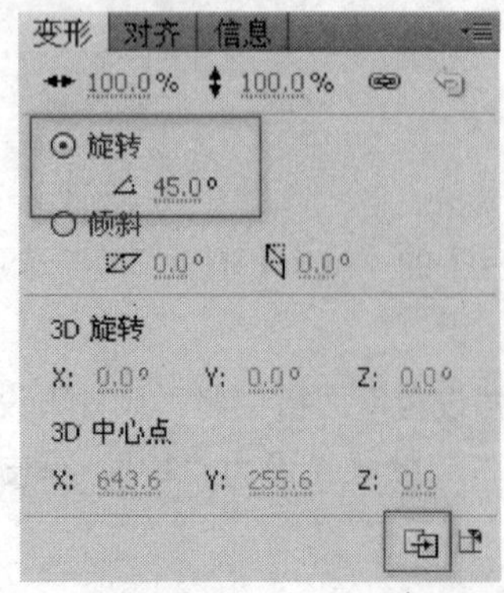


图 2-105　旋转复制图形

图 2-106　旋转复制得到的效果

**05** 选择所有图形，使用“工具”面板上“任意变形工具”中的“封套”调整图形的整体轮廓，让其更加自然和随意，如图2-107所示。选择“工具”面板的“选择工具”，调整后的效果如图2-108所示。

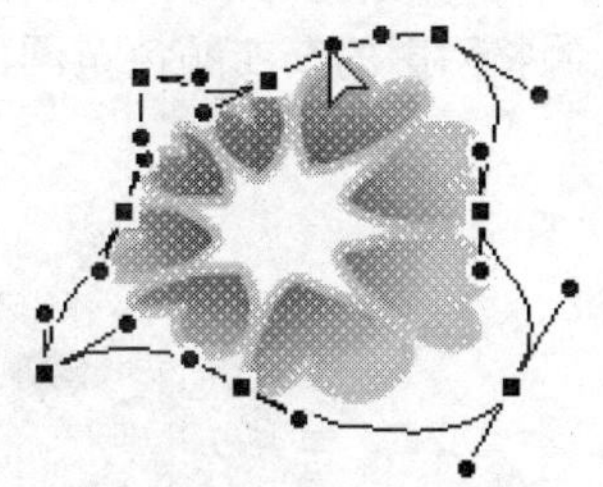

图2-107 将图形封套变形

图2-108 调整花瓣轮廓

**06** 按Ctrl+A键全选所有花瓣，选择“修改”|“合并对象”|“联合”命令，将图形合并成为一个整体。

**07** 将“工具”面板上“对象绘制”开启，在“工具”面板上选择“铅笔工具”，在“属性”面板上将“笔触颜色”设为“红色”，将默认的“样式”由“直线”改为“点刻线”，如图2-109左图所示。在花瓣中间绘制一个花芯，如图2-109右图所示。

**08** 在“工具”面板上选择“笔刷工具”，在“属性”面板上将“填充颜色”设为“橄榄色”，在花芯周围点一些点点作为花蕊。点几下暗部的花蕊后，在“属性”面板上将“填充颜色”设为“黄色”，再点几下，然后在“属性”面板上将“填充颜色”设为“白色”，再点几下作为花蕊的亮部，得到如图2-110所示效果。选择所有图形，按Ctrl+G键将其组合在一起。

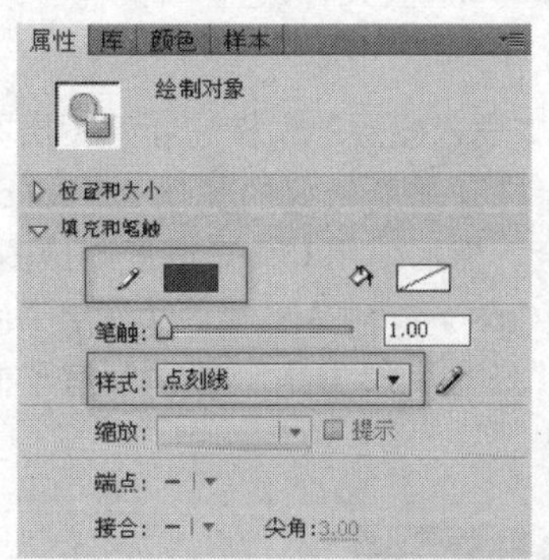


图2-109 绘制花芯

图2-110 绘制花蕊

**09** 在“工具”面板上选择“笔刷工具”，在“属性”面板上将“填充颜色”设为“绿色”，在花瓣的下方绘制花茎和花叶，如图2-111所示。选择花瓣的组，鼠标右键选择“排列”|“移至顶层”命令。

**10** 分别选择花茎和花叶，在“颜色”面板中将“颜色类型”设为“线性渐变”，将左侧颜色滑块调为较浅的“草绿色”用来模拟其受光颜色，将右侧颜色滑块调为较深的“中绿色”用来模拟其背光颜色。在“工具”面板中，选择“渐变变形工具”工具，调整其渐变颜色的范围。再使用“工具”面板的“任意变形工具”调整叶片的旋转角度，如图2-112所示。

**11** 在“工具”面板上选择“椭圆工具”（它在“矩形工具”的二级菜单里），在“工具”栏上将“笔触颜色”设为“无”，“填充颜色”设为“黑色”，在树下画一个椭圆形的阴影，然后使用鼠标右键单击，选择“排列”|“移至底层”命令。在“颜色”面板中调整“颜色类型”为“径向渐变”，调整颜色滑块的颜色的“Alpha”分别为“75%”和“0%”。然后在“工具”面板中选择“渐变变形工具”工具，调整阴影的渐变颜色范围，得到如图 2-113 所示效果。

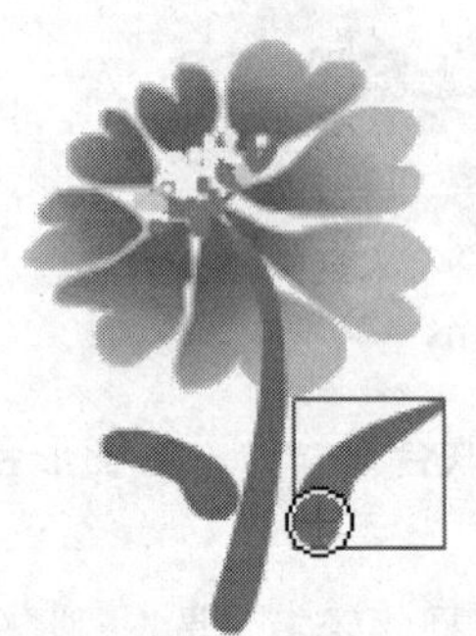

图 2-111　绘制花茎和叶子

图 2-112　调整花叶的旋转角度

图 2-113　添加阴影

## 步骤三：文件合并

我们开天辟地的工程完成得差不多了，不过你现在还想象不出来它们整体的样子，那我们赶快来合并文件吧！

**01** 选择“文件”|“打开”命令，打开前面做好的实例 3“pubu.fla”文件，选择“文件”|“另存为”命令，将文件另存为“he.fla”文件。

**02** 在“时间轴”控制面板上选择图层“pubu”，然后单击“插入图层”按钮新建图层并将其重命名为“house”。选择“文件”|“打开”命令，打开前面做好的实例 2“building.fla”文件，在舞台上选择所有图形，按 Ctrl+G 键将其组合。然后使用 Ctrl+C 键复制该图形。切换到当前文件，即单击“he.fla”，然后按 Ctrl+V 键粘贴图形，这样房子的图形就进入了当前的场景里，再使用“工具”面板中的“任意变形工具”调节房子的大小比例和位置，如图 2-114 所示。

图 2-114　调整房子的大小比例

**03** 同样，在“时间轴”控制面板上单击“插入图层”按钮新建图层，并将其重命名为“tree”。选择“文件”|“打开”命令，打开前面做好的实例 4“tree.fla”文件，在舞台上选择所有图形，按 Ctrl+G 键将其组合，然后使用 Ctrl+C 键复制该图形。切换到当前文件，即单击“he.fla”，然后按 Ctrl+V 键粘贴图形，这样，树的图形就进入了当前的场景里，再使用“工具”面板的“任意变形工具”调节树的大小比例和位置，如图 2-115 所示。

**04** 在“时间轴”控制面板上单击“插入图层”按钮，新建图层并将其重命名为“flower”。选择“文件”|“打开”命令，打开前面做好的实例 5“flower.fla”文件，在舞台上选择所有图形，按 Ctrl+G 键将其组合，然后使用 Ctrl+C 键复制该图形。切换到当前文件，即单击“he.fla”，然后按 Ctrl+V 键粘贴图形，这样，花的图形就进入了当前的场景里。使用“工具”面板的“任意变形工具”调节花的大小比例和位置，如图 2-116 所示。

图 2-115　调整树的比例大小

图 2-116　调整花的比例大小

当然，以上几步你完全可以采用输出“.fxg”结合“库”面板导入素材的方式实现（已经忘记怎么做了？再去看看实例 4 吧！），这里采用的“Ctrl+C”及“Ctrl+V”的方法比较傻瓜，对于简单的工程文件可以采用。

## 步骤四：整体调整

当场景需要的所有元素有准备好以后，我们就要整体开始调整了，包括对数量、大小、远近关系、颜色等属性的一系列调整。这时，原本图形的组不能满足我们的需要了，我们需要将其转换为元件，以方便进一步操作。

**01** 在舞台上选择树所在的组，按 F8 键将其转换为元件，如图 2-117 所示，将其“名称”设为“tree”，“类型”设为“影片剪辑”。

**02** 在舞台上选择房子所在的组，按 F8 键将其转换为元件，将其“名称”设为“house”，“类型”设为“影片剪辑”，如图 2-118 所示。

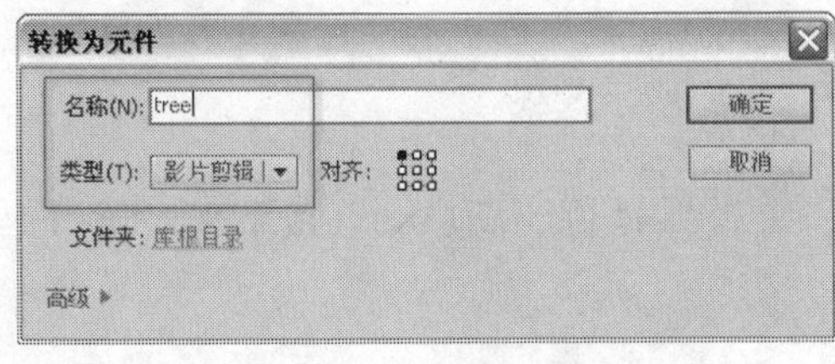


图 2-117　转换元件

图 2-118　转换元件

**03** 在舞台上选择花所在的组，按 F8 键将其转换为元件，将“名称”设为“flower”，“类型”设为“影片剪辑”，如图 2-119 所示。

**04** 在舞台上选择元件“house”，打开“属性”面板上的“滤镜”面板，单击“添加滤镜”，在弹出的下拉菜单中选择“调整颜色”，设置“调整颜色”滤镜中的相关参数如图 2-120 所示。

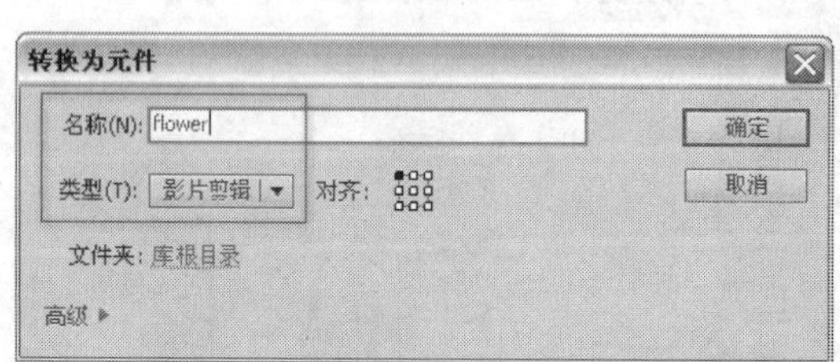


图 2-119　转换元件

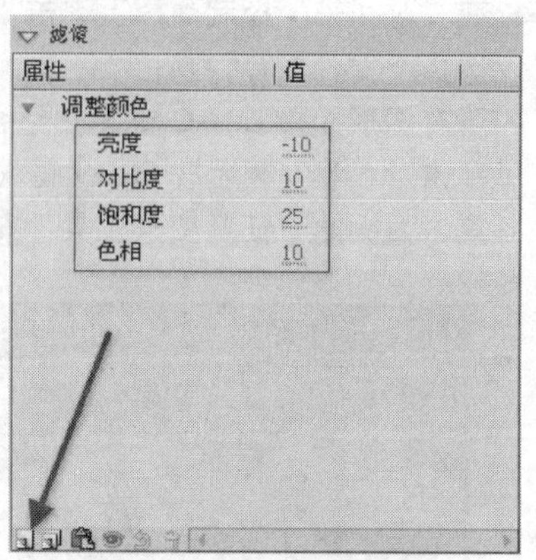


图 2-120　添加滤镜

**05** 在舞台上选择元件“tree”，按 Ctrl+D 键复制树，将树放置在舞台上合适的位置。使用“工具”面板的“任意变形工具”将其调整到合适的比例与大小，如图 2-121 所示。

**06** 选择最远处的树，在“属性”面板上打开“色彩效果”，选择“样式”为“高级”。调整相关参数如图 2-122 所示。同样的方法，也可用来调整右侧靠前一点儿的树，让它与最前景的树相区别即可。

图 2-121　复制树

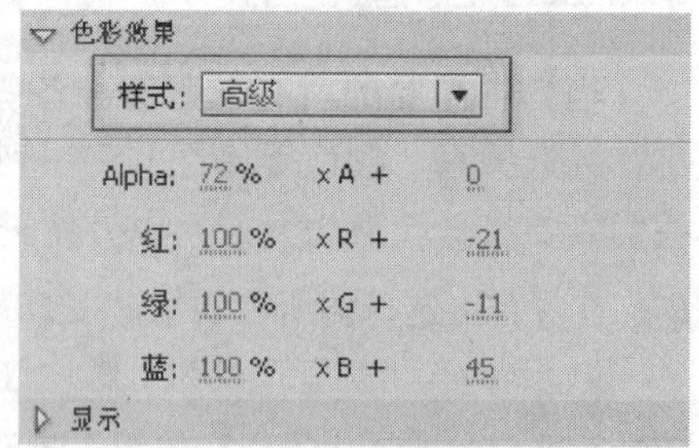


图 2-122　调整远景树的颜色参数

**07** 选择元件“flower”，多次按 Ctrl+D 键复制花，使用“工具”面板的“任意变形工具”调整远景花与近景花的比例与角度，得到如图 2-101 所示效果。

本例到这里结束。看到你用 Flash 创造的一个世界是否还满意啊？接下来，学习更多绘制命令。

## 实例 6

# 地下世界

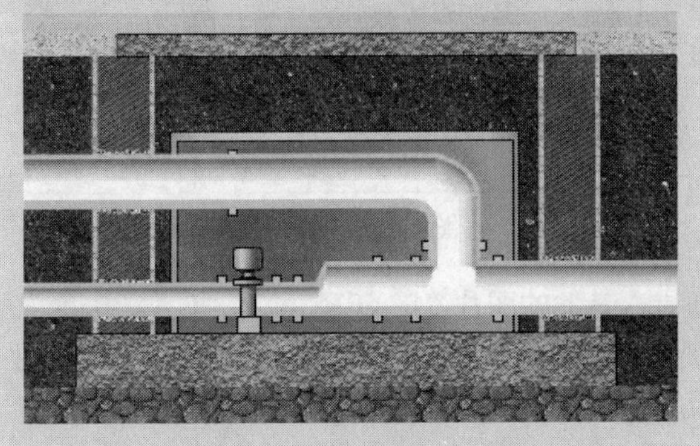

图 2-123 实例 6：地下世界

Flash 也可以表现材质哦！这是一张地下管道的结构图，看 Flash 如何表现一个地下世界！

**提示：**

在这个例子里（如图 2-123 所示），你能学到“颜色”面板中的“位图”功能，以及“对齐”命令和“精确调整”的方法！

## 步骤一：创建文件

**01** 打开 Adobe Flash Professional CS5，选择“文件”|“打开”命令，打开事先准备好的“bump.fla”文件。如图 2-124 所示，这是一张地下管线的结构图。感兴趣的话也可以自己画一个，仅使用矩形和钢笔工具即可完成。

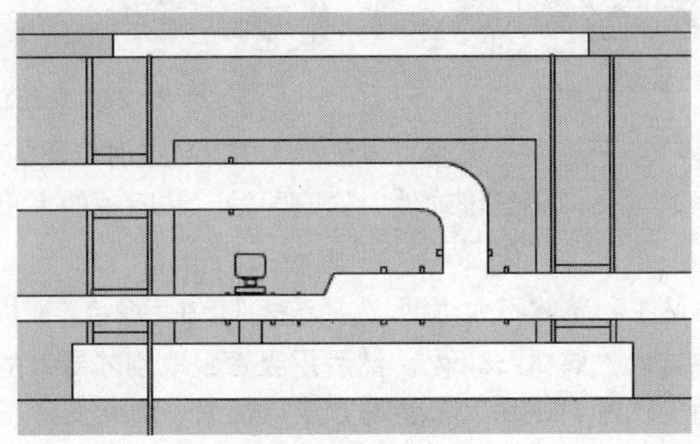

图 2-124 基本图

**02** 选择“文件”|“另存为”命令，将文件另存为“bump_color.fla”文件。

## 步骤二：填充材质

**01** 在舞台上选择背景矩形，如图 2-125 所示，在“颜色”面板将“颜色类型”设为“位图”。单击“导入”按钮，从弹出的对话框中导入一张土壤背景图“Asphalt.jpg”。然后用吸管吸取刚才导入的位图，这时矩形的填充色变成了图片。

**02** 用同样的方法，导入图片“stone.jpg”。选择舞台最下方的矩形，在“颜色”面板将其填充颜色调整为刚才导入的“stone.jpg”位图填充，得到如图 2-126 所示效果。注意不要把“颜色”面板的“导入”和“文件”下的“导入”混淆了哦！

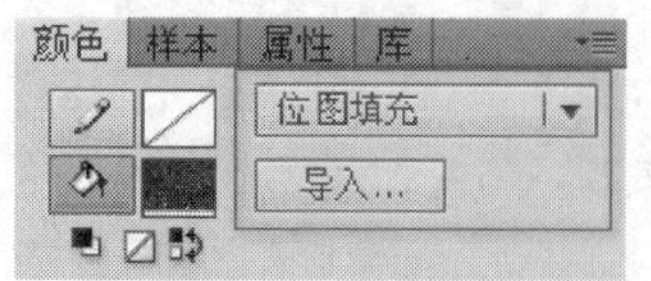


图 2-125 导入位图

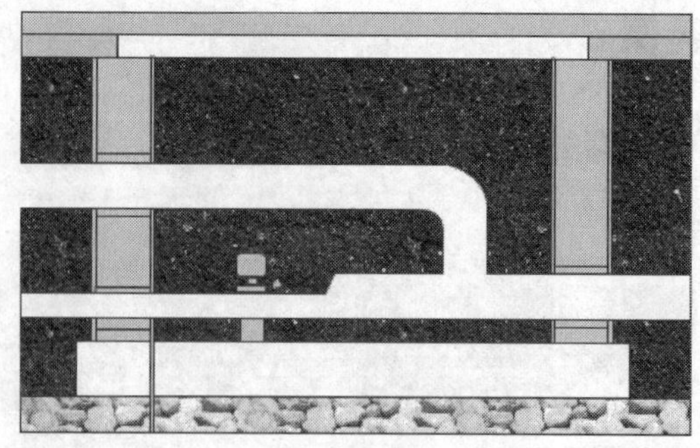

图 2-126 填充位图

**03** 继续使用“颜色”面板上的“导入”按钮导入其他的图片“B-A-035.jpg”、“B-A-036.jpg”、“rockbump_2.jpg”、“TU_RIBCO.jpg”，分别为舞台上的矩形指定填充的位图，得到如图 2-127 所示效果。

**04** 在“工具”面板中选择“渐变变形工具”工具，旋转位图的角度，如图 2-128 所示。

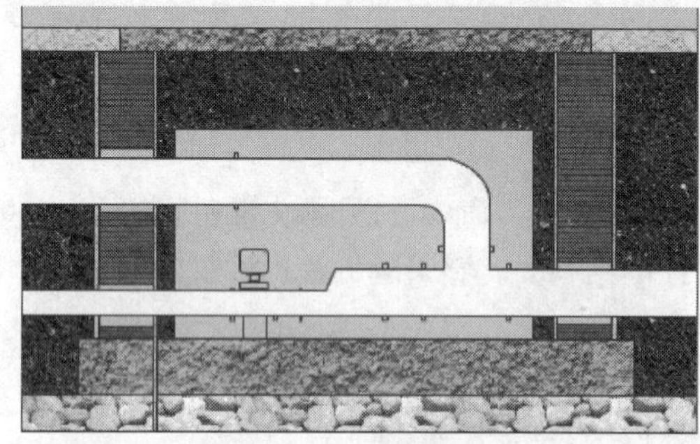

图 2-127 填充位图

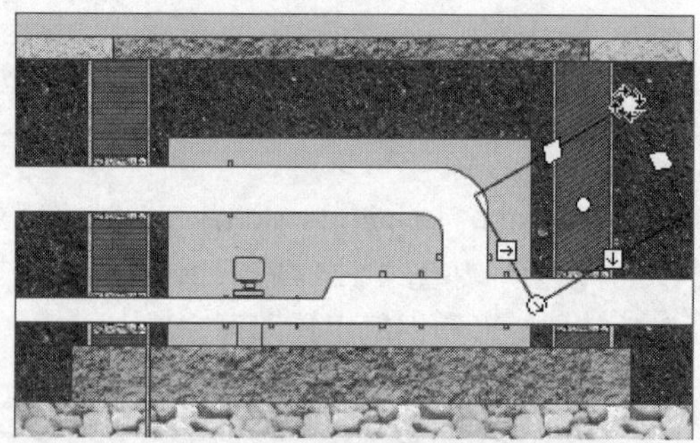

图 2-128 调整位图填充角度

**05** 如图 2-129 所示，点选矩形，将“渐变变形工具”缩小，这时位图的填充方式也随之缩小。渐变变形工具此时非常类似于三维软件中的贴图轴，贴图轴的大小和角度决定位图填充的大小和角度。

**06** 舞台最下方的石头贴图和整体不太协调，选择该矩形，在“颜色”面板上单击“导入”按钮，从弹出的对话框中导入“鹅卵石 .jpg”。然后用吸管吸取刚才导入的位图，这时矩形的填充颜色替换成了新的图片。采用上一步的方法，使用“渐变变形工具”将位图贴图缩小到合适的比例，得到如图 2-130 所示效果。

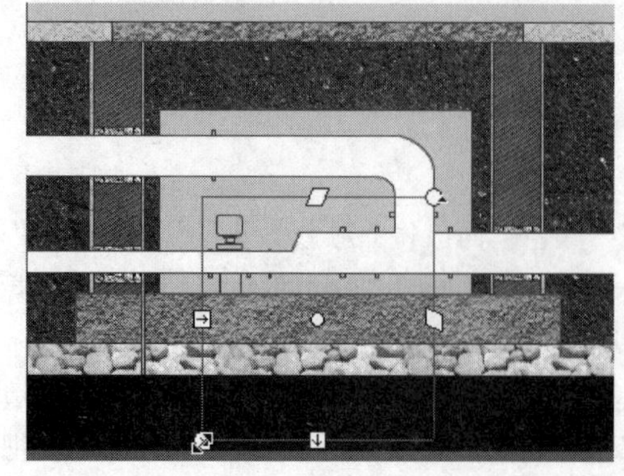

图 2-129 调整位图大小

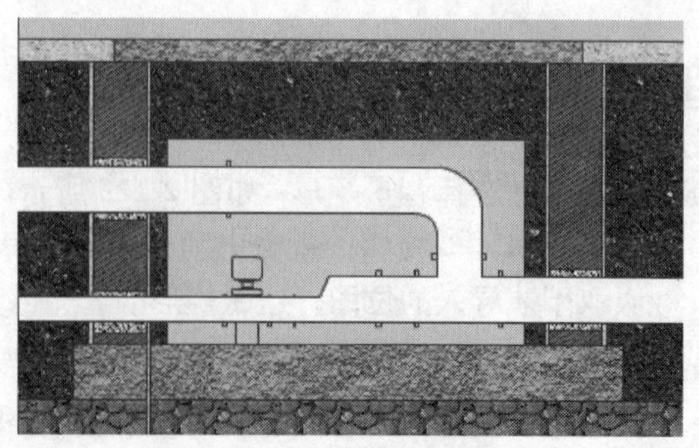

图 2-130 调整位图填充大小

## 步骤三：调整细节

**01** 如图 2-131 所示，当放大舞台时能看见有些矩形的大小不是很一致。作为工业项目，一般对尺寸要求比较严格，如何精确调整形状的高和宽呢？选择需要调整的矩形，在“属性”面板上调整其“宽”和“高”值就可以啦。通过输入数值的方法，能精确设定图形的大小和在舞台上的位置。

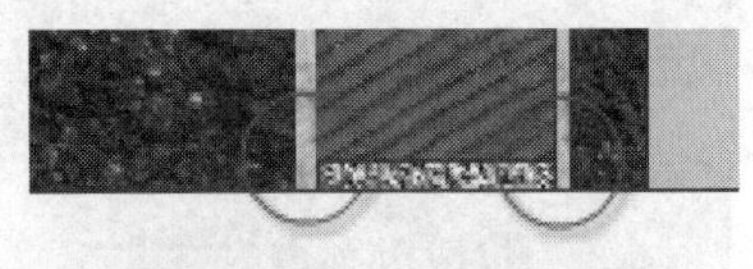

图 2-131　宽度不一致

**02** 选择管子后面的灰色矩形，双击进入“绘制对象”编辑模式。双击矩形的边，按 Ctrl+C 键复制边，按 Ctrl+V 键粘贴边，选择“工具”面板中的“任意变形工具”，将边缩小一定距离，得到边框的厚度。选择多余的线条，按 Delete 键将其删除。

**03** 选择两条边线的中间部分，在“颜色”面板中设置“类型”为“线性渐变”，修改颜色滑块如图 2-132 所示，模拟无锈钢效果，得到如图 2-133 所示效果。

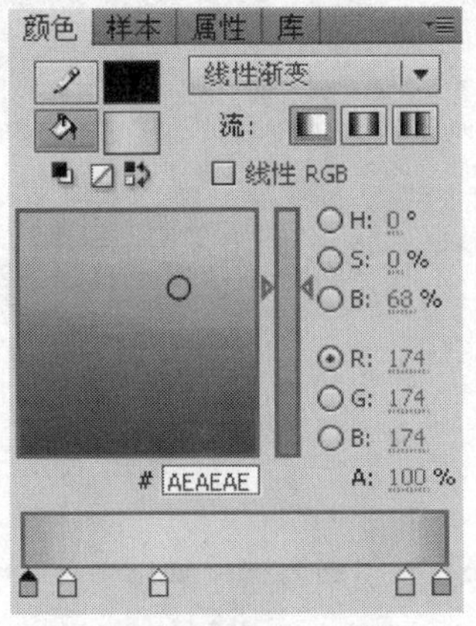


图 2-132　调整填充属性

图 2-133　填充效果

**04** 选择矩形的中间部分，在“颜色”面板中设置“类型”为“径向渐变”，修改颜色滑块颜色，如图 2-134 所示。

**05** 在“编辑栏”单击“场景 1”，回到场景编辑模式，即，得到如图 2-135 所示效果。

**06** 放大舞台区域会发现，还有一些细节不够准确，如图 2-136 所示。

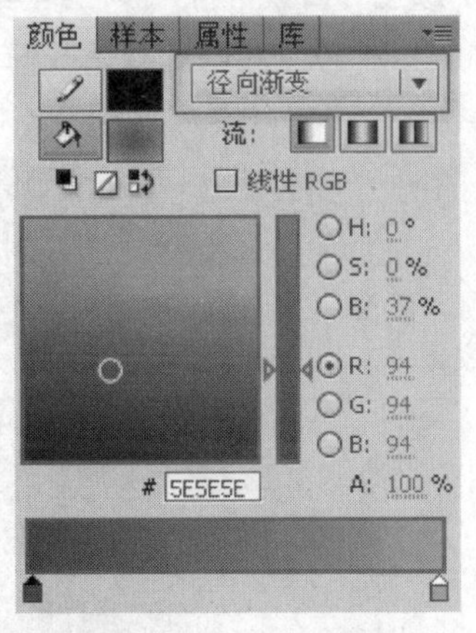


图 2-134　调整填充颜色

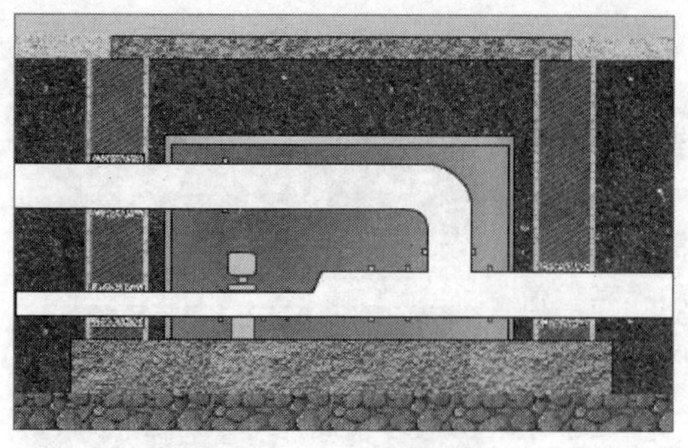

图 2-135 调整后的效果

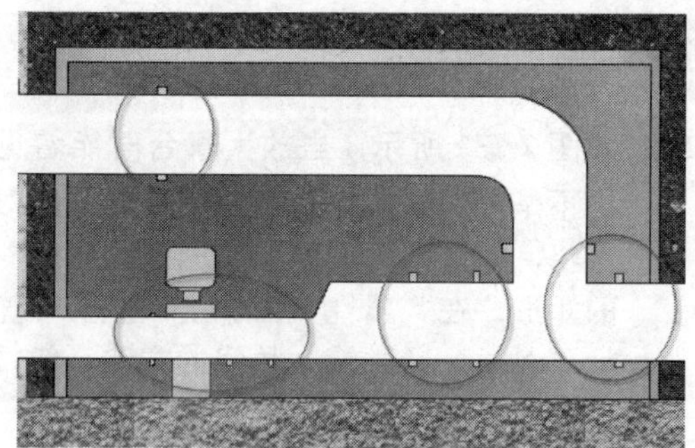

图 2-136 高低及宽度不一致

**07** 分别选择需要调整的矩形图形，如图 2-137 所示，在“属性”面板上将“宽高锁定”打开，调整“宽”和“高”值。然后按住 Shift 键选择排在一排的矩形，在“对齐”面板将其中心水平对齐，如图 2-138 所示。

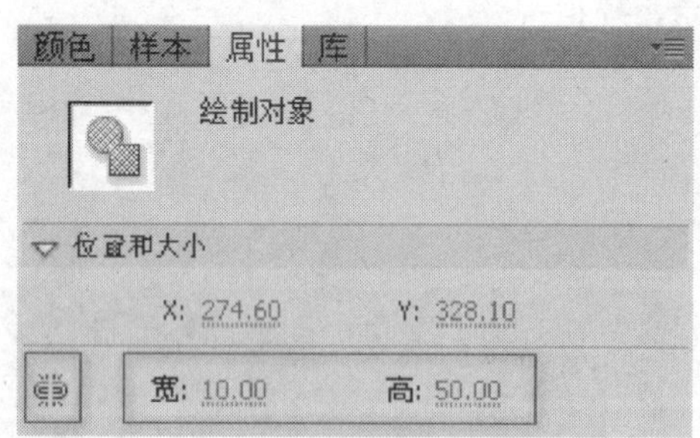


图 2-137 精确调整

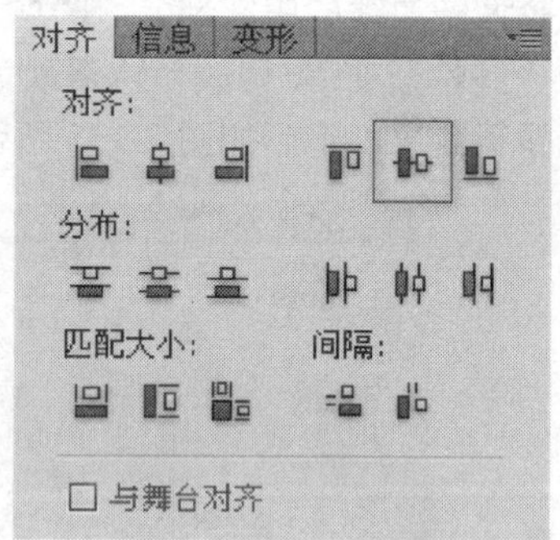


图 2-138 水平对齐

## 步骤四：绘制管道和阀门

**01** 在“工具”面板中选择“矩形工具”，在“属性”面板中设置“笔触颜色”选项为“无”，注意保持“工具”面板上的“锁定按钮”及“对象绘制”开启。

**02** 在“颜色”面板中将“颜色类型”设为“线性渐变”，单击颜色滑块左侧按钮将其调为“浅灰色”（模拟管道暗部颜色），右侧按钮调为“白色”，“Alpha”值为“0%”（模拟管道亮部颜色），多次重复绘制矩形，得到如图 2-139 所示效果。

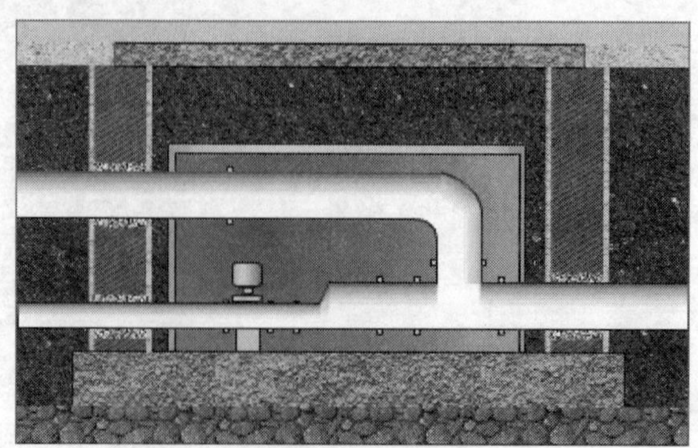

图 2-139 绘制阴影

**03** 选择管道，如图 2-140 所示，在“属性”面板中打开“填充和笔触”面板，将“笔触颜色”设为“浅灰色”，“笔触”设为“10”，“样式”设为“实线”。

**04** 在“时间轴”编辑面板中将图层“famen”移到图层“guanzi”的上面。

**05** 双击图层“famen”，就选择了图层上的所有图形，在“属性”面板中将其“填充颜色”设为“粉蓝色”。

**06** 选择阀门上方的“基本矩形”图形，在“颜色”面板中将“颜色类型”设置为“线性渐变”。调整颜色滑块颜色，依次填充整个图形，得到如图 2-141 所示效果。

图 2-140 调整笔触属性

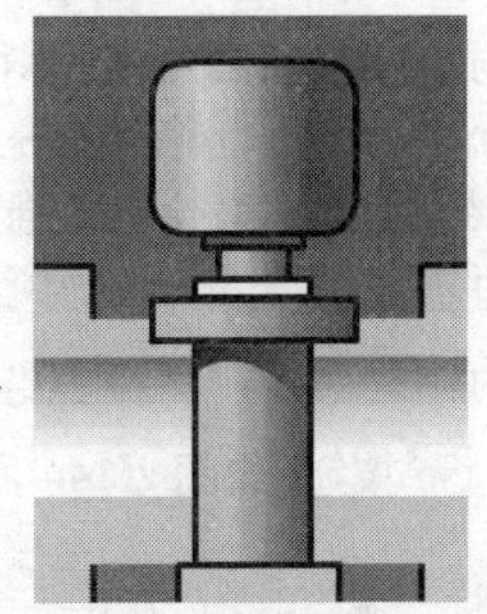

图 2-141 调整填充颜色

本例到这里结束。用 Flash 填充位图的方法你掌握了么？想想看，这种填充位图的方式与直接导入图片的方式有什么不一样的？

## 实例 7

## “鼠”我最牛——动物画法

图 2-142 实例 7：鼠我最牛——动物画法

**提示：**

在这个例子里（如图 2-142 所示），你能学会使用刷子模式！你还能学到“插入空白关键帧”、“绘图纸外观”以及“清除关键帧”等命令的使用！

### 步骤一：创建文件

打开 Adobe Flash Professional CS5，选择“新建”面板下的“ActionScript 3.0”选项，新建一个 Flash 工程文件。

## 步骤二：创建角色的基本轮廓

Flash 角色的画法有很多种，但大致的流程都是：草图→线图→色稿→阴影，所以当熟练使用 Flash 的各种绘图工具以后，就可以选择你最喜欢的方式绘图！特别需要注意的是：如果你绘制的角色没有动画的话，你可以参考实例 2 绘制场景的方法绘制角色，原理是一样的；但是如果有动画的话，在最初角色制作的时候就要将各部位分开而且各部位独立。

**01** 将“工具”面板上的“锁定按钮”及“对象绘制”开启。选择“刷子工具”，打开“使用压力”按钮和“使用斜度”按钮，选择一个合适的“笔刷大小”（可以选小一点），在“属性”面板上将“填充颜色”设为“黑色”，画出你心中所想的角色的大致样子，如图 2-143 所示。手绘能力强的可以直接使用手写板绘制，如果不好的可以先在纸上画好扫描进电脑里导入 Flash 中描绘。

**02** 在“时间轴”控制面板上选择第“2”帧，按 F7 键插入空白关键帧。然后打开“绘图纸外观”按钮，如图 2-144 所示，这时刚才画好的老鼠轮廓就作为底图显示在当前帧下了。

图 2-143　绘制老鼠的大致造型

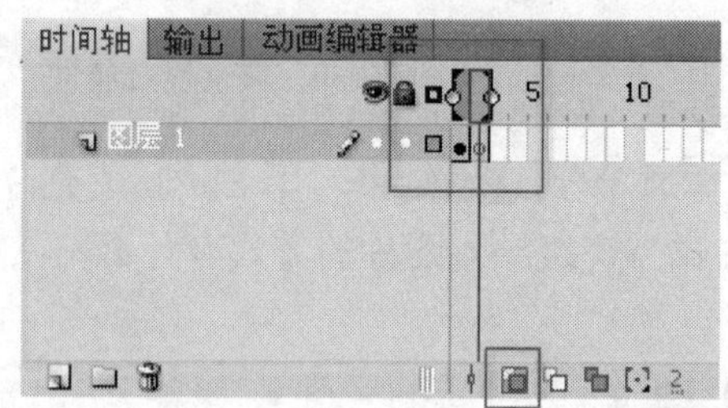


图 2-144　打开绘图纸外观

**03** 在“工具”面板上选择“钢笔工具”，在“属性”面板上将“笔触颜色”设为“黑色”，按照底图的样式，勾出老鼠头部圆滑的线条，注意要将图形封闭成为一个完整的图形。如图 2-145 所示，再使用“部分选取工具”将老鼠头部的轮廓调整到满意的形状。

**04** 同样，在“工具”面板上选择“钢笔工具”，在“属性”面板上将“笔触颜色”设为“黑色”，按照底图的样式，勾出老鼠身体的线条，注意也要将图形封闭成为一个完整的图形。如图 2-146 所示，使用“部分选取工具”将老鼠身体的轮廓调整到满意的形状。

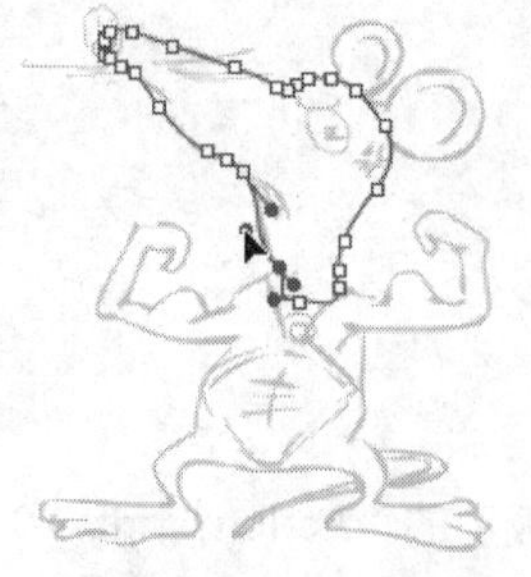

图 2-145　绘制老鼠头部轮廓

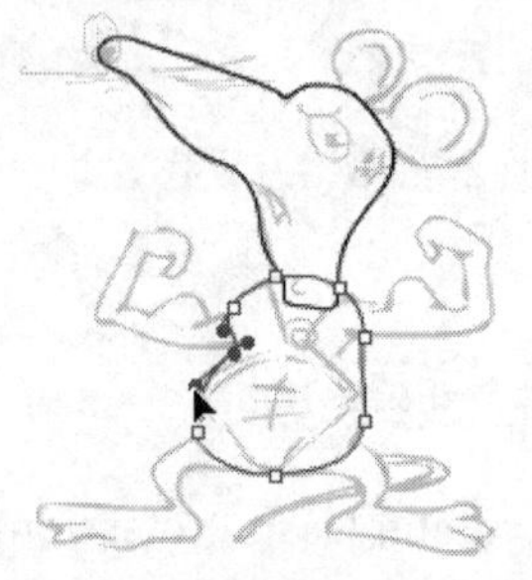

图 2-146　绘制老鼠身体轮廓

**05** 使用同样的方法，依次绘制老鼠的左手、右手、左腿、右腿、尾巴几大部分，得到如图 2-147 所示效果。注意每个部分的图形要封闭，特别是尾巴，虽然会被身体遮挡，也要完整地画出来。

**06** 在“工具”面板上选择“圆形工具”，在“属性”面板上将“笔触颜色”设为“黑色”，“填充颜色”值设为“无”，画出老鼠的鼻子、耳朵和眼睛。再使用“工具”面板上的“选择工具”进一步调整圆形的轮廓以符合造型的要求，如图 2-148 所示。

图 2-147　绘制老鼠其他部位轮廓

图 2-148　绘制细节

**07** 在“工具”面板上选择“线条工具”，在“属性”面板上将“笔触颜色”设为“黑色”，依次画出老鼠的胡须、嘴角、眼睑、耳朵线、手指线、肌肉线、脚趾线，再使用“工具”面板上的“选择工具”进一步调整直线的弧度符合造型的要求，如图 2-149 所示。

**08** 在“工具”面板上选择“钢笔工具”，在“属性”面板上将“笔触颜色”设为“黑色”，按照底图的样式勾出老鼠衣服的线条，注意要将每个图形封闭成为一个完整的图形。最后使用“部分选取工具”将老鼠身体的轮廓调整到满意的形状，如图 2-150 所示。

图 2-149　调整直线的弧度

图 2-150　绘制老鼠衣服

**09** 下面是非常关键的步骤，要将这些看起来杂乱无章交错的线组合起来，让它们每个部位的线条在一个组里。首先在“时间轴”控制面板上关闭“绘图纸外观”按钮，然后按住 Shift 键分别选择老鼠的脸部轮廓、胡须、鼻子、嘴角、喉结等细节线条，如图 2-151 所示。再按 Ctrl+B 键将其打散，接着选择“修改”|“合并对象”|“联合”命令，这样这些被选择的部分就合并到一个绘制对象即“头部”里面，以方便后面的操作。

**10** 同样，继续将左手、右手、眼部、左耳、右耳、左腿、右腿分别组合成为独立的包含细节线条的绘制对象，如图 2-152 所示。由于身体和尾巴本身就是一个整体，就不用再操作了。

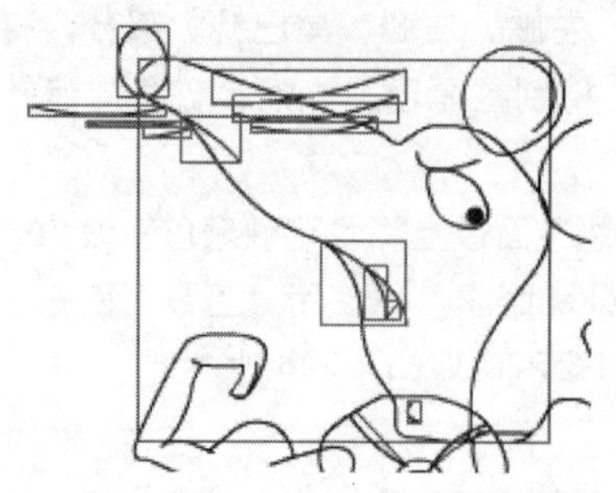

图 2-151　选择需要放在同一组的图形

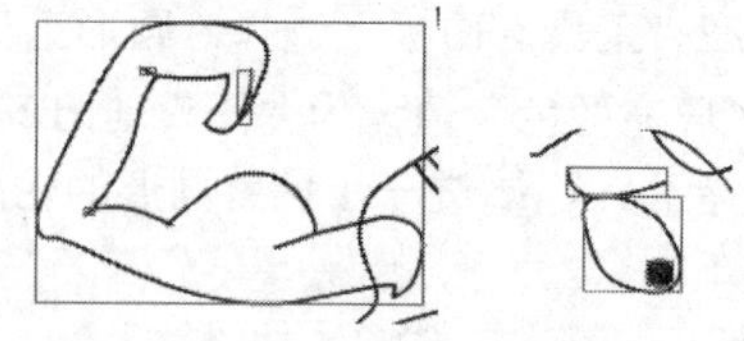

图 2-152　选择需要放在同一组的图形

**11** 当上述操作完成以后，在“时间轴”控制面板上选择第“1”帧，单击鼠标右键选择快捷菜单中的“清除关键帧”命令，这时第“2”帧会自动移到第“1”帧的位置上。在舞台上全选所有图形，单击鼠标右键选择“分散到图层”命令，如图 2-153 所示，这样不同的图形就放在了不同的图层里。

**12** 分别将每个图形所在的图层命名，对于空白多余的“图层 1”，单击“删除图层”按钮将其删除。重新排列各图层的顺序，使其如图 2-154 所示。

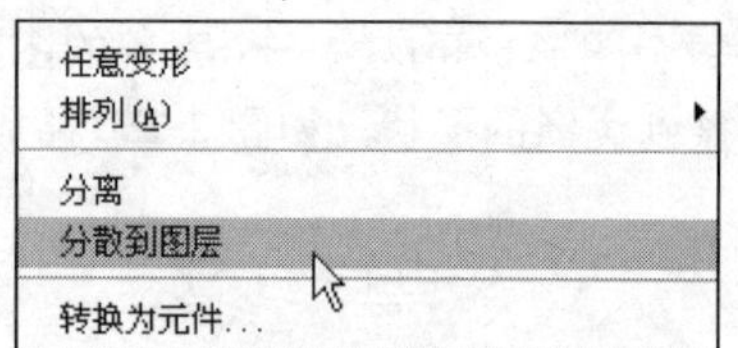


图 2-153　将图形分散到不同的图层

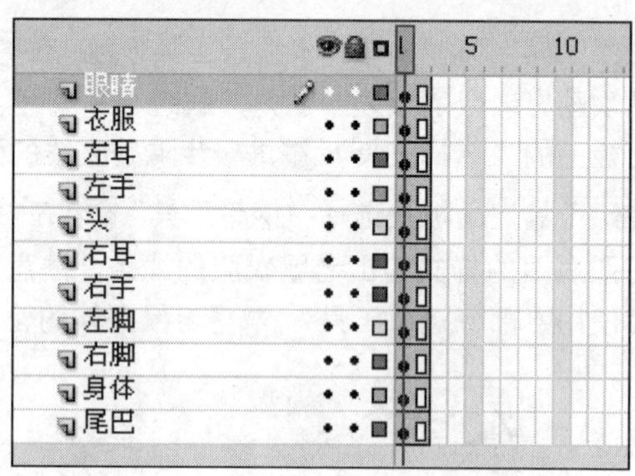


图 2-154　重命名图层并排列顺序

## 步骤三：绘制基本色与清线

**01** 在“工具”面板上选择“颜料通工具”，在“属性”面板上将“填充颜色”值设为“#666699”，分别在舞台上填充老鼠的头部，两个耳朵，左右手、左右腿。然后在“属性”面板上将“填充颜色”值设为“#333333”，分别在舞台上填充老鼠的鼻子，眼珠，尾巴。在“属性”面板上将“填充颜色”值设为“#ffffff”，分别在舞台上填充老鼠的眼睛，嘴巴。在“属性”面板上将“填充颜色”值设为“#ff3399”，在舞台上填充老鼠的肚兜。在“属性”面板上将“填充颜色”值设为“#ffcc00”，在舞台上填充老鼠肚兜上的铜环。在“属性”面板上将“填充颜色”值设为“#66cc00”，在舞台上填充老鼠肚兜的丝带。得到如图 2-155 所示效果。

**02** 当基本色填充完成后，就可以清除掉我们不需要的线了。双击老鼠头部的图形，进入“绘制对象”编辑模式。如图 2-156 左图所示，老鼠的鼻子部分有多余的线条，选择所有多余的线条，按 Delete 键删除。对于老鼠脖子，由于是一根完整的线条不能全部删除，就需要打断。如图 2-156 右图所示，在“工具”面板关闭“对象绘制”，选择“线条工具”，在“属性”面板上将“笔触颜色”设为“黄色”，在需要打断的地方画出记号线。选择脖子下方多余的线条，按 Delete 键删除。然后双击黄色的记号线，按 Delete 键将其删除。这样头部的线条就清除了。

图 2-155　填充基本色

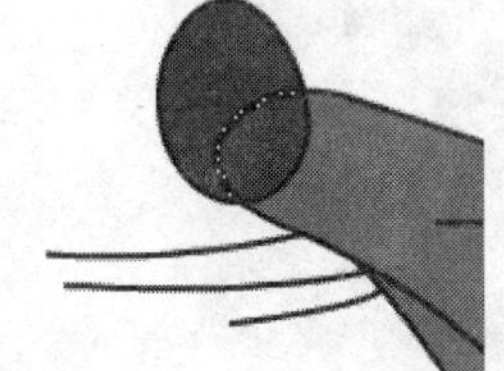

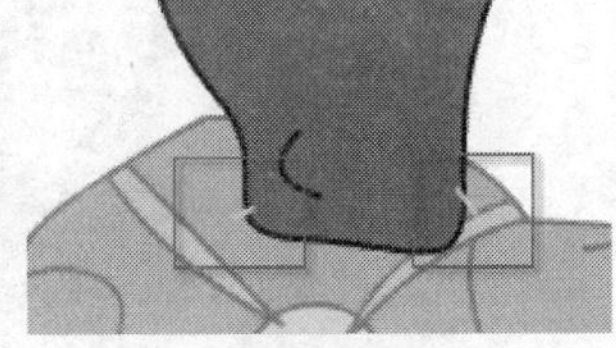

图 2-156　清除头部多余的线

**03** 在“编辑栏”单击“场景 1”即，回到“场景”编辑模式下。双击老鼠的右手，进入右手的绘制对象编辑模式下。在“工具”面板上选择“线条工具”，如图 2-157 所示，画出记号线，选择胳膊右方多余的线条，按 Delete 键删除。然后双击黄色的记号线，按 Delete 键将其删除。

**04** 在“编辑栏”单击“场景 1”即，回到“场景”编辑模式下。继续使用同样的方法，逐个清除手、腿等线条。需要补线的地方也可以补上，比如说老鼠的左耳朵与头部相连的线条。最后得到如图 2-158 所示效果。

图 2-157　清除手部多余的线

图 2-158　清好线的基本色稿

## 步骤四：绘制阴影

**01** 在“时间轴”控制面板选择图层“头”，在“工具”面板上选择“刷子工具”，打开“使用压力”按钮和“使用斜度”按钮，将“刷子模式”设为“内部绘画”，在“属性”面板上将“填充颜色”值设为“#4f4f75”，用笔刷在老鼠头部需要有深色的地方绘制，如图 2-159 所示。你会发现你绘制的颜色不会跑到老鼠轮廓的外面去噢！

**02** 如果对刚才绘制的阴影区域不太满意，可以双击该对象，进入绘制对象“头部”的编辑模式使用“部分选取工具” 将图形的轮廓调整到满意为止，如图 2-160 所示。在“编辑栏”单击“场景 1”即 ，回到“场景”编辑模式下。

图 2-159 绘制老鼠头部的阴影

图 2-160 精确调整阴影轮廓

**03** 用同样的方法，继续画出老鼠的手、身体、腿部的阴影，得到如图 2-161 所示效果。

**04** 在“时间轴”控制面板上选择图层“眼睛”，在“工具”面板上选择“刷子工具” ，打开“使用压力” 按钮和“使用斜度” 按钮，将“刷子模式” 设为“颜料填充” ，在“属性”面板上将“填充颜色”值设为“#4f4f75”，用笔刷在老鼠头部需要有深色的地方绘制。然后再将“刷子模式” 设为“内部绘画” ，在“属性”面板上将“填充颜色”值设为“#CCCCCC”，在老鼠的眼球部分画出阴影。得到如图 2-162 所示效果。现在你能感觉出来这些刷子模式有什么不一样了吧？

图 2-161 绘制其余部位阴影

图 2-162 绘制老鼠眼部阴影细节

**05** 在“时间轴”控制面板上选择图层“右耳朵”，在“工具”面板上选择“刷子工具” ，将“刷子形状” 设为“竖状椭圆形” ，将“刷子模式” 设为“颜料填充” ，在“属性”面板上将“填充颜色”值设为“#4f4f75”，如图 2-163 所示，用笔刷在老鼠耳朵需要有深色的地方绘制。用同样的办法绘制左耳朵的阴影。

**06** 在“时间轴”控制面板上选择图层“头”，在“工具”面板上选择“刷子工具” ，在“属性”面板上将“填充颜色”值设为“黑色”，如图 2-164 所示，用笔刷在老鼠鼻子背光面绘制阴影。然后在“属性”面板上将“填充颜色”值设为“#CCCCCC”，绘制高光。

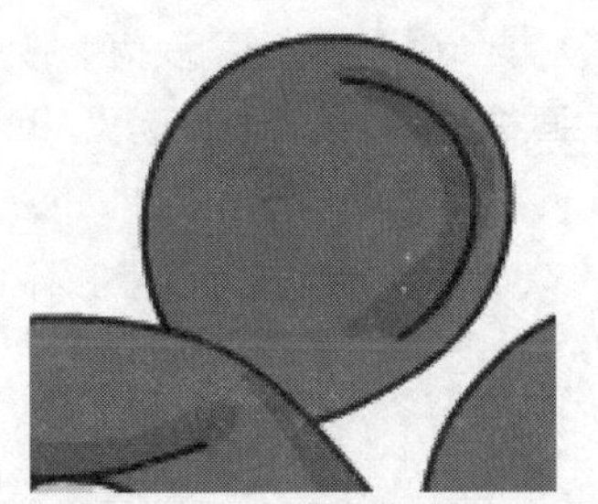

图 2-163 绘制老鼠耳朵阴影细节

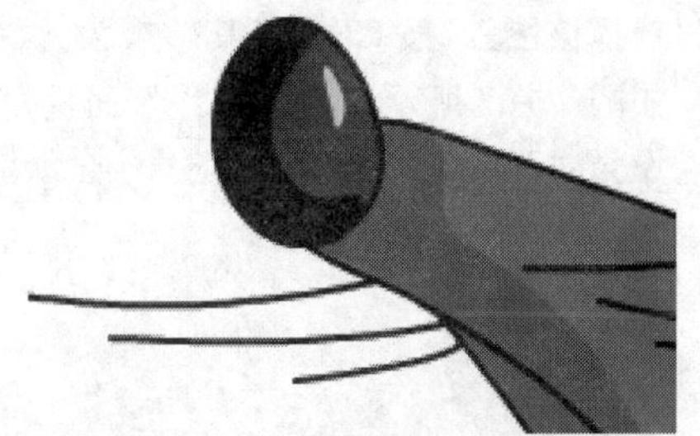

图 2-164 绘制老鼠鼻子细节

**07** 用同样的办法继续绘制，不断调整角色的暗部、亮部的绘制，最终得到如图 2-142 所示效果。

本例到这里结束。是不是挺有趣啊？好好保存它，将来可以为它添加动画！

## 实例 8

# 万物主宰——人物画法

图 2-165 实例 8：万物主宰——人物画法

上一个例子中我们采用钢笔路径的方式造型，这一个例子里采用几何形造型方式，与路径方式不同的是它能产成漂亮的非均匀的外轮廓线条。

**提示：**

在这个例子里（如图 2-165 所示），你能学会使用“几何造型法”和“多角星形工具”的基本使用技巧！

### 步骤一：创建文件

**01** 打开 Adobe Flash Professional CS5，选择“新建”面板下的“ActionScript 3.0”选项，新建一个 Flash 工程文件。

**02** 在“属性”面板单击“编辑”按钮，在弹出的“文档设置”面板中将“尺寸”设为“700 像素”×“400 像素”。将“背景颜色”设为“白色”,“帧频”设为“12.00”,单击“确定”按钮。

### 步骤二：创建角色的基本轮廓

**01** 选择“文件”|“导入”|“导入到舞台”命令，在打开的窗口中选择图片“draw.jpg”，它是一张事先画好的人物角色草图。单击“确定”按钮后，使用“工具”面板的“任意变形工具”在舞台上将图片拉大到合适的比例，得到如图 2-166 所示效果。

**02** 选择该图片，按 F8 键将其转换为元件，将其“名称”设为“ref”，“类型”设为“影片剪辑”，如图 2-167 所示。在“属性”面板打开“色彩效果”面板，将“样式”设为“Alpha”，“值”设为“30%”。这样就得到了一个淡淡的草图背景。

图 2-166　导入参考草图

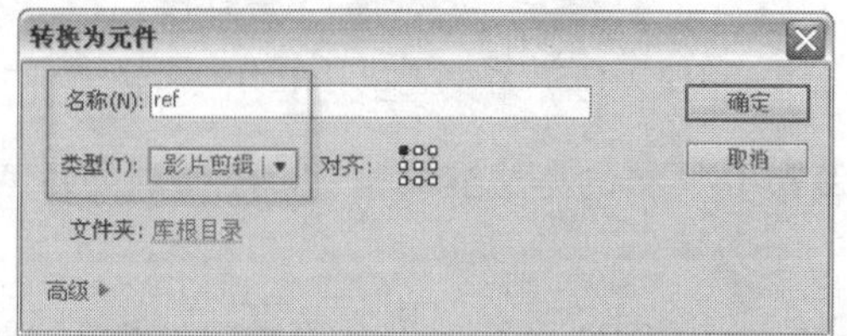


图 2-167　转换元件

**03** 在“时间轴”控制面板上锁定“图层 1”，新建“图层 2”。将“工具”面板上的“锁定按钮”及“对象绘制”关闭。在“工具”面板上选择“矩形工具”，在“属性”面板中设置“笔触颜色”为“无”，“填充颜色”为“黑色”。如图 2-168 所示，在舞台上沿着草图轮廓画出几个基本几何形。使用“工具”面板的“选择工具”调整多边形的边角到合适的位置，得到如图 2-169 所示效果。

图 2-168　绘制几何形状

图 2-169　调整几何形状

**04** 将“工具”面板上的“锁定按钮”开启。如图 2-170 左图所示将相近的几何形状端点进行连接，得到如图 2-170 右图所示效果，这样角色造型大的形状就出来了。

图 2-170　连接基本几何形

**05** 如图 2-171 所示，使用“工具”面板上的“选择工具”进一步调整矩形的轮廓以使其符合造型的要求。

**06** 用同样的方法，继续在“工具”面板上选择“矩形工具”，按照底图的样式绘制手部、腿部、脚部、头部、手部的大的几何形状。使用“工具”面板上的“选择工具”将手部的若干个小的几何形状相互连接在一起，并调整几何形状的弧度，如图 2-172 所示。

图 2-171　调整形状的弧度

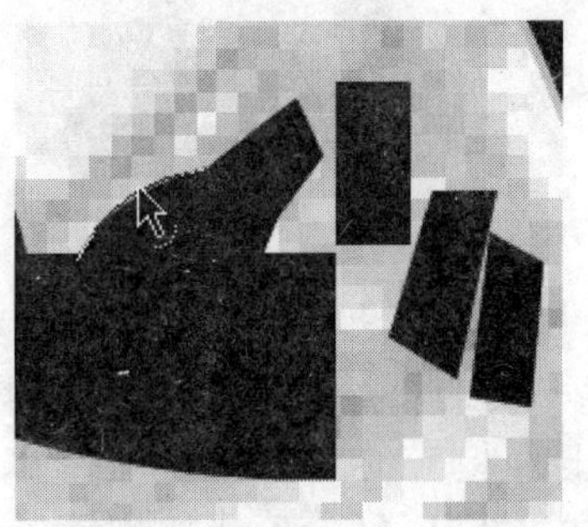

图 2-172　调整手部基本形

**07** 分别选择角色的帽子、头部、耳朵、左披肩、右披肩、左手、右手、左腿、右腿、左脚、右脚的几何形状，选择“修改”|“合并对象”|“联合”命令，将各个部位各自封套在一个绘制对象里面，方便后面的操作。

**08** 全选所有图形，在“属性”面板设置“笔触颜色”为“#CCCCCC”，这样，绘制的几何形状就能看见轮廓了，不过它们的层次关系还不对。选择需要调整层次的图形，分别使用鼠标右键选择“排列”|“移至顶层”、“上移一层”、“下移一层”或“移至底层”命令，调整各图形之间的上下层次关系，使其效果如图 2-173 所示。

图 2-173　排列各图形之间的层次关系

## 步骤三：绘制基本色

**01** 选择角色的帽子，按 Ctrl+D 键复制一个帽子的图形。在“属性”面板中设置“笔触颜色”为“无”、“填充颜色”为“#DACABC”，这样就得到了帽子的填充颜色。使用“工具”面板的“任意变形工具”将图形缩放到比外轮廓略小，如图 2-174 所示。使用相同的方法制作披肩。

**02** 使用“工具”面板上的“选择工具”精确调整图形的弧度性状，如图 2-175 所示。通过调整填充色图形的弧度，使外轮廓呈现出粗细不一样的变化（通常在物体的受光面、光滑的地方线条会较细，有皱褶、转弯、厚度或结构的地方线条会较粗）。

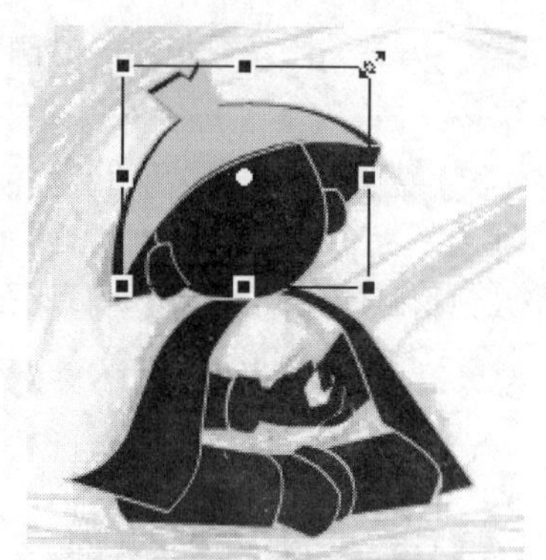

图 2-174　缩放图形

图 2-175　根据造型需要调整图形的弧度

**03** 手部还需要绘制道具。将“工具”面板上的“对象绘制”开启，选择“工具”面板上的“矩形工具”，在“属性”面板中设置“笔触颜色”为“黑色”、“填充颜色”为“#CCCCCC”，在舞台上绘制一个细长的矩形。使用“工具”面板上的“选择工具”将矩形的端点移到适合的地方，然后如图 2-176 所示，将矩形的边拉成弧形成为钓鱼竿的形状。

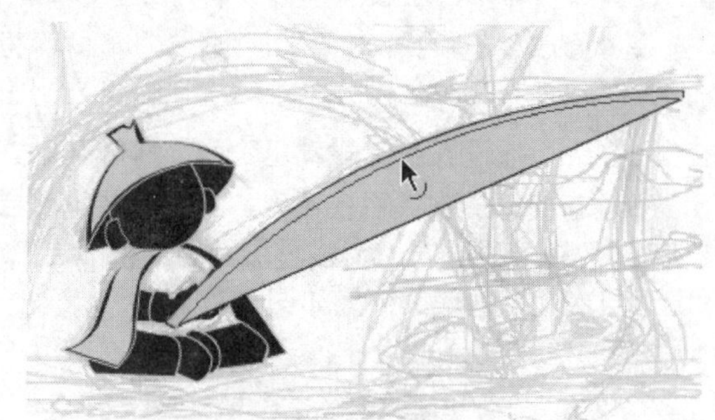

图 2-176　绘制钓鱼竿

**04** 选择“工具”面板上的“笔刷工具”，在“属性”面板中设置“笔触颜色”为“#CCCCCC”，“填充颜色”为“黑色”，如图 2-177 所示，在舞台上耳朵处绘制耳朵的细节。

**05** 选择脸部的图形，按 Ctrl+D 键复制，再使用“工具”面板的“任意变形工具”将其缩小到合适的比例。分别选择耳朵和脸部的图形，在“属性”面板上将“填充颜色”设置为“#DDDDDD”，使其与衣服等相区别。继续使用“工具”面板上的“选择工具”调整耳朵的轮廓，得到如图 2-178 所示效果。

图 2-177　绘制耳部细节

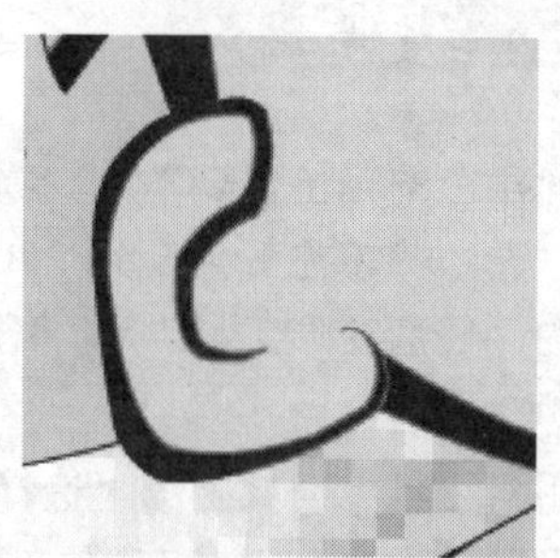

图 2-178　调整肤色及耳朵细节

**06** 选择角色的脖子，手部和脚部，在“属性”面板上将“填充颜色”设置为“#DDDDDD”，得到如图 2-179 所示效果。这样，一个角色看起来就比较清楚了。

图 2-179　调整脖子、手部和脚部的填充颜色

**07** 在“工具”面板上选择“矩形工具”，在“属性”面板上将“笔触颜色”设置为“#CCCCCC”、“填充颜色”设置为“白色”，在舞台上绘制两个作为眉毛的矩形。使用“工具”面板上的“选择工具”调整眉毛轮廓，然后选择两个矩形按 Ctrl+B 键打散，再选择“修改”|“合并对象”|“联合”命令将其组合，并使用“工具”面板的“部分选取工具”细致调整眉毛的造型，如图 2-180 所示。

**08** 同样的方法，继续绘制眼睛、嘴巴和嘴巴上的胡须，最后得到如图 2-181 所示效果。

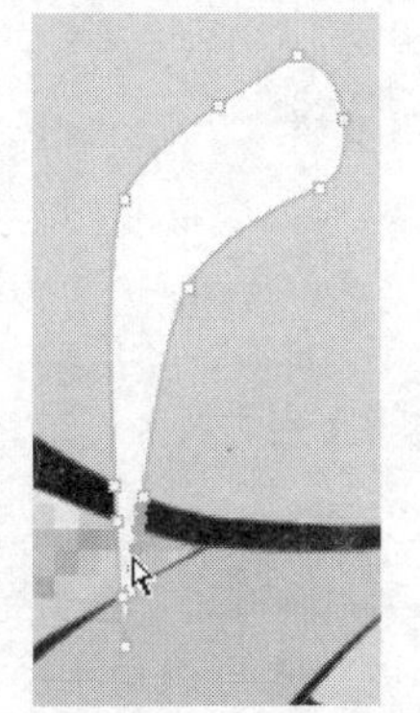

图 2-180　调整眉毛的形状

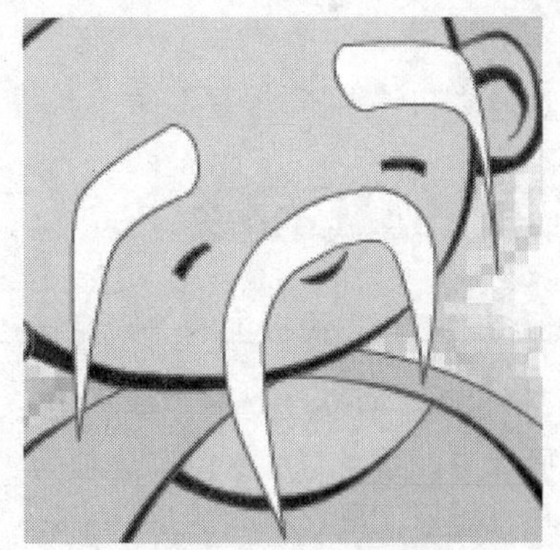

图 2-181　绘制脸部细节

最后使用“工具”面板上的“选择工具”调整角色的外轮廓线条，使其粗细自然流畅，最终得到如图 2-165 所示效果。

本例到这里结束，这种几何造型的方法与前面学过的钢笔路径的造型法你更喜欢使用哪一种呢？按 Ctrl+S 键保存一下，留着后面的练习用吧！

## 实例 9

# 水晶糖果

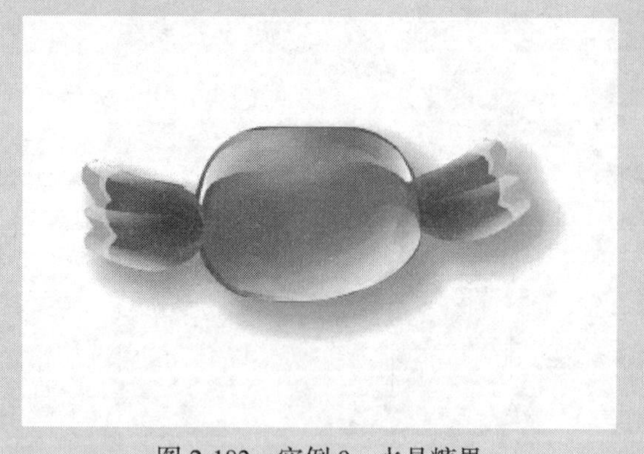

图 2-182 实例 9：水晶糖果

在 Flash 早期的版本里，丰富的渐变层次和自然柔和的光效一直是件难以实现的任务！

**提示：**

这个例子（如图 2-182 所示），是对颜色面板和渐变变形工具的一次魔鬼训练！还涉及"基本矩形工具"、"封套变形"、"渐变发光"滤镜功能等。

## 步骤一：创建及保存文件

**01** 打开 Adobe Flash Professional CS5，选择"文件"|"新建"命令，在弹出的"新建文件"对话框中选择"常规"面板下的"ActionScript 3.0"选项，单击"确定"按钮。

**02** 在"属性"面板中单击"编辑"按钮，在弹出的"文档设置"面板中将"尺寸"设为"360 像素"×"240 像素"。将"背景颜色"设为"白色"，"帧频"设为"12.00"，单击"确定"按钮。

**03** 选择"文件"|"保存"命令，将文件保存为"candy.fla"文件。

## 步骤二：创建基本形

**01** 保持"工具"面板上的"锁定按钮"及"对象绘制"开启。

**02** 在"工具"面板上选择"基本矩形工具"（它在"矩形工具"的二级菜单里），在"属性"面板中设置"笔触颜色"选项为"无"、"填充颜色"设为"#6666CC"，在舞台上绘制矩形。与"矩形工具"不同的是，"基本矩形工具"带有可调节的"矩形边角半径"属性，可以方便的随时修改控制矩形的导角弧度。它生成的是一种新的"图元"的形式，而不是前者生成的"图形"。

**03** 在"属性"面板中打开"矩形选项"，开启"锁定"，分别设置 4 个不同的"矩形边角半径"值，如图 2-183 所示。

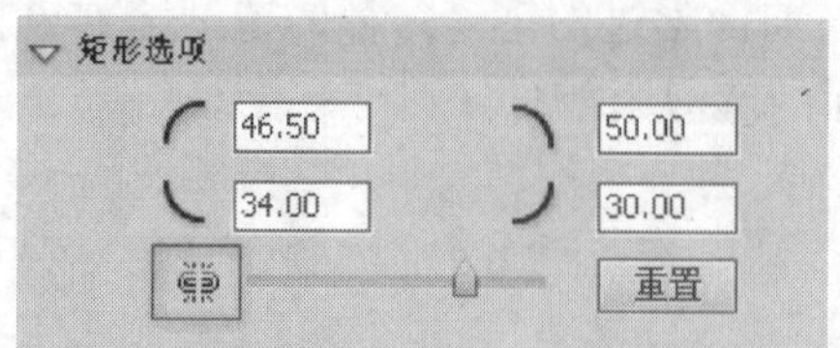


图 2-183 设置矩形边角半径

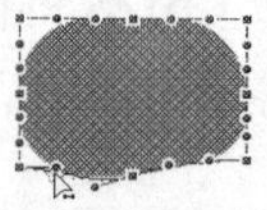

图 2-184 添加封套变形

**04** 在舞台上双击该“矩形图元”，对话框提示“如果要编辑该对象，Flash 必须将其转换为绘制对象”。单击“确定”（基本矩形工具作为“矩形图元”对象时，只能拖动节点修改导角弧度的大小，只有转换为“绘制对象”后才能进行更多的操作）。在“工具”面板上选择“任意变形工具”中的“封套”工具，进一步调整糖果的形状，如图 2-184 所示。

**05** 在“工具”面板上选择“多角星形工具”，在“属性”面板中打开“工具设置”，单击“选项”按钮，打开“工具设置”对话框。如图 2-185 所示，将“多变形边数”设为“4”（选择 4 边的多边形与矩形一样吗？不，画画你就知道了。矩形只能以水平垂直的方式展现，而 4 边多边形可以以任意角度展现，而且 4 边多边形在 CS5 版本里只有正方形）。在舞台上画出糖果包装的左边及右边基本形，使用“选择工具”调整外轮廓，如图 2-186 所示。

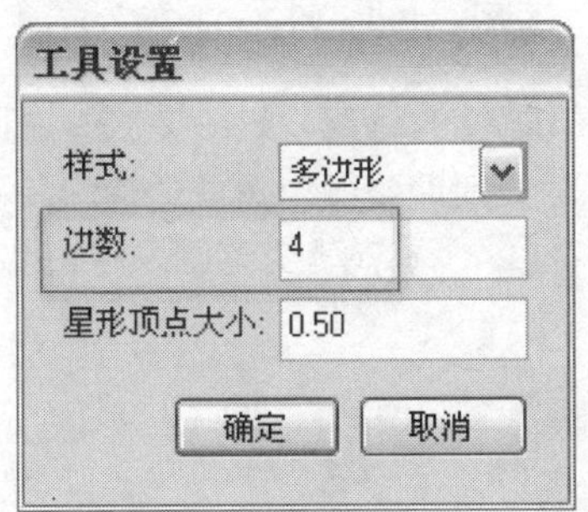


图 2-185　设置多角星形工具

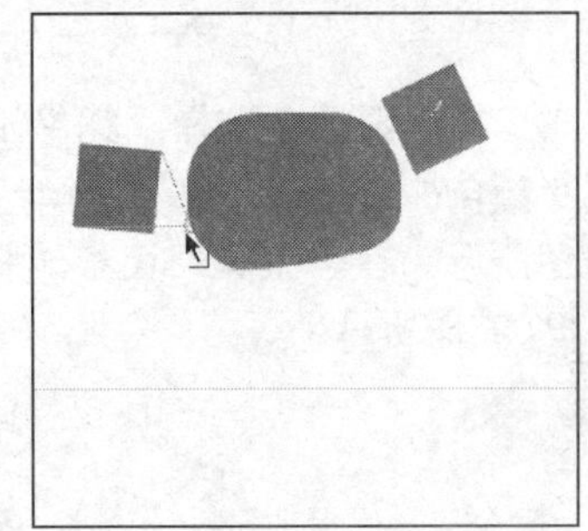

图 2-186　调整外轮廓基本形

**06** 在“工具”面板上选择“铅笔工具”，并选择“铅笔模式”为“平滑”，在“属性”面板中设置“笔触颜色”为“红”色，画出糖果包装的外轮廓线，如图 2-187 所示。选择多余的部分，按 Delete 键删除。然后双击红色的线条，按 Delete 键删除。

**07** 在“工具”面板上选择“线条工具”，如图 2-188 所示，在糖果和包装之间画一道记号线，将两者分离。双击选择红色线条，按 Delete 键删除。

图 2-187　绘制外轮廓线

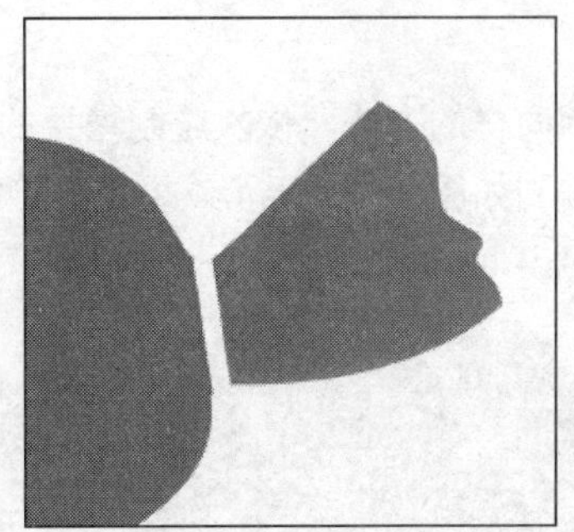

图 2-188　打断基本形

## 步骤三：水晶效果

**01** 选择糖果的图形，在“颜色”面板调整填充“类型”为“径向渐变”，分别调整颜色滑块的值，如图 2-189 所示。

**02** 在“工具”面板选择“渐变变形工具”，单击糖果，调节渐变范围及中心点，如图 2-190 所示。

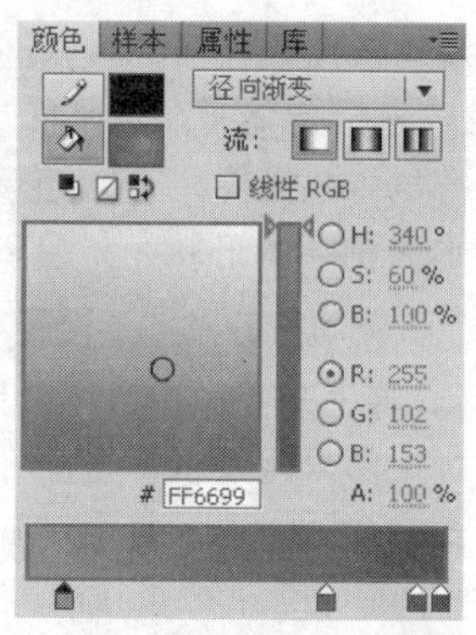

图 2-189　设置填充颜色

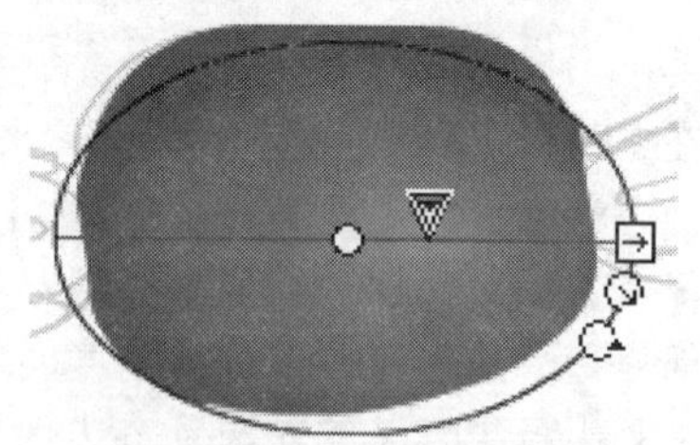
图 2-190　调整填充颜色范围

**03** 在“工具”面板上选择“钢笔工具”，勾出暗部颜色的轮廓，如图 2-191 左图所示。在“颜色”面板调整填充“类型”为“线性渐变”，分别调整颜色滑块的值，如图 2-191 中图所示。在“工具”面板选择“渐变变形工具”，调节渐变范围及中心点，如图 2-191 右图所示。

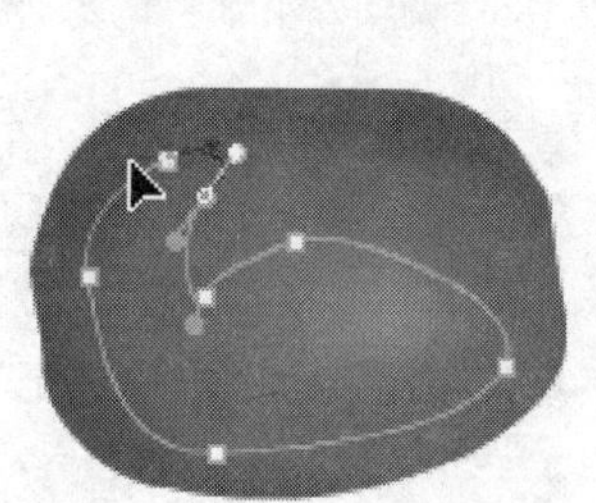
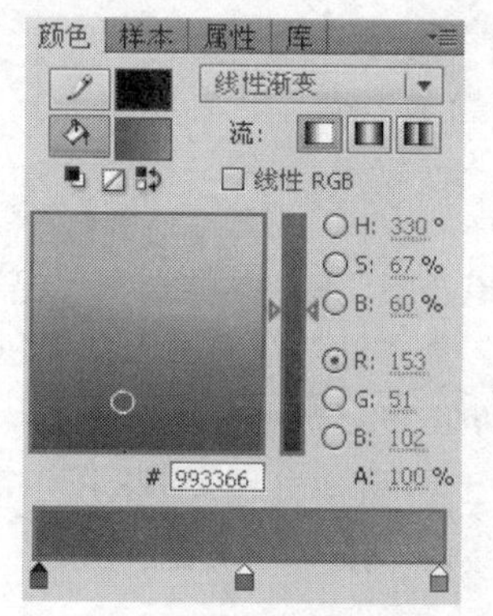

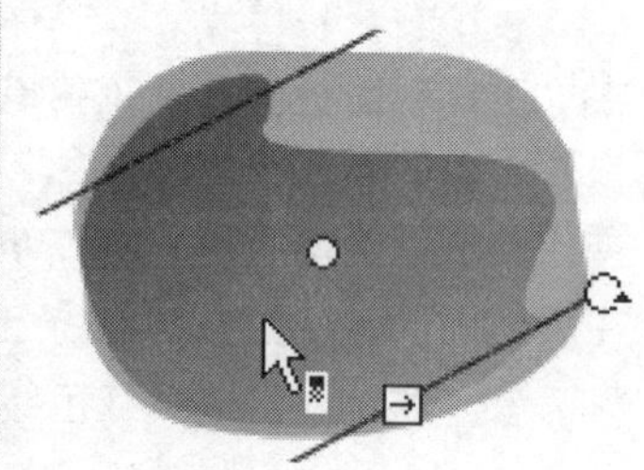
图 2-191　绘制糖果暗部颜色

**04** 用同样的方法，依次绘制糖果的中间色，得到如图 2-192 所示效果。继续绘制反光颜色，得到如图 2-193 所示效果。再绘制受光颜色，得到如图 2-194 所示效果。

图 2-192　绘制中间色

图 2-193　绘制反光色

图 2-194　绘制受光颜色

**05** 用同样的方法绘制糖果的高光，得到如图 2-195 所示效果。选择高光，按 Ctrl+D 键复制高光。选择复制的高光，选择“修改”|“变形”|“水平翻转”命令，将复制的高光水平镜像。在“工具”面板上选择“任意变形工具”，将高光缩放到合适的大小和位置，得到如图 2-196 所示效果。

图 2-195　绘制高光

图 2-196　调整高光形状及比例

**06** 在“工具”面板上选择“墨水瓶工具”，在“属性”面板中设置“笔触颜色”为“红色”，在舞台上单击包装的图形，即可获得其轮廓线。选择红色的轮廓线，将其移动一定距离。在“工具”面板上选择“颜料桶工具”，在“属性”面板上调整“填充颜色”值为“#FF9900”。双击红色的轮廓线，如图 2-197 所示继续移动红色轮廓线，这样又裁减出来一个区域。选择该区域，使用“颜料桶工具”，在“属性”面板上调整“填充颜色”值为“#CCFF00”，这样就得到了一条黄色的装饰条。双击红色的轮廓线后按 Delete 键删除。

**07** 使用与糖果高光同样的画法画出包装的高光。在“工具”面板上选择“任意变形工具”，将高光缩放到合适的大小和位置，如图 2-198 所示。

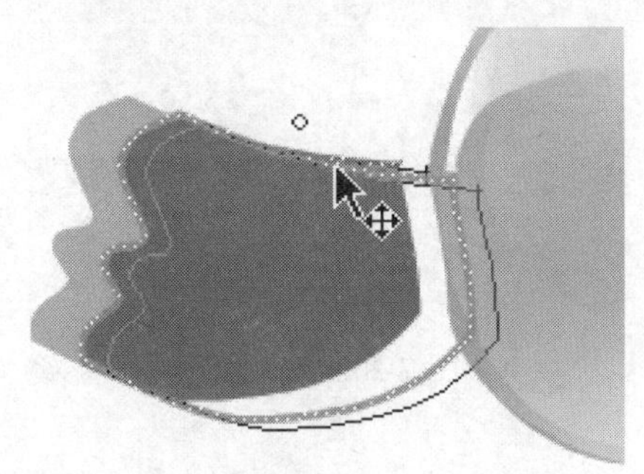
图 2-197　移动轮廓线

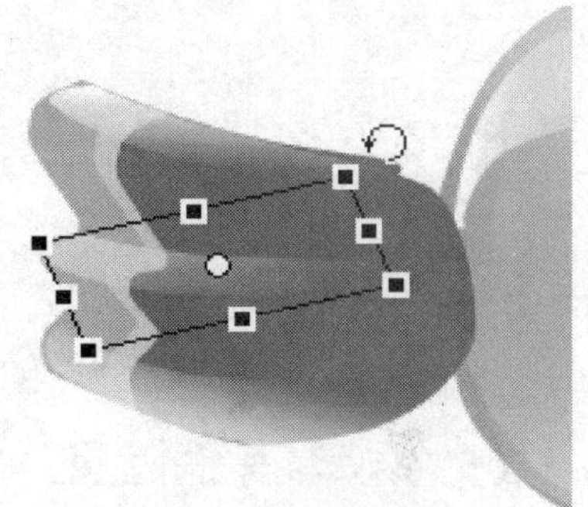
图 2-198　调整高光形状

**08** 在“工具”面板上选择“椭圆工具”，在“属性”面板中设置“笔触颜色”为“无”、“填充颜色”为“白”，绘制一个作为暗部的圆形。选择该圆形，在“颜色”面板调整“颜色类型”为“径向渐变”，分别调整颜色滑块的值为深紫色到透明。然后在“工具”面板上选择“渐变变形工具”，调整渐变色的范围和大小，如图 2-199 所示。

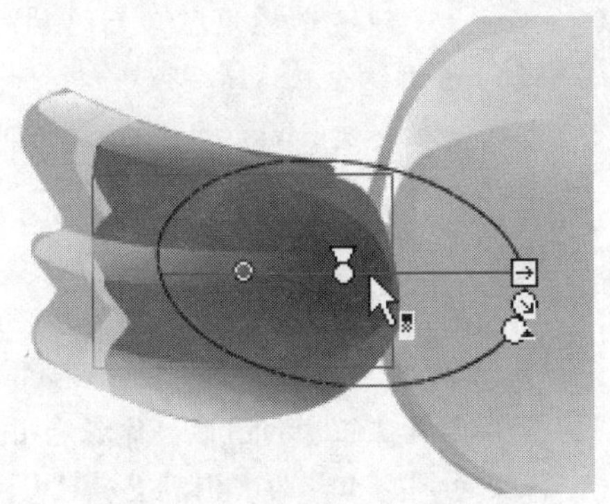
图 2-199　调整渐变变形范围

图 2-200　复制右侧的包装纸

**09** 按 Ctrl+G 键将完成的左侧包装组合在一起。按 Ctrl+D 键复制图形。选择“修改”|“变形”|“水平翻转”命令，将复制的包装水平镜像。在“工具”面板上选择“任意变形工具”，将右侧包装缩放到合适的大小和位置，得到如图 2-200 所示效果。

## 步骤四：添加阴影

**01** 框选舞台上的所有图形和组，按 F8 键将其转换为元件，将“名称”设为“candy”、“类型”设为“影片剪辑”，如图 2-201 所示。

**02** 选择元件“candy”，在“属性”面板上打开“滤镜”面板，单击“添加滤镜”按钮，在弹出的菜单中选择“渐变发光”特效。调整模糊值及品质、发光距离、发光的浅色及深色，如图 2-202 所示。“渐变发光”能更好地控制阴影、发光等特效的层次。

图 2-201 转换为元件

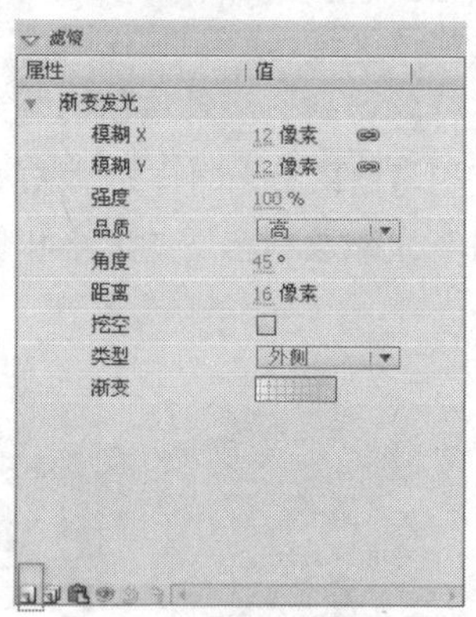

图 2-202 添加渐变发光滤镜

设置好后会得到如图 2-182 所示效果。

本例到这里结束。多花一点儿时间，你一定能做出更加晶莹剔透的水晶效果！

## 实例 10

# 国画牡丹

图 2-203 实例 10：国画牡丹

上帝创造世界用了 7 天的时间，我们也用 7 个例子来创造一个世界吧，一起感受 Flash 神奇的绘画造型功能。

**提示：**

在这个例子里（如图 2-203 所示），你能利用简单的矩形和圆形工具创建任意的图形！你还能用渐变色调整工具为它们调整颜色！

## 步骤一：创建文件

**01** 打开 Adobe Flash Professional CS5，选择“文件”|“新建”命令，在弹出的“新建文件”对话框中选择“常规”面板下的“ActionScript 3.0”选项，单击“确定”按钮。

**02** 在“属性”面板单击“编辑”按钮，在弹出的“文档设置”面板中将“尺寸”设为“550像素”×“390 像素”。将“背景颜色”设为“白色”、“帧频”设为“12.00”，单击“确定”按钮。

## 步骤二：导入宣纸背景

**01** 选择“文件”|“导入”|“导入到舞台”命令，导入一张宣纸的背景图“skybg.jpg”，如图 2-204 所示。当然，你也可以在 Flash 里面画一个宣纸背景。如果忘记怎么做了，再看看实例 6 吧！在“属性”面板中打开“位置和大小”，设置“X”为“0.00”、“Y”为“0.00”。

**02** 在“时间轴”控制面板双击“图层 1”，将其重命名为“paperbg”。养成给图层命名的好习惯，在处理大型多元件多图层的项目时会非常有效率！

图 2-204　导入宣纸背景图

**03** 新建“图层 2”，将其重命名为“hua”，然后锁定图层“paperbg”。

## 步骤三：绘制花朵

**01** 在“工具”面板上选择“刷子工具”，如果安装有手写输入设备，请将“使用压力”按钮开启、“使用斜度”按钮开启。在“颜色”面板中设置“笔触颜色”为“无”、“填充颜色”的“颜色类型”为“径向渐变”，调节颜色滑块如图 2-205 所示，注意将最右侧颜色的“Alpha”设为“30%”。

**02** 在舞台上画出一朵牡丹花的花瓣，如图 2-206 所示。

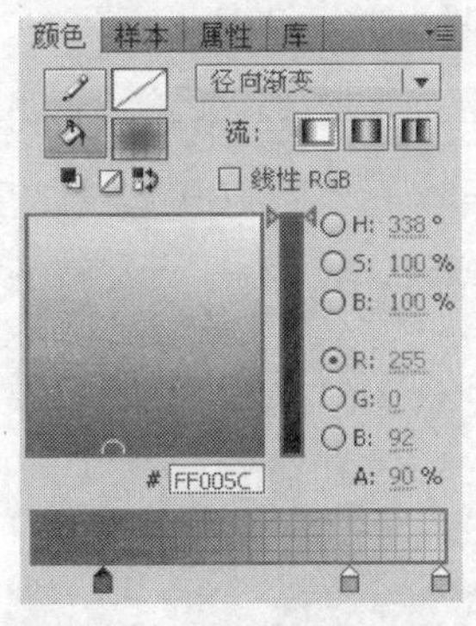


图 2-205　调整笔刷填充颜色

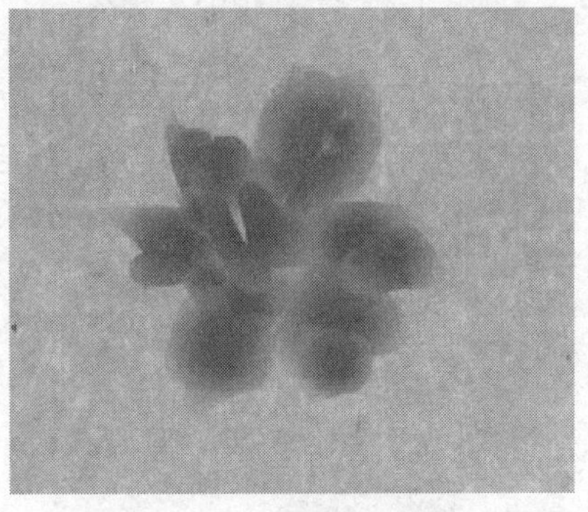

图 2-206　绘制牡丹花瓣

**03** 继续在“工具”面板中选择“刷子工具”，在“颜色”面板中设置“笔触颜色”为“无”，“填充颜色”的“颜色类型”为“径向渐变”，调节颜色滑块，如图 2-207 所示，让其整体设置都稍浅些。在舞台上再画出一朵浅色牡丹的花瓣，得到如图 2-208 所示效果。

**04** 在“工具”面板中选择“铅笔工具”，将“铅笔模式”设为“墨水”即，在“属性”面板上设置“笔触颜色”为“黄色”，在牡丹花瓣上画出花蕊如图 2-209 所示。

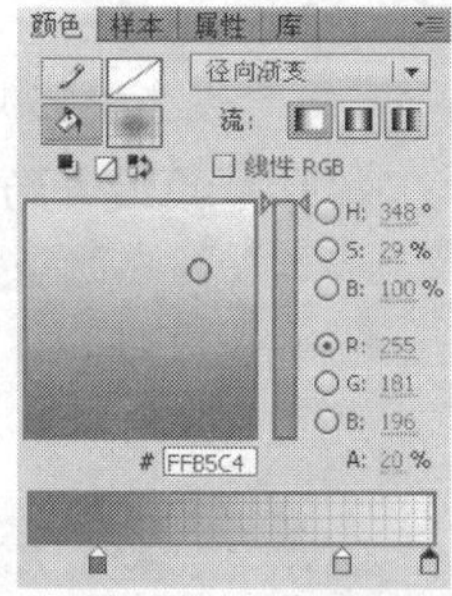
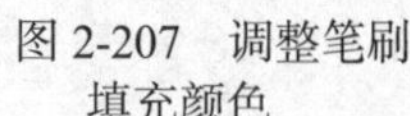

图 2-207 调整笔刷填充颜色

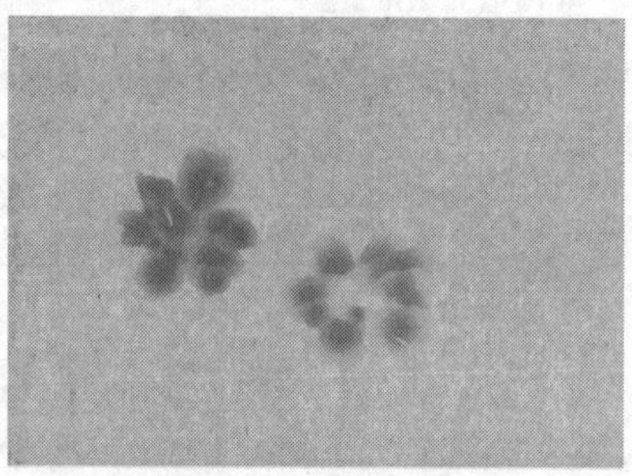

图 2-208 绘制浅色牡丹

图 2-209 绘制花蕊

## 步骤四：绘制绿叶

**01** 在“时间轴”控制面板中新建“图层 3”，并将其命名为“yezi”，移动到图层“hua”的下面。

**02** 在“工具”面板上选择“刷子工具”，在“颜色”面板中设置“笔触颜色”为“无”、“填充颜色”的“颜色类型”为“径向渐变”，调节颜色滑块如图 2-210 所示。在舞台上画出牡丹花的枝干和底层的叶子，得到如图 2-211 所示效果。

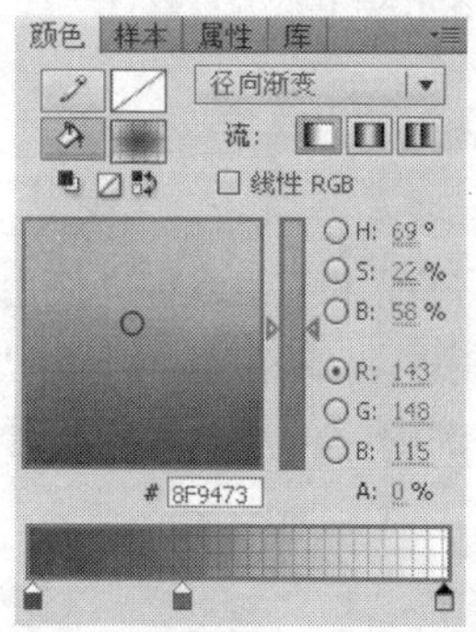

图 2-210 调整笔刷填充颜色

图 2-211 绘制牡丹枝干与底层叶子

**03** 在“颜色”面板中设置“笔触颜色”为“无”、“填充颜色”的“颜色类型”为“径向渐变”，调节颜色滑块如图 2-212 所示。然后在舞台上绘制上层叶子，得到如图 2-213 所示效果。

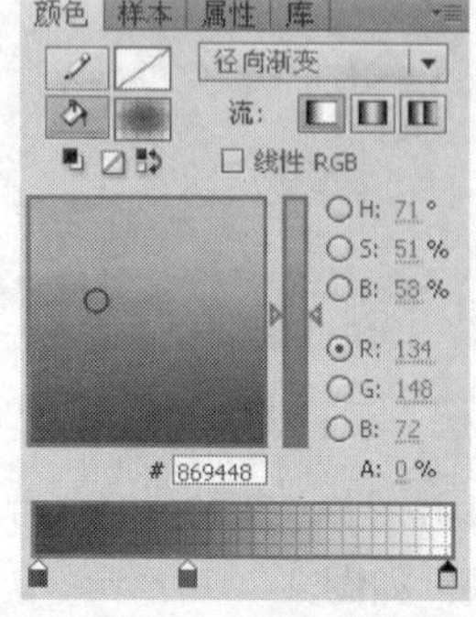

图 2-212 调整笔刷填充颜色

图 2-213 绘制上层叶子

**04** 在“工具”面板中选择“刷子工具”，将“刷子大小”调小，在“颜色”面板中设置“笔触颜色”为“无”、“填充颜色”的“颜色类型”为“径向渐变”，调节颜色滑块如图 2-214 所示。在舞台上画出叶子的脉络，得到如图 2-215 所示效果。

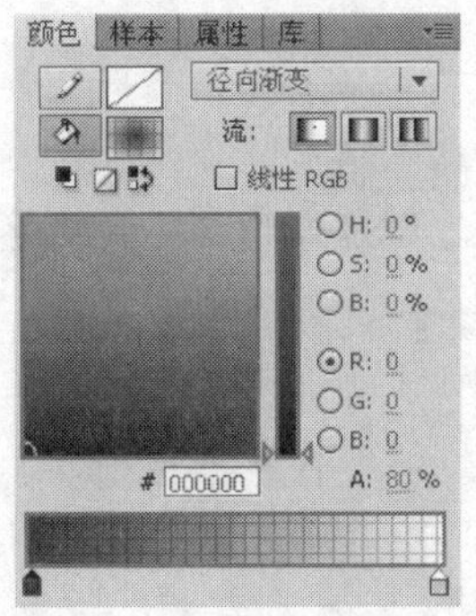


图 2-214　调整笔刷填充颜色

图 2-215　绘制叶子的脉络

## 步骤五：添加古诗及印章

**01** 在“时间轴”控制面板上新建“图层 4”，并将其命名为“si”。

**02** 选择“工具”面板上的“文本工具”，在舞台上输入文字“国色天香，依本伊人”。如图 2-216 所示，在“属性”面板中设置文本的“字体”为“隶书”、“字号”为“30”，“填充”颜色为“#331919”。单击“改变文本方向”按钮，将文字垂直放置。

**03** 选择“文件”|“导入”|“导入到库”命令，从外部导入一个做好的印章元件“zhang.fxg”。如忘记 .fxg 文件如何制作，再去看看实例 4 吧！从“库”中拖拽元件“zhang”到舞台，放置到合适的位置。在“属性”面板中打开“色彩效果”，将“样式”设为“亮度”、值设为“–10%”，如图 2-217 所示，降低元件的亮度，这样就能得到如图 2-203 所示的效果。

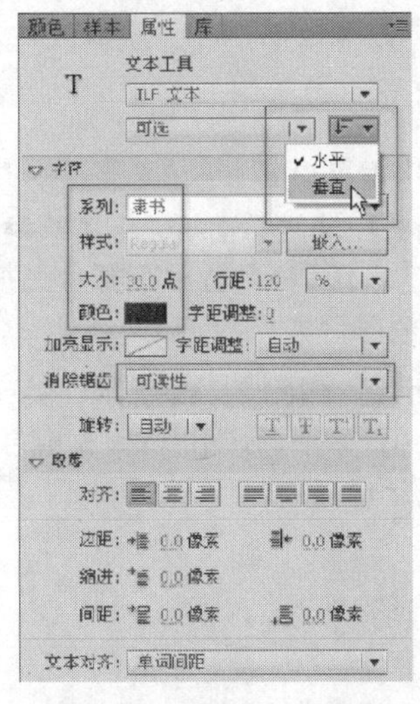


图 2-216　调整文本属性

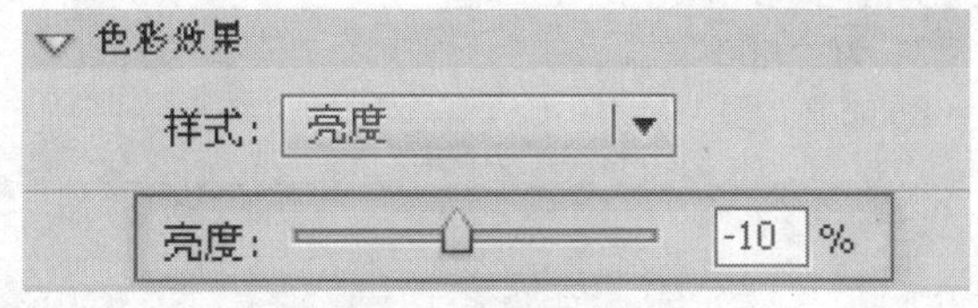


图 2-217　设置颜色属性

本例到这里结束，一幅国画牡丹画好了，有没有成就感啊？

## 实例 11

# 情人节卡

图 2-218　实例 11：情人节卡

各式各样的 Flash 贺卡是 Flash 工作中常常会遇到的命题，这个例子采用 Flash CS5 新增功能绘制漂亮的电子贺卡。

**提示：**

在这个例子里（如图 2-218 所示），你将进行关于 Deco 工具的魔法训练，了解到关于 CS5 新文本工具 T 以及关于使用显示的“混合”模式！

### 步骤一：创建文件

**01** 打开 Adobe Flash Professional CS5，选择“文件”|“新建”命令，在弹出的“新建文件”对话框中选择“常规”面板下的“ActionScript 3.0”选项，单击“确定”按钮，创建一个 Flash 工程文件。

**02** 在“属性”面板中单击“编辑”按钮，在弹出的“文档设置”面板中将“尺寸”设为“600 像素”×“400 像素”。将“背景颜色”设为“白色”、“帧频”设为“12.00”，单击“确定”按钮。

**03** 选择“文件”|“保存”命令，将文件存储为“lover card.fla”。

### 步骤二：创建卡片背景

**01** 开启“工具”面板上的“贴紧至对象”按钮及“对象绘制”按钮。在“工具”面板上选择“矩形工具”，在“属性”面板上打开“填充和笔触”面板，将“笔触颜色”设为“无”，将“填充颜色”设为“#FF9BBC”（贺卡的基本色调），然后在舞台上按住鼠标左键从左上角到右下角画出一个矩形，注意要占满整个舞台。

**02** 选择该矩形，在“属性”面板上打开“位置和大小”面板，如图 2-219 所示，关闭“将宽度值与高度值锁定在一起”按钮，分别调整“X”为“0”,“Y”为“0”,“宽”为“600”,“高”为“400”。

图 2-219　精确输入设置图形大小和位置

**03** 在“颜色”面板中将“颜色类型”设为“径向渐变”，调整颜色滑块如图 2-220 所示。这时舞台上矩形的颜色发生了变化，让其中间浅，四周深即可。

**04** 在“时间轴”控制面板中新建“图层 2”，将“图层 1”锁定。在“工具”面板上选择“Deco 工具”，在“属性”面板打开“绘制效果”面板，选择“藤蔓式填充”，将“树叶”的“填充颜色”设为“#ff3366”，将“花”的“填充颜色”设为“白色”，如图 2-221 所示。

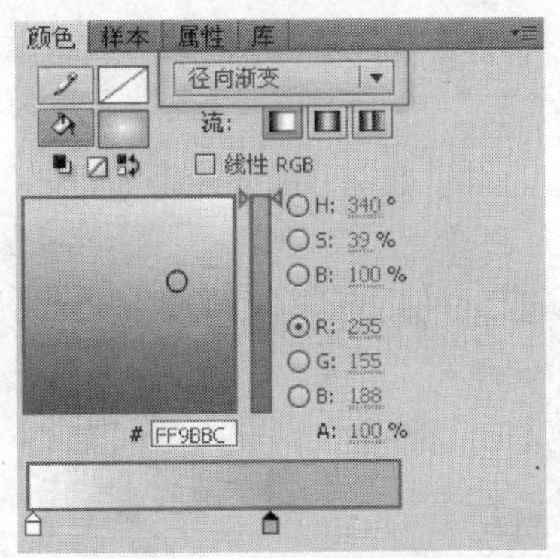


图 2-220　调整填充颜色

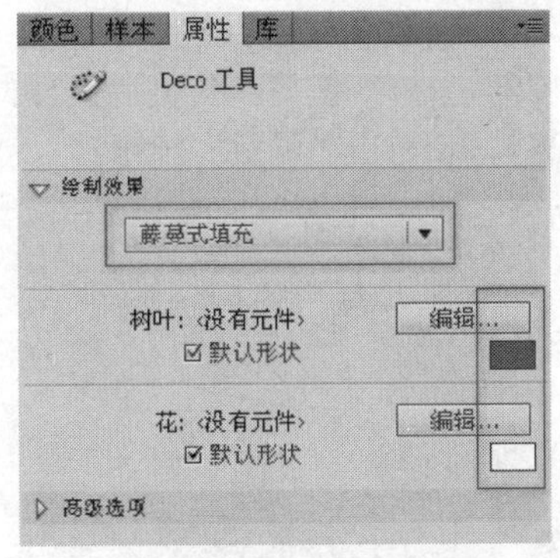


图 2-221　设置 Deco 工具属性

**05** 在舞台中心轻轻一点，奇迹发生了，藤蔓状的花纹四处发散开来，效果如图 2-222 所示。

图 2-222　绘制花纹背景

**06** 选择刚刚画好的花纹，按快捷键“F8”将其转换为元件，将其“名称”设为“huawen”，“类型”设为“影片剪辑”，如图 2-223 所示，单击“确定”按钮。

**07** 在“属性”面板上打开“色彩效果”面板，将“样式”设为“Alpha”，“值”设为“65%”。再打开“显示”面板，将“混合”设为“叠加”，如图 2-224 所示。你可以尝试一些其他的选项，看看有什么不一样。这种混合模式类似与 Photoshop 中图层的混合模式。

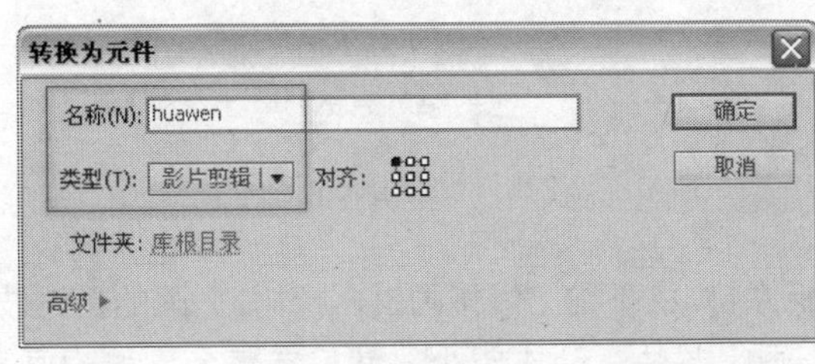


图 2-223　将图形转换为元件

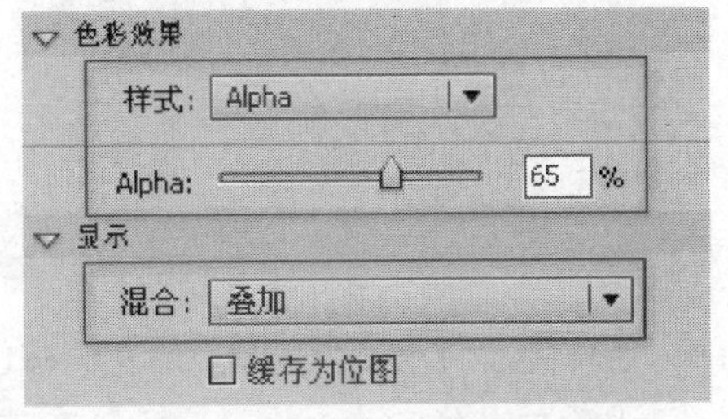


图 2-224　调整元件属性

## 步骤三：制作前景

**01** 在“时间轴”面板上新建“图层 3”，将“图层 2”锁定。

**02** 在“工具”面板上选择“Deco 工具”，在“属性”面板中打开“绘制效果”面板，选择“花刷子”，打开“高级选项”面板，选择“玫瑰”，将“分支”“勾选”，如图 2-225 所示。

**03** 如图 2-226 所示，在舞台上画出一个象征爱情的“心形”。按 Ctrl+A 键全选舞台上的所有图形，按 F8 键将其转换为元件，将其“名称”设为“quanquan”，“类型”设为“影片剪辑”。单击“确定”按钮。

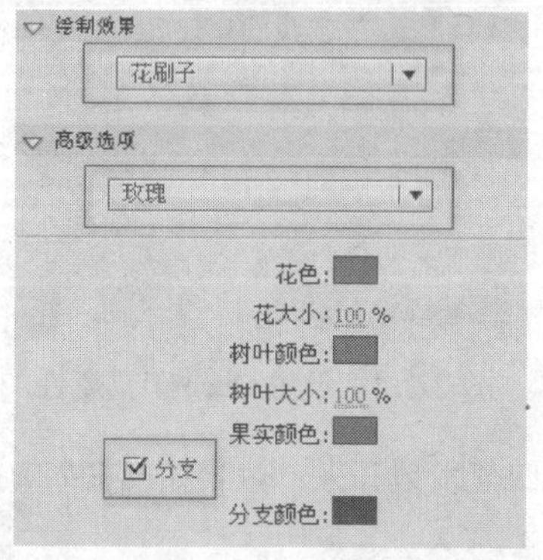


图 2-225 设置 Deco 工具

图 2-226 绘制玫瑰心形图案

**04** 在“属性”面板中打开“滤镜”面板，单击“添加滤镜”按钮，添加“发光”和“投影”两个滤镜，按照图 2-227 所示设置相关参数。

**05** 在“时间轴”面板上新建“图层 4”，将“图层 3”锁定。在“工具”面板上选择“Deco 工具”，在“属性”面板中打开“绘制效果”面板，选择“树刷子”，打开“高级选项”面板，选择“空灵之冬”，如图 2-228 所示。

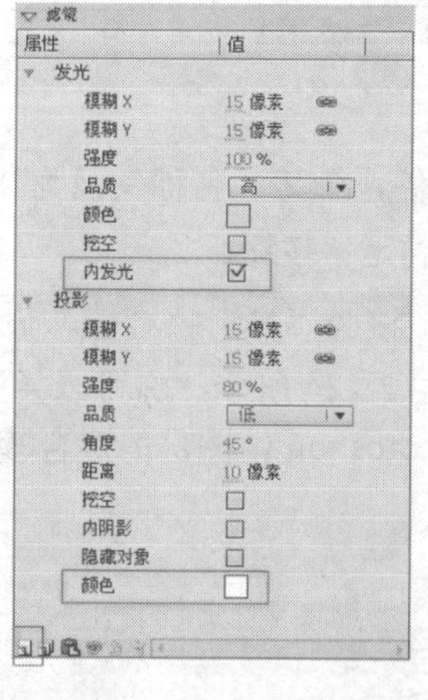


图 2-227 调整花的比例大小

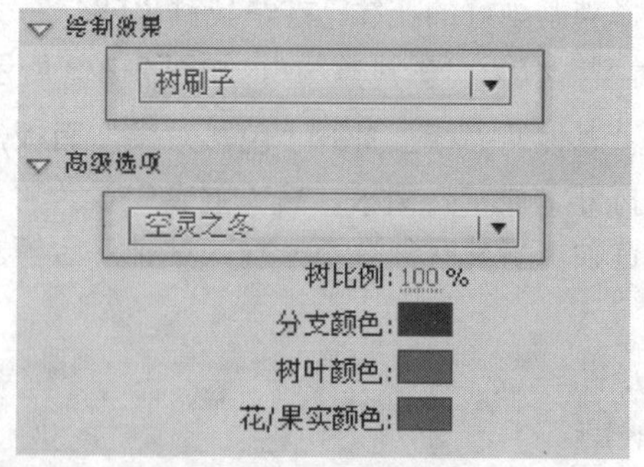


图 2-228 设置 Deco 工具

**06** 在舞台上“心形玫瑰花环”的左侧按住鼠标左键，由下往上慢慢画出一棵树，先画的是树枝，逐渐生出分支，画得越慢，分支越多，画得越快，分支越少。然后在舞台右侧也画出一棵树，得到如图 2-229 所示效果。

**07** 在“时间轴”面板上新建“图层 5”，将“图层 4”锁定。在“工具”面板上选择“Deco 工具”，在“属性”面板中打开“绘制效果”面板，选择“装饰性刷子”，打开“高级选项”面板，选择“发光的星星”及“乐符”等，将“图案颜色”设为“黄色”，如图 2-230 所示。

图 2-229　绘制树

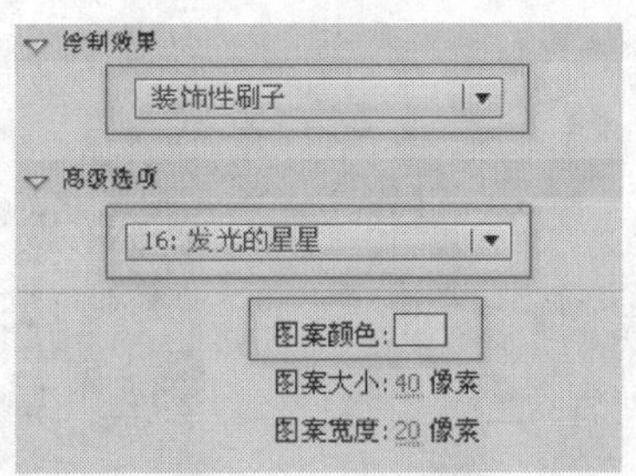

图 2-230　设置 Deco 工具

**08** 在玫瑰心形花环上添加一些装饰细节，得到如图 2-231 所示效果。

图 2-231　添加花环细节

## 步骤四：添加文字

**01** 在“时间轴”面板上新建“图层 6”，将“图层 5”锁定。在“工具”面板上选择“文本工具”，在舞台上中心部位输入“Merry”按 Enter 键，继续输入“Saint Valentine's Day”，按 Enter 键继续输入“to my honey”。

**02** 选择该文本，在“属性”面板中设置“文本类型”为“只读”。打开“字符”面板，设置“系列”为手写英文字体，调整“大小”、“颜色”的值，选择“消除锯齿”的方式为“动画”。打开“段落”面板，将“对齐”设为“居中对齐”，如图 2-232 所示。

**03** 使用“工具”面板中的“选择工具”选择文本进行调整并配合键盘上的↑↑←→键对其微调，得到如图 2-218 所示效果。

本例到这里结束。Flash CS5 的 Deco 工具很有趣，你可以自己不断尝试其他的本例中没有提到的绘制效果。对制作的 Lover Card 还满意么？赶快送给你心中的那个他（她），让他（她）感受一份惊喜吧！

图 2-232　调整文本属性

## 实例 12

# 欲望都市

图 2-233 实例 12：欲望都市

**提示：**

在这个例子里（如图 2-233 所示），你将了解 3D 平移工具！

### 步骤一：创建文件

**01** 打开 Adobe Flash Professional CS5，选择“新建”面板下的“ActionScript 3.0”选项，新建一个 Flash 工程文件。

**02** 选择“文件”|“保存”，将文件保存为“city.fla”。

### 步骤二：创建马路与天空

与前面我们学过的实例 1 的方法一样，使用“工具”面板上的“矩形工具”分别绘制天空、马路和街道，选择“工具”面板上的“选择工具”对形状进行调整，在“颜色”面板调整矩形的颜色，并使用“工具”面板上的“渐变变形工具”调整渐变色的位置，得到如图 2-234 所示效果。

图 2-234 绘制天空与马路

## 步骤三：制作建筑

都市给人最大的印象就是高楼林立，盖一座高楼一般需要 2 年以上的时间，但是在 Flash CS5 里，你也许只需要 2 秒钟就可以建一整座城市啦！

**01** 在“时间轴”面板中新建“图层 2”，将“图层 1”锁定。

**02** 在“工具”面板上选择“Deco 工具”，如图 2-235 所示，在“属性”面板中打开“绘制效果”面板，选择“建筑物刷子”，打开“高级选项”面板，选择“随机选择建筑物”。

**03** 在舞台上合适的位置由下向上画出一栋建筑。多次重复绘制，得到如图 2-236 所示效果，一座现代的城市就这么快的建好啦！

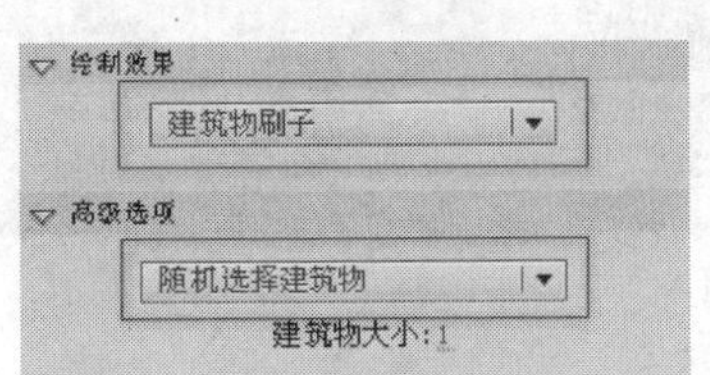


图 2-235　设置 Deco 工具

图 2-236　绘制建筑物

## 步骤四：3D 调整

**01** 在舞台上分别框选每栋建筑（框选是在舞台上画出一个虚拟的矩形选取范围，该范围内涵盖的完整或不完整的图形都会被选取），按 F8 键，分别将每单栋建筑物转换为元件，将“类型”均设为“影片剪辑”。

**02** 在“工具”面板中选择“3D 平移工具”（它躲在“3D 旋转工具”的二级菜单中），在舞台上点选“元件 1”。如图 2-237 所示，“元件 1”的中心部位出现了一个坐标轴，当你将鼠标移到坐标轴的中心点上时，鼠标光标上会出现一个“z”字，按住中心点往上或往下移动鼠标，该元件将会沿着屏幕上的透视角度缩小或放大。往上移动鼠标，元件按透视比例缩小；往下移动鼠标，元件按透视比例放大。

**03** 逐个将元件使用“工具”面板的“3D 平移工具”进行调整，并配合鼠标右键“排列”|“上移一层”和“下移一层”来排列建筑物之间相互遮挡的关系。

图 2-237　3D 平移建筑物

**04** 当每个建筑物都进行过 3D 平移后，任意选择一个建筑元件，在“属性”面板上打开“3D 定位和查看”面板，调整“透视角度”及“消失点”属性的值，如图 2-238 左图所示，这时舞台上的建筑物都会一起发生“透视变化”（虽然不是三维软件里真正意义上的透视变化，但做成动画还是挺好玩的）。如图 2-238 右图所示，当调节“消失点”属性时，舞台上会出现一个十字交叉辅助线，随着你的数值变化而相应变化，舞台上的所有建筑物都相应随之变化。注意，如果没有使用 3D 平移工具进行调整的元件是不会变化的，即 Flash 认为其不受场景统一的 3D 属性控制。

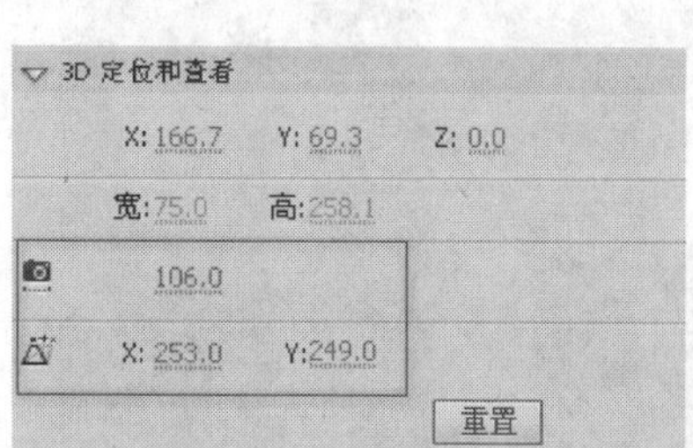


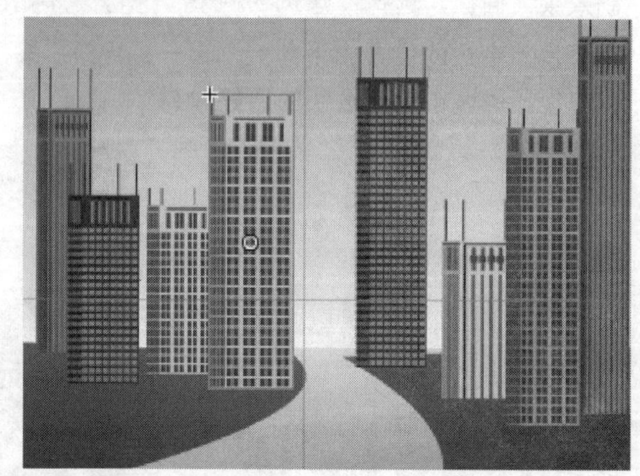

图 2-238　调整场景 3D 属性

## 步骤五：添加细节

**01** 按 Ctrl+A 键全选建筑物，按 F8 键将其转换为元件。按 Ctrl+D 键复制该元件，用这个元件制作建筑物的阴影。

**02** 使用鼠标右键单击复制的元件，选择快捷菜单中的“排列”|“移至底层”命令，将复制的元件移到底层。在“属性”面板中打开“色彩效果”，将“样式”设为“高级”，分别设置“Alpha”、“红”、“绿”、“蓝”的值如图 2-239 所示。

**03** 使用“工具”面板中的“任意变形工具”调整影子的大小，当光标变成两个平行的箭头时，可以进行倾斜变形，如图 2-240 所示。

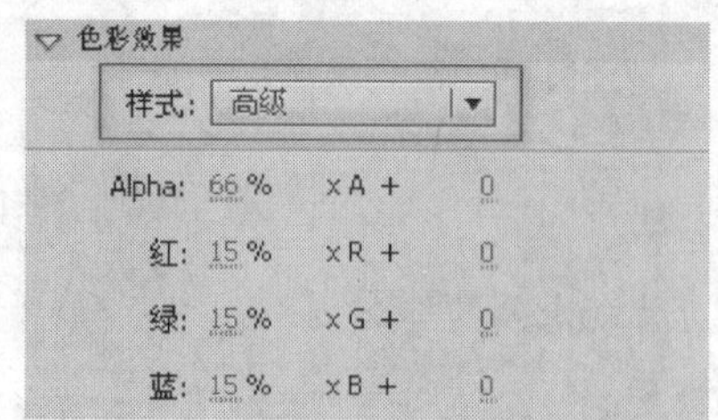


图 2-239　调整色彩效果

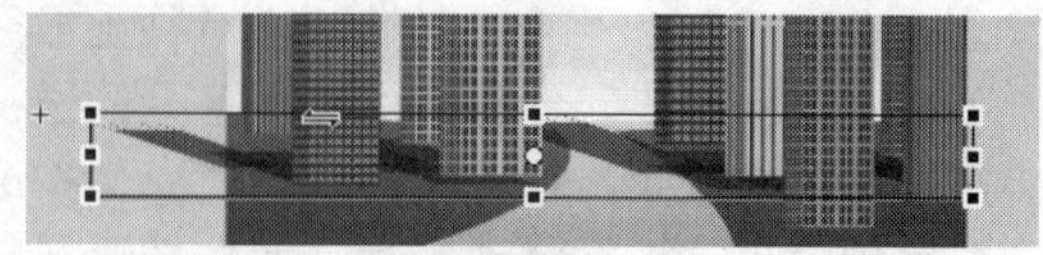

图 2-240　调整影子的角度

**04** 在“时间轴”面板上新建“图层 3”，将“图层 2”锁定。在“工具”面板上选择“Deco 工具”，在“属性”面板中打开“绘制效果”面板，选择“树刷子”，打开“高级选项”面板，选择“银杏树”，将“分支颜色”设为“#003300”，将“树叶颜色”设为“#FFCC00”。如图 2-241 所示，在街道边绘制一棵树。

**05** 使用“工具”面板上的“椭圆工具”绘制树的影子（详细的方法请参考实例 4）。选择树和影子，按 F8 键将其转换为元件，将“名称”改为“tree”。再按 Ctrl+D 键复制多棵树，并调整树的位置，得到如图 2-242 所示效果。

图 2-241　绘制行道树

图 2-242　调整树的位置

**06** 在“工具”面板上选择“3D 平移工具”，逐个调整元件“tree”的大小比例和前后关系。如图 2-243 所示，当光标显示“X”时，意味着你只能沿 X 轴（红色的那个轴）移动。最终得到如图 2-233 所示效果。

图 2-243　3D 平移调整树的位置

本例到这里结束。想想看，3D 平移工具与任意变形工具、选择工具有什么不一样。

## 实例 13

# 网页设计

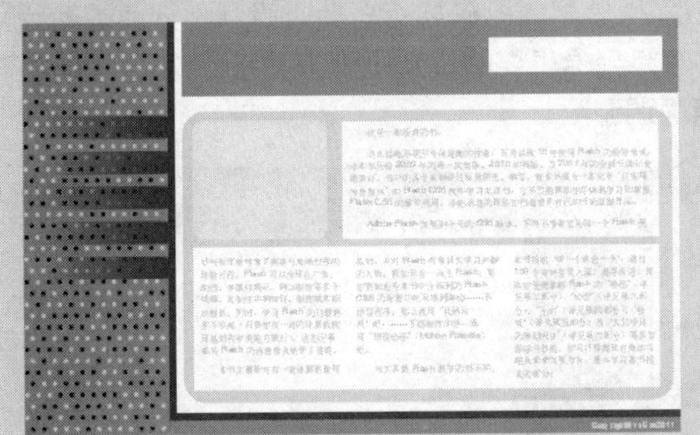

图 2-244　实例 13：网页设计

每个网站都是一个虚拟的世界，你一样可以用 Flash 创造网页世界。

**提示：**

在这个例子里（如图 2-244 所示），你能深入学习基本矩形工具及 CS5 新增功能之一——文本工具，以及对标尺、辅助线等命令！

## 步骤一：创建文件

**01** 打开 Adobe Flash Professional CS5，选择“新建”面板下的“ActionScript 3.0”选项，新建一个 Flash 工程文件。

**02** 在“属性”面板中单击“编辑”按钮,在弹出的“文档设置”面板中将“尺寸”设为“900 像素”×“550 像素”。将“背景颜色”设为“白色”,“帧频”设为“12.00”。单击“确定”按钮。

## 步骤二：创建网页基本布局

**01** 首先，打开“视图”|“标尺”命令。这时，舞台四周就出现了标尺。标尺顶部横向的数字代表 X 轴的位置，标尺左侧竖向的数字代表 Y 轴位置。从舞台顶部的标尺上，如图 2-245 所示，按住鼠标左键往舞台下方拖动，能拖出一根青色的辅助线。当辅助线到舞台左侧标尺“100”的位置时，松开鼠标，这就创建了一根位于 Y 轴方向 100 像素的辅助线。

**02** 使用同样的方法，继续在舞台顶部拖拉出另外的青色辅助线，分别停在“120”、“290”、“300”、“510”、“530”的地方。你可能不能确定辅助线正好停在上面那些数字上，别担心，双击你画的辅助线，如图 2-246 所示，在弹出的“移动辅助线”对话框中，在“位置”文本框中输入为相应的数值就可以啦（这可是 CS5 的新功能，以前的 Flash 辅助线可没这么人性化）。

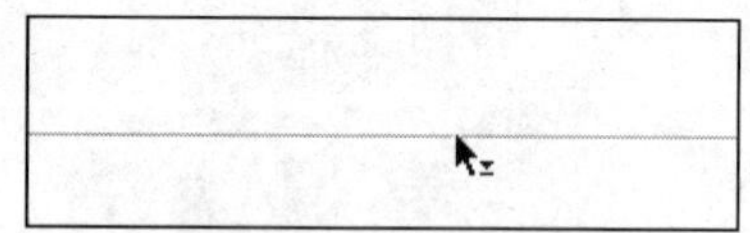

图 2-245　拖出辅助线

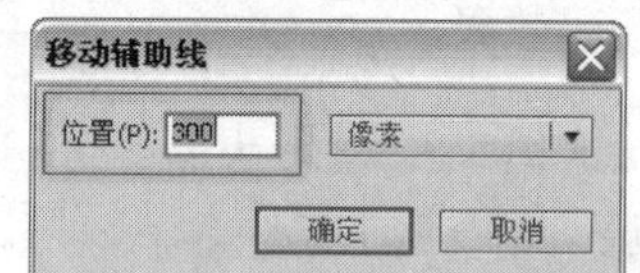


图 2-246　精确调整辅助线的位置

**03** 继续使用同样的方法，从舞台左侧标尺拖拉出另外的青色辅助线，分别停在“200”、“220”、“420”、“440”、“640”、“660”的地方，如图 2-247 所示。

**04** 在“工具”面板中将“对象绘制”和“贴紧至对象”开启。选择“矩形工具”工具，在“工具”面板上将“笔触颜色”设为“无”，“填充颜色”设为“#999966”，在舞台上画出网页布局。由于设置了辅助线，当你绘制的时候就会自动吸附到相近的辅助线上，得到如图 2-248 所示效果。如果没有吸附到你想要的位置也没有关系，打开“属性”面板下的“位置和大小”面板，在那里精确调整吧！

图 2-247　拉出辅助线

图 2-248　绘制网页基本布局

**05** 选择“工具”面板中的“基本矩形工具”，在“工具”栏上将“笔触颜色”设为“无”，“填充颜色”设为“#DFE3D0”，如图 2-249 所示，在“属性”面板上打开“矩形设置”，将“矩形边角半径”设为“30”，在舞台上画出一个背景色块。

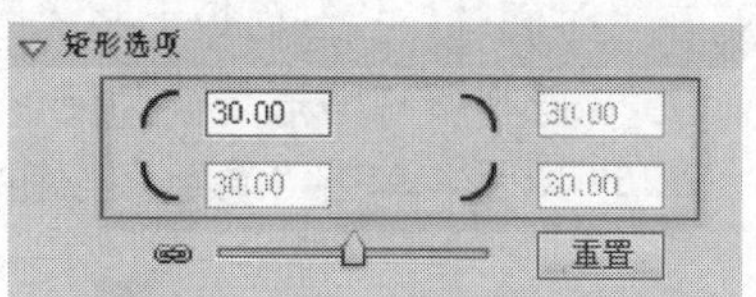


图 2-249　修改矩形边角半径

**06** 选择“工具”面板上的“矩形工具”，在“属性”面板上设置“填充颜色”为“#333333”，继续在舞台上画出色块，得到如图 2-250 所示效果。

**07** 选择“视图”|“辅助线”|“显示辅助线”命令，即关闭辅助线。再选择“视图”|“标尺”命令，将标尺关掉。

**08** 继续使用“工具”面板上“矩形工具”，在“属性”面板上将“填充颜色”设为“白色”，在“颜色”面板设置“Alpha”为“55%”，在舞台上绘制更多的细分区域，得到如图 2-251 所示效果。

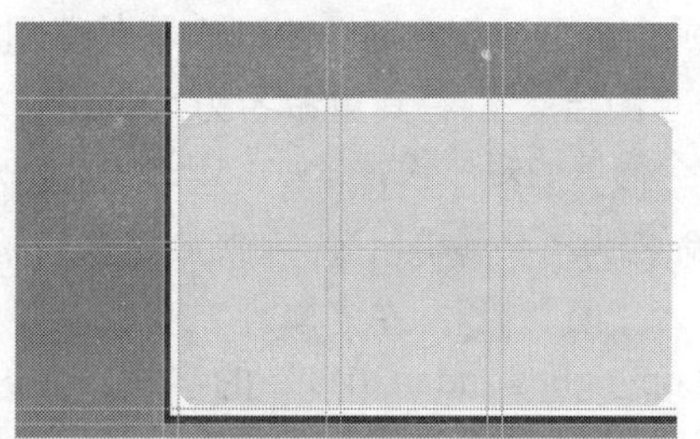

图 2-250　绘制网页基本布局

图 2-251　绘制细分区域

## 步骤三：添加细节

**01** 在“时间轴”控制面板中单击“插入图层”按钮，新建“图层 2”，然后锁定“图层 1”。在“工具”面板中选择“Deco 工具”，在“属性”面板中设置“绘制效果”及“高级选项”如图 2-252 所示。

**02** 在舞台上轻轻一点，即产生了连续的图案。双击该图案，进入“组”编辑模式，框选舞台右侧部分不需要的图形，按 Delete 键删除，仅保留左侧区域，如图 2-253 所示。在“编辑栏”单击“场景 1”，回到场景编辑模式。

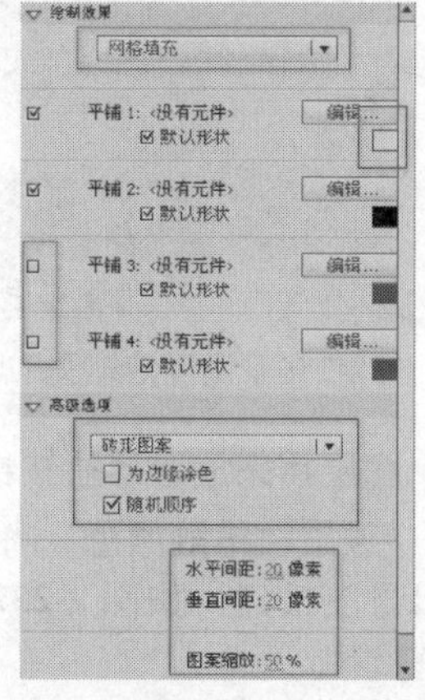


图 2-252　设置 Deco 工具属性

图 2-253　调整绘制效果

**03** 在“时间轴”控制面板上将“图层 1”的锁定打开，按 Ctrl+A 键选择舞台上的所有物体，按 F8 键将所有图形转换为元件，将其“名称”设为“bg”，“类型”设为“图形”，如图 2-254 所示，单击“确定”按钮。

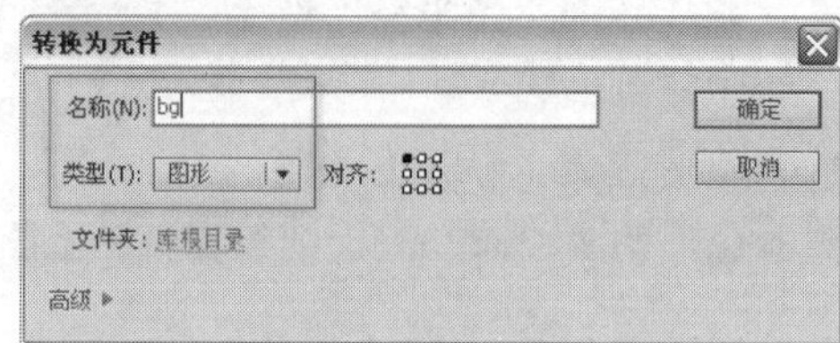


图 2-254　转换元件

## 步骤四：添加网页内容

通常网页都包括 Logo、Copyright、导航、文字、图片、动画、视频等内容。

**01** 在“时间轴”面板中将“图层 2”（有关键帧的那个图层）重命名为“bg”，将其移到“图层 1”（只有空白关键帧的图层）的下面，双击“图层 1”，将其重命名为“logo”。你可以导入 logo 素材放在合适的位置，本例中绘制一个简单的矩形代替 Logo，如图 2-255 所示。

**02** 在“时间轴”面板中新建“图层 3”，将其重命名为“copyright”，用来放置版权信息。锁定图层“logo”。选择“工具”面板上的“文本工具” T，在“属性”面板设置如图 2-256 所示，然后在舞台的右下角单击输入“Copyright©Yudan2011”的字样。在这里，我们采用的是“传统文本”，毕竟版权信息比较简单，“传统文本”的相关设置已能满足相关要求。

图 2-255　绘制 Logo

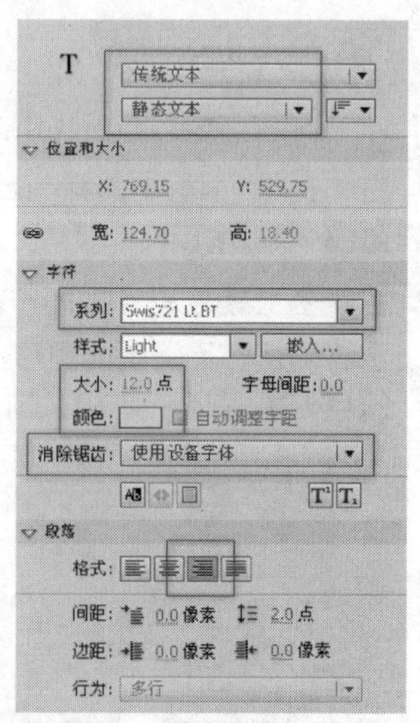


图 2-256　设置传统文本属性

**03** 在“时间轴”面板中新建图层并将其重命名为“btn”（这个图层用来放置导航按钮）。在“工具”面板中选择“基本矩形工具”，在“颜色”面板中设置“笔触颜色”为“无”、“填充颜色”为“黑灰色到透明色”，在舞台左侧区域画出导航按钮，如图 2-257 所示。按 F8 键将其“名称”设为“btn_bg”，“类型”设为“影片剪辑”。

**04** 选择元件“btn_bg”，按 Ctrl+D 键复制 4 个。选择所有按钮元件，在“对齐”面板中选择“右对齐”、“垂直居中分布”，如图 2-258 所示。

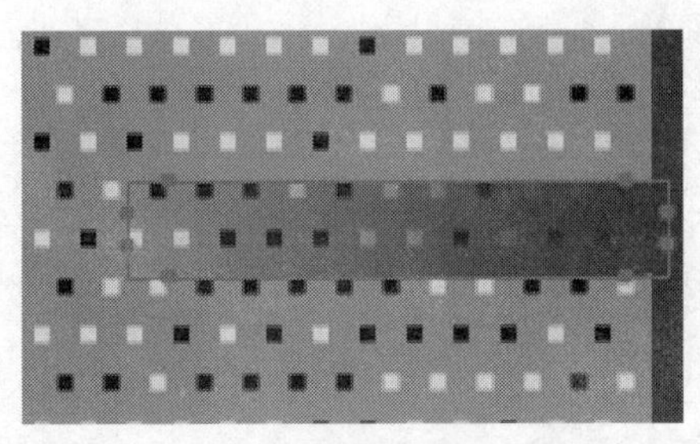

图 2-257　绘制按钮背景图

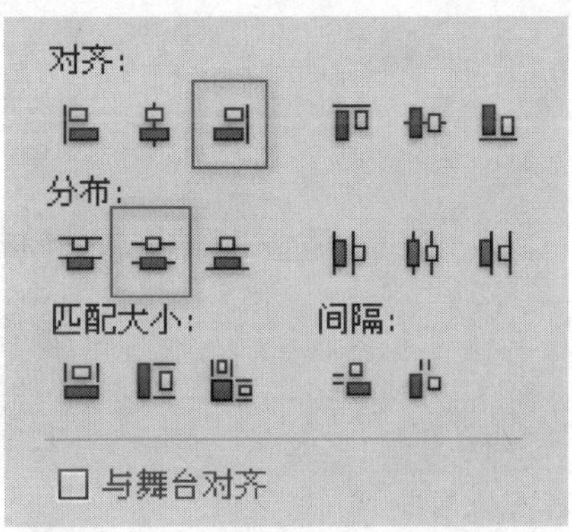


图 2-258　对齐元件

**05** 在“工具”面板选择“文本工具” T，在“属性”面板将“文本引擎”设为“TLF 文本”，在舞台上画出一个矩形范围，如图 2-259 所示。

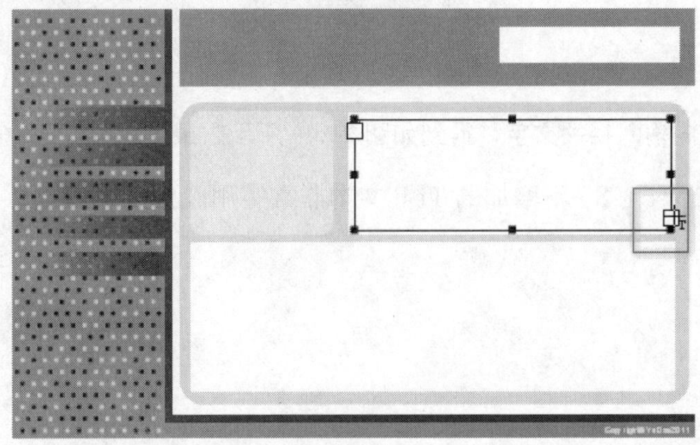

图 2-259　使用文本工具

**06** 单击右下角的小方块，当鼠标变成时，在舞台下方再画出一个矩形区域，松开鼠标，得到如图 2-260 所示效果。蓝色的连线说明这两个文本区域之间存在关联。

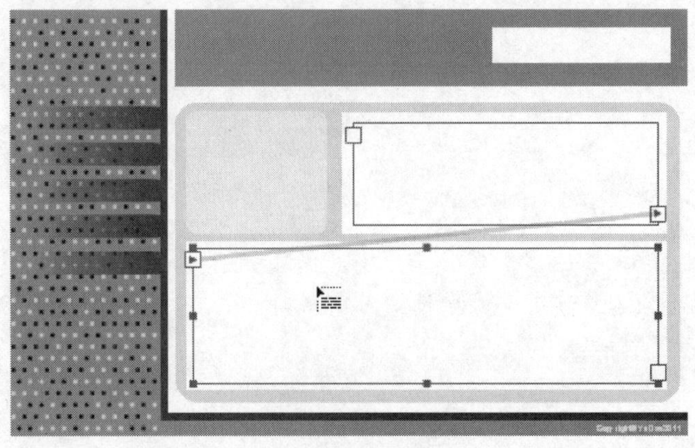

图 2-260　建立文本范围

**07** 选择蓝色文本框，在“属性”面板设置相关参数，如图 2-261 所示。

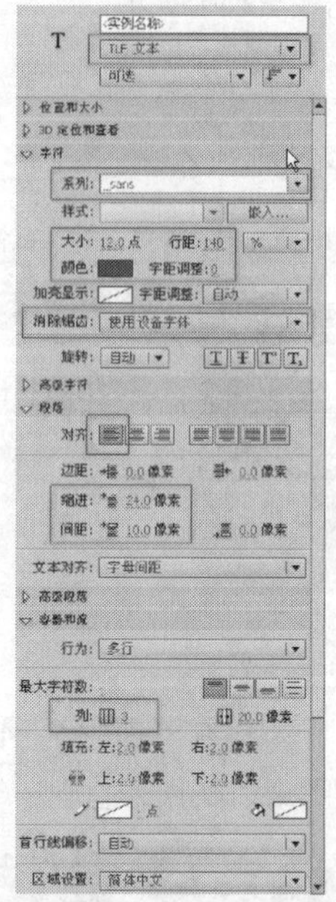

图 2-261 设置文本属性

**08** 在文本框区域内输入相关文字，得到如图 2-244 所示效果。

本例到这里结束。CS5 新增加的 TLF 文本非常实用，要多练习哦！

# 第3章 动画篇——让世界为我而动

欢迎你来到第 3 章。从这里你将进入 Flash 动画的大门。

Flash 最核心的功能之一是动画功能。当你看到自己设计的“演员”在舞台上“活动”起来时，那种成就感是无与伦比的。因为世界为你而动！

通常，制作完美的动画首先需要你有良好的动画基础知识，对于动画规律、时间、节奏、舞台、镜头等都要有较深入的了解，其次要有良好的手绘功底和细致耐心的工作热情——这些对于普通的动画爱好者来说都不太容易做到。但 Flash CS5 了解你的需要，它将常用的动画都打包处理，不管是模板也好，组件也好，以及 CS5 中新增加的代码片段，都使动画变成一件越来越容易的事情。所以，还等什么呢？赶快开始动画旅程吧！

本部分实例逐渐加大难度，新学者最好能顺序学习。祝你在本部分学习顺利，任何有不明白的地方欢迎发送 Email:yudan333@yahoo.cn ！

| | | | | | |
|---|---|---|---|---|---|
| | 实例 29<br>穿梭时空 | | 实例 30<br>水滴滴落 | | 实例 31<br>翻动书页 |
| | 实例 32<br>旋转地球 | | 实例 33<br>圣诞响铃 | | 实例 34<br>小树快长 |
| | 实例 35<br>爱车快跑 | | 实例 36<br>美女飘飘<br>——中级骨骼动画 | | 实例 37<br>马赛克转场 |
| | 实例 38<br>魔法金笔 | | 实例 39<br>屏幕保护 | | 实例 40<br>原著舞蹈<br>——高级骨骼动画 |
| | 实例 41<br>开口说话 | | | | |

## 实例 14

# 皮球弹跳

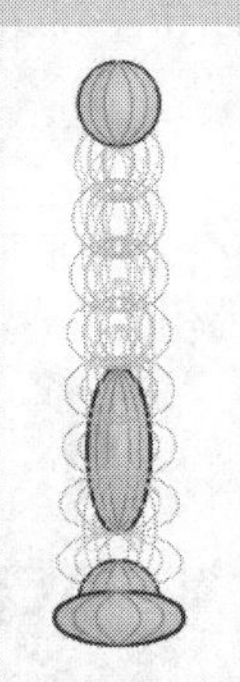

图 3-1　实例 14：皮球弹跳

本例是所有做动画的人都必学的第一课，它包含了最基本的动画规律。

**提示：**

在这个例子里（如图 3-1 所示），你会学到 Flash 创建动画的方法之一——创建补间动画！

## 步骤一：创建文件

**01** 打开 Adobe Flash Professional CS5，选择“新建”面板下的“ActionScript 3.0”选项，新建一个 Flash 工程文件。

**02** 在“属性”面板单击“编辑”按钮，在弹出的“文档设置”面板中将“尺寸”设为“300 像素”×“400 像素”。将“背景颜色”设为“白色”,“帧频”设为“12.00”,单击“确定”按钮。

## 步骤二：创建元件

**01** 在“工具”面板中选择“椭圆工具”，在“属性”面板中设置“笔触颜色”为“#333333”、“填充颜色”为“#FFCC00”，注意保持“工具”面板上的“贴紧至对象”及“对象绘制”按钮开启。

**02** 按 Shift 键在舞台上画出一个正圆。选择正圆，在“颜色”面板中调整“颜色类型”为“径向渐变”。调整颜色滑块的颜色，使皮球立体起来。

**03** 在“工具”面板上选择“线条工具”，在圆形上画出皮球的纹路。将鼠标移近线条，变为 时调整线条弧度。

**04** 框选圆形及线条，按 F8 键将其转换为元件，并命名为“ball”，如图 3-2 所示。

**05** 在“工具”面板上选择“任意变形工具”，将元件“ball”的中心点移到球的下方，如图 3-3 所示。

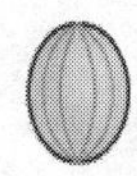

图 3-2　画出皮球

图 3-3　调整中心点

## 步骤三：创建补间动画

**01** 在“时间轴”控制面板中选择第“20”帧，按 F5 键插入帧。单击鼠标右键，在快捷菜单中选择“创建补间动画”命令。这时，图层 1 的前面的图标发生了变化，从第“1”帧到第“20”帧之间产生了蓝色的色块，如图 3-4 所示，这说明补间动画创建成功。

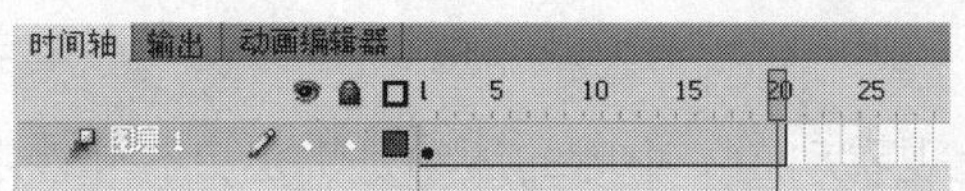


图 3-4　创建补间动画

**02** 将时间滑块（就是时间轴上那个红色的块块）移到第“10”帧，或者用鼠标左键单击第“10”帧，在舞台上将元件“ball”沿 Y 轴方向先下移动一段距离。这时，舞台上移动后的球与原先球的位置之间产生了一个运动路径，路径上还有一些小圆点点，如图 3-5 所示，每个点点代表一帧。与此同时，“时间轴”面板上的第“10”帧的位置也自动添加了关键帧，如图 3-6 所示。

图 3-5　移动元件位置

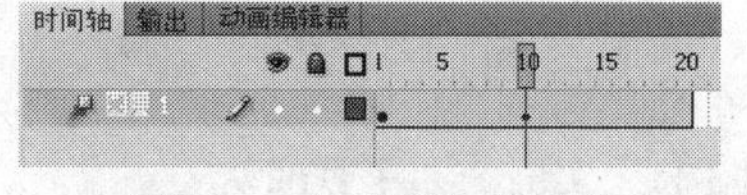


图 3-6　自动添加关键帧

**03** 拨动“时间轴”上的红色滑块到第“20”帧，在舞台中选择元件“ball”，将其沿“Y”轴方向向上移动一定距离，使其和第 1 帧上的球的位置一样。使其与第“1”帧一样是为了动画循环，如果你没有记住移动了多少距离，可以通过“属性”面板上精确输入“Y”的数值使其一致。这时，在第“20”帧的地方也自动添加了一个关键帧。按 Enter 键可以看见，小球开始上下运动啦，如图 3-7 所示。

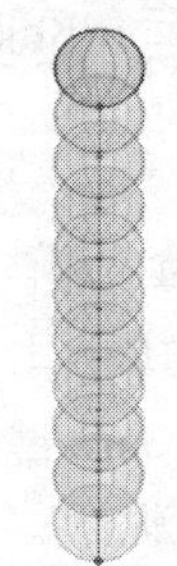

图 3-7　创建基本动画

## 步骤四：调整动画

但是这样的球体运动是很不真实的。所以还要调整动画。

**01** 在“时间轴”控制面板中选择第“8”帧，在舞台上选择元件“ball”，在“工具”面板上选择“任意变形工具”，将其拉伸，如图 3-8 所示。

**02** 在“时间轴”控制面板中选择第“10”帧，单击鼠标右键选择快捷菜单中的“复制关键帧”命令，再在第“11”帧单击鼠标右键，选择快捷菜单中的“粘贴关键帧”命令。在舞台上选择元件“ball”，将其压扁，如图 3-9 所示。

**03** 在“时间轴”控制面板，选择第“20”帧，在舞台上选择元件“ball”，在“变形”面板单击“取消变形”按钮，恢复元件的缩放值为“100%”，如图 3-10 所示。

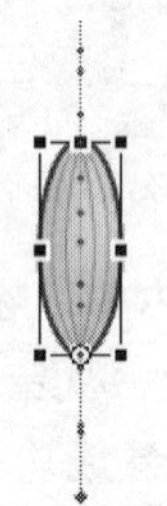

图 3-8　拉伸变形

图 3-9　挤压变形

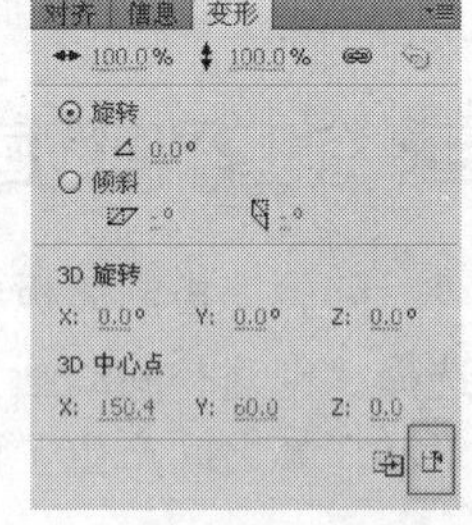


图 3-10　取消元件的变形

按 Enter 键在舞台上观看动画，小球的运动是不是更有弹性啦？

本例到这里结束，自己尝试着沿 X 轴方向移动小球的位置以及将小球的运动路径拉成弧形，看看有什么不一样！

## 实例 15

# 书页翻动

图 3-11　实例 15：书页翻动

虽然使用 3D 旋转命令能轻松地实现这个动画，但本例的主要目的是学习补间形状动画，所以不能偷懒！

**提示：**

在这个例子里（如图 3-11 所示），你会学到 Flash 创建动画方法之一——“创建补间形状”和“添加形状提示”的操作方法。

## 步骤一：创建文件

打开 Adobe Flash Professional CS5，选择“新建”面板下的“ActionScript 3.0”选项，新建一个 Flash 工程文件。

## 步骤二：创建动画

**01** 在“工具”面板上选择“矩形工具”，在“属性”面板中设置“笔触颜色”为“无”、“填充颜色”为“#FFCC00”。注意保持“工具”面板上的“贴紧至对象”及“对象绘制”按钮关闭。

**02** 在舞台上画出一个长方形，如图 3-12 所示。

**03** 在“时间轴”控制面板中选择第“10”帧，单击鼠标右键，选择快捷菜单中的“插入关键帧”命令。

**04** 在“工具”面板上选择“任意变形工具”中的“扭曲”，按 Shift 键同时拖拽控制点，将图形调整成为如图 3-13 所示。

**05** 在“时间轴”控制面板上打开“绘图纸外观”按钮，如图 3-14 所示。通常情况下，在舞台上仅显示当前动画序列的一个帧。“绘图纸外观”功能可以方便的定位和编辑逐帧动画，可以在舞台上一次查看两个或更多的帧。当前选择的帧用全彩色显示，其余的帧是淡彩色显示，看起来就好像每个帧是画在一张半透明的绘图纸上。同时，这些绘图纸虽然相互层叠在一起却无法编辑那些淡色显示的帧。将时间轴上的起点范围移到第“1”帧上。

图 3-12 画出书页

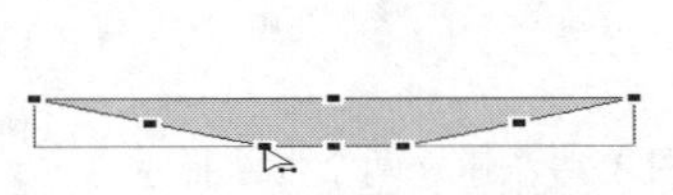

图 3-13 调整书页

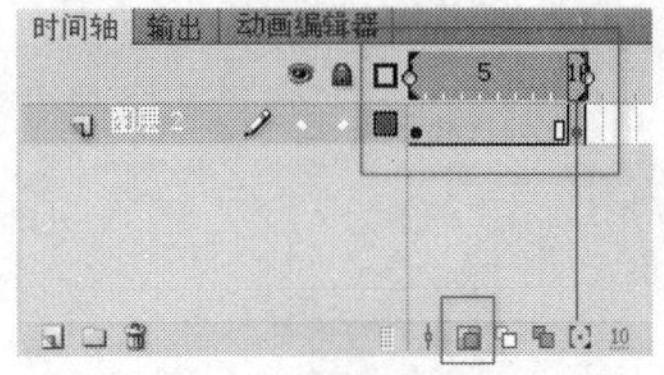


图 3-14 打开“绘图纸外观”显示模式

**06** 在“工具”面板中选择“选择工具”，按住 Shift 键将调整好的图形移到长方形的中心部位，如图 3-15 所示。注意不要移动那个中心的小白圆点。

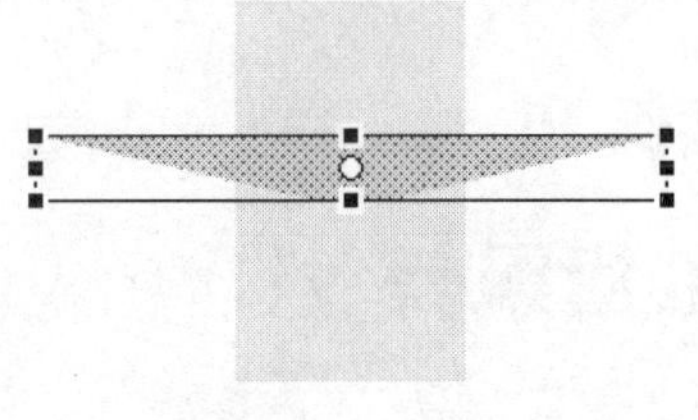

图 3-15 移动书页

**07** 在“时间轴”控制面板中关闭“绘图纸外观”按钮。选择第“1”帧，单击鼠标右键选择快捷菜单中的“创建补间形状”命令，如图 3-16 所示。“创建补间形状”后时间轴上的动画区域是绿色的，“创建补间动画”后是蓝色的，不一样噢！前者主要针对“形状”，后者则只针对“元件”。按 Enter 键可以看见，书页开始翻动啦。不过现在还只有一半，接下来做另外一半。

**08** 在“时间轴”控制面板中选择第“11”帧，单击鼠标右键选择快捷菜单中的“插入关键帧”命令。选择梯形图形，选择“修改”|“变形”|“垂直翻转”命令，将梯形图形垂直镜像。

**09** 在“时间轴”控制面板上选择第“1”帧，单击鼠标右键，选择快捷菜单中的“复制帧”命令。选择第“20”帧，单击鼠标右键选择快捷菜单中的“粘贴帧”命令。选择第“20”帧，单击鼠标右键，选择快捷菜单中的“删除补间”命令。因为复制帧会把帧的补间信息也复制过来，而此处，动画结束不需要补间，因而将其删除。在第“11”帧上，单击鼠标右键选择“创建补间形状”命令。这时按 Enter 键预览动画，如图 3-17 所示，会发生错误的补间动画。

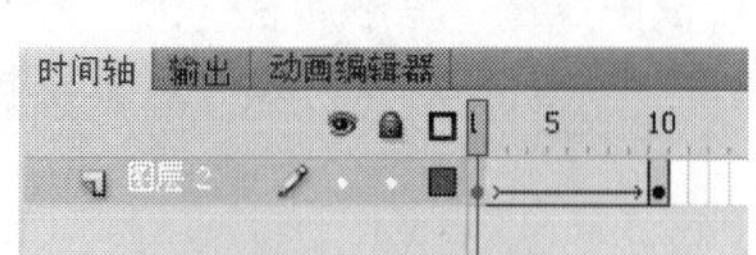


图 3-16 创建补间形状

图 3-17 出错的补间动画

## 步骤三：添加形状提示

**01** 在“时间轴”控制面板中选择第“11”帧，选择“修改”|“形状”|“添加形状提示”命令。

**02** 如图 3-18 所示，将红色的小“a”移到书页的角上。

**03** 重复执行“修改”|“形状”|“添加形状提示”命令，将红色的小“b”移到书页的另外一个角上，如图 3-19 所示。

**04** 拨动“时间轴”上的红色滑块到第“20”帧，将形状提示点小“a”移到左角，小“b”移到右角。这时提示点由红色变为绿色，表示提示成功，如图 3-20 所示。

图 3-18 移动形状提示

图 3-19 建立两个形状提示点

图 3-20 形状提示成功

这时按 Enter 键预览动画，就能得到如图 3-11 所示效果。

本例到这里结束，你掌握了吗？相较“创建补间动画”而言，“创建形状补间”的动画方式在 Flash 中用的较少一些，但是同样能创造出非常有趣的效果！

## 实例 16

# 红旗飘舞

图 3-21 实例 16：红旗飘舞

在 Flash CS4 以前，创建元件动画都使用“创建补间动画”，但是 CS4 以后的版本开始出现了新的“创建补间动画”与“创建传统补间”两种形式。学完这个例子，你会感受到两者的区别。

**提示：**

在这个例子里（如图 3-21 所示），你会学到“创建传统补间”及“Mask 遮罩”的一些基本技巧。

## 步骤一：创建文件

**01** 打开 Adobe Flash Professional CS5，选择“新建”面板下的“ActionScript 3.0”选项，新建一个 Flash 工程文件。

**02** 在“属性”面板上单击“编辑”按钮，在弹出的“文档设置”面板中将“尺寸”设为“320 像素”×“240 像素”，单击“确定”按钮。

## 步骤二：准备工作

**01** 选择“文件”|“导入”|“导入到舞台”命令，导入一张天空的背景图“skybg.jpg”，如图 3-22 所示。

**02** 在“时间轴”控制面板中将“图层 1”重命名为“skybg”，并将其“锁定”。新建“图层 2”，将其重命名为“qigan”用来放置旗杆（起名字，一定要起名字！）。确保“工具”面板上的“对象绘制”开启。

**03** 在“工具”面板上选择“多角星形工具”（它在“矩形工具”的二级菜单里），在“属性”面板中设置“笔触颜色”为“无”、“填充颜色”为“#FFCC00”。在“属性”面板上，单击“工具设置”面板下的“选项”按钮，在弹出的“工具设置”对话框中将“样式”设为“星形”，如图 3-23 所示。单击“确定”按钮，在舞台上画出五角星，然后在“颜色”面板中将“颜色类型”设为“径向渐变”，将颜色滑块的左侧设置为“#FFCC00”，右侧设置为“#FFFFFF”。

图 3-22　导入天空背景图

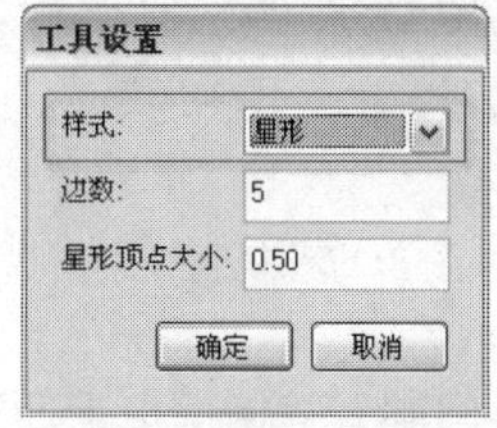


图 3-23　设置五角星

**04** 在“工具”面板上选择“矩形工具”，在“属性”面板中设置“笔触颜色”为“无”、“填充颜色”为“白色”。在五角星的下方画出旗杆。在“颜色”面板中将“颜色类型”设为“线性渐变”，调整滑块的颜色，以模拟旗杆的颜色。

**05** 在“工具”面板上选择“任意变形工具”中的“扭曲”，按 Shift 键同时拖拽控制点，将矩形调整成为上细下粗。选择矩形，单击鼠标右键选择快捷菜单中的“排列”|“移至底层”命令，将其调整成为如图 3-24 所示。

**06** 在“时间轴”控制面板上“锁定”图层“qigan”。新建“图层 3”，将其命名为“flag”，用来放置红旗。

**07** 在“工具”面板上选择“矩形工具”，在“属性”面板中设置“笔触颜色”为“无”、“填充颜色”为“红色”，在舞台上画出矩形。在“工具”面板上选择“任意变形工具”中的“封套”，调整矩形的形状如图 3-25 所示。

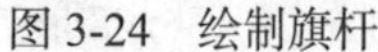

图 3-24　绘制旗杆

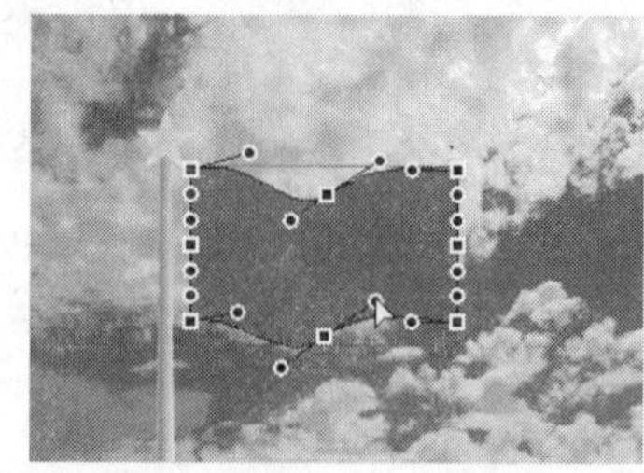

图 3-25　将矩形封套变形

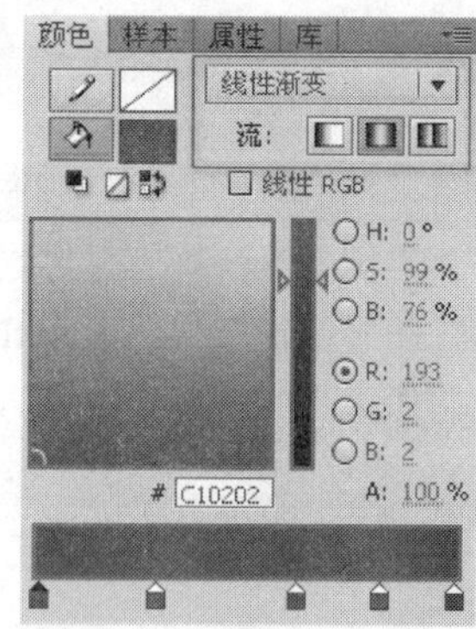



图 3-26　调整红旗的颜色

**08** 在“颜色”面板中将“颜色类型”设为“线性渐变”，如图 3-26 所示，调整红旗的颜色。注意让颜色滑块的最左侧与最右侧颜色一致。

**09** 打开“工具”面板上的“贴紧至对象”按钮。

## 步骤三：添加动画

**01** 按 Ctrl+D 键复制红旗。选择复制的图形，将其边与边对齐。重复复制和对齐操作，得到如图 3-27 所示效果。

**02** 全选舞台上的 4 面红旗，按 F8 键将其转换为元件，如图 3-28 所示。

图 3-27　复制红旗图形

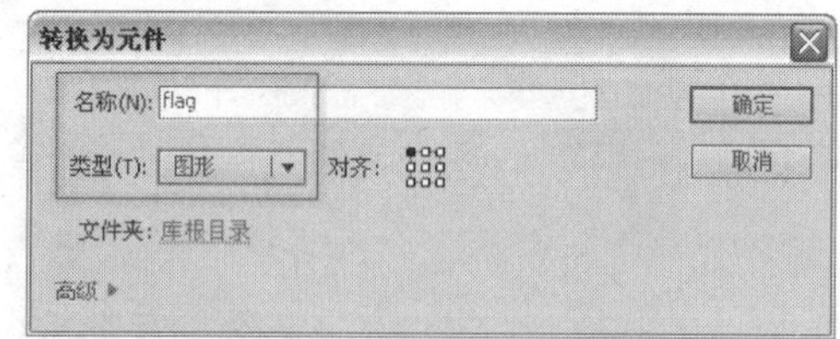



图 3-28　将红旗图形转换为元件

**03** 在“时间轴”控制面板上新建“图层 4”，将其命名为“mask”，用来放置遮罩。

**04** 在“工具”面板上选择“矩形工具”，在“属性”面板中设置“笔触颜色”为“无”、“填充颜色”为“绿色”，在舞台上画出矩形。在“工具”面板上选择“部分选取工具”，调整矩形的形状如图 3-29 所示。

图 3-29　调整遮罩形状

**05** 在“时间轴”控制面板上按 Shift 键从上到下选择所有图层的第“30”帧，如图 3-30 所示。按 F5 键即“插入帧”。

**06** 在“时间轴”控制面板上选择图层“flag”，选择第“30”帧，单击鼠标右键选择快捷菜单中的“插入关键帧”命令。将时间滑块拨到第“30”帧，在舞台上选择元件“flag”，将其沿 X 轴方向向舞台左侧移动，直到如图 3-31 所示。

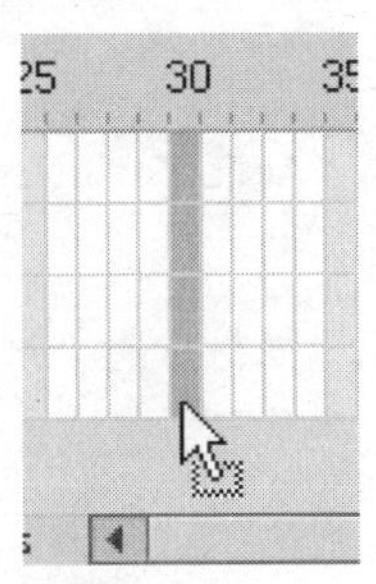


图 3-30 插入帧

图 3-31 移动红旗元件

**07** 在“时间轴”控制面板上选择图层“flag”，选择第“1”帧，单击鼠标右键选择快捷菜单中的“创建传统补间”命令。这时第“1”帧与第“30”帧之间生成了“浅紫色”的色块，且有一个带有箭头的直线与它们之间相连，如图 3-32 所示，这是与“创建补间动画”不一样的。以后，当你看见淡蓝色没有直线连接的时间动画区域时就可以判断它们使用的是“创建补间动画”，如果是浅紫色且有直线连接关键帧的，那就是使用“创建传统补间”得到的。

**08** 在“时间轴”控制面板上选择图层“mask”，在图层上单击鼠标右键选择快捷菜单中的“遮罩层”命令。这时图层显示如图 3-33 所示。

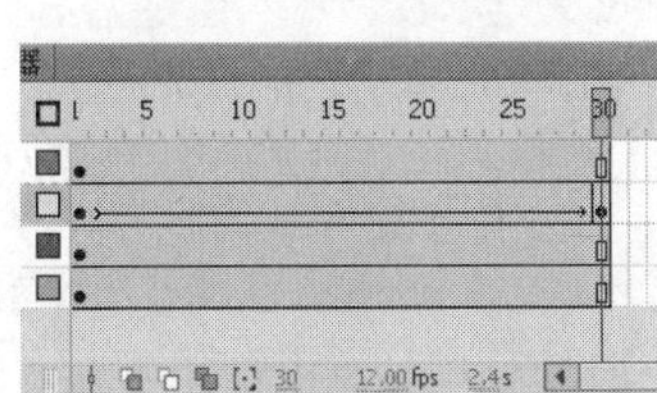


图 3-32 创建传统补间

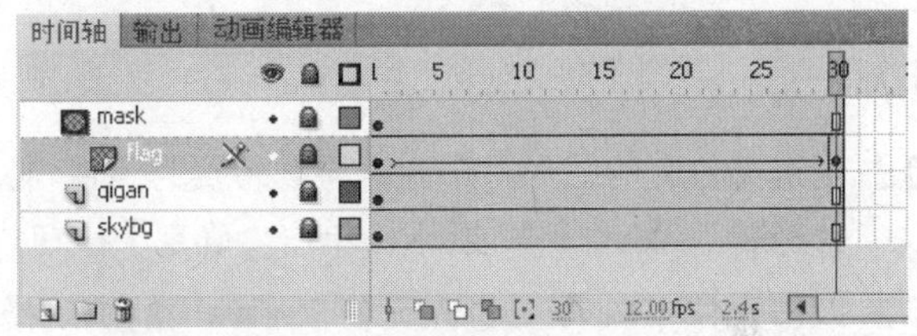


图 3-33 添加图层遮罩命令

这时按 Ctrl+Enter 键预览动画就能得到如图 3-21 所示的红旗飘飘的效果。

本例到这里结束，你的红旗开始飘扬了吗？

## 实例 17

# 声波模拟

图 3-34 实例 17：声波模拟

这个例子非常实用，Flash 中常常需要在播放音乐的时候，能有一个可以模拟声音播放节奏的按钮。

**提示：**

在这个例子里（如图 3-34 所示），你会学到如何导入和添加声音文件，以及用“创建补间形状”命令模拟声波。

## 步骤一：创建文件

**01** 打开 Adobe Flash Professional CS5，选择“新建”面板下的“ActionScript 3.0”选项，新建一个 Flash 工程文件。

**02** 在“属性”面板中单击“编辑”按钮，在弹出的“文档设置”面板中将“尺寸”设为“300 像素”×“200 像素”、“背景颜色”为“#CCCCCC”，单击“确定”按钮。

## 步骤二：制作动画

**01** 在“工具”面板中选择“矩形工具”，在“属性”面板中设置“笔触颜色”为“无”、“填充颜色”为“白色”，在舞台上绘制 5 个高度不一样的矩形。全选 5 个矩形，在“对齐”面板选择“底边对齐”和“平分间距”命令，如图 3-35 所示，得到如图 3-36 所示效果。

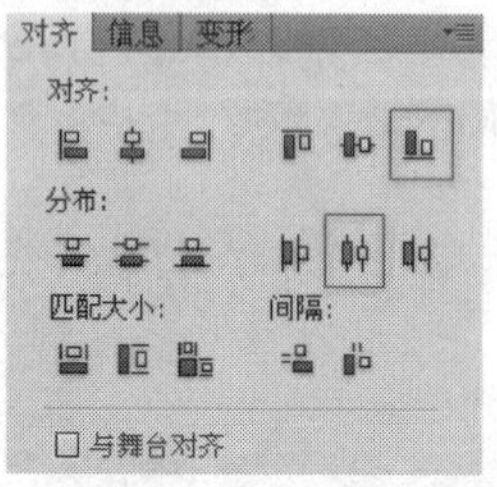


图 3-35　对齐矩形

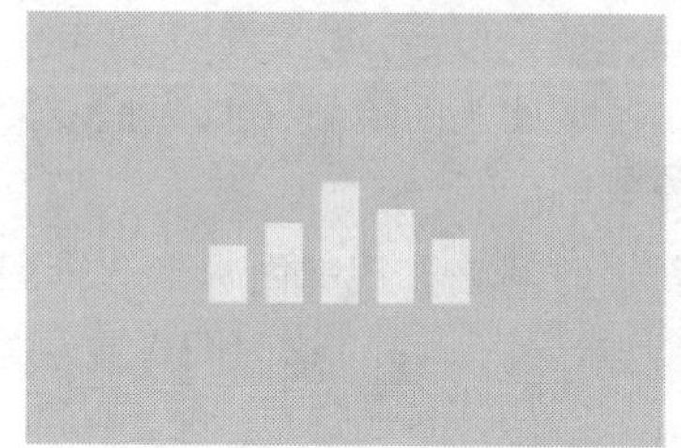

图 3-36　对齐后的效果

**02** 全选舞台上的矩形，按 F8 键将其转换为元件，将其“名称”设为“wave”，“类型”设为“影片剪辑”，如图 3-37 所示，单击“确定”按钮。

**03** 双击元件“wave”，进入元件“wave”的编辑模式。在“时间轴”控制面板中选择第“4”帧，按 F6 键插入关键帧。使用“工具”面板上的“部分选取工具”移动每个矩形上方的节点，使其如图 3-38 所示效果。

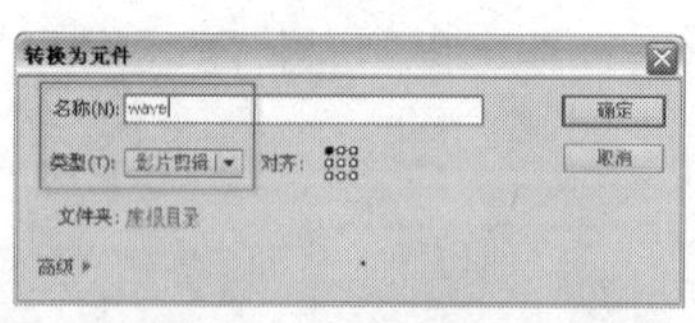


图 3-37　转换元件

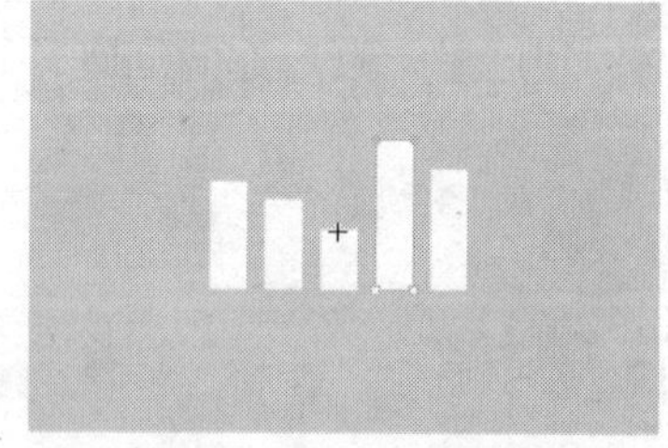

图 3-38　第 4 帧矩形高度调整

**04** 同样，在“时间轴”控制面板选择第“7”帧，按 F6 键插入关键帧。使用“工具”面板上的“部分选取工具”移动每个矩形上方的节点，得到如图 3-39 所示效果。

**05** 同上，在“时间轴”控制面板选择第“10”帧，按 F6 键插入关键帧。使用“工具”面板上的“部分选取工具”移动每个矩形上方的节点，得到如图 3-40 所示效果。

**06** 同上，在“时间轴”控制面板选择第“13”帧，按 F6 键插入关键帧。使用“工具”面板上的“部分选取工具”，移动每个矩形上方的节点，使其如图 3-41 所示效果。

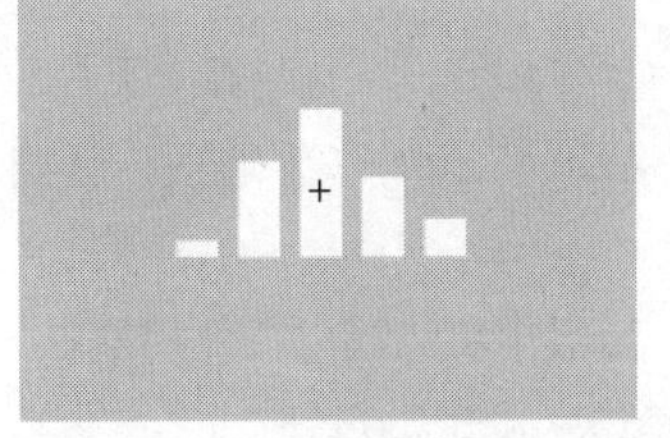

图 3-39　第 7 帧矩形高度调整

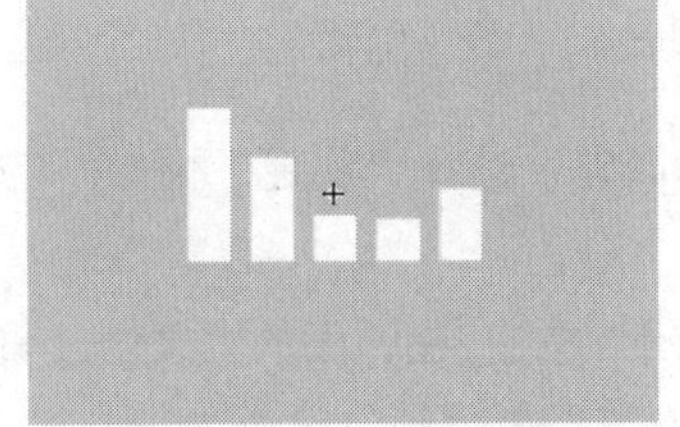

图 3-40　第 10 帧矩形高度调整

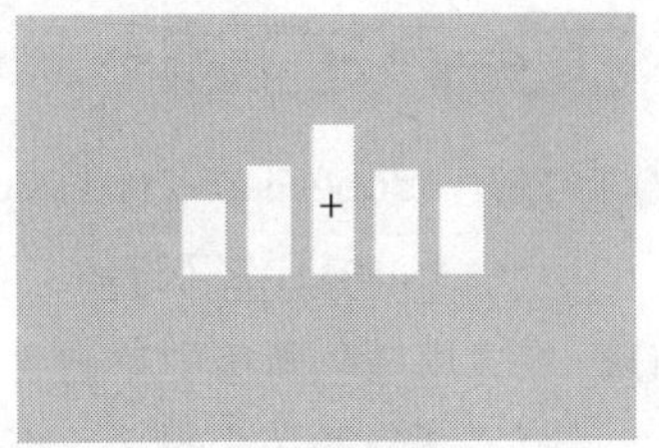

图 3-41　第 13 帧矩形高度调整

**07** 在“时间轴”控制面板中分别选择第“1”、“4”、“7”、“10”帧，单击鼠标右键选择快捷菜单中的“创建补间形状”命令。

## 步骤三：添加文字

**01** 在“编辑栏”单击“场景 1”，回到“场景”编辑模式。

**02** 在“工具”面板中选择“文本工具”，在舞台上写入“music”。在“属性”面板中将相关参数设置如图 3-42 所示。将“字体”设为“_sans”，就能使所有 Windows 的计算机用户都能识别这种字体。

图 3-42　设置文本属性

## 步骤四：导入声音

**01** 选择“文件”|“导入”|“导入到舞台”命令，导入“bad bad boy.mp3”文件。

**02** 在“时间轴”控制面板中选择第“1”帧，在“属性”面板中的“声音”选项卡中选择“bad bad boy.mp3”，如图 3-43 所示。

图 3-43　添加音乐

这时按 Ctrl+Enter 键就能看到声波随着音乐的节奏而舞动啦！

本例到这里结束。是不是很有趣啊！这里只是对声波的一种模拟，使用 AS 通过计算可以真正实现对声波的表现，不过那需要计算机图形学基础及编程知识！

## 实例 18

# 旋转扑克

图 3-44　实例 18：旋转扑克

很显然，自 CS4 版本以来模拟三维空间的运动正成为 Flash 发展的目标之一。这也使 Flash 日益发展成为一个大型的成熟的动画软件。

**提示：**

在这个例子里（如图 3-44 所示），你会学到通过“3D 旋转”模拟三维动画的基本技巧，以及关于“字体嵌入”、“特殊符号”的应用技巧。

## 步骤一：创建文件

**01** 打开 Adobe Flash Professional CS5，选择“新建”面板下的“ActionScript 3.0”选项，新建一个 Flash 工程文件。

**02** 在“属性”面板中单击“编辑”按钮，在弹出的“文档设置”面板中将“尺寸”保持默认，将“背景颜色”设为“#3399CC”，“帧频”设为“12.00”，单击“确定”按钮。

## 步骤二：绘制元件

**01** 开启“工具”面板上的“对象绘制”按钮，选择“工具”面板上的“矩形工具”，在“属性”面板中将“笔触颜色”设为“无”，“填充颜色”设为“白色”，“矩形边角半径”设为“15”，在舞台上画一个大约“180 宽”“280 高”的矩形，如图 3-45 所示。

**02** 在“工具”面板中选择“文本工具”，在扑克牌的左上角输入你喜欢的一个数字，在“属性”面板设置相关属性如图 3-46 所示。

图 3-45　绘制扑克

图 3-46　设置文本属性

**03** 在修改“系列”这个属性时，有可能会弹出一个如图 3-47 所示的“字体嵌入”对话框（如果没有弹出，也可以单击“字符”面板上的“嵌入”按钮打开）。这是因为当前使用了特殊字体，有可能会在别的用户的机器上出现丢失。Flash CS5 智能识别后提醒你将字体信息嵌入发布的影片中，这样，字体就能统一显示了。

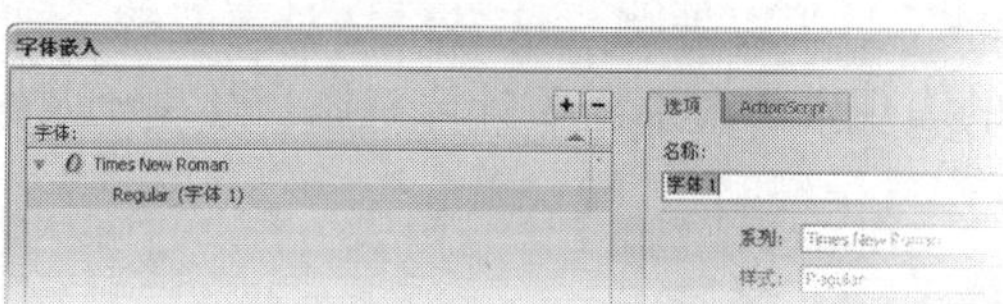


图 3-47　字体嵌入对话框

**04** 使用“工具”面板上的“文本工具”在舞台上输入扑克牌的“桃心”符号。这里需要用到“Sogou 输入法”的“特殊符号”功能。如图 3-48 所示，在 Sogou 输入法的特殊符号里面已经预设了扑克牌的四种符号，你可以选择一个你喜欢的符号。但需要注意的是，你有可能不能在 Flash 的文本框中直接输入该符号。这里有个技巧，你可以在 Word 文档中输入该符号，使用 Ctrl+C 键复制该符号，然后到 Flash 中单击“文本工具”，使用 Ctrl+V 键将该符号粘贴过来，这样就能正确显示了。这种方式在输入类似“®©¢　™　”这样的特殊符号时非常有用！如果你没有安装 Sogou 输入法，你可以上相关网站上下载免费版本，如果你坚决拒绝使用新的输入法，那就使用“工具”面板上的各种绘图工具绘制吧！效果是一样的，就是麻烦些。

**05** 按 Ctrl+D 键复制刚刚输入的特殊符号，并使用“工具”面板上的“选择工具”调整各符号的位置，这需要用到“对齐”面板上的“水平中齐”和“垂直居中分布”命令，以及顶部菜单栏上的“修改”|“变形”|“垂直翻转”命令，得到如图 3-49 所示效果。

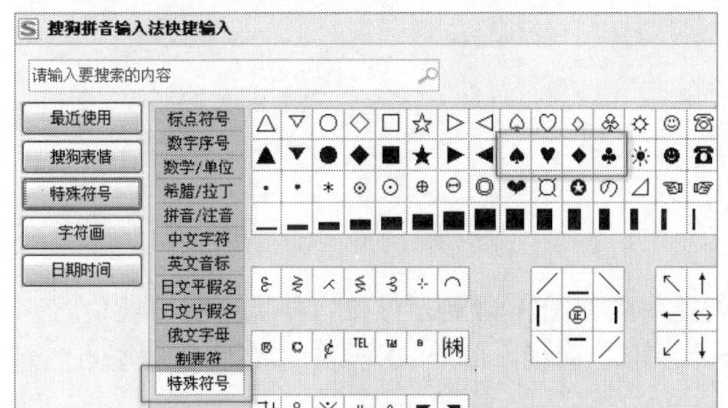

图 3-48　字体嵌入对话框

图 3-49　绘制扑克牌

**06** 全选舞台上的图形，按 F8 键将其转换为元件，设置“名称”为“puke”，“类型”为“影片剪辑”（必须为影片剪辑），“对齐”设为“中心”，如图 3-50 所示，单击“确定”按钮。

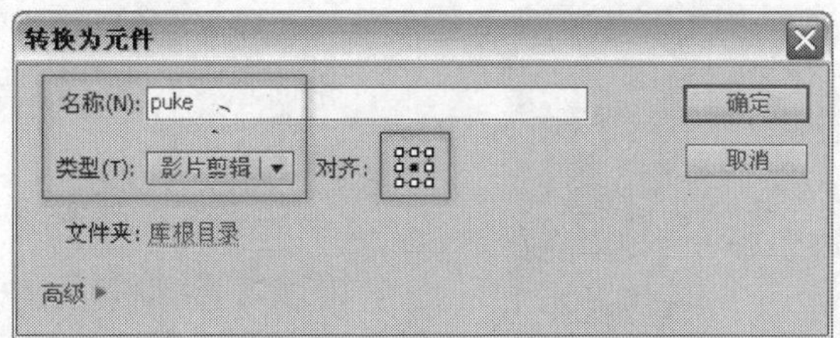


图 3-50　转换元件

## 步骤三：添加动画

**01** 在“时间轴”控制面板上选择第“30”帧，按 F5 键添加帧。选择 1 ～ 30 帧中的任意一帧，单击鼠标右键选择快捷菜单中的“创建补间动画”命令。

**02** 在“工具”面板上选择“3D 旋转工具”，在“时间轴”面板选择第“10”帧，在舞台上单击元件“puke”，这时出现了旋转轴，如图 3-51 所示。当鼠标移到 X、Y、Z 轴时，鼠标后面会显示该轴名称。选择一个轴，按鼠标拖动旋转一定角度。

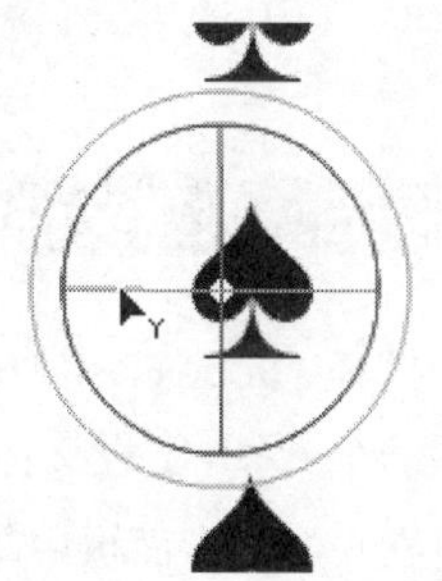

图 3-51　3D 旋转扑克牌

**03** 在“时间轴”面板上选择第“20”帧，再旋转一定的角度。在“属性”面板打开“3D 定位和查看”面板，如图 3-52 所示，调整“Z”的值，及“透视角度”的值，使元件在舞台上更具有景深感。

**04** 用同样的方法，在“时间轴”面板选择第“30”帧，旋转一定角度。然后在“变形”面板中单击“取消变形”按钮，如图 3-53 所示，这样就能回到扑克牌的初始状态，形成一个完整的循环。

图 3-52　调整 Z 轴位置

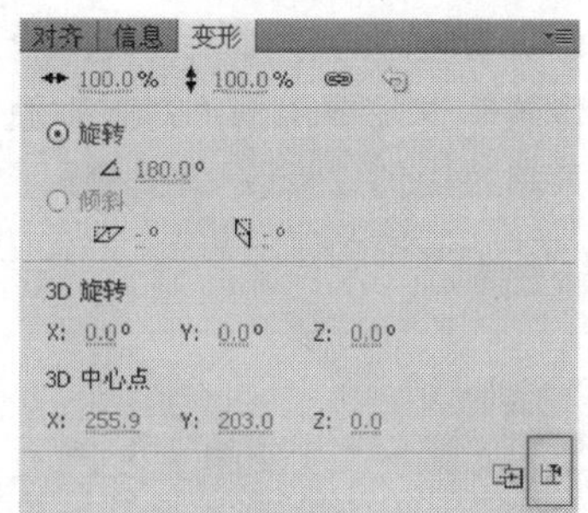


图 3-53　取消变形

这时按 Ctrl+Enter 键预览动画，就能得到如图 3-44 所示效果，扑克牌旋转啦！

本例到这里结束，你还可以结合“变形”面板上的“3D 旋转”和“3D 中心点”精确调整动画效果，自己试一试吧！

## 实例 19

# 探照字幕

图 3-54　实例 19：探照字幕

神秘的夜空，一盏探照灯照亮了空中的求救信号，蝙蝠侠要出动啦！

**提示：**

在这个例子里（如图 3-54 所示），你会学到关于“Mask 遮罩”的一些高级技巧及对元件“色彩”的控制方法。

### 步骤一：创建文件

**01** 打开 Adobe Flash Professional CS5，选择“新建”面板下的“ActionScript 3.0”选项，新建一个 Flash 工程文件。

**02** 在“属性”面板中单击“编辑”按钮，在弹出的“文档设置”面板中将“尺寸”设为“500 像素”×“375 像素”，“背景颜色”设为“白色”，“帧频”设为“12.00”，单击“确定”按钮。

### 步骤二：准备工作

**01** 选择“文件”|“导入”|“导入到舞台”命令，导入一张夜空的背景图“skybg.jpg”，如图 3-55 所示。在“属性”面板中打开“位置和大小”面板，设置“X”为“0”、“Y”为“0”。

**02** 在“时间轴”控制面板中将“图层 1”重命名为“skybg”，并将其“锁定”。新建“图层 2”，将其重命名为“zi_dark”，它用来放置黑暗中的蝙蝠侠字幕。选择“文件”|“导入”|“导入到舞台”命令，导入一张事先做好的字幕文件“zi_dark.png”文件（当然，你也可以在 Flash 中使用“文本工具”输入文本）。在“属性”面板中设置“X”为“0”、“Y”为“0”，如图 3-56 所示。

图 3-55　导入天空背景图

图 3-56　导入暗色调字幕

**03** 按 F8 键将其转换为元件。将元件“名称”设为“zi_dark”，元件“类型”设为“影片剪辑”，如图 3-57 所示。

**04** 在“时间轴”控制面板中新建“图层 3”，将其重命名为“zi_light”，用来放置亮光中的蝙蝠侠字幕。选择图层“zi_dark”的第“1”帧，单击鼠标右键选择快捷菜单中的“复制帧”命令，选择图层“zi_light”第“1”帧，单击鼠标右键选择快捷菜单中的“粘贴帧”命令。

**05** 在“时间轴”控制面板中新建“图层 4”，将其重命名为“zi_mask”用来放置探照灯。在“工具”面板上选择“椭圆工具”，在“属性”面板中设置“笔触颜色”为“无”即，“填充颜色”为“黄色”。在舞台上画出圆形，如图 3-58 所示。选择圆形，按 F8 键将其转换为元件，设置元件“名称”为“zi_mask”，“类型”为“影片剪辑”。

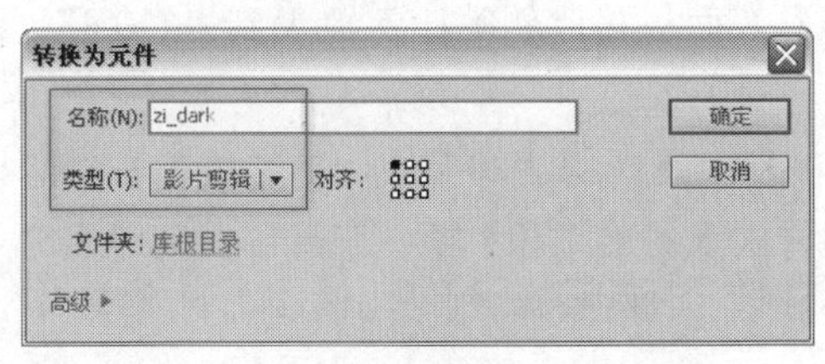


图 3-57　转换元件

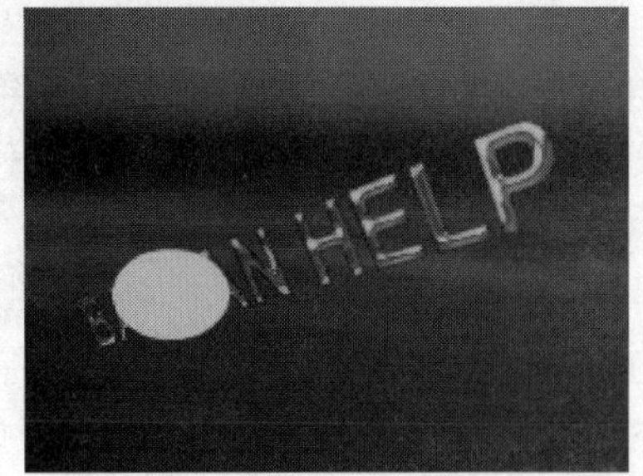


图 3-58　绘制圆形遮罩

## 步骤三：添加动画

**01** 在“时间轴”控制面板中选择图层“zi_dark”，同时关掉图层“zi_light”及图层“zi_mask”。选择元件“zi_dark”，在“属性”面板中打开“滤镜”面板，单击“添加滤镜”按钮添加“调整颜色”滤镜，调整“亮度”及“对比度”属性如图 3-59 所示。

**02** 在“时间轴”控制面板中打开图层“zi_light”，同时关掉图层“zi_dark”。在舞台上选择元件“zi_dark”，在“滤镜”面板中添加“调整颜色”滤镜，调整“亮度”、“对比度”及“饱和度”属性如图 3-60 所示。

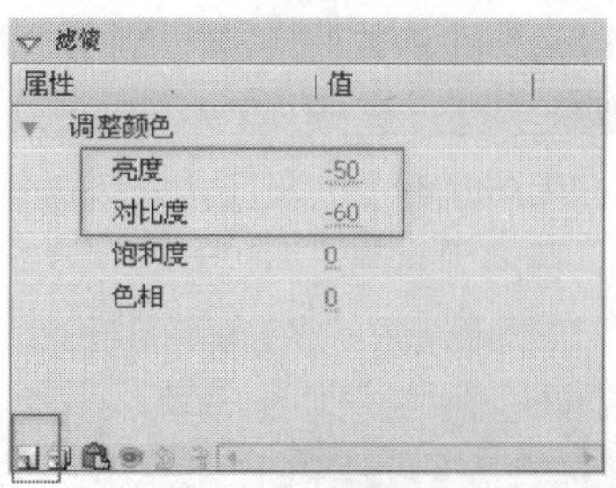


图 3-59　调整元件颜色

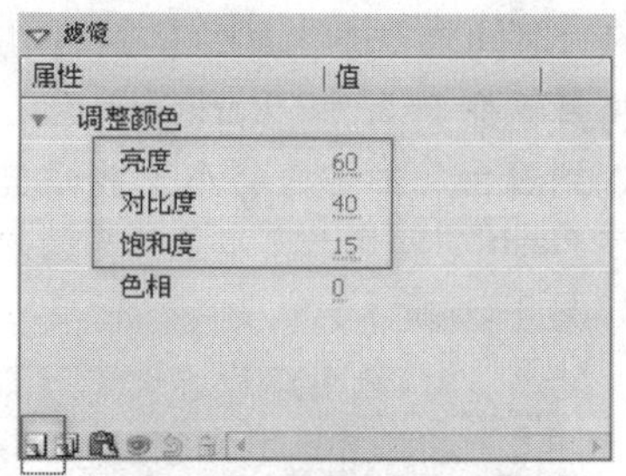


图 3-60　调整元件颜色

**03** 在“时间轴”控制面板中打开图层“zi_mask”，在图层上单击鼠标右键，选择快捷菜单中的“遮罩层”命令。得到如图 3-61 所示效果。

**04** 在“时间轴”控制面板上，按 Shift 键从上到下选择所有图层的第“30”帧，按 F5 键插入帧。

**05** 在“时间轴”控制面板上，选择图层“zi_mask”，打开图层锁定，将元件“zi_mask”移到字幕的最左侧，并在“变形”面板将比例等比例缩小到“80%”，如图 3-62 所示。

图 3-61　添加图层遮罩

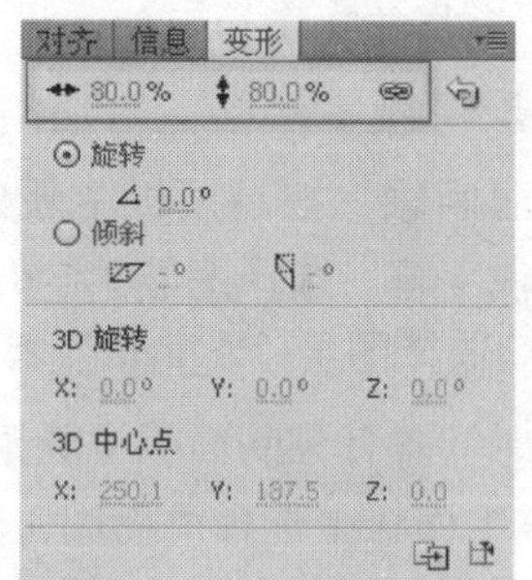


图 3-62　调整元件大小

**06** 在“时间轴”控制面板上选择图层“zi_mask”，选择第“10”帧，单击鼠标右键选择快捷菜单中的“插入关键帧”命令。将时间滑块拨到第“10”帧，在舞台上选择元件“zi_mask”，将其移动到字幕中部，并在“变形”面板将比例等比例放大到“110%”，如图 3-63 所示。

**07** 在“时间轴”控制面板上选择图层“zi_mask”，选择第“20”帧，单击鼠标右键选择快捷菜单中的“插入关键帧”命令。将时间滑块拨到第“20”帧，在舞台上选择元件“zi_mask”，将其移动到字幕最右侧，并在“变形”面板中将比例等比例放大到“150%”，如图 3-64 所示。

图 3-63　调整元件“zi_mask”的位置和比例

图 3-64　调整元件“zi_mask”的位置和比例

**08** 在“时间轴”控制面板上选择图层“zi_mask”的第“30”帧，单击鼠标右键选择快捷菜单中的“插入关键帧”命令。将时间滑块拨到第“30”帧，在舞台上选择元件“zi_mask”，将其移动到字幕左侧中部，并在“变形”面板将比例等比放大到“130%”，如图 3-65 所示。

**09** 在“时间轴”控制面板上分别选择图层“zi_mask”的第“1”帧、第“10”帧和第“20”帧，单击鼠标右键选择快捷菜单中的“创建传统补间”命令。

这时按 Ctrl+Enter 键预览动画就能得到如图 3-54 所示效果，字幕被探照灯照亮，蝙蝠侠要出动啦！

本例到这里结束，让我们休息一会儿吧！

图 3-65　调整元件“zi_mask”的位置和比例

## 实例 20

# 风车转啊

图 3-66　实例 20：风车转啊

这个例子很简单，但是有一个你必须了解的知识点！

**提示：**

在这个例子里（如图 3-66 所示），你会学到关于“动画补间”设置中的“旋转”属性。

### 步骤一：创建文件

**01** 打开 Adobe Flash Professional CS5，选择“新建”面板下的“ActionScript 3.0”选项，新建一个 Flash 工程文件。

**02** 在“属性”面板中单击“编辑”按钮，在弹出的“文档设置”面板中将“帧频”设为“12.00”，单击“确定”按钮。

### 步骤二：创建风车

**01** 在“工具”面板上选择“钢笔工具”，在舞台上绘制单个风车叶子的轮廓。如图 3-67 所示，在“颜色”面板将“颜色类型”设为“线性渐变”，分别调整左右滑块的颜色。在“工具”面板选择“渐变变形工具”，如图 3-68 所示，调整渐变色的起始方向和中心点。

**02** 用同样的方法，在“工具”面板上选择“钢笔工具”，继续在舞台上绘制单个风车叶子的轮廓。在“颜色”面板将“颜色类型”设为“径向渐变”，分别调整左右滑块的颜色，得到如图 3-69 所示效果。在舞台上选择绿色的图形，鼠标右键选择“排列”|“上移一层”。

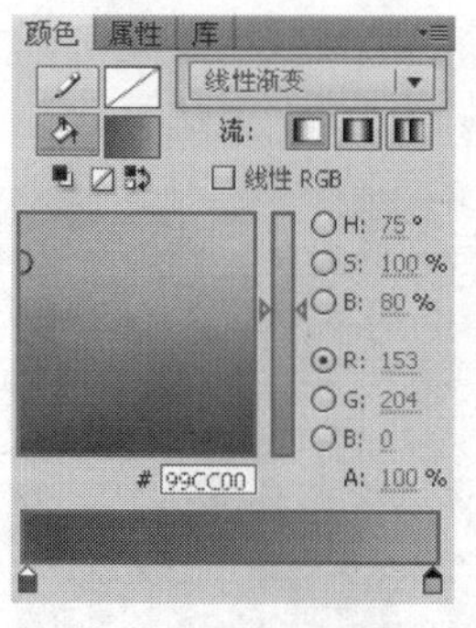

图 3-67 调整填充颜色

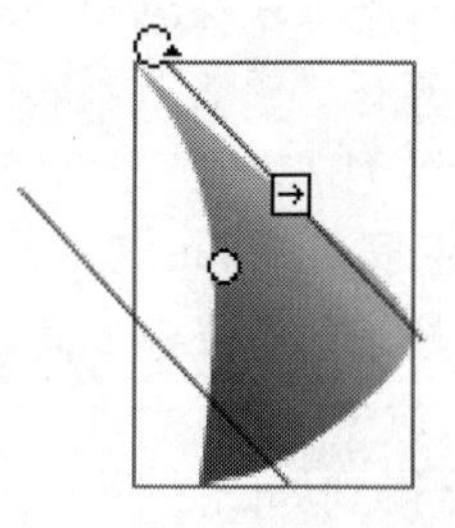

图 3-68 调整填充范围

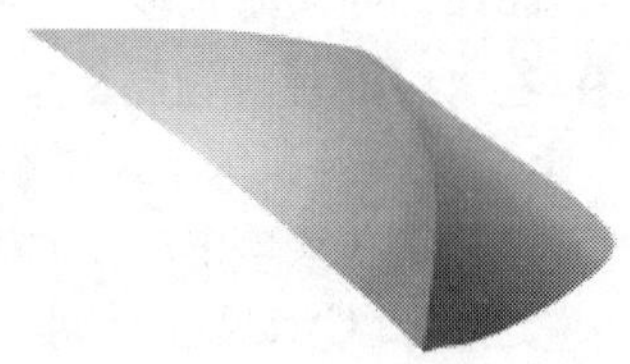

图 3-69 画好的单片风车叶子

**03** 全选舞台上的图形，按 F8 键将其转换为元件。如图 3-70 所示，将元件“名称”设为“one”，元件“类型”设为“影片剪辑”。

**04** 在“工具”面板中选择“任意变形工具”，将单片风车叶子的中心点移到如图 3-71 所示位置。

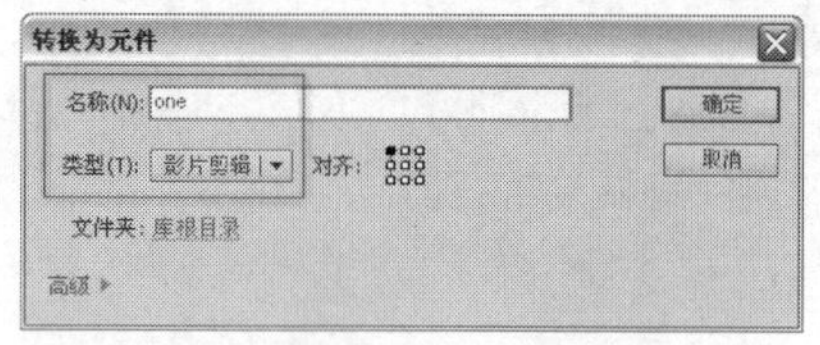

图 3-70 转换元件

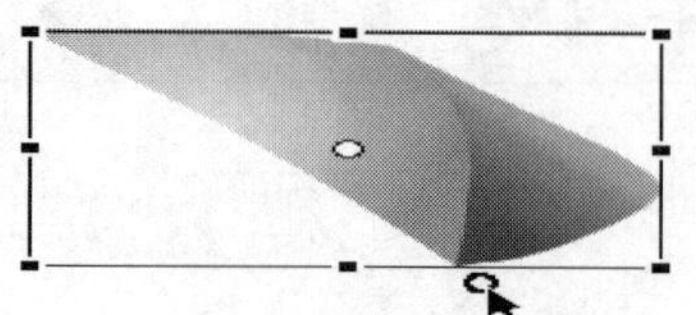

图 3-71 调整元件的中心点

**05** 在“属性”面板中打开“滤镜”面板，单击“添加滤镜”按钮添加“投影”滤镜，设置相关属性如图 3-72 所示。

**06** 在“变形”面板上设置“旋转”为“–90 度”，如图 3-73 所示，单击“重制选区和变形”按钮。继续按“重制选区和变形”按钮 2 次，得到如图 3-74 所示效果。

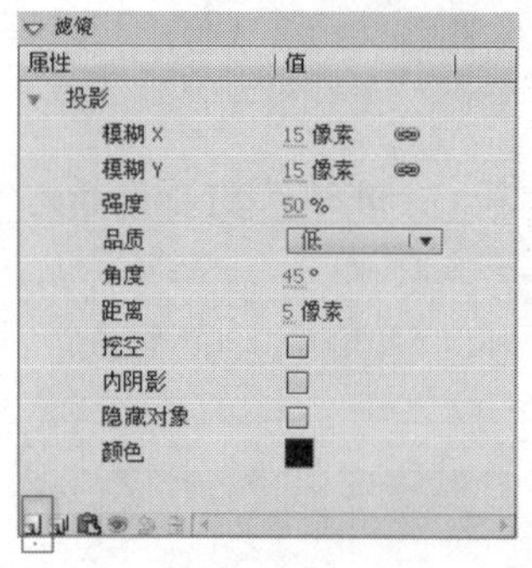

图 3-72 添加投影滤镜

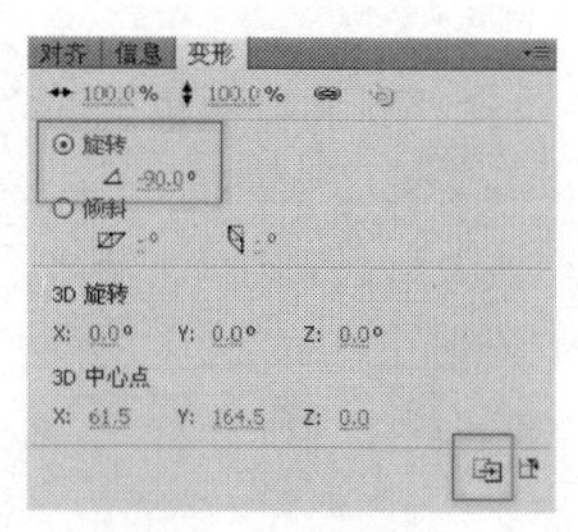

图 3-73 旋转复制

图 3-74 按 3 次“重制选区和变形”后的效果

**07** 在“时间轴”控制面板上新建“图层 2”，将其重命名为“gan”用来放置风车车杆。新建图层“3”，将其重命名为“quan”。移动图层“fengye”到图层“gan”之上。

**08** 在“工具”面板上选择“矩形工具”，选择图层“gan”，在舞台上画出矩形。同样，在“工具”面板上选择“椭圆工具”，选择图层“quan”，按住 Shift 键在舞台上画出一个正圆形，如图 3-75 所示。

**09** 按住 Shift 键选择 4 片风车叶子，按 F8 键将其转换为元件，如图 3-76 所示，将“名称”设为“yezi”，“类型”设为“影片剪辑”。

图 3-75 风车效果

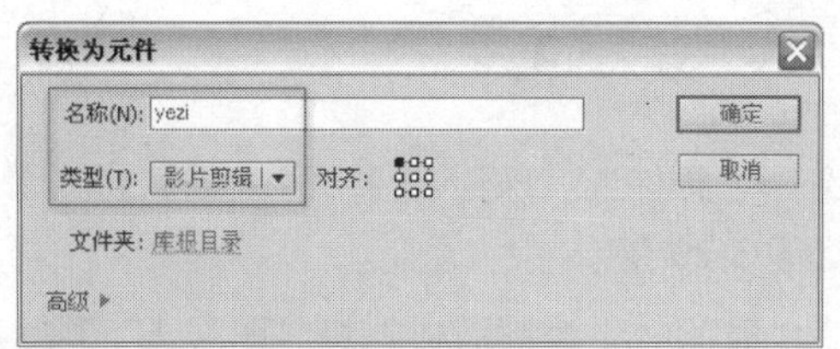


图 3-76 转换元件

## 步骤三：添加动画

**01** 在“时间轴”控制面板上选择图层“fengye”的第“15”帧，按 F5 键添加帧。任选第 1 ～ 15 帧的任意一帧，单击鼠标右键选择快捷菜单中的“创建补间动画”命令。

**02** 在“时间轴”控制面板中选择第“1”帧，在“属性”面板中，打开“旋转”面板，将“旋转”设为“1”次，如图 3-77 所示。

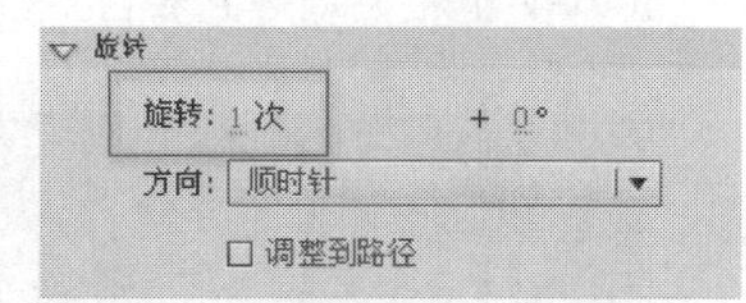


图 3-77 调整动画旋转属性

这时按 Ctrl+Enter 键预览动画就能得到如图 3-66 所示效果，风车呼呼地转起来啦。

本例到这里结束，你的小风车开始转动了吗？尝试改变“方向”为“逆时针”旋转看看！

## 实例 21

# 蝴蝶飞啊

图 3-78 实例 21：蝴蝶飞啊

路径动画在 CS4 以后的版本里也得到了较大发展，传统的路径动画需要绘制出路径，而现在不用那么麻烦啦！

**提示：**

在这个例子里（如图 3-78 所示），你会学到“关键帧动画”、“分散到图层”命令和“路径动画”的一些基本技巧。

## 步骤一：创建文件

**01** 打开 Adobe Flash Professional CS5，选择“新建”面板下的“ActionScript 3.0”选项，新建一个 Flash 工程文件。

**02** 在“属性”面板上单击“编辑”按钮,在弹出的“文档设置”面板中设置“大小”为“720像素”×“360像素”，将“帧频”设为“12.00”。单击“确定”按钮。

**03** 选择“文件”|“保存”命令，将当前文件保存为“hudie_animation.fla”文件。

## 步骤二：导入元素

**01** 选择“文件”|“导入”|“导入到舞台”命令，导入一张鲜花的背景图“flowerbg.jpg”。如图3-79所示。

**02** 在“时间轴”控制面板中将“图层1”重命名为“flowerbg”，并将其“锁定”。新建“图层2”，将其重命名为“hudie”，用来放置蝴蝶。

**03** 选择“文件”|“打开”命令，打开事先做好的“hudie.fla”文件。

**04** 全选舞台上的组，按Ctrl+C键复制蝴蝶，切换至当前“hudie_animation.fla”文件，按Ctrl+V键粘贴蝴蝶到舞台上，得到如图3-80所示效果。

图3-79　导入鲜花背景图

图3-80　导入蝴蝶图形

**05** 按F8键将蝴蝶图形转换成为元件。设置“名称”为“hudie_m”，“类型”为“图形”，如图3-81所示。

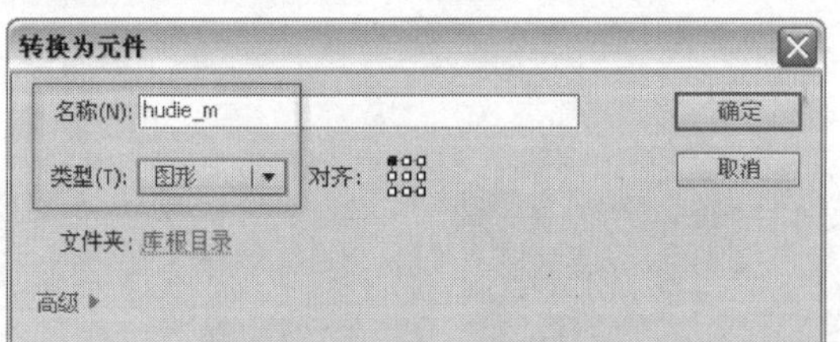


图3-81　转换蝴蝶图形为元件

## 步骤三：添加蝴蝶动画

**01** 在舞台上选择元件“hudie_m”，双击元件，进入元件“hudie_m”的编辑模式。

**02** 全选所有图形，单击鼠标右键选择快捷菜单中的“分散到图层”命令。在“时间轴”控制面板将对应的图层分别重命名为“左翅膀”、“右翅膀”和“身体”，删除多余的“图层1”。如图3-82所示，把图层“身体”移到图层“左翅膀”的上面。

**03** 按住Shift键，分别单击“左翅膀”、“身体”和“右翅膀”图层，在“工具”面板上选择“任意变形工具”，将蝴蝶调整到合适的角度，如图3-83所示。

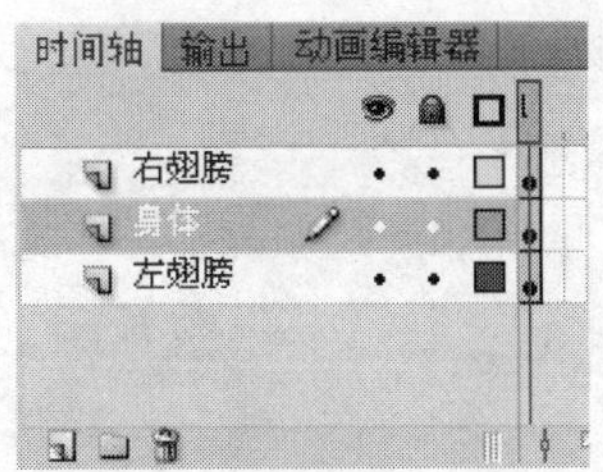

图 3-82　将图形分散到图层并调整图层顺序

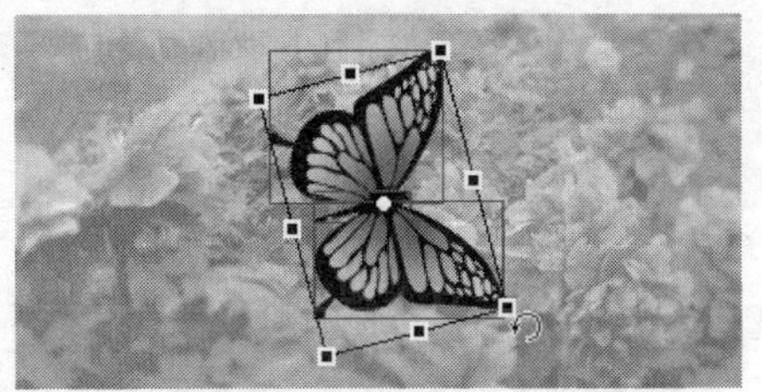
图 3-83　调整蝴蝶的位置和角度

**04** 在“时间轴”控制面板上选择图层“右翅膀”的第“1”帧。在“工具”面板上选择“任意变形工具”，将蝴蝶右翅膀的中心点移到翅膀的根部。选择“修改”|“变形”|“垂直翻转”命令，将右翅膀调整如图 3-84 所示。同样，选择图层“左翅膀”的第“1”帧，在“工具”面板上选择“任意变形工具”，将蝴蝶左翅膀的中心点移到翅膀的根部。通过缩小、旋转等操作，让左翅膀看起来比右翅膀小一些，得到如图 3-85 所示效果。

图 3-84　调整右翅膀

图 3-85　调整左翅膀

**05** 在“时间轴”控制面板上，单击图层“左翅膀”的第“2”帧，按 F6 键插入关键帧。单击图层“右翅膀”的第“2”帧，按 F6 键插入关键帧。单击图层“身体”的第“2”帧，按 F5 键插入帧。将时间滑块拨到第“2”帧，打开“绘图纸外观轮廓”按钮，如图 3-86 所示。

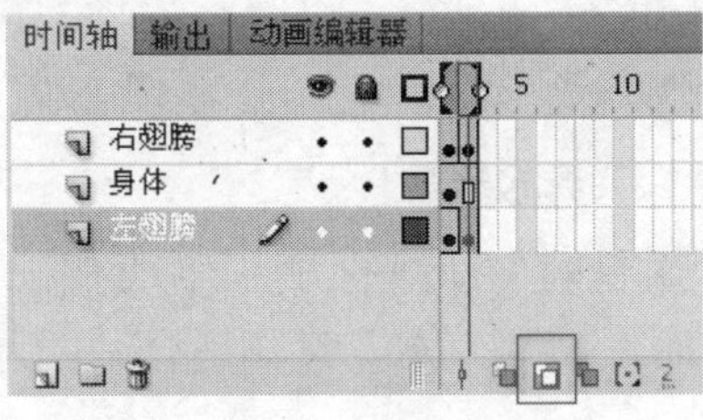

图 3-86　打开“绘图纸外观轮廓”

**06** 在“工具”面板上选择“任意变形工具”中的“扭曲”，分别调整左翅膀和右翅膀的大小及透视，如图 3-87 所示，这时第一帧的图形会以图层颜色的轮廓线方式显示，可以帮助调整和定位。

**07** 用同样的方法，在“时间轴”控制面板上单击图层“左翅膀”的第“3”帧，单击鼠标右键选择快捷菜单中的“插入关键帧”命令。单击图层“右翅膀”的第“3”帧，单击鼠标右键选择快捷菜单中的“插入关键帧”命令。单击图层“身体”的第“3”帧，单击鼠标右键选择快捷菜单中的“插入帧”命令。在“工具”面板上选择“任意变形工具”中的“扭曲”，分别调整左翅膀和右翅膀的大小及透视，得到如图 3-88 所示效果。

图 3-87　调整第 2 帧蝴蝶翅膀

图 3-88　调整第 3 帧蝴蝶翅膀

**08** 在“时间轴”控制面板上选择图层“左翅膀”及图层“右翅膀”的第“4”帧，单击鼠标右键选择快捷菜单中的“插入关键帧”命令。单击图层“身体”的第“4”帧，单击鼠标右键选择快捷菜单中的“插入帧”命令。选择图层“左翅膀”的第“4”帧，选择“修改”|“变形”|“垂直翻转”命令。选择图层“右翅膀”的第“4”帧，选择“修改”|“变形”|“垂直翻转”命令。在“工具”面板上选择“任意变形工具”中的“封套”，分别调整左翅膀和右翅膀的大小及透视，得到如图 3-89 所示效果。

**09** 在“时间轴”控制面板上选择图层“左翅膀”及图层“右翅膀”第“1”帧，单击鼠标右键选择快捷菜单中的“复制帧”命令，选择图层“左翅膀”及图层“右翅膀”第“5”帧，单击鼠标右键选择快捷菜单中的“粘贴帧”命令。单击图层“身体”第“5”帧，单击鼠标右键选择快捷菜单中的“插入帧”命令。选择图层“左翅膀”的第“5”帧，选择“修改”|“变形”|“垂直翻转”命令。然后选择图层“右翅膀”第“5”帧，选择“修改”|“变形”|“垂直翻转”命令。在“工具”面板上选择“任意变形工具”，分别调整左翅膀和右翅膀的位置，得到如图 3-90 所示效果。

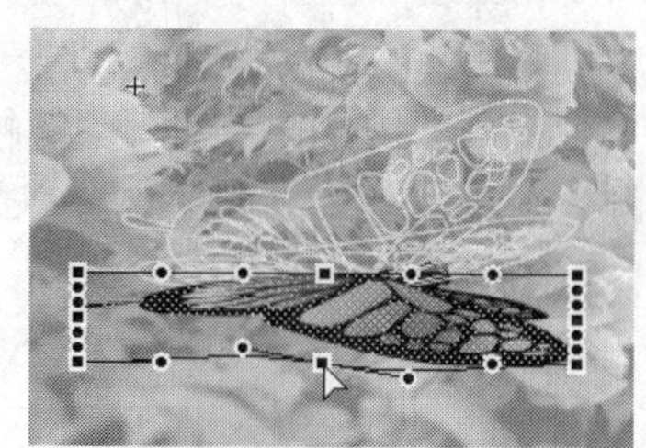
图 3-89　调整第“4”帧蝴蝶翅膀

图 3-90　调整第“5”帧蝴蝶翅膀

**10** 这时按 Enter 键就能看见蝴蝶飞舞起来啦！

以上这些步骤采用的是“关键帧”动画的方法，它类似于传统二维动画中的“原画”，较计算机生成的“补间动画”而言，“关键帧”动画适合做更为复杂更为逼真的动画模拟。

## 步骤四：添加路径动画

**01** 在“编辑栏”单击“场景 1”，回到“场景”编辑模式下。

**02** 在“时间轴”控制面板上关掉图层“flowerbg”。选择图层“hudie”，在第“60”帧的地方按 F5 键添加帧。单击鼠标右键选择快捷菜单中的“创建补间动画”。

**03** 将舞台上的元件“hudie_m”移到舞台右侧，这时在蝴蝶的身后会出现一根运动路径，如图 3-91 所示。

**04** 按 Enter 键你会发现蝴蝶飞起来了，但是不够完美。在“时间轴”面板选择第“30”帧，将蝴蝶向下移动一些距离，然后将鼠标移到那条紫色的路径附近。当鼠标出现弧形时，拖动路径，使路径成为一条曲线，如图 3-92 所示。

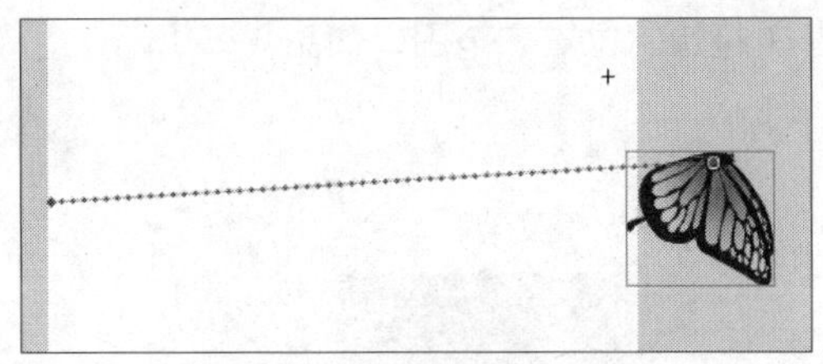

图 3-91 蝴蝶飞行路径

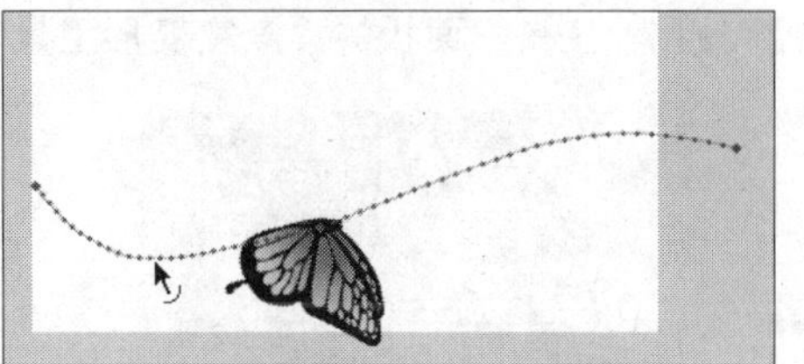

图 3-92 调整运动路径曲线

**05** 在“时间轴”控制面板上打开图层“flowerbg”。

**06** 在“工具”面板选择“任意变形工具”，按住 Shift 键将第“60”帧上的蝴蝶缩小一些。

这时按 Ctrl+Enter 键预览动画就能得到如图 3-78 所示效果，蝴蝶飞啦！

本例到这里结束，你的小蝴蝶开始飞了吗？

## 实例 22

# 新春礼花

图 3-93 实例 22：新春礼花

五彩缤纷的节日礼花——很经典很常用的 Flash 动画！一旦做好，你可以反复使用。

**提示：**

在这个例子里（如图 3-93 所示），你会深入学习“复制多个帧”、“编辑多个帧”、“Mask 遮罩”、“混合模式”等技术点。

### 步骤一：创建文件

**01** 打开 Adobe Flash Professional CS5，选择“新建”面板下的“ActionScript 3.0”选项，新建一个 Flash 工程文件。

**02** 在“属性”面板将“帧频”设为“12.00”。

**03** 选择“文件”|“保存”命令，将当前文件保存为“fireworks.fla”文件。

### 步骤二：制作夜空背景

**01** 在“工具”面板上选择“矩形工具”，在“属性”面板中设置“笔触颜色”为“无”、“填充颜色”为“蓝色”，在舞台上画出一个盖满整个舞台的矩形。在“颜色”面板将“填充颜色”的“颜色类型”设为“径向渐变”，调整左边的颜色滑块为“深蓝色”，右侧的颜色滑块为“稍浅的蓝色”，如图 3-94 所示。

**02** 使用“工具”面板的“渐变变形工具”调整渐变起始的位置和范围，如图 3-95 所示。

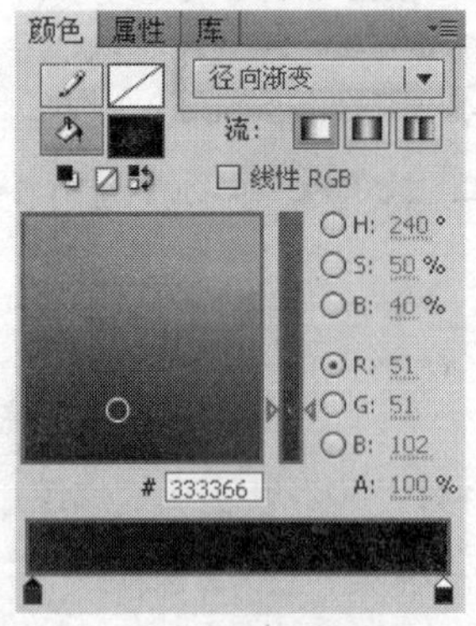

图 3-94　设置填充颜色

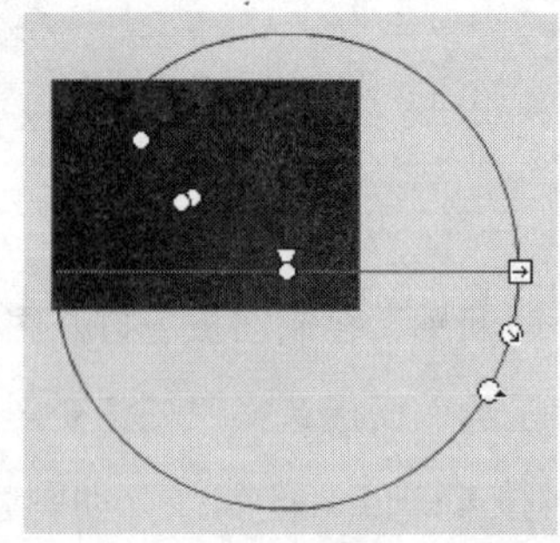

图 3-95　设置渐变中心

**03** 选择绘制好的矩形，按 F8 键将其转换为元件，将“名称”设为“night”，“类型”设为“图形”，如图 3-96 所示。

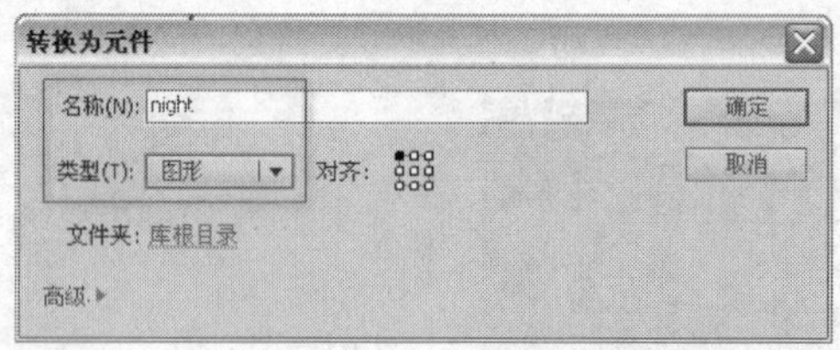


图 3-96　转换为元件

**04** 在“时间轴”控制面板上将“图层 1”重命名为“sky”，锁定该图层。新建图层并重命名为“fire”。

## 步骤三：制作烟花

**01** 按 Ctrl+F8 键新建元件，如图 3-97 所示。将其“名称”设为“mask”，“类型”设为“图形”。

**02** 这时系统自动进入元件“mask”的编辑模式下。在“工具”面板选择“刷子工具”，打开“使用压力”和“使用斜度”按钮。在“属性”面板将“填充颜色”设置为“红色”，在舞台上画出如图 3-98 所示烟花的形状。

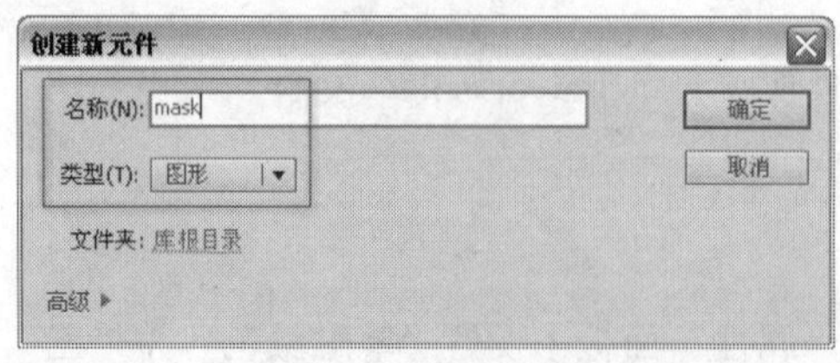


图 3-97　新建元件

图 3-98　绘制烟花图形

**03** 按 Ctrl+F8 键新建元件，如图 3-99 所示。将其“名称”设为“firework1”，“类型”设为“影片剪辑”。

**04** 这时系统自动进入元件“firework1”的编辑模式下。在“时间轴”控制面板中将“图层 1”重命名为“color”，新建图层并将其重命名为“mask”。选择图层“color”的第“2”帧，按 F6 键添加关键帧。在“工具”面板上选择“矩形工具”，在“属性”面板中设置“笔触颜色”为“无”、“填充颜色”为“蓝色”，在舞台上画出一个约“1000 像素”×“650 像素”的盖满整个舞台的大矩形。选择该矩形，按 F8 键将其转换为元件，将“名称”设为“flash”，“类型”设为“图形”。在“属性”面板打开“色彩效果”面板，设置“样式”为“Alpha”、值为“50%”，如图 3-100 所示创建一个闪动效果。

图 3-99 创建新元件

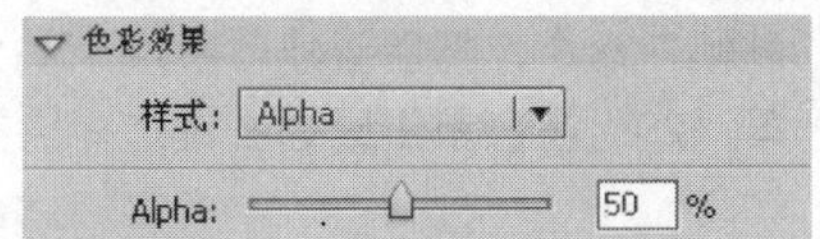


图 3-100 设置色彩效果

**05** 在“时间轴”控制面板上选择图层“mask”的第“4”帧，按 F6 键添加关键帧，从“库”面板拖拽元件“mask”到舞台上。在“时间轴”控制面板上选择第“25”帧，按 F6 键添加关键帧，在舞台上将元件“mask”向下方移动一定距离。在“时间轴”控制面板上选择图层“mask”的第“4”帧，单击鼠标右键选择快捷菜单中的“创建传统补间”命令。

**06** 选择图层“color”的第“3”帧，按 F7 键添加一个空白关键帧。再选择第“4”帧，按“F6”键添加关键帧。在“工具”面板上选择“椭圆工具”，在“属性”面板中设置“笔触颜色”为“无”、“填充颜色”为“红色”，按住 Shift 键在烟花的中心画出一个圆形。选择该圆形，在“颜色”面板将“颜色类型”设为“径向渐变”，调整左边的颜色滑块为“白色透明”，中间的颜色滑块为“红色”，右侧的颜色滑块为“橙色”，如图 3-101 所示。得到如图 3-102 所示效果。

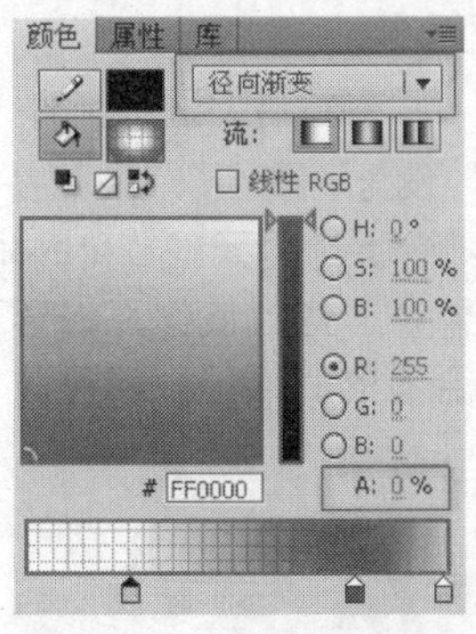


图 3-101 调整填充颜色

图 3-102 圆形填充效果

**07** 选择该圆形，按 F8 键将其转换为元件，将“名称”设为“firecolor”，“类型”设为“图形”。单击“确定”按钮，如图 3-103 所示。

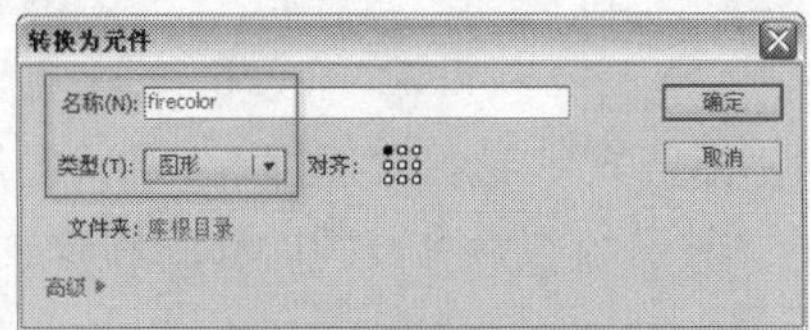


图 3-103 转换为元件

**08** 在“时间轴”控制面板上选择图层“color”的第“25”帧，按F6键添加关键帧，使用“工具”面板上的“任意变形工具”在舞台上将元件“firecolor”放大到如图3-104所示效果。在“时间轴”控制面板上选择图层“color”的第“4”帧，单击鼠标右键选择快捷菜单中的“创建传统补间”命令。选择图层“mask”，单击鼠标右键选择快捷菜单中的“遮罩层”命令。

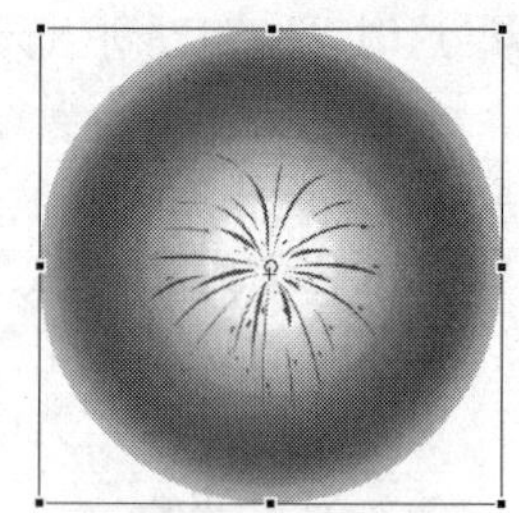

图3-104　将元件放大

**09** 在“时间轴”控制面板上选择所有图层的第“26”帧，按F7键添加空白关键帧。如图3-105所示，按住Shift键选择所有图层的第2～26帧，单击鼠标右键选择快捷菜单中的“复制帧”命令，然后新建“图层3”、“图层4”，用鼠标左键选择“图层3”和“图层4”的第“29”帧，单击鼠标右键选择快捷菜单中的“粘贴帧”命令，这样就复制了一段动画。

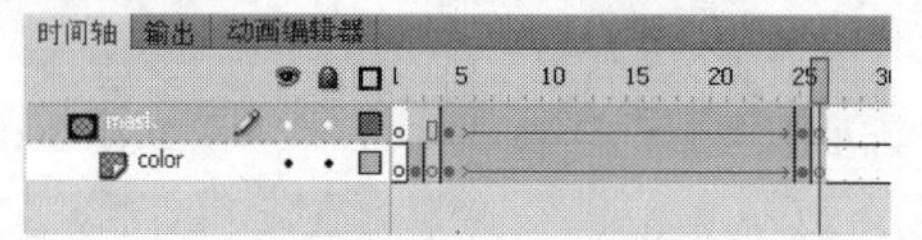


图3-105　选择多个帧

**10** 将原始的图层“color”和“mask”锁定。打开“编辑多个帧”按钮，在“时间轴”上将“开始绘图纸外观”拉到第“29”帧的前面，把“结束绘图纸外观”拉到第“53”帧的后面，如图3-106所示。在舞台上全选所有元件，将其移动到舞台偏右侧的位置。

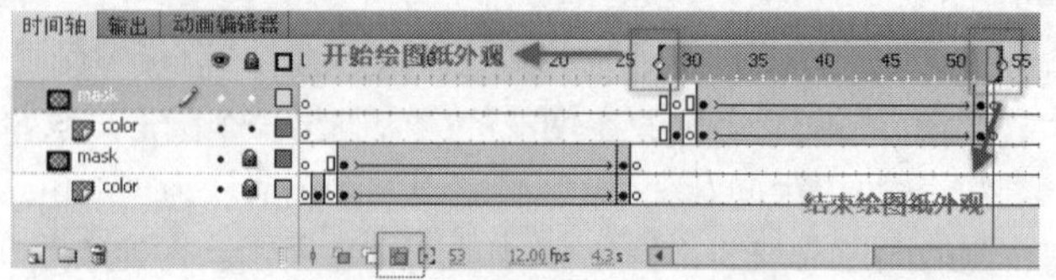


图3-106　打开编辑多个帧按钮

**11** 在“时间轴”控制面板上选择图层“color”的第“31”帧，在舞台上选择元件“firecolor”，在“属性”面板中打开“色彩效果”面板，将“样式”设为“高级”，调整各参数值如图3-107左图所示。然后将时间滑块拨到第“52”帧，在舞台上选择元件“firecolor”，在“属性”面板将“色彩效果”设置如图3-107右图所示效果。这些数值你可以通过滑动的方式一边滑动一边看舞台上元件的色彩变化，在你觉得合适的时候停下就可以了；也可以手动输入数字。

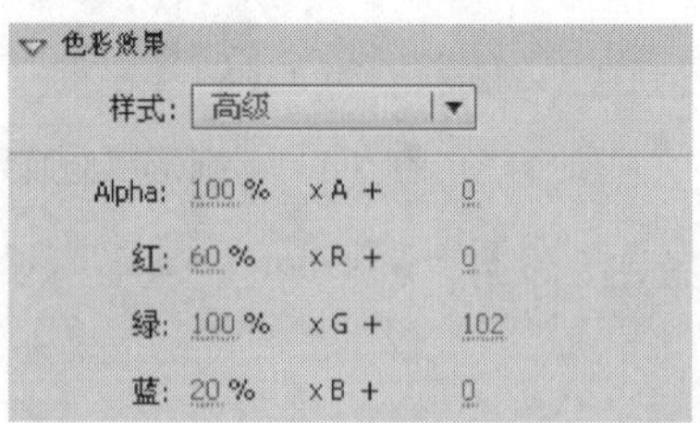

图3-107　设置元件色彩效果

**12** 同样，新建“图层5”和“图层6”，选择“图层5”和“图层6”的第“56”帧，单击鼠标右键选择快捷菜单中的“粘贴帧”命令。同时移动和修改复制后的元件“firecolor”的位置和颜色属性。

**13** 重复本步骤的第1～11步，制作一个不一样的“fireworks2”。

## 步骤四：调整动画时间

**01** 在“编辑栏”单击“场景 1”，回到“场景”编辑模式下。

**02** 选择所有图层的第“35”帧，按 F5 键添加帧。

**03** 选择图层“fire”，从“库”中拖拽元件“firework1”到舞台上。由于元件“fireworks1”的第“1”帧为空白帧，所以在舞台上显示为一个小点点。移动小点点到舞台的中部，得到如图 3-108 所示效果。

图 3-108　移动元件

**04** 在舞台上选择元件“firework1”，在“属性”面板中打开“滤镜”面板，添加“发光”滤镜，如图 3-109 所示。

**05** 在“时间轴”控制面板中选择图层“fire”的第“9”帧，按 F6 键添加关键帧。从“库”中拖拽元件“firework2”到舞台上合适的地方。同样，选择元件“firework2”，在“属性”面板为其添加“发光”滤镜，如图 3-110 所示。

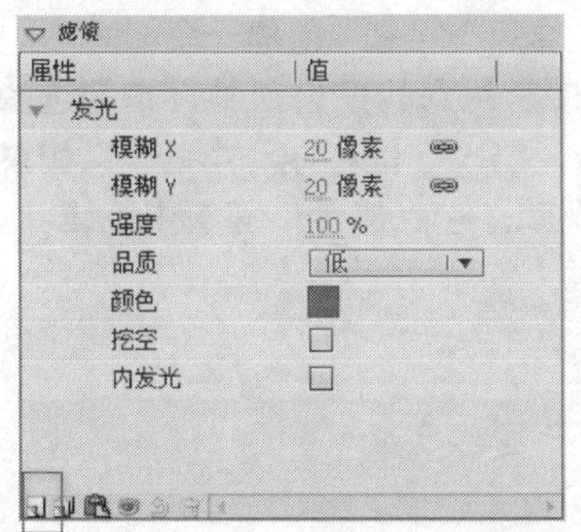


图 3-109　添加发光滤镜

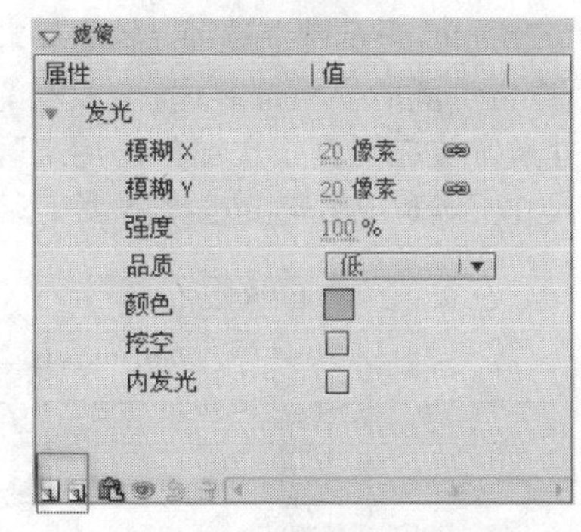


图 3-110　添加发光滤镜

**06** 在“时间轴”控制面板上选择图层“fire”的第“16 帧，”按 F6 键添加关键帧，从“库”中再次拖拽元件“firework1”到舞台上合适的地方。在“属性”面板打开“色彩效果”面板，将为“样式”设为“色调”，“颜色”为“中黄色”，“值”为“60%”；打开“显示”面板，将“混合”模式设为“图层”；同样添加“发光”滤镜，如图 3-111 所示。

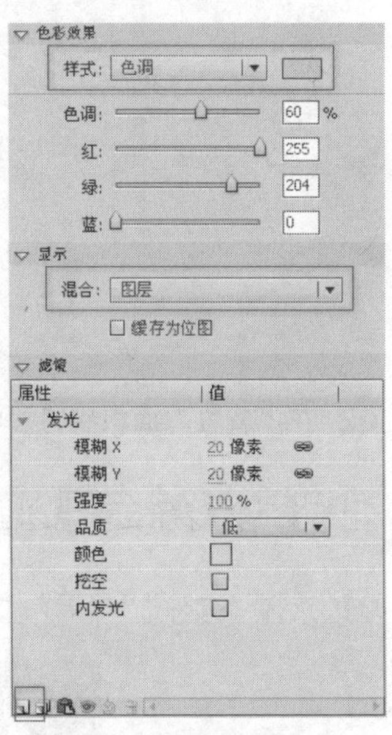


图 3-111　调整元件属性

这时按 Ctrl+Enter 键预览动画，就能看见绽开的礼花啦！

本例到这里结束。你学会了吗？本例虽然使用“创建传统补间”的方式生成动画，但是用“创建补间动画”同样可以实现。前者需要手动添加关键帧，后者则是你指定了动画时间段后，系统根据元件的各种变化自动添加关键帧。对于简单的动画来说，两种方式无所谓用哪种，但是对于复杂的动画，比如人物、动物的角色动画，那么后者所具有的“动画编辑”功能就更具优势啦（这个功能目前还没有讲到，不要着急，后面更精彩）！

## 实例 23

# 动态字幕——基础篇

图 3-112 实例 23：动态字幕——基础篇

**提示：**

在这个例子里（如图 3-112 所示），你会学到“从模板创建”文件、“交换元件”、“编辑动画曲线”、“编辑元件”的基本方法，以及对 SWF 文件的优化。

## 步骤一：创建文件

在前面的例子中我一直强调给图层和元件起名字，那么在这个例子里你可以仅通过修改图层和元件的名字来快速制作一段有多个元件的动画。

**01** 打开 Adobe Flash Professional CS5，选择“从模板创建”面板下的“广告”选项，选择“728×90 告示牌”选项，如图 3-113 所示，单击“确定”按钮，创建一个 Flash 工程文件。“广告”类的模板是 Flash 中预设的网页动画设计中常用到的广告尺寸，本例选的这个尺寸通常放在网页正文部分，用来区分各栏目分区，属于最常见的尺寸之一。如果你对该尺寸不满意或者需要根据网页实际情况需要进行调整，在“属性”面板中编辑即可。

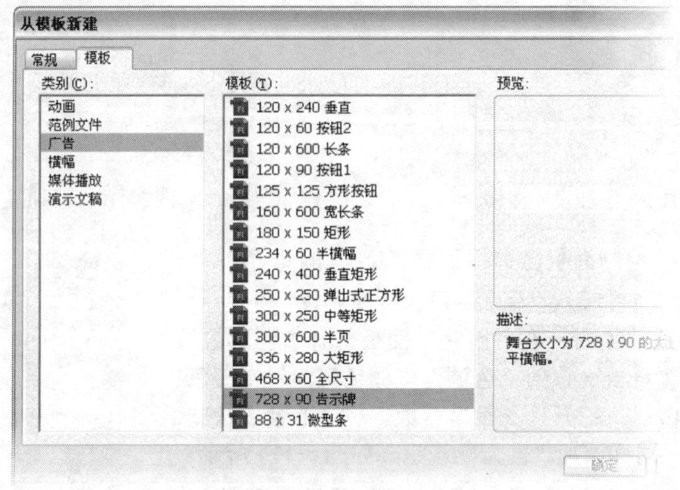


图 3-113 从模板创建文件

**02** 在“属性”面板中将“帧频”设为“12.00”。

## 步骤二：单个元件动画

**01** 选择“文件”|“导入”|“导入到舞台”，选择图片“bg.jpg”，得到如图 3-114 所示效果。

图 3-114 导入背景图

**02** 在“时间轴”面板中双击“图层 1”，将其重命名为“bg”，新建“图层 2”，将其重命名为“香”，锁定图层“bg”。

**03** 在“工具”面板上选择“文本工具”，在舞台上输入一个“香”字。在“属性”面板中设置相关属性如图 3-115 所示。如果你没有安装相关字体，可以用别的字体代替。

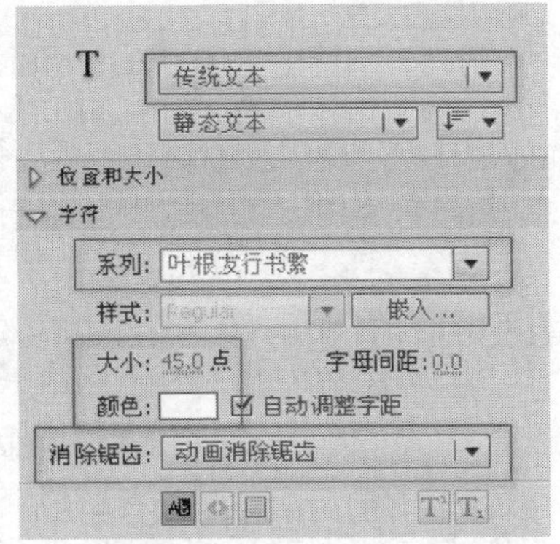


图 3-115　设置文本属性

**04** 按 F8 键将其转换为元件，将“名称”设为“香”，“类型”设为“影片剪辑”，如图 3-116 所示。单击“确定”按钮。

**05** 再按 F8 键将其转换为元件，将“名称”设为“香 _m”，“类型”设为“图形”，如图 3-117 所示。

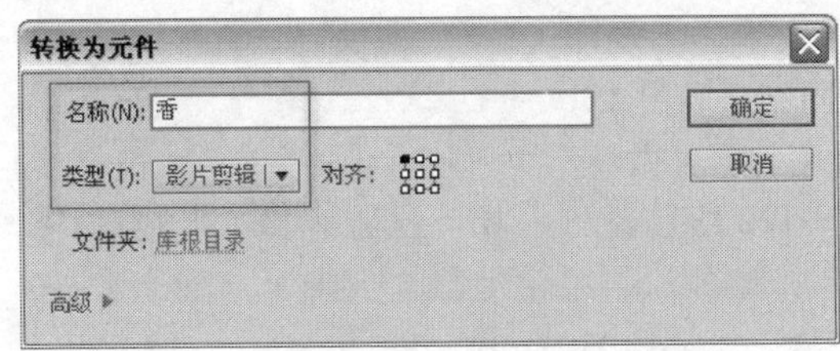


图 3-116　转换为元件

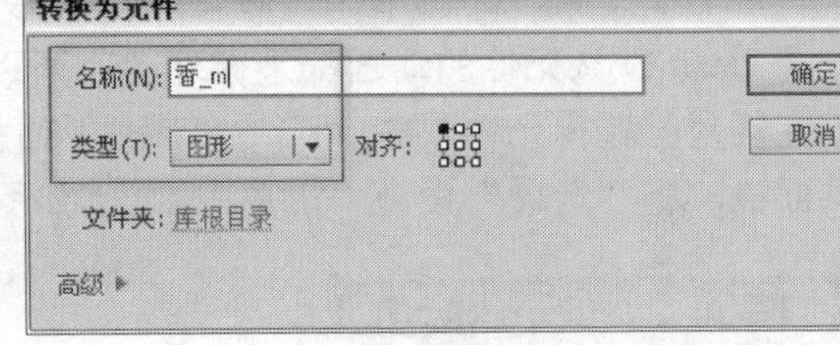


图 3-117　转换为元件

**06** 双击元件“香 _m”，进入元件“香 _m”的编辑模式。在“时间轴”控制面板，在第“15”帧按 F5 键添加帧，然后用鼠标右键选择“创建补间动画”命令。

**07** 在“时间轴”控制面板，选择第“15”帧，如图 3-118 所示，单击鼠标右键选择快捷菜单中的“插入关键帧”|“缩放”命令，这时，第“15”帧就出现了一个黑色的小圆点，表示该帧为“关键帧”。

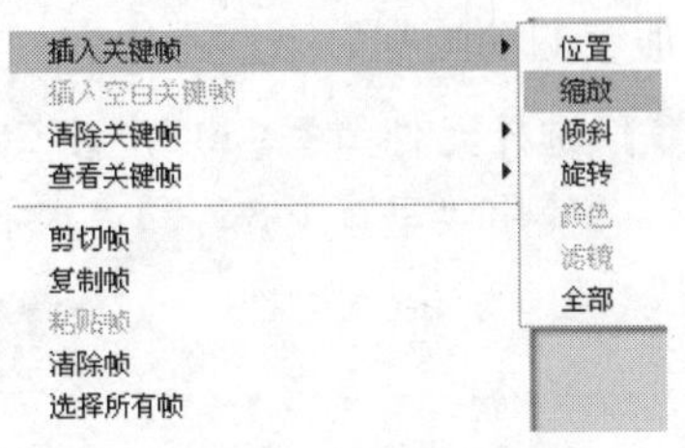


图 3-118　插入关键帧

**08** 同样的方法，分别在第“4”帧、第“8”帧插入关键帧。

**09** 打开“动画编辑器”（它在“时间轴”面板的右侧，如果没有显示，请使用“窗口”|“动画编辑器”命令）。如图 3-119 所示，在“曲线图”窗口已经生成了动画曲线（虽然它现在还是直线），曲线上的每一个黑色的小方点代表一个关键帧。

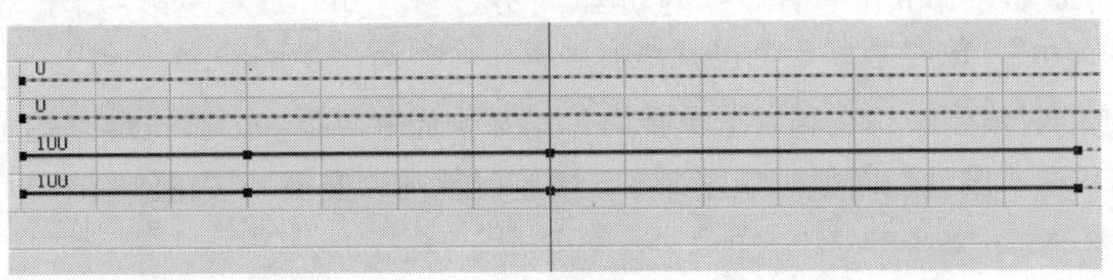


图 3-119　动画编辑曲线

**10** 将时间滑块拨到第“1”帧，如图 3-120 所示，将“缩放 X”设为“400%”，“缩放 Y”设为“400%”。并单击“色彩效果”面板后的“+”号，添加“Alpha”属性。

**11** 同样的方法，将时间滑块拨到第“8”帧。调整相关属性如图 3-121 所示。

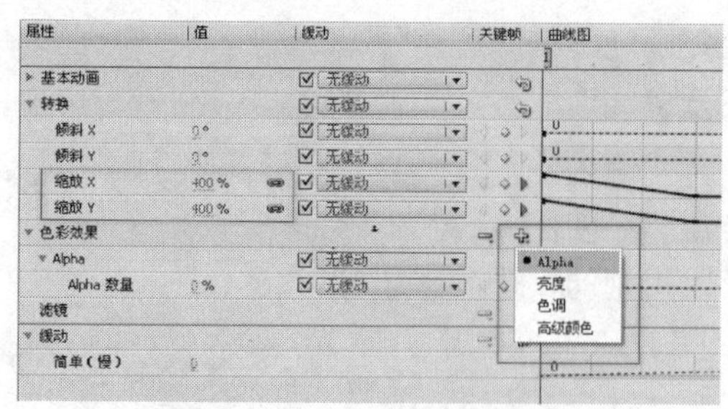

图 3-120　调整动画属性

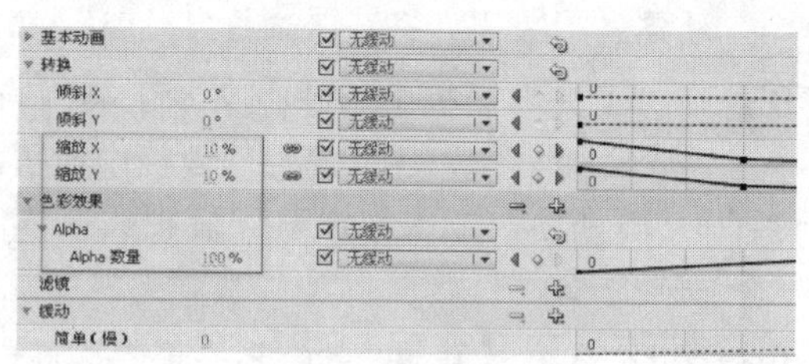

图 3-121　调整动画属性

**12** 在“编辑栏”单击“场景 1”，回到场景编辑模式。单击“时间轴”控制面板，选择图层“bg”和“香”的第“35”帧，按 F5 键添加帧，这时按 Ctrl+Enter 键就能看到这个“香”字的动画了。

**13** 但是这个“香”字的动画一直在动，没有停下来，这是因为 Flash 默认元件的动画都是循环的。所以回到“场景 1”，在舞台上选择元件“香 _m”，在“属性”面板中打开“循环”面板，将“选项”设为“播放一次”，如图 3-122 所示。

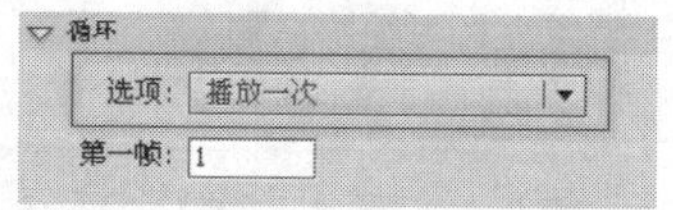


图 3-122　调整元件播放循环

## 步骤三：多个元件动画

一个“香”字的动画做好了，我们是否需要一个一个的重复以上的那些步骤来做其他字的动画呢？当然不用啦！让我们用一个简单的办法来实现多个文字的动画。

**01** 选择元件“香 _m”，按 Ctrl+D 键 4 次，复制出 4 个元件“香 _m”。在“对齐”面板使用“垂直中齐”和“水平居中分布”将 5 个元件对齐，得到如图 3-123 所示效果。

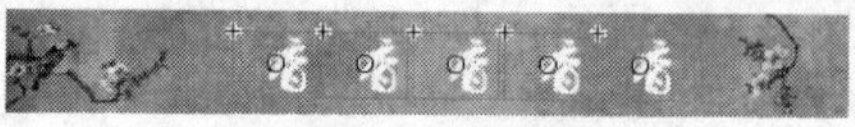

图 3-123　复制元件

**02** 全选 5 个元件，单击鼠标右键选择快捷菜单中的“分散到图层”命令，这时 5 个元件都分别分散到了 5 个新的图层“香 _m”中，删除空图层“香”。

**03** 如图 3-124 所示，按顺序修改各图层的名字。这个顺序很重要，它决定了舞台上每个元件出场的顺序。由于希望字幕从右往左开始逐字显示，因而将图层“香 _m”，用来放右手第 1 个“香”字的动画。图层“自 _m”用来放右手第 2 个“香”字的动画。图层“苦 _m”，用来放右手第 3 个“香”字的动画。图层“寒 _m”，放右手第 4 个“香”字的动画。图层“来 _m”，放右手第 5 个也就是左手第 1 个“香”字的动画。

**04** 见证奇迹的时候到啦！在舞台上选择右手第 2 个元件“香 _m”（也就是图层“自 _m”上的那个），在“属性”面板，如图 3-125 所示，单击“交换”按钮。

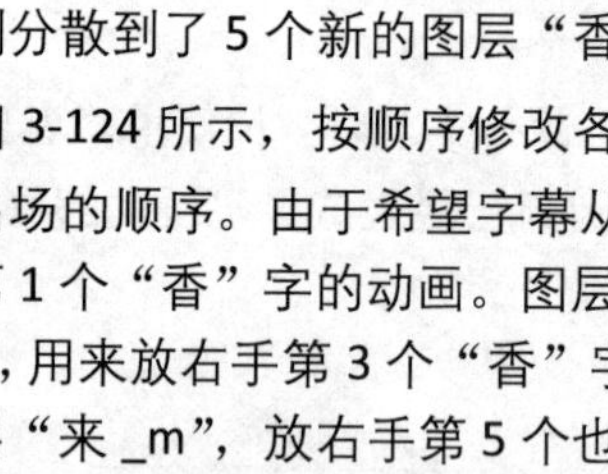

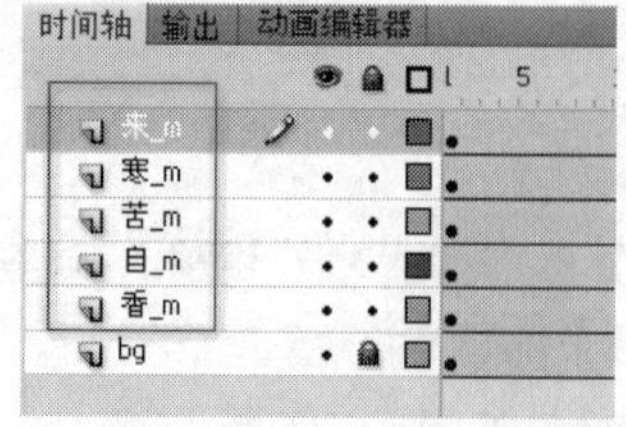


图 3-124　重命名图层

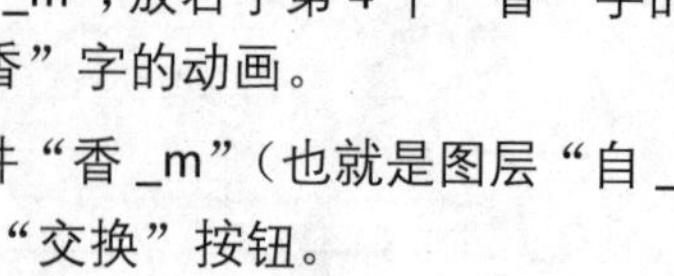

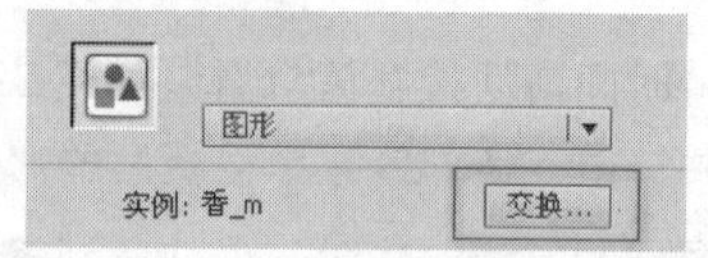


图 3-125　交换元件

**05** 如图 3-126 所示，在弹出的“交换元件”对话框中单击“直接复制元件”按钮。

图 3-126　直接复制元件

**06** 如图 3-127 所示，在弹出的“直接复制元件”对话框中修改“元件名称”为“自 _m”，单击“确定”按钮。这时“交换元件”对话框中就多了一个图形元件“自 _m”。单击“确定”按钮，退出“交换元件”对话框。

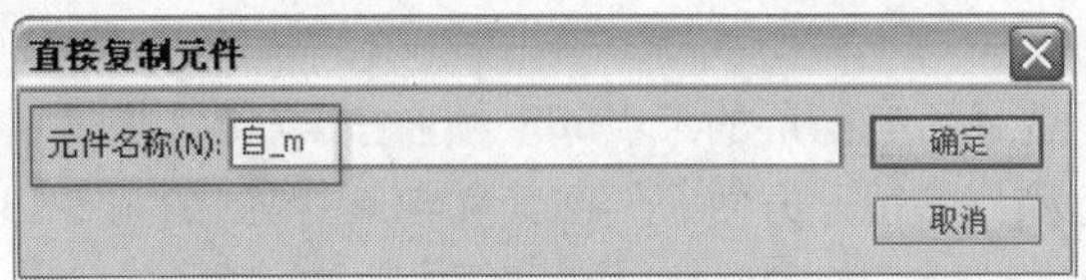


图 3-127　复制元件

**07** 在舞台上双击元件“自 _m”，进入元件“自 _m”的编辑模式。在舞台上选择元件“香”，在“属性”面板中继续使用“交换”命令。在弹出的“交换元件”中继续单击“直接复制元件”按钮，在弹出的“直接复制元件”对话框中修改“元件名称”为“自”。单击“确定”按钮。这时“交换元件”对话框中又新增加了一个元件“自”，如图 3-128 所示。单击“确定”退出“交换元件”对话框。

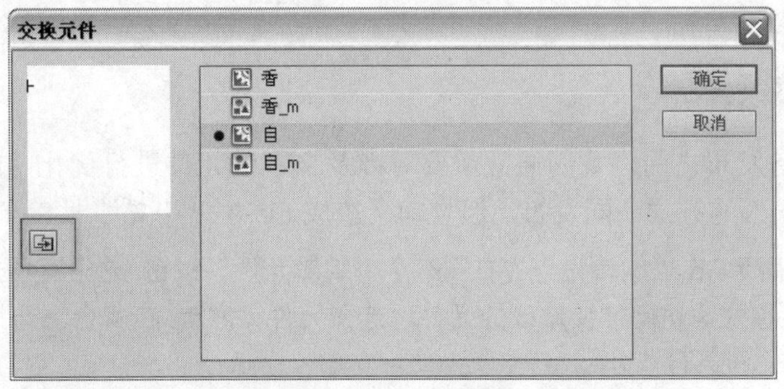


图 3-128　交换元件

**08** 在舞台上选择元件“自”，双击进入元件“自”的编辑模式，修改文本“香”为“自”。在“编辑栏”单击“场景 1”，得到如图 3-129 所示效果。

图 3-129　修改元件

**09** 重复上面的第 4 ～ 8 步，分别修改图层“苦 _m”上的元件为“苦 _m”，图层“寒 _m”上的元件为“寒 _m”，图层“来 _m”上的元件为“来 _m”，并分别修改它们里面嵌套的元件的文本，此时得到如图 3-130 所示效果。

图 3-130　修改元件

## 步骤四：调整动画

这时按 Ctrl+Enter 键预览动画，会发现这几个字同时一起出来，如果我们希望它们一个一个逐渐出来，该怎么办呢？

**01** 在“时间轴”控制面板上选择图层“自 _m”，选择第“1”帧，按住鼠标左键，将其移动到第“5”帧。选择图层“苦 _m”的第“1”帧，将其移动到第“10”帧。选择图层“寒 _m”的第“1”帧，将其移动到第“15”帧。选择图层“来 _m”的第“1”帧，将其移动到第“20”帧。

**02** 鼠标左键从上到下选择所有图层的第“50”帧，按 F5 键添加帧（这一步是为了使字幕动画完成后在舞台上稍作停留，方便人们阅读文字），得到如图 3-131 所示效果。

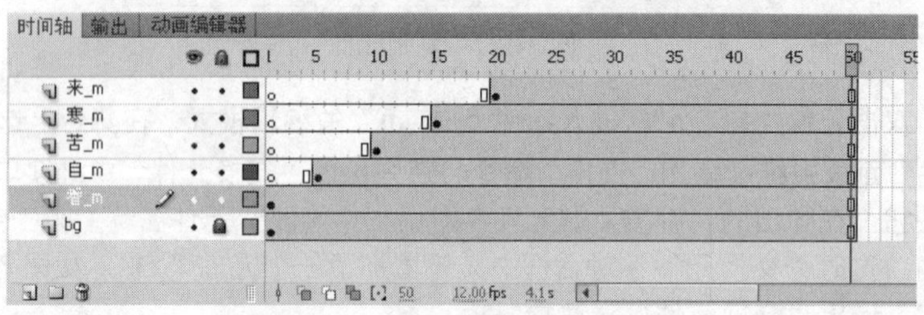


图 3-131　移动关键帧的位置

## 步骤五：优化动画

在动画准备发布之前，我们通常需要对涉及文本的元件进行优化，因为虽然特殊字体能够以“嵌入”的方式一同发布，但是却会造成 Flash 影片文件即 Swf 的臃肿。

**01** 如图 3-132 所示，在“编辑栏”的右侧有个“编辑元件”按钮，这里有场景中所有的元件，你能通过名称快速访问需要修改的元件。选择元件“寒”，在舞台上选择文本“寒”字，按 Ctrl+B 键，将其打散。

**02** 如图 3-133 所示，选择“修改”|“合并对象”|“联合”命令，将打散的形状合并成一个整体。这是一个好的习惯，虽然你可以选择不合并。但是合并后的更方便你进行修改和选择，在复杂的工程文件中合并图形能极大地提高你的效率和 Swf 的效率。

**03** 用同样的方式修改元件“香”、“苦”、“自”、“来”。

**04** 按 Ctrl+Enter 键预览动画。在“属性”面板中打开“SWF 历史记录”面板，你能发现，优化前和优化后文件大小发生了变化，如图 3-134 所示。

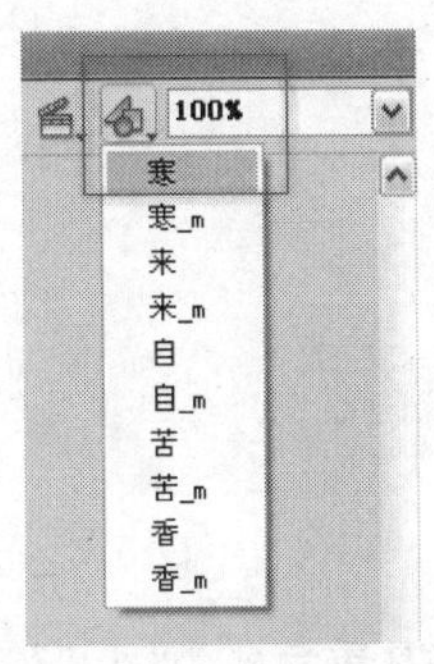

图 3-132　选择元件

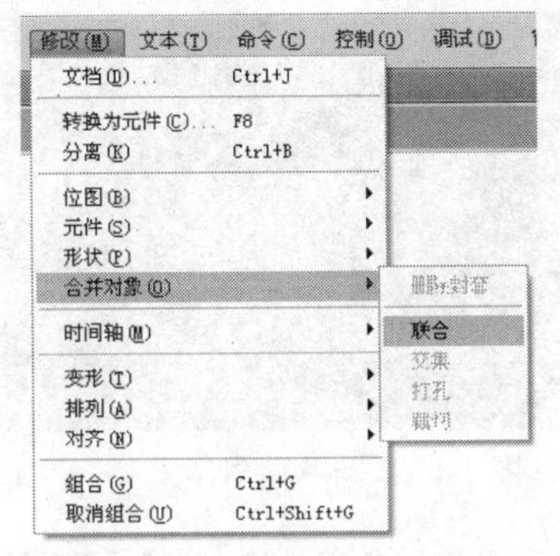


图 3-133　合并打散的图形

图 3-134　SWF 历史记录

本例到这里结束。这种通过“直接复制元件”的方法制作多个元件的动画时非常高效，它的核心是你必须非常清楚各元件之间的嵌套关系，因此，确定一套符合你自己习惯的元件命名规则非常重要。

## 实例 24

## 动态字幕——高级篇

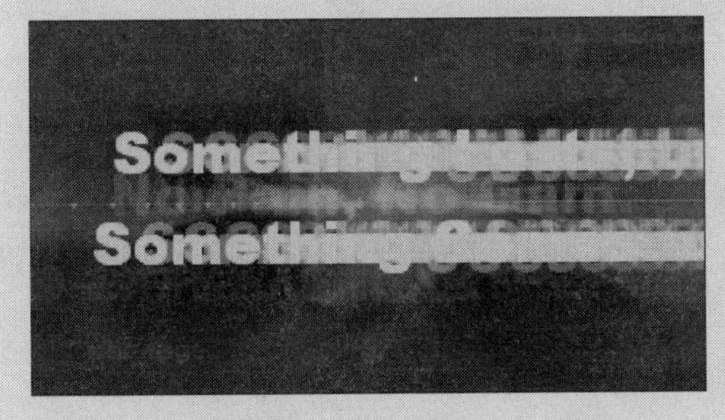

图 3-135　实例 24：动态字幕——高级篇

虽然是高级篇，但实际上制作流程比基础篇还要简单，因为现在是 CS5 的时代！

**提示：**

在这个例子里（如图 3-135 所示），你会初次接触到 CS5 的“动画预设”功能，同时还能了解到“翻转关键帧”命令。

### 步骤一：创建文件

**01** 打开 Adobe Flash Professional CS5，选择“新建”面板下的“ActionScript 3.0”选项，新建一个 Flash 工程文件。

**02** 在“属性”面板单击“编辑”按钮，在弹出的“文档设置”面板中设置“大小”为“550 像素”×“300 像素”，将“帧频”设为“12.00”，单击“确定”按钮。

**03** 选择“文件”|“保存”命令，将当前文件保存为“title_high-level.fla”文件。

### 步骤二：单个元件动画

**01** 选择“文件”|“导入”|“导入到舞台”，选择图片“bg.jpg”，在“属性”面板打开“位置和大小”面板，调整“X”为“0”，“Y”为“0”，得到如图 3-136 所示效果。

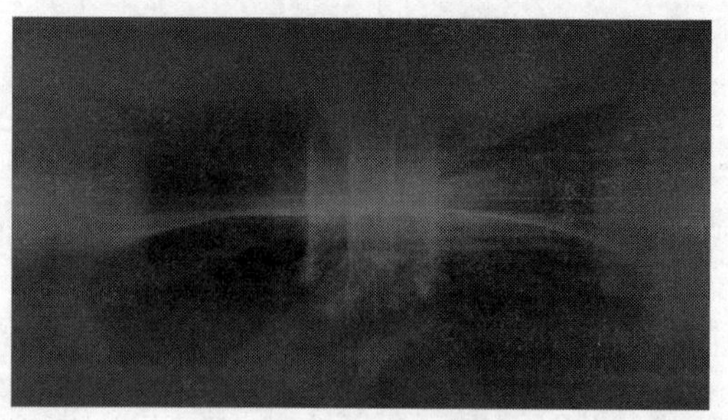

图 3-136　导入背景图

**02** 在“时间轴”面板上双击“图层 1”，将其重命名为“bg”。新建“图层 2”，将其重命名为“zi_1”，然后锁定图层“bg”。

**03** 在“工具”面板上选择“文本工具”，在舞台上输入“No Pain, No Gain.”。在“属性”面板中设置相关属性，如图 3-137 所示。

**04** 选择该文本，打开“动画预设”面板（如果默认没有开启，请选择“窗口”|“动画预设”命令）。这里有多种 Flash 为你设置好的动画方式，选择“2D 放大”，如图 3-138 所示，单击“应用”按钮。

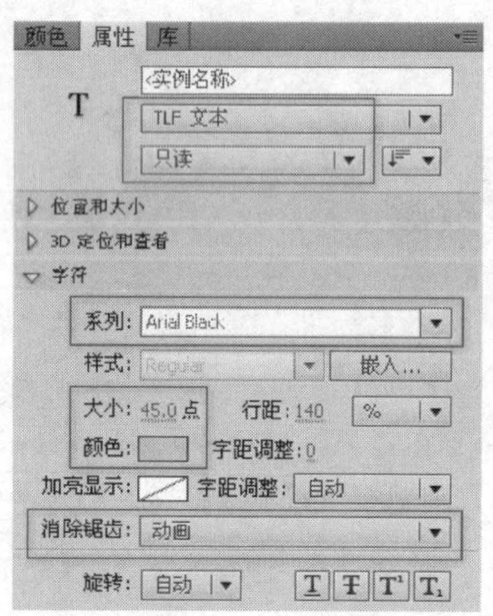


图 3-137　设置文本属性

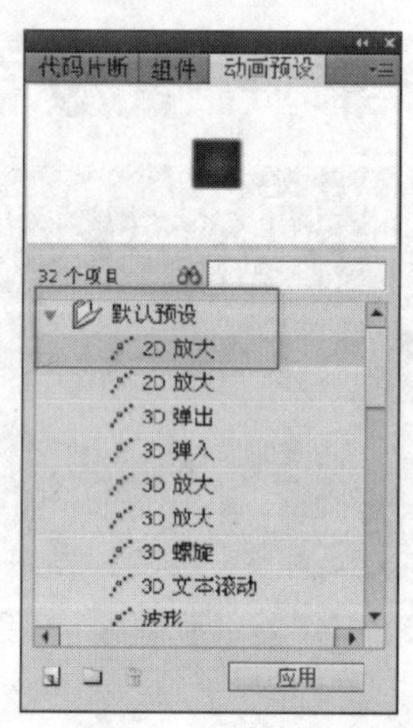


图 3-138　选择动画预设

**05** 这时，在“时间轴”面板上，图层“zi_1”自动生成了一段 25 帧的动画。选择图层“bg”的第“75”帧，按 F5 键添加帧。将时间滑块来回拖动，就能看见如图 3-139 所示的文字动画了。

图 3-139　文字动画效果

**06** 在“时间轴”控制面板中在第“1”帧到第“25”帧动画区域单点一下即选择了该区域的所有帧，单击鼠标右键选择快捷菜单中的“复制帧”命令。然后单击第“26”帧，单击鼠标右键选择快捷菜单中的“粘贴帧”命令。这时会生成一段从第“26”帧到第“50”帧的动画。

**07** 如图 3-140 所示，选择粘贴的动画。单击鼠标右键，选择快捷菜单中的“翻转关键帧”命令，这时，拨动时间滑块，你能看到字幕从小到大，又从大到小的动画过程。

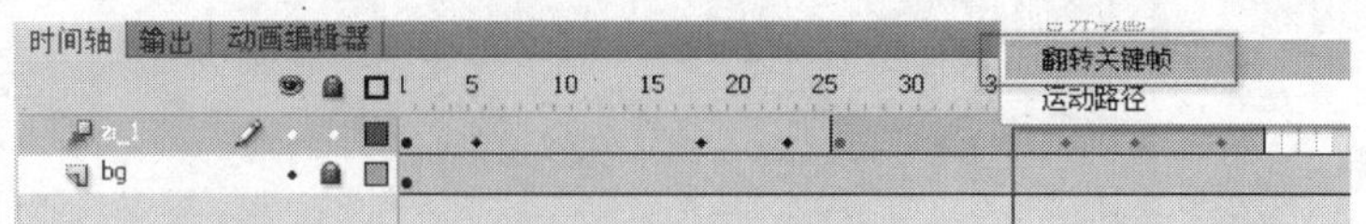


图 3-140　翻转关键帧

## 步骤三：添加多字幕动画

**01** 在“时间轴”控制面板上锁定图层“zi_1”，新建图层，并将其重命名为“zi_2”。选择图层“zi_2”的第“26”帧，按 F6 键添加关键帧。如图 3-141 所示，在舞台中心使用“工具”面板上的“文本工具”输入“Something Losts, Something Comes.”。

**02** 如图 3-142 所示，在“动画预设”面板上选择“从右边飞出”，单击“应用”按钮。这时图层“zi_2”自动添加了一段从第“26”帧到第“49”帧的动画。

图 3-141　添加字幕

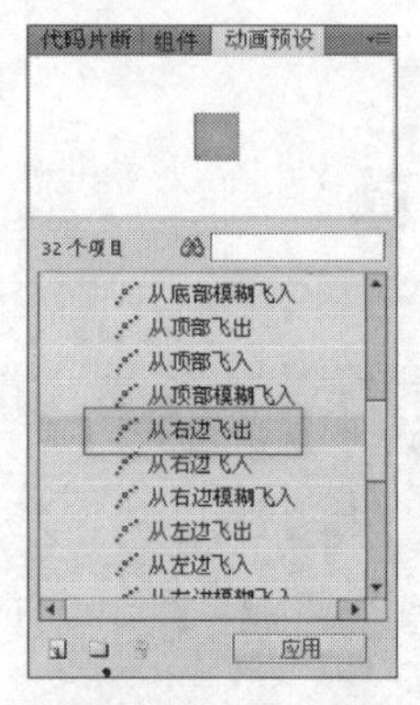


图 3-142　添加动画

**03** 在“时间轴”面板上单击图层“zi_2”的动画区域，单击鼠标右键选择快捷菜单中的“翻转关键帧”命令，这时看似没有变化，舞台上的开始帧和结束帧的位置发生了对调，如图 3-143 所示。

图 3-143　翻转关键帧

**04** 单击图层“zi_2”的动画区域，单击鼠标右键选择快捷菜单中的“复制帧”命令。选择第“50”帧，单击鼠标右键选择快捷菜单中的“粘贴帧”命令。这样快速地得到了一段动画，即从第“50”帧到第“73”帧。

**05** 但是这种简单的复制并不是我们想要的效果，我们还需要字幕消失回去。这时，单击粘贴得到的动画区域，在“动画预设”面板选择“从左侧飞出”，如图 3-144 左图所示。当弹出 Flash 系统提示对话框时，如图 3-144 右图所示，单击“是”按钮。这时拨动时间滑块，就能看到字幕 2 从右侧进入舞台，又从左侧飞离舞台的动画效果啦。

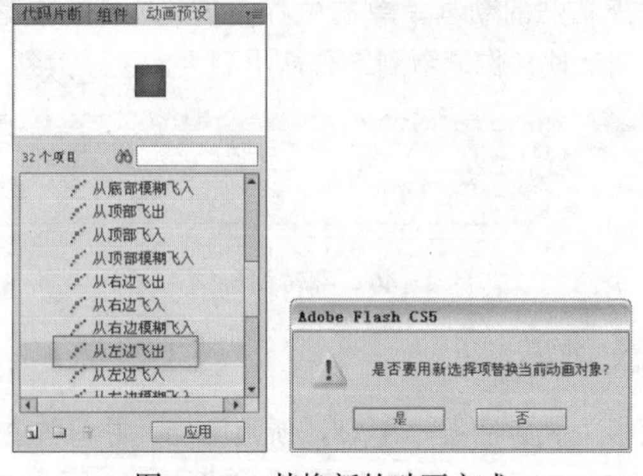


图 3-144　替换新的动画方式

按 Ctrl+Enter 键预览动画，你就能看到动态字幕的效果了。

本例到这里结束。使用“动画预设”功能制作动画，是不是很简单啊？

## 实例 25

# 让水流动

图 3-145　实例 25：让水流动

对于一幅静态的山水风景图片，Flash 能让水流动吗？

**提示：**

在这个例子里（如图 3-145 所示），你会学到“Mask”控制动画可见区域的应用技巧。

### 步骤一：创建文件

**01** 打开 Adobe Flash Professional CS5，选择“新建”面板下的“ActionScript 3.0”选项，新建一个 Flash 工程文件。

**02** 在“属性”面板上单击“编辑”按钮，在弹出的“文档设置”面板中设置“大小”为“606 像素”×“259 像素”，将“帧频”设为“12.00”。单击“确定”按钮。

### 步骤二：导入图片

**01** 选择“文件”|“导入”|“导入到舞台”命令，导入“pububg.jpg”文件。在“属性”面板打开“位置和大小”面板，调整“X”为“0”,“Y”为“0”，得到如图 3-146 所示效果。

**02** 在“时间轴”控制面板上将“图层 1”重命名为“bg”，新建图层并将其重命名为“shui”。选择“文件”|“导入”|“导入到舞台”命令，导入“shui.png”文件。将图形放到合适的位置，如图 3-147 所示。“shui.png”应该比“pububg.jpg”上的瀑布的位置稍微有一点儿位移。具体的位置可以参考“X”为“74.3”“Y”为“-8”。这个图的位置决定了瀑布流量的大小。

图 3-146 导入图片“pububg.jpg”

图 3-147 导入图片“shui.png”

**03** 继续选择“文件”|“导入”|“导入到舞台”命令，导入“hu.png”文件。将图形放到合适的位置，如图 3-148 所示。具体的位置可以参考“X”为“1”，“Y”为“188.2”。

图 3-148 导入图片“hu.png”

## 步骤三：创建动画

**01** 在“时间轴”控制面板上新建图层并将其重命名为“mask”。选择“工具”面板中的“矩形工具”，在“属性”面板中设置“笔触颜色”为“无”、“填充颜色”为“绿色”，画一个长长矩形。继续在舞台上画出多个不同高度的矩形，如图 3-149 所示。全选舞台上所有的矩形，按 F8 键将其转换为元件，并将其“名称”设为“mask”，“类型”设为“影片剪辑”。

**02** 在“时间轴”控制面板上选择所有图层的第 45 帧（最简单的选择所有图层同一帧的办法是按住鼠标左键，从上到下一滑就可以啦），按 F5 键添加帧。选择图层“mask”，在第“45”帧按 F6 键添加关键帧。

**03** 将“时间轴”上的时间滑块拨到第“1”帧，在舞台上将元件“mask”向上方移动，如图 3-150 所示。

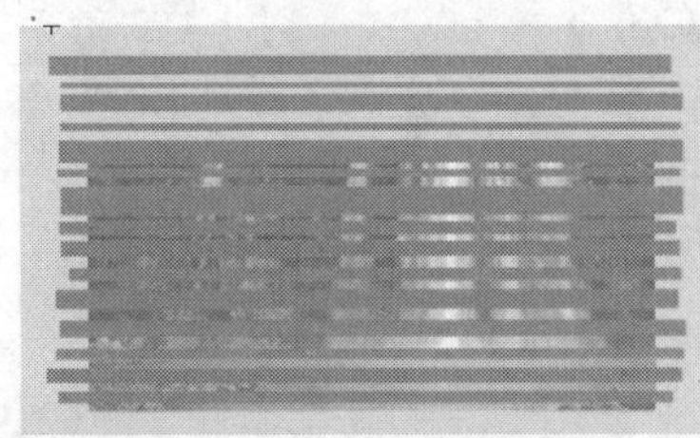

图 3-149 绘制 mask 遮罩

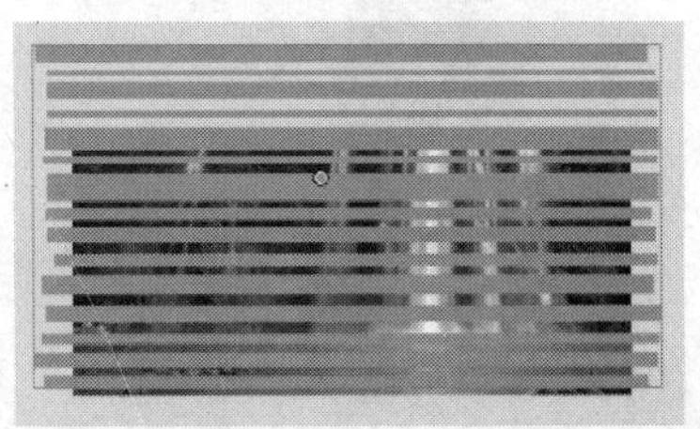

图 3-150 向上移动元件“mask”

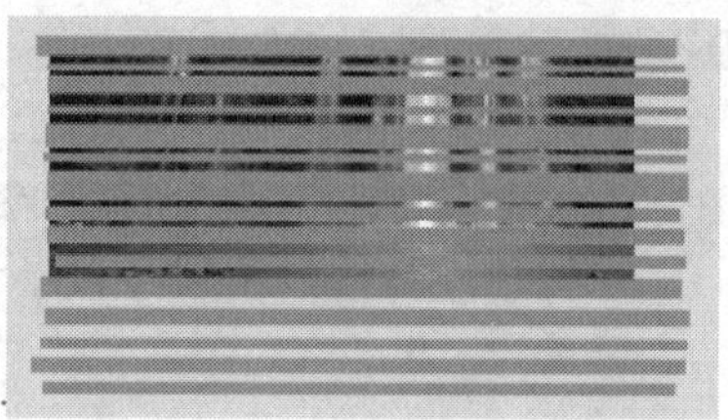

图 3-151　向下移动元件“mask”

**04** 将“时间轴”上的时间滑块拨到第“45”帧，在舞台上将元件“mask”向下方移动，如图 3-151 所示。

**05** 在“时间轴”控制面板上选择图层“mask”的第“1”帧，单击鼠标右键选择快捷菜单中的“创建传统补间”命令。

**06** 在“时间轴”控制面板选择图层“mask”，单击鼠标右键选择快捷菜单中的“遮罩层”命令。

## 步骤四：添加声音

**01** 选择“文件”|“导入”|“导入到舞台”命令，导入“water.mp3”文件。这时舞台上并看不见你导入的文件噢，它在“库”里。

**02** 在“时间轴”控制面板上新建图层并将其重命名为“sound”。选择其第“1”帧，如图 3-152 所示，在“属性”面板中打开“声音”面板，在“名称”的下拉菜单中选择“water.mp3”。

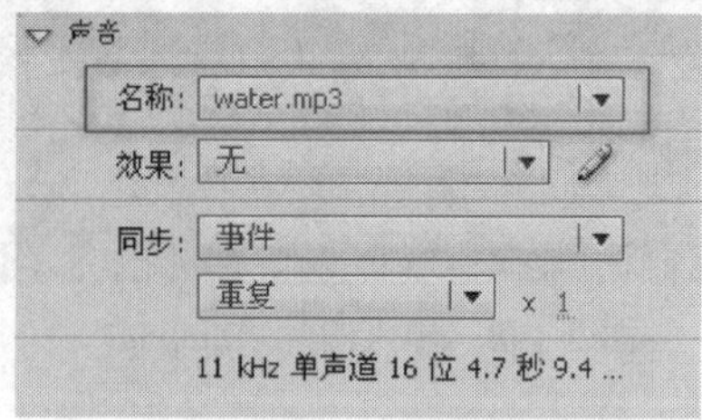


图 3-152　添加声音

这时按 Ctrl+Enter 键就能看到缓缓流动的水流和潺潺的水声啦！

本例到这里结束。是不是很有趣啊！

## 实例 26

# 火炬燃烧

图 3-153　实例 26：火炬燃烧

虽然 CS5 中 Deco 工具可以很简单的模拟火动画，可我感觉那个火不真实，编辑的属性也少，不如这个好看呢！

**提示：**

在这个例子里（如图 3-153 所示），你会学到“引导层”动画、“元件多层次嵌套动画”的应用技巧。

## 步骤一：创建文件

**01** 打开 Adobe Flash Professional CS5，选择“新建”面板下的“ActionScript 3.0”选项，新建一个 Flash 工程文件。

**02** 在“属性”面板将“帧频”设为“12.00”。

## 步骤二：制作单个火焰动画

**01** 选择“导入”|“导入到舞台”命令，在弹出的对话框中选择“huoju.fxg”文件，如图 3-154 所示。你也可以自己画一个，忘记怎么画了么？再去看看本书第 2 章内容吧！

**02** 在“时间轴”控制面板上将“图层 1”重命名为“huoju”，新建图层并将其重命名为“fire”。将图层“huoju”锁定。

**03** 在“工具”面板中选择的“椭圆工具”，在“属性”面板上设置“笔触颜色”为“无”，“填充颜色”为“红色”，画一个圆形。在“颜色”面板将相关属性设置如图 3-155 所示。

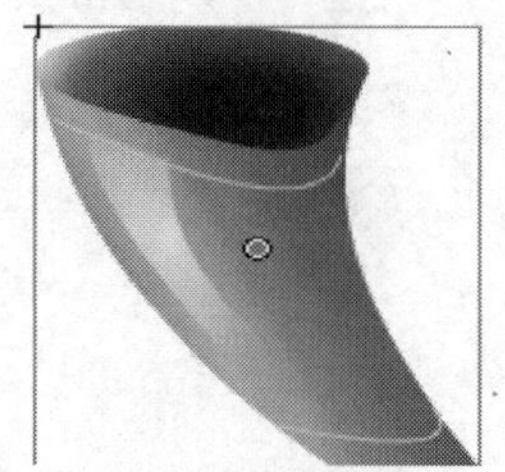

图 3-154　导入 FXG 素材文件

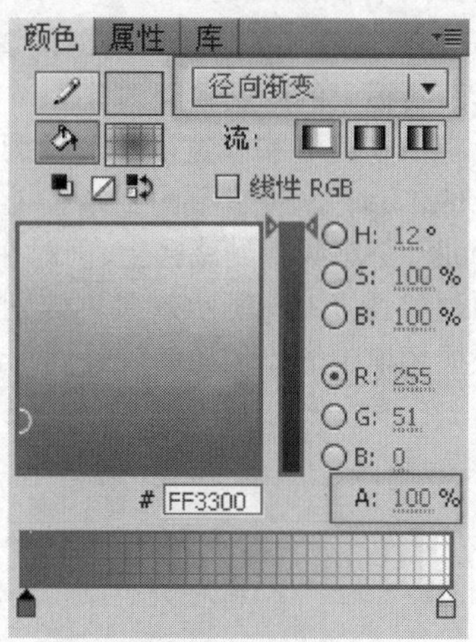


图 3-155　调整填充颜色

**04** 按 F8 键将其转换为元件，并将“名称”设为“ball”，“类型”设为“图形”。双击元件“ball”，进入元件“ball”编辑模式。在“时间轴”控制面板选择第“8”帧，按 F6 键插入关键帧，在舞台上选择圆形，在“颜色”面板上将“填充颜色”设置如图 3-156 所示。

**05** 在“时间轴”控制面板上选择第“10”帧，按 F6 键插入关键帧，在舞台上选择圆形，在“颜色”面板将“填充颜色”的左侧滑块的“Alpha”值也设为“0%”。在“时间轴”控制面板上分别选择第“1”、“8”帧，单击鼠标右键选择快捷菜单中的“创建补间形状”命令。

**06** 在“编辑栏”上单击“场景 1”，回到“场景”编辑模式，在舞台上选择元件“ball”，按 F8 键将其转换为元件，将其“名称”设为“ball_m”，“类型”设为“图形”。

**07** 双击元件“ball_m”，进入元件“ball_m”的编辑模式。在“时间轴”控制面板新建“图层 2”，使用“工具”面板上的“铅笔工具”，在“属性”面板设置“笔触颜色”为“黑色”，在舞台上画出一条曲线，如图 3-157 所示。

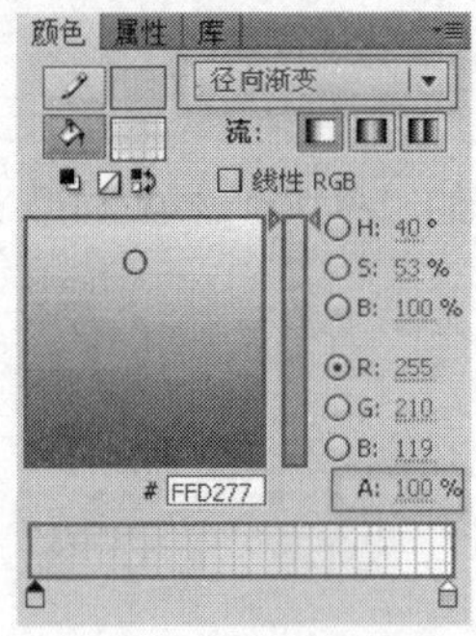


图 3-156 调整填充颜色

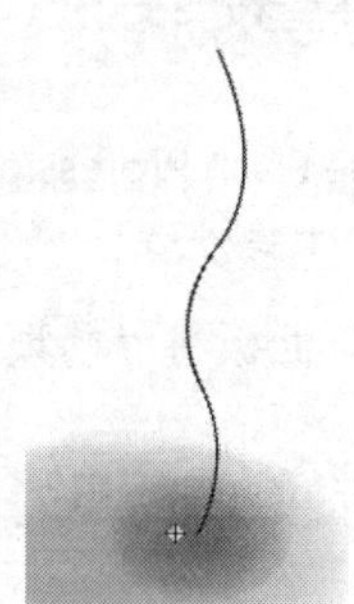

图 3-157 绘制运动曲线

**08** 在“时间轴”控制面板上选择“图层 2”,单击鼠标右键,选择快捷菜单中的“引导层”命令。当添加成功时，图层会显示为“引导层”。如果没有如图 3-158 左图所示出现像路径一样的图标，而是如图 3-158 右图所示的像吸管一样的图标，你需要按住下面的“图层 1”,将其拖到引导层上。

**09** 选择所有图层上的第“10”帧，按 F5 键添加帧。分别选择“图层 1”的第“6”、“10”帧按 F6 键添加关键帧。将时间滑块拨到第“1”帧，在舞台上选择元件“ball”，开启“工具”面板上的“贴紧至对象”按钮，将元件“ball”吸附到路径上，同时在“变形”面板上将“高度”和“宽度”均设为“210.7%”。将时间滑块拨到第“6”帧，在舞台上选择元件“ball”，将它吸附到路径上。然后将时间滑块拨到第“10”帧，在舞台上选择元件“ball”,将它吸附到路径上,同时在“变形”面板上将“高度”和“宽度”均设为“50.6%”。得到如图 3-159 所示效果。分别选择“图层 1”的第“1”、“6”帧，单击鼠标右键选择快捷菜单中的“创建传统补间”命令。

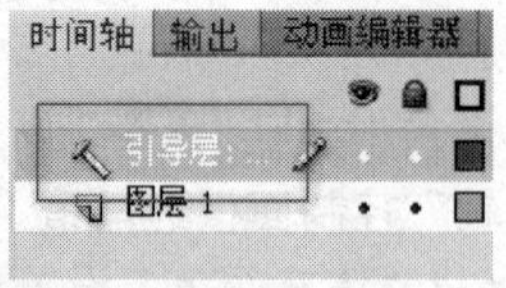


图 3-158 添加引导层

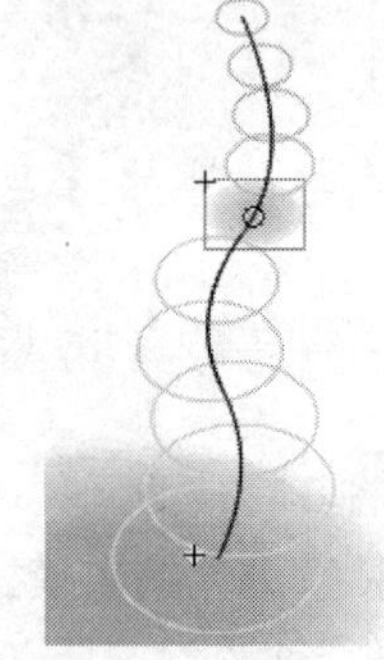

图 3-159 将关键帧吸附到路径上

## 步骤三：创建一把火的动画

**01** 在“编辑栏”单击“场景 1”，回到“场景”编辑模式，在舞台上选择元件“ball_m”，按 F8 键将其转换为元件，将其“名称”设为“more_ball_m”，“类型”设为“图形”。

**02** 双击元件“more_ball_m”，进入元件“more_ball_m”的编辑模式。在“时间轴”控制面板新建“图层 2”。如图 3-160 所示，单击“将所有图层显示为轮廓”按钮。这样就很方便查看元件间彼此的位置了。

**03** 从“库”中拖拽元件“ball_m”到舞台上，让它的位置比“图层 1”上的元件“ball_m”偏右一些，同时在“变形”面板上将“高度”和“宽度”均设为“84.9%”。

**04** 同样的方法，在“时间轴”控制面板上新建“图层 3”，从“库”中拖拽元件“ball_m”到舞台上，让它的位置比“图层 1”上的元件“ball_m”偏左一些，同时在“变形”面板上将“高度”和“宽度”均设为“84.9%”。

**05** 在“时间轴”控制面板上新建“图层 4”，从“库”中拖拽元件“ball_m”到舞台上，让它位于“图层 1”上的元件“ball_m”的中部，同时在“变形”面板上将“高度”和“宽度”均设为“47.1%”。选择该元件，按 Ctrll+C 键复制该元件，然后按 Ctrll+V 键粘贴该元件。移动 2 个元件的位置，得到如图 3-161 所示效果。选择所有图层的第“210”帧，按 F5 键添加帧。

图 3-160　将所有图层显示为轮廓

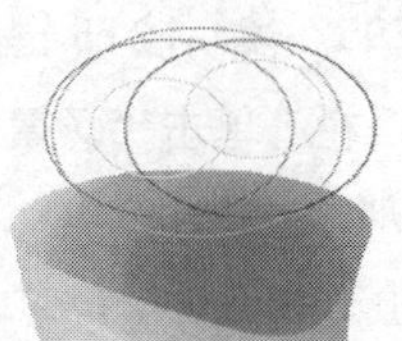

图 3-161　不同的火焰的位置和大小

**06** 在“编辑栏”单击“场景 1”，回到“场景”编辑模式，在舞台上选择元件“more_ball_m”，按 F8 键将其转换为元件，将其“名称”设为“cuo_moreballs”，“类型”设为“图形”。

**07** 双击元件“cuo_moreballs”，进入元件“cuo_moreballs”的编辑状态下。选择“图层 1”的第“1”帧，单击鼠标右键选择快捷菜单中的“复制帧”命令。然后新建“图层 2”，在“图层 2”的第“5”帧上单击鼠标右键，选择快捷菜单中的“粘贴帧”命令。选择所有图层的第“330”帧，按 F5 键添加帧，得到如图 3-162 所示效果。

**08** 在“编辑栏”中单击“场景 1”，回到“场景”编辑模式，在舞台上选择元件“cuo_moreballs”，按 F8 键将其转换为元件，将其“名称”设为“moremore_cuo”，“类型”设为“图形”。

**09** 双击元件“moremore_cuo”，进入元件“moremore_cuo”的编辑状态下。选择“图层 1”的第“1”帧，单击鼠标右键选择快捷菜单中的“复制帧”命令，然后新建“图层 2”，在“图层 2”的第“3”帧上单击鼠标右键选择快捷菜单中的“粘贴帧”命令。同样的方法，新建“图层 3”，在第“6”帧上单击鼠标右键选择快捷菜单中的“粘贴帧”命令。新建“图层 4”，在第“7”帧上单击鼠标右键选择快捷菜单中的“粘贴帧”命令。新建“图层 5”，在第“10”帧，单击鼠标右键选择快捷菜单中的“粘贴帧”命令。选择所有图层的第“240”帧，按 F5 键添加帧，得到如图 3-163 所示效果。

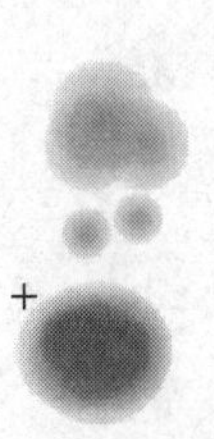

图 3-162　让火焰的速度产生差异

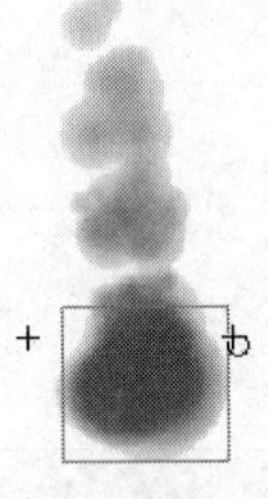

图 3-163　增加火焰数量

**10** 在“编辑栏”上单击“场景 1”，回到“场景”编辑模式，在舞台上选择元件“moremore_cuo”，按 F8 键将其转换为元件，将其“名称”设为“fire”，“类型”设为“图形”。

**11** 双击元件“fire”，进入元件“fire”的编辑状态下。选择“图层 1”的第“1”帧，将其移动到第“10”帧。单击鼠标右键选择快捷菜单中的“复制帧”命令。然后新建“图层 2”，将“图层 2”移到“图层 1”的下面。选择“图层 2”的第“8”帧，单击鼠标右键选择快捷菜单中的“粘贴帧”命令。同样的方法，新建“图层 3”，将“图层 3”放到“图层 2”的下面，在第“7”帧上单击鼠标右键选择快捷菜单中的“粘贴帧”命令。新建“图层 4”，将“图层 4”移到“图层 3”的下面，在第“5”帧上单击鼠标右键选择快捷菜单中的“粘贴帧”命令。新建“图层 5”，将“图层 5”移到“图层 4”的下面，在第“3”帧上单击鼠标右键选择快捷菜单中的“粘贴帧”命令。新建“图层 6”，将“图层 6”移到“图层 5”的下面，在第“1”帧上单击鼠标右键选择快捷菜单中的“粘贴帧”命令。选择所有图层的第“295”帧，按 F5 键添加帧，得到如图 3-164 所示效果。

**12** 在“编辑栏”单击“场景 1”，回到“场景”编辑模式。选择所有图层的第“20”帧，按 F5 键添加帧。

**13** 在舞台上选择元件“fire”，如图 3-165 所示，在“属性”面板打开“循环”面板，将“第一帧”设为“20”。

图 3-164　调整火焰层次

图 3-165　调整动画循环

这时按 Ctrl+Enter 键就能看到熊熊燃烧的火炬啦！

本例到这里结束。恭喜你坚持做完了这个例子，现在你一定对元件的嵌套有非常深刻的印象啦！使用 CS5 新增的“Deco 工具”中的“火焰动画”能快速地创建一个火动画的效果，不过，个人感觉效果不好，编辑修改也比较有限，文件还较大，所以不将其作为实例讲解，你自己试一试吧，很简单的！

## 实例 27

# 鱼上钩了——骨骼动画基础

图 3-166　实例 27：鱼上钩了——骨骼动画基础

神奇的 Flash 骨骼动画，总让我想起三维动画软件 Maya！

**提示：**

在这个例子里（如图 3-166 所示），你将学习到“骨骼动画”的基础知识，“引导层”的另类用法！

## 步骤一：创建文件

**01** 打开 Adobe Flash Professional CS5，选择“文件”|“打开”命令，打开前面做好的实例 8 “oldman.fla”文件。

**02** 选择“文件”|“另存为”命令，将文件另存为“fish.fla”文件。

## 步骤二：准备工作

**01** 在“时间轴”控制面板上删除不需要的“图层 1”。

**02** 选择“工具”面板上的“套索工具”，开启“多边形模式”。如图 3-167 所示，在舞台上选取人物头部的图形。使用“工具”面板上的“缩放工具”将舞台放大，通过“选择工具”单击不需要的图形部分将其排除选取，从而将整个头部选择在一起。由于实例 8 中未将角色的各部位单独分离，因而这个选取过程将需要较大的耐性，你可能需要不断放大你的视图窗口进行选择，不要错选和漏选。通过这个过程，你一定更能体会到在实例 7 中将各部分独立制作的原因了。

图 3-167　多边形选择

**03** 按 F8 键将其转换为元件，设置元件“名称”为“head”，将“类型”设为“影片剪辑”，如图 3-168 所示。

**04** 选择“工具”面板“选择工具”，将“脖子部分”图形选取。按 F8 键将其转换为元件，设置“名称”为“bozi”，“类型”为“影片剪辑”，如图 3-169 所示。

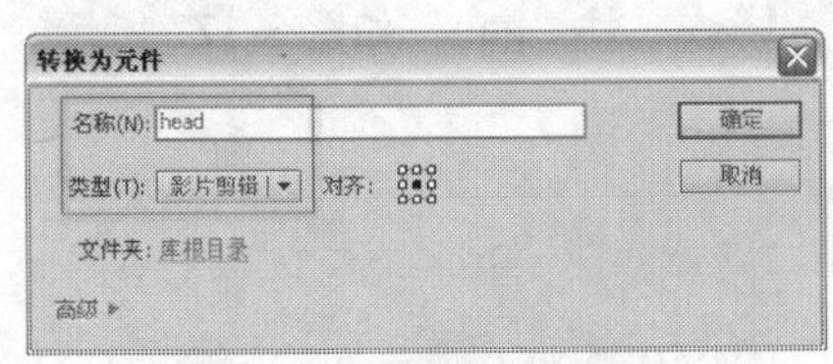


图 3-168　转换为元件

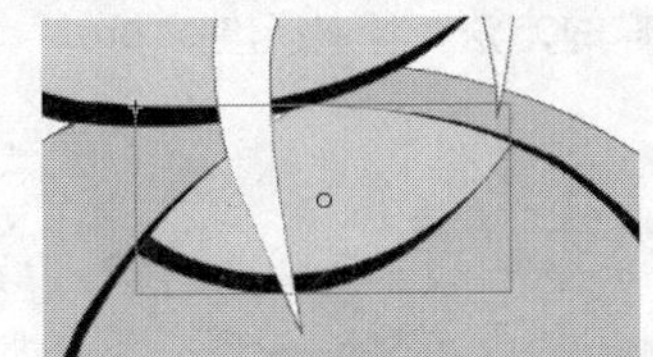

图 3-169　选取图形并转换为元件

**05** 同样的方法，分别选取“右手与右袖子”图形，将其转换为元件“hand1”。选取“左手与左袖子”图形，将其转换为元件“hand2”。选取“右脚与右裤管”图形，将其转换为元件“leg1”。选取“左脚与左裤管”图形，将其转换为元件“leg2”。选择“钓鱼竿”图形，将其转换为元件“gan”。选取“斗篷及身体”图形，将其转换为元件“body”。得到如图 3-170 所示效果。

**06** 全选舞台上的元件，单击鼠标右键选择快捷菜单中的“分散到图层”命令。在“时间轴”控制面板上调整图层的位置，并删除多余的图层，得到如图 3-171 所示效果。

图 3-170　分别选取各部位并转换为不同元件

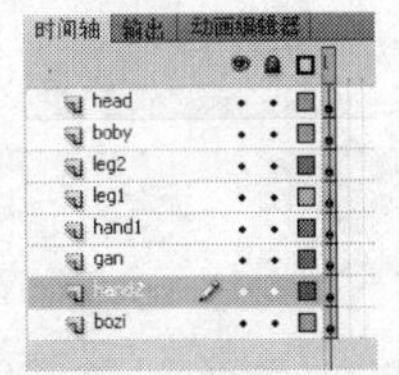


图 3-171　调整图层位置

**07** 接下来是很重要的一步，需要把各元件绘制完整（如果不绘制完整，在动画后就会露白）。在“库”面板上双击元件“body”，进入元件“body”的编辑模式。如图 3-172 所示，由于当初图形绘制时遮挡的部位被选择在另外的元件中，所以要将其修补完整。在“工具”面板上选择“选择工具”，确保“贴紧至对象”按钮开启，将图形修补完整，如图 3-173 所示。

图 3-172　绘制不完整的元件

图 3-173　调整形状

**08** 对于较大的空白区域，首先在“工具”面板上选择“滴管工具”，在舞台上吸一下衣服的颜色，然后选择“工具”面板上的“颜料桶工具”，如图 3-174 所示，颜料桶现在变成了带锁状态，说明它的填充颜色是滴管工具吸取的颜色。在“工具”面板上将“空隙大小”设为“封闭中等空隙”，然后在舞台上单击身体上空白的区域，图形很快就自动填满啦。如图 3-175 所示。

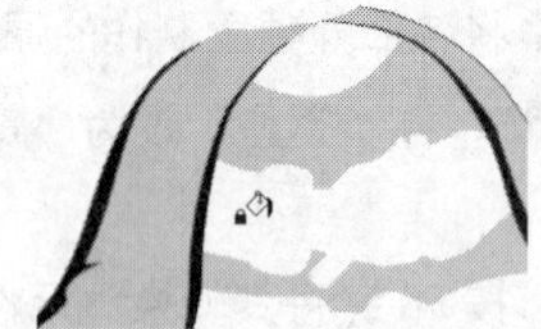
图 3-174　使用颜料桶工具

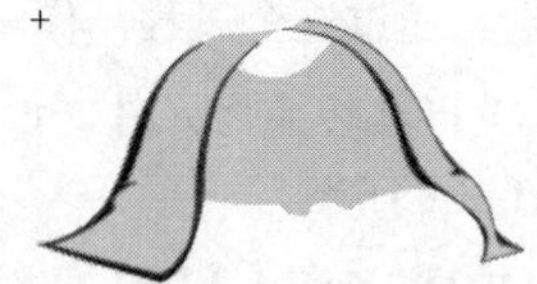
图 3-175　填充不完整的图形

**09** 同样的方法，修补元件“bozi”如图 3-176 所示，修改元件“gan”如图 3-177 所示。

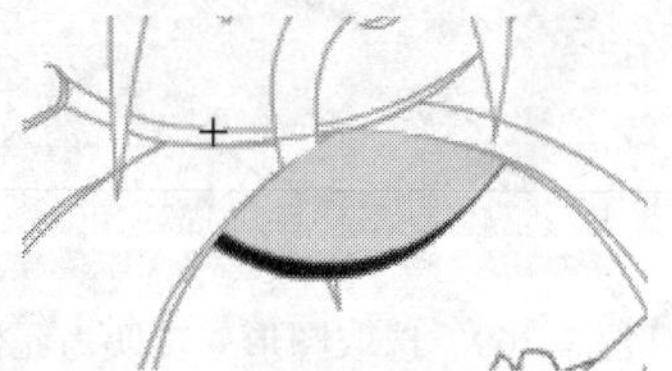
图 3-176　修补元件“bozi”

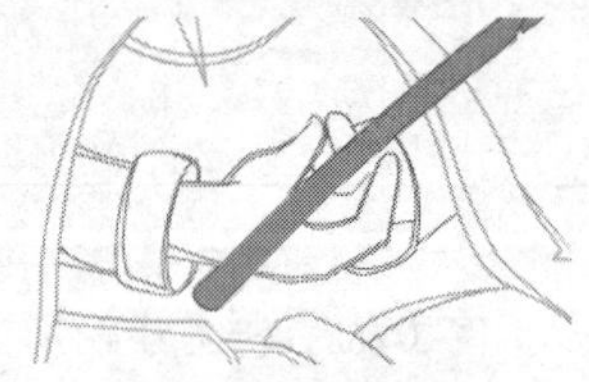
图 3-177　修补元件“gan”

**10** 在“编辑栏”上单击“场景 1”回到场景编辑模式。在“时间轴”控制面板上将图层“body”移到图层“bozi”的上面。

**11** 在舞台上选择需要做动画的元件“head”，如图 3-178 所示，按 F8 键将其转换为元件，并设置“名称”为“head_m”，“类型”为“影片剪辑”。

**12** 同样，在舞台上选择需要做动画的元件“gan”，如图 3-179 所示，按 F8 键将其转换为元件，设置“名称”为“gan_m”、“类型”为“影片剪辑”。

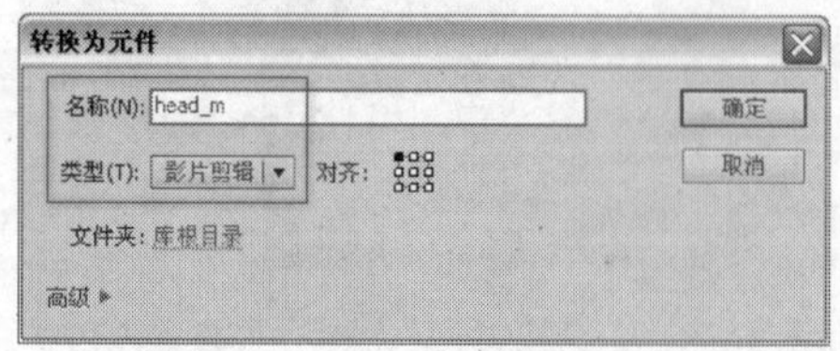

图 3-178　转换为元件

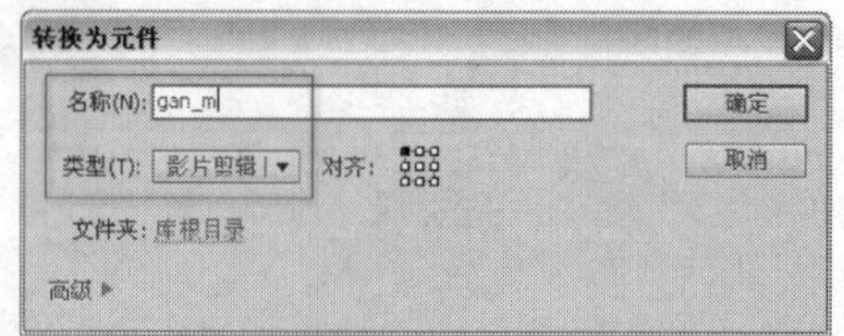

图 3-179　转换为元件

到这里，一个普通角色图形在做骨骼动画前的准备工作就基本完成了。你是否对于本书第 2 章实例 7 和实例 8 反复讲到的图形分组、合并、命名等内容有更深刻的认识啦？

## 步骤三：创建头部动画

**01** 选择“文件”|“保存”命令，将当前文件保存；再选择“文件”|“另存为”命令，将当前文件另存为“fish_anim.fla”。这样做是对初始的未做动画的文件进行备份，所有大型、复杂的动画工程都应养成这样的习惯，以避免在动画后出现无法挽回的错误时还能重新开始。

**02** 在舞台上双击元件“head_m”，进入元件“head_m”的编辑模式。我们先来给角色的头部添加一个“悠然自得，微微摇头晃脑的动画”。

**03** 在“工具”面板上选择“椭圆工具”，将“笔触颜色”设为“无”，“填充颜色”设为“红色”。如图 3-180 所示，在头部的下方绘制一个“圆形”。按 F8 键将其转换为元件，设置“名称”为“dot”、“类型”为“影片剪辑”。

**04** 在“工具”面板选择“骨骼工具”，在舞台上单击红色圆形，再单击角色的头部，得到如图 3-181 所示效果。这时，“时间轴”控制面板上的图层如图 3-182 所示，证明骨骼已添加成功。

图 3-180 绘制辅助物

图 3-181 添加骨骼

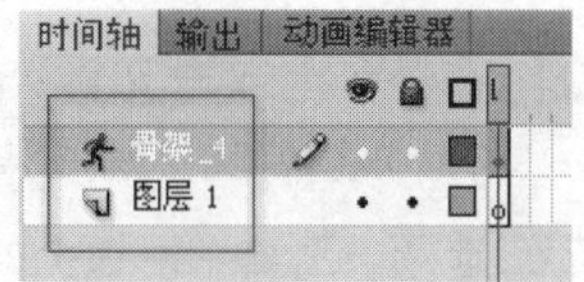


图 3-182 骨架图层

**05** 在“时间轴”控制面板上选择图层“骨架”的第“30”帧，按 F5 键添加帧，单击鼠标右键选择快捷菜单中的“插入姿势”命令，这时第“30”帧上添加了一个黑色的小圆点。这样动画的开头和结尾就是相同的状态，会使动画看起来更圆滑和柔和。

**06** 选择第“15”帧，滑动骨骼大头那边圆形轴，将角色的头部微微转动一定角度，如图 3-183 所示。

图 3-183 旋转骨骼

图 3-184 旋转骨骼链尾

**07** 选择元件“head”，按住鼠标左键拖动使其旋转一定角度，如图 3-184 所示。实际上这是调节的骨骼链尾。

**08** 在“时间轴”控制面板上将时间滑块拨到第一帧，在舞台上选择骨架，在“属性”面板上打开“位置”面板，将“速度”设为“50”%，如图 3-185 所示。

**09** 在“时间轴”面板上来回拖动滑块，反复调整合适后，在“编辑栏”上单击“场景 1”返回场景编辑模式。

**10** 在舞台上选择元件“head_m”，使用键盘上的“↓”和“←”键，让元件往舞台下方移动“5”个单位，往舞台左方“5”个单位。

**11** 按 Ctrl+Enter 键，预览动画，能看到角色的头微微摇晃啦，如图 3-186 所示。

图 3-185 降低骨骼运动速度

图 3-186 头部骨骼动画

## 步骤四：添加鱼竿动画

**01** 在舞台上双击元件“gan_m”，进入元件“gan_m”的编辑模式。选择元件“gan”，按 Ctrl+B 键将其打散成为图形。

**02** 选择“工具”面板上的“骨骼工具”，如图 3-187 所示，从渔竿的底部开始往上逐级添加骨骼。注意要将骨骼绑定在填充的形状上，而不是形状外勾的那个边上。

**03** 如图 3-188 所示，当鼠标变为带有“+”号的骨骼时，从前一节骨骼的中心往上继续画出更多的骨骼。

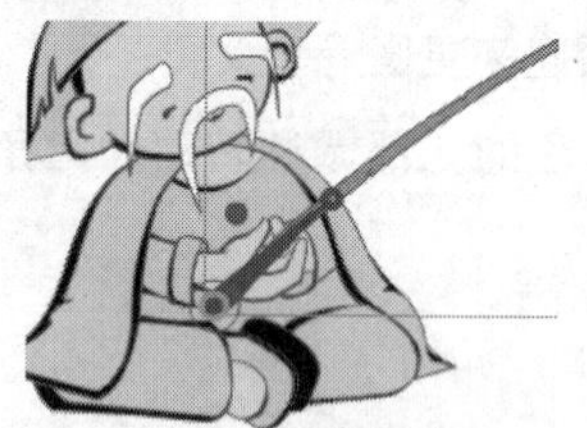

图 3-187 添加鱼竿骨骼

图 3-188 添加骨骼

**04** 渔竿骨骼添加完成后如图 3-189 所示。这里有个规律，一般越到尾部的时候骨骼间的距离越短，这样就能通过更多的骨骼方便生成更为丰富的动画效果。

**05** 在“时间轴”控制面板上选择第“60”帧，按 F5 键添加帧。单击鼠标右键选择快捷菜单中的“插入姿势”命令。

**06** 选择第“30”帧，如图 3-190 所示，在舞台上拖拽最顶端的骨链向下移动，使其模拟渔竿被咬的状态。

图 3-189　添加骨骼

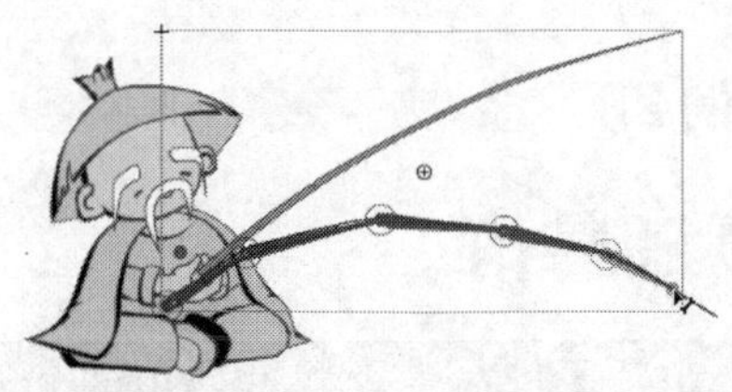

图 3-190　添加骨骼动画

**07** 按 Ctrl+Enter 键，就能看到如图 3-191 所示的渔竿骨骼动画。

图 3-191　渔竿骨骼动画

## 步骤五：隐藏辅助物体

在步骤三中，我们添加了一个红色的圆形作为辅助物，即元件“dot”。发布时，我们并不需要看见它，应该怎么让它隐藏起来呢？

**01** 如图 3-192 所示，在“编辑栏”上单击“编辑元件”按钮，从下拉菜单中直接选择元件“dot”。进入元件“dot”的编辑模式。

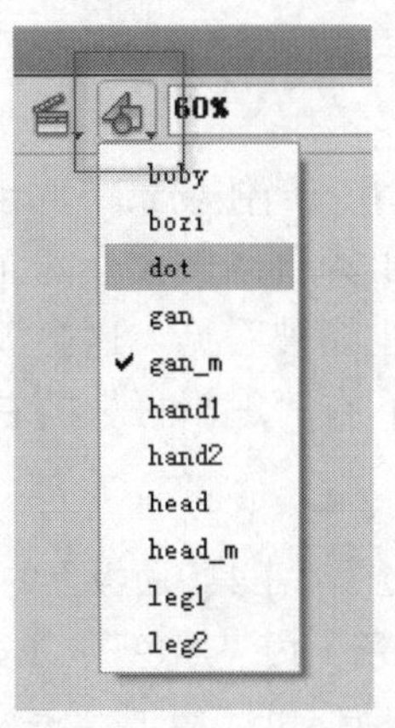


图 3-192　快速选择元件

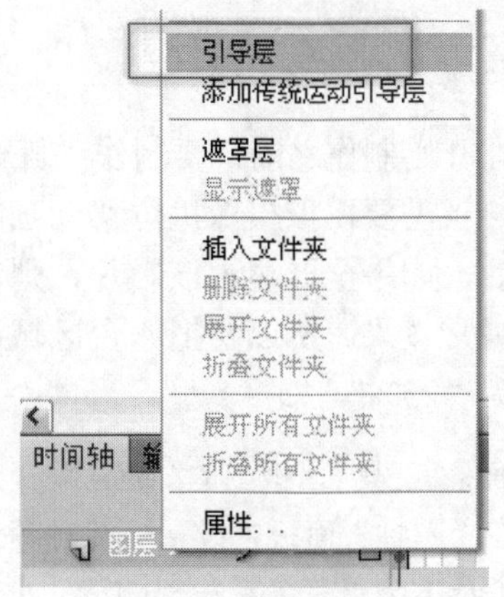


图 3-193　添加引导层

**02** 如图 3-193 所示，在“时间轴”面板上选择“图层 1”，单击鼠标右键选择快捷菜单中的“引导层”命令。

这时再按 Ctrl+Enter 键时，那个红色的辅助物就不显示啦！

本例到这里结束。本例头部动画采用的是针对“元件”的骨骼动画，而渔竿动画采用的是针对“形状”的骨骼动画，想想看，两者有什么不一样？

## 实例 28

# 夏日暴雨

图 3-194　实例 28：夏日暴雨

模拟下雨是 Flash 创作常见的主题，它需要你对自然界进行细致的观察！

**提示：**

在这个例子里（如图 3-194 所示），你会学到用“模拟摄像机位移”，“舞台遮挡”、“闪电刷子动画”等技术。

## 步骤一：创建文件

**01** 打开 Adobe Flash Professional CS5，选择“新建”面板下的“ActionScript 3.0”选项，新建一个 Flash 工程文件。

**02** 在“属性”面板上单击“编辑”按钮，在弹出的“文档设置”面板中将“尺寸”设为“720 像素”×“576 像素”，将“帧频”设为“25.00”，单击“确定”按钮。

## 步骤二：制作天空背景

在开始制作之前，要制作“舞台遮挡”。舞台遮挡是用来挡住场景中舞台区域以外的部分，当需要模拟摄像机位移动画时，通常需要制作超出舞台区域大小的元件。然而在发布后，如果全屏显示该影片，则超出舞台区域的元件也能被看见，这会极大地影响影片的观赏效果。所以要把舞台区域以外的部分遮挡起来。在“编辑栏”的右侧将舞台比例设为“25%”，即 25% 。

**01** 确保“工具”面板上的“锁定”及“对象绘制”按钮开启。选择“工具”面板上的“矩形工具”，在“属性”面板中设置“笔触颜色”为“无”、“填充颜色”为“黑色”，在舞台上画出一个基本覆盖整个舞台视图的矩形。再次选择“工具”面板上的“矩形工具”，在“属性”面板中设置“笔触颜色”为“无”、“填充颜色”为“白色”，在舞台上画出一个与舞台大小一样的矩形。在“属性”面板中设置“白色矩形”的“宽”为“720”、“高”为“576”、“X”为“0”、“Y”为“0”。按住 Shift 键选择“黑色矩形”和“白色矩形”，按 Ctrl+B 键将形状打散。选择中间的白色图形，按 Delete 键删除。得到如图 3-195 所示。

**02** 在“时间轴”控制面板上将图层重命名为“舞台”，然后锁定该图层。

**03** 在“时间轴”控制面板上新建图层并将其重命名为“skybg”。在舞台上绘制如图 3-196 所示天空、群山及小树等（具体绘制方法参见第 2 章实例 1 ～实例 4，注意天空的宽度为“1028”，宽于舞台的宽度）。全选舞台上的所有图形，按 F8 键将其转换为元件，将其“名称”设为“skyandtree”，“类型”设为“影片剪辑”。

图 3-195 制作舞台遮挡

图 3-196 制作天空背景

## 步骤三：添加云朵动画

**01** 在“时间轴”控制面板上新建图层，将其重命名为“cloud”。

**02** 选择“工具”面板上的“椭圆工具”，在“属性”面板中设置“笔触颜色”为“无”、“填充颜色”为“白到透明”渐变色，在舞台上画出云朵。按 F8 键将其转换为元件，将其“名称”设为“yun”，“类型”设为“影片剪辑”。

**03** 再次按 F8 键将其转换为元件，将其“名称”设为“cloud_m”，“类型”设为“图形”。在这个元件中放置云朵运动动画。

**04** 再次按 F8 键将其转换为元件，将其“名称”设为“cloudall_m”，“类型”设为“图形”。在这个元件中放置多个云朵运动的动画。

**05** 双击元件“cloudall_m”，进入元件“cloud_m”的编辑模式。在“时间轴”控制面板上的第“200”帧单击鼠标右键选择快捷菜单中的“添加关键帧”命令。将舞台上的元件“yun”向右侧移动一段距离，如图 3-197 所示。在第“400”帧，单击鼠标右键选择快捷菜单中的“添加关键帧”命令，再将元件“yun”移动一段距离。分别选择第“1”、“200”帧，单击鼠标右键选择“创建传统补间”命令。

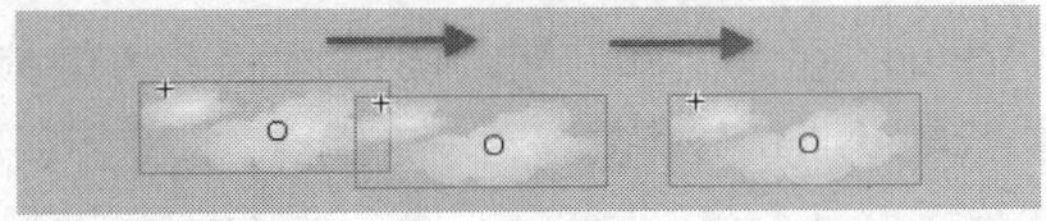

图 3-197 制作云朵动画

**06** 按住 Shift 键选择第“1”帧和第“400”帧，单击鼠标右键选择快捷菜单中的“复制帧”命令，新建图层，选择新图层的第“1”帧，单击鼠标右键选择快捷菜单中的“粘贴帧”命令。分别调整第“1”、“200”、“400”帧的元件“yun”的大小、形状和“Alpha”值。

**07** 重复粘贴 6 次，得到多组云朵运动动画。

**08** 在“编辑栏”上单击元件“cloudall_m” ，回到元件“cloudall_m”的编辑模式。在第“400”帧按 F5 键添加帧。

**09** 在“时间轴”控制面板上新建“图层 2”，在第“50”帧单击鼠标右键快捷菜单中的“添加关键帧”命令，从“库”中拖拽元件“cloud_m”到舞台上，使用“工具”面板上的“任意变形工具”将元件缩小。

**10** 在“时间轴”控制面板上选择“图层 2”的第“60”帧，按 F6 键添加关键帧。选择第“50”帧，单击鼠标右键选择快捷菜单中的“创建传统补间”命令。在舞台上选择元件“cloud_m”，在“属性”面板将“颜色”设为“Alpha”、值为“0%”。

**11** 在“编辑栏”上单击“场景 1”，回到“场景”编辑模式，得到如图 3-198 所示效果。

图 3-198　制作多个云朵动画

## 步骤四：绘制下雨动画

**01** 在“时间轴”控制面板上新建图层，将其重命名为“rain”。

**02** 选择“工具”面板上的“直线工具”，在“颜色”面板中设置“笔触颜色”为“白色”，在舞台上画出多条大约 60 度的斜线。按 F8 键将其转换为元件，将其“名称”设为“rain”，“类型”设为“图形”，效果如图 3-199 所示。

图 3-199　绘制雨

**03** 双击元件“rain”，进入元件“rain”的编辑模式。在“时间轴”上的编辑栏中选择第“2”帧，按 F7 键插入空白关键帧。继续选择“工具”面板上的“直线工具”，在“颜色”面板中设置“笔触颜色”为“白色”，在舞台上画出多条大约 60 度的斜线。同样，选择第“3”帧，按 F7 键插入空白关键帧。继续在舞台上画出斜线。为什么不用复制呢？呵呵，你按 Enter 键播放看看就知道了！

## 步骤五：模拟晴天变阴天及摄像机运动

这个例子并没有用到 3D 功能，所以，所谓的摄像机运动其实是各元件运动，使画面看起来像摄像机平移。这是 Flash 也是大部分动画中最常见的镜头表现形式之一。

**01** 在“时间轴”控制面板上选择所有图层的第“80”帧，按 F5 键插入帧。

**02** 选择图层“skybg”、“cloud”的第“80”帧，按 F6 键插入关键帧，按 Shift 键选择元件“skyandtree”和元件“cloudall_m”，将其移动一定距离。注意不要移出画面了露出白底！

**03** 分别选择图层“skybg”和“cloud”的第“1”帧，单击鼠标右键选择快捷菜单中的“创建传统补间”命令。

**04** 在图层“skybg”和“cloud”的第“25”帧单击鼠标右键选择快捷菜单中的“插入关键帧”命令。在舞台上选择元件“cloudall_m”，在“属性”面板打开“色彩”面板，将其“样式”设为“Alpha”，“值”设为“40%”这是为了使阴天时的云朵颜色减弱。

**05** 在舞台上选择元件“skyandtree”，在“属性”面板打开“滤镜”面板，添加“调整颜色”滤镜，将其调整如图 3-200 所示。

▽ 滤镜

| 属性 | 值 |
|---|---|
| ▼ 调整颜色 | |
| 亮度 | -55 |
| 对比度 | 0 |
| 饱和度 | -30 |
| 色相 | 0 |

图 3-200　调整天空的颜色，使其成为阴天的效果

## 步骤六：模拟闪电

**01** 在“编辑栏”上单击“场景 1”，回到“场景”编辑模式，新建图层，将其重命名为“flash”。

**02** 在第“17”帧按 F7 键插入空白关键帧。在“工具”面板使用“钢笔工具”勾出闪电的外轮廓。在“颜色”面板中将“笔触颜色”设为“无”，“填充颜色”设为“白色”，如图 3-201 所示。

**03** 按 F8 键将其转换为元件，将其“名称”设为“light”，“类型”设为“影片剪辑”。如图 3-202 所示，使用“工具”面板中的“任意变形工具”将元件“light”的中心点移到闪电的根部。

图 3-201　绘制闪电

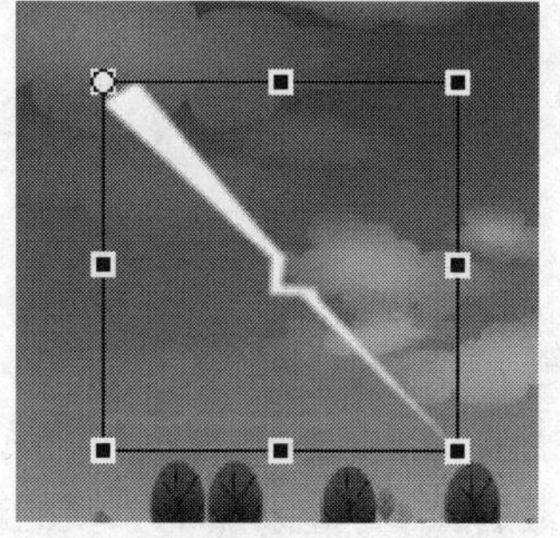

图 3-202　调整元件中心点

**04** 在“滤镜”面板上添加“发光”滤镜，将其设置如图 3-203 所示。

**05** 在“时间轴”控制面板上选择图层“flash”，在第“21”帧按 F6 键添加关键帧。选择第“17”帧，使用“工具”面板上的“任意变形工具”在舞台上将元件“light”缩小，并在“属性”面板上打开“色彩效果”面板，将“样式”设置为“Alpha”、“值”为“0%”。

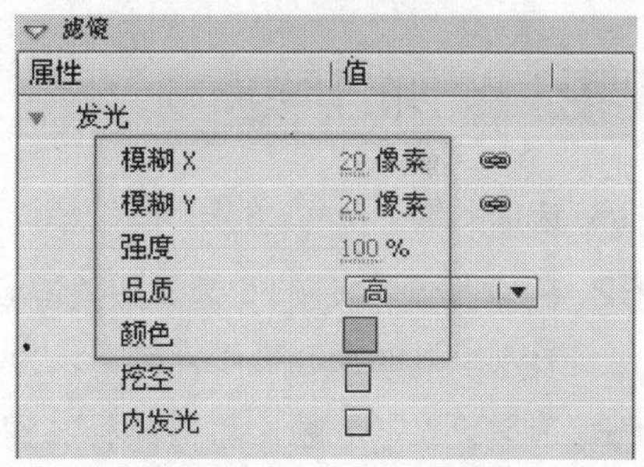


图 3-203　添加发光滤镜

**06** 在“时间轴”控制面板上选择第“17”帧，单击鼠标右键选择快捷菜单中的“创建传统补间”命令。在第“22”帧按 F7 键添加空白关键帧。

**07** 在第“23”帧按 F6 键添加关键帧。在“工具”面板中选择“矩形工具”，在“属性”面板中设置“笔触颜色”为“无”、“填充颜色”为“白色”，在舞台上画出一个满屏的矩形。

**08** 在第“24”帧按 F7 键添加空白关键帧。选择第“23”帧，单击鼠标右键选择快捷菜单中的“复制帧”命令，选择第“25”帧，单击鼠标右键选择快捷菜单中的“粘贴帧”命令。在第“26”帧按 F7 键添加空白关键帧。

到这里，一个闪电效果已经做好了，下面用 CS5 新增的功能再做一个闪电吧！

**09** 在“时间轴”面板新建图层“light_s”，选择第“70”帧，按 F7 键插入空白关键帧。

**10** 在“工具”面板选择“Deco 工具”。在“属性”面板上设置“绘制效果”为“闪电刷子”，打开“高级选项”面板，将其设置如图 3-204 所示。

**11** 在舞台上由上往下慢慢的画出一道闪电，如图 3-205 所示。画的越慢，分支越多。这时，“时间轴”上，已经自动生成了几个关键帧。

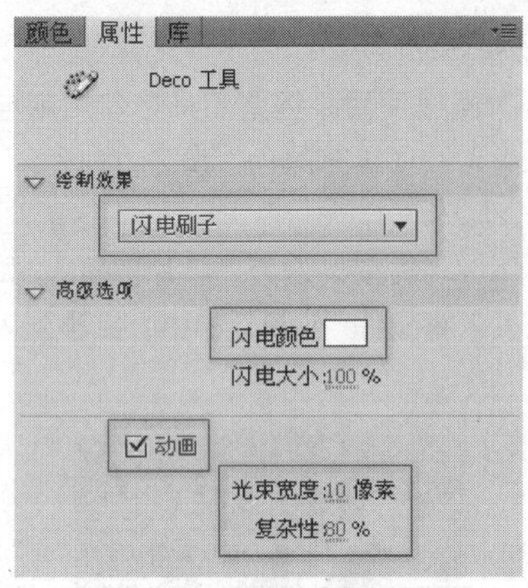

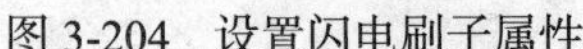

图 3-204 设置闪电刷子属性

图 3-205 绘制闪电

由于每个人画出的闪电都不可能完全一样，所以，具体是第“多少”帧不好确定，在这里需要提醒的就是根据你个人的感受调整每个关键帧显示的长短，比如，我在闪电动画的最后按 F5 键添加了 3 帧的普通帧，然后再按 F7 键添加空白关键帧结束动画。并在闪电动画的第“3”帧左右的地方，添加一个全屏的白色矩形模拟闪光。这样，闪电动画完成，具体你可以看看配套光碟上的 FLA 文件。

## 步骤七：开始下雨

**01** 选择图层“rain”的第“1”帧，将其移到第“26”帧，也就是等闪电完成后开始下雨。

**02** 在第“35”帧按 F6 键添加关键帧，在舞台上选择元件“rain”，在“属性”面板中打开“色彩效果”面板，将“样式”设为“Alpha”，“值”设为“30%”。

**03** 选择第“26”帧，单击鼠标右键选择快捷菜单中的“创建传统补间”命令。在舞台上选择元件“rain”，在“属性”面板中打开“色彩效果”面板，将“样式”设为“Alpha”，“值”设为“0%”。

**04** 选择所有图层的第“150”帧，按 F5 键插入帧。

## 步骤八：导入声音

**01** 选择“文件”|“导入”|“导入到舞台”命令，导入声音文件“1201864.wav”。

**02** 在“时间轴”控制面板上新建图层并将其重命名为“sound”，从“库”中将“1201864.wav”拖到舞台上。

这时按 Ctrl+Enter 键就能看到晴天转阴，闪电雷鸣，大雨开始下啦！

本例到这里结束。这个例子是非常典型的 Flash 动画制作，可以作为你自己的库文件保留下来，以后需要用到下雨闪电的时候直接调用就可以啦！本例介绍了两种做闪电的方法，你更喜欢哪一种呢？虽然闪电笔刷很傻瓜，但是它很占用文件存储空间的噢！

## 实例 29

# 穿梭时空

图 3-206　实例 29：穿梭时空

**提示：**

在这个例子里（如图 3-206 所示），你会学到关于形状的“平滑”命令及路径动画、摄像机的高级应用。

### 步骤一：创建文件

**01** 打开 Adobe Flash Professional CS5，选择“新建”面板下的“ActionScript 3.0”选项，新建一个 Flash 工程文件。

**02** 在“属性”面板单击“编辑”按钮，在弹出的“文档设置”面板中将“尺寸”设为“600 像素”×“400 像素”，将“帧频”设为“12.00”，单击“确定”按钮。

### 步骤二：导入背景图

**01** 选择“文件”|“导入”|“导入到舞台”命令，导入一张夜空的背景图“spacebg.jpg”。如图 3-207 所示。在“属性”面板中打开“位置和大小”面板，设置“X”为“0”，“Y”为“0”。

**02** 在“时间轴”控制面板上将“图层 1”重命名为“bg”，并将其“锁定”。新建“图层 2”，将其命名为“space”用来放置飞行器。

图 3-207　导入太空背景图

### 步骤三：绘制飞行器

**01** 在“工具”面板上选择“椭圆工具”，在“属性”面板上设置“笔触颜色”为“白色”，“填充颜色”为“无”，在舞台上画出 3 个椭圆形。再使用“工具”面板上的“线条工具”绘制一条直线，得到如图 3-208 所示效果。

**02** 选择所有圆形和直线，按 F8 键将其转换为元件，将其“名称”设为“fly”，“类型”设为“图形”。

**03** 双击元件“fly”，进入元件“fly”的编辑模式。在“工具”面板上选择“颜料桶工具”，给飞行器填充颜色。然后使用“工具”面板中的“渐变变形工具”调整填充色的范围和大小，得到如图 3-209 所示效果。

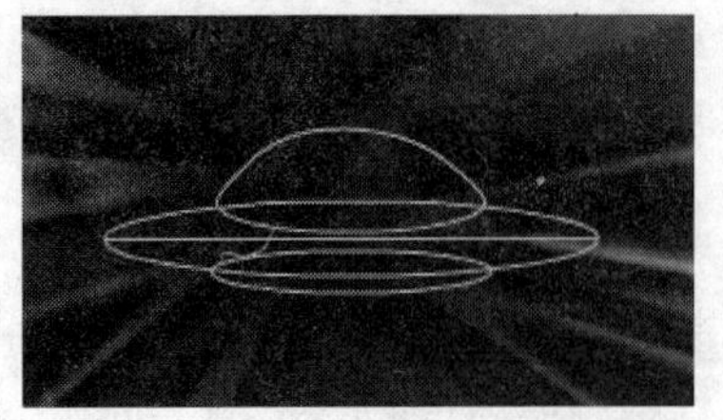

图 3-208　绘制飞行器基本形

图 3-209　绘制元件“fly”

## 步骤四：添加路径动画

**01** 在“编辑栏”上单击“场景 1”，回到“场景”编辑模式下。在“时间轴”控制面板上新建图层“line”。

**02** 在“工具”面板上选择“铅笔工具”，在“属性”面板中设置“笔触颜色”为“黄色”，在舞台上绘制一个螺旋形的曲线，然后使用“工具”面板中的“选择工具”调整曲线的弧度。

**03** 选择“修改”|“形状”|“平滑”命令，让曲线更加圆滑柔顺，得到如图 3-210 所示效果。

**04** 在“时间轴”控制面板上选择图层“space”的第“50”帧，单击鼠标右键选择快捷菜单中的“插入关键帧”命令。分别选择图层“line”和“bg”，在第“50”帧按 F5 键插入帧。

**05** 选择图层“space”，将时间滑块拨到第“1”帧，选择元件“fly”，选择“工具”面板上的“任意变形工具”，将元件缩小。确保“工具”面板上的“贴紧至对象”按钮开启，移动元件的中心点到曲线端点，得到如图 3-211 所示效果。

图 3-210　绘制路径并使其平滑

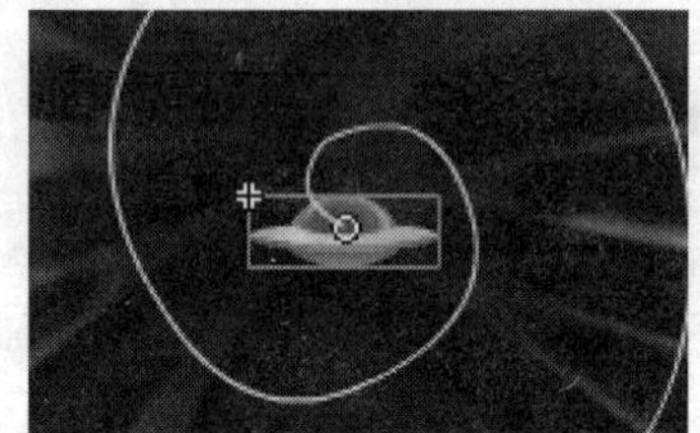

图 3-211　移动元件到路径起点

**06** 将时间滑块拨到第“30”帧，选择元件“fly”，移动元件到曲线末端，得到如图 3-212 所示效果。一定要确保元件的中心点吸附在曲线上噢，不然元件 fly 的动画就不会按照曲线条的方式去运动了！

图 3-212　移动元件到路径终点

**07** 选择图层“space”，选择第“1”帧，单击鼠标右键选择快捷菜单中的“创建传统补间”命令。

**08** 选择图层“line”，如图 3-213 所示，单击鼠标右键选择快捷菜单中的“引导层”命令，拖动图层“space”到引导层下。这时按 Enter 键预览动画，发现飞行器的动画很怪。因为有一个关键属性没有打开！

**09** 在"时间轴"控制面板上选择图层"space"的第"1"帧，在"属性"面板上打开"补间"面板，将"缓动"设为"–100"（这个步骤是让飞行器先慢后快，运动看起来更真实），将"同步"选项关掉，并勾选"贴紧"、"调整到路径"、"缩放"三个选项，如图 3-214 所示。

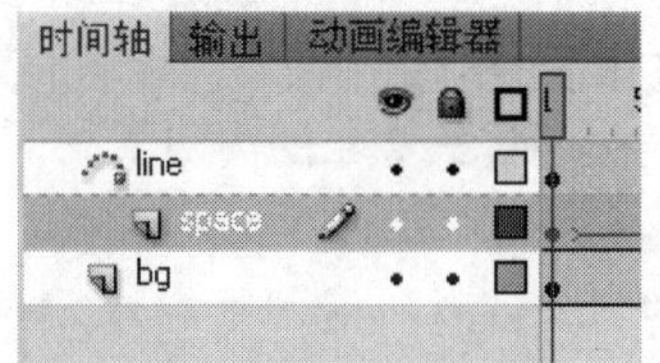


图 3-213 创建引导层

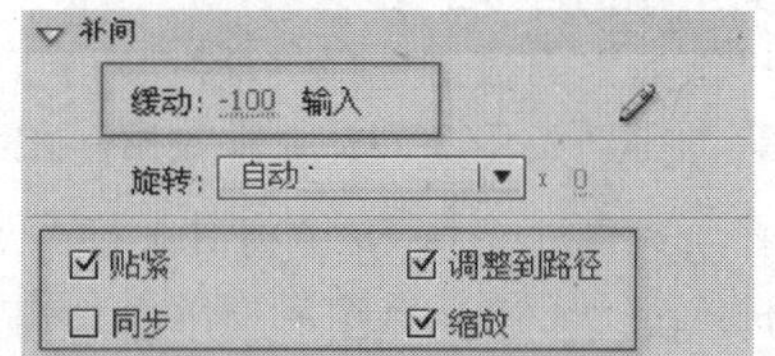


图 3-214 调整路径动画属性

这时按 Enter 键预览动画就能看见飞行器旋转穿梭时空隧道的动画啦！

本例到这里结束。尝试改变"缓动"值，看看有什么不一样的感觉！

## 实例 30

# 水滴滴落

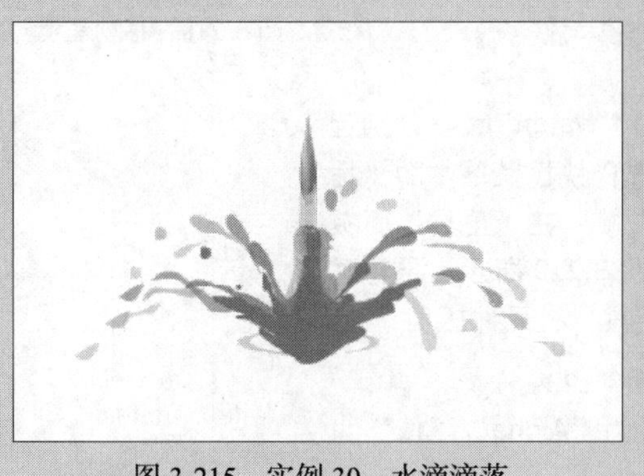

图 3-215 实例 30：水滴滴落

一滴水滴落下，激起水花四溅，水波荡漾！

**提示：**

在这个例子里（如图 3-215 所示），你会深入了解什么是"帧频"和"关键帧动画"。这种动画方式需要较强的二维动画基础，是目前大部分 Flash 动画片采用的方法。

## 步骤一：创建文件

**01** 打开 Adobe Flash Professional CS5，选择"新建"面板下的"ActionScript 3.0"选项，新建一个 Flash 工程文件。

**02** 在"属性"面板上单击"编辑"按钮，在弹出的"文档设置"面板中将"尺寸"设为"720 像素"×"576 像素"，将"帧频"设为"25.00"。单击"确定"按钮。帧频是动画播放的速度，以每秒播放的帧数（fps）为度量单位。帧频太慢会使动画看起来一顿一顿的，帧频太快会使动画的细节变得模糊。在 Web 上，帧频为 12fps 时通常会得到最佳的效果。中国电视 PAL 制式下的 AVI 影片的帧频通常是 25fps，电影标准的运动图像速率是 24fps。

## 步骤二：制作水滴落下动画

**01** 在“工具”面板上选择“椭圆工具”，在“属性”面板设置“笔触颜色”为“无”、“填充颜色”为“蓝色”，在舞台上画出一个椭圆。在“工具”面板上选择“部分选取工具”，调整椭圆为水滴的形状。在“颜色”面板上调整水滴的填充颜色为“径向渐变的蓝色渐变色”。在“工具”面板上选择“渐变变形工具”，调整水滴颜色的渐变范围。然后增加高光、反光等，得到如图 3-216 所示效果。如果还不会画请再去看看第 2 章的实例 9。

**02** 选择所有图形，按 F8 键将其转换为元件，如图 3-217 所示，将其“名称”设为“water_dot”,“类型”设为“图形”,单击“确定”按钮。将元件“water_dot”移到舞台的最上方，让它从画面外滴入画面。

**03** 在“工具”面板上选择“任意变形工具”，如图 3-218 所示，将元件的中心点移到水滴的正上方。

图 3-216　绘制水滴

图 3-217　转换为元件

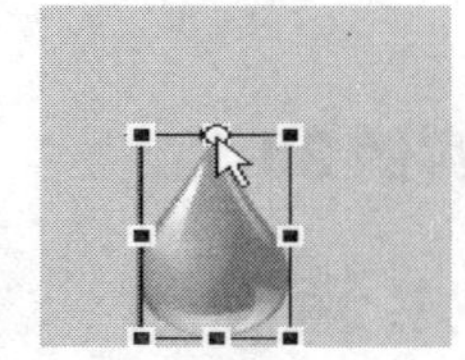

图 3-218　移动注册点

**04** 在“时间轴”控制面板上将图层 1 重命名为“waterdot”。分别选择第“18”、“23”、“25”帧，单击鼠标右键选择快捷菜单中的“插入关键帧”命令。将时间滑块拨到第“18”帧，在“工具”面板上选择“任意变形工具”，将水滴拉长，如图 3-219 所示。再将时间滑块拨到第“25”帧，使用“任意变形工具”将元件压扁。

**05** 确保当前帧为第“25”帧，选择元件“water_dot”，在“属性”面板打开“色彩效果”面板，将“样式”设为“Alpha”，“值”为“0%”。

**06** 在“时间轴”控制面板上分别选择第“1”、“18”、“23”帧，单击鼠标右键选择快捷菜单中的“创建传统补间”命令，这样就创建出了水滴落下的动画。按 Enter 键预览动画。

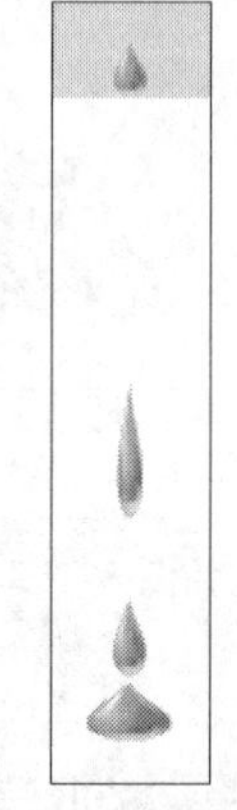

图 3-219　调整关键帧

**07** 在第“26”帧单击鼠标右键选择快捷菜单中的“插入空白关键帧”命令，封住动画。封住动画表示该动画告一段落，不希望再添加多余的帧时，是个好习惯！

## 步骤三：制作水花四溅动画

**01** 在“时间轴”控制面板上新建图层，将其重命名为“shuihua”。

**02** 选择图层“shuihua”，选择第“25 帧”，单击鼠标右键选择快捷菜单中的“插入关键帧”命令。在“工具”面板选择“钢笔工具”,在“属性”面板设置“笔触颜色”为“无”、“填充颜色”为“蓝色”，在舞台上画出一个水花的形状，如图 3-220 所示。

**03** 在“时间轴”控制面板上打开“绘图纸外观轮廓”，选择第“27”帧，单击鼠标右键选择快捷菜单中的“插入关键帧”命令，调整形状如图 3-221 所示。用同样的方法，调整第“29”帧如图 3-222 所示；第“31”帧如图 3-223 所示；第“33”帧如图 3-224 所示；第“35”帧如图 3-225 所示，同时，在“颜色”面板将水花颜色的“Alpha”值设为“80%”；第“37”帧如图 3-226 所示，在“颜色”面板将水花颜色的“Alpha”值设为“60%”；第“39”帧如图 3-227 所示，在“颜色”面板将水花颜色的“Alpha”值设为“40%”；第“41”帧如图 3-228 所示，在“颜色”面板将水花颜色的“Alpha”值设为“20%”；第“43”帧如图 3-229 所示，在“颜色”面板将水花颜色的“Alpha”值设为“0%”。

图 3-220　第“25”帧

图 3-221　第“27”帧

图 3-222　第“29”帧

图 3-223　第“31”帧

图 3-224　第“33”帧

图 3-225　第“35”帧

图 3-226　第“37”帧

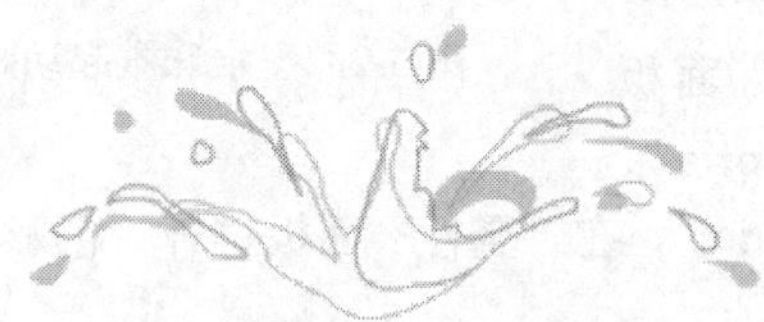
图 3-227　第“39”帧

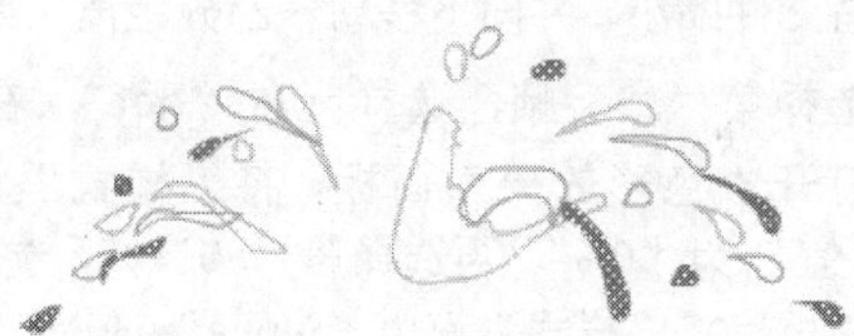
图 3-228　第“41”帧

图 3-229　第“43”帧

**04** 选择第“45”帧，单击鼠标右键选择快捷菜单中的“插入空白关键帧”命令，封住动画。按 Enter 键预览动画。

## 步骤四：制作溅起的水珠

**01** 在“时间轴”控制面板新建图层，将其命名为“dot”。选择第“25”帧，单击鼠标右键选择快捷菜单中的“插入空白关键帧”命令。

**02** 在“工具”面板上选择“椭圆工具”，在“属性”面板上设置“笔触颜色”为“无”，“填充颜色”为“蓝色”，按住“Shift”在舞台上画出一个正圆。在“颜色”面板调整水滴的填充颜色为“径向渐变的蓝色渐变色”。在“工具”面板上选择“渐变变形工具”，调整水滴颜色。然后增加高光、反光等具体的细节，得到如图3-230所示效果。

**03** 选择所有图形，按F8键将其转换为元件，将“名称”设为“dot”，“类型”设为“图形”，如图3-231所示。将元件“dot”移到水滴消失的地方，让它从水滴消失之处弹起。在“工具”面板上选择“任意变形工具”，将元件的中心点移到水珠的正上方。

图3-230　绘制水珠

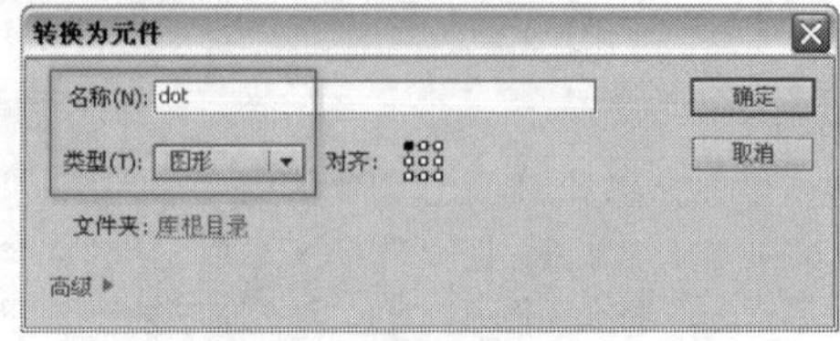


图3-231　转换为元件

**04** 在“时间轴”控制面板上分别选择第“34”、“40”、“80”帧，单击鼠标右键选择快捷菜单中的“插入关键帧”命令。将时间滑块拨到第“25”帧，在“工具”面板上选择“任意变形工具”，将水珠拉扁。将时间滑块拨到第“34”帧，将元件上移一部分距离并拉长。选择第“40”帧，将元件继续向上移动一部分距离。将时间滑块拨到第“80”帧，将元件缩小，并向下移动一部分距离，如图3-232所示。

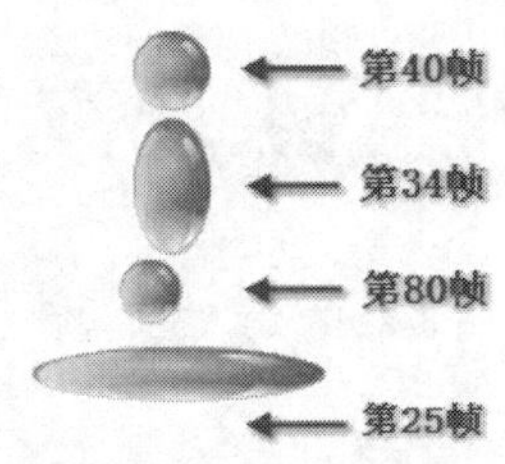


图3-232　水珠溅起动画

**05** 选择第“25”帧，选择元件“dot”，在“属性”面板打开“色彩效果”面板，将“样式”设为“Alpha”、“值”为“0%”。再选择第“80”帧，选择元件“dot”，在“属性”面板打开“色彩效果”面板，将“样式”设为“Alpha”、值为“0%”。

**06** 在“时间轴”控制面板中分别选择第“25”、“34”、“40”帧，单击鼠标右键选择快捷菜单中的“创建传统补间”命令。来回拖动时间滑块，你能看到水滴溅起的动画效果。

## 步骤五：制作荡漾的水波纹

**01** 在“时间轴”控制面板中新建图层，将其命名为“water”。并将其移到最下一层，如图3-233所示。关掉其他图层，方便当前图层制作。

**02** 在“工具”面板上选择“钢笔工具”，在“属性”面板设置“笔触颜色”为“无”、“填充颜色”为“蓝色”，在舞台上画出一个水波纹的形状。调整形状及图形颜色如图3-234所示。

图3-233　添加新图层

图3-234　绘制水波纹

**03** 选择图形，按 F8 键将其转换为元件，将其“名称”设为“water”，“类型”设为“图形”。再按 F8 键将其转换为元件，将“名称”设为“water_mov”，“类型”设为“图形”，如图 3-235 所示。

**04** 双击进入元件“water_mov”编辑模式下，分别在图层 1 的第“25”帧，第“80”帧单击鼠标右键，选择快捷菜单中的“插入关键帧”命令。将时间滑块拨到第“25”帧，在“工具”面板上选择“任意变形工具”，将水波整体放大。同样的方法，在第“80”帧，将水波放的更大，如图 3-236 所示，直到冲出画面。

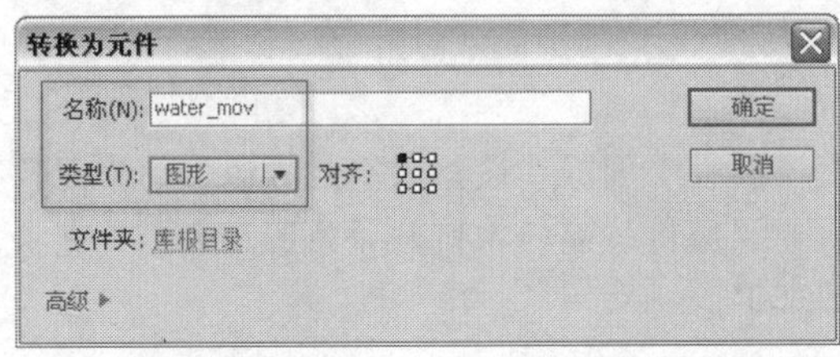


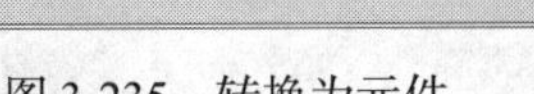

图 3-235　转换为元件

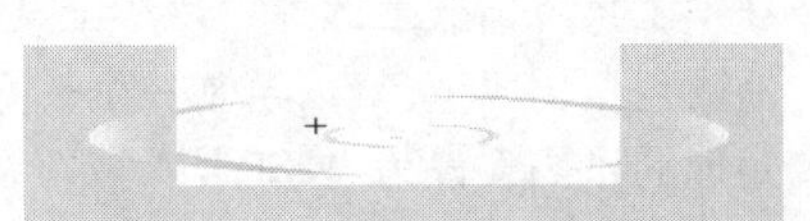

图 3-236　调整水波关键帧

**05** 将时间滑块拨到第“1”帧，在舞台上选择元件“water”，在“属性”面板上打开“色彩效果”面板，将“样式”设为“Alpha”，“值”设为“0%”。将时间滑块拨到第“80”帧，在舞台上选择元件“water”，在“属性”面板上打开“色彩效果”面板，将“样式”设为“Alpha”，“值”为“0%”。

**06** 在“时间轴”控制面板中分别选择第“1”、“25”帧，单击鼠标右键选择快捷菜单中的“创建传统补间”命令。

**07** 按住 Shift 键选择图层“1”的第“1”帧和第“80”帧，单击鼠标右键选择快捷菜单中的“复制帧”命令。

**08** 新建图层“2”，在第“20”帧，单击鼠标右键选择快捷菜单中的“插入空白关键帧”命令，再次单击鼠标右键选择快捷菜单中的“粘贴帧”命令，这样就复制了一段水波纹的动画。

**09** 用同样的办法，新建图层“3”，在第“40”帧单击鼠标右键，选择快捷菜单中的“插入空白关键帧”命令，再次单击鼠标右键，选择“粘贴帧”命令。

这时按 Ctrl+Enter 键预览动画，就能得到如图 3-215 所示效果。

本例到这里结束，配上水滴落的音乐试试看。

## 实例 31

# 翻动书页

图 3-237　实例 31：翻动书页

本例制作的是一个摸拟翻动书页的动画。

**提示：**

在这个例子里（如图 3-237 所示），你会学到对于“遮罩”和“补间动画”相结合的巧妙运用，还有与 AS 的第一次亲密接触。

## 步骤一：创建文件

**01** 打开 Adobe Flash Professional CS5，选择“新建”下的“ActionScript 3.0”，新建一个 Flash 工程文件。

**02** 在“属性”面板将“帧频”设为“12.00”。

**03** 选择“文件”|“另存为”命令，将文件保存为“book.fla”文件。

## 步骤二：制作封面和内页

**01** 在“工具”面板上选择“矩形工具”，在“属性”面板中设置“笔触颜色”为“无”，“填充颜色”为“蓝色”，绘制一个长方形。在“属性”面板中打开“位置和大小”面板，将矩形的“高”设为“286”，“宽”设为“200”。

**02** 在“颜色”面板中设置“颜色类型”为“位图填充”，如图 3-238 所示，单击“导入”按钮，导入“bookcover.jpg”，这时矩形的图案发生了变化。如果忘记位图填充是怎么回事了？再去看看实例 6 吧！

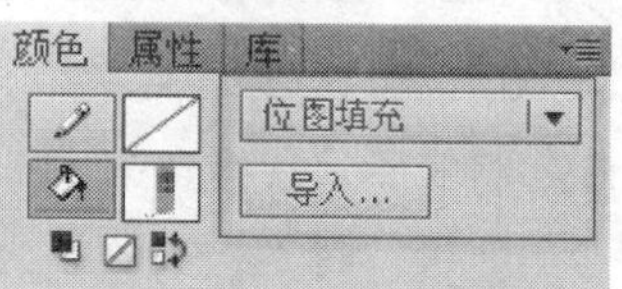

图 3-238　导入书的封面

**03** 如果位图有拉伸的现象，请使用“工具”面板上的“渐变变形工具”将贴图轴缩放到合适的位置，如图 3-239 所示。

**04** 在“变形”面板中将矩形旋转 30 度，按 F8 键将其转换为元件，将“名称”设为“cover”，“类型”设为“影片剪辑”。

**05** 在“属性”面板中打开“滤镜”面板，添加“投影”滤镜，将“颜色”设为“浅灰色”，得到如图 3-240 所示效果。

**06** 在“时间轴”控制面板中重命名“图层 1”为“cover”，选择第“1”帧，单击鼠标右键选择快捷菜单中的“复制帧”命令。新建“图层 2”，在“图层 2”的第“1”帧中单击鼠标右键选择快捷菜单中的“粘贴帧”命令。重命名“图层 2”为“cortent”。锁定图层“cover”，选择图层“cortent”，在舞台上选择元件“cover”，在“属性”面板单击“交换”按钮，复制元件并重命名为“cortent”（如果这个步骤很困惑，请你再去看看实例 23）。

**07** 双击元件“cortent”，进入元件编辑模式，在“颜色”面板中设置“颜色类型”为“位图填充”，单击“导入”按钮，导入“bookcortent.jpg”，这时元件显示如图 3-241 所示。

图 3-239　调整位图填充轴

图 3-240　添加阴影

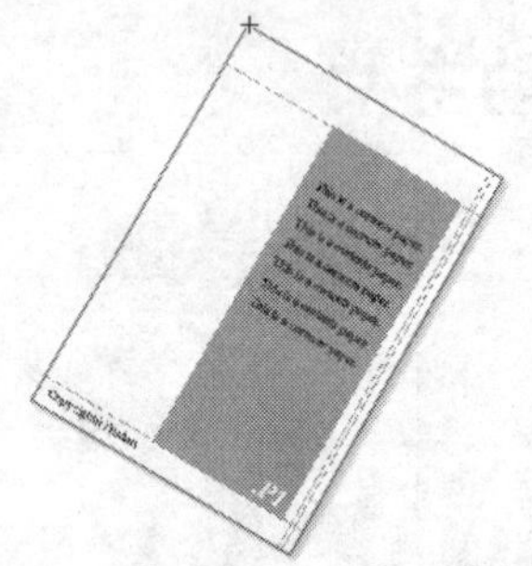
图 3-241　更换元件位图

**08** 在“编辑栏”单击“场景 1”，回到“场景”编辑模式。在“时间轴”控制面板中图层“cortent”的上方新建“图层 3”，并重命名为“page”，锁定图层“cortent”。

## 步骤三：制作翻页

**01** 确保“工具”面板上的“贴紧至对象”按钮开启，在“工具”面板上选择“钢笔工具”，如图 3-242 所示，沿着书的右侧勾绘三角形作为翻页的遮罩。

**02** 在“时间轴”控制面板上选择图层“page”，在第“30”帧单击鼠标右键，选择快捷菜单中的“插入关键帧”命令。选择图层“cover”和“cortent”，分别在其第“30”帧按 F5 键插入帧。

**03** 将时间滑块滑到第“1”帧，按住 Shift+Alt 键使用“工具”面板的“任意变形工具”在舞台上将红色的三角形缩小到右下角，如图 3-243 所示。选择第“1”帧，鼠标右键选择“创建补间形状”命令。在缩小之前，一定要将红色三角变形的中心点移到右下角上噢！

图 3-242　制作遮罩

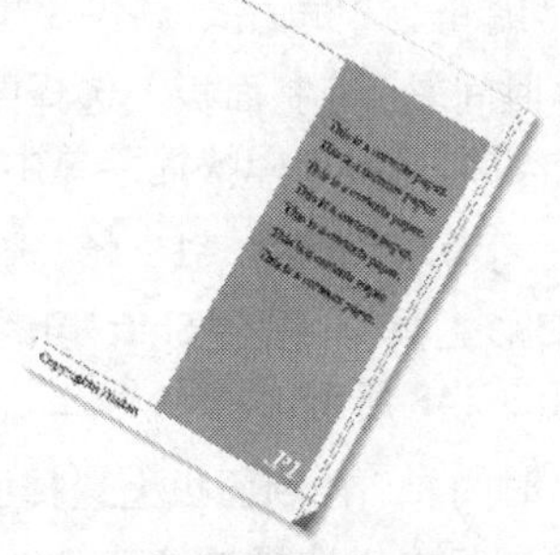

图 3-243　制作遮罩动画

**04** 在图层“page”的上面新建图层“open”。选择“工具”中的“钢笔工具”，在舞台上画出另一个覆盖大部分书的三角形，并如图 3-244 所示在“颜色”面板调整填充颜色，得到如图 3-245 所示效果。

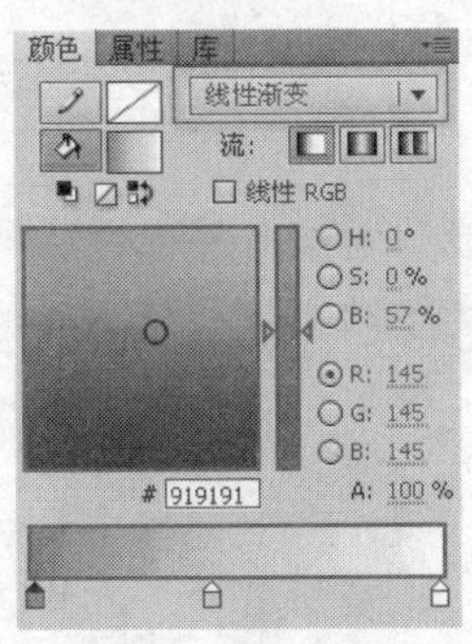


图 3-244 调整填充色

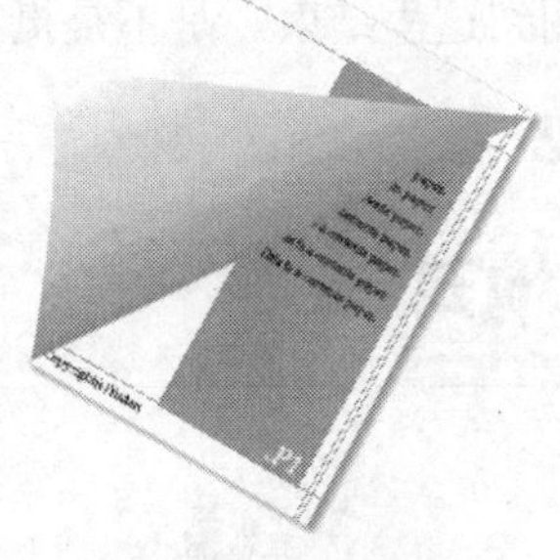

图 3-245　制作翻页

**05** 选择刚刚画好的三角形，按 F8 键将其转换为元件，将“名称”设为“open”，“类型”设为“图形”。

**06** 双击元件“open”，进入元件“open”的编辑模式，在“时间轴”控制面板上新建“图层 2”，将其移到“图层 1”的下方，使用“工具”面板中的“钢笔工具”，勾绘翻页的阴影。如图 3-246 所示，在“颜色”面板中调整阴影的填充颜色，得到如图 3-247 所示效果。

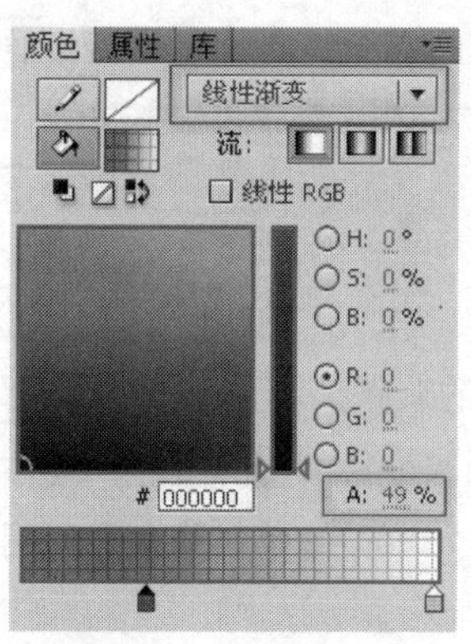

图 3-246 调整填充色

图 3-247 绘制阴影

## 步骤四：创建翻页动画

图 3-248 缩小元件

**01** 在“编辑栏”单击“场景 1”回到“场景”编辑模式。在“时间轴”控制面板上选择图层“open”的第“30”帧，单击鼠标右键选择快捷菜单中的“插入关键帧”命令。

**02** 将时间滑块拨到第“1”帧，选择“工具”面板上的“任意变形工具”，按住 Shift+Alt 键将元件“open”缩小到如图 3-248 所示。

**03** 在“时间轴”控制面板上选择图层“open”的第“1”帧，单击鼠标右键选择快捷菜单中的“创建传统补间”命令。选择第“30”帧，单击鼠标右键选择快捷菜单中的“动作”命令，在弹出的“动作”编辑区输入如下代码：

```
Stop();
```

**04** 选择图层“page”，单击鼠标右键选择快捷菜单中的“遮罩层”命令。

这时按 Ctrl+Enter 键预览动画就能看到书翻页的动画啦！

本例到这里结束，是不是挺有趣啊！

## 实例 32

# 旋转地球

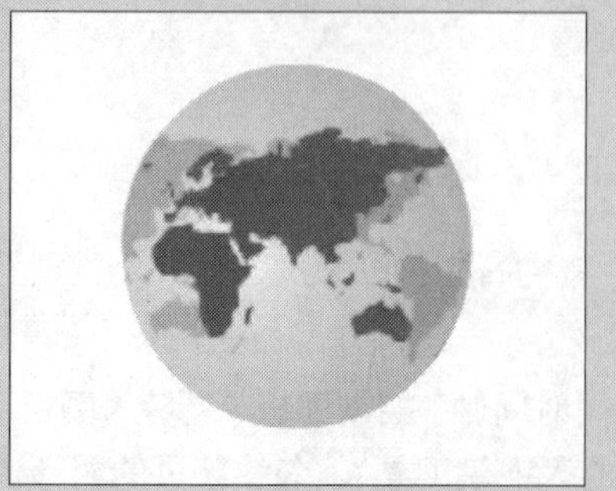

图 3-249 实例 32：旋转地球

这个例子是 Flash 教程中最经典最常见的案例之一，虽然简单，但很实用。

**提示：**

在这个例子里（如图 3-249 所示），你会学到“使用元件作为 mask 遮罩”、两层“Mask 遮罩”相结合的方法，以及“转换位图为矢量图”。

## 步骤一：创建文件

**01** 打开 Adobe Flash Professional CS5，选择“新建”面板下的“ActionScript 3.0”选项，新建一个 Flash 工程文件。

**02** 在“属性”面板上单击“编辑”按钮，在弹出的“文档设置”面板中将“尺寸”设为“200 像素”×“200 像素”，将“帧频”设为“12.00”，单击“确定”按钮。

## 步骤二：导入地图

**01** 选择“文件”|“导入”|“导入到舞台”命令，导入“map.png”文件，如图 3-250 所示。

**02** 把图片移到舞台的中部，按 F8 键将其转换为元件，将“名称”设为“map”，“类型”设为“图形”。

**03** 再按 F8 键将其转换为元件，将其“名称”设为“earth”，“类型”设为“影片剪辑”。

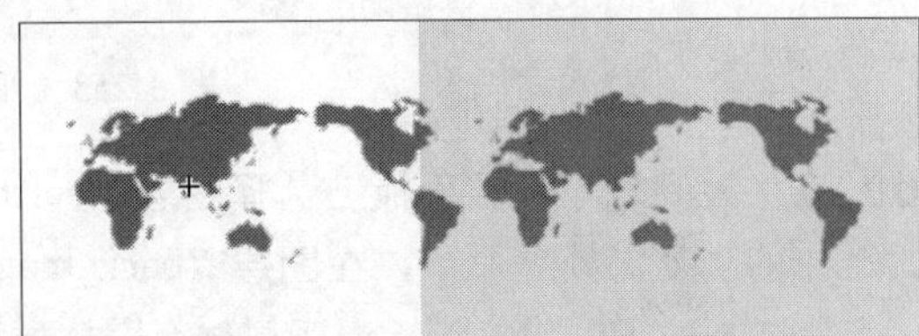

图 3-250　导入图片“map.png”

## 步骤三：制作动画

**01** 双击元件“earth”，进入元件“earth”的编辑模式。在“时间轴”控制面板选择图层“1”，将其重命名为“map”。新建图层并重命名为“earth”，将图层“earth”移到图层“map”的下方。

**02** 选择“工具”面板上的“椭圆工具”，在“属性”面板上调整“笔触颜色”为“无”、“填充颜色”为“蓝色”，按住 Shift 键在舞台上画出一个正圆。在“颜色”面板调整“填充颜色”设置如图 3-251 所示。

**03** 按 F8 键将其转换为元件，将“名称”设为“earth”，“类型”设为“图形”。

**04** 在“时间轴”控制面板上选择图层“earth”的第“1”帧，单击鼠标右键选择快捷菜单中的“复制帧”，新建图层并重命名为“mask”，选择图层“mask”的第“1”帧，单击鼠标右键选择快捷菜单中的“粘贴帧”命令。

**05** 选择所有图层的第“40”帧，按 F5 键添加帧。选择图层“map”的动画时间段，单击鼠标右键选择快捷菜单中的“创建补间动画”命令，将时间滑块拨到第“40”帧，在舞台上将元件“map”从舞台左侧移到舞台的右侧，如图 3-252 所示。

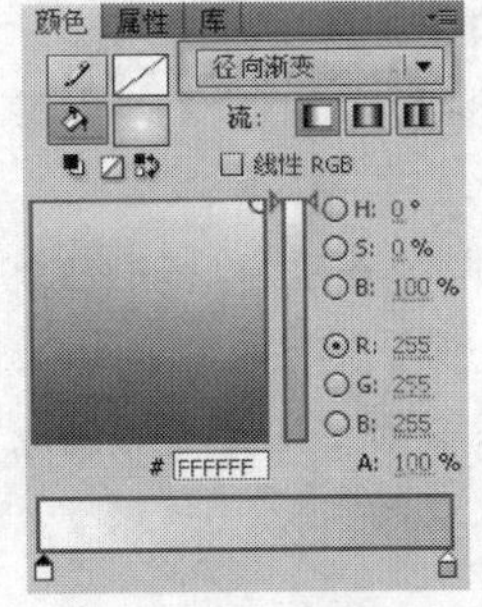


图 3-251　调整圆形填充颜色

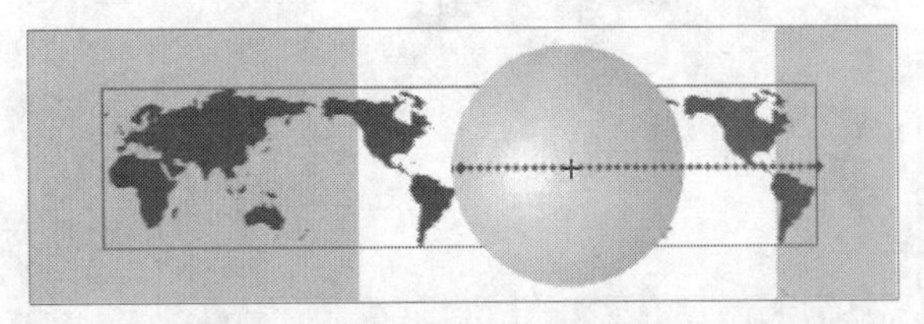

图 3-252　制作元件“map”位移动画

**06** 在“时间轴”控制面板上选择图层“map”的第“40”帧，单击鼠标右键选择快捷菜单中的“复制帧”命令。新建图层并重命名为“back_map”，选择图层“back_map”的第“1”帧，单击鼠标右键选择快捷菜单中的“粘贴帧”命令。

**07** 使用键盘上的←键在舞台上将元件“map”移到圆球的左侧，在“属性”面板中打开“色彩效果”面板，将“样式”设为“Alpha”，“值”设为“32%”。选择图层“back_map”的动画时间段，单击鼠标右键选择快捷菜单中的“创建补间动画”命令，将时间滑块拨到第“40”帧，在舞台上使用→键将元件“map”移到圆形的右侧。如图 3-253 所示效果。

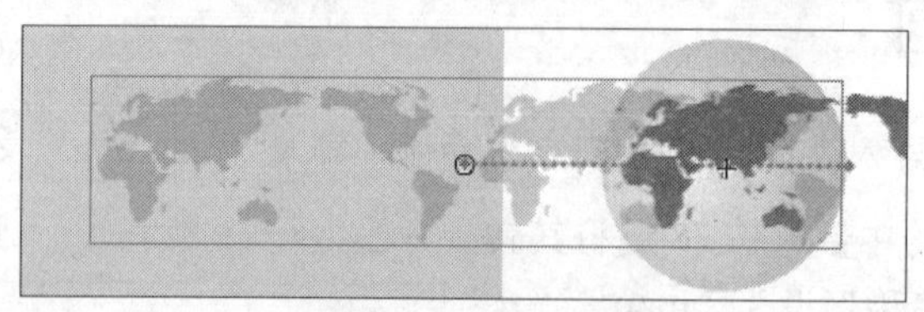

图 3-253　元件位移动画

**08** 在“时间轴”控制面板上选择图层“earth”的第“1”帧，单击鼠标右键选择快捷菜单中的“复制帧”命令，在图层“back_map”上新建图层并重命名为“mask”，选择图层“mask”的第“1”帧，单击鼠标右键选择快捷菜单中的“粘贴帧”命令。

**09** 分别选择 2 个图层“mask”，单击鼠标右键选择快捷菜单中的“遮罩层”命令。

## 步骤四：位图矢量化

**01** 在“编辑栏”上单击“编辑元件”按钮，从下拉菜单中选择元件“map”，进入元件“map”的编辑模式。

**02** 在舞台上选择导入的位图“map.png”，选择“修改”|“位图”|“转换位图为矢量图”命令，在弹出的“转换位图为矢量图”对话框中将相关参数设置如图 3-254 所示。

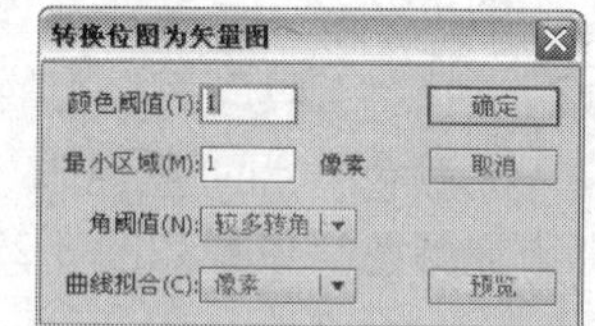


图 3-254　转换位图为矢量图

这时按 Ctrl+Enter 键你就能看到旋转的地球啦！

本例到这里结束，你掌握了吗？

## 实例 33

# 圣诞响铃

图 3-255　实例 33：圣诞响铃

这是一个更高阶段的位图动画实例，圣诞节的时候很有用噢！

**提示：**

在这个例子里（如图 3-255 所示），你会学到“调整变形点”、“编辑动画曲线”以及“Mask”控制动画可见区域的高级应用技巧等命令。

## 步骤一：创建文件

**01** 打开 Adobe Flash Professional CS5，选择“新建”面板下的“ActionScript 3.0”选项，新建一个 Flash 工程文件。

**02** 在“属性”面板上单击“编辑”按钮，在弹出的“文档设置”面板中将“尺寸”设为“600 像素”×“400 像素”，将“帧频”设为“12.00”，单击“确定”按钮。

## 步骤二：导入图片

**01** 选择“文件”|“导入”|“导入到舞台”命令，导入“lingdangbg.png”文件，如图 3-256 所示。选择该图形，按 F8 键将其转换为元件，将其“名称”设为“lingdangbg”，“类型”设为“影片剪辑”。

**02** 选择“文件”|“导入”|“导入到舞台”命令，导入“ling_1.png”文件。将图形放到合适的位置，如图 3-257 所示。选择该图形，按 F8 键将其转换为元件，将其“名称”设为“ling_1”，“类型”设为“影片剪辑”。继续按 F8 键将其转换为元件，将“名称”设为“dang1_m”，“类型”设为“影片剪辑”（在这个元件中放置铃铛球响动动画）。再按 F8 键将其转换为元件，将其“名称”设为“lingdang_1_m”，“类型”设为“影片剪辑”（在这个元件中放置整个铃铛的摇摆动画）。

图 3-256　导入图片“lingdangbg.png”

图 3-257　导入图片“ling_1.png”

**03** 双击元件“lingdang_1_m”，进入元件“lingdang_1_m”的编辑模式，再双击舞台上的元件“dang1_m”，进入元件“dang1_m”的编辑模式。

**04** 在“时间轴”控制面板上将“图层 1”重命名为“ling”，新建图层并重命名为“dang”。选择“文件”|“导入”|“导入到舞台”命令，导入“dang_1.png”文件。将图形放到合适的位置，如图 3-258 所示。选择该图形，按 F8 键将其转换为元件，将“名称”设为“ling_1”，“类型”设为“影片剪辑”。

**05** 选择“工具”面板上的“任意变形工具”，改变元件“ling_1”的变形点（就是中间那个白色的小圆点点）到如图 3-259 所示。同样的方法，调整元件“dang_1”的变形点到如图 3-260 所示。

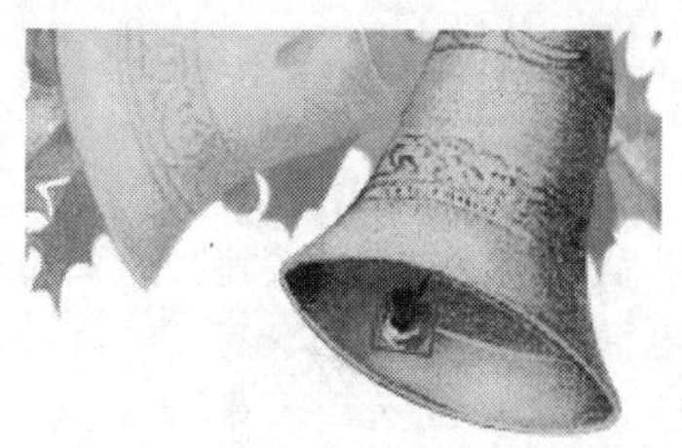

图 3-258　导入图片“ding_1.png”

图 3-259　调整元件“ling_1”的中心点

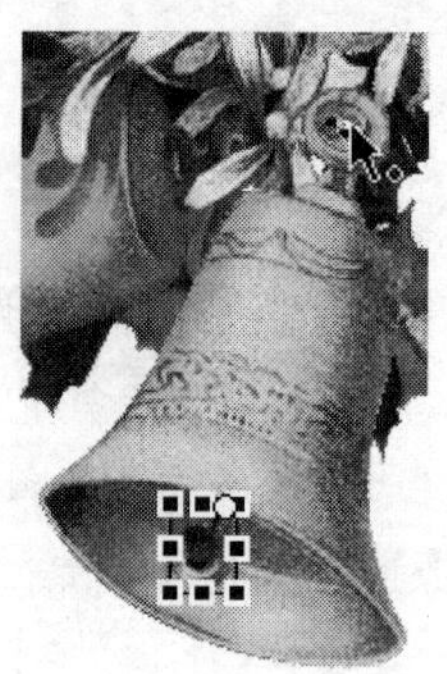

图 3-260　调整元件“ding_1”的中心点

## 步骤三：创建动画

**01** 在“时间轴”控制面板上新建图层并重命名为“mask”。

**02** 在“工具”面板上选择“圆形工具”，在“属性”面板上设置“笔触颜色”为“无”、“填充颜色”为“#CCCCCC”，在舞台上画出如图 3-261 所示椭圆。在“时间轴”控制面板上选择图层“mask”，单击鼠标右键选择快捷菜单中的“遮罩层”命令。

**03** 在“时间轴”控制面板上选择所有图层的第 25 帧，按 F5 键添加帧。选择图层“dang”，在第“12”帧、第“25”帧按 F6 键添加关键帧。

**04** 选择第“12”帧，在“工具”面板上选择“任意变形工具”，将元件“dang_1”旋转到如图 3-262 所示。分别选择第“1”和“25”帧，调整元件如图 3-263 所示。

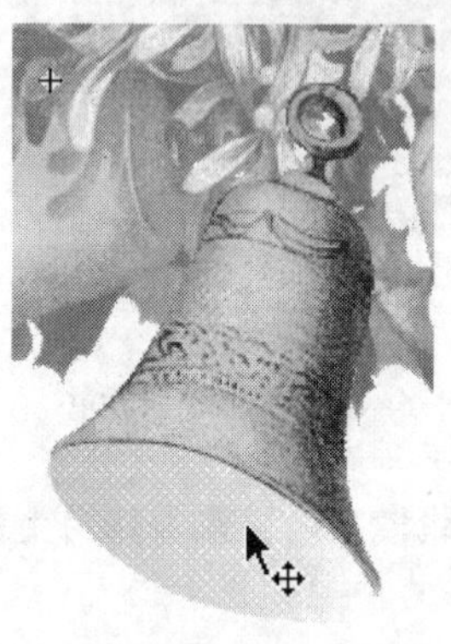

图 3-261　画出椭圆遮罩

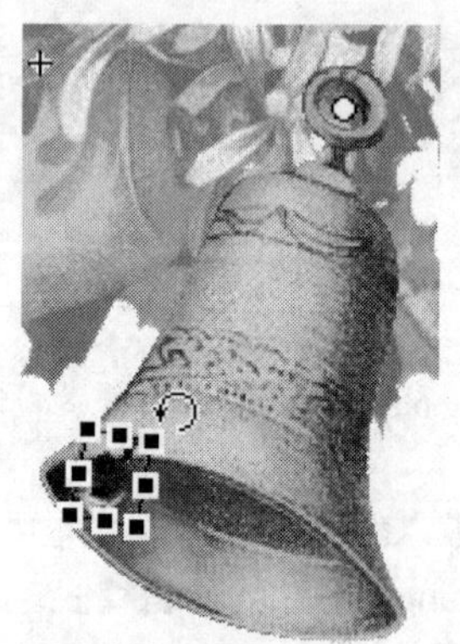

图 3-262　第 12 帧旋转元件到左侧

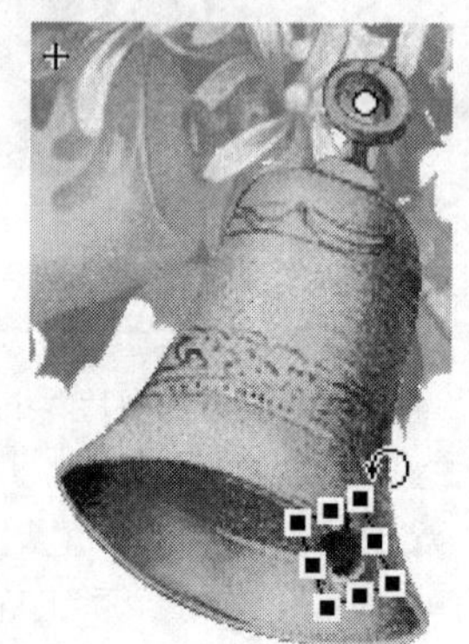

图 3-263　第 1 和 25 帧旋转元件到右侧

**05** 在“时间轴”控制面板上选择图层“dang”的第“1”、“12”帧，单击鼠标右键选择快捷菜单中的“创建传统补间”命令。锁定图层“mask”和“dang”。这时按 Enter 键就能看见铃铛球左右摇摆了。不过，你会发现这样的左右摇摆非常不自然，动作比较生硬。

**06** 选择第“1”帧，如图 3-264 所示，在“属性”面板上打开“补间”面板，单击“编辑缓动”按钮，在弹出的“自定义缓入 / 缓出”对话框中调整曲线左侧的控制点，得到如图 3-265 所示效果。用同样的方法调整第“12”帧。

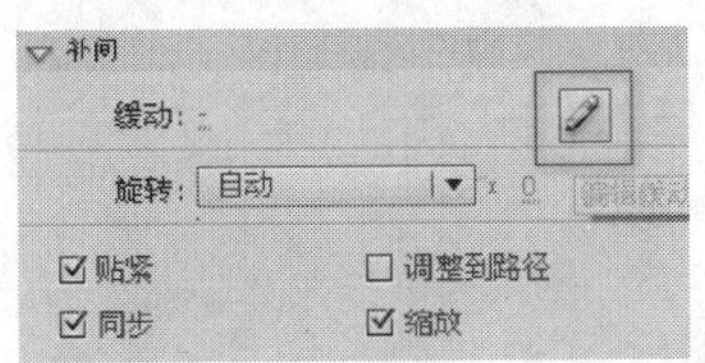


图 3-264　单击编辑缓动按钮

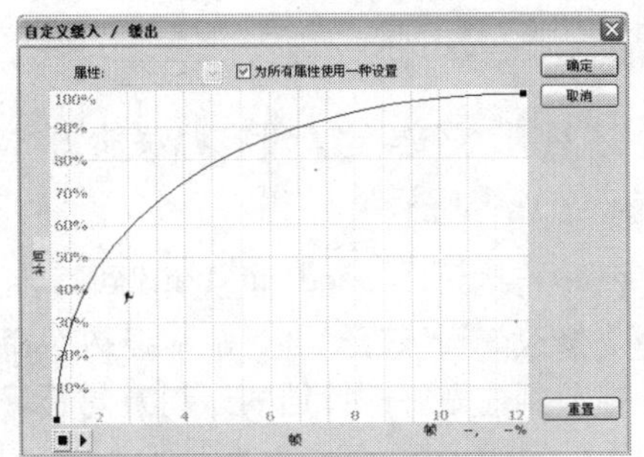


图 3-265　调整缓出 / 缓入曲线

**07** 在“编辑栏”上单击元件“lingdang_1_m”，回到元件“lingdang_1_m”的编辑模式。在舞台上选择元件“dang1_m”，使用“工具”面板上的“任意变形工具”调整元件变形点，如图 3-266 所示。

**08** 在“时间轴”控制面板上选择第“5”帧，按 F6 键添加关键帧。如图 3-267 所示，将元件向左旋转一定角度。同样的方法，在第“10”帧添加关键帧，将元件往右侧旋转一定角度。选择第“1”帧，单击鼠标右键选择快捷菜单中的“复制帧”命令。选择第“15”帧，单击鼠标右键选择快捷菜单中的“粘贴帧”命令。选择第“1”、“5”、“10”帧，单击鼠标右键，选择快捷菜单中的“创建传统补间”命令。

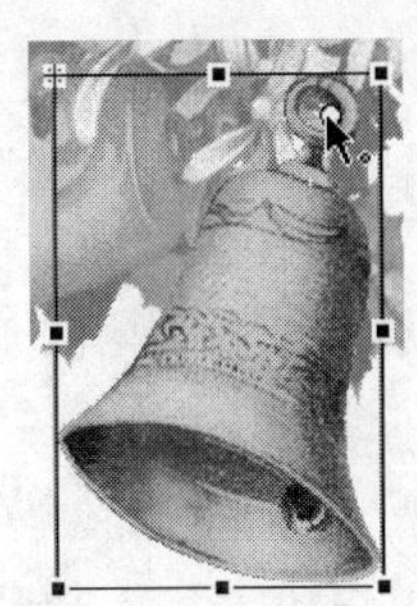

图 3-266　调整元件变形点

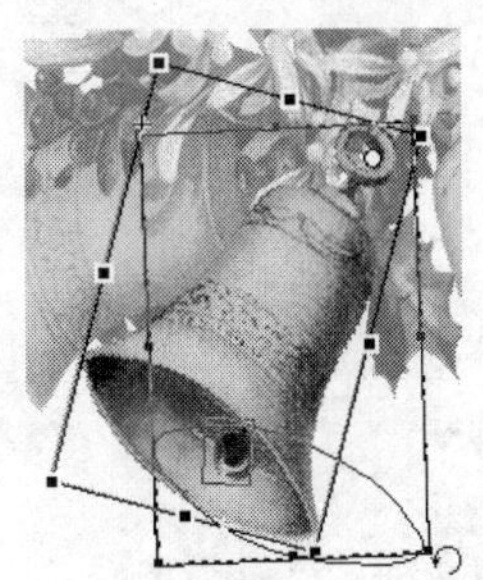

图 3-267　旋转元件

## 步骤四：添加声音

**01** 选择“文件”|“导入”|“导入到舞台”命令，导入“602712.wav”和“602713.wav”两个文件。这时舞台上看不见你导入的文件，它们在“库”里。

**02** 在“时间轴”控制面板上选择第“1”帧，在“属性”面板打开“声音”面板。在“名称”的下拉菜单中选择“602713.wav”，如图 3-268 所示。

**03** 同样的方法，在“时间轴”控制面板上选择第“5”帧，在“属性”面板上打开“声音”面板，在“名称”下拉菜单中选择“602712.wav”。

**04** 在“编辑栏”上单击“场景 1”，回到“场景”编辑模式。选择第“15”帧，按 F5 键添加帧。选择第“1”帧，在“属性”面板上打开“声音”面板，在“名称”的下拉菜单中选择“602712.wav”。

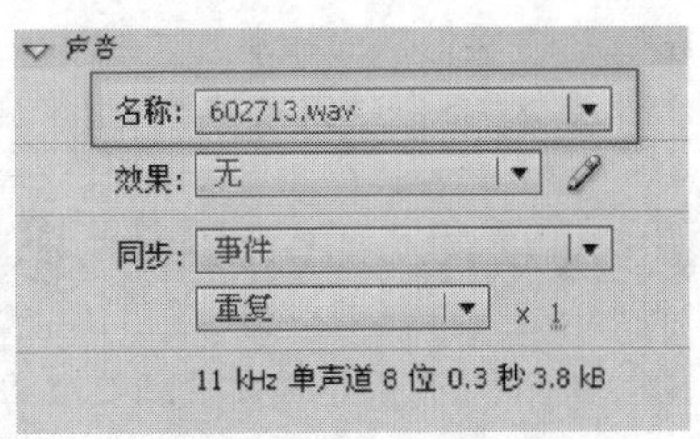


图 3-268　添加声音

## 步骤五：调整动画

现在还只有一个铃铛，没有办法撞击产生铃铛应有的声音效果。怎么办呢？

**01** 从“库”中拖拽元件“lingdang_1_m”到舞台上合适的位置，选择“修改”|“变形”|“水平翻转”命令，这样复制的铃铛与刚才做好的铃铛的运动方向正好相反，就能产生碰撞啦！

**02** 在舞台上分别选择元件“lingdangbg”、“lingdang_1_m”，如图 3-269 所示，在“属性”面板中打开“滤镜”面板，单击“添加滤镜”按钮添加“投影”特效。使画面更生动。

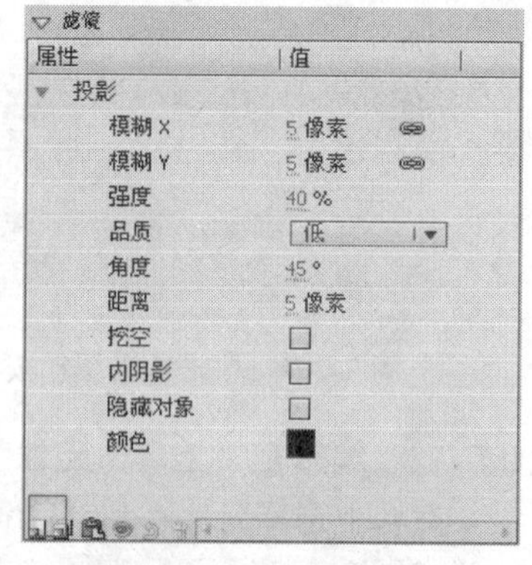


图 3-269　添加投影特效

这时按 Ctrl+Enter 键就能看到并且听到铃儿响叮当啦！

本例到这里结束。这种位图动画的方式你掌握了吗？

## 实例 34

# 小树快长

图 3-270　实例 34：小树快长

这个例子有两个重要的知识点，即导入 PSD 文件和调整动画时间段。

**提示：**

在这个例子里（如图 3-270 所示），你会学到“psd 图像导入”，Mask 的高级应用技巧、“删除帧”、“Alt 复制”、“移动动画时间段”等。

## 步骤一：创建文件

**01** 打开 Adobe Flash Professional CS5，选择“新建”下的“ActionScript 3.0”，新建一个 Flash 工程文件。

**02** 在“属性”面板单击“编辑”按钮，在弹出的“文档设置”面板中将“尺寸”设为“784 像素”×“333 像素”，将“帧频”设为“12.00”，单击“确定”按钮。

## 步骤二：在 Photoshop 中处理图片

**01** 这个例子是希望如图 3-271 所示的图片中，妈妈浇水，然后小树苗长大。为了便于在 Flash 中制作动画，需要在 Photoshop 中将位图中的各个元素分层。

**02** 在 Photoshop 中将该图片处理为放置草地和天空的“bg”层，放置小草的“green”层，放置云朵的“cloud”层，放置雨的“rain”层，放置太阳的“sun”层，放置小树苗的“tree”层，放置妈妈的“mami”层，图层面板如图 3-272 所示。如果不知道怎么把图形分开？用 Photoshop 的“钢笔工具”把需要的图形勾出来，然后将路径转换为选区，复制选区的图形到新的图层就可以啦！

图 3-271　原始图片

图 3-272　在 Photoshop 中分图层

**03** 保存该文件为“indexbg.psd”文件。

## 步骤三：导入 PSD 文件

**01** 切换到 Flash CS5，选择“文件”|“导入”|“导入到舞台”命令，导入刚才做好的“indexbg.psd”文件，这时弹出如图 3-273 所示的“导入到舞台”对话框。单选左栏的每个图层，在右栏直接将其创建影片剪辑，输入每个影片剪辑的名字后，左栏图层的标志就变成了影片剪辑的图标。需要提醒的是，如果你导入的 .psd 文件或 .ai 文件包含有文本、路径时，应该将“将此图像图层导入为”选项设置为“具有可编辑图层样式的位图图像”。

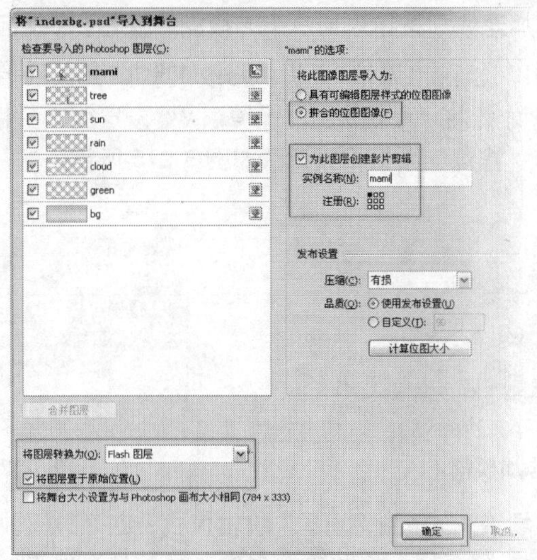


图 3-273　导入 Photoshop 图层文件

**02** 单击“确定”按钮，关闭“导入到舞台”对话框，这时在“时间轴”控制面板已自动生成了相应名称的图层。单击“删除图层”按钮，将多余的“图层 1”删掉。

## 步骤四：制作动画

**01** 在“时间轴”控制面板上按 Shift 键选择所有图层的第“150”帧，按 F5 键添加帧。

**02** 选择图层“green”，在时间段上单击鼠标右键选择快捷菜单中的“创建补间动画”命令。然后选择第“1”帧，在舞台上选择元件“green”，在“属性”面板中打开“色彩效果”面板，将“样式”设为“Alpha”、“值”为“0%”。选择第“5”帧，在“属性”面板打开“色彩效果”面板，将“样式”设为“Alpha”、“值”为“100%”。

**03** 选择图层“cloud”，在舞台上双击元件“cloud”，进入元件“cloud”的编辑模式。在舞台上选择位图，按 Alt 键拖动，复制一个云的图案，如图 3-274 所示。

**04** 在“编辑栏”单击“场景 1”，回到“场景”编辑模式。在“时间轴”控制面板上选择图层“cloud”的时间段，单击鼠标右键选择快捷菜单中的“创建补间动画”命令。将时间滑块拨到第“150”帧，如图 3-275 所示，在舞台上选择元件“cloud”，向舞台右侧移动元件。

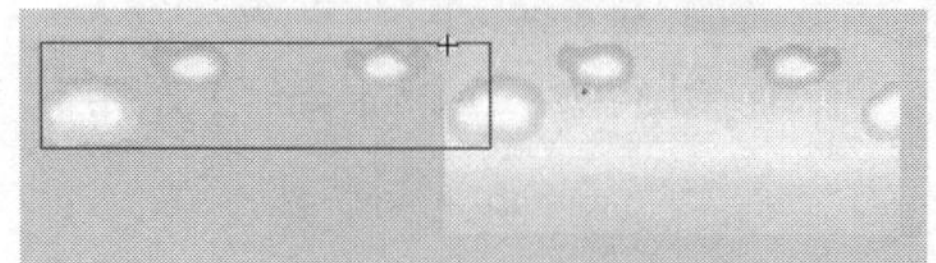

图 3-274　复制云

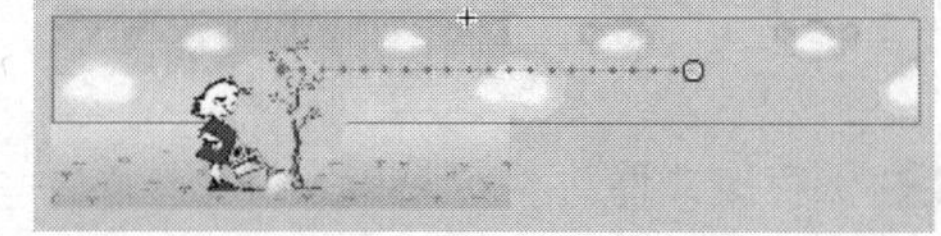

图 3-275　制作云动画

**05** 在“时间轴”编辑栏上选择图层“rain”，将其移到图层“cloud”的下方，锁定图层“cloud”。

**06** 在舞台上选择元件“rain”，按 F8 键将其转换为元件，设置“名称”为“rain_m”、“类型”为“影片剪辑”。

**07** 双击元件“rain_m”，进入元件“rain_m”的编辑模式。在“时间轴”控制面板上选择第“20”帧，按 F5 键添加帧。选择该时间段，单击鼠标右键选择快捷菜单中的“创建补间动画”命令。将时间滑块拨到第“1”帧，在舞台上选择元件“rain”，在“属性”面板打开“滤镜”面板，单击“添加滤镜”按钮添加一个“模糊”滤镜，修改相关参数如图 3-276 所示。

**08** 将时间滑轨拨到第“10”帧，在“属性”面板中修改“滤镜”面板的相关参数如图 3-277 所示。注意要把锁定打开，才能将“模糊 X”与“模糊 Y”设置成不一样的数值。将时间滑块拨到第“20”帧，修改“滤镜”面板相关参数如图 3-276 所示。这样就自动添加了一段“雨水模糊动画”。

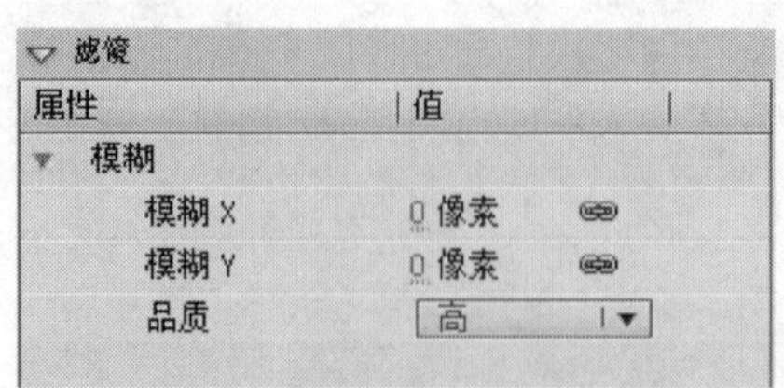


图 3-276　添加模糊

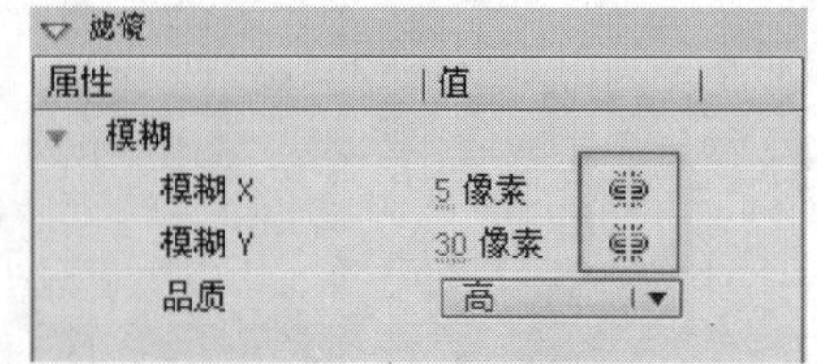


图 3-277　调整模糊

**09** 在“编辑栏”单击“场景 1”，回到“场景”编辑模式。在“时间轴”面板锁定图层“rain”。选择图层“sun”的第“1”帧，将其移动到第“10”帧。选择时间段，单击鼠标右键选择快捷菜单中的“创建补间动画”命令。选择第“20”帧，按 F6 键添加关键帧。在舞台上选择元件“sun”，打开“属性”面板中的“色彩效果”面板，将“样式”设为“Alpha”，设置“值”为“100%”。

**10** 选择第“6”帧，在舞台上选择元件“sun”，在“属性”面板上调整“色彩效果”中“Alpha”的“值”为“0%”。在“变形”面板中直接输入的方式将“缩放宽度”和“缩放高度”设为“30%”，如图 3-278 所示。这样就添加了一个太阳由小变大、由无到有的动画。

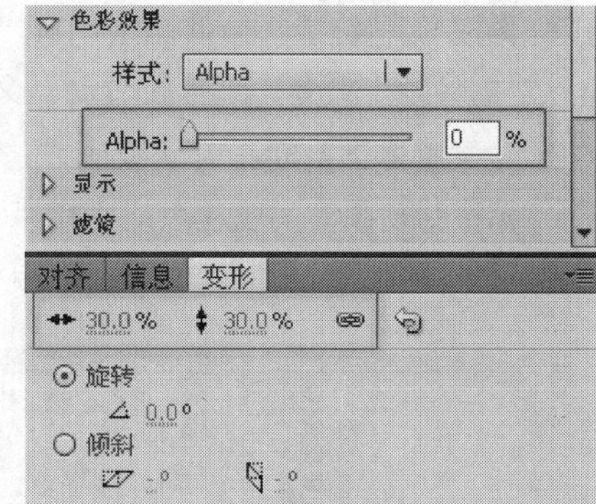


图 3-278　调整元件属性

**11** 在“时间轴”控制面板上将图层“mami”放到图层“tree”的下面。选择图层“mami”，将第“1”帧移到第“20”帧，选择时间段，单击鼠标右键选择快捷菜单中的“创建补间动画”命令。在第“25”帧按 F6 键添加关键帧。使用与第 9、10 相同的方法，为元件“mami”创建一段“从左到右逐渐显现的动画”。

**12** 在“时间轴”控制面板上锁定图层“mami”、“sun”。新建图层并重命名为“water”。在第“26”帧按 F7 键添加空白关键帧。在“工具”面板选择“矩形工具”，在舞台上画出矩形。按 F8 键将其转换为元件，将其“名称”设为“water”，“类型”设为“影片剪辑”。双击元件“water”，进入元件“water”的编辑模式，调整矩形形状和填充颜色，如图 3-279 所示。

**13** 在“时间轴”控制面板上选择第“4”帧，按 F5 键添加帧。新建“图层 2”，使用“工具”面板的“直线工具”，在矩形上画出象征水流的直线。在第“3”帧按 F7 键添加空白关键帧，继续画出水流，如图 3-280 所示。

**14** 在“编辑栏”单击“场景 1”，回到“场景”编辑模式。选择元件“water”，使用“工具”面板上的“任意变形工具”，将中心点移到水壶嘴部，并缩小，如图 3-281 所示。在“时间轴”面板上选择时间段，单击鼠标右键选择快捷菜单中的“创建补间动画”命令。

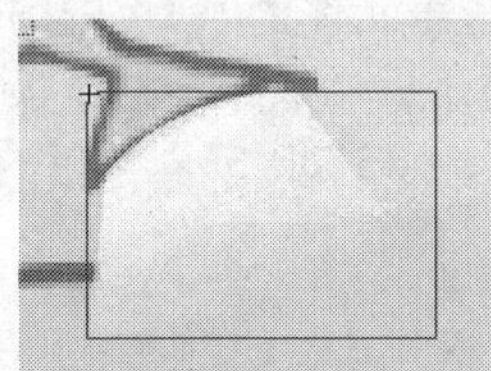

图 3-279　绘制水

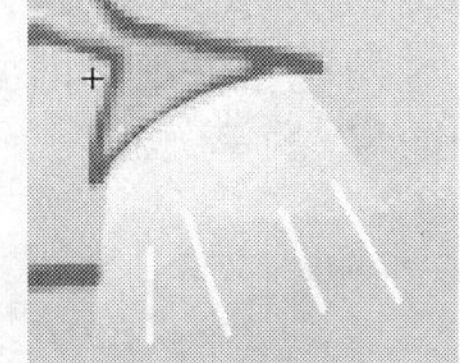

图 3-280　绘制水流

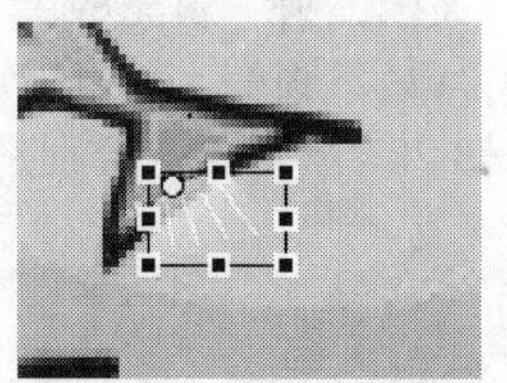

图 3-281　缩小元件

**15** 在“时间轴”控制面板上选择图层“water”的第“30”帧，如图 3-282 所示，在“变形”面板单击“取消变形”按钮，这样生成了一段水由小放大的动画。

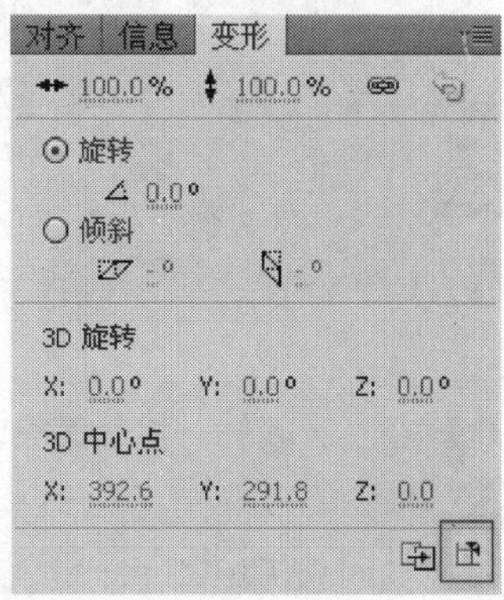


图 3-282　取消变形

## 步骤五：调整动画时间段

按 Ctrl+Enter 键预览动画，会发现前面有些慢。毕竟不是所有的动画都能一次设置正好是合适的时间段的。

**01** 在“时间轴”控制面板上按 Shift 键选择所有图层的第“6”帧到第“9”帧，如图 3-283 所示，单击鼠标右键选择快捷菜单中的“删除帧”命令。别选错了，不是“清除帧”命令噢！这样整个动画减短了 4 帧。

**02** 再按 Shift 键选择所有图层的第“15”帧到第“10”帧，单击鼠标右键选择快捷菜单中的“删除帧”命令。这样整个动画又减少了“6”帧。

**03** 这是整体调整动画时间段的方法，如果只针对某一个图层调整动画时间段时，可以将鼠标移到动画时间段起点或者结束点的地方，如图 3-284 所示，当光标成为水平移动箭头时，就可以移动动画时间段啦。

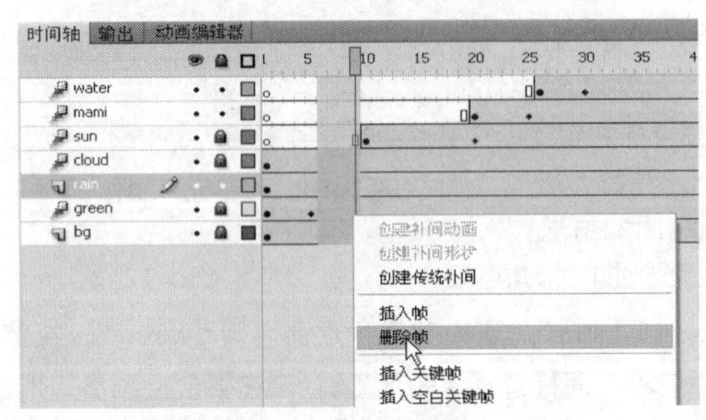


图 3-283　删除帧

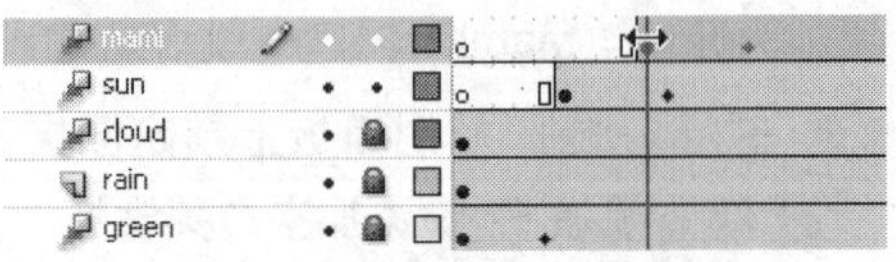


图 3-284　移动动画时间段

## 步骤六：让树长大

**01** 在“时间轴”控制面板上选择图层“tree”，将第“1”帧移到第“20”帧。将图层“water”移到图层“mami”的下面，锁定图层“water”。

**02** 在“时间轴”控制面板上新建图层，并重命名为“mask”。在第“20”帧单击鼠标右键选择快捷菜单中的“插入关键帧”命令。在“工具”面板上选择“刷子工具”，在“属性”面板上将“填充颜色”设为“白色”，在舞台上绘制形状以覆盖元件“tree”的图形。先从最下面的土壤开始，每画一、两笔，就在“时间轴”控制面板添加一个关键帧，如图 3-285 所示，这分别是图层“mask”的第“20”、“25”、“35”、“45”、“55”帧时的效果。

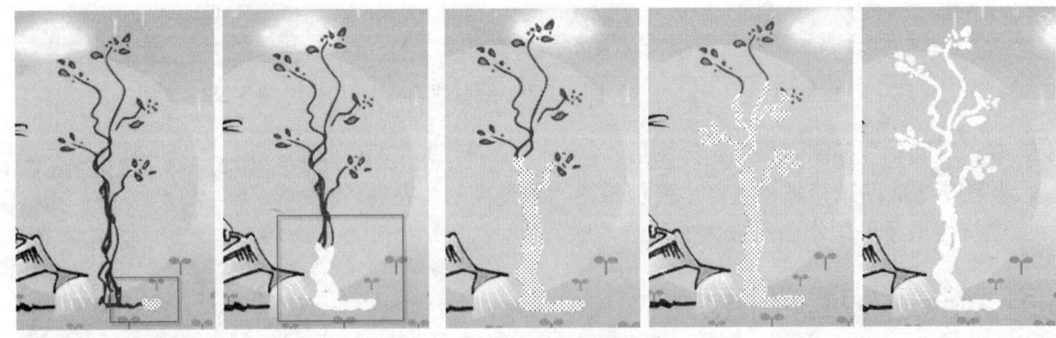

图 3-285　绘制遮罩动画

**03** 在“时间轴”控制面板上选择图层“mask”，单击鼠标右键选择快捷菜单中的“遮罩层”命令。

这时按 Ctrl+Enter 键就能看到妈妈浇水，小树长大的动画啦！

本例到这里结束，你掌握了吗？

## 实例 35

# 爱车快跑

图 3-286　实例 35：爱车快跑

这是一个很简单的实例，却包含很深的美学思考！

**提示：**

在这个例子里（如图 3-286 所示），你可以直接使用“动画编辑器”来做动画，并了解“景深模拟”的制作方法。

### 步骤一：创建文件

**01** 打开 Adobe Flash Professional CS5，选择“新建”下的“ActionScript 3.0”，新建一个 Flash 工程文件。

**02** 在“属性”面板单击“编辑”按钮，在弹出的“文档设置”面板中将“尺寸”设为“720 像素”×“360 像素”，将“帧频”设为“12.00”，单击“确定”按钮。

### 步骤二：导入素材

**01** 选择“文件”|“导入”|“导入到舞台”命令，导入“skybg.jpg”文件。如图 3-287 所示。选择该图形，按 F8 键将其转换为元件，将“名称”设为“skybg”，“类型”设为“图形”。

**02** 在“时间轴”控制面板上将“图层 1”重命名为“skybg”，新建图层并重命名为“qianjin”。选择“文件”|“导入”|“导入到舞台”命令，导入“qianjin.png”文件。将图形放到合适的位置，如图 3-288 所示。选择该图形，按 F8 键将其转换为元件，将其“名称”设为“hill”，“类型”设为“图形”。

图 3-287　导入图片“skybg.jpg”

图 3-288　导入图片“qianjin.png”

**03** 在“时间轴”控制面板上新建图层并重命名为“road”。选择“文件”|“导入”|“导入到舞台”命令，导入“road.png”文件。将图形放到合适的位置，如图 3-289 所示。选择该图形，按 F8 键将其转换为元件，将其“名称”设为“road”，“类型”设为“图形”。

**04** 在“时间轴”控制面板上新建图层并重命名为“cloud”，将其移到图层“hill”的下面。选择“文

件”|“导入”|“导入到舞台”命令，导入“cloud.png”文件。将图形放到合适的位置，如图 3-290 所示。选择该图形，按 F8 键将其转换为元件，将其“名称”设为“cloud”，“类型”设为“图形”。

图 3-289　导入图片“road.png”

图 3-290　导入图片“cloud.png”

**05** 在“时间轴”控制面板中的图层“road”的上方新建图层并重命名为“light”。选择“文件”|“导入”|“导入到舞台”命令，导入“light.png”文件。将图形放到合适的位置，如图 3-291 所示。选择该图形，按 F8 键将其转换为元件，将“名称”设为“light”，“类型”设为“图形”。

**06** 在“时间轴”控制面板上新建图层并重命名为“car_ke”。选择“文件”|“导入”|“导入到舞台”命令，导入“car_ke.png”文件。将图形放到合适的位置，如图 3-292 所示。选择该图形，按 F8 键将其转换为元件，将“名称”设为“car_ke”，“类型”设为“影片剪辑”。

图 3-291　导入图片“light.png”

图 3-292　导入图片“car_ke.png”

**07** 在“时间轴”控制面板上新建图层并重命名为“lunzi”，将图层“lunzi”移到图层“car_ke”的下面。选择“文件”|“导入”|“导入到舞台”命令，导入“lunzi.png”文件。将图形放到合适的位置，如图 3-293 所示。选择该图形，按 F8 键将其转换为元件，将“名称”设为“lunzi”，“类型”设为“图形”。

图 3-293　导入图片“lunzi.png”

以上几步也可以使用 PSD 导入的方式分图层导入到舞台上，当然，前提是你已经做好了一个 psd 文件。

## 步骤三：创建汽车动画

**01** 在“时间轴”控制面板上选择所有图层的第“50”帧，按 F5 键添加帧。

**02** 在舞台上选择元件“lunzi”，按 F8 键将其转换为元件，将其“名称”设为“lunzi_m”，“类型”设为“影片剪辑”。双击元件“lunzi_m”，进入元件“lunzi_m”的编辑模式。

**03** 在“时间轴”控制面板上选择第“12”帧，按 F5 键添加关键帧。选择时间段，单击鼠标右键选择快捷菜单中的“创建补间动画”命令。如图 3-294 所示，在“属性”面板中将“旋转”参数设为“逆时针”“2”次。

**04** 在“编辑栏”上单击“场景 1”，回到“场景”编辑模式。从“库”中拖拽元件“lunzi_m”到图层“lunzi”，放在合适的位置上，如图 3-295 所示。

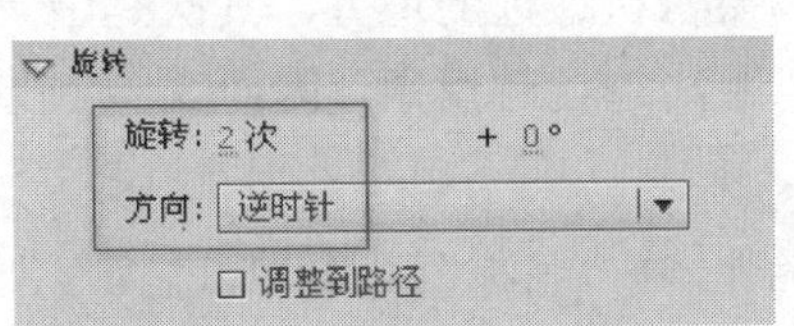


图 3-294　设置补间旋转

图 3-295　放置车轮

**05** 选择舞台上的元件“lunzi_m”，在“属性”面板上打开“色彩效果”面板，将“样式”设为“亮度”，值设为“-30%”，如图 3-296 所示。

图 3-296　设置元件“lunzi_m”的亮度

**06** 在“时间轴”面板上选择图层“car_ke”，选择时间段，单击鼠标右键选择快捷菜单中的“创建补间动画”命令。将时间滑块拨到第“50”帧，按 F6 键添加关键帧。

**07** 选择图层“car_ke”的动画补间，打开“动画编辑器”。如图 3-297 所示，首先你可能需要调整面板下方的“图形大小”、“扩展图形的大小”、“可查看的帧”命令，使曲线图窗口更好的显示。其次，单击“缓动”面板上的“+”号，在弹出的菜单中选择“随机”。在“缓动”面板设置“随机”的“值”为“100”，然后将“基本动画”中“Y”的“缓动”设为“随机”。

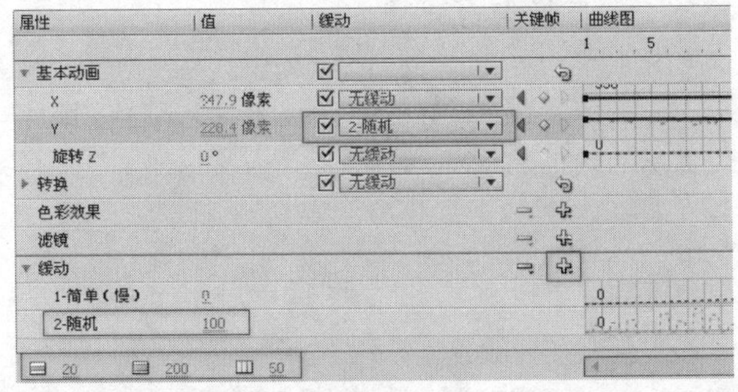


图 3-297　添加随机缓动动画

这时，按 Enter 键就能看到富有弹性的汽车动画了，比较一下添加前和添加后的效果，你就能明白为什么要添加这样一个动画属性。弹性这个词来源于大名鼎鼎的迪斯尼十二条动画规律。你能在所有经典的动画影片中找到各种各样的角色的各种各样的富有弹性的运动。对弹性的表现是作为专业动画师职业技能水平最重要的评判标尺之一。虽然 Flash 以往的版本均游离于弹性之外——这也是我的美国老师拒绝承认 Flash 影片是动画的原因之一。然而到了 CS5，不管是本例中提到的随机缓动，还是下个例子中详细介绍的弹簧阻尼，都是 Flash 已然关注弹性最有利的证明。

## 步骤四：创建景深效果

知道迪士尼当年在二维动画片中如何模拟景深的吗？他将场景里的不同景物画在不同的赛璐璐片上——赛璐璐是一种透明的胶片。然后将各赛璐璐片按照景物的远近分别放在距离摄像机不同的距离上。远处的景物放在离摄像机最远的地方，其次是中景，最后是近景。由于摄像机有焦距，距离越近越清晰，距离越远越模糊，因而就能创造出生动的景深效果。现在来看看 CS5 怎么营造景深！

**01** 在舞台上选择元件“light”，按 F8 键将其转换为元件，将“名称”设为“light_m”，“类型”设为“图形”。双击元件“light_m”，进入元件“light_m”的编辑模式。选择元件“light”，按住 Alt 键复制 4 个路灯，如图 3-298 所示，全选 5 个路灯，在“对齐”面板中将其“垂直中齐”、“水平居中分布”。

**02** 在“编辑栏”上单击“场景 1”，回到“场景”编辑模式。在“时间轴”控制面板上选择图层“light”的第“1”帧，如图 3-299 所示，将元件“light_m”移到舞台左侧。

图 3-298　复制路灯

图 3-299　移动元件

**03** 选择图层“light”的时间段，单击鼠标右键选择快捷菜单中的“创建补间动画”命令。选择该动画补间，打开“动画编辑器”，将时间滑块拨到第“50”帧。如图 3-300 所示，将鼠标移到“基本动画”的“X”的数值旁，当鼠标变成为“水平移动箭头”时，将数值往右侧加大，观察舞台上元件的移动。

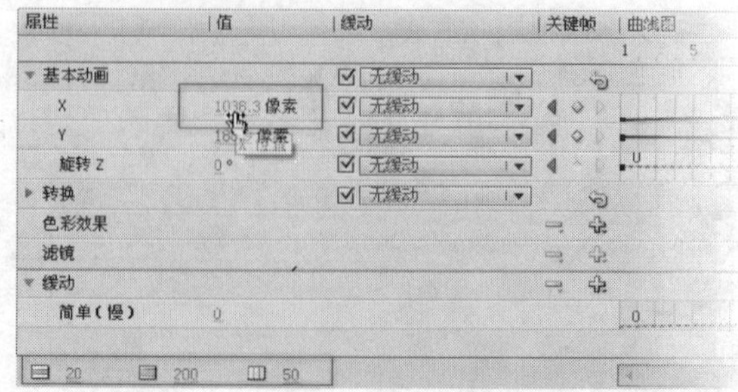


图 3-300　通过动画编辑器制作动画

**04** 来回拨动时间滑块，以及在舞台上选择元件进行移动的方式，综合调整动画如图 3-301 所示。

**05** 在“时间轴”面板上锁定图层“light”。在舞台上选择元件“hill”，双击进入元件“hill”的编辑模式。在“变形”面板将“缩放宽度”设为“120%”，得到如图 3-302 所示效果。在“编辑栏”上单击“场景 1”，回到“场景”编辑模式。

图 3-301　调整动画

图 3-302　拉宽元件“hill”

**06** 在“时间轴”控制面板上选择图层“qianjin”的第“1”帧，单击鼠标右键选择快捷菜单中的“创建补间动画”命令。在舞台上将元件“hill”移到舞台左侧。

**07** 在“时间轴”控制面板上选择图层“qianjin”的动画补间，打开“动画编辑器”，调整“基本动画”的“X”的值，如图 3-303 所示。

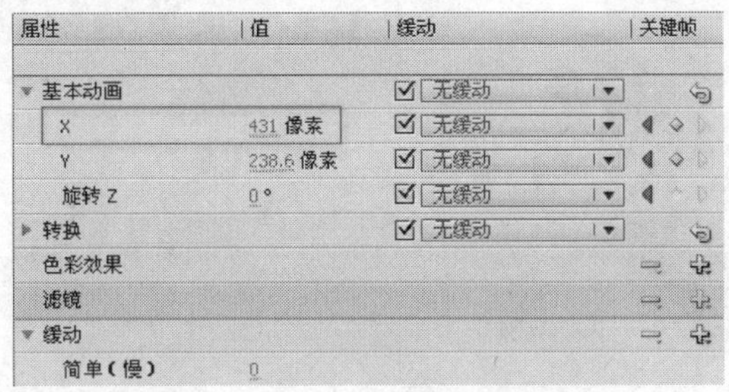


图 3-303　使用动画编辑器制作动画

**08** 同样的方法，在“时间轴”控制面板选择图层“cloud”的时间段，单击鼠标右键选择快捷菜单中的“创建补间动画”命令。选择该动画补间，打开“动画编辑器”。将时间滑块拨到第“50”帧，将“基本动画”的“X”值拉大。

## 步骤五：添加细节

**01** 按住 Shift 键选择图层“cloud”的第“1”和“50”帧，单击鼠标右键选择快捷菜单中的“复制帧”命令。在图层“car_ke”上新建图层，选择第“1”帧，单击鼠标右键选择快捷菜单中的“粘贴帧”命令。选择第“50”帧以后的帧，单击鼠标右键选择快捷菜单中的“删除帧”命令。这个选择可能需要一些技巧，采用由下往上用鼠标左键框选会更容易一些。

**02** 将时间滑块移到第“1”帧，使用“工具”面板上的“任意变形工具”在舞台上将元件“cloud”缩小到大约原大小的一半，并移动到玻璃处。

**03** 同样的方法，缩小第“50”帧上的元件“cloud”，并移动一些距离，得到如图 3-304 所示效果。

**04** 在“时间轴”控制面板上新建图层并重命名为“mask”，使用“工具”面板上的“钢笔工具”勾出汽车玻璃的轮廓。使用“颜料桶工具”填充该轮廓线。然后双击选择轮廓线，按 Delete 键删除，得到如图 3-305 所示效果。

图 3-304 编辑元件的大小和位置

图 3-305 添加 Mask 遮罩

**05** 在"时间轴"控制面板上选择图层"mask"，单击鼠标右键选择快捷菜单中的"遮罩层"命令。

这时按 Ctrl+Enter 键就能看到汽车开动的动画啦！

本例到这里结束。是不是很有趣啊？本例采用位图创造景深效果，如果使用 Flash 绘制的图形也一样可以，关键是要将不同景别分图层放置，并转换为元件。

## 实例 36

## 美女飘飘——中级骨骼动画

图 3-306 实例 36：美女飘飘——中级骨骼动画

看看 CS5 新增的弹簧和阻尼都能做什么！实在太强啦！

**提示：**

在这个例子里（如图 3-306 所示），你将学习到"骨骼动画"的中级知识！

### 步骤一：创建文件

**01** 打开 Adobe Flash Professional CS5，选择"文件" | "打开"命令，打开已经做好的"girl.fla"文件。这个文件你可以自己绘制，基本思路是导入或绘制好角色草图后，将需要动画的各个部分绘制并分层放置，具体的做法在实例 7、实例 8、实例 27 中均有介绍。

**02** 选择"文件" | "另存为"命令，将文件另存为"girl_ani.fla"文件。

### 步骤二：制作头发动画

长发飘飘的美女是 Flash 动画中最常见的，然而，很少发现能把头发做得很飘逸很柔和的作品。主要是因为制作头发的动画太需要美术功底啦，一般人达不到！现在好了，有了骨骼工具，CS5 又增加了弹簧和阻尼，头发飘飘就不太难了！

**01** 在"时间轴"控制面板上锁定除图层"h1"以外的图层。观察图层"h1"，它其实就是一个具有一定形状的黑色图形。使用"工具"面板的"骨骼工具"，从头发的一端向另一端添加骨骼，如图 3-307 所示。注意要从上一节骨骼的中心画到下一节骨骼的中心，彼此要连上。

**02** 在“时间轴”面板上选择所有图层的第“200”，按 F5 键添加帧。

**03** 将时间滑块拨到第“10”帧，如图 3-308 所示，在舞台上调节骨骼的位置和角度。

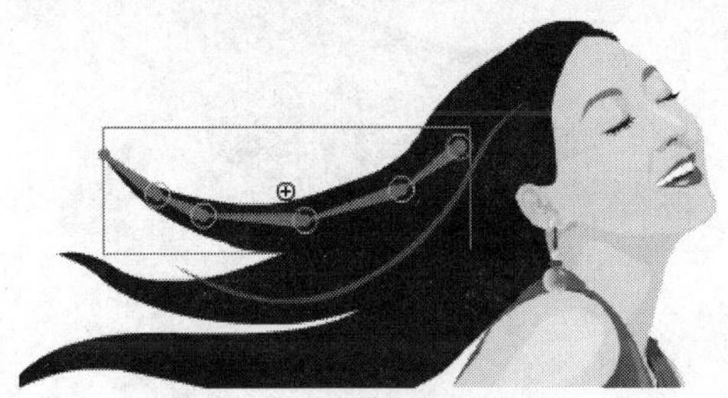
图 3-307 添加骨骼

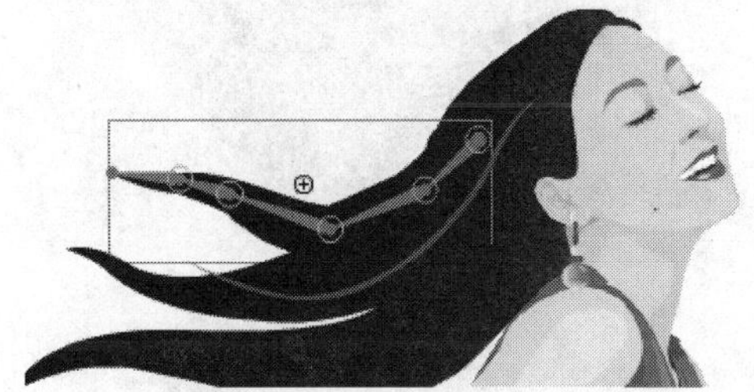
图 3-308 调节骨骼位置

**04** 将时间滑块拨到第“20”帧，如图 3-309 所示，在舞台上调节骨节的位置和角度。通过拨动“时间轴”上的时间滑块，反复观察动画的流畅和图形变形的柔和。这个过程需要极大的耐性和反复的调试！

**05** 当觉得这一小段头发飘扬的动画没有问题了后，就可以开始添加弹簧属性（一定要把动画尽可能调好以后再添加弹簧属性，否则修改就太麻烦啦）。在舞台上选择第一节骨骼，在“属性”面板打开“位置”面板，将“速度”设为“50”%。打开“弹簧”面板，将“强度”设为“60”，如图 3-310 所示。

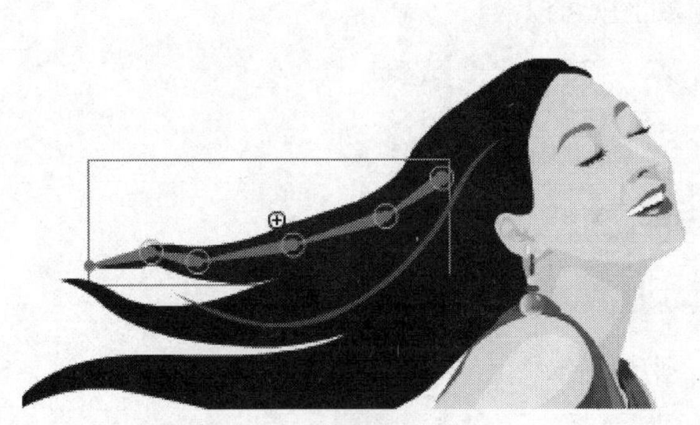
图 3-309 调节骨骼的位置

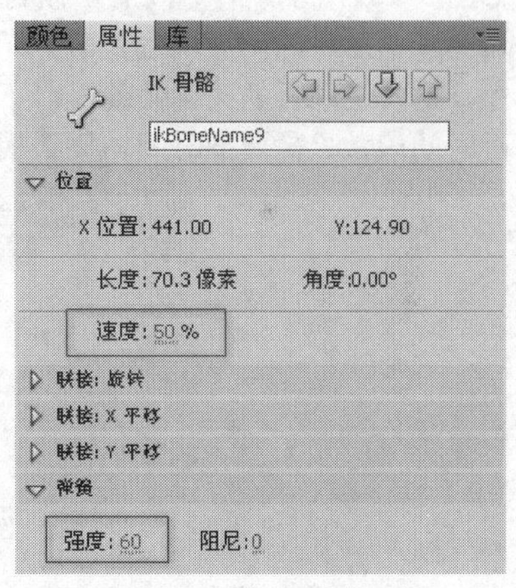

图 3-310 添加弹簧属性

**06** 同样，在舞台上选择第二节骨骼，在“属性”面板上打开“位置”面板，将“速度”设为“50”%。打开“弹簧”面板，将“强度”设为“50”。在舞台上选择第三节骨骼，在“属性”面板打开“位置”面板，将“速度”设为“40”%。打开“弹簧”面板，将“强度”设为“40”。在舞台上选择第三节骨骼，在“属性”面板打开“位置”面板，将“速度”设为“30”%。打开“弹簧”面板，将“强度”设为“30”。在舞台上选择第四节骨骼，在“属性”面板打开“位置”面板，将“速度”设为“20”%。打开“弹簧”面板，将“强度”设为“20”。得到如图 3-311 所示效果。

**07** 同样的方法，在“时间轴”面板中将刚才画好的骨骼图层锁定，打开图层“h2”。使用“工具”面板上的“骨骼工具”，如图 3-312 ～图 3-314 所示，分别在第“1”、“10”、“20”帧添加关键帧。

图 3-311　添加头发飘动动画

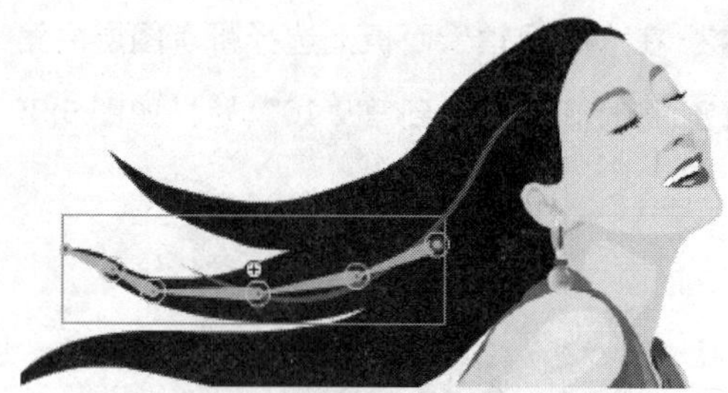

图 3-312　第“1”帧，添加骨骼

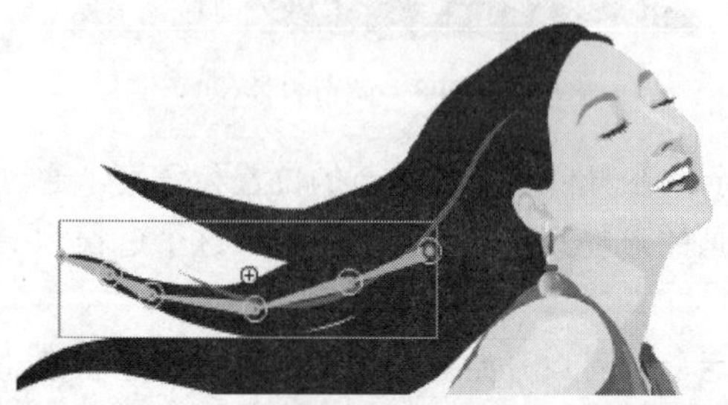

图 3-313　第“10”帧，调整骨骼

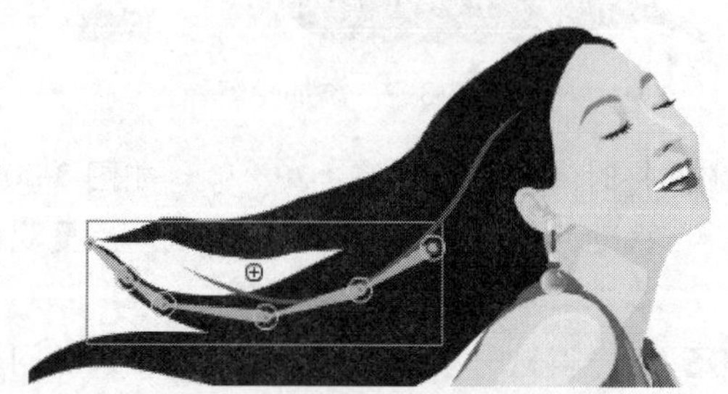

图 3-314　第“20”帧，调整骨骼

**08** 这时，拨时间滑块发现开始动画有些慢，且与刚才做的头发运动时间太靠近，缺乏趣味性。如图 3-315 所示。将时间滑块拨到第“10”帧，单击鼠标右键选择快捷菜单中的“剪切姿势”命令，然后将时间滑块拨到第“5”帧，单击鼠标右键选择快捷菜单中的“粘贴姿势”命令。这样，动画的关键帧就提前了“5”帧，动画也就早 5 帧发生。注意不要点选整个动画时间段，只需要把时间轴拨到相应的帧数上就可以啦！

图 3-315　剪切姿势

**09** 按照上面第 6 步的方法，逐个选择骨骼，为其添加“弹簧”属性。在“属性”面板打开“位置”面板，将“速度”设为“20”%。打开“弹簧”面板，将“强度”设为“20”。在舞台上选择第三节骨骼，在“属性”面板打开“位置”面板，将“速度”设为“10”%。打开“弹簧”面板，将“强度”设为“10”。在舞台上选择第三节骨骼，在“属性”面板打开“位置”面板，将“速度”设为“10”%。打开“弹簧”面板，将“强度”设为“10”。在舞台上选择第四节骨骼，在“属性”面板打开“位置”面板，将“速度”设为“10”%。打开“弹簧”面板，将“强度”设为“10”。在舞台上选择第五节骨骼，在“属性”面板打开“位置”面板，将“速度”设为“5”%。打开“弹簧”面板，将“强度”设为“5”。得到如图 3-316 所示效果。

**10** 继续为图层“h3”添加骨骼，如图 3-317 所示，分别在第“1”帧添加骨骼。将时间滑块拨到第“15”帧，调整骨骼如图 3-318 所示。将时间滑块拨到第“30”帧，在舞台调整骨骼如图 3-319 所示。

图 3-316　添加头发动画

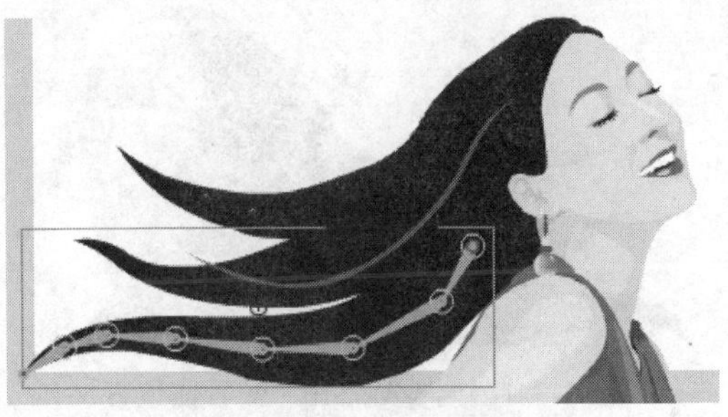

图 3-317　第“1”帧创建骨骼

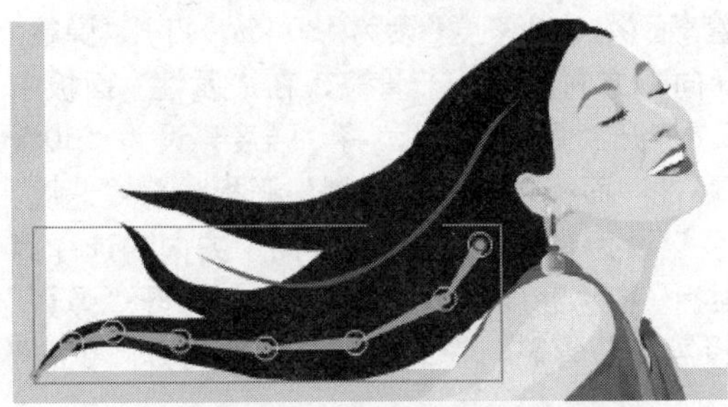

图 3-318　第“15”帧调整骨骼位置

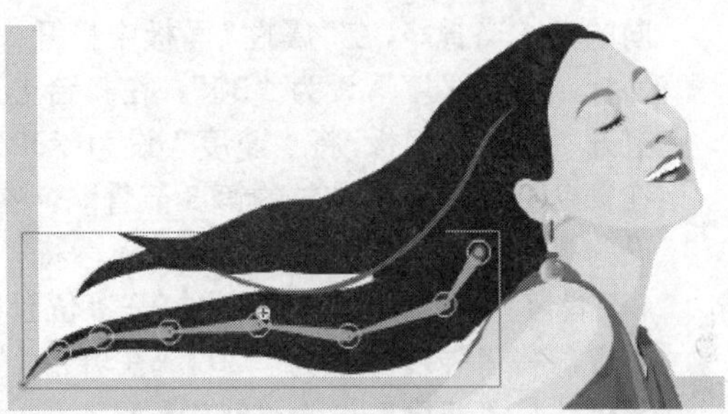

图 3-319　第“30”帧调整骨骼位置

**11** 按照上面第 6 步的方法，逐个选择骨骼，为其添加“弹簧”属性。在舞台上选择第 1 节骨骼，在“属性”面板打开“位置”面板，将“速度”设为“50”%。打开“弹簧”面板，将“强度”设为“50”。在舞台上选择第 2 节骨骼，在“属性”面板打开“位置”面板，将“速度”设为“20”%。打开“弹簧”面板，将“强度”设为“20”。在舞台上选择第 3 节骨骼，在“属性”面板打开“位置”面板，将“速度”设为“50”%。打开“弹簧”面板，将“强度”设为“50”。在舞台上选择第 4 节骨骼，在“属性”面板打开“位置”面板，将“速度”设为“20”%。打开“弹簧”面板，将“强度”设为“20”。在舞台上选择第 5 节骨骼，在“属性”面板打开“位置”面板，将“速度”设为“10”%。打开“弹簧”面板，将“强度”设为“10”。在舞台上选择第 6 节骨骼，在“属性”面板打开“位置”面板，将“速度”设为“10”%。打开“弹簧”面板，将“强度”设为“10”。在舞台上选择第 7 节骨骼，在“属性”面板打开“位置”面板，将“速度”设为“50”%。打开“弹簧”面板，将“强度”设为“50”。这时按 Enter 键就能看见长发飘飘的动画了。

**12** 在“时间轴”面板上锁定已做好的骨骼图层，选择图层“h4”。在“工具”面板选择“骨骼工具”，如图 3-320 所示，分别朝上和下两个方向添加骨骼。这样，父节点可以保持不变。

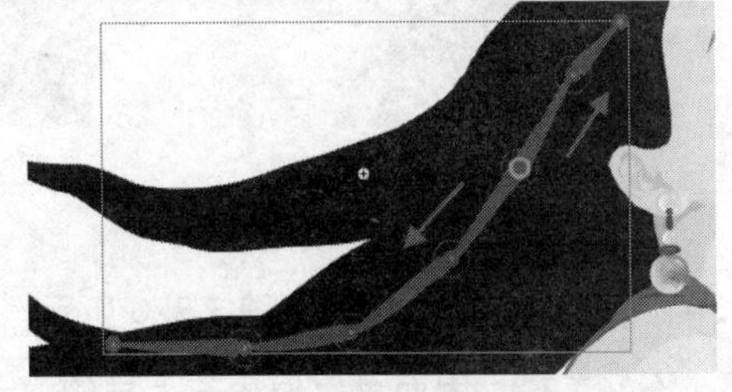

图 3-320　添加骨骼

**13** 将时间滑块拨到第“10”帧，如图 3-321 所示，调整骨骼的位置。再拨到第“20”帧，如图 3-322 所示，调整骨骼的位置。

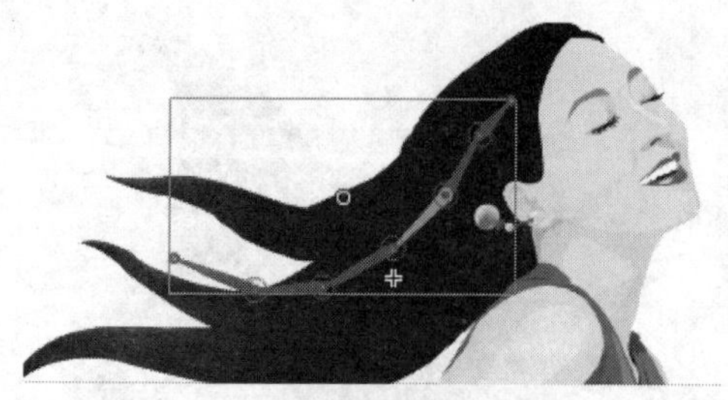

图 3-321　调整第“10”帧骨骼位置

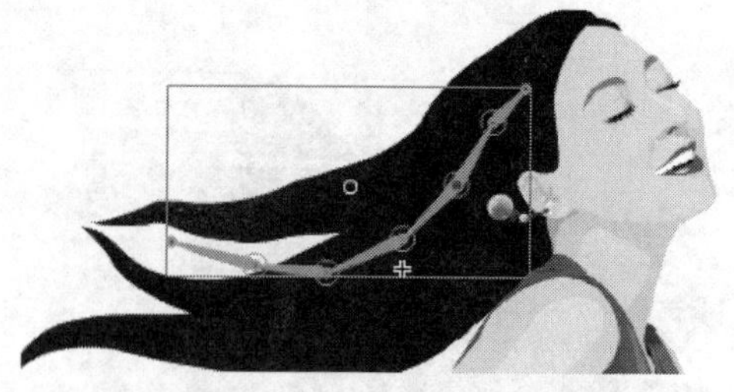

图 3-322　调整第“20”帧骨骼位置

**14** 按照上面第 6 步的方法，逐个选择骨骼，为其添加“弹簧”属性。在舞台上选择向下方向的第 1 节骨骼，在“属性”面板中打开“位置”面板，将“速度”设为“30”%。打开“弹簧”面板，将“强度”设为“30”。在舞台上选择向下方向的第 2 节骨骼，在“属性”面板中打开“位置”面板，将“速度”设为“30”%。打开“弹簧”面板，将“强度”设为“30”。在舞台上选择向下方向的第 3 节骨骼，在“属性”面板中打开“位置”面板，将“速度”设为“60”%。打开“弹簧”面板，将“强度”设为“60”。在舞台上向下方向的选择第 4 节骨骼，在“属性”面板中打开“位置”面板，将“速度”设为“60”%。打开“弹簧”面板，将“强度”设为“20”。在舞台上选择第 5 节骨骼，在“属性”面板打开“位置”面板，将“速度”设为“60”%。

这时按 Ctrl+Enter 键就能看见柔顺的长发飘飘动画了。

## 步骤三：创建耳环动画

头发一直在飘，因为没有让它停下来，耳环则不然，它需要停下来。

**01** 在舞台上双击元件“earring”，进入元件“earring”的编辑模式。耳环由多个影片剪辑组合，因而每个骨骼都需要连接一个元件。如图 3-323 所示，使用“工具”面板的“骨骼工具”，从最上方的元件开始，逐渐向下点选每个元件添加骨骼。

**02** 在“时间轴”控制面板上选择第“200”帧，按 F5 键添加帧。

**03** 如图 3-324 所示，将时间滑块拨到第“1”帧，调整耳环向左摇晃。

**04** 将时间滑块拨到第“15”帧，调整骨骼如图 3-325 所示，让它向右晃动。

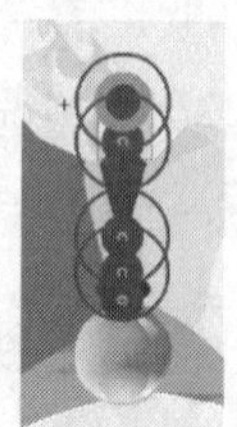

图 3-323　添加骨骼

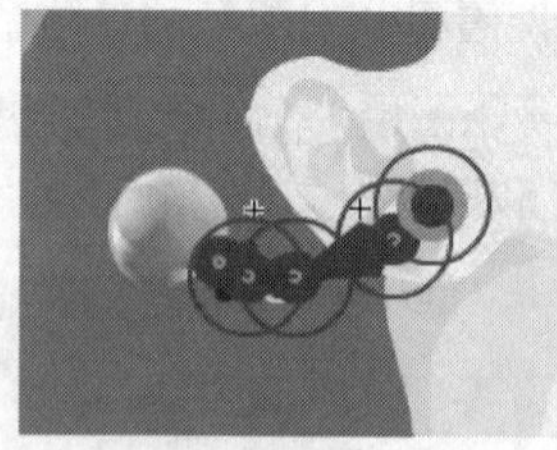

图 3-324　第“1”帧，调整骨骼动画

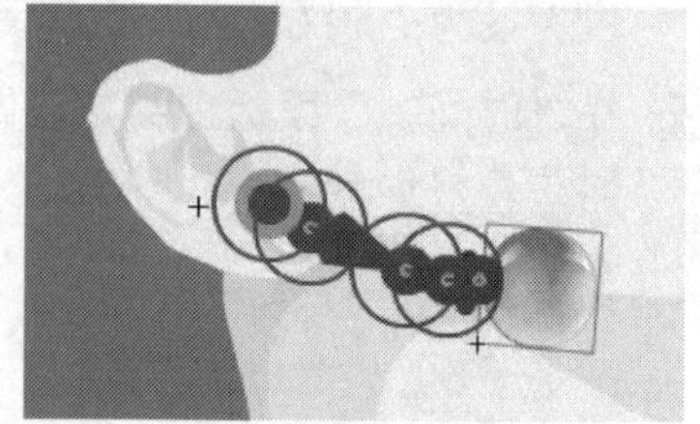

图 3-325　第“15”帧，调整骨骼动画

**05** 将时间滑块拨到第“30”帧，将骨骼调整如下图 3-326 所示。

**06** 由于该骨骼距离很近，不好选择，因而可以使用右上角的“子级”、“父级”选择按钮来帮助选择骨骼，如图 3-327 所示。选择第 1 节骨骼，打开弹簧面板，将“强度”设为“80”，“阻尼”设为“60”。选择第 2 节骨骼，将“强度”设为“60”，“阻尼”设为“40”。选择第 3 节骨骼，将“强度”设为“20”，“阻尼”设为“10”。

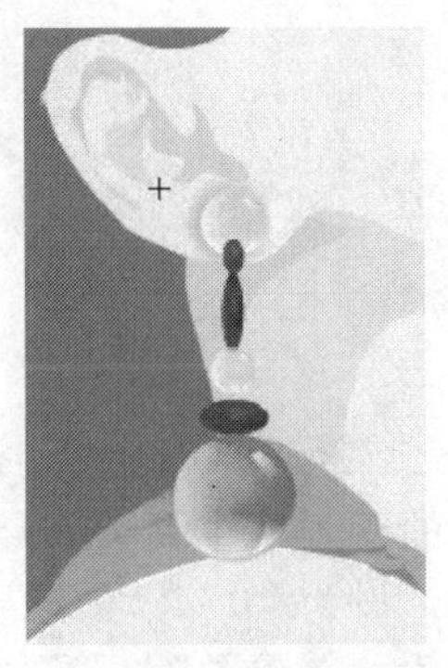
图 3-326　添加骨骼

图 3-327　设置强度与阻尼

按 Ctrl+Enter 键预览动画，就能看见耳环震荡后缓慢停下的动画了！

好了，本例到这里结束。需要提示的是，当修改了弹簧和阻尼属性后，有时需要在“时间轴”面板拨动一下时间滑块再预览动画方才有效。

## 实例 37

# 马赛克转场

图 3-328　实例 37：马赛克转场

转场是指两个场景之间过渡的方式，商业 Flash 广告非常强调转场的巧妙和趣味性！

**提示：**

在这个例子里（如图 3-328 所示），你会学到“同时导入多个图片”、“显示网格”、“Mask”控制动画可见区域、编辑动画曲线等技术点。

### 步骤一：创建文件

**01** 打开 Adobe Flash Professional CS5，选择“新建”下的“ActionScript 3.0”，新建一个 Flash 工程文件。

**02** 在“属性”面板中单击“编辑”按钮，在弹出的“文档设置”面板中将“尺寸”设为“720 像素”×“360 像素”，“背景色”设为“黑色”，将“帧频”设为“12.00”，单击“确定”按钮。

### 步骤二：导入图片

**01** 选择“文件”|“导入”|“导入到舞台”命令，导入“pic01”文件。如图 3-329 所示，由于图片的序号相连，Flash 会提示你是否导入连号的图片。选择“是”按钮，这样在“时间轴”控制面板上的第“1”、“2”帧会各有一张图片。

图 3-329 导入图片

**02** 在“时间轴”控制面板上将时间滑块拨到第“1”帧，在舞台上选择“pic01.jpg”，在“变形”面板单击“取消变形”按钮（Flash 通常会自动把导入的图片缩小到 75%）。如图 3-330 所示，在“属性”面板中打开“位置和大小”面板将“X”设为“0”，“Y”设为“0”。按 F8 键将其转换为元件，将“名称”设为“pic01”，“类型”设为“图形”。

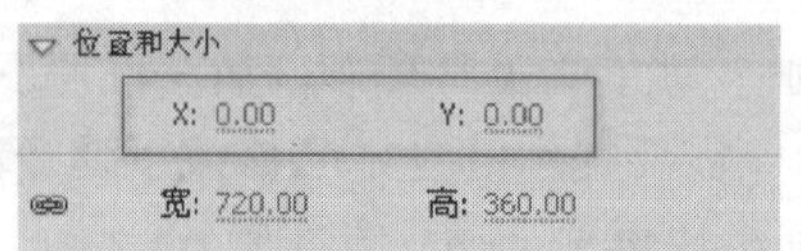


图 3-330 精确设置图片位置

**03** 在“时间轴”控制面板上将时间滑块拨到第“2”帧，在舞台上选择“pic02.jpg”，在“变形”面板单击“取消变形”按钮。同样的方法，在“属性”面板的“位置和大小”面板中将“X”设为“0”，“Y”设为“0”。按 F8 键将其转换为元件，将“名称”设为“pic02”，“类型”设为“图形”。

**04** 在“时间轴”控制面板上将“图层 1”重命名为“pic01”，新建“图层 2”并重命名为“pic02”，将图层“pic01”的第“2”帧移到图层“pic02”的第“1”帧。

## 步骤三：制作马赛克

**01** 在“时间轴”控制面板上新建“图层 3”，并将其重命名为“mask”，关掉图层“pic01”和“pic02”。

**02** 选择“视图”|“网格”|“显示网格”命令，打开网格线。如图 3-331 所示，选择“视图”|“贴紧”|“贴紧至网格”命令。

**03** 确保“工具”面板上的“贴紧至对象”和“绘制对象”按钮开启，选择“矩形工具”，在“属性”面板设置“笔触颜色”为“无”，“填充颜色”为“红色”，如图 3-332 所示，在舞台上画出一个 4×4 个网格的矩形。

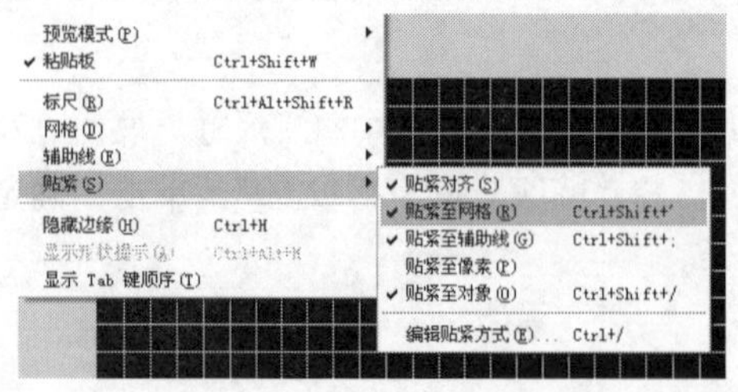


图 3-331 开启贴紧至网格命令

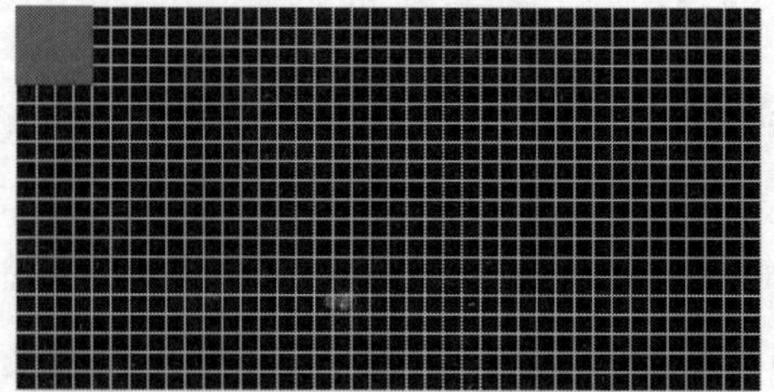

图 3-332 绘制“马赛克”

**04** 选择红色的矩形，按 F8 键将其转换为元件，如图 3-333 所示，将“名称”设为“kuai”，“类型”设为“影片剪辑”。再按 F8 键将其转换为元件，将其“名称”设为“ma_m”，“类型”设为“影片剪辑”。

**05** 按住 Alt 键复制多个元件“ma_m”，得到如图 3-334 所示效果。在 CS3 版本里能以指定“行 × 列”的方式快速复制多个元件，就像矩阵一样，不知道 CS5 为什么取消了这个功能，只能一直按着 Alt 键啦！

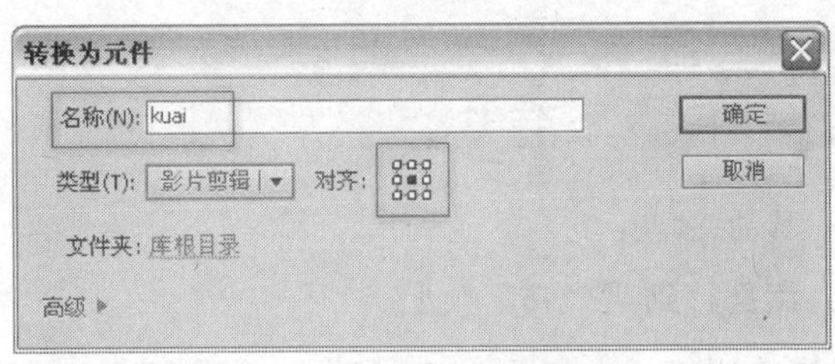

图 3-333　转换元件

图 3-334　复制元件

## 步骤四：创建转场动画

**01** 双击元件“ma_m”，进入元件“ma_m”的编辑模式。在“时间轴”控制面板选择第“50”帧，按 F5 键添加帧。选择时间段，单击鼠标右键选择快捷菜单中的“创建补间动画”命令。

**02** 将时间滑块拨到第“10”帧，按 F6 键添加关键帧。注意不要选择该补间，如果补间处于选择状态时，无法进行很多操作。如果你选择了补间，单击一下舞台或软件界面的别的地方，将选择取消，再拖动时间滑块就可以啦。

**03** 将时间滑块拨到第“35”帧，按 F6 键添加关键帧。

**04** 将时间滑块拨到第“1”帧，在舞台上选择元件“kuai”，在“变形”面板上将“宽度”和“高度”“锁定”，将其缩小到“0%”。

**05** 将时间滑块拨到第“50”帧，如图 3-335 所示在“变形”面板设置“宽度”值为“0%”，“高度”值为“0%”，设置“倾斜”中的“水平倾斜”为“–180”，“垂直倾斜”为“–180”。

**06** 在舞台上选择元件“kuai”，如图 3-336 所示，将其移动到辅助线的“3×3”的地方。别的地方也可以的，你可以试试看，会产生不一样的转场效果噢！

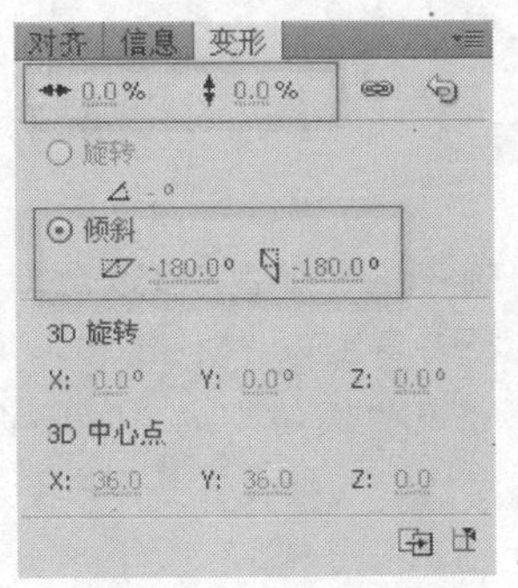


图 3-335　设置变形

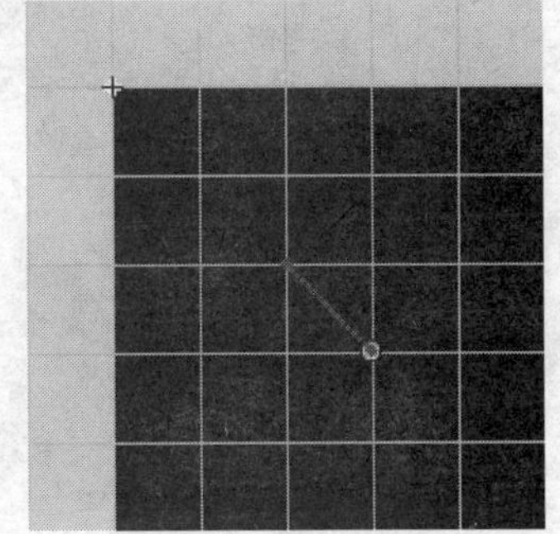

图 3-336　移动元件

**07** 在“时间轴”控制面板上选择第“65”帧，按 F5 键添加帧。来回拖动滑块预览动画，觉得后面的动画有些慢。这时，请选择动画补间，打开“动画编辑器”。如图 3-337 所示，选择原本在第“50”帧上的小方点（选择后会变成绿色的小方点，每个小方点代表一个关键帧），按住 Shift 键将其水平移动到第“45”帧。

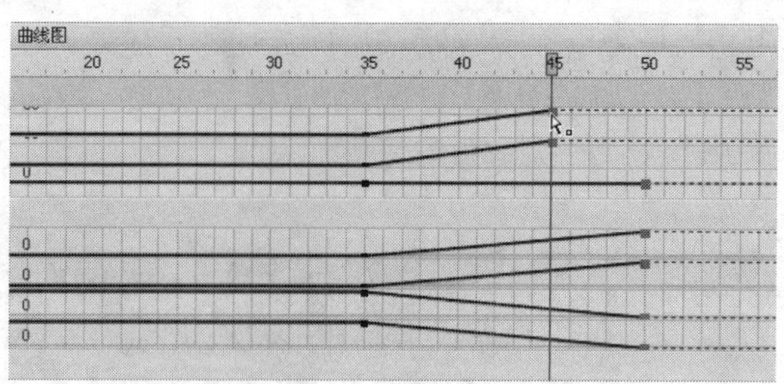

图 3-337　移动关键帧

**08** 同样的方法，将第“50”帧上的每个小方点都移到第“45”帧上。

**09** 在“编辑栏”上单击“场景 1”，回到场景编辑模式。如图 3-338 所示，全选舞台上的所有的元件“kuai”（你这时是看不见这些元件的，因为它们的第一帧都设为了 0%，所以采用窗选方式或单击图层，选择图层上的所有元件为宜），按 F8 键将其转换为元件，将“名称”设为“mask”，“类型”设为“影片剪辑”。

**10** 在“时间轴”控制面板上打开图层“pic01”和“pic02”，选择所有图层的第“50”帧，按 F5 键添加帧。

**11** 选择图层“mask”，单击鼠标右键选择快捷菜单中的“遮罩层”命令。

这时按 Ctrl+Enter 键就能看到马赛克转场的动画啦！

本例到这里结束。是不是挺有趣啊！按照这种思路，你可以创造很多种不同的转场方式。

图 3-338　将分散的马赛克转化为一体的元件

## 实例 38

# 魔法金笔

图 3-339　实例 38：魔法金笔

富有魔法的鹅毛金笔能自动书写古老的预言！——多好的 Flash 动画开篇！

**提示：**

在这个例子里（如图 3-339 所示），你会学到“路径动画”与“Mask 遮罩”相结合的方法，以及“滤镜”的“剪贴板”功能，对图层“显示”模式有更多了解。

## 步骤一：创建文件

**01** 打开 Adobe Flash Professional CS5，选择“新建”面板下的“ActionScript 3.0”选项，新建一个 Flash 工程文件。

**02** 在“属性”面板上单击“编辑”按钮，在弹出的“文档设置”面板中将“尺寸”设为“600 像素”×“450 像素”，将“帧频”设为“12.00”，单击“确定”按钮。

## 步骤二：导入素材

**01** 选择“文件”|“导入”|“导入到舞台”命令，导入“paperbg.jpg”文件。如图 3-340 所示。在“属性”面板上调整“大小和位置”中的“X”和“Y”为“0”。

**02** 在“时间轴”控制面板上将“图层 1”重命名为“paperbg”，锁定该图层。新建“图层 2”，将其重命名为“bi”。

**03** 选择“文件”|“导入”|“导入到舞台”命令，导入“bi.png”文件。在“工具”面板上选择“任意变形工具”，将鹅毛笔旋转缩放到合时的位置。按 F8 键将其转换为元件，将“名称”设为“bi”，“类型”设为“影片剪辑”。如图 3-341 所示，继续使用“任意变形工具”将元件的注册点移动到鹅毛笔尖处。

图 3-340　导入图片“paperbg.jpg”

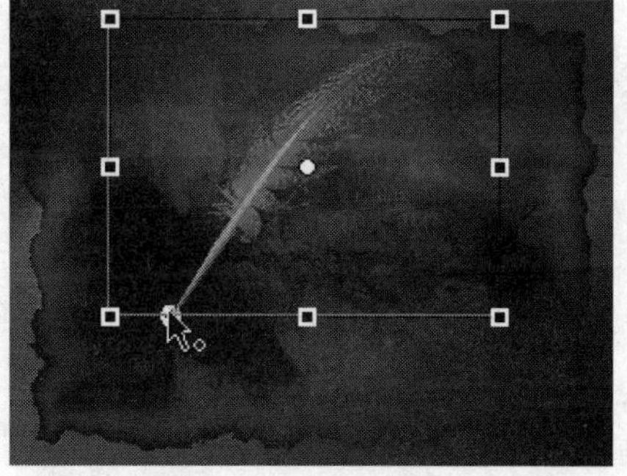

图 3-341　移动注册点

**04** 在“时间轴”控制面板上新建“图层 3”，将其移到图层“bi”的下方并重命名为“zi”。选择“文件”|“导入”|“导入到舞台”命令，导入“zi.png”文件。将其移动到如图 3-342 所示位置，锁定图层“zi”。

图 3-342　放置图片“zi.png”到合适的位置

## 步骤三：让魔法笔开始写

**01** 在“时间轴”控制面板上新建“图层 4”，将其移到图层“bi”的上方并重命名为“path”。

**02** 选择“工具”面板上的“铅笔工具”，在“属性”面板上调整“笔触颜色”为“白色”。如图 3-343 所示，在舞台上画出鹅毛笔书写的曲线路径。注意遵循英文字母书写习惯，曲线之间相互连接。如果上一个图层“bi”遮挡了视线，就暂时把它关掉。

**03** 使用“工具”面板上的“选择工具”调整曲线，删除多余的曲线，得到如图 3-344 所示效果。

图 3-343 绘制运动路径

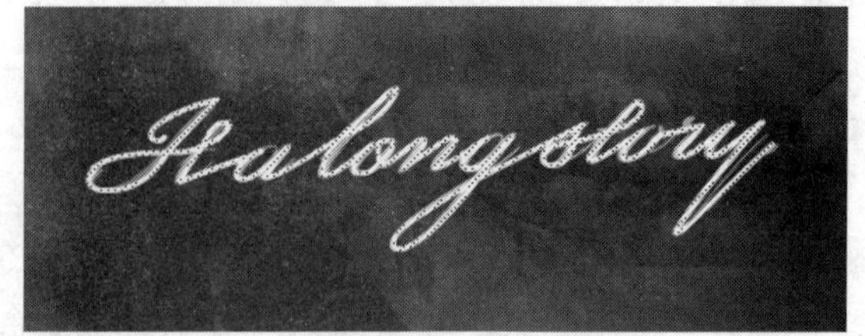

图 3-344 调整曲线

**04** 在“时间轴”控制面板上选择图层“path”，单击鼠标右键选择快捷菜单中的“引导层”命令，打开图层“bi”，如图 3-345 所示将图层“bi”移入图层“path”之下。

**05** 在“时间轴”控制面板上选择所有图层的第“100”帧，按 F5 键添加帧。锁定图层“path”，选择图层“bi”，在第“100”帧按 F6 键添加关键帧。将第“1”帧的元件“bi”移到路径的起点，将第“100”帧的元件“bi”移动到路径的终点。注意保持“工具”面板的“贴紧至对象”按钮处于开启状态，从而方便将元件的注册点吸附在路径上。选择第“1”帧，单击鼠标右键选择快捷菜单中的“创建传统补间”命令。这时按 Enter 键预览动画发现鹅毛笔并没有按照路径走动。这是由于这个路径非常复杂，需要添加更多的关键帧。

**06** 选择图层“bi”，分别在每段小的曲线的起点，转弯及终点处按 F6 键添加一个关键帧，分别将元件“bi”移到小曲线的起点、转弯和终点处，得到如图 3-346 所示效果。这时再按 Enter 键就能发现鹅毛笔开始写字啦！

图 3-345 添加引导层

图 3-346 添加关键帧，使其符合路径

## 步骤四：让字出现

**01** 在“时间轴”控制面板上选择图层“zi”，添加新图层并重命名为“mask”。把图层“path”关掉，把图层“bi”锁定。

**02** 在“工具”面板上选择“刷子工具”，在“属性”面板将“填充颜色”设为“白色”，在舞台上绘制形状以覆盖图层“zi”上的图形。先从最左侧上部开始，跟随鹅毛笔的笔尖，鹅毛笔尖运动到哪里就画到哪里。注意每次画之前，一定要在“时间轴”控制面板按 F6 键添加一个新的关键帧。

**03** 按照鹅毛笔的位置绘制，不要超过鹅毛笔尖的位置。分别在图层“mask”的第“5”、“31”、“50”、“81”、“100”帧绘制，得到如图 3-347～图 3-351 所示效果。

图 3-347　第“5”帧绘制遮罩效果

图 3-348　第“31”帧绘制遮罩效果

图 3-349　第“50”帧绘制遮罩效果

图 3-350　第“81”帧绘制遮罩效果

图 3-351　第“100”帧绘制遮罩效果

**04** 当绘制完毕后，在“时间轴”控制面板上选择图层“mask”，单击鼠标右键选择快捷菜单中的“遮罩层”命令。

## 步骤五：添加细节

虽然魔法笔写字的动画已经完成，但如果对魔法笔本身“魔法气息”不满意时，该怎么调整？

**01** 在“时间轴”控制面板上将时间滑块拨到第“1”帧，在舞台上选择元件“bi”。如图 3-352 所示，首先打开“显示”面板，将“混合”设为“增加”。再打开“滤镜”面板，分别添加“发光”、“渐变发光”、“调整颜色”三个滤镜，调整相关数值，使其效果如图 3-353 所示。

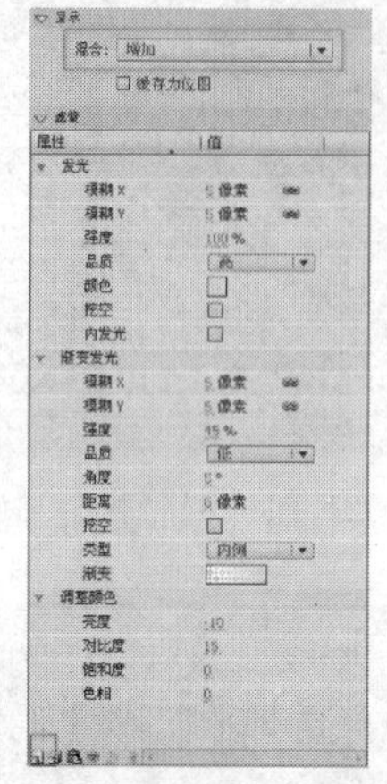


图 3-352　调整元件属性

图 3-353　添加滤镜后的效果

**02** 由于图层“bi”上有很多关键帧，每个关键帧都需要做这样的修改，实在有点麻烦！Flash 想到了这个问题，所以有“剪贴板”功能。单击“滤镜”面板下的“剪贴板”按钮，选择“复制全部”命令，将时间滑块拨到下一个关键帧，在舞台上选择元件“bi”，在“滤镜”面板上再单击“剪贴板”按钮，选择“粘贴”命令，这样，滤镜效果特到了复制。别忘了还需要将“显示”面板的“混合”设为“增加”。

提示：使用键盘上的“<”和“>”键能帮你逐帧移动时间滑轨，方便选择。

按 Ctrl+Enter 键就能看到魔法金笔开始写出古老的预言啦！

本例到这里结束。是不是很有趣啊，希望你能喜欢！

做好了动画再去设置和修改元件的属性总是很麻烦的，所以，在你日后的工作实践中，尽可能地将元件调制好了再开始做动画。但实际情况是，客户永远都会在动画完成后才提出要修改元件的属性，所以，备份一个没有开始动画的文件非常重要！

## 实例 39

# 屏幕保护

图 3-354　实例 39：屏幕保护

屏幕保护的商业项目遇到的不多，似乎大家都爱 DIY 属于你自己的屏幕保护呢！

**提示：**

在这个例子里（如图 3-354 所示），你会再深入了解“预设动画”及 Flash 的周边软件。

## 步骤一：创建文件

**01** 打开 Adobe Flash Professional CS5，选择“新建”面板下的“ActionScript 3.0”，新建一个 Flash 工程文件。

**02** 在“属性”面板上单击“编辑”按钮，在弹出的“文档设置”面板中将“尺寸”设为“1024 像素”×“768 像素”，将“背景色”设为“黑色”，将“帧频”设为“12.00”，单击“确定”按钮。

## 步骤二：导入图片

**01** 选择“文件”|“导入”|“导入到库”命令，导入“lord_of_rings001.jpg”、“lord_of_rings016.jpg”、“lord_of_rings017.jpg”、“lord_of_rings018.jpg”、“lord_of_rings019.jpg”、“lord_of_rings021.jpg”文件。你也可以导入别的你喜欢的图片，大小在 1024×768 就行。当然，如果你的计算机显示器的分辨率更高，或者是 16:9 的宽屏，你可以按照你分辨率的大小，设计制作相关图片。

**02** 从“库”中拖拽图片“lord_of_rings001.jpg”到舞台上，在“属性”面板上打开“位置和大小”面板，设置其“X”为“0”,“Y”为“0”。如图 3-355 所示。按 F8 键将其转换为元件，“类型”为“影片剪辑”。

**03** 在“时间轴”控制面板新建“图层 2”，选择第“60”帧，按 F6 键添加关键帧。从“库”中拖拽图片“lord_of_rings016.jpg”到舞台上，在“属性”面板中打开“位置和大小”面板，设置其“X”为“0”,“Y”为“0”，效果如图 3-356 所示。按 F8 键将其转换为元件，将“类型”为“影片剪辑”。

图 3-355　导入图片“lord_of_rings001.jpg”

图 3-356　导入图片“lord_of_rings016.jpg”

**04** 在“时间轴”控制面板上新建“图层 3”，选择第“120”帧，按 F6 键添加关键帧。从“库”中拖拽图片“lord_of_rings017.jpg”到舞台上，在“属性”面板上打开“位置和大小”面板，设置其“X”为“0”,“Y”为“0”，效果如图 3-357 所示。按 F8 键将其转换为元件，将“类型”设为“影片剪辑”。

**05** 在“时间轴”控制面板上新建“图层 4”，选择第“180”帧，按 F6 键添加关键帧。从“库”中拖拽图片“lord_of_rings018.jpg”到舞台上，在“属性”面板上打开“位置和大小”面板，设置其“X”为“0”、“Y”为“0”，效果如图 3-358 所示。按 F8 键将其转换为元件，将“类型”设为“影片剪辑”。

图 3-357　导入图片“lord_of_rings017.jpg”

图 3-358　导入图片“lord_of_rings018.jpg”

**06** 在“时间轴”控制面板上新建“图层 5”，选择第“240”帧，按 F6 键添加关键帧。从“库”中拖拽图片“lord_of_rings019.jpg”到舞台上，在“属性”面板上打开“位置和大小”面板，设置其“X”为“0”，“Y”为“0”，效果如图 3-359 所示。按 F8 键将其转换为元件，将“类型”设为“影片剪辑”。

**07** 在“时间轴”控制面板上新建“图层 6”，选择第“300”帧，按 F6 键添加关键帧。从“库”中拖拽图片“lord_of_rings021.jpg”到舞台上，在“属性”面板上打开“位置和大小”面板，设置其“X”为“0”，“Y”为“0”，效果如图 3-360 所示。按 F8 键将其转换为元件，将“类型”为“影片剪辑”。

图 3-359　导入图片“lord_of_rings019.jpg”

图 3-360　导入图片“lord_of_rings021.jpg”

## 步骤三：插入预设动画

**01** 选择“图层 1”的第“1”帧，在舞台上选择“元件 1”，打开“动画预设”面板。如图 3-361 所示，选择“飞入后停顿再飞出”，单击“应用”按钮。

**02** 选择“图层 1”的第“60”帧，在舞台上选择“元件 2”，打开“动画预设”面板。如图 3-362 所示，选择“快速移动”，单击“应用”按钮。

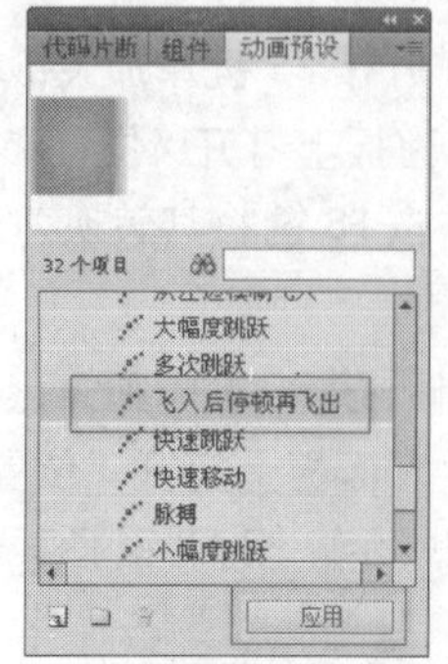


图 3-361　选择并应用预设动画

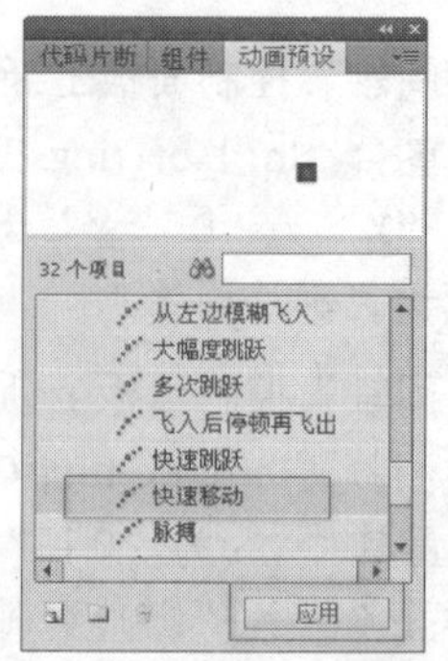


图 3-362　选择并应用预设动画

**03** 选择“图层 3”的第“120”帧，在舞台上选择“元件 3”，打开“动画预设”面板。如图 3-363 所示，选择“3D 螺旋”，单击“应用”按钮。

**04** 选择“图层 4”的第“180”帧，在舞台上选择“元件 4”，打开“动画预设”面板。如图 3-364 所示，选择“脉搏”，单击“应用”按钮。

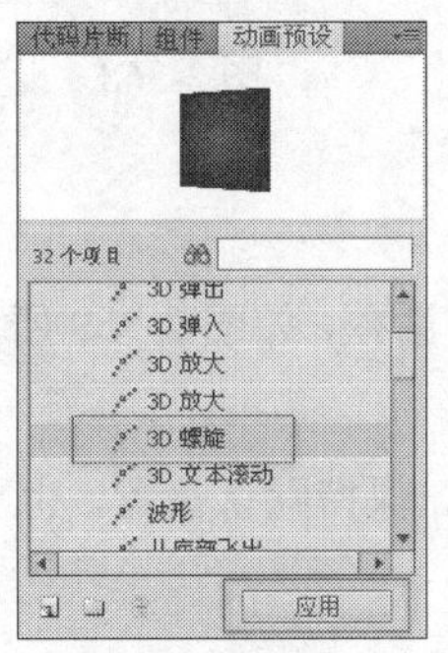


图 3-363　选择并应用预设动画

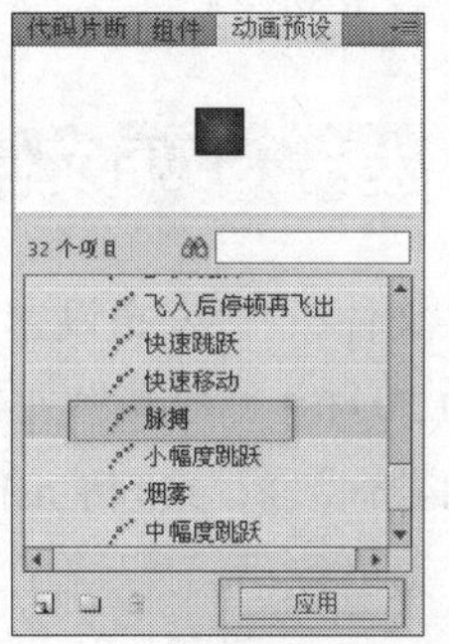


图 3-364　选择并应用预设动画

**05** 选择“图层 5”的第“240”帧，在舞台上选择“元件 5”，打开“动画预设”面板。如图 3-365 所示，选择“2D 放大”，单击“应用”按钮。

**06** 选择“图层 6”的第“300”帧，在舞台上选择“元件 6”，打开“动画预设”面板。如图 3-366 所示，选择“波形”，单击“应用”按钮。

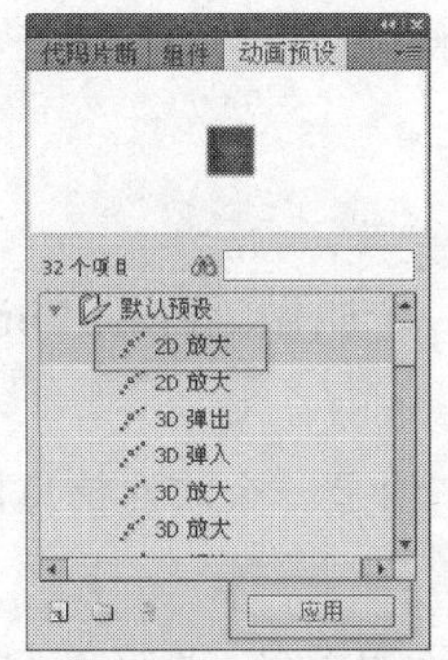


图 3-365　选择并应用预设动画

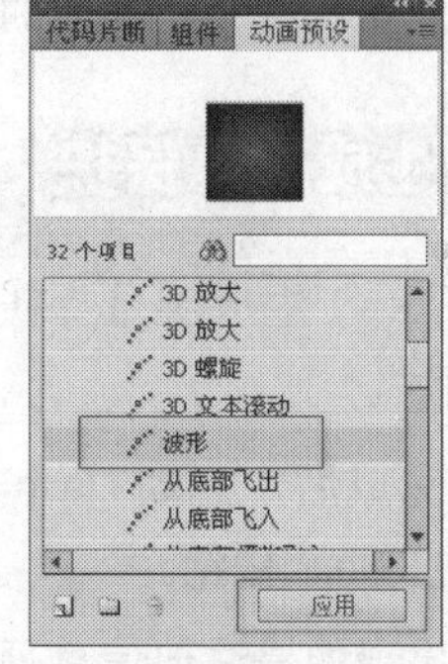


图 3-366　选择并应用预设动画

**07** 在“时间轴”面板上，如图 3-367 所示，将“图层 1”的动画长度拉到第“60”帧。

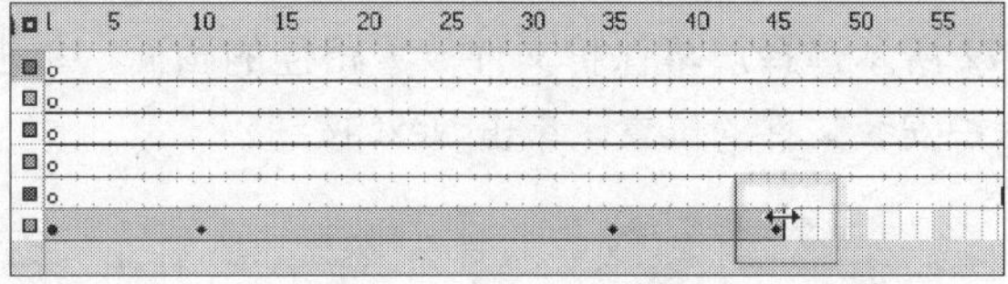


图 3-367　整体拉长补间动画的时间长度

**08** 同样的方法，将“图层 2”上的补间动画拉到第“120”帧，将“图层 3”的补间动画拉到第“180”帧，将“图层 4”的补间动画拉到第“240”帧，将“图层 5”的补间动画拉到第“300”帧。

## 步骤四：添加声音

**01** 选择“文件”|“导入”|“导入到舞台”命令，导入“Slowly Surrender.mp3”文件。

**02** 在“时间轴”控制面板上新建图层并重命名为“sound”。从“库”面板直接拖拽“Slowly Surrender.mp3”到舞台上，这时，图层“sound”上出现了声波表明声音加载已成功。

**03** 在“属性”面板上打开“声音”面板，如图 3-368 所示，设置声音“循环”。

图 3-368　设置声音循环

## 步骤五：发布 .SWF 文件

**01** 单击“文件”|“发布设置”命令，弹出“发布设置”对话框，如图 3-369 所示，勾选“类型”为“Flash（.swf)”，设置“文件”名称及存放路径。

**02** 单击 Flash 按钮，来到 Flash 的设置栏。如图 3-370 所示，保持默认设置，也可以将“JPEG 品质”适当缩小。

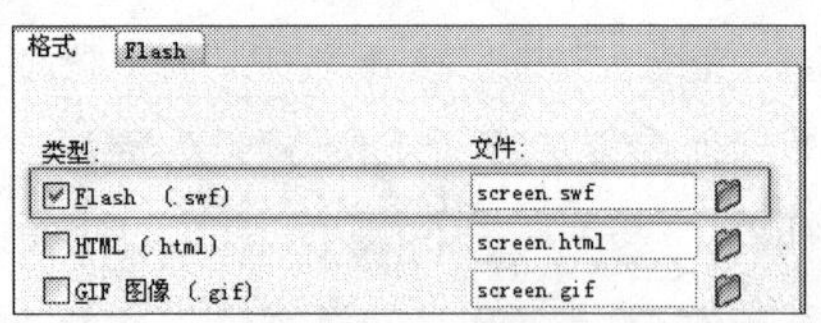


图 3-369　设置文件格式及名称

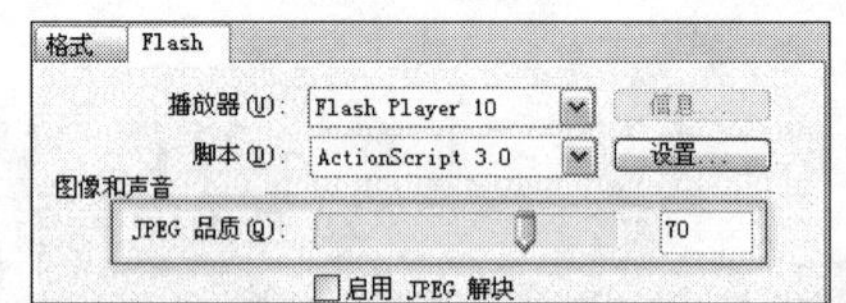


图 3-370　设置图像输出品质

**03** 单击“发布”按钮，这时 Flash 就发布了一个名叫“screen.swf”的影片文件。

## 步骤六：生成屏幕保护

能够将 .swf 生成屏幕保护的软件就很多，这里介绍一个叫做“FlashForge”的第三方软件的用法。

**01** 当安装完成后，启动 FlashForge 的软件界面，首先出来的是一个欢迎信息，不用管它，直接单击 Next 按钮。

**02** 接下来出现的是注册信息画面，在没有注册码的情况下不用管它，直接单击 Next 按钮。

**03** 这时出现如图 3-371 所示选择影片的画面，单击“浏览”按钮，选择刚才发布的“screen.swf”文件，单击 Next 按钮。

**04** 这时出现如图 3-372 所示选择屏幕保护文件放置路径的画面，单击“浏览”按钮，选择你需要放置屏幕保护安装文件的位置，单击 Next 按钮。

图 3-371　选择影片

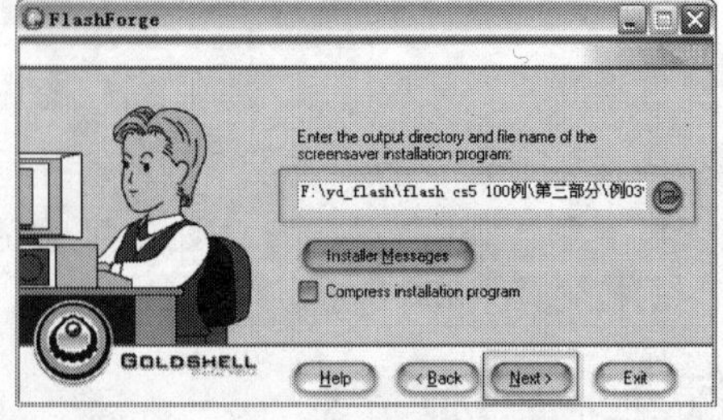


图 3-372　选择屏幕保护安装文件存放路径

**05** 这时出现如图 3-373 所示的选择栏，你可以选择其中任意一项，然后单击 Next 按钮。

**06** 这时出现如图 3-374 所示提示栏，单击 Finish 按钮完成屏幕保护的制作。

图 3-373　选择屏幕保护完成后执行怎样的操作

图 3-374　完成屏幕保护的制作

**07** 最后，制作完成后会出现如图 3-375 所示对话框，选择 Done 按钮结束制作。

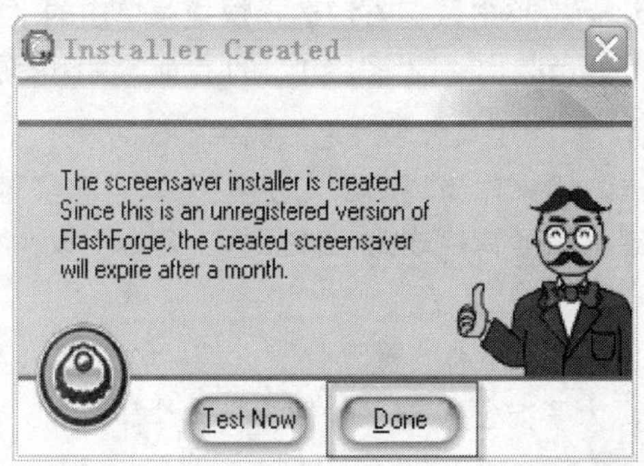


图 3-375　选择屏幕保护完成后执行怎样的操作

**08** 打开刚才指定存放安装文件的路径，会看见一个“install.exe”安装程序，这个就是刚才制作完成的屏幕保护程序，双击该文件，该屏幕保护就安装在你的电脑里面了。在桌面单击鼠标右键选择“属性”|“屏幕保护程序”命令就能看见你的屏保啦！如果想要删除，请手动在 C:\WINDOWS 目录下删除“screen.scr 文件。”

好了，本例到这里结束，休息一会儿吧！

## 实例 40

# 原著舞蹈——高级骨骼动画

图 3-376　实例 40：原著舞蹈——高级骨骼动画

角色动画一直就是比较富有挑战的课题。看看 CS5 的骨骼能帮你的角色运动到什么程度！

**提示：**

在这个例子里（如图 3-376 所示），你会更深入了解“骨骼动画”，以及学会基本的声音编辑技巧。

## 步骤一：创建文件

**01** 打开 Adobe Flash Professional CS5，选择“文件”|“打开”命令，打开已经做好的角色文件“boy.fla”。

你也可以自己画角色，但需要注意几个问题：（1）角色的各部分需要单独成为元件；（2）角色各部位相互之间要有一定的重合，方便做动作的时候不会出现大的空隙；（3）角色的手、脚——如果他有手和脚的情况下，基本都要分成三部分，比如：大腿–小腿–脚丫，胳膊–手臂–手，身体也是，分为胸–腰–髋三部分，这样才能更好地控制。当然，你也可以只做两部分骨骼，那样动作就会僵硬许多——那是另一种风格。具体的绘制方法可以再去看看实例7、实例8。

**02** 选择“文件”|“另存为”命令，将其另存为“boy_pose.fla”。

## 步骤二：添加角色骨骼

**01** 在舞台上选择元件“qunzi”,单击鼠标右键选择快捷菜单中的“分散到图层”命令,在“时间轴”面板上将图层“qunzi”放到“图层 1”的上面，关闭图层“qunzi”。

**02** 选择“工具”面板上的“椭圆工具”,将“笔触颜色”设为“无”,“填充颜色”设为“红色”。在舞台上画一个小圆点，用来作为辅助物（在实例 27 中已经见过这个辅助物了，你还记得吗？）。按 F8 键将红色圆形转换成为元件，将“名称”设为“dot”,“类型”设为“影片剪辑”。

**03** 按住 Alt 键复制元件“dot”，分别放置元件“dot”到如图 3-377 所示位置。由于这个角色的身体与头部相连，为了方便控制，我们添加 2 个辅助物，而四肢分别对应添加一个就可以啦。

**04** 选择“工具”面板上的“骨骼工具”，从角色肚子下方的辅助物（元件“dot”）开始添加第“1”节骨骼，逐级往上。分别连接肚子上的第“2”个辅助物（元件“dot”）——身体（元件“body”）——左边手臂（元件“arm1”）——左边手（元件“hand1”）——左边手辅助物（元件“dot”)。然后从身体中心的那个骨骼继续连接右边手臂（元件“arm2”）——右边手（元件“hand2”）——右边手辅助物（元件“dot”)。再从身体的骨骼出发,连接左边大腿（元件“leg1”）——左边小腿（元件“jiao1”）——左边鞋子（元件“xie1”）——左脚辅助物（元件“dot”)。同样的，从身体骨骼出发连接右边大腿（元件“leg2”）——右边小腿（元件“jiao2”）——右边鞋子（元件“xie2”）——右脚辅助物（元件“dot”)。（注意，这里的左右是相对于舞台来说，不是角色来说）添加好的骨骼就和图 3-378 一样啦。

图 3-377　放置辅助物

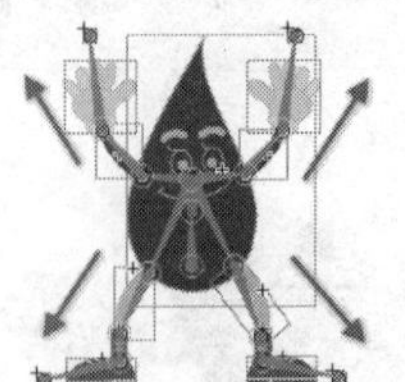

图 3-378　添加骨骼

## 步骤三：编辑声音

由于本例是一个舞蹈运动，当然离不开音乐。遇到需要与音乐配合的项目时，通常会将声音导入 Flash 中，根据音乐节奏设置关键帧。Flash CS5 提升了调用第三方编辑软件的功能，尤其是和 Adobe 软件的互通。本例采用的正是 Adobe Soundbooth。如果你安装的是完全版的“Adobe 设计大师 CS5 套装软件包”，那么你应该已经有这个软件了。如果没有安装这个软件，你可以下载一个，当然用别的声音编辑软件也可以的。

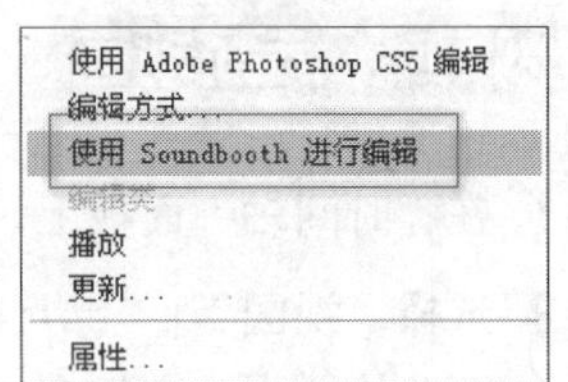


图 3-379 选择外部编辑软件

**01** 选择“文件”|“导入”|“导入到库”命令，导入“Remix--Rumba.mp3”。打开“库”面板，找到“Remix--Rumba.mp3”，单击鼠标右键选择“使用 Soundbooth”进行编辑。这样就打开了 Soundbooth 的软件界面，如图 3-379 所示。

**02** 如图 3-380 所示，节选一段 5 秒左右的音乐。你可以按声波下方的播放控制键来试听。

**03** 当选择好以后，如图 3-381 所示，单击鼠标右键，在弹出的菜单中选择“Save Selection As”命令，将选择的部分另存为“bgsound.mp3”。

图 3-380 选取音乐

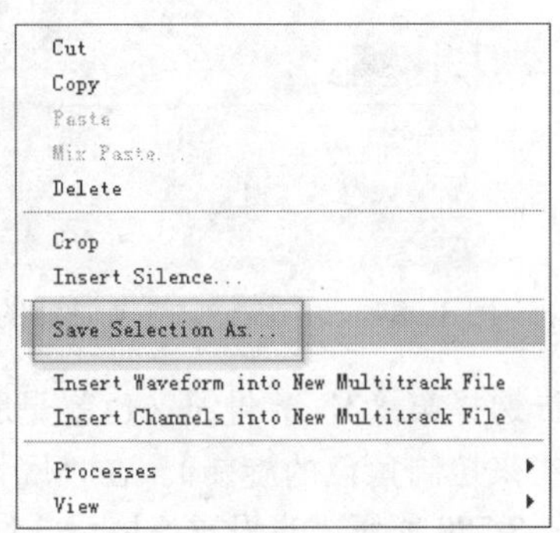


图 3-381 保存所选的音乐

**04** 如图 3-382 所示，在弹出的“MP03 Compression Options”（MP3 压缩设置）对话框中，将“Bitrate”（比特）设为“48kbps”（不同的比特大小会影响音乐文件的质量和大小，比特数值越大，音乐质量越高，当然文件也就越大），单击 Save 按钮。

**05** 切换到 Flash 后，选择“文件”|“导入”|“导入到库”命令，在弹出的对话框中选择刚才存储的“bgsound.mp3”。

**06** 在“时间轴”控制面板上新建图层并重命名为“sound”，从“库”中直接拖“bgsound.mps”到舞台上。在“时间轴”控制面板上选择图层“sound”的第“1”帧，在“属性”面板上打开“声音”面板，如图 3-383 所示，将“同步”选择为“数据流”。数据流使声音完全与帧同步，有多少帧就放多长时间的声音。来回拨动时间轴时，就能听到声音。

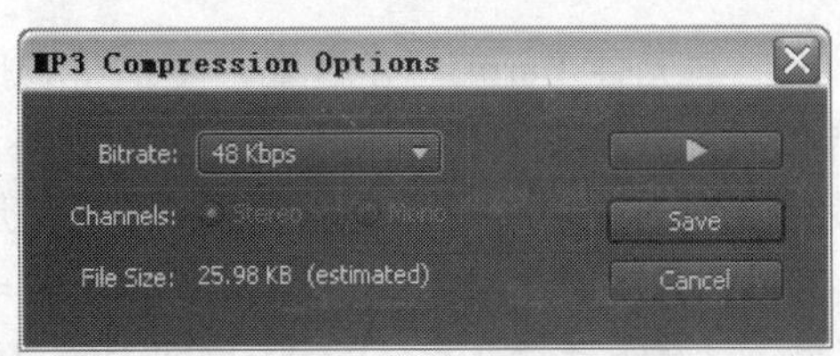


图 3-382 设置压缩比特

图 3-383 选择同步模式

## 步骤四：添加动画

**01** 在“时间轴”面板上，选择所有图层的第“100”帧，按 F5 键添加帧。

**02** 选择“视图”|“标尺”命令，然后从顶端标尺往舞台角色的脚部拉出一条辅助线，用来帮助找地平。在舞台空白处，单击鼠标右键在弹出的菜单中将“标尺”关掉。

**03** 在“时间轴”控制面板上将时间滑块拨到第“1”帧，选择第“1”节骨骼（也就是最先画的那个骨骼。我们以它作为身体移动的最主要控制器）。在“属性”面板，分别设置“旋转”、“平移”的相关属性如图 3-384 所示。当设置好以后，你能看到骨骼上出现了如图 3-385 所示的方向控制器。就可以通过拖动控制器来移动该骨骼。

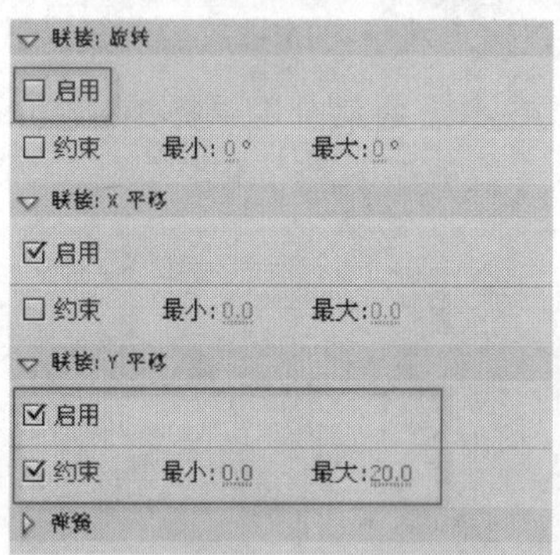


图 3-384　设置第“1”节骨骼的约束

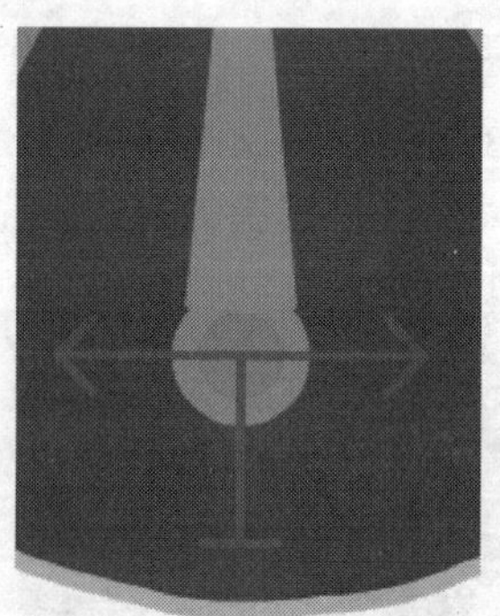

图 3-385　骨骼上的控制器

**04** 选择第“2”节骨骼（也就是肚子上第二个辅助物与元件“body”连接的，我们将它用来控制角色的旋转）。在“属性”面板上分别设置“旋转”和“平移”的相关属性如图 3-386 所示。当设置好以后，你能看到骨骼上出现了如图 3-387 所示的角度控制器。当角色运动时，就不会超过这个范围了。

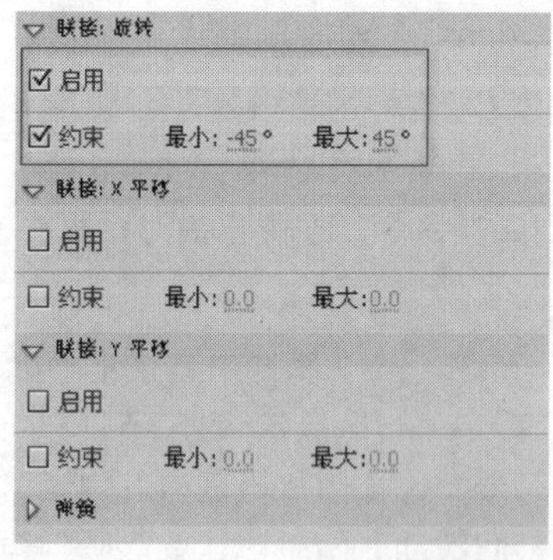


图 3-386　设置第“2”节骨骼的约束

图 3-387　骨骼上的控制器

**05** 选择第“3”节骨骼（也就是连接元件“body”与元件“arm1”的骨骼，我们将它用来固定肩膀）。在“属性”面板上分别设置“旋转”和“平移”的相关属性如图 3-388 所示，这样这个骨骼自身就不会动了，它只受它父级的影响（Flash 骨骼动画采用的是反向动力学 IK 系统，因而，骨骼间具有父子层级关系。父级的影响子级，子级的不影响父级）。同样的方法，设置与它同级的第“6”节骨骼（也就是连接元件“body”和元件“arm2”的骨骼）。

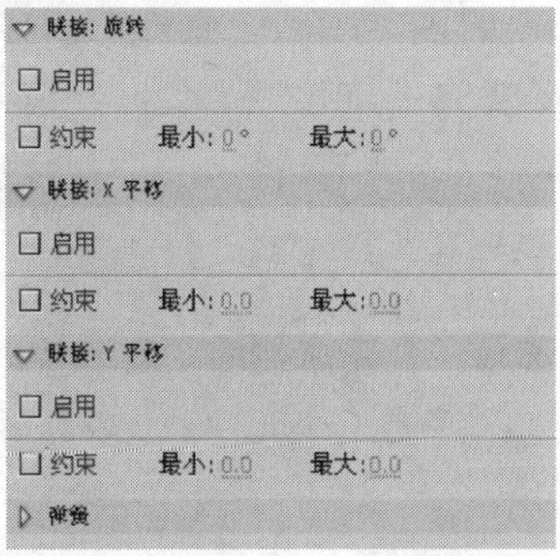

图 3-388　设置第“3”“6”节骨骼的约束

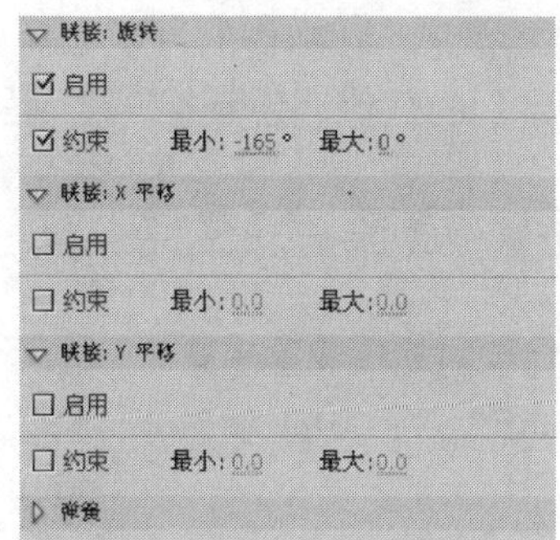


图 3-389　设置第“4”节骨骼的约束

**06** 选择第“4”节骨骼（也就是元件“arm1”与元件“hand1”连接的），在“属性”面板上分别设置“旋转”、“平移”的相关属性如图 3-389 所示。

**07** 同样的方法，依次选择各骨骼，为其设定相应的约束。需要注意的是这些约定的数值并不是一成不变的，如果不知道设多少并没有关系，在后面的动画过程中可以反复调整。不同的角色的数值也不一样，但这些数值都需要遵循事物运动的客观规律！

**08** 当设置好了后，在“时间轴”面板将时间滑块拨到第“6”帧。为什么是第“6”帧呢？你可以看到图层“sound”的第“5”帧上有一个较大的声波，所以，我们让动作发生在第“6” 帧，这样能和声音较好的合上——声画对位，声画错位都是电影语言的范畴——在 Flash 的世界里，遵循你自己的感觉就好！如图 3-390 所示，调整相关骨骼的位置。

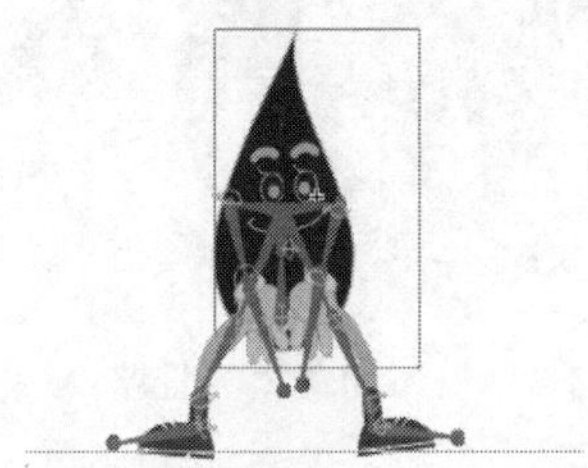

图 3-390　调整第“6”帧骨骼

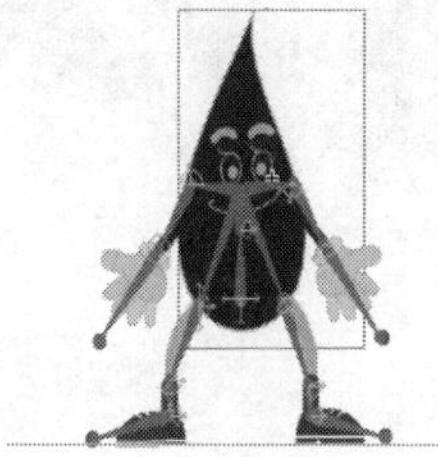

图 3-391　调整第“11”帧骨骼

**09** 在“时间轴”控制面板上将时间滑块拨到第“11”帧，调整动画如图 3-391 所示。

**10** 分别在第“25”、“30”、“33”、“36”帧调整动画如图 3-392 所示，让角色向舞台右方跳动。

图 3-392　调整第“25”、“30”、“33”、“36”帧骨骼

**11** 继续添加骨骼动画，当做到最后几帧时，你需要停下来，用鼠标右键选择第“1”帧，在弹出的菜单中选择“复制姿势”，然后用鼠标右键单击第“100”帧，在弹出的菜单中选择“粘贴姿势”，这样一个动作循环就完成了。按 Enter 键看看效果。

整个骨骼动画制作的过程都需要较大的耐心，你需要不断调整“属性”面板上的各种“约定”的数值，使其符合动画的要求。这时，经验和对动画规律的掌握是最重要的。

## 步骤五：添加草裙骨骼

**01** 当角色的动作调整满意后，在“时间轴”面板上关掉角色骨骼所在的图层，并打开图层“qunzi”。按 Ctrl+B 键将元件打散（元件“qunzi”里包含了若干个元件，骨骼是添加在那些元件上的，所以，元件“qunzi”不需要了）。

**02** 从“库”中拖拽元件“dot”到舞台上，放置在如图 3-393 所示位置。

**03** 在“工具”面板选择“骨骼工具”，如图 3-394 所示，先从最上面的辅助物（元件“dot”）连接中间的辅助物（元件“dot”）——左侧的辅助物（元件“dot”），再由中间的辅助物（元件“dot”）——右侧的辅助物（元件“dot”）。再由左侧辅助物连接其下方的三片树叶（元件“yezi”），由中间的辅助物连接其下方的四片树叶（元件“yezi”），最后由右侧的辅助物连接其下方的三片叶子（元件“yezi”），这样，草裙的骨骼就添加好了。

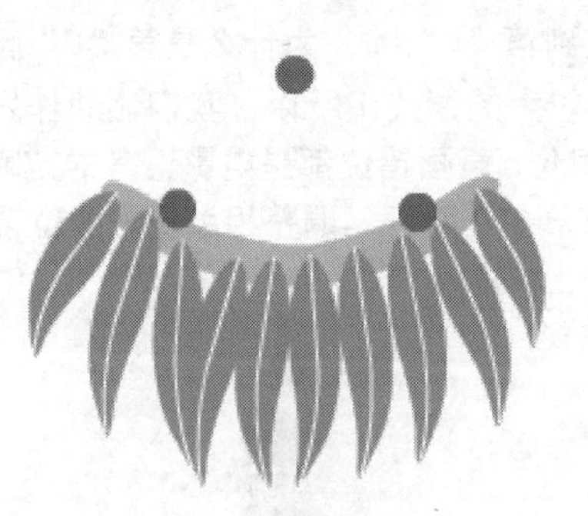

图 3-393　放置辅助物

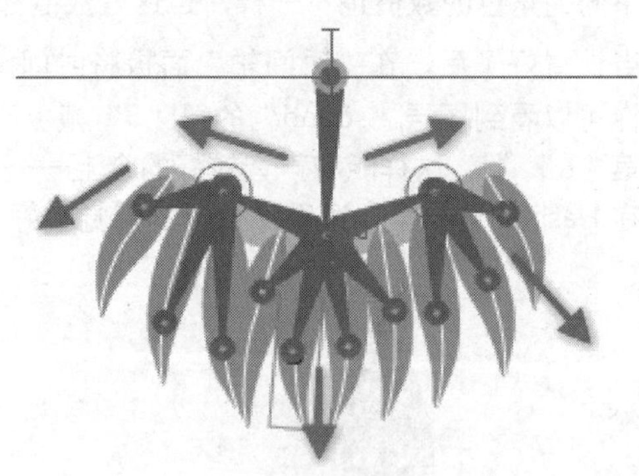

图 3-394　添加草裙的骨骼

**04** 设置第“1”节骨骼，它是用来控制草裙的位移。在“属性”面板上分别设置“旋转”、“平移”的相关属性如图 3-395 所示。

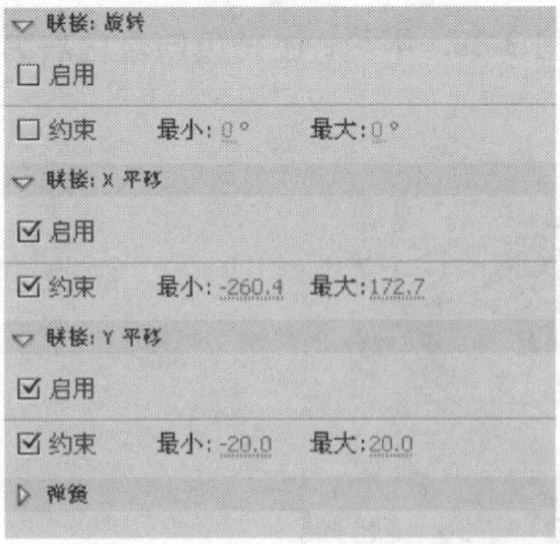

▽ 联接：旋转
☐ 启用
☐ 约束　最小：0°　最大：0°
▽ 联接：X 平移
☑ 启用
☑ 约束　最小：-260.4　最大：172.7
▽ 联接：Y 平移
☑ 启用
☑ 约束　最小：-20.0　最大：20.0
▷ 弹簧

图 3-395　设置第“1”节骨骼的约束

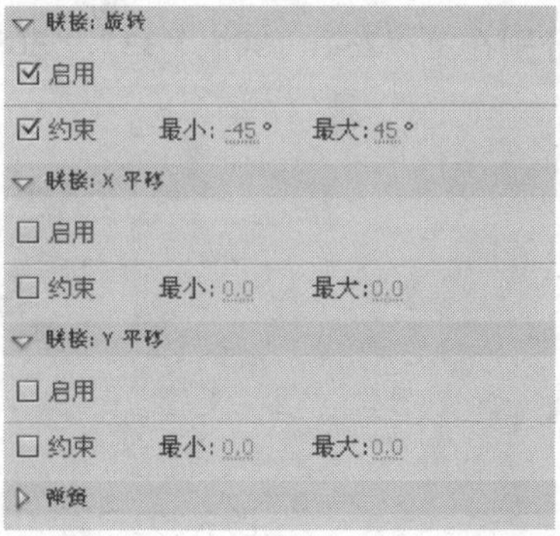

▽ 联接：旋转
☑ 启用
☑ 约束　最小：-45°　最大：45°
▽ 联接：X 平移
☐ 启用
☐ 约束　最小：0.0　最大：0.0
▽ 联接：Y 平移
☐ 启用
☐ 约束　最小：0.0　最大：0.0
▷ 弹簧

图 3-396　设置第“2”、“3”节骨骼的约束

**05** 设置第“2”、“3”节骨骼，它是用来控制草裙的上下摇摆。在“属性”面板上分别设置“旋转”、“平移”的相关属性如图 3-396 所示。

## 步骤六：添加草裙动画

**01** 在“时间轴”控制面板上打开角色骨骼图层，并将其锁定。

**02** 将时间滑块拨到第“6”帧，移动第“1”节骨骼。拨动到第“11”帧，继续移动第“1”节骨骼，使草裙和身体相合。

**03** 将时间滑块拨到第“25”帧，移动第“1”节骨骼的同时，还需要旋转第“2”和第“3”节骨骼，使其与角色的身体相合。

**04** 用同样的方法，分别对应角色骨骼图层的关键帧，调整草裙的骨骼动画。也就是说，角色在第“多少”帧有动画时，草裙也在第“多少”帧添加动画。要调整草裙与角色的身体合上。如图 3-397 所示，是第“33”帧草裙调整的样式，图 3-398 是第“51”帧草裙调整的样式。

图 3-397 调整第“33”帧的骨骼动画

图 3-398 调整第“51”帧的骨骼动画

**05** 继续添加骨骼动画，当做到最后几帧时，你需要停下来，用鼠标右键单击第“1”帧，在弹出的菜单中选择“复制姿势”命令，然后用鼠标右键单击第“100”帧，在弹出的菜单中选择“粘贴姿势”命令，这样一个动作循环就完成了。按 Enter 键看看效果。

好了，本例到这里结束。你的角色小人开始跟着音乐舞动了吗？草裙的动画还可以继续完善，每片叶子其实都是需要运动的。你自己试试做做，完成后不要忘了把辅助物设为“引导层”，这样就不会随动画输出了（具体做法忘记的话就再去看看实例 27 吧）。

## 实例 41

# 开口说话

图 3-399 实例 41：开口说话

当角色需要开口说话时，一定需要前期录音，不然动画是没法做的！如果你的客户真的没法给你前期录音，那为了你后面的修改少一些，你可以先录个自己的配音。

**提示：**

在这个例子里（如图 3-399 所示），你会学到“角色动画的口型”、“导出 .avi 影片”的技术。

让我们先了解一点儿关于角色动画口型方面的知识。如图 3-400 所示，在不同的字母发音时，角色的口型会产生相应的变化。在制作大型动画的时候，通常会把角色的嘴制作成为单独的元件，不同的发音分别制作成为不同的元件，这样在需要的时候直接调用就可以了。

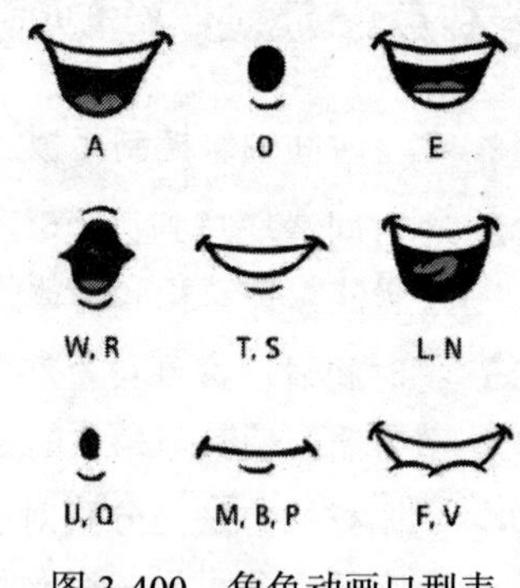

图 3-400　角色动画口型表

## 步骤一：创建文件

**01** 打开 Adobe Flash Professional CS5，选择“文件”|“打开”命令，打开已经做好的角色文件“yumi.fla”。

**02** 选择“文件”|“另存为”命令，将其另存为“talk.fla”。

## 步骤二：导入声音

**01** 选择“文件”|“导入”|“导入到舞台”命令，导入“talksound_cut.mp3”文件。

**02** 在“时间轴”控制面板新建图层并重命名为“sound”，选择第“1”帧，如图 3-401 所示，在“属性”面板的“声音”声音中的下拉菜单中选择“talksound_cut.mp3”。在“同步”设置中选择“数据流”选项，这样，声音就与画面是完全同步的。

图 3-401　添加声音

## 步骤三：制作身体动画

在实例 40 中，我们使用骨骼工具来给角色添加动画，而实际工作中，很多时候会使用关键帧的方法来做动画，毕竟关键帧能更好地控制。当然，关键帧动画要比骨骼动画更辛苦一些。在这个实例中，我们就用传统的关键帧来实现角色的运动。

在传统动画制作中，需要遵循从大到小的原则，也就是先做角色身体、肢体语言上的动画，再做角色表情、口型上的动画。所以，在这个例子中，要先解决玉米打快板的问题，然后再解决角色说话的问题。而在身体中，比如胳膊的动作，就应该是先胳膊，然后是手，然后是手中的道具。

**01** 选择图层“yumi”，选择第“3”帧，按 F6 键添加关键帧。选择第“1”帧，打开“绘图纸外观”按钮。如图 3-402 所示，选择角色的右手，使用“工具”面板上的“任意变形工具”将其向头部旋转。如图 3-403 所示，选择角色的身体，将其向上方拉伸一些。

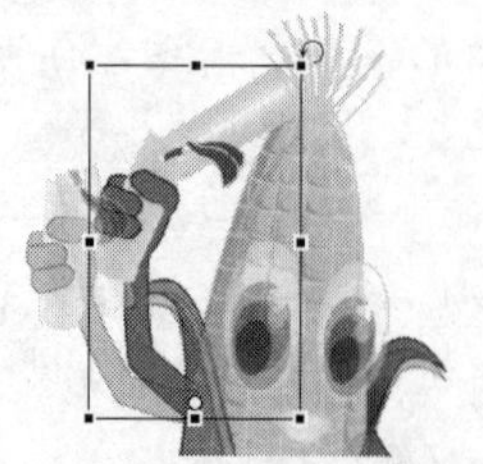
图 3-402　旋转角色右手

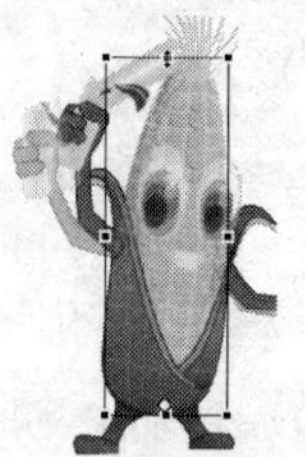
图 3-403　拉伸角色身体

**02** 双击角色右手的组，进入“组”编辑模式，如图 3-404 所示，选择快板，将其向上旋转。

**03** 在“编辑栏”单击“场景 1”回到“场景”编辑模式，同样的方法，如图 3-405 所示旋转角色的左手。

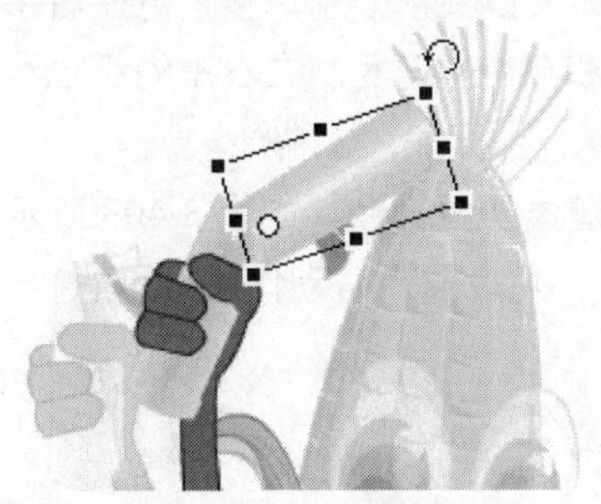

图 3-404　制作快板动画

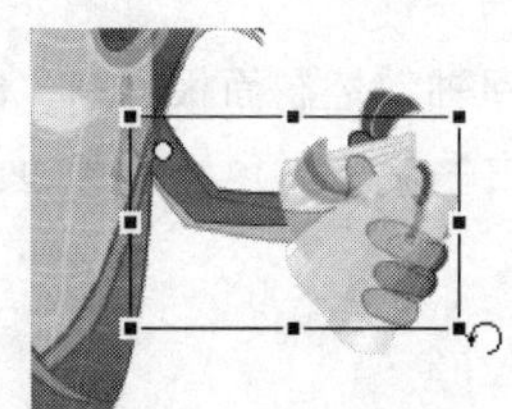

图 3-405　制作快板运动动画

**04** 按 Enter 键仔细听音乐的节拍，确定关键帧的位置。在“时间轴”控制面板上分别选择第“6”、“9”帧，按 F6 键添加关键帧，分别使用“工具”面板的“任意变形工具”将其调整至如图 3-406 所示效果。

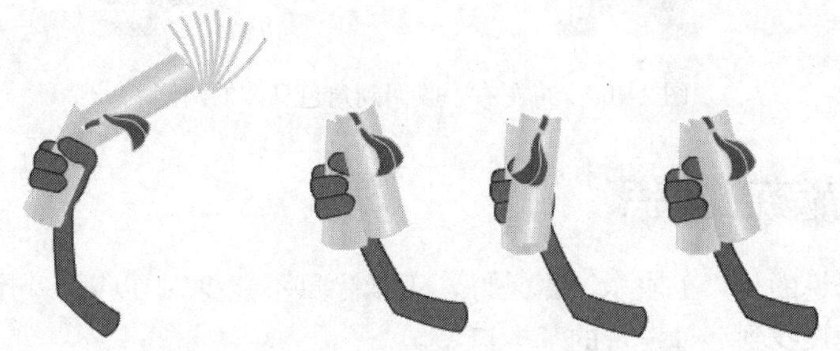

图 3-406　右手：一个快板从起到落的 4 帧

**05** 同样，调整角色的左手如图 3-407 所示效果，这样就完成了快板一个节拍的动作。注意红绸带等细节。

图 3-407　左手：一个快板从起到落的 4 帧

**06** 用相同的方法，在“时间轴”控制面板的第“12”、“14”、“17”、“20”帧按 F6 键添加关键帧，制作一个节拍的快板起落，分别调整角色左右手、身体和快板的位置和旋转角度。然后继续在“时间轴”的第“22”、“24”、“27”、“30”帧按 F6 键添加关键帧，制作一个节拍的快板起落，分别调整角色左右手、身体和快板的位置和旋转角度。

**07** 继续在“时间轴”控制面板的第“33”、“35”、“38”、“41”帧按 F6 键添加关键帧，制作一个节拍的快板起落，还有第“43”、“45”、“48”、“51”帧按 F6 键添加关键帧，这是一个节拍，分别调整角色左右手、身体和快板的位置和旋转角度。

**08** 继续在“时间轴”控制面板的第“54”、“56”、“59”、“62”帧按 F6 键添加关键帧，制作一个节拍的快板起落，还有第“64”、“66”、“68”、“72”帧按 F6 键添加关键帧，这是一个节拍。

**09** 最后是第“75”、“77”、“80”、“83”帧按 F6 键添加关键帧，分别调整角色左右手、身体和快板的位置和旋转角度。要偷懒的话用 Ctrl+C 键和 Ctrl+V 键复制左右手的组也可以啦！不过不推荐！

**10** 在“时间轴”控制面板的第“85”、“87”帧按 F6 键添加关键帧，如图 3-408 所示，将角色的左右手旋转到角色的身边。当一段音乐结束了，角色需要有动作用来示意。

图 3-408　将左右手收回到角色身体的两侧

## 步骤四：让角色开口说话

这段广告语说的是“玉农乐，真是好，玉米除草不能少”。以第一句话“玉农乐”为例，首先在口型表找到字母发音的基本口型。

**01** “玉”字对应字母“v”。在“时间轴”控制面板上选择第“1”帧，双击角色嘴部的组，进入“组”编辑模式，使用“工具”面板上的“选择工具”调节嘴部的曲线，得到如图 3-409 所示效果。单击“编辑栏”上的“场景 1”回到“场景”编辑模式。

**02** “农”字对应字母“n”，在“时间轴”控制面板上选择第“3”帧，双击角色嘴部的组，进入“组”编辑模式，使用“工具”面板上的“选择工具”调节嘴部的曲线，得到如图 3-410 所示效果。单击“编辑栏”上的“场景 1”回到“场景”编辑模式。

图 3-409　“玉”字口型

图 3-410　“农”字口型

**03** “乐”字对应字母“n”，在“时间轴”控制面板上选择第“9”帧，双击角色嘴部的组，进入“组”编辑模式，使用“工具”面板上的“选择工具”调节嘴部的曲线，得到如图 3-411 所示效果。单击“编辑栏”上的“场景 1”回到“场景”编辑模式。

**04** 在“时间轴”控制面板上选择第“6”帧，为角色添加一个闭眼表情。双击角色眼睛的组，使用“工具”面板上的“颜料通工具”将眼睛填充成白色，然后使用“工具”面板上的“线条工具”画出一条黄色的线。使用“选择工具”将直线调整成曲线。单击“编辑栏”上的“场景 1”回到“场景”编辑模式。继续使用“选择工具”调节嘴部的曲线得到如图 3-412 所示效果。

图 3-411　“乐”字口型

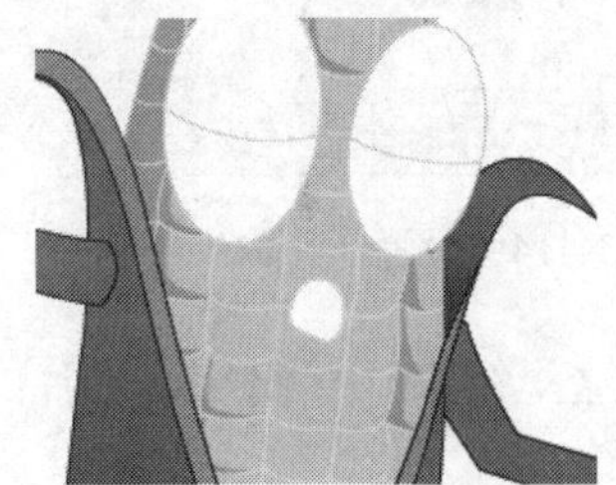
图 3-412　添加闭眼表情

**05** 同样的方法，继续给后面的关键帧添加口型。每隔几帧就添加一个闭眼的表情。

这时按 Ctrl+Enter 键预览一下动画吧！这个傻呼呼的玉米快板敲得怎样？话说得如何啊？

## 步骤五：导出 AVI 电影

这种广告片通常会要求发布成 .avi 或 .mov 格式的小样，.mov 格式质量好但对播放器的要求较高，所以为了方便普通客户察看，通常会发布成为 .avi 格式的文件。针对影片的格式我再多说几句，实际上这两年各种视频格式层出不穷，视频的质量和文件大小、下载速度也越来越受到关注。所以在工作中，首先要确定影片将要在哪里播放再决定你影片输出的格式。如果是本机，可以选择 .avi、.mov、.mkv、.divx 等，如果是网络播放，可以选择 .flv、.f4v、.rm、.rmvb 等，如果是移动设备播放，你可以选择 .mp4 等格式。

**01** 选择“文件”|“导出”|“导出影片”命令，在弹出的“导出影片”对话框中，在下拉菜单中选择“Windows AVI（*.avi）”，如图 3-413 所示，单击“保存”按钮。

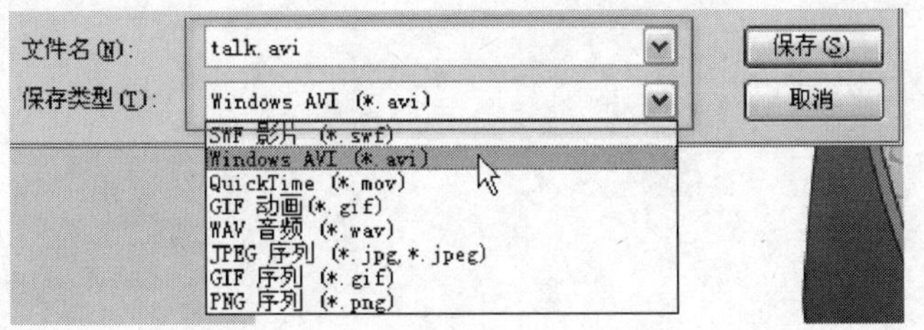

图 3-413　选择输出影片的格式

**02** 在弹出的“导出 Windows AVI”对话框中设置“宽”为“720”像素，“高”为“480”像素，“视频格式”为“24 位彩色”，勾选“压缩视频”，“声音格式”为“44kHz 8 位立体声”，如图 3-414 所示，单击“确定”按钮。

**03** 在弹出的“视频压缩”对话框中的下拉菜单中选择“Microsoft MPEG-4 Video Code”，如图 3-415 所示，单击“确定”按钮，就开始生成 AVI 影片啦！

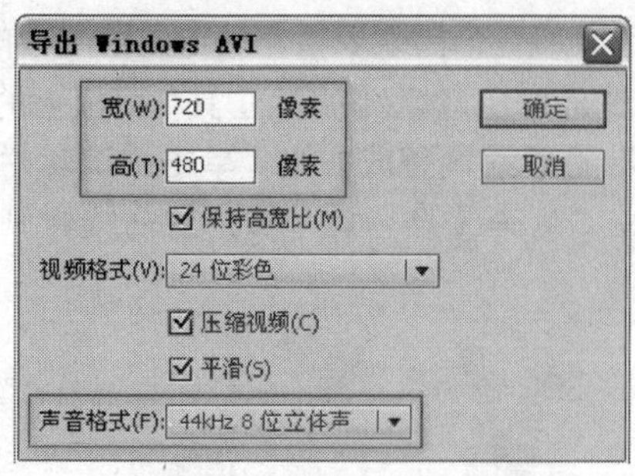

图 3-414 设置影片输出的属性

图 3-415 设置视频压缩码

本例到这里结束，导出 .avi 影片的方式你掌握了吗？口型表一定要记熟哦！

# 第 4 章 互动篇——进入工业时代

欢迎你来到第四部分。从这个部分开始，正式与 AS 亲密接触。

Flash 与大多数动画软件的核心区别之一是互动，这是 Flash 最具魅力的部分。当你看到自己设计的“影片”能够响应观赏者的鼠标动作时，一定会洋洋得意的。

互动体验是现代营销的追求！不管是网上还是网下，能与客户交流，能让客户体验都是成功的作品。Flash 的互动基于 ActionScript——一种面向对象的编程语言。对于没有计算机编程经验的人来说，理解 AS 不是很容易。然而，CS5 又一次绽放人性的光辉，新增加的“代码片段”让不会程序的人轻轻松松实现互动控制。所以，别紧张，赶快来掌握它吧！

本部分内容全部采用 AS3.0，实例虽然逐渐加大难度，不过你完全可以跳着学习，只是头几个例子总会讲的更基础些。祝你在本部分学习顺利，任何有不明白的地方欢迎发送 Email:yudan333@yahoo.cn ！

| | | |
|---|---|---|
| 实例 42<br>加载图片 | 实例 43<br>加载影片 | 实例 44<br>跳转网页 |
| 实例 45<br>泡泡光标 | 实例 46<br>加载音乐 | 实例 47<br>加载文本 |
| 实例 48<br>倒计时器 | 实例 49<br>老花眼镜 | 实例 50<br>长大的猪 |
| 实例 51<br>电子相册<br>——内部载入篇 | 实例 52<br>迟钝蜗牛 | 实例 53<br>用户注册 |
| 实例 54<br>电子时钟 | 实例 55<br>鼠标跟随<br>——基础篇 | 实例 56<br>电子日历<br>——基础篇 |

| | | |
|---|---|---|
| 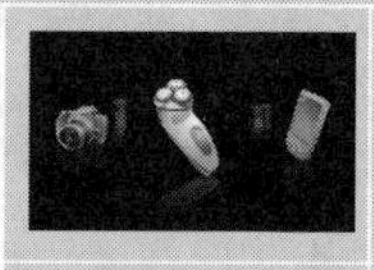 实例 57<br>3D 旋转菜单 | 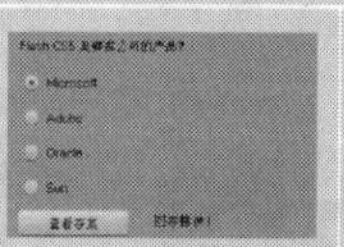 实例 58<br>一问一答 |  实例 59<br>详看图片 |
|  实例 60<br>电子日历<br>——高级篇 |  实例 61<br>下拉菜单 |  实例 62<br>XML 菜单 |
|  实例 63<br>播放视频<br>——FLV 基础篇 |  实例 64<br>动感导航 |  实例 65<br>视频控制<br>——FLV 高级篇 |
|  实例 66<br>XML 广告 |  实例 67<br>旋转汽车 |  实例 68<br>MP3 播放器<br>——初级篇 |
|  实例 69<br>3D 图片导航 |  实例 70<br>电子相册<br>——外部载入篇 |  实例 71<br>MP3 播放器<br>——高级篇 |
|  实例 72<br>XML 集合 | 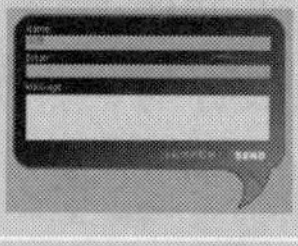 实例 73<br>给我留言 |  实例 74<br>图文滚动 |
|  实例 75<br>拼图游戏 | 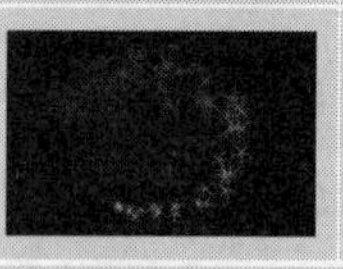 实例 76<br>鼠标跟随<br>——高级篇 | |

## 实例 42

# 加载图片

图 4-1　实例 42：加载图片

CS5 增强了代码提示功能。体验体验吧！

**提示：**

在这个例子里（如图 4-1 所示），你会学到关于“动作”即 ActionScript 的基本输入方法，以及使用 AS 加载一张图片！

## 步骤一：创建文件

**01** 打开 Adobe Flash Professional CS5，选择“新建”面板下的“ActionScript 3.0”命令，新建一个 Flash 工程文件。

**02** 在“属性”面板单击“编辑”按钮，在弹出的“文档设置”面板中将“尺寸”设为“600 像素”×“480 像素”，“帧频”设为“12.00”，单击“确定”按钮。

## 步骤二：添加 AS

**01** 在“时间轴”控制面板上单击鼠标右键选择“动作”命令，在弹出的“动作”面板中输入如下代码声明一个变量（记住，关闭中文输入法）：

```
var loader:
```

**02** 当你输入英文冒号后，Flash 的代码提示显示出一列数据类型下拉菜单。输入“l”（首字母，帮助快速查找），如图 4-2 所示，在下拉菜单中选择“Loader – flash.display”。

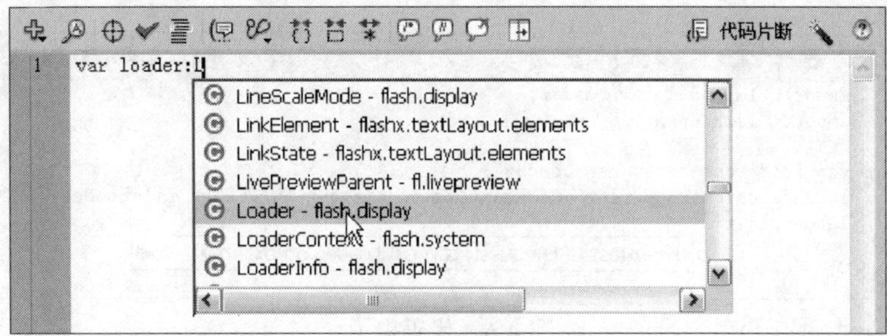


图 4-2　代码提示

**03** 当选择完成后，Flash 自动添加了一行代码“import flash.display.Loader;”，如图 4-3 所示。这句代码在以前的 AS3 中都需要自己输入的，是调用 Flash 的一个关于 loader 的类。

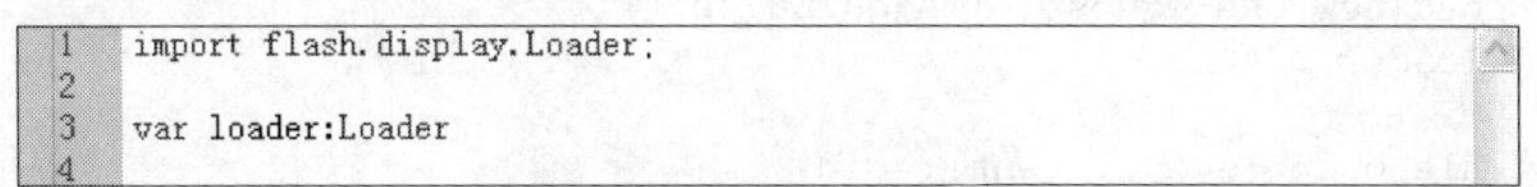


图 4-3　代码自动添加

**04** 继续输入如下所示代码（不要忘记每行结尾处要输入英文的分号“;”，告诉 Flash 结束）：

```
var loader:Loader = new Loader();
loader. contentLoaderInfo.
```

**05** 当输入英文“.”号时，如图 4-4 所示，Flash 又给出了下拉菜单，选择“addEventListener”。

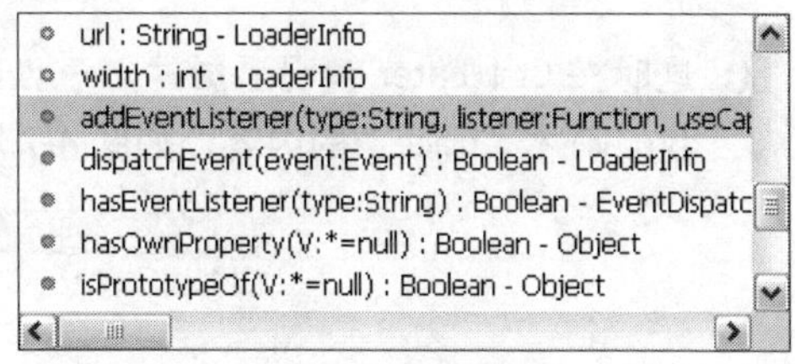


图 4-4　代码提示

**06** 继续输入如下所示代码：

```
var loader:Loader = new Loader();
loader. contentLoaderInfo. (Event.COMPLETE, fileLoaded);
loader.
```

**07** 如图 4-5 所示，当输入英文“.”号后，在下拉提示中，选择“load(request:URLRequest)”。

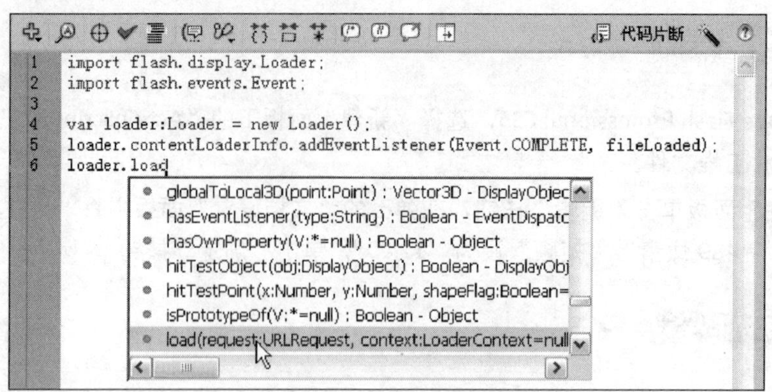


图 4-5　代码提示

**08** 当选择完成后，如图 4-6 所示，鼠标上出现了更详细的代码提示，告诉你下面的代码应该怎么写。按照代码提示可以输入"(new URLRequest("images/tu.jpg"))"。这样，就为加载指定了图片的路径。你可以换一个文件夹或别的图片试试看，也可以是 InterNet 上的一张图片，当然，你需要知道它的 http:// 地址。

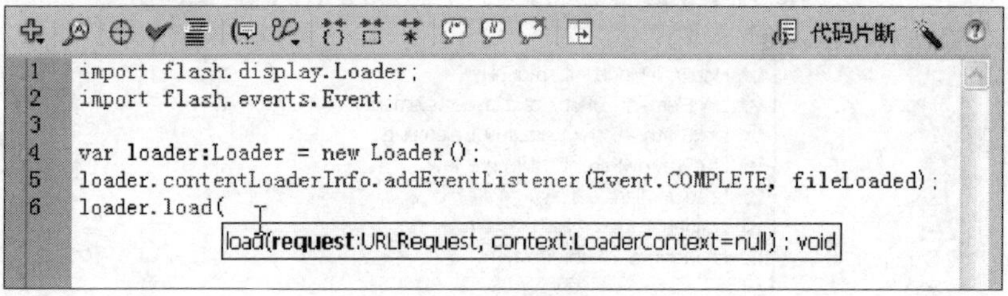

```
import flash.display.Loader;
import flash.events.Event;

var loader:Loader = new Loader();
loader.contentLoaderInfo.addEventListener(Event.COMPLETE, fileLoaded);
loader.load(
load(request:URLRequest, context:LoaderContext=null) : void
```

图 4-6　代码提示

**09** 继续输入完整代码如下：

```
var loader:Loader = new Loader();
loader. contentLoaderInfo. (Event.COMPLETE, fileLoaded);
loader. load(new URLRequest("images/tu.jpg"));
addChild(loader);

function fileLoaded(event:Event):void
{
    trace(" 加载成功！ ")
}
```

**10** 这时按 Ctrl+Enter 键观看影片，一张图片被成功的加载，同时"输入"栏，也显示出了我们刚才"trace"的内容，如图 4-7 所示。

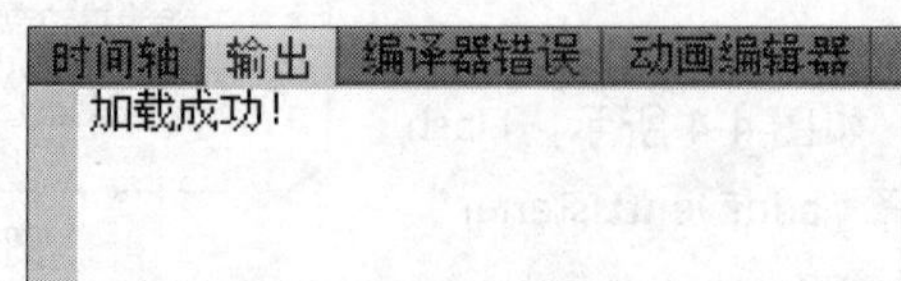


图 4-7　trace 内容

本例到这里结束。一个简单的例子就帮助你熟悉 ActionScript 的工作面板和基本流程。CS5 强大的代码提示功能使像我这样记不全代码的人也很方便，希望你能快速的掌握它。

## 实例 43

# 加载影片

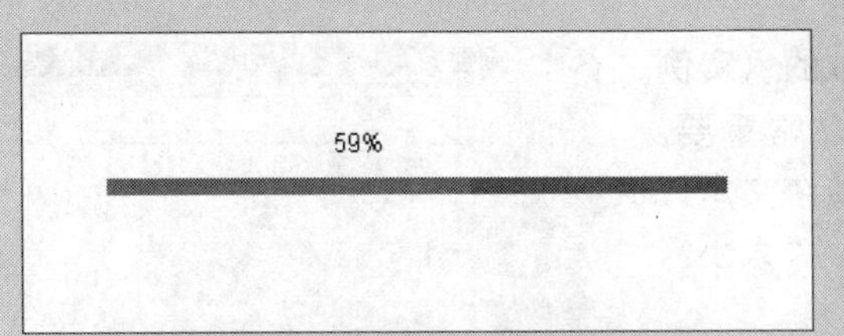

图 4-8　实例 43：加载影片

加载影片是 Flash 最常见最实用的技术之一，所以，CS5 把它模板化了。

**提示：**

在这个例子里（如图 4-8 所示），你会学到使用 CS5 预设的模板加载 SWF 影片，及“对齐到舞台”、“模拟下载”影片等命令！

## 步骤一：创建文件

**01** 打开 Adobe Flash Professional CS5，选择“文件”|“从模板创建”命令。如图 4-9 所示，在弹出的“从模板创建”对话框中选择“模板”面板下的“范例文件”中的“外部文件的预加载器”，单击“确定”按钮，创建一个 Flash 工程文件。

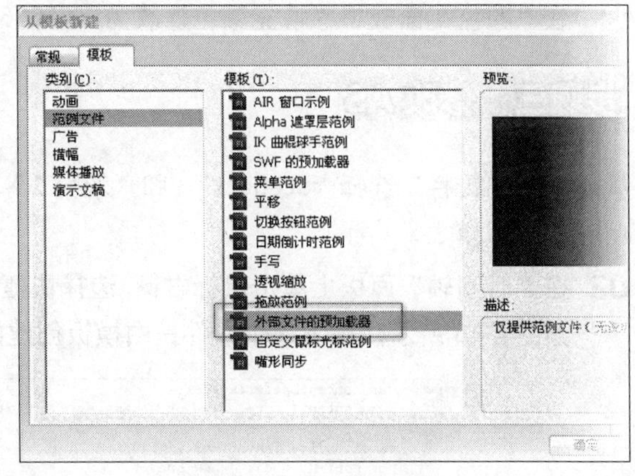

图 4-9　从模板创建

**02** 在“属性”面板上单击“编辑”按钮，在弹出的“文档设置”面板中将“尺寸”设为“800 像素”×“418 像素”，“背景色”为“白色”，“帧频”设为“120.00”，单击“确定”按钮。注意，这个文档设置的尺寸、帧频要和你加载的那个 SWF 影片文档的尺寸、帧频一致！

**03** 选择“文件”|“保存”命令，将文件保存为“preloader.fla”。

## 步骤二：调整场景

**01** 在舞台上选择进度条，即元件“progressbar”，在“对齐”面板上勾选“与舞台对齐”选项，然后点选“水平中齐”和“垂直中齐”，如图 4-10 所示。这样，进度条就到了舞台的中间。

**02** 在“工具”面板上选择“文本工具”，在进度条的上方画出一个方形区域用来显示“下载的百分比数字”，如图 4-11 所示。

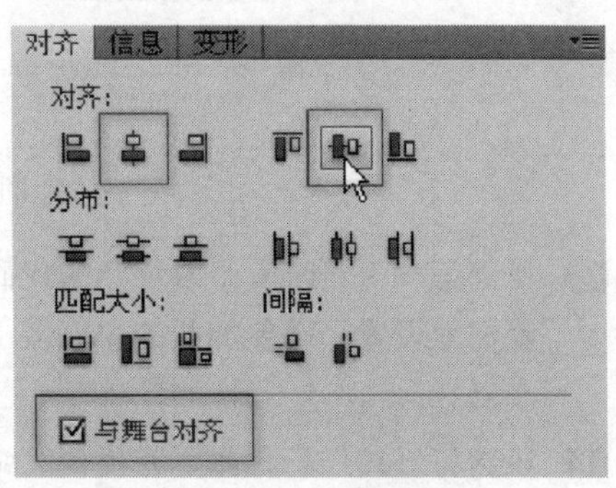

图 4-10　对齐舞台

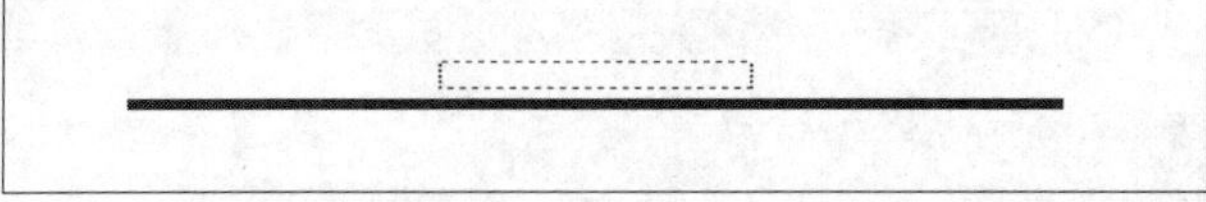

图 4-11　添加文本框

**03** 如图 4-12 所示，在“属性”面板上将文本的“实例名称”命名为“percent_txt”（这个名称非常重要，AS 中要调用它），将“文本引擎”设为“传统文本”，“文本类型”设为“动态文本”。修改“系列”、“大小”、“颜色”等属性。

**04** 如果对导航条的颜色不满意怎么办？在“库”中双击元件“bar-front”，进入元件“bar-front”的编辑模式，在舞台上选择图形，在“颜色”面板将“填充颜色”改为“#0099CC”。

**05** 同样的方法，在“库”中双击元件“bar-back”，进入元件“bar-back”的编辑模式，在舞台上选择图形，在“颜色”面板将“填充颜色”改为“#666666”。

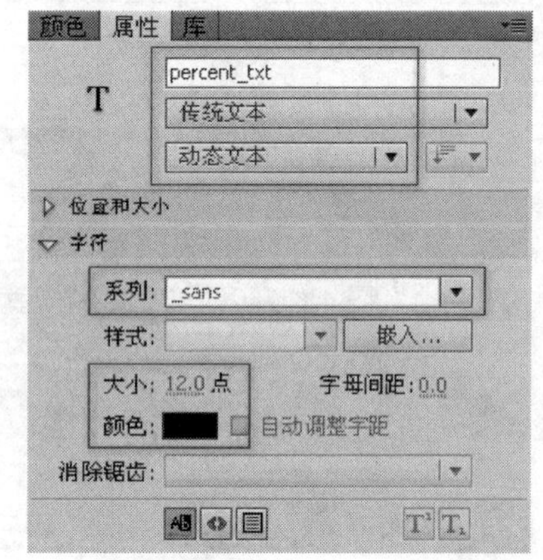


图 4-12　修改文本属性

## 步骤三：修改 AS

**01** 在“编辑栏”选择“Scene 1”（即“场景 1”，老外预设的模板，当然是英文的），回到场景编辑模式。

**02** 在“时间轴”面板上单击鼠标右键，选择快捷菜单中的“动作”命令，打开“动作”面板。如图 4-13 所示，由于这个文件是由模板创建的，所以，里面的相关代码已经创建好了。

```
2  var contentLoader:Loader;
3  loadContent("http://www.helpexamples.com/flash/images/gallery1/images/pic3.jpg");
4
5  function loadContent(url:String):void {
6      contentLoader = new Loader();
7      contentLoader.contentLoaderInfo.addEventListener(ProgressEvent.PROGRESS, loading);
8      contentLoader.contentLoaderInfo.addEventListener(Event.COMPLETE, contentLoaded);
9      contentLoader.load(new URLRequest(url));
10 }
11
12 function contentLoaded(evt:Event):void {
13     //Optionally change to a clip holder and set progressbar visibility.
14     addChild(contentLoader);
15 }
16
17 function loading(evt:ProgressEvent):void {
18     var loaded:Number = evt.bytesLoaded / evt.bytesTotal;
19     setBarProgress(loaded);
20 }
21
22 function setBarProgress(value:Number) {
23     progressbar.bar.scaleX = value;
24 }
```

图 4-13　打开动作面板

**03** 找到第“3”行代码，修改绿色的代码部分为如下所示（注意绿色的双引号要保留！）。这样，我们就设置了需要加载的 SWF 影片的名称。

```
"gallery.swf"
```

**04** 找到第“19”行代码，在代码“setBarProgress(loaded);”后按 Enter 键，在新的行输入以下代码。这样，我们添加的文本框就能显示下载进度的百分比了。percent_txt 就是我们刚才给文本框设定的名称，在 AS 中调用了，下面这句代码就是让这个叫 percent_txt 的文本框显示 text 的属性，以百分比整数形式显示。

```
percent_txt.text = (loaded*100).toFixed(0) + "%";
```

## 步骤四：测试影片

**01** 按 Crtl+S 键保存文件。按 Ctrl+Enter 键预览影片，这时需要加载的 SWF 影片成功加载。如果你加载的影片和你刚才制作的“perloader.swf”不在同一目录下，是没法加载的。你要么将这两个 SWF 文件放在同一个目录下，或者回到“动作”面板修改 SWF 影片的路径。

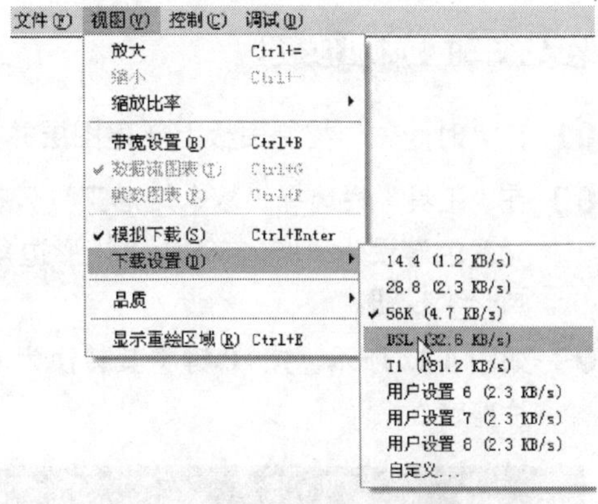


图 4-14　设置模拟下载

**02** 由于影片在本地，所以加载速度很快，你没有办法看出进度条的效果，这时需要进行“模拟下载”。如图 4-14 所示，单击 Flash 预览窗口上的菜单“视图”，勾选“模拟下载”，并将“下载设置”为“DSL（32.6KB/s）”。这个速度在中国应该是使用最多的，都 21 世纪了，用 56K 猫的应该很少啦。这里还要提醒注意一下，在 Flash 软件编辑时打开的 Flash 预览窗口才带有“视图”功能，曾有个读者说他怎么也找不到“视图”这个命令，我想，他应该是在 Flash 编辑环境之外打开的 Flash SWF 文件，打开的是只具有观看功能的 Flash Player，而不是我们在软件编辑环境下的预览窗口。

这样，你就能看到进度条的动作了。

本例到这里结束。是不是很有趣啊！ CS5 的预设，让进度条的制作变得如此的傻瓜，你只需要花心思想想进度条的颜色、形状就好啦。

## 实例 44

# 跳转网页

图 4-15　实例 44：跳转网页

跳转网页也是 Flash 最常见最实用的技术之一，所以，CS5 把它做成了代码片段。

**提示：**

在这个例子里（如图 4-15 所示），你会学到按钮的制作，以及“启用简单按钮”命令和使用 CS5“代码片段”实现跳转网页。

## 步骤一：创建文件

**01** 打开 Adobe Flash Professional CS5，选择“文件”|“打开”命令，打开一个已经做好的动画的“ad_flash_ray.fla”文件（你也可以打开任何一个你已经做好的 Flash 工程文件）。

**02** 选择“文件”|“另存为”，将文件保存为“ad_flash_ray_gotoweb.fla”。

## 步骤二：添加按钮

**01** 在“时间轴”控制面板上新建图层并重命名为“btn”。

**02** 在“工具”栏选择“基本矩形工具”,在“属性”面板将“笔触颜色”设为“#999999”,“填充颜色”设为“#666666”,“矩形边角半径”设为“10”。如图 4-16 所示，在舞台右下角画一个按钮。

**03** 如图 4-17 所示，按 F8 键将其转换为元件，将“名称”设为“btn_bg”,“类型”设为“影片剪辑”。

图 4-16　绘制按钮

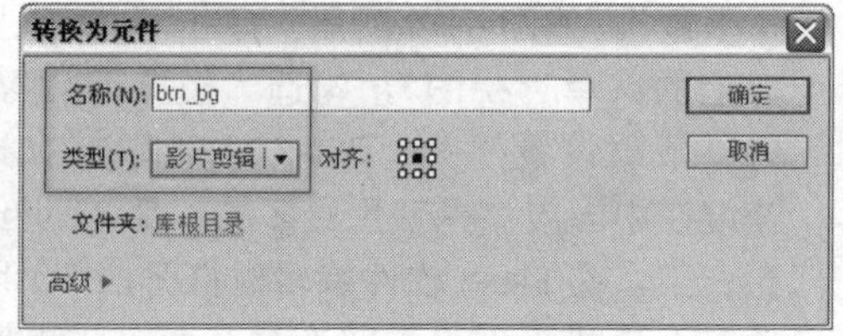


图 4-17　转换为元件

**04** 再按 F8 键将其转换为元件，将“名称”设为“gotoweb_btn”,“类型”设为“按钮”，如图 4-18 所示。

**05** 双击元件“gotoweb_btn”,进入元件“gotoweb_btn”的编辑模式。分别在“指针”和“单击”帧下按 F6 键添加关键帧，如图 4-19 所示。“弹起”是鼠标初始的状态，“指针”是鼠标滑过悬停的状态,“按下”是鼠标单击时的状态，而“单击”是鼠标感应的一个热区，它实际可以和前面的帧的形状不一样。

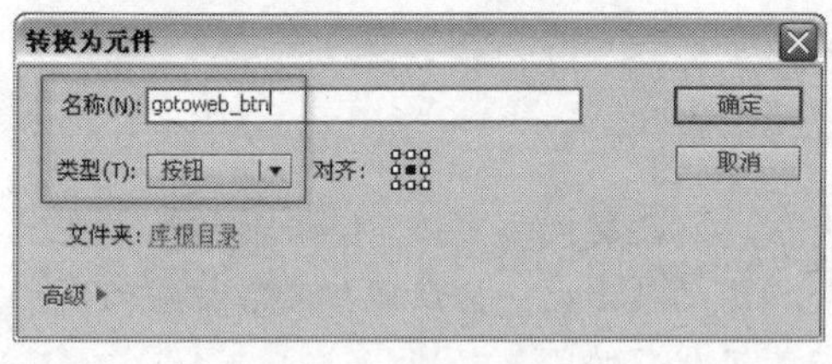


图 4-18　转换为元件

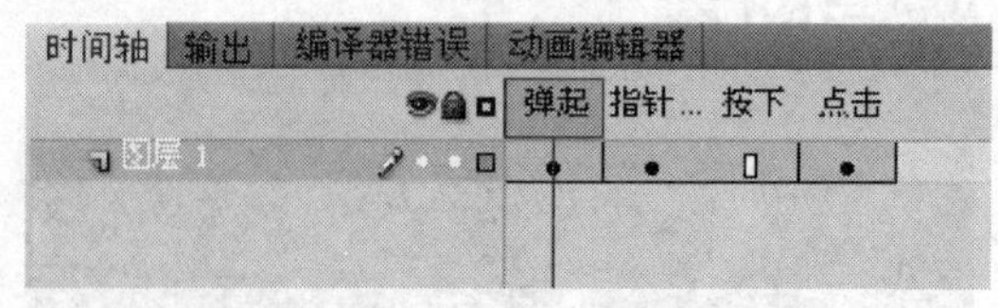


图 4-19　设置关键帧

**06** 在“时间轴”控制面板上新建“图层 2”，使用“工具”面板上的“文本工具”在按钮上单击并输入“详情请访问 >>”，如图 4-20 所示。

图 4-20　输入按钮标题

**07** 在“属性”面板上将文本的相关属性设置如图 4-21 所示。

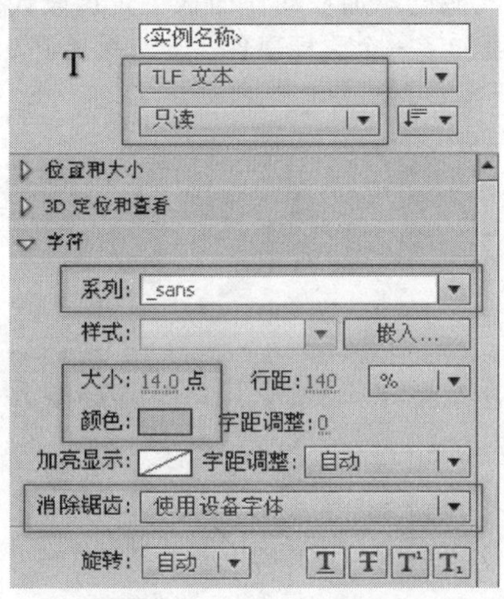


图 4-21　设置文本属性

**08** 在“时间轴”控制面板上选择“图层 2”的第“2”帧，按 F6 键添加关键帧。在舞台上选择文本，将其“颜色”修改成别的颜色，模拟鼠标滑过时的颜色。

**09** 在“时间轴”控制面板,选择“图层 1”的第“1”帧,在舞台上选择元件“btn_bg”,在“属性”面板打开“色彩效果”，将“样式”设为“Alpha”，“值”为“40%”。

**10** 选择“控制”|“启用简单按钮”命令，你能在舞台上直接看到鼠标效果。

## 步骤三：添加 AS

**01** 在“编辑栏”上选择“场景 1”，回到场景编辑模式。选择“控制”|“启用简单按钮”命令，关掉该功能。打开“代码片段”面板。如果默认没有打开，请使用“窗口”|“代码片段”命令。

**02** 在舞台上选择元件“gotoweb_btn”，在“代码片段”中选择“动作”目录下的“单击以转到 Web 页”命令，如图 4-22 所示。

**03** 双击该命令，这时弹出一个如图 4-23 所示的对话框。这是由于我们没有给元件“gotoweb_btn”一个实例名称（实例名称是 AS 中用来识别对象的一种标识，一个元件可以有多个不同的实例名称）。单击“确定”按钮，让 Flash 自动添加一个实例名称给元件。

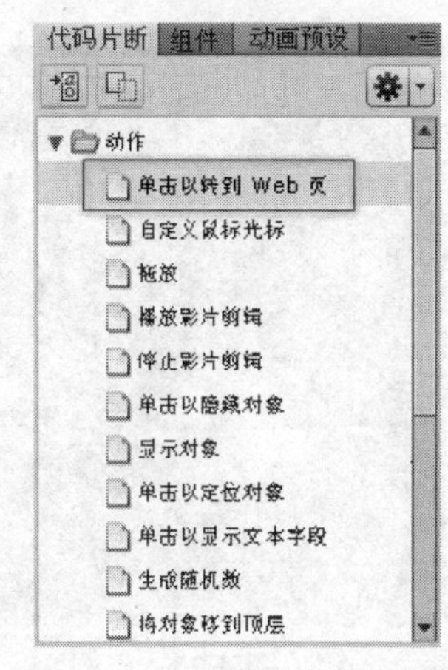


图 4-22　添加代码片段给元件

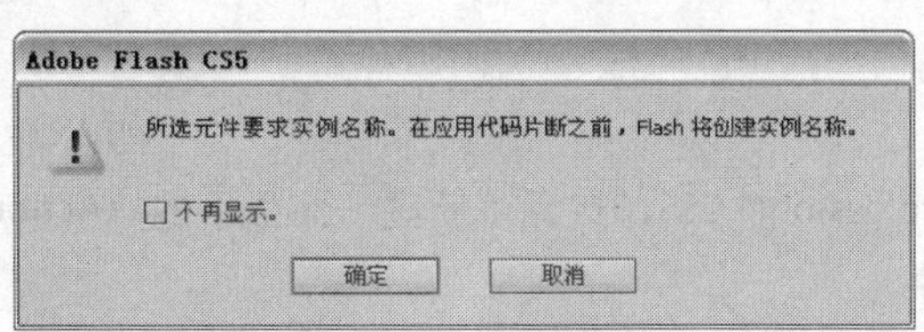


图 4-23　警告

**04** 当确定后，会自动打开“动作”面板（如果没有，按 F9 键打开“动作”面板）。如图 4-24 所示，跳转网页的代码已添加在动作面板上。这段代码的意思是：以“button_1”作为按钮的实例名称，添加了一个鼠标事件，让其跳转到 adobe 的网站上，并且是以一个打开新窗口的方式打开网页。

```
1
2  /* 单击以转到 Web 页
3  单击指定的元件实例会在新浏览器窗口中加载 URL。
4
5  说明:
6  1. 用所需 URL 地址替换 http://www.adobe.com。
7  保留引号 ("")。
8  */
9
10 button_1.addEventListener(MouseEvent.CLICK, fl_ClickToGoToWebPage);
11
12 function fl_ClickToGoToWebPage(event:MouseEvent):void
13 {
14     navigateToURL(new URLRequest("http://www.adobe.com"), "_blank");
15 }
16
```

图 4-24　自动添加的跳转网页代码

**05** 你只需要修改第“14”行代码中绿色的网址部分就可以啦！注意，一定不要删掉了双引号！

本例到这里结束。是不是很简单啊！CS5 的“代码片段”功能，实在是太为用户考虑啦！

## 实例 45

# 泡泡光标

图 4-25　实例 45：泡泡光标

替换光标是 Flash 最常见最实用的技术之一，所以，CS5 把它做成了模板。

**提示：**

在这个例子里（如图 4-25 所示），你会学到使用“MouseEvent”来替换光标的样式。

### 步骤一：创建文件

**01** 打开 Adobe Flash Professional CS5，选择“新建”面板下的“ActionScript 3.0”选项，新建一个 Flash 工程文件。

**02** 在“属性”面板中单击“编辑”按钮，在弹出的“文档设置”面板中将“尺寸”设为“500 像素”×“375 像素”，“帧频”设为“24.00”，单击“确定”按钮。

## 步骤二：准备工作

**01** 选择“文件”|“导入”|“导入到舞台”命令，导入“flashbg.jpg”，如图 4-26 所示。在“属性”面板中打开“位置和大小”面板，设置“X”为“0”，“Y”为“0”。

图 4-26　导入小金鱼背景图

**02** 在“时间轴”控制面板上将“图层 1”重命名为“flishbg”，并将其“锁定”。新建“图层 2”，将其重命名为“paopao”用来放置泡泡的动画。

**03** 在“工具”面板上选择“椭圆工具”，按住 Shit 键在舞台上画出圆形。选择圆形，在“颜色”面板调整“填充颜色”如图 4-27 所示，得到如图 4-28 的泡泡效果。

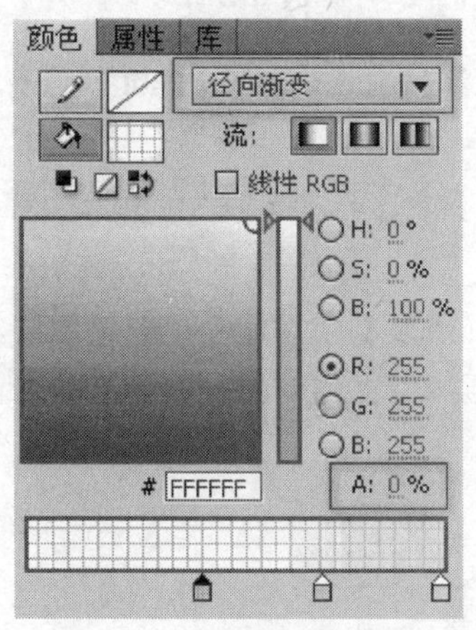


图 4-27　调整填充颜色

图 4-28　泡泡效果

**04** 按 F8 键将其转换为元件。将元件“名称”设为“paopao”，元件“类型”设为“影片剪辑”。再按 F8 键将元件“paopao”转换为元件“paopao_m”。将元件“名称”设为“paopao_m”，元件“类型”设为“影片剪辑”。

## 步骤三：创建泡泡动画

**01** 双击元件“paopao_m”，进入元件“paopao_m”的编辑模式。在舞台上选择元件“paopao”，在“变形”面板上将等比例缩小到“20%”，如图 4-29 所示。

**02** 在“时间轴”控制面板上选择第“30”帧，按 F5 键添加帧。选择时间段，单击鼠标右键选择快捷菜单中的“创建补间动画”命令。

**03** 将时间滑块拨到第“10”帧，将元件“paopao”向上移动一定位置，并在“变形”面板将等比例缩小到“80%”。

**04** 同样，在“时间轴”控制面板上选择第“20”帧，将元件“paopao”向上移动到一定位置，并在“变形”面板上将比例等比例设为“150%”。

**05** 同上，在“时间轴”控制面板上选择第“30”帧，将元件“paopao”向上移动一定位置，并在“变形”面板上将比例等比例设为“200%”。如图 4-30 所示，调整元件“paopao”的运动曲线。

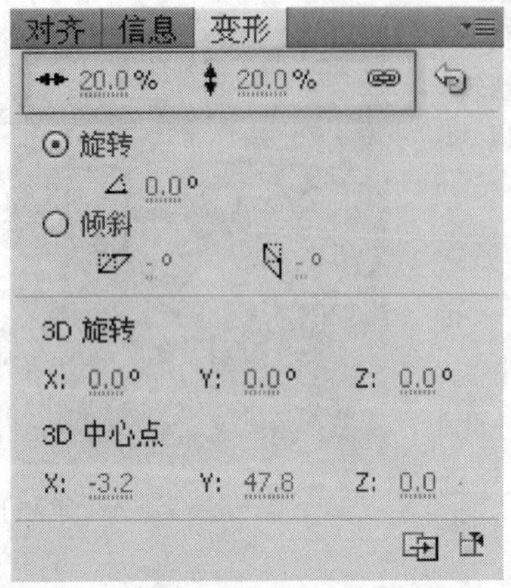


图 4-29 将元件缩小

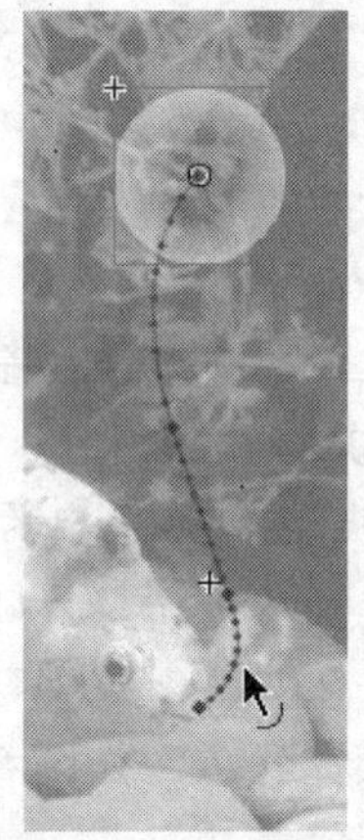

图 4-30 调整运动曲线

**06** 在“时间轴”控制面板上，将时间滑块拨到第“30”帧，在舞台上选择元件“paopao”，在“属性”面板打开“色彩效果”，将“样式”设为“Alpha”，“值”设为“0%”。

**07** 在“时间轴”控制面板上，将时间滑块拨到第“10”帧，在舞台上选择元件“paopao”，在“属性”面板打开“显示”面板，将“混合”设为“增加”。

**08** 在“时间轴”控制面板上选择动画补间，鼠标右键选择“复制帧”命令，新建图层，鼠标右键选择“粘贴帧”命令。如图 4-31 所示，将“图层 2”上的动画补间起点向右侧拉到第“10”帧，将动画补间的结束点往后拉到第“35”帧。

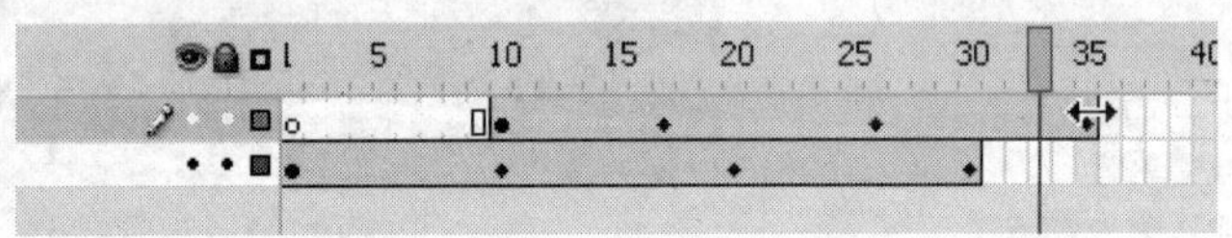


图 4-31 复制动画并调整时间

## 步骤四：添加 AS

**01** 在“编辑栏”选择“场景 1”，回到场景编辑模式。

**02** 在舞台上选择元件“paopao_m”，在“属性”面板，将“实例名称”设为“paopao_m”，如图 4-32 所示。

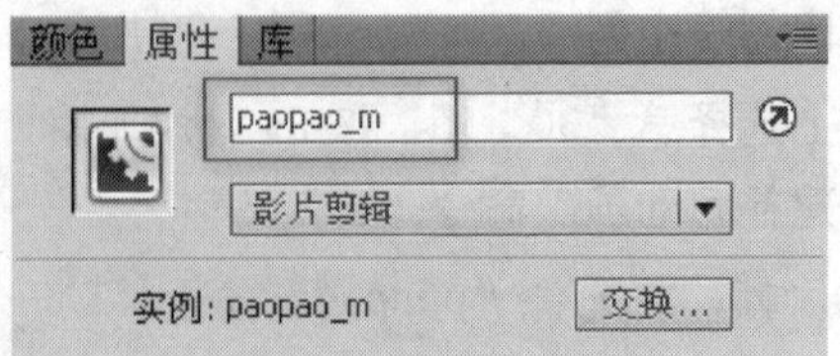


图 4-32 定义实例名称

**03** 在“时间轴”控制面板上新建图层并重命名为“actions”（所有的 AS 都应该放在一个专门的叫做“actions”的图层中）。用鼠标右键单击第“1”帧，选择快捷菜单中的“动作”命令。

**04** 在打开的“动作”面板输入如下代码：

```
Mouse.hide();
stage.addEventListener(MouseEvent.MOUSE_MOVE, moveThatMouse);

function moveThatMouse(evt:MouseEvent):void {
    paopao_m.x = stage.mouseX;
    paopao_m.y = stage.mouseY;
    evt.updateAfterEvent();
}
```

这时，按 Ctrl+Enter 键就能看到鼠标所到之处，都在冒泡泡啦！

本例到这里结束。是不是很简单啊！像这样的代码你可以反复使用，不管你想把鼠标的光标定义成什么样子，图片也好，动画也好，将它做成一个元件，然后给它定义一个实例名称，最后修改代码中的“paopao_m”为你定义的那个名称就可以啦！试试看吧！

## 实例 46

# 加载音乐

图 4-33　实例 46：加载音乐

本例探讨文件的压缩问题，也介绍一种直接以 AS 控制音乐加载的方式。

**提示：**

在这个例子里（如图 4-33 所示），你会学到关于“属性的高级面板应用”，及位图文件、音乐文件的压缩！

### 步骤一：创建文件

**01** 打开 Adobe Flash Professional CS5，选择“新建”面板中的“ActionScript 3.0”选项，新建一个 Flash 工程文件。

**02** 在“属性”面板单击“编辑”按钮，在弹出的“文档设置”面板中将“尺寸”设为“600 像素”×“400 像素”，“帧频”设为“12.00”，单击“确定”按钮。

## 步骤二：制作一段动画

**01** 选择“文件”|“导入”|“导入到舞台”命令，导入“flashbg.jpg”，如图 4-34 所示。在“属性”面板中打开“位置和大小”面板，设置“X”为“0”，“Y”为“0”。

图 4-34 导入背景图

**02** 按 F8 键将其转换为元件，如图 4-35 所示，将“名称”设为“bg”，“类型”设为“影片剪辑”。

**03** 再按 F8 键将其转换为元件，如图 4-36 所示，将“名称”设为“bg_m”，“类型”设为“影片剪辑”。

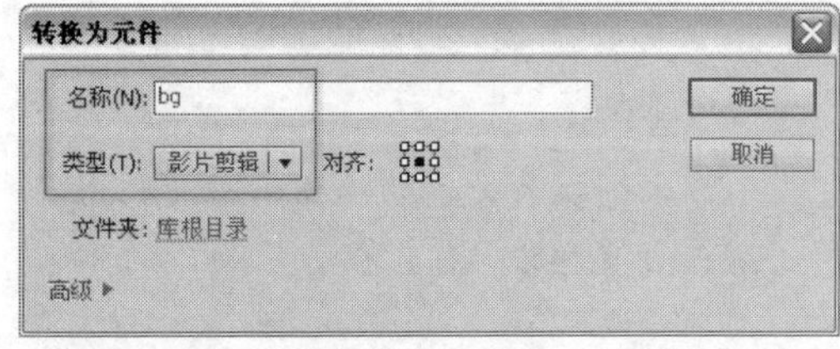


图 4-35 转换元件

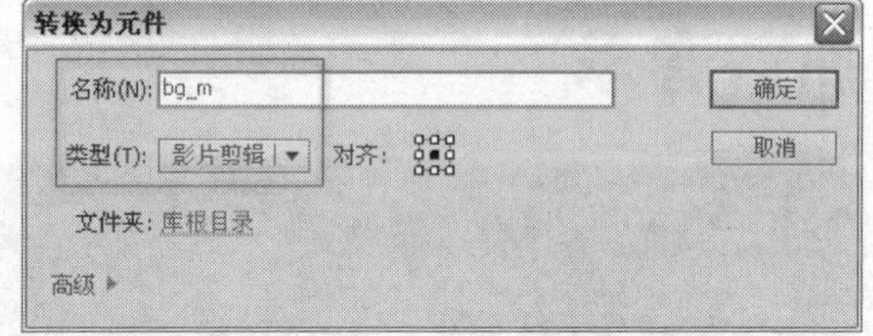


图 4-36 泡泡效果

**04** 双击元件“bg_m”，在舞台上选择元件“bg”。如图 4-37 所示，打开“动画预设”面板，选择“脉搏”，单击“应用”按钮。

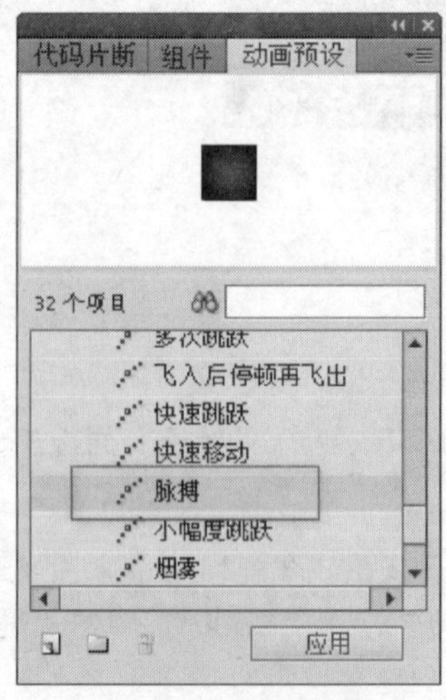


图 4-37 添加动画

## 步骤三：创建背景音乐

**01** 在“编辑栏”单击“场景 1”回到场景编辑模式，选择“文件”|“导入”|“导入到库”命令，导入“bgsound.mp3”到“库”中。

**02** 打开“库”面板，单击鼠标右键选择“bgsound.mp3”文件，选择“属性”命令。

**03** 在弹出的“声音属性”面板中单击最下方的“高级”按钮，打开高级属性设置面板。

**04** 如图 4-38 所示，在“链接”面板中勾选“为 ActionScript 导出”、“在帧 1 中导出”选项，将“类”设为“bgsound”，保持“基类”默认设置。

图 4-38　设置链接属性

**05** 单击“确定”按钮，关闭“声音面板”，这时在“库”面板中“bgsound.mp3”的后面增加了一个链接“bgsound”，如图 4-39 所示。

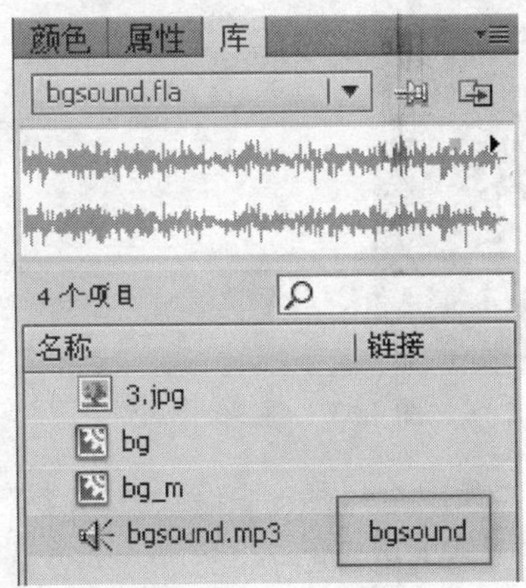


图 4-39　链接属性

## 步骤四：添加 AS

**01** 在“时间轴”控制面板上新建图层并重命名为“actions”（所有的 AS 都应该放在一个专门的叫做“actions”的图层中）。用鼠标右键单击第“1”帧，选择快捷菜单中的“动作”命令。

**02** 在打开的“动作”面板输入如下代码：

```
var song:bgsound = new bgsound();
song.play();
```

这时按 Ctrl+Enter 键观看影片，背景音乐随着动画的运动加载成功。

## 步骤五：压缩文件

**01** 在舞台空白的地方单击一下，再打开“属性”面板的“SWF 历史记录”面板，如图 4-40 所示，能看到目前这个影片输出的大小为“1.9mb”，这个大小对于一个这么简单的动画来说就太大啦！

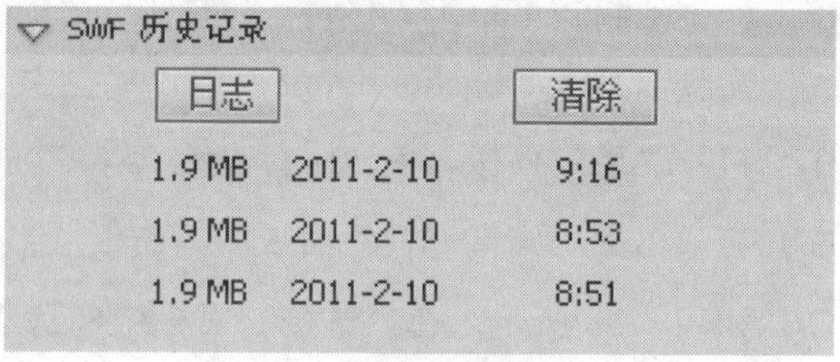

SWF 历史记录

日志　清除

| | | |
|---|---|---|
| 1.9 MB | 2011-2-10 | 9:16 |
| 1.9 MB | 2011-2-10 | 8:53 |
| 1.9 MB | 2011-2-10 | 8:51 |

图 4-40　查看 SWF 历史记录

**02** 在“库”面板中用鼠标右键单击图像“3.jpg”，选择快捷菜单中的“属性”命令。在打开的“位图属性”面板将“品质”设为“自定义”，“值”设为“50”。单击“测试”按钮，观察左边“图像预览窗口”中的压缩效果，以及面板下方系统提示的“文件大小信息”，如图 4-41 所示，调整合适后，单击“确定”按钮。

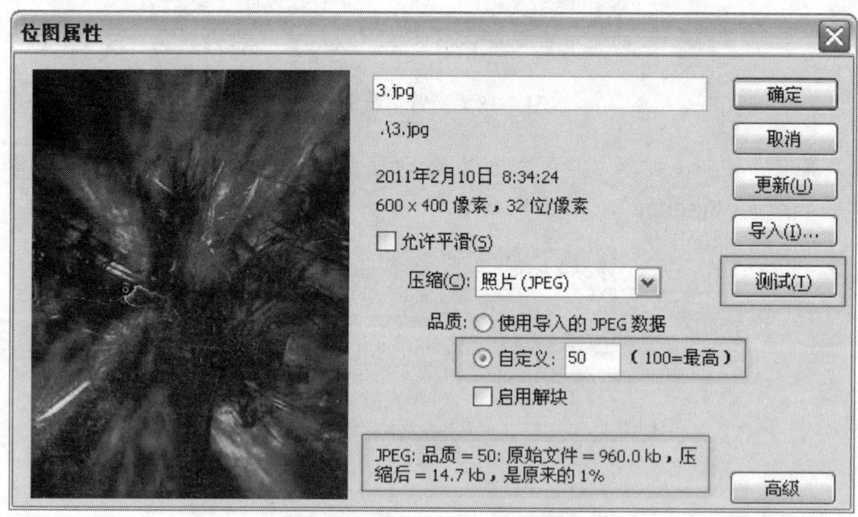


图 4-41　调整位图属性

**03** 按 Ctrl+Enter 键预览影片，如图 4-42 所示，打开“属性”面板的“SWF 历史记录”面板，能看到目前这个影片输出的文件大小发生了变为“1.6mb”，但这个大小还是太大！

图 4-42　查看 SWF 历史记录

**04** 在“库”面板上用鼠标右键单击声音文件“bgsound.mp3”，选择“属性”命令。打开“声音属性”面板，取消“使用导入的 MP3 品质”选项的勾选，将“比特率”设为“16kps”，“品质”设为“快速”。通过单击“测试”和“停止”按钮对压缩后的声音进行测听。通过下方的“信息提示”观察文件大小的变化，如图 4-43 所示，调整合适后，单击“确定”按钮。

**05** 按 Ctrl+Enter 键预览影片后，如图 4-44 所示，打开“属性”面板的“SWF 历史记录”面板，你能惊奇的发现目前这个影片输出的大小成为“217.9kb”。

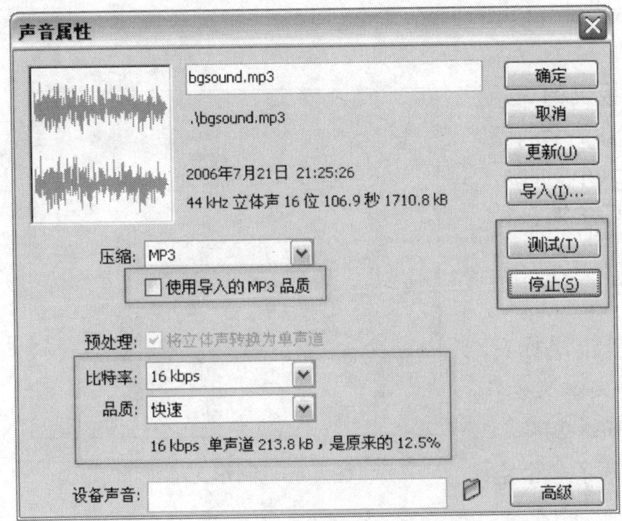

声音属性
bgsound.mp3
.\bgsound.mp3
2006年7月21日 21:25:26
44 kHz 立体声 16 位 106.9 秒 1710.8 kB
确定
取消
更新(U)
导入(I)...
测试(T)
停止(S)
压缩: MP3
使用导入的 MP3 品质
预处理: 将立体声转换为单声道
比特率: 16 kbps
品质: 快速
16 kbps 单声道 213.8 kB，是原来的 12.5%
设备声音:
高级

图 4-43　调整声音属性

SWF 历史记录
日志
清除
217.9 KB 2011-2-10 11:08
1.6 MB 2011-2-10 10:54
1.9 MB 2011-2-10 9:16

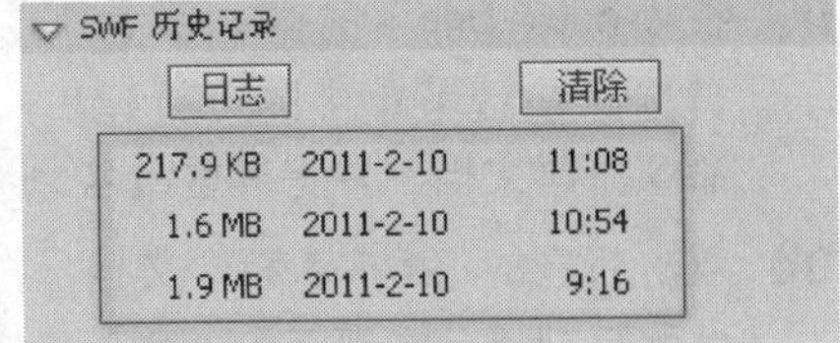

图 4-44　查看 SWF 历史记录

本例到这里结束。这些新的知识点你掌握了么？

## 实例 47

# 加载文本

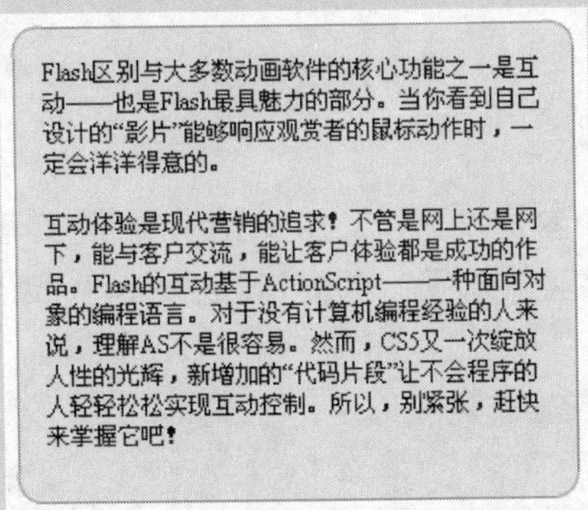

Flash区别与大多数动画软件的核心功能之一是互动——也是Flash最具魅力的部分。当你看到自己设计的"影片"能够响应观赏者的鼠标动作时，一定会洋洋得意的。
互动体验是现代营销的追求！不管是网上还是网下，能与客户交流，能让客户体验都是成功的作品。Flash的互动基于ActionScript——一种面向对象的编程语言。对于没有计算机编程经验的人来说，理解AS不是很容易。然而，CS5又一次绽放人性的光辉，新增加的"代码片段"让不会程序的人轻轻松松实现互动控制。所以，别紧张，赶快来掌握它吧！

图 4-45　实例 47：加载文本

以外部 txt 加载文本的方式常用在网站新闻的动态更新上。

**提示：**

在这个例子里（如图 4-45 所示），你会学到关于"属性的高级面板应用"，及位图文件、音乐文件的压缩！

### 步骤一：创建文件

**01** 打开 Adobe Flash Professional CS5，选择"新建"面板下的"ActionScript 3.0"选项，新建一个 Flash 工程文件。

**02** 在"属性"面板上单击"编辑"按钮，在弹出的"文档设置"面板中将"尺寸"设为"300 像素"×"250 像素"，"帧频"设为"12.00"，单击"确定"按钮。

**03** 选择"文件"|"保存"，将文件存为"loadTxt.fla"文件。

## 步骤二：准备工作

**01** 如图 4-46 所示，使用“工具”面板上的“矩形工具”在舞台上画一个矩形作为文字的背景。在“属性”面板中打开“位置和大小”面板，设置“X”为“7”，“Y”为“7”。这个值可任意设置，不超过 10 就行。

图 4-46 制作文本背景

**02** 按 Ctrl+S 键保存文件。

**03** 在“loadTxt.fla”的同一目录下，单击鼠标右键选择快捷菜单中的“新建”|“文本文档”命令新建文档，并将其重命名为“myTxt.txt”。

**04** 双击新建的“myTxt.txt”文档，打开了一个空白的写字板，在里面输入如下文字：

Flash 区别大多数动画软件的核心功能之一是互动——也是 Flash 最具魅力的部分。当你看到自己设计的“影片”能够响应观赏者的鼠标动作时，一定会洋洋得意的。

互动体验是现代营销的追求！不管是网上还是网下，能与客户交流，能让客户体验都是成功的作品。Flash 的互动基于 ActionScript——一种面向对象的编程语言。对于没有计算机编程经验的人来说，理解 AS 不是很容易。然而，CS5 又一次绽放人性的光辉，新增加的“代码片段”让不会程序的人轻轻松松实现互动控制。所以，别紧张，赶快来掌握它吧！

**05** 按 Ctrl+S 键保存文档后，将其关闭。

## 步骤三：创建类文件

**01** 回到 Flash CS5，选择“文件”|“新建”命令，如图 4-47 所示，在弹出的“新建文档”对话框中选择“常规”面板下的“ActionScript 3.0 类”选项，单击“确定”按钮，创建一个 Flash 的类文件。

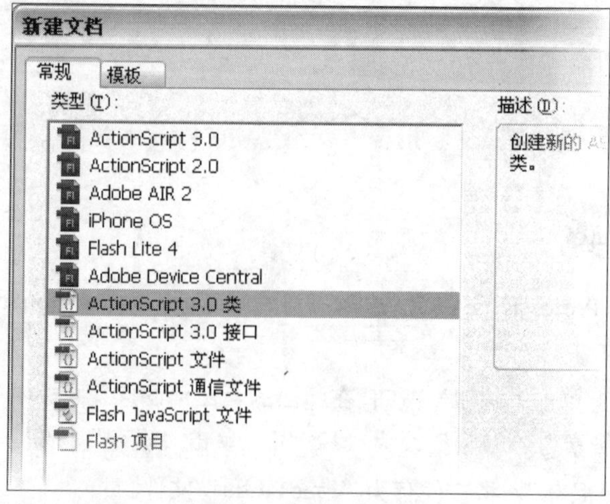


图 4-47 创建类文件

**02** 这时，系统会弹出如图 4-48 所示的“创建 ActionScript 3.0 类”的对话框，将其“类名称”设为“loadTxt”，单击“确定”按钮。

图 4-48　设置类名称

**03** 选择“文件” | “保存”命令，将文件存为“loadTxt.as”，在文档中输入如下代码。

```
package {
    import flash.display.*;
    import flash.text.*;
    import flash.net.*;
    import flash.events.*;
    import flash.errors.*;
    import flash.system.*;
    public class loadTxt extends Sprite {

        private var myTxt:TextField;
        private var txtPath:String;
        private var txtRequest:URLRequest;
        private var txtLoader:URLLoader;

        public function loadTxt() {
            createTextField();
            startLoad();
        }

        private function createTextField() {
            System.useCodePage=true;
            myTxt=new TextField;
            myTxt.autoSize=TextFieldAutoSize.LEFT;
            myTxt.width=260;
            myTxt.wordWrap=true;
            myTxt.text="等待加载数据...";
            myTxt.x=20;
            myTxt.y=20;
            addChild(myTxt);
        }

        private function startLoad() {
            txtPath="myTxt.txt";
            txtRequest=new URLRequest(txtPath);
            txtLoader=new URLLoader ;
            configureListeners(txtLoader);
            try {
                txtLoader.load(txtRequest);
            } catch (error:Error) {
                myTxt.text="加载文本文件失败";
            }
        }
```

```
        private function configureListeners(dispatcher:IEventDispatcher):void {
            dispatcher.addEventListener(Event.COMPLETE,txtLoadComplete);
            dispatcher.addEventListener(IOErrorEvent.IO_ERROR,txtLoadError);
        }

        private function txtLoadComplete(event:Event):void {
            myTxt.text=event.target.data;
        }
        private function txtLoadError(event:IOErrorEvent):void {
            myTxt.text=" 加载文本文件失败 ";
        }
    }
}
```

**04** 按 Ctrl+S 键保存文件。

## 步骤四：添加类

切换到文件“loadTxt.fla”，在“属性”面板上打开“发布”面板，将“类”设置为“loadTxt”，如图 4-49 所示。

图 4-49　添加类文件

这时按 Ctrl+Enter 键观看影片，TXT 上的文本加载成功。

也可以通过只修改 TXT 上的文本的方式来更新 SWF 影片上的文字内容，非常方便。

可以修改 loadTxt.fla 文件的尺寸看看有什么变化，但要注意“loadTxt.as”文件中的第“29”行代码：

```
myTxt.width=260;
```

及第“32”、“33”行代码：

```
myTxt.x=20;
myTxt.y=20;
```

这几行代码决定了 txt 文本被加载的宽度和位置。

好了，本例到这里结束，休息休息一会儿吧！

## 实例 48

# 倒计时器

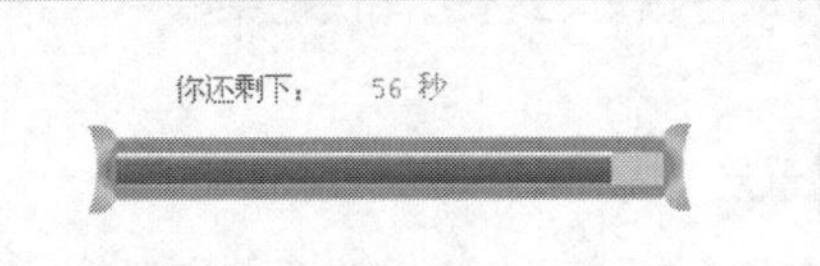


图 4-50　实例 48：倒计时器

倒计时器是游戏中常见的需求，有时也用来制作答题类的课件。

**提示：**

在这个例子里（如图 4-50 所示），你会学到 AS 中关于“TimerEvent”的知识点！

### 步骤一：创建文件

打开 Adobe Flash Professional CS5，选择“新建”面板下的“ActionScript 3.0”选项，新建一个 Flash 工程文件。

### 步骤二：制作时间条

**01** 按 Ctrl+F8 键，新建一个元件，将元件“名称”设为“timer_m”，“类型”设为“影片剪辑”，这时系统自动进入元件“timer_m”的编辑模式。

**02** 使用“工具”面板上的“矩形工具”分别在舞台上绘制 2 个矩形条，如图 4-51 所示，一个在下面，作为背景；一个在中间，作为时间条的范围。

**03** 在“时间轴”控制面板上新建“图层 2”，将“工具”面板上的“贴紧至对象”按钮开启。如图 4-52 所示，使用“矩形工具”在舞台上再画出一个矩形，让其和刚才画的作为时间条范围的矩形一样大。在“颜色”面板修改其“填充颜色”为你喜欢的样式。

图 4-51　绘制时间条

图 4-52　绘制矩形

**04** 选择该矩形，按 F8 键将其转换为元件，将“名称”设为“timer”，“类型”设为“图形”。

**05** 在“时间轴”控制面板上新建“图层 3”，在“工具”面板选择“矩形工具”，在“颜色”面板中设置“填充颜色”为“白色”，如图 4-53 所示，在时间条上画一个较大的矩形作为遮罩。

**06** 在“时间轴”控制面板上新建“图层 4”，使用“工具”面板上的“矩形工具”在时间条左右两侧绘制两个装饰物，作为时间条的收口，如图 4-54 所示。在“颜色”面板调整“填充颜色”的相关属性。

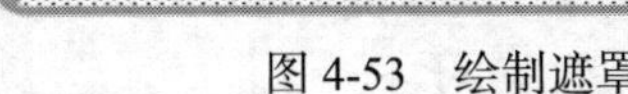

图 4-53　绘制遮罩

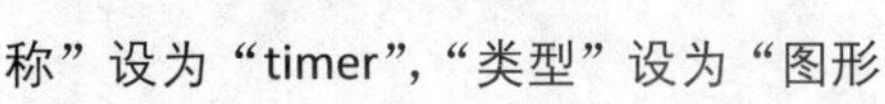

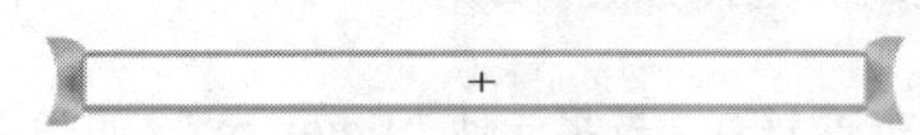

图 4-54　绘制收口

**07** 在“时间轴”控制面板选择所有图层的第“200”帧，按 F5 键添加帧。选择“图层 3”，在第“200”帧，按 F6 键添加关键帧。如图 4-55 所示，使用“工具”面板的“部分选取工具”，选择白色矩形的右侧节点，将其往左侧移动到最边处，只留一点点就可以啦。

图 4-55　制作动画

**08** 在“时间轴”控制面板上选择“图层 3”的第“1”帧，单击鼠标右键选择快捷菜单中的“创建补间形状”命令。

**09** 用鼠标右键单击“图层 3”，选择快捷菜单中的“遮罩层”命令。

**10** 新建图层并重命名为“actions”，用鼠标右键选择单击第“1”帧，在弹出的菜单中选择“动作”命令。在打开的“动作”面板添加如下代码：

```
stop();
```

## 步骤三：制作时间显示

**01** 在“编辑栏”选择“场景 1”，回到场景编辑模式。

**02** 在“时间轴”控制面板，将“图层 1”重命名为“timebar”，新建图层并将其重命名为“txt”。

**03** 使用“工具”面板上的“文本工具”，如图 4-56 所示，在时间条的上方输入文字“你还剩下：”。

图 4-56　输入文本

**04** 再次使用“工具”面板上的“文本工具”，在刚才输入的文本旁画一个矩形范围，选择该矩形范围，在“属性”面板，将相关属性设置如图 4-57 所示。

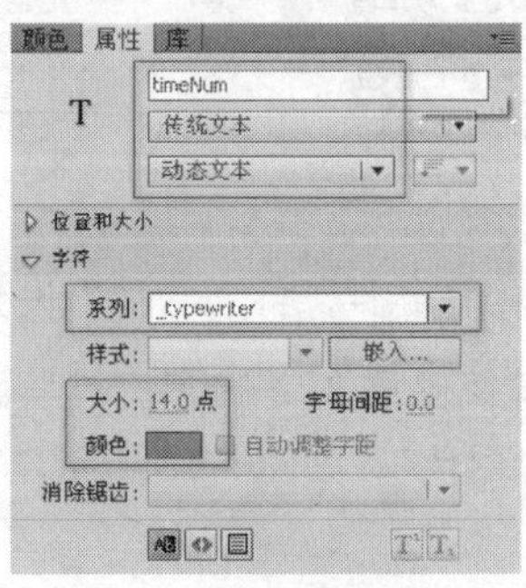


图 4-57　设置动态文本

## 步骤四：添加 AS

**01** 在舞台上选择元件“timer_m”，如图 4-58 所示，在“属性”面板将“实例名称”设为“clockBar_mc”。

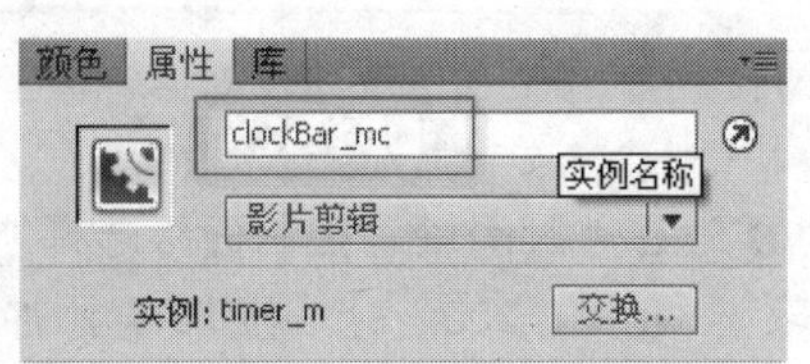


图 4-58　设置实例名称

**02** 在“时间轴”控制面板新建图层并重命名为“actions”。用鼠标右键单击第“1”帧，选择快捷菜单中的“动作”命令，在打开的“动作”面板输入如下代码：

```
var totalTime:int=60;
var repeat:int=clockBar_mc.totalFrames;
var interval:int=totalTime*1000/repeat;
var myTimer:Timer=new Timer(interval,repeat);
myTimer.addEventListener(TimerEvent.TIMER, timerHandler);
myTimer.start();

function timerHandler(event:TimerEvent):void
{
    clockBar_mc.nextFrame();
}

var DownTimer:Number = 60;
var DownTimerInstance:Timer = new Timer(1000, DownTimer);
DownTimerInstance.addEventListener(TimerEvent.TIMER, DownTimerHandler);
DownTimerInstance.start();

function DownTimerHandler(event:TimerEvent):void
{
    timeNum.text = (DownTimer + " 秒");
    DownTimer --;
}
```

这时，按 Ctrl+Enter 键预览动画，就能看到一个 60 秒倒计时的动画了。

本例到这里结束。是不是很有趣啊！这种倒计时器通常用在游戏和课件制作中，一旦做好，可以反复使用！

## 实例 49

# 老花眼镜

图 4-59　实例 49：老花眼镜

Flash 经典的例子！

**提示：**

在这个例子里（如图 4-59 所示），你会学到“.xmouse”和“.ymouse”的用法，及使用“Actionscript3”实现“老花眼镜”效果的方法。

### 步骤一：创建文件

**01** 打开 Adobe Flash Professional CS5，选择“新建”面板下的“ActionScript 3.0”选项，新建一个 Flash 工程文件。

**02** 在“属性”面板上单击“编辑”按钮，在弹出的“文档设置”面板中将“尺寸”设为“640 像素”×“480 像素”，将“帧频”设为“12.00”，单击“确定”按钮。

## 步骤二：准备素材

**01** 选择“文件”|“导入”|“导入到舞台”命令，从外部导入“bg.jpg”图片，如图 4-60 所示。

**02** 在“属性”面板上打开“位置与大小”面板，将“bg.jpg”的“宽”设为“640”，“高”设为“480”，“X”为“0”，“Y”为“0”。按 F8 键将其转换为元件，将“名称”设置为“bgpic”，“类型”设置为“影片剪辑”。在“时间轴”控制面板将“图层 1”重命名为“bgpic”。

**03** 选择元件“bgpic”，如图 4-61 所示，在“属性”面板打开“滤镜”面板，添加“模糊”效果，设置“品质”为“高”，“模糊 X”和“模糊 Y”均为“10”。

图 4-60 导入图片 bg.jpg

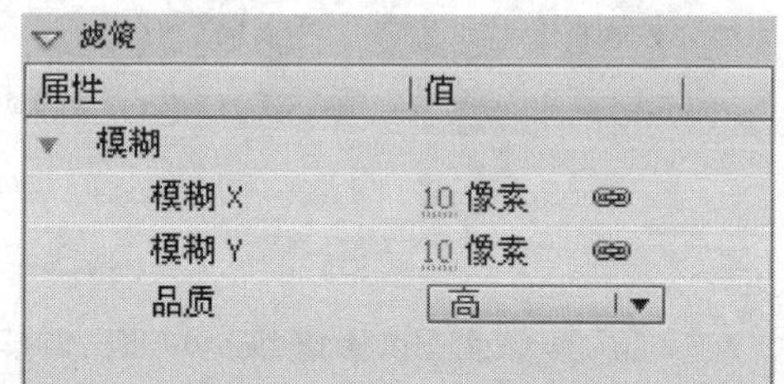


图 4-61 添加模糊滤镜

**04** 在“时间轴”控制面板上新建图层并重命名为“pic”。选择图层“pic”，从“库”中拖拽图片“bg.jpg”到舞台上，在“属性”面板上打开“位置和大小”面板，将“bg.jpg”的“宽”设为“1024”，“高”设为“768”，“X”设为“0”，“Y”设为“0”。按 F8 键将其转换为元件，将“名称”设置为“big”，“类型”设置为“影片剪辑”。

**05** 在“时间轴”控制面板上新建图层并重命名为“glasses_mask”。选择图层“glasses_mask”，选择“工具”面板的“椭圆工具”，在“属性”面板上设置“笔触颜色”为“黄色”，设置“填充颜色”为“白色”，在舞台上画出老花眼镜的轮廓，按 F8 键将其转换为元件，将“名称”设置为“glasses_mask”，“类型”设置为“影片剪辑”，得到如图 4-62 所示效果。

**06** 在“时间轴”控制面板上新建图层并重命名为“glasses”。选择图层“glasses_mask”的第“1”帧，单击鼠标右键选择“复制帧”命令，然后选择图层“glasses”的第“1”帧，单击鼠标右键选择“粘贴帧”命令。在舞台上选择图层“glasses”上的元件“glasses_mask”，在“属性”面板单击“交换”按钮，在弹出的“交换元件”对话框中单击“直接复制元件”按钮，在弹出的“直接复制元件”对话框中将“元件名称”设为“glasses”，如图 4-63 所示。

图 4-62 绘制眼镜

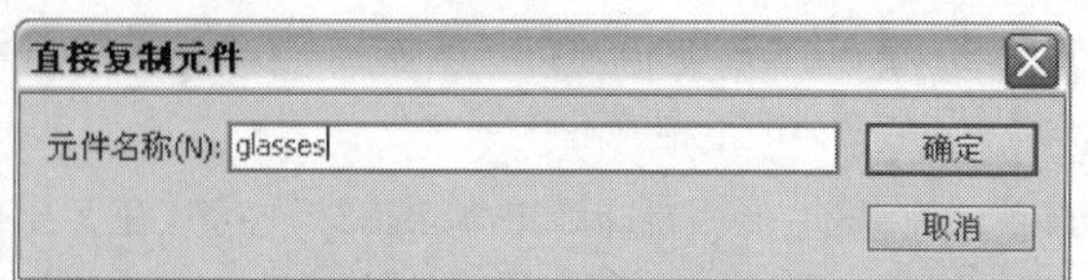


图 4-63 复制元件

**07** 双击元件“glasses”，进入元件“glasses”的编辑模式，全选舞台上的圆形，在“属性”面板上将其“填充颜色”设为“无”。单击“编辑栏”上的“场景 1”，回到“场景”编辑模式。

**08** 选择图层“glasses_mask”，在舞台上双击元件“glasses_mask”，进入元件“glasses_mask”的编辑模式，按 Ctrl+B 键将两个圆形打散成为图形，选择黄色的边缘，按 Delete 键将其删除。单击“编辑栏”上的“场景 1”回到“场景”编辑模式。

**09** 选择图层“glasses_mask”，单击鼠标右键选择快捷菜单中的“遮罩层”命令，得到如图 4-64 所示效果。

图 4-64　添加遮罩

## 步骤三：添加鼠标控制

**01** 在舞台上选择元件“glasses”，如图 4-65 所示，将元件“glasses”的“实例名称”命名为“glasses”。

**02** 同样的方法，在舞台上选择元件“glasses_mask”（该图层锁定可以先打开然后再锁定），如图 4-66 所示，将元件“glasses_mask”的“实例名称”命名为“glasses_mask”。

图 4-65　定义实例名称

图 4-66　定义实例名称

**03** 同样的方法，在舞台上选择元件“big”（该图层锁定可以先打开再锁定），如图 4-67 所示，将元件“big”的“实例名称”命名为“big”。

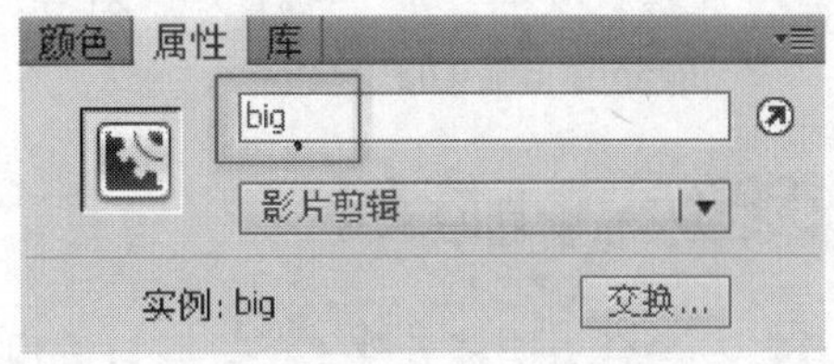


图 4-67　定义实例名称

**04** 在“时间轴”控制面板上新建图层“actions”，然后选择图层“actions”的第“1”帧，单击鼠标右键选择快捷菜单中的“动作”命令，在打开的窗口输入以下代码：

```
Mouse.hide();
stage.addEventListener(MouseEvent.MOUSE_MOVE, moveThatMouse);

function moveThatMouse(evt:MouseEvent):void
{
   glasses.x = glasses_mask.x = stage.mouseX -60;
   glasses.y = glasses_mask.y = stage.mouseY -60;
   big.x =  -stage.mouseX;
   big.y =  -stage.mouseY;
   evt.updateAfterEvent();
}
```

这时按 Ctrl+Enter 键就能看到如图 4-59 所示老花镜效果啦！

本例到这里结束，你的鼠标事件成功了吗？

## 实例 50

# 长大的猪

图 4-68 实例 50：长大的猪

这是一个有趣的例子，它有很多不同的实现方法，但用代码片段当然最省事！

**提示：**

在这个例子里（如图 4-68 所示），你会学到如何"修改元件类型"，及使用"AS3"的"scale"属性"控制影片剪辑的放大"。

### 步骤一：创建文件

**01** 打开 Adobe Flash Professional CS5，选择"文件"|"打开"命令，在弹出的"打开文件"对话框中选择"pig.fla"文件，如图 4-69 所示。文件"pig.fla"中包含了一个元件名为"pig"的小猪存钱罐，一个元件名为"money_m"的钱币落下动画，一个元件名为"zi"的"投钱啦！"文字（你也可以自己绘制，具体画法参考第 2 章的内容，这里就不多说啦）。

**02** 选择"文件"|"另存为"命令，将其另存为"pigandmoney.fla"文件。

图 4-69 打开"pig.fla"文件

### 步骤二：添加按钮

**01** 在舞台上选择元件"zi"，可以发现它的"实例行为"是"图形"，如果希望它是个按钮该怎么办呢？如图 4-70 所示，在"属性"面板上将"实例行为"修改为"按钮"。

**02** 这时的元件类型并没有完全被修改成为按钮。在"库"面板上选择元件"zi"，单击鼠标右键选择快捷菜单中的"属性"命令。如图 4-71 所示，在弹出的"元件属性"对话框中将"类型"设为"按钮"。这样一个图形元件就被修改成为按钮元件啦！

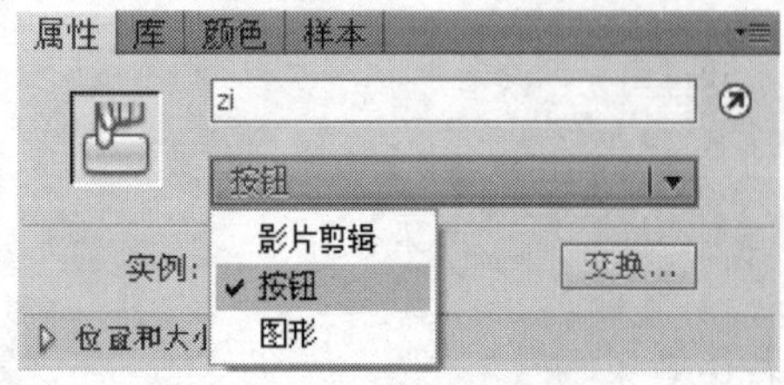


图 4-70 修改实例行为

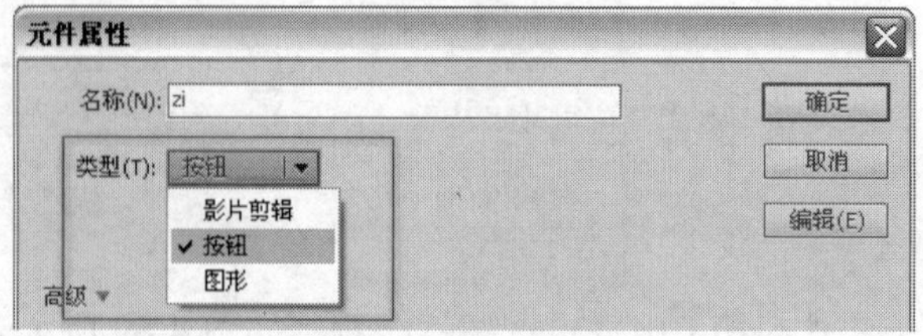


图 4-71 修改元件属性

**03** 双击元件“zi”，进入元件“zi”的编辑模式，在第“单击”帧单击鼠标右键选择“插入空白关键帧”命令，打开“绘图纸外观”按钮，使用“工具”面板上的“矩形工具”绘制一个覆盖住文字“投钱啦！”的矩形，使其成为该按钮的热区。测试该按钮，得到如图 4-72 所示效果。

图 4-72　按钮效果

**04** 关闭“绘图纸外观”按钮，在“编辑栏”单击“场景 1”，回到“场景”编辑模式。

## 步骤三：添加脚本语言

**01** 在舞台上选择元件“money_m”，如图 4-73 所示，在“属性”面板中将“实例名称”设为“money_m”。

**02** 同样的方法，在舞台上选择元件“pig”，如图 4-74 所示，在“属性”面板中将“实例名称”设为“pig”。

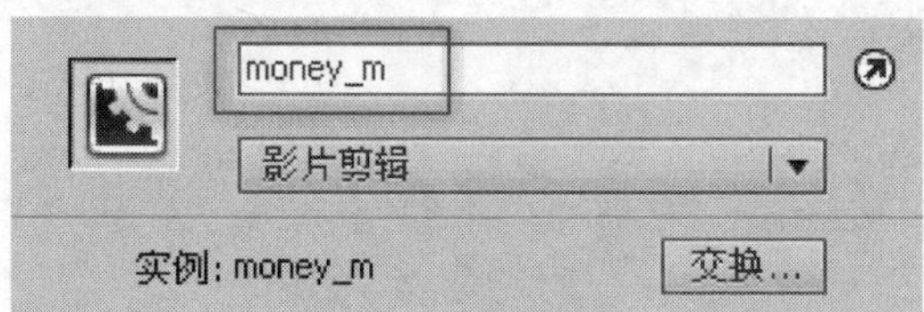


图 4-73　定义实例名称

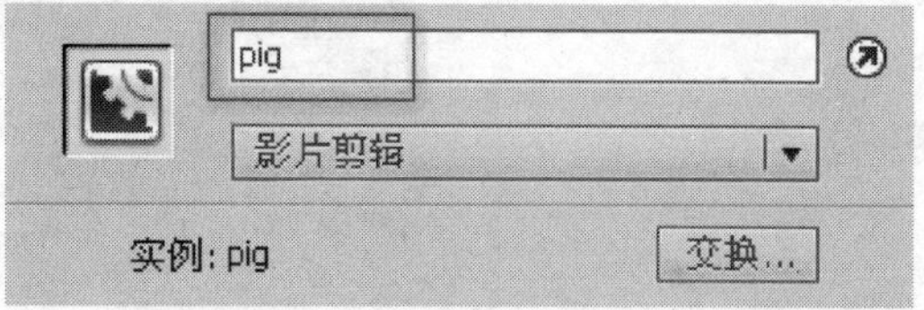


图 4-74　定义实例名称

**03** 同样的方法，在舞台上选择元件“zi”，如图 4-75 所示，在“属性”面板中将“实例名称”设为“zi”。

图 4-75　定义实例名称

**04** 在舞台上双击元件“money_m”，进入元件“money_m”的编辑模式。在“时间轴”控制面板上选择“图层 1”的第“1”帧，单击鼠标右键选择快捷菜单中的“动作”命令，在打开的窗口输入以下代码：

```
stop();
```

**05** 选择图层“图层 1”的第“7”帧，单击鼠标右键选择快捷菜单中的“动作”命令，在打开的窗口输入以下代码：

```
gotoAndPlay(1);
```

**06** 在“编辑栏”单击“场景 1”，回到“场景”编辑模式。在舞台上选择元件“zi”，如图 4-76 所示，在“代码片段”面板中双击“Mouse Click 事件”，为元件“zi”添加鼠标单击事件。

**07** 这时，系统会自动添加图层“Actions”并打开“动作”面板，系统自动添加了一段鼠标事件代码，如图 4-77 所示。

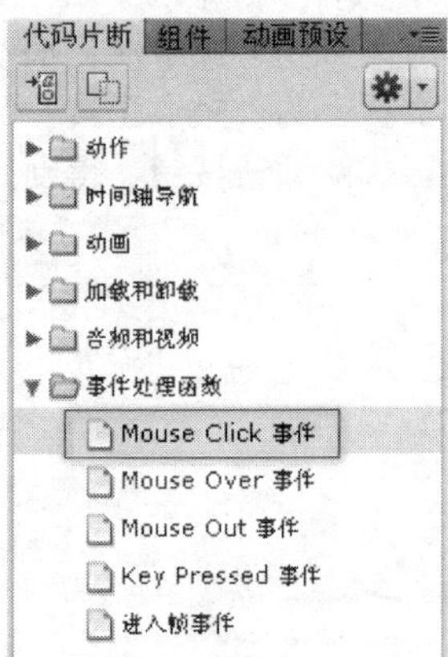


图 4-76　定义实例名称

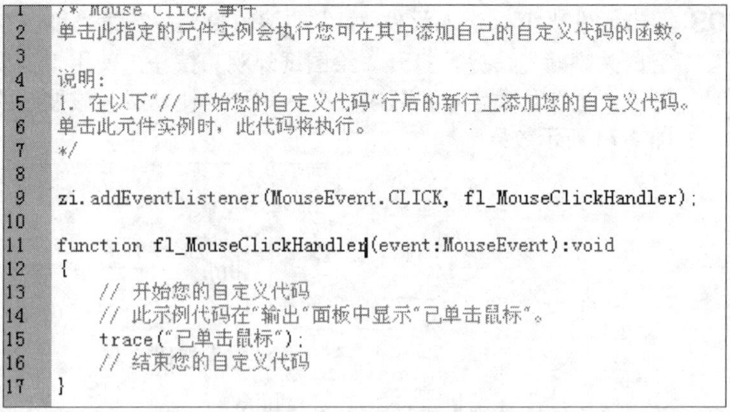

```
/* Mouse Click 事件
单击此指定的元件实例会执行您可在其中添加自己的自定义代码的函数。

说明:
1. 在以下"// 开始您的自定义代码"行后的新行上添加您的自定义代码。
单击此元件实例时，此代码将执行。
*/

zi.addEventListener(MouseEvent.CLICK, fl_MouseClickHandler);

function fl_MouseClickHandler(event:MouseEvent):void
{
    // 开始您的自定义代码
    // 此示例代码在"输出"面板中显示"已单击鼠标"。
    trace("已单击鼠标");
    // 结束您的自定义代码
}
```

图 4-77　自动添加的代码

**08** 将光标移到中括号中，单击“插入目标路径”按钮⊕，如图 4-78 所示，在弹出的选择框中选择元件“pig”。

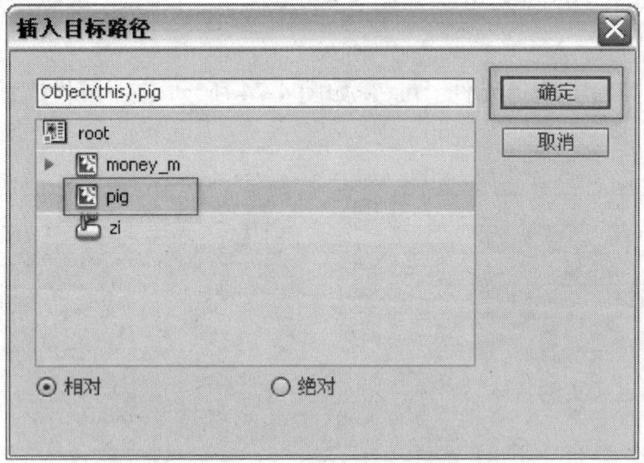


图 4-78　选择目标对象

**09** 单击“确定”按钮后，代码自动添加：

```
Object(this).pig
```

**10** 继续编写代码：

```
Object(this).pig.scaleX += 0.2;
```

**11** 同样的方法，先选择目标，然后为其添加事件或方法。完整的代码如下：

```
zi.addEventListener(MouseEvent.CLICK, fl_MouseClickHandler);
function fl_MouseClickHandler(event:MouseEvent):void
{
   Object(this).pig.scaleX += 0.2;
   Object(this).pig.scaleY += 0.2;
   Object(this).money_m.gotoAndPlay(2);
}
```

这时按 Ctrl+Enter 键观看影片。当单击“投钱啦！”，钱币往下掉落，小猪也就长大一点儿。

本例到这里结束。是不是很简单啊，别让你的小猪长太胖啦！

## 实例 51

# 电子相册——内部载入篇

图 4-79　实例 51：电子相册——内部载入篇

电子相册是 Flash 最常见的应用，所以，CS5 又将它做成模板啦！

**提示：**

在这个例子里（如图 4-79 所示），你会学到一种新的 CS5 预设模板，及“交换位图”、“替换位图图片”、发布成“EXE”等命令！

### 步骤一：创建文件

**01** 打开 Adobe Flash Professional CS5，选择“文件”|“从模板创建”命令，在弹出的“从模板创建”对话框中选择“模板”面板下的“媒体播放”中的“简单相册”选项，如图 4-80 所示，单击“确定”按钮，创建一个 Flash 工程文件。

**02** 如图 4-81 所示，这时舞台上自动生成了一个带有图片控制键的简易相册。在“时间轴”控制面板上将多余的图层“说明”、“背景”删掉。

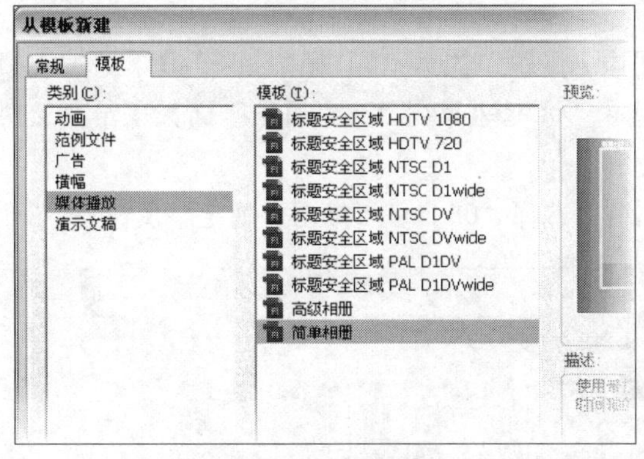


图 4-80　从模板创建

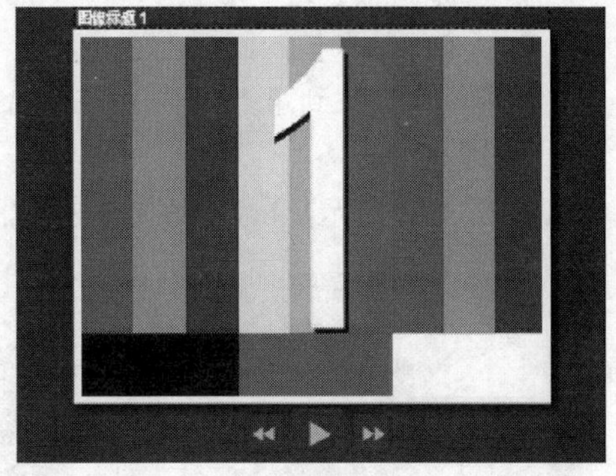

图 4-81　删除多余图层

**03** 选择“文件”|“保存”命令，将文件保存为“photo.fla”。

**04** 使用 Photoshop 或别的图像编辑软件处理 5 张（或更多，随便你！）jpg 图片，将它们的尺寸设为“500×333”。统一存放在一个“images”的文件夹，分别重命名为“01.jpg”、“02.jpg”、“03.jpg”、“04.jpg”、“05.jpg”。

### 步骤二：处理场景

**01** 在“属性”面板上将舞台“背景颜色”设为“#999966”。

**02** 打开“库”面板，如图 4-82 所示，打开“Sample Images”文件夹，下面有 4 张图片。选择“image1.jpg”，单击鼠标右键选择快捷菜单中的“属性”命令。

**03** 在弹出的“位图属性”面板上单击“导入”按钮，在弹出的对话框中选择相片存放的“images”目录，导入事先做好的“01.jpg”，如图 4-83 所示，单击“确定”按钮。

图 4-82 “库”面板

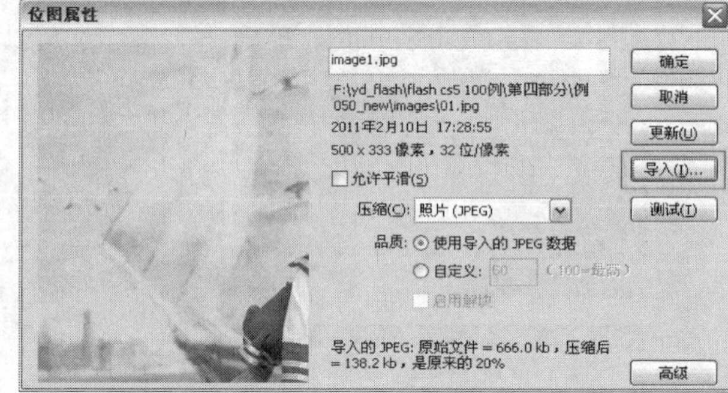


图 4-83 调整位图属性

**04** 如图 4-84 所示，舞台上的图片已替换，但是大小还不合适。在“时间轴”控制面板上将图层“图像 / 标题”的“锁定”打开。在舞台上选择图片“image1.jpg”（也就是刚才导入的 01.jpg），在“变形”面板上单击“取消变形按钮”，然后将图片“image1.jpg”移到合适的位置。

**05** 同样的方法，分别修改图片“image2.jpg”为“02.jpg”；“image3.jpg”为“03.jpg”；“image4.jpg”为“04.jpg”。

**06** 使用“导入”|“导入到库”命令将“05.jpg”导入到“库”中，将其拖动到“Sample Images”文件夹下。

**07** 在“时间轴”控制面板上选择图层“图像 / 标题”的第“5”帧，按 F6 键添加关键帧。将时间滑块拨到第“5”帧，在舞台上选择“image4.jpg”，在“属性”面板单击“交换”按钮。

**08** 如图 4-85 所示，在弹出的“交换位图”窗口选择“05.jpg”，单击“确定”按钮。

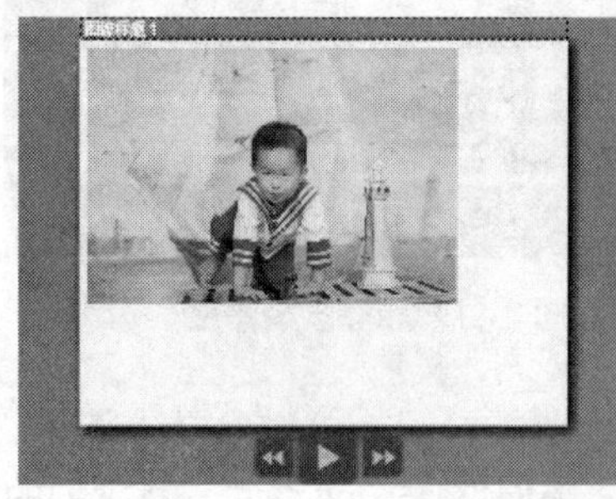

图 4-84 替换图片

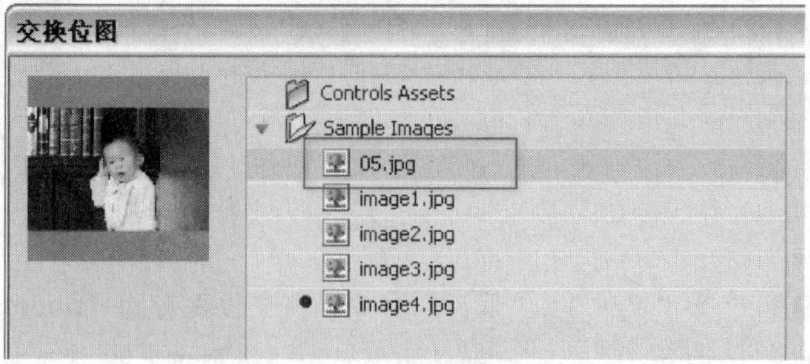


图 4-85 交换位图

**09** 在“时间轴”控制面板上选择图层“遮罩层”的第“5”帧，按 F5 键添加帧，选择图层“控制层”的第“5”帧，按 F5 键添加帧。

**10** 将时间滑块拨到第“5”帧，在舞台上选择最上端的文本“图像标题 4”将其改成“图像标题 5”。当然，你也可以根据图片的实际内容改写成更有意义的标题。

这时，按 Ctrl+Enter 键就能单击浏览电子相册啦！由于是模板创建，所以涉及 ActionScript 的地方一点儿也不需要操心，但你还是应该打开“动作”面板看看这些代码，理解它的编写思路。

## 步骤三：发布 EXE

SWF 格式文件多用于网络视频在线放映，如在本地播放时，需要安装专门的 Flash player。虽然有些播放软件也支持 SWF 文件，但播放效果不如 Flash player 好。采用浏览器的方式也可以打开，但是诸如全屏之类的功能可能受到限制。输出为 EXE 格式能解决这个问题，EXE 格式文件也能作为多媒体光盘的运行程序。

选择“文件”|“发布设置”命令，如图 4-86 所示，在弹出的“发布设置”对话框中勾选“Windows 放映文件（.exe）”，保持默认名称即可，单击“发布”按钮，待发布完成后，单击“确定”按钮。

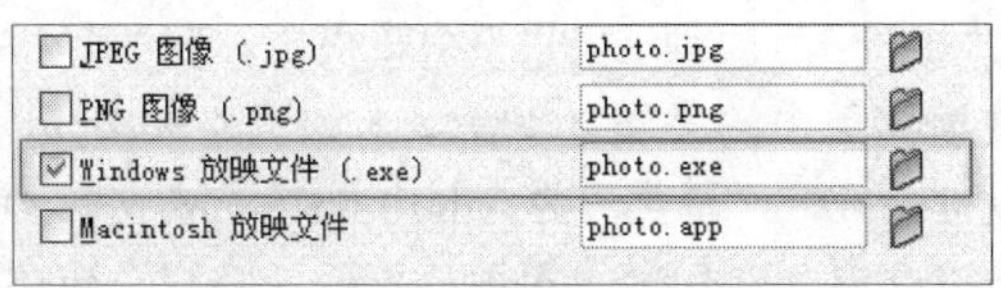


图 4-86　发布设置

这时打开文件存放，如图 4-87 所示，多了一个“photo.exe”，这个文件在没有安装 Flash player 的机器上也能正常播放 Flash 影片，这是因为它已经把 Flash player 嵌进程序里了。

图 4-87　生成 EXE 文件

好了，本例到这里结束。结合前面的所学，给这个文件减减肥，加点背景音乐吧！

## 实例 52

## 迟钝蜗牛

图 4-88　实例 52：迟钝蜗牛

一个简单的小游戏！

**提示：**

在这个例子里（如图 4-88 所示），你会学到用“doubleClick”和“Click”控制元件位移的技术点。

## 步骤一：创建文件

**01** 打开 Adobe Flash Professional CS5，选择“新建”面板下的“ActionScript 3.0”选项，新建一个 Flash 工程文件。

**02** 在“属性”面板中将“帧频”设为“6”fps，因为蜗牛爬得很慢。

**03** 按 Ctrl+S 键保存“woniu.fla”文件。

## 步骤二：创建基本元件

**01** 按 Ctrl+F8 键新建元件，将“名称”设置为“FunnyWo”，“类型”设置为“影片剪辑”，这时系统默认进入元件“FunnyWo”的编辑模式。使用“工具”面板上的“钢笔工具”、“颜料桶工具”等绘制一个如图 4-89 所示的蜗牛图形。相关绘图工具你应该很熟练了吧？如果这个图形你不知道怎么画出来，建议你重新学习第 2 章的内容！

**02** 在“编辑栏”上单击“场景 1”，回到“场景”编辑模式。在“库”中选择元件“FunnyWo”，单击鼠标右键选择快捷菜单中的“属性”命令，如图 4-90 所示，在弹出的“链接属性”面板将“类”设为“FunnyWo”，“基类”为“flash.display.MovieClip”，“链接”设置中将“为 ActionScript 导出”和“在第一帧导出”勾选。单击“确定”按钮。

图 4-89　绘制蜗牛

图 4-90　添加链接属性

**03** 选择“工具”面板的“文本工具”，在舞台上输入“双击前进，单击停下，呵呵！”。按 F8 键将其转换为元件，将“名称”设置为“zi”，“类型”设置为“影片剪辑”。

## 步骤三：定义类文件

**01** 选择“文件”|“新建”命令，在弹出的“新建文件”对话框中将“类型”选择为“ActionScript 3.0 类”，选择“文件”|“保存”命令，将其存为“Wo.as”文件，在打开的窗口输入以下代码：

```
package{
    import flash.display.*;
    import flash.events.*;
    public class Wo extends MovieClip{
        public var mc:MovieClip;
        public function Wo(){
            mc = new FunnyWo();
            this.addChild(mc);
            mc.y = stage.stageHeight/2;
            mc.doubleClickEnabled = true;
            mc.addEventListener("doubleClick",doubleClick_handler);
            mc.addEventListener("click",click_handler);
```

```
        }
        private function doubleClick_handler(e:Event){
            e.target.addEventListener("enterFrame",enterFrame_handler);
        }
        private function enterFrame_handler(e:Event){
            e.target.x += 3;
        }
        private function click_handler(e:Event){
            e.target.removeEventListener("enterFrame",enterFrame_handler);
        }
    }
}
```

**02** 按 Ctrl+S 键保存“Wo.as”文件。

### 步骤三：链接类

回到“woniu.fla”文件，单击舞台，在“属性”面板设置文件的“类”为“Wo”（即指向我们刚刚编写的“Wo.as”文件），如图 4-91 所示。

这时按 Ctrl+Enter 键测试一下迟钝的蜗牛吧！

本例到这里结束。是不是挺有趣啊！

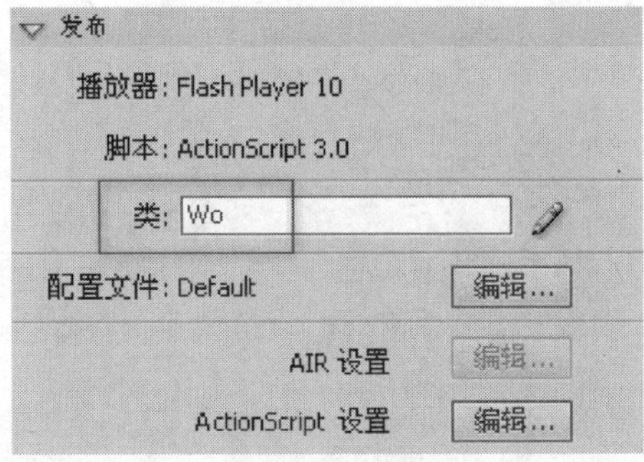

图 4-91　添加类

## 实例 53

# 用户注册

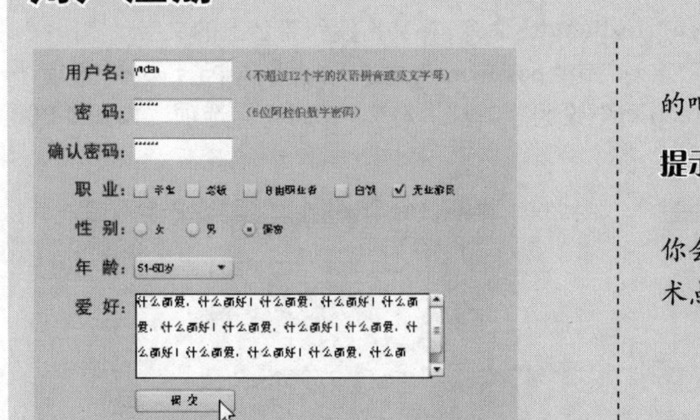

图 4-92　实例 53：用户注册

看看全 Flash 的表单是如何制作的吧！

**提示：**

在这个例子里（如图 4-92 所示），你会学到关于“组件”的相关基础技术点。

### 步骤一：创建文件

**01** 打开 Adobe Flash Professional CS5，选择“新建”面板下的“ActionScript 3.0”选项，新建一个 Flash 工程文件。

**02** 在“属性”面板将“背景颜色”设为“#CCCCCC”。

## 步骤二：创建表单

**01** 选择“窗口”|“组件”命令，打开“组件”面板。组件，也叫做交互组件，是 Flash 应用程序的一部分，用户通过在交互组件中与应用程序进行交互来做出响应。典型的响应可以是回答一个问题，从真或假中进行选择，或单击屏幕的某个区域。

**02** 在“工具”面板上选择“文本工具”，在舞台上输入文字“用户名：密 码：确认密码：职业：性 别：年 龄：爱 好：”，在“属性”面板上调整“字体”为“黑体”、“字号”为“18”、“填充颜色”为“黑色”、“对齐方式”为“右对齐”、“行距”为“20”，得到如图 4-93 所示效果。

**03** 在“组件”面板上选择“TextInput”命令，将其拖拽到舞台上的文字“用户名：”的右侧，如图 4-94 所示。

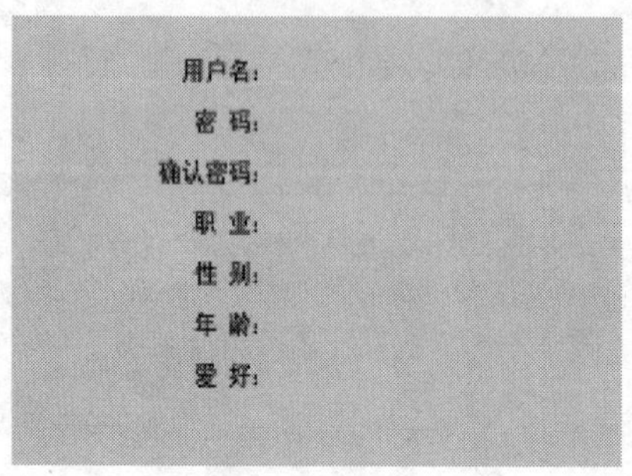


图 4-93　输入文本

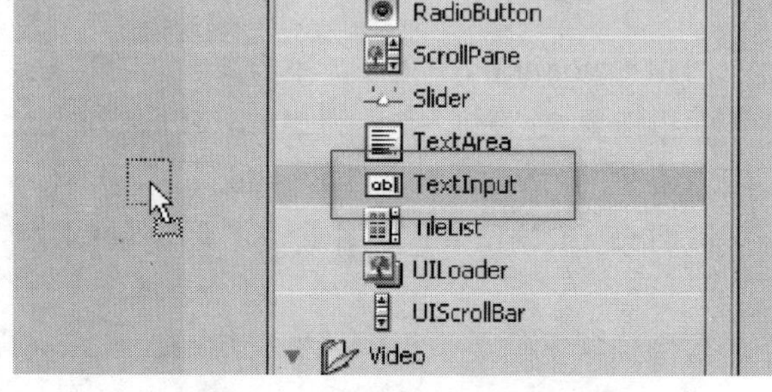


图 4-94　拖拽 TextInput 组件

**04** 选择组件 TextInput，如图 4-95 所示，在“属性”面板上设置组件“名称”为“user”，取消“displayAsPassword”选项的勾选，勾选“editable”和“enabled”选项。将“maxChars”设为“12”，将“restrict”设为“A-Z a-z”，勾选“visible”选项。

**05** 同样的方法，在“组件”面板上选择“TextInput”命令，将其拖拽到舞台上的文字“密码：”的右侧。在“属性”面板设置组件“名称”为“password”，勾选“displayAsPassword”选项，将“maxChars”设为“6”，将“restrict”设为“0-9”。勾选“visible”选项，如图 4-96 所示。

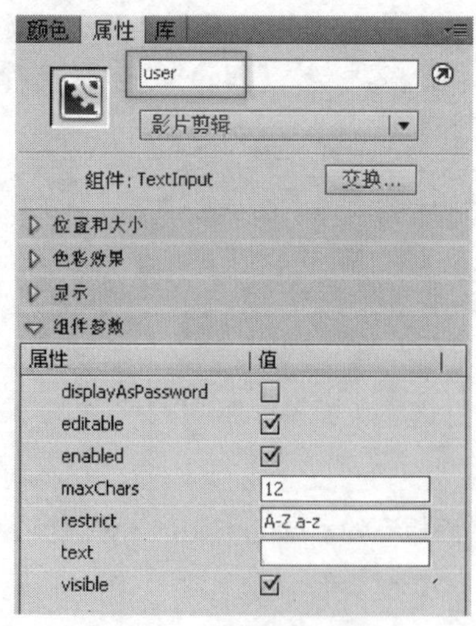


图 4-95　设置组件参数

图 4-96　设置组件参数

**06** 选择组件“password”按 Ctrl+D 键复制组件，将其放到文字“确认密码：”的右侧。在“参数”面板将“名称”修改为“re_password”。

**07** 在“组件”面板上选择“CheckBox”命令，将其拖拽到舞台上的文字“职业：”的右侧，一共拖拽 5 次。选择第 1 个“CheckBox”，如图 4-97 所示，在“属性”面板上将组件“名称”设为“zhiye01”，“label”为“学生”。

**08** 同样的方法，依次选择第 2、3、4、5 个组件“CheckBox”，在“属性”面板上将组件“名称”依次设为“zhiye02”、“zhiye03”、“zhiye04”、“zhiye05”，“label”依次设为“老板”、“自由职业者”、“白领”、“无业游民”。使用“对齐”面板的“垂直中心”对齐命令，将 5 个组件对齐，得到如图 4-98 所示效果。

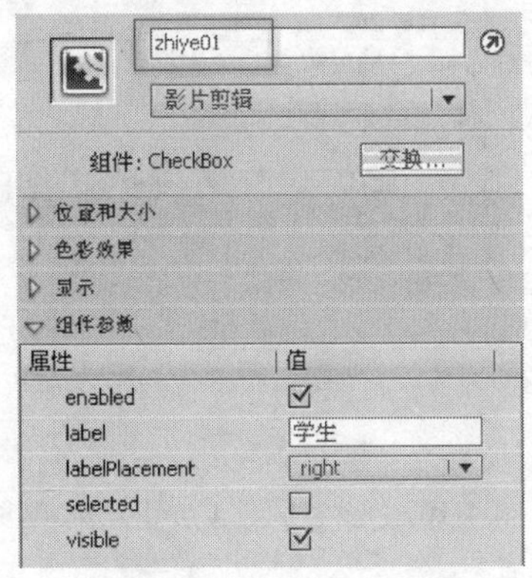


图 4-97　设置组件参数

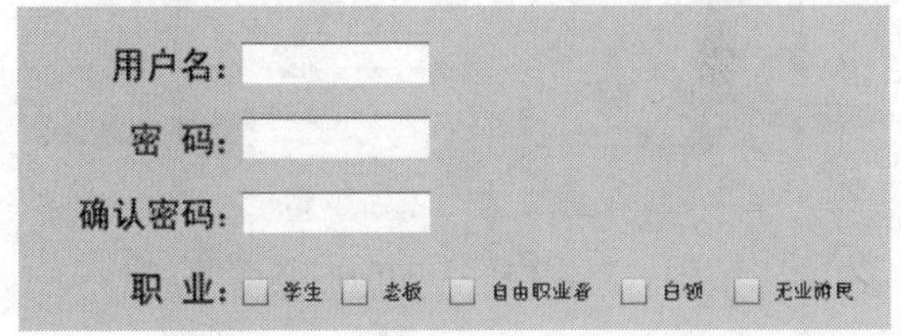


图 4-98　设置组件 CheckBox 后的效果

**09** 在“组件”面板上选择“RadioButton”命令，将其拖拽到舞台上的文字“性别：”的右侧。一共拖拽 3 次。选择第 1 个“RadioButton”，如图 4-99 所示，在“属性”面板将组件“名称”设为“sex01”，“groupName”为“sex”，“label”为“女”。

**10** 同样的方法，依次选择第 2、3 个组件“RadioButton”，在“属性”面板上将组件的“名称”依次设为“sex02”、“sex03”，“groupName”都设为“sex”（必须一样），“label”依次设为“男”、“保密”。使用“对齐”面板的“垂直中心”对齐命令，将 3 个组件对齐，得到如图 4-100 所示效果。

图 4-99　设置组件参数

图 4-100　设置组件 RadioButton 后的效果

**11** 在“组件”面板上选择“ComboBox”命令，将其拖拽到舞台上的文字“年龄：”的右侧。选择“ComboBox”，如图 4-101 所示，在“属性”面板上将组件“名称”设为“old”，单击“dataProvider”后面的“值”按钮。如图 4-102 所示，单击“+”按钮，将“label”设为“10-20 岁”；再单击“+”按钮，将新添加的“label”设为“21-30 岁”，依次添加其他年龄段，最后单击“确定”按钮。

图 4-101　设置组件 ComboBox 参数

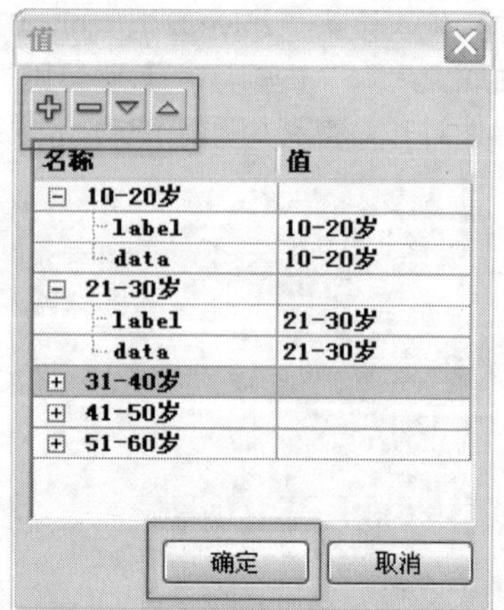


图 4-102　设置组件 ComboBox 的值

**12** 在“工具”面板上选择“文本工具”命令，在舞台上文字“爱好：”的右侧画出一个文本输入的范围，并输入“请不要超过 180 字噢！”。选择该“文本框”，如图 4-103 所示，在“属性”面板上将“文本类型”设置为“输入文本”，文本“名称”设为“aihao”，“宽”为“297”，“高”为“82.5”，“字体”设为“宋体”，“字号”为“12”号。对齐方式为“左对齐”，“线条类型”为“多行”。打开“选项”面板，设置“最多字符数”为“180”。

**13** 在“组件”面板上选择“UIScrollBar”命令，将其拖拽到舞台上输入文本框“aihao”的右侧，得到如图 4-104 所示效果。这样文本区域就可以滚动了！

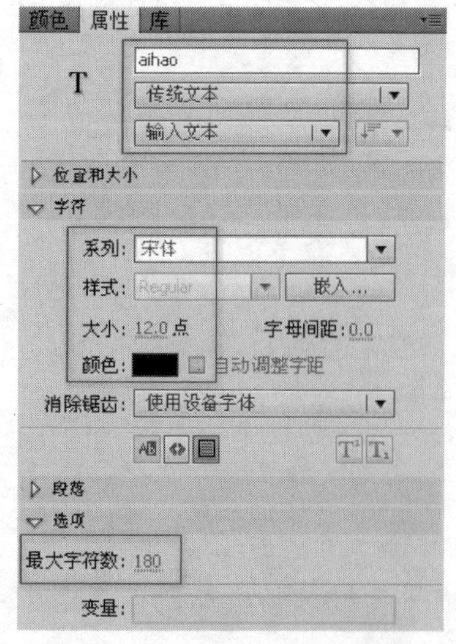


图 4-103　设置输入文本属性

图 4-104　添加 UIScrollBar 组件

**14** 在“组件”面板上选择“Button”命令，将其拖拽到输入文本框“aihao”的下方。选择“Button”，在“参数”面板上将组件的“名称”设为“sub”，将“label”设为“提交”，得到如图 4-105 所示效果。

图 4-105　添加 Button 组件

这时按 Ctrl+Enter 键就能看到如图 4-92 所示表单效果啦！

本例到这里结束。Flash 组件是非常有用的工具！自己熟悉和练习一下不同的组件吧！

## 实例 54

## 电子时钟

图 4-106　实例 54：电子时钟

这是一个很经典的 Flash 电子钟，看看用 AS3 怎么实现吧！

**提示：**

在这个例子里（如图 4-106 所示），你会学到 AS 中关于“getSeconds”“getMinutes”“getHours”的知识点！

### 步骤一：创建文件

**01** 打开 Adobe Flash Professional CS5，选择“新建”面板下的“ActionScript 3.0”选项，新建一个 Flash 工程文件。

**02** 在“属性”面板上单击“编辑”按钮，在弹出的“文档设置”面板中将“尺寸”设为“150 像素”×“150 像素”、“帧频”设为“30.00”，单击“确定”按钮。

### 步骤二：制作时钟

**01** 如图 4-107 所示，使用“工具”面板上的“椭圆工具”及“渐变变形工具”在舞台上绘制一个电子钟的形状。按 F8 键将其转换为元件，将其“名称”设为“eclock”，“类型”设为“影片剪辑”。

**02** 双击元件“eclock”，进入元件“eclock”的编辑模式。在“时间轴”控制面板将“图层 1”重命名为“bg”。新建“图层 2”并重命名为“hours”。锁定图层“bg”。

**03** 使用“工具”面板中的“矩形工具”绘制时钟的刻度，效果如图 4-108 所示。

图 4-107　绘制时钟

图 4-108　绘制刻度

**04** 在“时间轴”控制面板上新建图层并将其重命名为“secondHand”，用来放秒针。锁定图层“hours”。使用“工具”面板上的“矩形工具”绘制一根细长的红色指针，再使用“任意变形工具”将其注册点移到时钟的中心位置，如图 4-109 所示。按 F8 键将其转换为元件，将“名称”设为“secondHand”，“类型”设为“影片剪辑”。

**05** 同样的方法，在“时间轴”控制面板上新建图层并重命名为“minuteHand”，用来放分针。锁定图层“secondHand”。使用“工具”面板的“矩形工具”绘制一根灰色箭头指针，使用“任意变形工具”将其注册点移到时钟的中心位置，如图 4-110 所示。按 F8 键将其转换为元件，将其“名称”设为“minuteHand”，“类型”设为“影片剪辑”。

**06** 同样的方法，在“时间轴”控制面板上新建图层并重命名为“hourHand”，用来放时针。锁定图层“minuteHand”。使用“工具”面板上的“矩形工具”绘制一根灰色箭头指针，使用“任意变形工具”将其注册点移到时钟的中心位置，如图 4-111 所示。按 F8 键将其转换为元件，将“名称”设为“hourHand”，“类型”设为“影片剪辑”。

图 4-109　修改秒针注册点

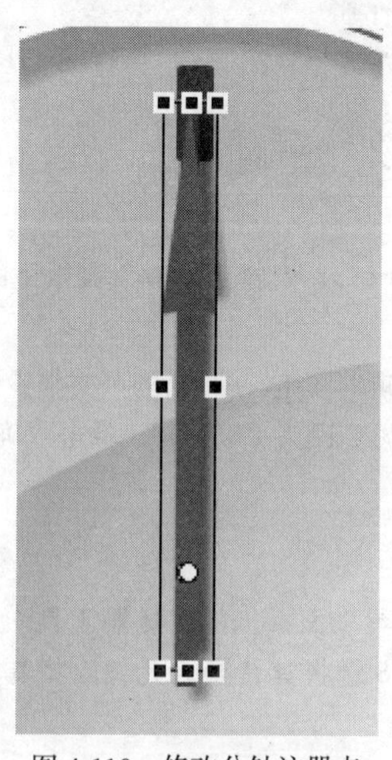
图 4-110　修改分针注册点

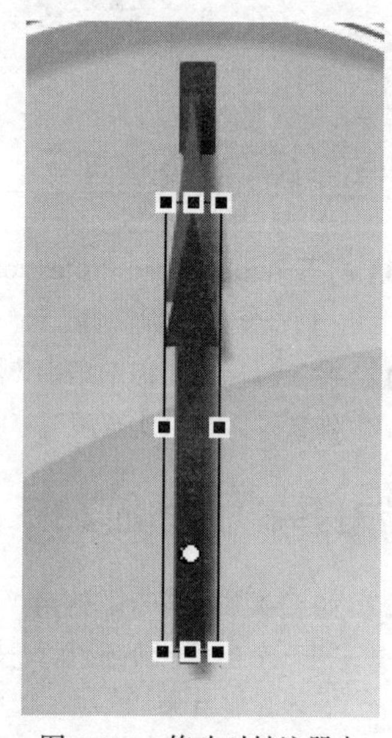
图 4-111　修改时针注册点

**07** 在“时间轴”控制面板上新建图层并重命名为“dot”，用来中心点。锁定图层“hourHand”。使用“工具”面板上的“椭圆工具”，按住 Shift 键在时钟的中心绘制一个正圆形，如图 4-112 所示。

图 4-112　绘制中心点

## 步骤三：添加 AS

**01** 在"时间轴"控制面板上打开图层"secondHand"的锁定，在舞台上选择元件"secondHand"，在"属性"面板中将"实例名称"设为"secondhand_"。打开"滤镜"面板，添加"投影"属性，将其设置如图 4-113 所示。

**02** 在"时间轴"控制面板上锁定图层"secondHand"，打开图层"minuteHand"的锁定。在舞台上选择元件"minuteHand"，在"属性"面板上将"实例名称"设为"minuteHand_"。打开"滤镜"面板，添加"投影"属性，将其设置如图 4-114 所示。

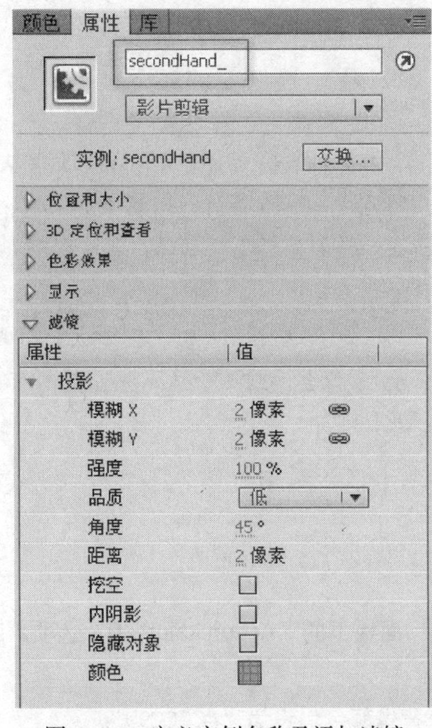


图 4-113　定义实例名称及添加滤镜

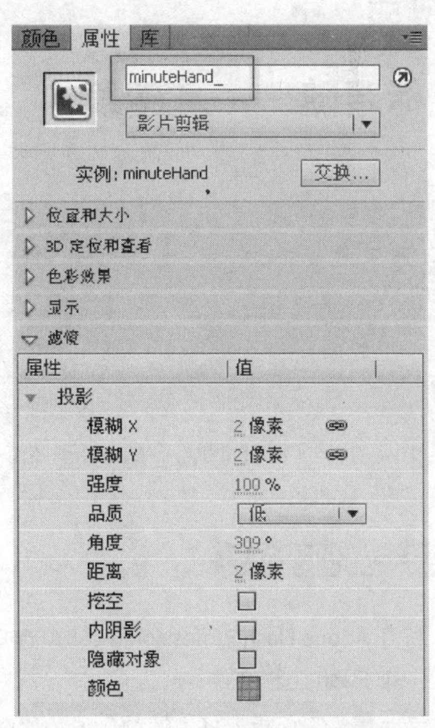


图 4-114　定义实例名称及添加滤镜

**03** 在“时间轴”控制面板上锁定图层“minuteHand”，打开图层“hourHand”的锁定。在舞台上选择元件“hourHand”，在“属性”面板上将“实例名称”设为“hourHand_”。打开“滤镜”面板，添加“投影”属性，将其设置如图 4-115 所示。

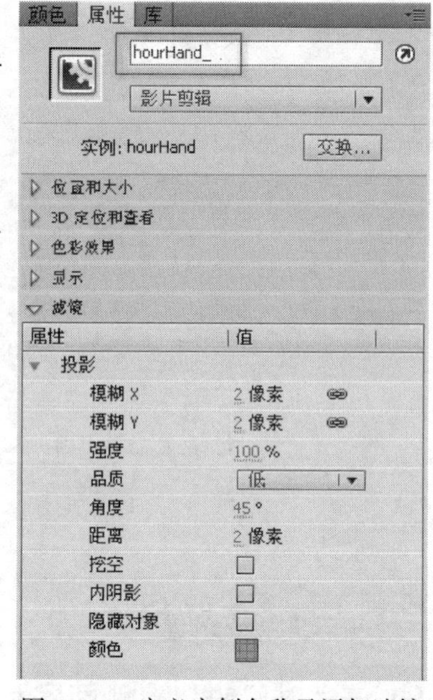


图 4-115　定义实例名称及添加滤镜

**04** 在“时间轴”控制面板上新建图层“actions”，选择第“1”帧，单击鼠标右键选择快捷菜单中的“动作”命令。在打开的“动作”面板输入如下所示代码：

```
this.addEventListener("enterFrame", clockHandler);
function clockHandler(e:Event) {

    var time = new Date();
    var hourHand = time.getHours();
    var minuteHand = time.getMinutes();
    var secondHand = time.getSeconds();

    hourHand_.rotation = 30 * hourHand + minute
    Hand / 2;
    minuteHand_.rotation = 06 * minuteHand;
    secondHand_.rotation = 06 * secondHand;
}
```

这时按 Ctrl+Enter 键观看影片，电子钟开始走动了。

本例到这里结束。很多个人 Blog 和网站空间会用到这样的电子时钟，你的时钟，开始走动了吗？

## 实例 55

# 鼠标跟随——基础篇

图 4-116　实例 55：鼠标跟随——基础篇

鼠标跟随一度是 Flash 最吸引人的地方——十年前，网站上如果有个不一样的鼠标跟随动画，那个酷啊！

**提示：**

在这个例子里（如图 4-116 所示），你会学到关于 ActionScript 中的混合计算！

### 步骤一：创建文件

**01** 打开 Adobe Flash Professional CS5，选择“新建”面板下的“ActionScript 3.0”选项，新建一个 Flash 工程文件。

**02** 在“属性”面板上将“帧频”设为“60.00”，“背景颜色”设为“#CCCC99”。

## 步骤二：替换鼠标

**01** 选择“文件”|“导入”|“导入到舞台”命令，将图片“cool.png”导入到舞台。使用“工具”面板上的“任意变形工具”将其缩小到合适比例，并移到舞台范围之外。如图 4-117 所示，按 F8 键将其转换为元件。“名称”设为“mouse”，“类型”设为“影片剪辑”。

**02** 如图 4-118 所示，在“属性”面板上设置元件的“实例名称”为“mouse”。

图 4-117　导入图片

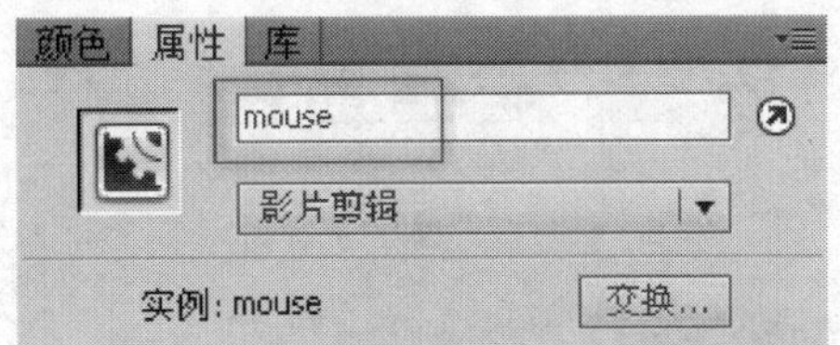


图 4-118　设置实例名称

## 步骤三：添加 AS

在“时间轴”控制面板上新建图层，并重命名为“actions”。选择第“1”帧，单击鼠标右键选择快捷菜单中的“动作”命令，在弹出的“动作”面板中输入如下所示代码：

```
Mouse.hide();
stage.addEventListener(MouseEvent.MOUSE_MOVE, moveThatMouse);

function moveThatMouse(evt:MouseEvent):void {
    mouse.x = stage.mouseX;
    mouse.y = stage.mouseY;
    evt.updateAfterEvent();
}

var textStr:String="这本书好学么？你学会几个实例啦？";
var jianju:uint=15;
var speed:uint=2;
var len:uint=textStr.length;
var textFormat:TextFormat=new TextFormat();
textFormat.size=14;
textFormat.color=0xff9900;

for (var i:uint=0; i<len; i++) {
    this["text"+i]=new TextField();
    this["text"+i].text=textStr.charAt(i);
    this["text"+i].x=100+jianju*i;
    this["text"+i].y=200;
    this["text" + i].setTextFormat(textFormat);
    addChild(this["text"+i]);
}

addEventListener(Event.ENTER_FRAME,follow);
function follow(e:Event) {
    this.text0.x+=(root.mouseX+jianju-this.text0.x)/speed;
    this.text0.y+=(root.mouseY-this.text0.y)/speed;
    for(var i:uint=len-1;i>0;i--){
        this["text"+i].x+=(this["text"+(i-1)].x+jianju-this["text"+i].x)/speed;
```

```
        this["text"+i].y+=(this["text"+(i-1)].y-this["text"+i].y)/speed;
    }
}
```

这时按 Ctrl+Enter 键观看影片，就能看到鼠标跟随的动画效果了。

本例到这里结束。是不是很有趣啊！

## 实例 56

# 电子日历——基础篇

图 4-119　实例 56：电子日历——基础篇

电子日历也是 Flash 中经常遇到的命题。本例我们采用 mxp 的办法实现！

**提示：**

在这个例子里（如图 4-119 所示），你会学到使用 Adobe Extension Manager 安装组件。

### 步骤一：安装 MXP

“*.mxp” 为 Adobe 相关软件插件的扩展名，可使用 Adobe Extension Manager 进行安装，它主要用来实现用户自定义组件的发布与共享。

**01** 打开 Adobe Extension Manage CS5 的软件，单击右上角的“安装”，如图 4-120 所示。

图 4-120　打开 Adobe Extension Manage CS5

**02** 在弹出的“选取要安装的扩展”窗口中选择“Sickworks_DateChooser.mxp”（这个 mxp 是从 InterNet 上下载的免费资源）。单击“打开”按钮。

**03** 如图 4-121 所示，会弹出一个“免责申明”，单击“接受”按钮。

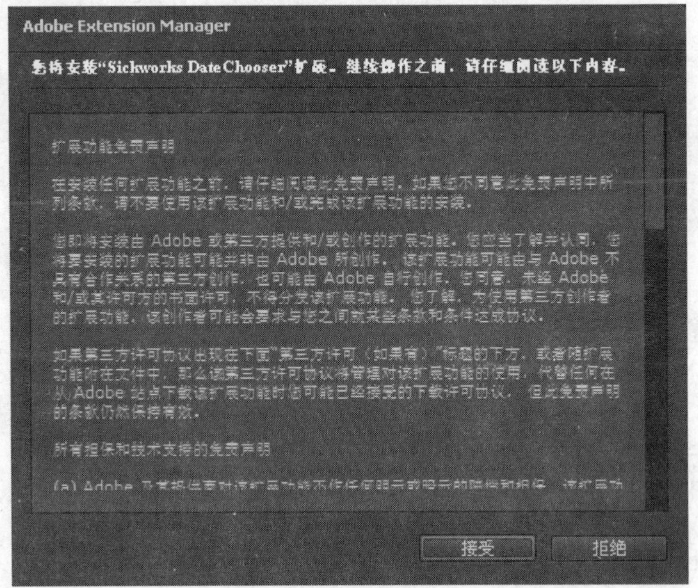

图 4-121　安装 mxp

**04** 当安装完成后，在“已启用栏”会增加一个“Sickworks DateChooser”的扩展，如图 4-122 所示。

图 4-122　安装成功

**05** 关闭 Adobe Extension Manage CS5。

## 步骤二：调用 MXP

**01** 打开 Adobe Flash Professional CS5（注意，必须先安装 mxp，再启动 Flash，如果你的 Flash 一直开着的，就关掉后再打开）。选择“新建”面板下的“ActionScript 3.0”选项，新建一个 Flash 工程文件。

**02** 在“属性”面板上将“尺寸”设为“200 像素”×“200 像素”。

**03** 打开“组件”面板，如图 4-123 所示，组件面板中会增加一个新的“Sickworks”的文件夹。选择组件“Sickworks DateChooser”，将其拖动到舞台上。

**04** 如图 4-124 所示，一个漂亮的日历就放置好了。

**05** 在舞台上选择日历，在“对齐”面板上勾选“与舞台对齐”命令，选择“水平中齐”和“垂直中齐”命令，如图 4-125 所示。

图 4-123　添加组件

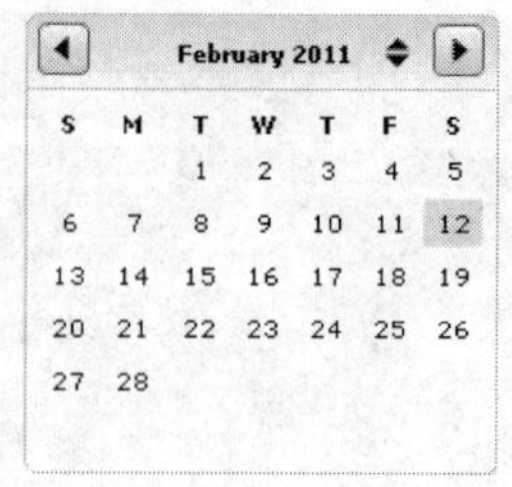

图 4-124　电子日历

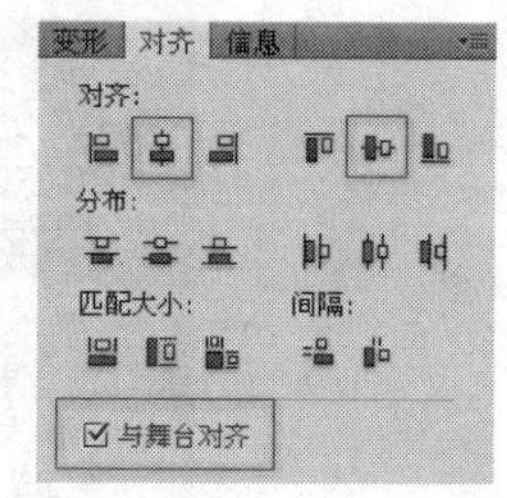

图 4-125　将元件与舞台对齐

## 步骤三：调整MXP

**01** 在“属性”面板上打开“组件参数”面板，分别调整图中示意的这些属性，如图 4-126 所示。这些属性分别修改的是日历的外观样式、显示的中英文字符等。

**02** 首先调整日历的背景颜色，单击“Background Colors”后面的“值”按钮，在弹出的“值”面板中，将“1”的“值”改为“0x666666”，如图 4-127 所示。这是将其设为灰色，你也可以改成你喜欢的别的颜色！

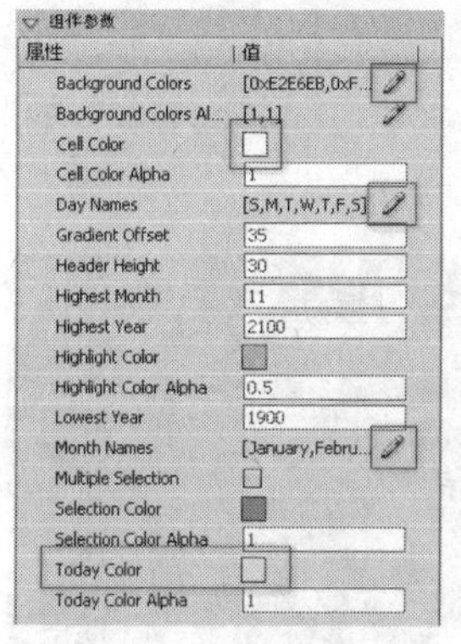

图 4-126　组件参数

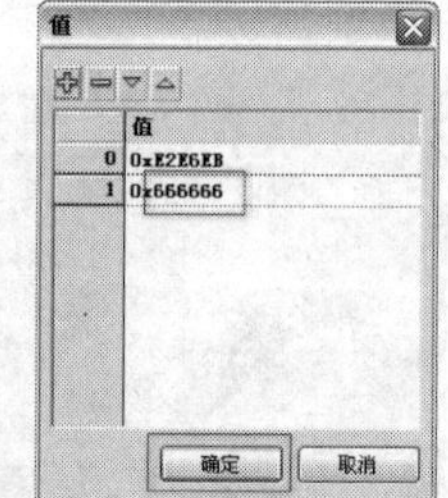

图 4-127　修改背景颜色

**03** 单击“Cell Color”后面的“颜色”方框，将其修改成为“稍浅的灰色”。

**04** 单击“Day Names”面板后面的“值”按钮，在弹出的“值”面板中，将“0”的“值”改为“日”，“1”的“值”改为“一”，以此类推，如图 4-128 所示。修改完成后单击“确定”按钮。

**05** 单击“Month Names”面板后面的“值”按钮，在弹出的“值”面板中，将“0”的“值”改为“一月”，“1”的“值”改为“二月”，以此类推，如图 4-129 所示。修改完成后单击“确定”按钮。

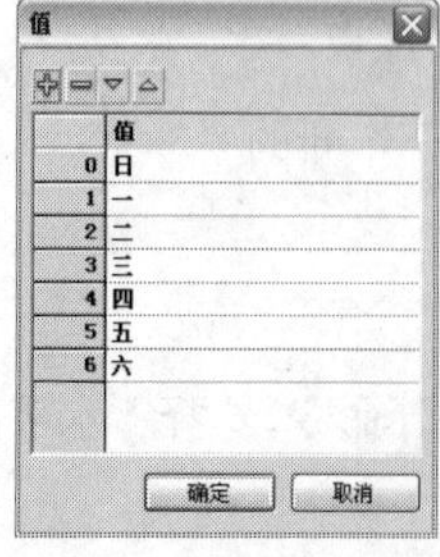

图 4-128　“值”对话框

图 4-129　“值”对话框

**06** 单击“Today Color”后面的“颜色”方框，将其修改成为“中黄色”。

按 Ctrl+Enter 键预览影片效果，结果如图 4-119 所示。

本例到这里结束。使用 mxp 可以极大的提高我们的工作效率，你也可以编写自己的 mxp！

## 实例 57

# 3D 旋转菜单

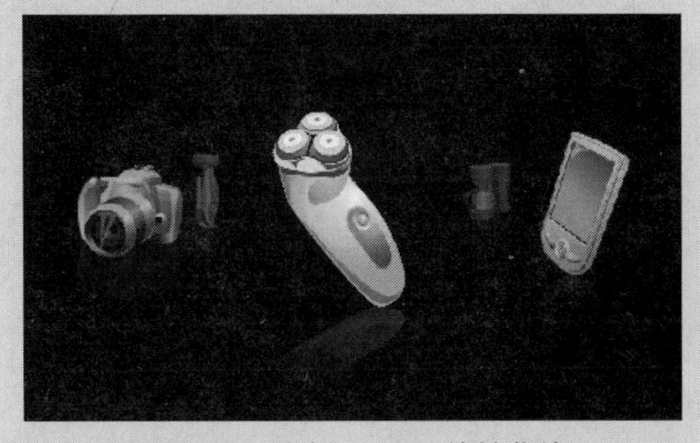

图 4-130　实例 57：3D 旋转菜单

**提示：**

在这个例子里（如图 4-130 所示）你会学到关于“Math”的用法。

### 步骤一：创建文件

**01** 打开 Adobe Flash Professional CS5，选择“新建”面板下的“ActionScript 3.0”选项，新建一个 Flash 工程文件。

**02** 在“属性”面板上单击“编辑”按钮，在弹出的“文档设置”面板中将“尺寸”设为“550 像素”×“400 像素”，“背景颜色”为“黑色”，“帧频”设为“12.00”，单击“确定”按钮。

**03** 按 Ctrl+S 键将文件保存为“rotateMenu.fla”。

### 步骤二：制作图片菜单

**01** 选择“文件”|“导入”|“导入到库”命令，从外部导入事先做好的“01.png”、“03.png”、“04.png”、“05.png”、“06.png”图片。

**02** 按 Ctrl+F8 键新建元件，将元件“名称”设为“photoMc”，“类型”设为“影片剪辑”，这时系统进入元件“photoMc”的编辑模式。

**03** 从“库”中拖拽图片“01.png”到舞台上。在“对齐”面板勾选“与舞台对齐”后，选择“水平中齐”和“垂直中齐”命令，如图 4-131 所示，得到如图 4-132 所示效果。

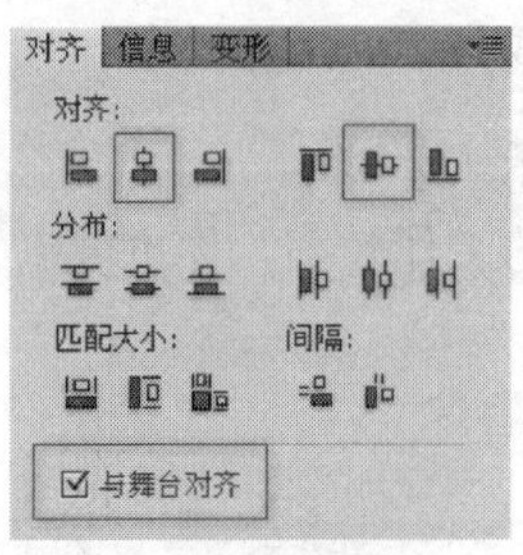


图 4-131　对齐舞台

图 4-132　放置图片“01.png”

**04** 在“时间轴”控制面板上选择“图层 1”的第“2”帧，按 F6 键添加关键帧。在舞台上选择第“2”帧上的图片“01.png”，在“属性”面板上单击“交换”按钮。

**05** 如图 4-133 所示，在弹出的“交换位图”对话框中选择图片“03.png”，单击“确定”按钮。

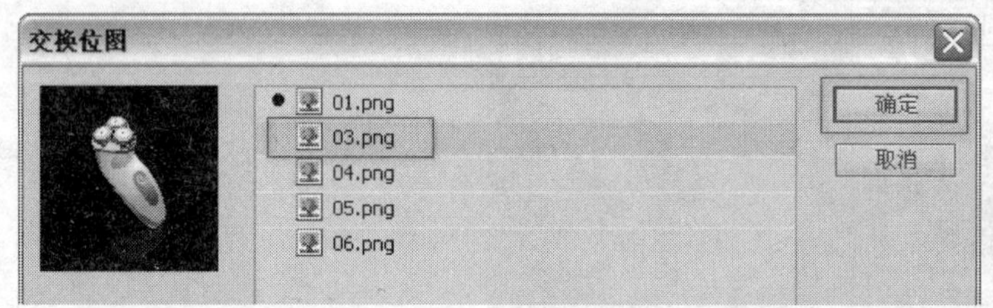


图 4-133　交换位图

**06** 同样的方法，依次替换第“3”帧的图片为“04.png”、第“4”帧的图片为“05.png”，第“5”帧的图片为“06.png”。

**07** 在“时间轴”控制面板上新建图层并重命名为“actions”，单击鼠标右键选择快捷菜单中的“动作”命令，在弹出的“动作”面板中输入以下代码：

```
this.stop();
```

**08** 在“编辑栏”单击“场景 1”回到“场景”编辑模式。

## 步骤三：制作 AS 类文件

**01** 选择“文件”|“新建”命令，在弹出的“新建文档”窗口选择“ActionScript 3.0 类”。

**02** 在弹出的“创建 ActionScript 3.0 类”的对话框中，将“类名称”设置为“Math2”，如图 4-134 所示，单击“确定”按钮。

图 4-134　新建类文件

**03** 在打开的输入窗口输入如下代码：

```
function angleToRadian(angle:Number):Number
{
```

```
    return angle*(Math.PI/180);
}
function radianToAngle(radian:Number):Number
{
    return radian*(180/Math.PI);
}
function sinD(angle:Number):Number
{
    return Math.sin(angleToRadian(angle));
}
function cosD(angle:Number):Number
{
    return Math.cos(angleToRadian(angle));
}
function atan2D(y:Number, x:Number):Number
{
    return radianToAngle(Math.atan2(y, x));
}
```

**04** 按 Ctrl+S 键保存文件为“Math2.as”。

## 步骤四：添加 AS

**01** 在“库”面板上选择元件“photoMc”，鼠标右键选择“属性”命令。

**02** 打开“高级”按钮，勾选“为 ActionScript 导出”和“在第 1 帧中导出”选项，设置“类”为“IconMenu”，如图 4-135 所示，单击“确定”按钮。

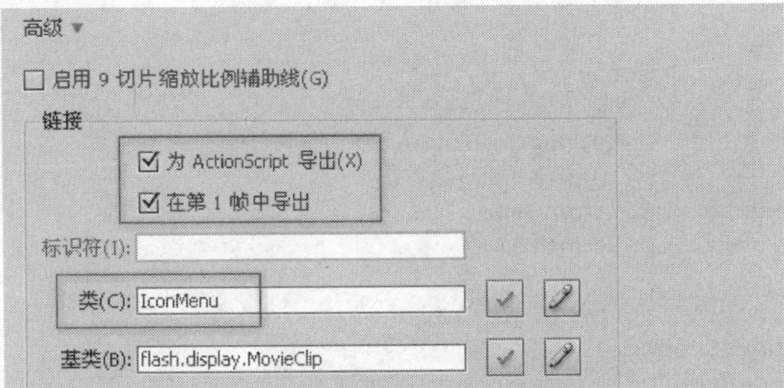


图 4-135　设置元件高级属性

**03** 在“时间轴”控制面板上选择“图层 1”的第“1”帧，单击鼠标右键选择“动作”命令，在打开的窗口中输入以下代码：

```
include "Math2.as";
stage.frameRate=30;

var disx:Number=200;
var disy:Number=10;
var speed:Number=0;
var endAngle:Number=90;
var tempAngle:Number=0;
var isRotating:Boolean=true;
var menu:Sprite=new Sprite();
menu.x=275;
menu.y=180;
menu.addEventListener(Event.ENTER_FRAME,moveMenu);
this.addChild(menu);
```

```
initMenu(5);

function initMenu(n:int)
{
     for(var i:int;i<n;i++)
     {
          var mc:MovieClip=new IconMenu()
          mc.scaleX=mc.scaleY=.5
          mc.addEventListener(MouseEvent.MOUSE_DOWN,startRotation)
          menu.addChild(mc)
     }
};

function initAngle(b:Boolean)
{
     if(isRotating)
     tempAngle+=speed
     speed=0
     isRotating=b
};

function startRotation(e:MouseEvent):void
{
     var currentIcon:MovieClip=e.target
     endAngle=atan2D(currentIcon.y,cosD(currentIcon.angle)*disy)
     endAngle=(endAngle>-180&&endAngle<-90)?-270-endAngle:90-endAngle
     initAngle(true)
     menu.addEventListener(Event.ENTER_FRAME,moveMenu)
};

function moveMenu(e:Event):void
{
     var iconCount:int=menu.numChildren
     var depthArray:Array=new Array()
     var angle:Number=360/iconCount
     for(var z:int;z<iconCount;z++)
     {
          var mc:MovieClip=menu.getChildAt(z)
          mc.gotoAndStop(z+1)
          mc.angle=tempAngle+speed+angle*z
          mc.x=cosD(mc.angle)*disx
          mc.y=sinD(mc.angle)*disy
          depthArray[z]=mc
          setProp(mc,"alpha")
          setProp(mc,"scaleX",.2,.7)
          setProp(mc,"scaleY",.2,.7)
     }
     arrange(depthArray)
     speed+=(endAngle-speed)*.2
     if(Math.abs(speed-endAngle)<1)
     {
          menu.removeEventListener(Event.ENTER_FRAME,moveMenu)
          initAngle(false)
     }
};

function arrange(depthArray:Array):void
{
     depthArray.sortOn("y", Array.NUMERIC)
     var i:int = depthArray.length
```

```
    while(i--)
    menu.setChildIndex(depthArray[i], i)
}

function setProp(mc:MovieClip,prop:String,n1:Number=.5, n2:Number=1): void
{
    mc[prop]=((mc.y+2*disy)/disy-1)/2*(n2-n1)+n1
}
```

这时按 Ctrl+Enter 键就能看见图片旋转的效果啦！

本例到这里结束，是不是很酷啊！

## 实例 58

# 一问一答

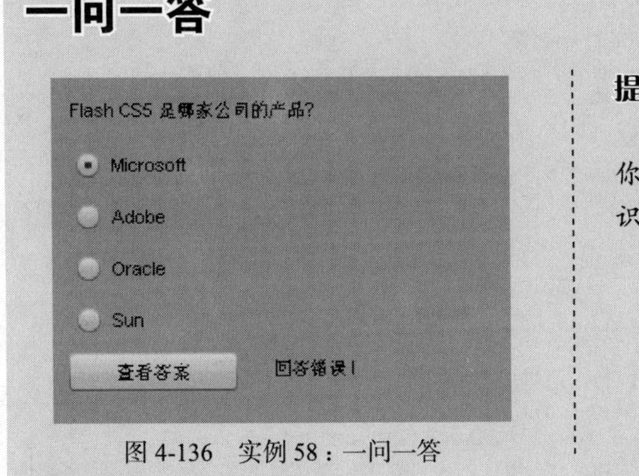


图 4-136 实例 58：一问一答

**提示：**

在这个例子里（如图 4-136 所示），你会学到关于“RadioButton”的相关知识！

### 步骤一：创建文件

**01** 打开 Adobe Flash Professional CS5，选择“新建”面板下的“ActionScript 3.0”选项，新建一个 Flash 工程文件。

**02** 在“属性”面板上将“背景颜色”设为“浅灰色”。

**03** 按 Ctrl+S 键保存文件为“test.fla”。

### 步骤二：制作 as 类文件

**01** 选择“文件”|“新建”命令，在弹出的“新建文档”窗口选择“ActionScript 3.0 类”选项。

**02** 在弹出的“创建 ActionScript 3.0 类”对话框中将“类名称”设置为“test”，如图 4-137 所示，单击“确定”按钮。

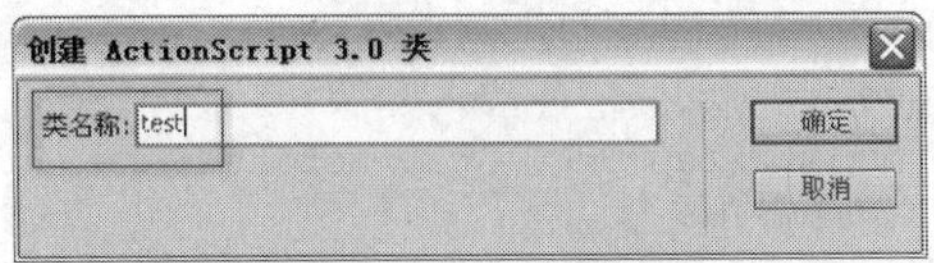


图 4-137 新建类文件

**03** 在打开的输入窗口输入如下代码：

```
package
{
    import fl.controls.Button;
    import fl.controls.Label;
    import fl.controls.RadioButton;
    import fl.controls.RadioButtonGroup;
    import flash.display.Sprite;
    import flash.events.MouseEvent;
    import flash.text.TextFieldAutoSize;
    public class test extends Sprite
    {
        private var padding:uint = 10;
        private var currHeight:uint = 0;
        private var verticalSpacing:uint = 30;
        private var rbg:RadioButtonGroup;
        private var questionLabel:Label;
        private var answerLabel:Label;
        private var question:String = "Flash CS05      是哪家公司的产品？"
        private var answers:Array = [ "Microsoft", "Adobe", "Oracle", "Sun" ];
        public function test()
        {
            SetupQuestionLabel();
            SetupRadioButtons();
            SetupButton();
            SetupAnswerLabel();
        }
        private function SetupQuestionLabel():void
        {
            questionLabel = new Label();
            questionLabel.text = question;
            questionLabel.autoSize = TextFieldAutoSize.LEFT;
            questionLabel.move(padding, padding + currHeight);
            currHeight += verticalSpacing;
            addChild(questionLabel);
        }
        private function SetupAnswerLabel():void
        {
            answerLabel = new Label();
            answerLabel.text = "";
            answerLabel.autoSize = TextFieldAutoSize.LEFT;
            answerLabel.move(padding + 120, padding + currHeight);

            addChild(answerLabel);
        }
        private function SetupRadioButtons():void
        {
            rbg = new RadioButtonGroup("question1");
            CreateRadioButton(answers[0], rbg);
            CreateRadioButton(answers[1], rbg);
            CreateRadioButton(answers[2], rbg);
            CreateRadioButton(answers[3], rbg);
        }
        private function SetupButton():void
        {
            var b:Button = new Button();
            b.move(padding, padding + currHeight);
            b.label = "查看答案";
            b.addEventListener(MouseEvent.CLICK, CheckAnswer);

            addChild(b);
```

```
        }
        private function CreateRadioButton(rbLabel:String, rbg:Radio- ButtonGroup):void
        {
            var rb:RadioButton = new RadioButton();
            rb.group = rbg;
            rb.label = rbLabel;
            rb.move(padding, padding + currHeight);
            addChild(rb);
            currHeight += verticalSpacing;
        }
        private function CheckAnswer(e:MouseEvent):void
        {
            if (rbg.selection == null)
            {
                return;
            }
            var resultStr:String = (rbg.selection.label == answers[1]) ? "回答正
            确！" : "回答错误！";
            answerLabel.text = resultStr;
        }
    }
}
```

**04** 按 Ctrl+S 键保存文件为“test.as”。

## 步骤三：添加 AS

切换到“test.fla”，如图 4-138 所示，在“属性”面板中设置“类”为“test”。

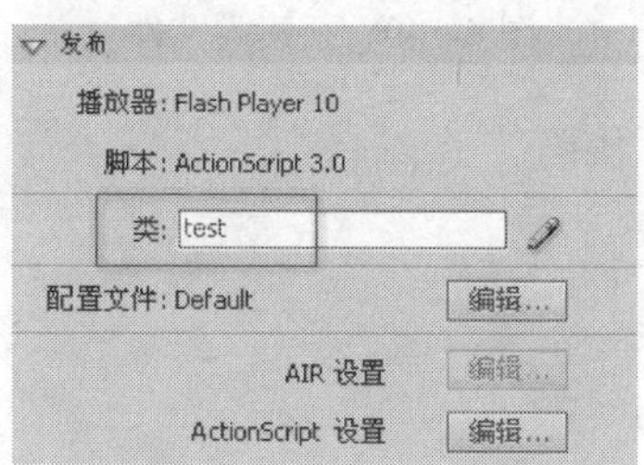


图 4-138　设置类文件

按 Ctrl+Enter 键看看效果吧！好了，本例到这里结束。

## 实例 59

# 详看图片

图 4-139　实例 59：详看图片

这是我在一个国外网站上看到的图片展示效果例子，非常酷！

**提示：**

在这个例子里（如图 4-139 所示），你会学到关于“stageWidth”、“stageHeight”的相关知识！

## 步骤一：创建文件

**01** 打开 Adobe Flash Professional CS5，选择“新建”面板下的“ActionScript 3.0”选项，新建一个 Flash 工程文件。

**02** 在“属性”面板上单击“编辑”按钮,在弹出的“文档设置”面板中将“尺寸”设为“600 像素”×“310 像素”，“帧频”设为“30.00”，单击“确定”按钮。

**03** 按 Ctrl+S 键保存文件为“ImageSlider.fla”。

**04** 在“ImageSlider.fla”的同一目录下，放置一张名为“et.jpg”的图片。

## 步骤二：制作 as 类文件

**01** 选择“文件”|“新建”命令，在弹出的“新建文档”窗口中选择“ActionScript 3.0 类”选项。

**02** 在弹出的“创建 ActionScript 3.0 类”对话框中，如图 4-140 所示，将“类名称”设置为“ImageSlider”，单击“确定”按钮。

图 4-140　新建类文件

**03** 在打开的输入窗口输入如下代码：

```
package {
    import flash.display.*;
    import flash.text.*;
    import flash.net.*;
    import flash.events.*;
    import fl.transitions.Tween;
    import fl.transitions.easing.*;

    public class ImageSlider extends MovieClip {
        private var statusField:TextField;
        private var statusFieldFormat:TextFormat;
        private var imgReq:URLRequest;
        private var imgLoad:Loader;
        private var moveTwX:Tween;
        private var moveTwY:Tween;

        public function ImageSlider(imgPath:String):void {
            this.statusField = new TextField;
            this.statusField.autoSize = TextFieldAutoSize.LEFT;
            this.statusField.selectable = false;
            this.addChild(this.statusField);
            this.statusFieldFormat = new TextFormat("Verdana", 12);

            this.imgReq = new URLRequest(imgPath);
            this.imgLoad = new Loader();
            this.imgLoad.load(this.imgReq);
            this.imgLoad.contentLoaderInfo.addEventListener(IOError-Event.IO_
            ERROR, imgNotFound);
```

```
            this.imgLoad.contentLoaderInfo.addEventListener(Event.OPEN,
            imgLoadingStart);
            this.imgLoad.contentLoaderInfo.addEventListener(Event.COMPLETE,
            imgLoaded);

            this.moveTwX = new Tween(this.imgLoad, "x", null, this.imgLoad. x, this.
            imgLoad.x, 1);
            this.moveTwY = new Tween(this.imgLoad, "y", null, this.imgLoad. y, this.
            imgLoad.y, 1);
        }

        private function setText(tColor:uint, tMessage:String):void {
            this.statusFieldFormat.color = tColor;
            this.statusField.text = tMessage;
            this.statusField.setTextFormat(this.statusFieldFormat);
            this.statusField.x = (stage.stageWidth -this.statusField.width) / 2;
            this.statusField.y = (stage.stageHeight -this.statusField.height) / 2;
        }

        private function imgNotFound(event:Event):void {
            this.setText(0xff0000, "Wrong image path!");
        }

        private function imgLoadingStart(event:Event):void {
            this.setText(0x999999, "Loading image...");
        }

        private function imgLoaded(event:Event):void {
            this.statusField.visible = false;
            this.addChild(this.imgLoad);
            this.imgLoad.x = (stage.stageWidth -this.imgLoad.width) / 2;
            this.imgLoad.y = (stage.stageHeight -this.imgLoad.height) / 2;
            this.addEventListener(MouseEvent.MOUSE_MOVE, mouseMoving);
        }

        private function mouseMoving(event:MouseEvent):void {
            this.moveTwX.stop();
            this.moveTwY.stop();
            this.moveTwX = new Tween(this.imgLoad, "x", Strong.easeOut, this.
            imgLoad.x, -(mouseX / stage.stageWidth) * (this.imgLoad.width-stage.
            stageWidth), 50);
            this.moveTwY = new Tween(this.imgLoad, "y", Strong.easeOut, this.
            imgLoad.y, -(mouseY / stage.stageHeight) * (this.imgLoad.height-
            stage.stageHeight), 50);
        }
    }
}
```

**04** 按 Ctrl+S 键保存文件为“ImageSlider.as”。

## 步骤三：添加 AS

切换到“ImageSlider.fla”，在“时间轴”面板选择第“1”帧。用鼠标右键单击选择快捷菜单中的“动作”命令，在弹出的“动作”面板中输入如下代码：

```
var IS:ImageSlider = new ImageSlider("et.jpg");
addChild(IS);
```

按 Ctrl+Enter 键看看效果吧！

好了，本例到这里结束。你也一定喜欢这个非常酷的图片展示效果吧！

## 实例 60

# 电子日历——高级篇

图 4-141　实例 60：电子日历——高级篇

无论是在个人网站还是博客上，都可以嵌入的个性化月历和时钟。

**提示：**

在这个例子里（如图 4-141 所示），你会全面练习“动态文本框”的相关技术要点，以及使用“Actionscript3”实现“日历牌”与“时钟”功能的方法。

## 步骤一：创建文件

**01** 打开 Adobe Flash Professional CS5，选择“新建”面板下的“ActionScript 3.0”选项，新建一个 Flash 工程文件。

**02** 在“属性”面板上单击“编辑”按钮，在弹出的“文档设置”面板中将“尺寸”设为“640 像素”×“480 像素”，“帧频”设为“12.00”，单击“确定”按钮。

**03** 选择“文件”|“保存”，将文件存为“e_month.fla”文件。

## 步骤二：制作日历及电子时钟

**01** 选择“文件”|“导入”|“导入到舞台”命令，从外部导入“HB075_72A.jpg”图片，如图 4-142 所示。

图 4-142　导入背景图

**02** 在“时间轴”控制面板上将“图层 1”重命名为“BG”，并将其锁定。新建图层并重命名为“year”。选择“工具”面板“文本工具”，在“属性”面板上设置“文本引擎”为“传统文本”，“文本类型”为“动态文本”，如图 4-143 所示。在舞台上右上方单击，舞台上会出现一个虚线显示的文本框，输入一个年份。选择该文本框，在“属性”面板上设置该动态文本框的“实例名称”命名为“year_txt”、“字体”为“_sans”、“大小”为“38”、“颜色”为“橙黄色”，得到如图 4-144 所示效果。

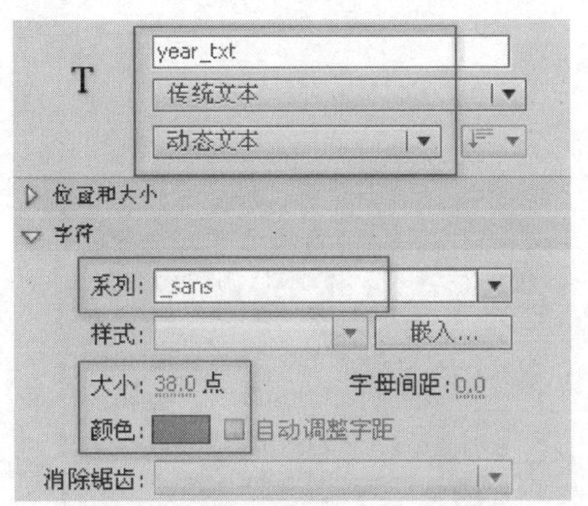


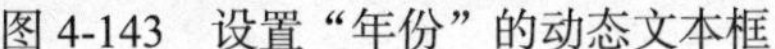

图 4-143　设置“年份”的动态文本框

图 4-144　“年份”动态文本框设置效果

**03** 在“时间轴”控制面板上新建图层并重命名为“week”，锁定图层“year”。选择“工具”面板上的“文本工具”，在“属性”面板上设置“文本类型”为“静态文本”、“系列”为“隶书”，在舞台上年份的下方输入“日 一 二 三 四 五 六”，如图 4-145 所示。选择该文本，按 Ctrl+B 键两次，将文本打散，再按 Ctrl+G 键将其组合。

**04** 在“时间轴”控制面板上新建图层并重命名为“yue”，锁定图层“week”。选择“工具”面板“文本工具”，在“属性”面板设置“文本类型”为“动态文本”，在舞台上“周”的下方单击，舞台上会出现一个虚线显示的文本框，选择该文本框，在“属性”面板设置该动态文本框的“实例名称”为“mon_txt”、“字体”为“_sans”、“大小”为“100”、“颜色”为“浅紫色”，如图 4-146 所示。

图 4-145　输入“周”文本

图 4-146　设置“月份”的动态文本框

**05** 在“时间轴”控制面板上新建图层并重命名为“day”，锁定图层“yue”。选择“工具”面板上的“文本工具”，在“属性”面板上设置“文本类型”为“动态文本”，“实例名称”设为“d0”，在舞台上“日”字下方单击，舞台上会出现一个虚线显示的文本框，选择该文本框，将其拉伸到合适的大小。在“属性”面板设置其“系列”为“微软雅黑”、“大小”为“14”、“颜色”为“深灰色”、“消除锯齿”为“可读性消除锯齿”。调整“段落”中的“格式”为“居中对齐”、“行距”为“2”、“行为”为“单行”，如图 4-147 所示。

**06** 如图 4-148 所示，勾选“文本”|“样式”|“仿粗体”选项。

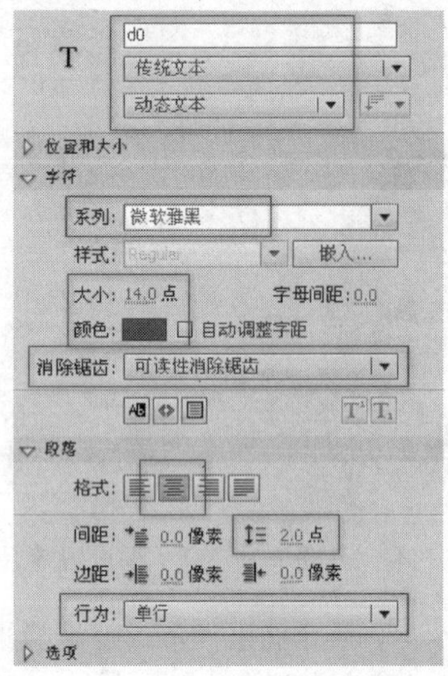


图 4-147 设置“日期”的动态文本框

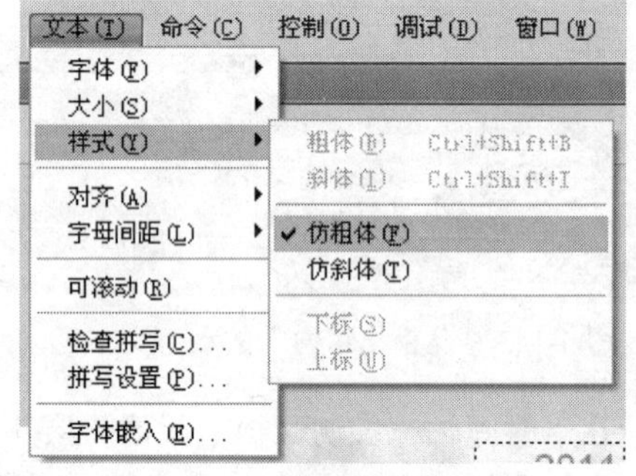


图 4-148 设置文本样式

**07** 选择该动态文本框，单击属性面板上的“嵌入”按钮，如图 4-149 所示，将使用的特殊字体“微软雅黑”嵌入成为元件“字体 1”，这样在不同的机器上都能正确显示该字体的样式了。

图 4-149 嵌入字体

**08** 选择该动态文本框，按 Ctrl+D 键快速复制文本框。如图 4-150 所示，最终复制出 5 行，每行 7 个，用来放置每个月的日期。最后使用“对齐”面板将它们彼此对齐。

图 4-150 复制“日期”动态文本框

**09** 依次修改第 1 排的第 2 个动态文本框，在“属性”面板设置该动态文本框的“实例名称”为“d1”，如图 4-151 所示。同样的方法，依次选择第 1 排的第 3 个到最后一排的最后一个，从“d2”标注到“d34”。

**10** 在“时间轴”控制面板上新建图层并重命名为“time”，锁定图层“day”。选择“工具”面板“文本工具”,在“属性”面板上设置“文本类型”为“静态文本”、“系列”为“黑体”，在舞台右下角输入“时”、“分”、“秒”。然后在“文本工具”的“属性”面板设置“文本类型”为“动态文本”、“系列”为“微软雅黑”，在文字“时”、“分”、“秒”的左侧添加动态文本框，如图 4-152 所示。分别将其“实例名称”命名为“hh_txt”、“mm_txt”、“ss_txt”，将这三个动态文本框的“颜色”设为“黄绿色”。

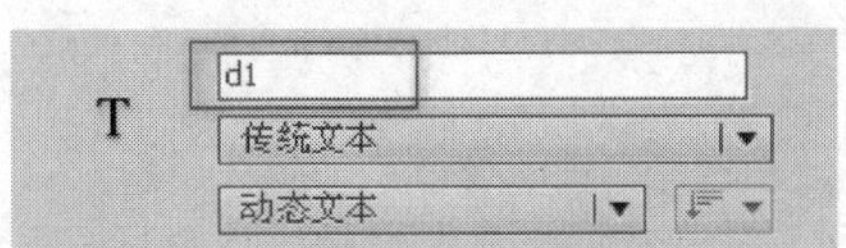


图 4-151　设置实例名称

图 4-152　设置表示“时间”的动态文本框

## 步骤二：添加脚本语言

**01** 在“时间轴”控制面板上新建图层并重命名为“action”，选择第“1”帧，单击鼠标右键选择快捷菜单中的“动作”命令，在打开的窗口中输入以下代码：

```
var date:Date = new Date();
var year = date.getFullYear ();
var mon = date.getMonth();
var day = date.getDate();
var hh = date.getHours();
var mm = date.getMinutes();
var ss = date.getSeconds();
hh_txt.text = hh;
mm_txt.text = mm;
ss_txt.text = ss;
mon_txt.text = mon + 1
var oneday:Date = new Date(year,mon,1);
var days:Array = [31,28,31,30,31,30,31,31,30,31,30,31];
if (year%04        == 0 || year%400 == 0)
{
days.splice(1,1, 29);
}
var mondays = days[ mon ];
var weekday = oneday.getDay ();
year_txt.text = year;
function showday () {
var i;
var j = weekday;
for ( i =1;i <= mondays;i++) {
this["d" +j].text = i;
j += 1;
}
var today = (day + weekday) -1;
this["d" + today].textColor
= 0xFF3366;
}
showday();
var jrname;
var jrday;
function showjrday ( ) {
this["d"+jrday].autoSize = TextFieldAutoSize.LEFT;
this["d"+jrday].multiline = true;
this["d"+jrday].wordWrap = true;
```

```
this["d"+jrday].text = jrname;
this["d"+jrday].textColor = 0x669900;
}
switch (mon) {
case 0:
jrname = "1 元旦 "
jrday = (01        + weekday) -1;
showjrday();
break;
case 1:
jrname = "14 情人节 ";
jrday = (14        + weekday) -1;
showjrday();
break;
case 2:
jrname = "8 国际妇女节 ";
jrday = (08        + weekday) -1;
showjrday();
break;
case 3:
jrname = "5 清明节 ";
jrday = (05        + weekday) -1;
showjrday();
break;
case 4:
jrname = "1 国际劳动节 ";
jrday = (01        + weekday) -1;
showjrday();
jrname = "4 青年节 ";
jrday = (04        + weekday) -1;
showjrday()
break;
case 5:
jrname = "1 国际儿童节 ";
jrday = (01        + weekday) -1;
showjrday();
break;
case 6:
jrname = "1 建党节 ";
jrday = (01        + weekday) -1;
showjrday();
break;
case 7:
jrname = "1 建军节 ";
jrday = (01        + weekday) -1;
showjrday();
break;
case 9:
jrname = "1 国庆节 ";
jrday = (01        + weekday) -1;
showjrday();
break;
case 11:
jrname = "25 圣诞节 ";
jrday = (205       + weekday) -1;
showjrday();
break;
}
```

**02** 选择所有图层的第“2”帧，按 F5 键添加帧。然后选择图层“action”的第“2”帧，单击鼠标右键选择快捷菜单中的“插入空白关键帧”命令，再次单击鼠标右键选择快捷菜单中的“动作”命令，在打开的窗口输入以下代码：

```
gotoAndPlay(1);
```

这时按 Ctrl+Enter 键就能看到如图 4-141 所示电子日历的效果啦！

本例到这里结束。这种针对动态文本框调用的方式你学会了么？

## 实例 61

# 下拉菜单

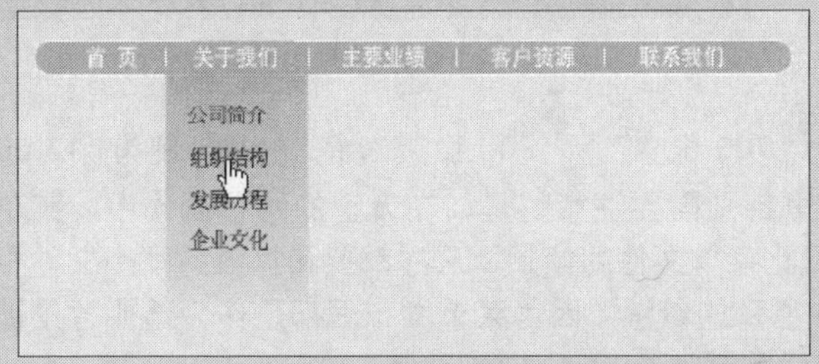


图 4-153　实例 61：下来菜单

下拉菜单是 Flash 最常见最实用的技术之一，所以，CS5 将它模板化了。

**提示：**

在这个例子里（如图 4-153 所示），你会学到使用 CS5 预设的模板创建下拉菜单以及使用“翻转关键帧”命令！

一个最常见的企业门户网站通常会有如图 4-154 所示的基本结构，所以，下拉菜单中通常要反映这种结构。以此结构为例，我们使用 Flash CS5 的模板制作一个下拉菜单。本例较为复杂，需要有简单的英文、数学和 AS 基础。如果这个例子你能顺畅的一路学下来，恭喜你，Flash 的基本工作原理你已完全掌握。

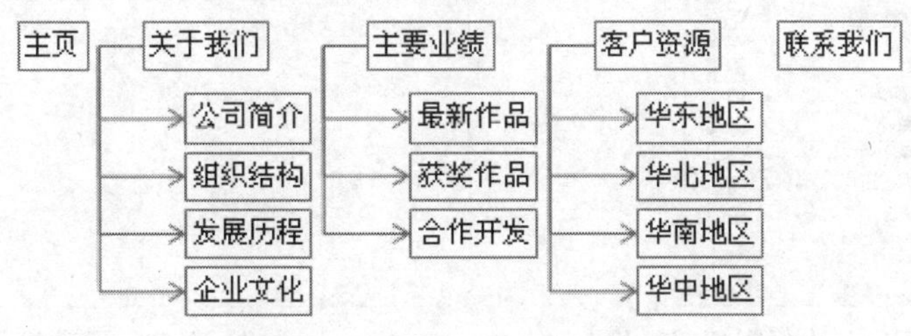


图 4-154　下拉菜单的基本结构

### 步骤一：创建文件

**01** 打开 Adobe Flash Professional CS5，选择“文件”|“从模板创建”命令，在弹出的“从模板创建”对话框中选择“模板”面板下的“范例文件”中的“菜单范例”，如图 4-155 所示，单击“确定”按钮，创建一个 Flash 工程文件。

**02** 这时系统自动生成了一个下拉菜单，如图 4-156 所示。选择“文件”|“保存”命令，将文件保存为“menu.fla”按 Ctrl+Enter 键预览一下菜单效果。

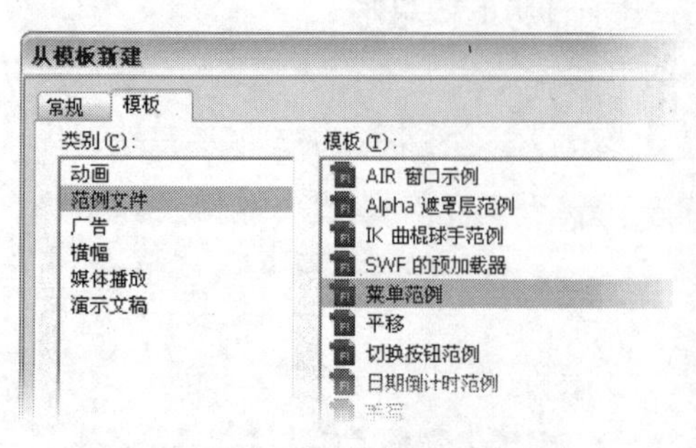


图 4-155　从模板创建

图 4-156　模板初始样式

**03** 在“属性”面板上调整“尺寸”设为“700 像素”×“300 像素”，将“帧频”设为“12.00”，“背景颜色”设为“#EDF1F0”。这里特别需要注意的是，在大型的网站制作中，菜单通常是作为单独的 SWF 文件加载，因此菜单文件的帧频、尺寸都要和加载的那个文件相适应。至于背景颜色仅作为一个整体色系的参考，因为菜单发布后都是作为透明背景被加载到新的文件中，除非你有特殊的背景要求。

## 步骤二：调整导航条

**01** 在舞台上双击导航条，即元件“Full Menu”，进入元件“Full Menu”的编辑模式。如图 4-157 所示，在“时间轴”面板已有如下的许多图层。

**02** 关闭所有图层，只开启图层“菜单栏”。使用“颜色”面板，将导航条调整成为“蓝色带有白边”，如图 4-158 所示。当然也可以调整你喜欢的颜色。

图 4-157　“时间轴”面板默认图层状态

图 4-158　调整颜色

**03** 在“时间轴”面板上锁定图层“菜单栏”，打开图层“文本按钮”。选择“菜单 3”即元件“menu3_btn”，按住 Shift+Alt 键复制一个元件。选择复制的元件，在“属性”面板上单击“交换”按钮，在弹出的“交换元件”按钮快捷菜单上选择“直接复制元件”命令。在弹出的“直接复制元件”对话框中将“元件名称”设为“menu4”，如图 4-159 所示，单击“确定”按钮。

图 4-159　直接复制元件

**04** 在舞台上选择元件“menu4”，在“属性”面板上设置“实例名称”为“menu4_btn”，如图 4-160 所示。

**05** 同样的方法，选择元件“menu4”，按住 Shift+Alt 键复制一个元件。选择复制的元件，在“属性”面板上单击“交换”按钮，在弹出的“交换元件”按钮快捷菜单中选择“直接复制元件”命令。在弹出的“直接复制元件”对话框中将“元件名称”设为“menu5”，单击“确定”按钮。在“属性”面板上设置“实例名称”为“menu5_btn”，如图 4-161 所示。

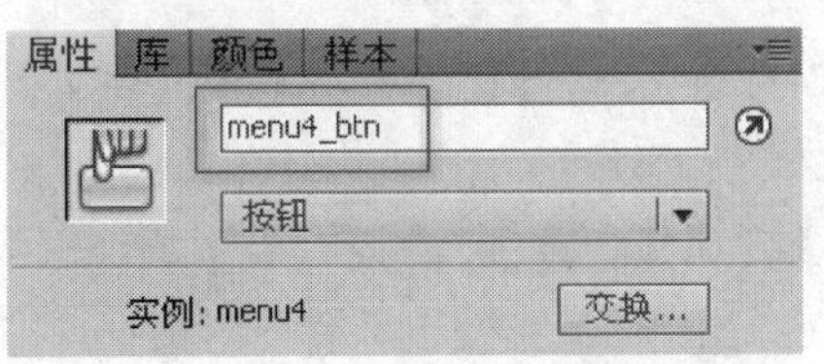

图 4-160　设置实例名称

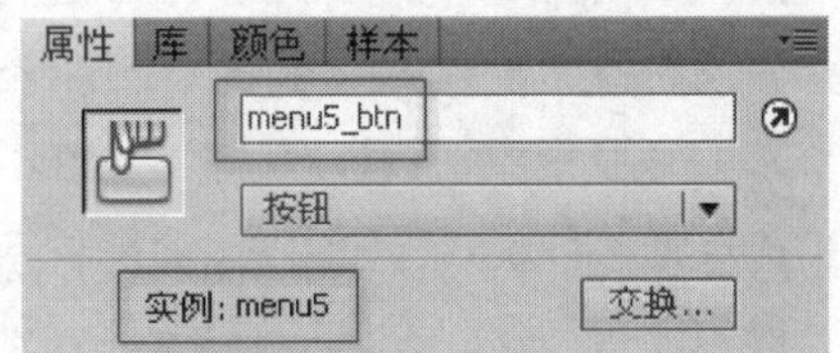

图 4-161　设置实例名称

**06** 双击“菜单 1”即元件“menu1”，进入“menu1”的编辑模式，双击文本，修改文本为“首页”，在“属性”面板上设置“系列”为“黑体”。单击“编辑栏”上的元件名“Full Menu”，返回元件“Full Menu”的编辑模式。

**07** 同样的方式，依次修改元件“menu2”为“关于我们”，元件“menu3”为“主要业绩”，元件“menu4”为“客户资源”，元件“menu5”为“联系我们”。

**08** 按住 Shift 键，选择元件“menu1”、“menu2”、“menu3”、“menu4”、“menu5”，使用“对齐”面板上的“垂直中齐”和“右侧分布”命令，将元件对齐并单个调整，得到如图 4-162 所示效果。

图 4-162　设置实例名称

**09** 在“时间轴”控制面板上锁定图层“文本按钮”，打开图层“菜单栏”。选择“工具”面板上的“线条工具”，开启“对象绘制”按钮，在“属性”面板将“笔触颜色”设为“白色”，在导航条上画出按钮间的分隔线，如图 4-163 所示。

图 4-163　画出分隔线

**10** 选择该线条，按住 Shift+Alt 键复制另外几条直线到按钮之间，得到如图 4-164 所示效果。

首 页 | 关于我们 | 主要业绩 | 客户资源 | 联系我们

图 4-164　复制分隔线

## 步骤二：调整下拉菜单

**01** 在“时间轴”面板上锁定图层“菜单栏”。打开图层“菜单 1”、“菜单 2”、“菜单 3”，删除图层“菜单 2”、“菜单 3”。选择“菜单 1”，将其与按钮文字“关于我们”对齐（因为首页下没有下拉菜单）。双击“菜单 1”，即元件“mune 1”，进入元件“mune 1”的编辑模式。修改下拉菜单的“填充颜色”为“导航条蓝色到舞台背景色”的渐变色。使用“工具”面板的“渐变变形工具”调整渐变色的方向，如图 4-165 所示。

**02** 分别修改下拉菜单上的元件“item1”中的文字为“公司简介”，元件“item2”中的文字为“组织结构”，元件“item3”中的文字为“发展历程”。

**03** 选择元件“item3”，按住 Alt 键复制元件。在“属性”面板上单击“交换”按钮，在弹出的“交换元件”按钮上选择“直接复制元件”命令。在弹出的“直接复制元件”对话框中将“元件名称”设为“item4”。单击“确定”按钮后，在“属性”面板设置其“实例名称”为“item4_btn”，如图 4-166 所示。

**04** 修改元件“item4”的文字内容为“企业文化”，得到如图 4-167 所示效果。

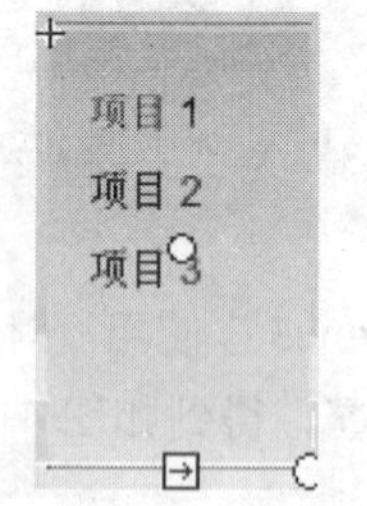


图 4-165 调整渐变色

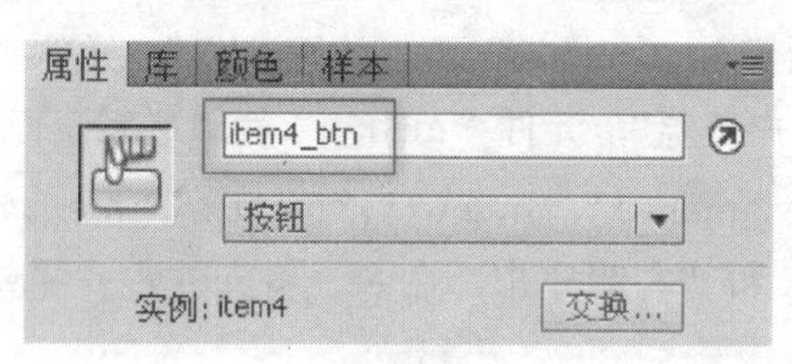


图 4-166 设置实例名称

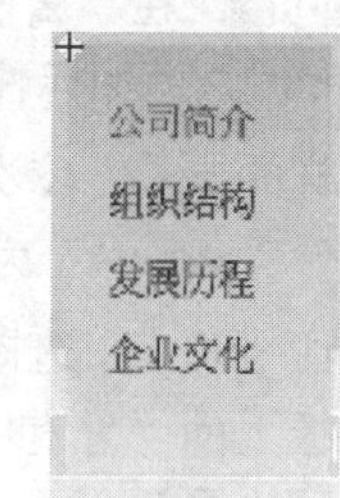


图 4-167 修改下拉菜单文字

**05** 单击“编辑栏”上的元件名“Full Menu”，返回元件“Full Menu”的编辑模式。在舞台上选择元件“menu 1”，按住 Shift+Alt 键复制 2 个，将其分别与按钮“主要业绩”和“客户资源”对齐（开启“时间轴”控制面板上的“将所有图层显示为轮廓”能帮助你对齐看不见的图层）。

**06** 如图 4-168 所示，分别在“属性”面板上单击“交换”按钮，将复制的元件“menu 1”直接复制成为“menu 2”，将其“实例名称”设置为“menu2”。将复制的元件“menu 1”单击“交换”按钮直接复制成为“menu 3”，将其“实例名称”设置为“menu3”。

图 4-168 交换元件并设置实例名称

**07** 双击元件“menu2”，进入“menu2”的编辑模式。在舞台上选择元件“item1”，如图 4-169 所示，在“属性”面板上单击“交换”按钮，将其交换为元件“item5”，将其“实例名称”设置为“item5_btn”。

**08** 同样的方法，分别将元件“item2”交换成为元件“item6”，“实例名称”为“item6_btn”。将元件“item3”交换成为元件“item7”，“实例名称”为“item7_btn”。分别修改元件“item5”的文字为“最新作品”,元件“item6”的文字为“获奖作品”,元件“item7”的文字为“合作开发”。删除元件“item4”，得到如图 4-170 所示结果。

图 4-169 交换元件并设置实例名称

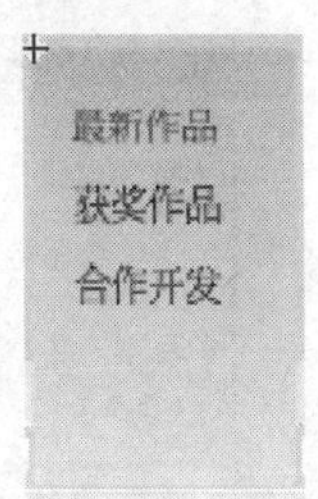


图 4-170 修改下拉菜单文字

**09** 单击“编辑栏”上的元件名“Full Menu”,返回元件“Full Menu”的编辑模式。同样的方法，双击元件“item3”，进入元件“item3”的编辑模式。分别将元件“item1”交换成为元件“item8”,“实例名称”为“item8_btn”。将元件“item2”交换成为元件“item9”,“实例名称”为“item9_btn”。将元件“item3”交换成为元件“item10”,“实例名称”为“item10_btn”。将元件“item4”交换成为元件“item11”,“实例名称”为“item11_btn”。分别修改元件“item8”的文字为“华东地区”，元件“item9”的文字为“华北地区”，元件“item10”的文字为“华南地区”，元件“item11”的文字为“华中地区”。

**10** 单击“编辑栏”上的元件名“Full Menu”，返回元件“Full Menu”的编辑模式。整个下拉菜单修改后的效果如图 4-171 所示。

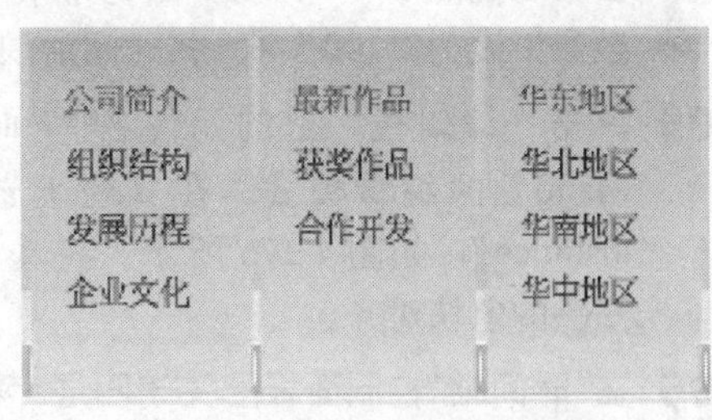


图 4-171 修改好的下拉菜单

## 步骤四：调整动画

如果现在按 Ctrl+Enter 键预览影片是有很多问题的，首先就是动画的速度太慢，鼠标滑过的色块位置不对。

**01** 在“时间轴”控制面板上打开图层“补间实例”。双击位于舞台左侧的灰色色块，即元件“menu nested tween”，进入元件“menu nested tween”的编辑模式，如图 4-172 所示，这段动画正是表现的下拉菜单下拉和收起的过程。由于原先模板设置的帧频为“24”，因而，当我们把帧频调整到“12”时，动画就显得太慢了。

**02** 将鼠标移到第“16”帧，这时鼠标成为水平箭头状态，将动画第“15”帧拖到第“4”帧，第“30”帧拖到第“8”帧。选择多余的帧，将其删除。得到如图 4-173 所示结果。

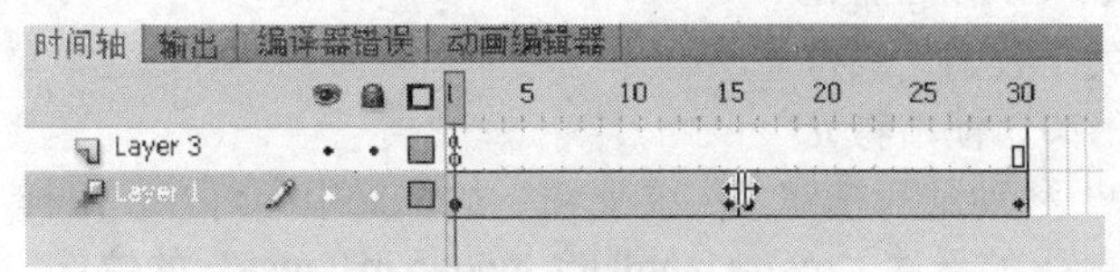


图 4-172 设置模拟下载

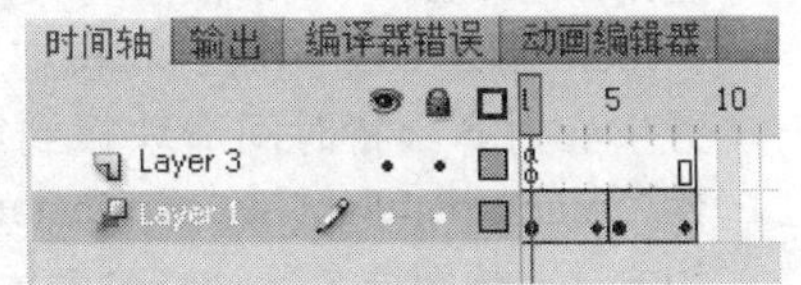


图 4-173 调整动画时间长度

**03** 选择第“1”～“4”帧的动画补间,打开“动画编辑器”,如图 4-174 所示,单击“色彩效果”

面板右侧的“+”号，在弹出的菜单中选择“Alpha”。将时间滑块拨到第“1”帧，将“Alpha 数量”设为“20”%。将时间滑块拨到第“4”帧，将“Alpha 数量”设为“100”%。

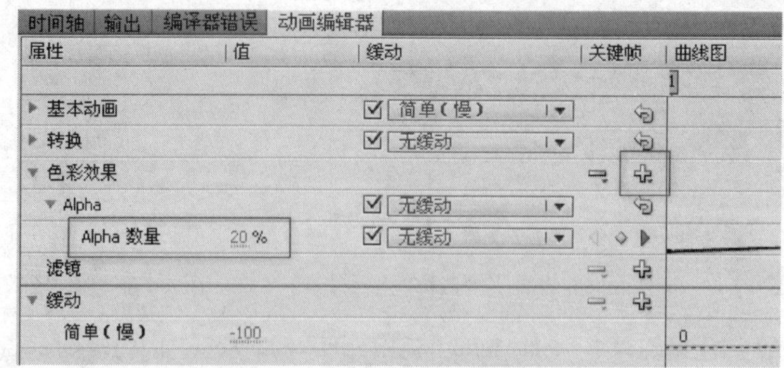


图 4-174　调整动画属性

**04** 同样的方法，选择第“5”～“8”帧的动画补间，打开“动画编辑器”，单击“色彩效果”面板右侧的“+”号，在弹出的菜单中选择“Alpha”。将时间滑块拨到第“5”帧，将“Alpha 数量”设为“100”%。将时间滑块拨到第“8”帧，将“Alpha 数量”设为“20”%。

**05** 单击“编辑栏”上的元件名“Full Menu”，返回元件“Full Menu”的编辑模式。在舞台上选择元件“highlight tween instance”，如图 4-175 所示，将其与按钮“首页”上的一个高亮的色块对齐。

图 4-175　对齐元件

**06** 在“时间轴”控制面板上关闭图层“菜单 1”。双击元件“highlight tween instance”，进入元件“highlight tween instance”的编辑模式。如图 4-176 所示，在“时间轴”控制面板已经有默认的动画了。

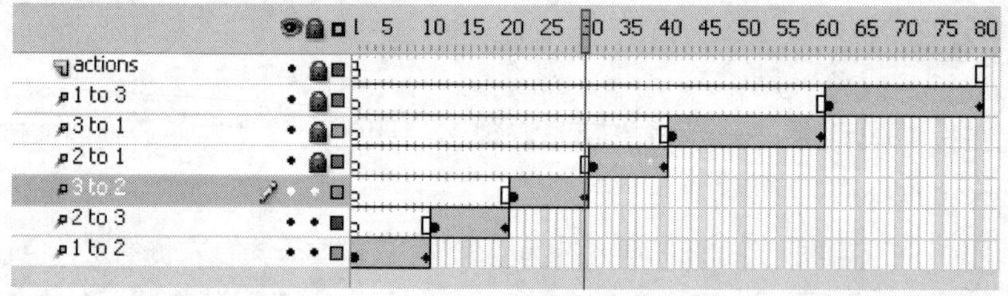


图 4-176　默认动画

**07** 将时间滑块拨到第“10”帧，如图 4-177 所示，将元件“menu highlight -tween instance”向右侧移动到和按钮“关于我们”的位置中心对齐。再将时间滑块拨到第“11”帧，将元件“menu highlight -tween instance”移动到和按钮“关于我们”的位置中心对齐。将时间滑块拨到第“20”帧，将元件“menu highlight -tween instance”移动到和按钮“主要业绩”的位置中心对齐。同样的方法，依图层名称，修改各关键帧上的元件“menu highlight -tween instance”的位置。

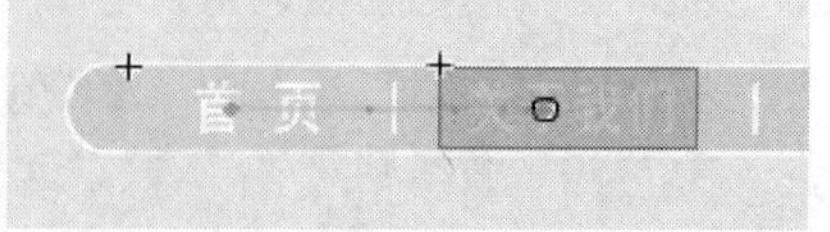


图 4-177　调整动画

**08** 当把默认已有的动画都调整到合适的位置时，需要添加新的动画，因为我们添加了新的按钮，而默认上没有。在“时间轴”控制面板上选择图层“2 to 3”（所谓的 2 to 3 是指从第二个按钮到第三个按钮），按“新建图层”键在其上方新建图层并重命名为“3 to 4”。选择图层“2 to 3”的动画补间，单击鼠标右键选择快捷菜单中的“复制帧”命令，选择图层“3 to 4”的第“21”帧，单击鼠标右键选择快捷菜单中的“粘贴帧”命令，删除多余的帧，如图 4-178 所示。

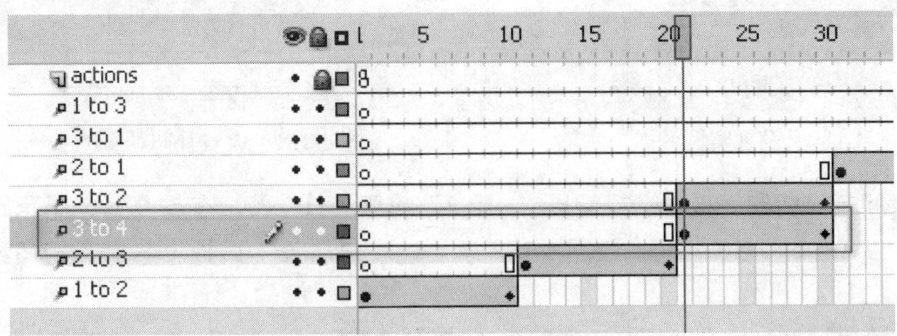


图 4-178　调整动画

**09** 关掉图层“3 to 2”，将时间滑块拨到第“21”帧，将元件“menu highlight -tween instance”移到按钮“主要业绩”上，将时间滑块拨到第“30”帧，将元件“menu highlight-tween instance”移到按钮“客户资源”上。

**10** 同样的方法，新建图层“4 to 5”，在第“31”帧粘贴帧，然后删除多余帧。将元件“menu highlight -tween instance”移到按钮“客户资源”上，将时间滑块拨到第“40”帧，将元件“menu highlight -tween instance”移到按钮“联系我们”上。

**11** 在“时间轴”控制面板上新建图层并重命名为“5 to 4”。选择图层“4 to 5”的动画补间，鼠标右键选择“复制帧”命令，选择图层“5 to 4”的第“41”帧，单击鼠标右键选择快捷菜单中的“粘贴帧”命令，删除多余的帧。然后选择该动画补间，单击鼠标右键选择快捷菜单中的“翻转关键帧”命令。

**12** 根据这样的思路，一共需要添加如图 4-179 所示的图层，分别用来放置“5 to 2”、“3 to 4”、“4 to 3”、“3 to 5”、“5 to 3”、“4 to 5”、“5 to 4”、“5 to 2”、“1 to 4”、“4 to 1”、“1 to 5”、“5 to 1”。有点晕了吧？你可以这样理解，每个图层分别放置一个动画，这个动画表现的是从一个按钮滑动到另一个按钮。我们一共有 5 个按钮，因而，5 个按钮之间就有 20 种动画，这是一个矩阵。不能漏掉，漏掉的按钮就没有动画效果。

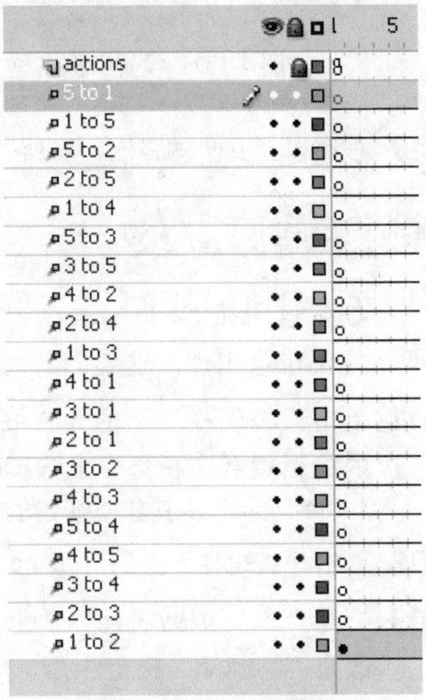

图 4-179　添加动画

**13** 接下来的这一步就更关键，先说思路。刚才那一步做的动画将来是要被 AS 调用的，那么只有给实例及动画补间命名才能被调用。以刚才做好的图层“4 to 5”和“5 to 4”为例。首先，在“时间轴”控制面板上选择图层“4 to 5”的第“31”帧，在舞台上选择元件“menu highlight-tween instance”。如图 4-180 所示，在“属性”面板将“实例名称”设为“menu4_5”。

**14** 然后在“时间轴”控制面板上选择图层“4 to 5”的动画补间，如图 4-181 所示，在“属性”面板设置补间动画的“实例名称”为“four_five”。

图 4-180 设置实例名称

图 4-181 设置补间动画的名称

**15** 在“时间轴”控制面板上选择图层“5 to 4”的第“41”帧，在舞台上选择元件“menu highlight -tween instance”。如图 4-182 所示，在“属性”面板上将“实例名称”设为“menu5_4”。

**16** 然后在“时间轴”控制面板上选择图层“05 to 4”的动画补间，在“属性”面板设置补间动画的“实例名称”为“five_four”，如图 4-183 所示。

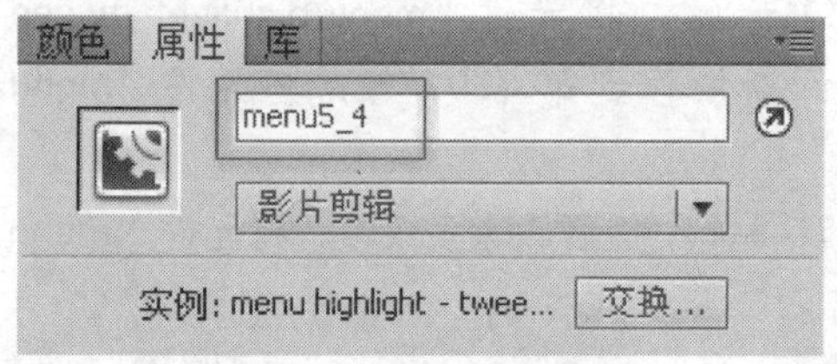


图 4-182 设置实例名称

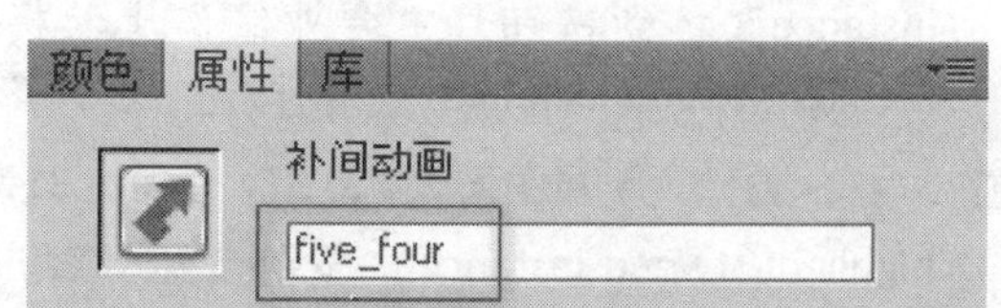


图 4-183 设置补间动画的名称

**17** 按照以上几步的方法，将所有新添加的图层的元件及动画补间添加一一对应的实例名称。

## 步骤三：调整AS

如果这时按 Ctrl+Enter 预览影片还是有很多问题，例鼠标并未滑过新添加的按钮，但下拉菜单会出现。这是因为尚未在 ActionScipts 中定义这些新添加的动画。

**01** 单击“编辑栏”上的元件名“Full Menu”，返回元件“Full Menu”的编辑模式。在舞台上选择元件“highlight tween instance”，如图 4-184 所示，将其放回初始的位置，即舞台的左上角处。

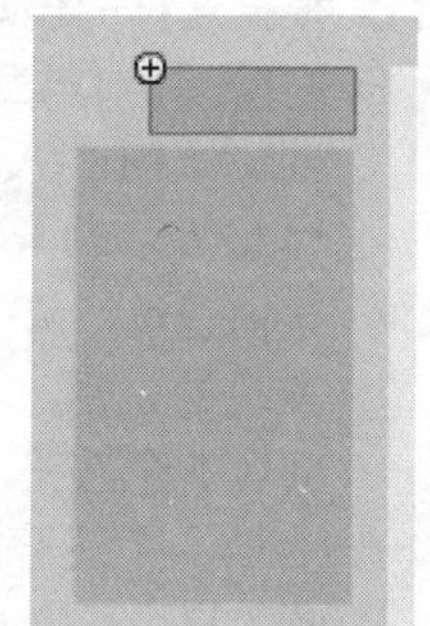

图 4-184 放置元件

**02** 单击“编辑栏”上的“Scene 1”，返回“场景”编辑模式。

**03** 打开“库”面板，将元件“menu 3”重命名为“menu 4”，“实例名称”改为“menu4”；将元件“menu 2”重命名为“menu 3”，“实例名称”改为“menu3”；将元件“menu 1”重命名为“menu 2”，“实例名称”改为“menu2”。这样做是为了更好地与按钮的序号合上，即元件“menu 2”是元件“menu2”的下拉菜单。注意前者名称中有空格。

**04** 在“时间轴”控制面板上选择图层“动作”的第一帧，鼠标右键打开“动作”面板。如图 4-185 所示，修改 var 声明中的变量的名称，它指向的是下拉菜单。

```
stop();
var btnNum:int;
var highlightNum:int = 1;

var menu2Open:Boolean = false;
var menu3Open:Boolean = false;
var menu4Open:Boolean = false;

var bg:MovieClip = new MovieClip();
bg.graphics.beginFill(0x999999, 1);
bg.graphics.drawRect(0, 0, stage.stageWidth, stage.stageHeight);
bg.graphics.endFill();
bg.alpha = 0;
yourMenu.addChildAt(bg, 0);
```

图 4-185 修改代码

**05** 修改“//on mouse over menus: set btn number, highlight, open menu, close other menus;”（这段代码是总体控制菜单的打开、高显）下的代码为：

```
//on mouse over menus: set btn number, highlight, open menu, close other menus;
stage.addEventListener(MouseEvent.MOUSE_OVER, overBtn);
function overBtn(evt:MouseEvent):void
{
    switch (evt.target)
    {
        case yourMenu.menu1_btn :
            btnNum = 1;
            highlightBtn();
            break;

        case yourMenu.menu2_btn :
            btnNum = 2;
            highlightBtn();
            openMenu();
            menu2Open = true;
            closeOtherMenus();
            break;

        case yourMenu.menu3_btn :
            btnNum = 3;
            highlightBtn();
            openMenu();
            menu3Open = true;
            closeOtherMenus();
            break;

        case yourMenu.menu4_btn :
            btnNum = 4;
            highlightBtn();
            openMenu();
            menu4Open = true;
            closeOtherMenus();
            break;

        case yourMenu.menu5_btn :
            btnNum = 5;
            highlightBtn();
            break;
    }
}
```

**06** 修改“//when user mouse leaves a button, set the highlight”下的代码为（这段代码调整了按钮和高显的数量）：

```
stage.addEventListener(MouseEvent.MOUSE_OUT, outBtn);
function outBtn(evt:MouseEvent):void
{
    switch (evt.target)
    {
        case yourMenu.menu1_btn :
            highlightNum = 1;
            break;

        case yourMenu.menu2_btn :
            highlightNum = 2;
            break;

        case yourMenu.menu3_btn :
            highlightNum = 3;
            break;

        case yourMenu.menu4_btn :
            highlightNum = 4;
            break;

        case yourMenu.menu5_btn :
            highlightNum = 5;
            break;
    }
}
```

**07** 修改“//mouse out of drop-down, ensure all menus close”下的代码为（这段代码也是调整的菜单变量的名称，与前面的 var 声明一致）：

```
bg.addEventListener(MouseEvent.MOUSE_OVER, leaveMenu);
function leaveMenu(evt:MouseEvent):void
{
    if (bg.hitTestPoint(mouseX,mouseY,true))
    {
        closeMenu();
        menu2Open = false;
        menu3Open = false;
        menu4Open = false;
    }
}
```

**08** 修改“//close menus other than the current one;”下的代码为（这段代码修改的是按钮与下拉菜单之间的开与关的关系，并修改了相关的变量的名称、初始元件的名称）：

```
function closeOtherMenus():void
{
    if (btnNum == 01    && menu2Open)
    {
        yourMenu.menu_tween.menu_up.addTarget(yourMenu.menu2, 1);
        menu2Open = false;
    }
    if (btnNum == 01    && menu3Open)
    {
        yourMenu.menu_tween.menu_up.addTarget(yourMenu.menu3, 1);
        menu3Open = false;
    }
    if (btnNum == 01    && menu4Open)
    {
        yourMenu.menu_tween.menu_up.addTarget(yourMenu.menu4, 1);
        menu4Open = false;
```

```
    }
    if (btnNum == 02    && menu3Open)
    {
        yourMenu.menu_tween.menu_up.addTarget(yourMenu.menu3, 1);
        menu3Open = false;
    }
        if (btnNum == 02    && menu4Open)
    {
        yourMenu.menu_tween.menu_up.addTarget(yourMenu.menu4, 1);
        menu3Open = false;
    }
    if (btnNum == 03    && menu2Open)
    {
        yourMenu.menu_tween.menu_up.addTarget(yourMenu.menu2, 1);
        menu2Open = false;
    }
    if (btnNum == 03    && menu4Open)
    {
        yourMenu.menu_tween.menu_up.addTarget(yourMenu.menu4, 1);
        menu4Open = false;
    }
        if (btnNum == 04    && menu2Open)
    {
        yourMenu.menu_tween.menu_up.addTarget(yourMenu.menu2, 1);
        menu2Open = false;
    }
    if (btnNum == 04    && menu3Open)
    {
        yourMenu.menu_tween.menu_up.addTarget(yourMenu.menu3, 1);
        menu3Open = false;
    }
        if (btnNum == 05    && menu2Open)
    {
        yourMenu.menu_tween.menu_up.addTarget(yourMenu.menu2, 1);
        menu2Open = false;
    }
    if (btnNum == 05    && menu2Open)
    {
        yourMenu.menu_tween.menu_up.addTarget(yourMenu.menu3, 1);
        menu3Open = false;
    }
    if (btnNum == 05    && menu3Open)
    {
        yourMenu.menu_tween.menu_up.addTarget(yourMenu.menu4, 1);
        menu4Open = false;
    }
}
```

**09** 修改“//close menus other than the current one;”下的代码为（这段代码主要控制动画的播放，修改的主要是添加按钮之间的动画的控制）：

```
function highlightBtn():void
{
    if (btnNum == 01    && highlightNum == 2)
    {
        yourMenu.highlight_tween.two_one.addTarget(yourMenu.highlight_mc, 1);
    }
    if (btnNum == 01    && highlightNum == 3)
    {
        yourMenu.highlight_tween.three_one.addTarget(yourMenu.highlight_mc, 1);
    }
```

```
if (btnNum == 02     && highlightNum == 1)
{
    yourMenu.highlight_tween.one_two.addTarget(yourMenu.highlight_mc, 1);
}
if (btnNum == 02     && highlightNum == 3)
{
    yourMenu.highlight_tween.three_two.addTarget(yourMenu.highlight_mc, 1);
}
if (btnNum == 03     && highlightNum == 1)
{
    yourMenu.highlight_tween.one_three.addTarget(yourMenu.highlight_mc, 1);
}
if (btnNum == 03     && highlightNum == 2)
{
    yourMenu.highlight_tween.two_three.addTarget(yourMenu.highlight_mc, 1);
}
if (btnNum == 01     && highlightNum == 4)
{
    yourMenu.highlight_tween.four_one.addTarget(yourMenu.highlight_mc, 1);
}
if (btnNum == 04     && highlightNum == 1)
{
    yourMenu.highlight_tween.one_four.addTarget(yourMenu.highlight_mc, 1);
}
if (btnNum == 03     && highlightNum == 4)
{
    yourMenu.highlight_tween.four_three.addTarget(yourMenu.highlight_mc, 1);
}
if (btnNum == 04     && highlightNum == 3)
{
    yourMenu.highlight_tween.three_four.addTarget(yourMenu.highlight_mc, 1);
}
if (btnNum == 01     && highlightNum == 5)
{
    yourMenu.highlight_tween.five_one.addTarget(yourMenu.highlight_mc, 1);
}
if (btnNum == 05     && highlightNum == 1)
{
    yourMenu.highlight_tween.one_five.addTarget(yourMenu.highlight_mc, 1);
}
if (btnNum == 02     && highlightNum == 4)
{
    yourMenu.highlight_tween.four_two.addTarget(yourMenu.highlight_mc, 1);
}
if (btnNum == 04     && highlightNum == 2)
{
    yourMenu.highlight_tween.two_four.addTarget(yourMenu.highlight_mc, 1);
}
if (btnNum == 03     && highlightNum == 5)
{
    yourMenu.highlight_tween.five_three.addTarget(yourMenu.highlight_mc, 1);
}
if (btnNum == 05     && highlightNum == 3)
{
    yourMenu.highlight_tween.three_five.addTarget(yourMenu.highlight_mc, 1);
}
if (btnNum == 04     && highlightNum == 5)
{
    yourMenu.highlight_tween.five_four.addTarget(yourMenu.highlight_mc, 1);
}
if (btnNum == 05     && highlightNum == 4)
```

```
    {
        yourMenu.highlight_tween.four_five.addTarget(yourMenu.highlight_mc, 1);
    }
    if (btnNum == 02    && highlightNum == 5)
    {
        yourMenu.highlight_tween.five_two.addTarget(yourMenu.highlight_mc, 1);
    }
    if (btnNum == 05    && highlightNum == 2)
    {
        yourMenu.highlight_tween.two_five.addTarget(yourMenu.highlight_mc, 1);
    }
}
```

**10** 修改“//Assign appropriate button actions for menu items;”下的代码为（这段代码主要控制下来菜单的子栏目，使用“trace”能在“输出”窗口看到相关内容。修改的主要是名称及内容）：

```
stage.addEventListener(MouseEvent.CLICK, itemButtons);
function itemButtons(evt:MouseEvent):void
{
    switch (evt.target)
    {
        case yourMenu.menu2.item1_btn :
            trace("关于我们， 企业简介");
            break;

        case yourMenu.menu2.item2_btn :
            trace("关于我们， 组织结构");
            break;

        case yourMenu.menu2.item3_btn :
            trace("关于我们， 发展历程");
            break;
        case yourMenu.menu2.item4_btn :
            trace("关于我们， 企业文化");
            break;

        case yourMenu.menu3.item5_btn :
            trace("主要业绩， 最新作品");
            break;

        case yourMenu.menu3.item6_btn :
            trace("主要业绩， 获奖作品");
            break;

        case yourMenu.menu3.item7_btn :
            trace("主要业绩， 合作开发");
            break;

        case yourMenu.menu4.item8_btn :
            trace("客户资源， 华东地区");
            break;

        case yourMenu.menu4.item9_btn :
            trace("客户资源， 华北地区");
            break;

        case yourMenu.menu4.item10_btn :
            trace("客户资源， 华南地区");
            break;
```

```
        case yourMenu.menu4.item11_btn :
            trace("客户资源，华中地区");
            break;
    }
}
```

按 Ctrl+Enter 键预览动画，得到如图 4-153 所示效果。单击菜单栏，如图 4-186 所示，在“输出”窗口正确显示了 AS 中要求“trace”的内容，AS 修改成功。

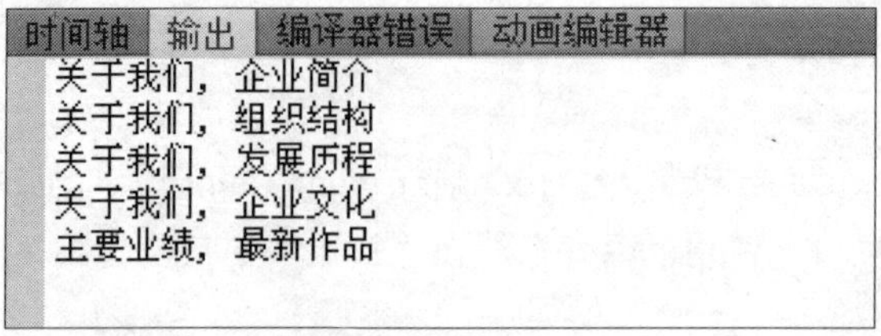

时间轴 输出 编译器错误 动画编辑器

关于我们，企业简介
关于我们，组织结构
关于我们，发展历程
关于我们，企业文化
主要业绩，最新作品

图 4-186　输出结果

好了，本例到这里结束。你的模板修改好了么？思路清晰的话其实挺好改的，起个容易理解的名称是多么重要，你应该有更深刻的体会了吧！

## 实例 62

# XML 菜单

图 4-187　实例 62：XML 菜单

XML 菜单是大型网站必用的！

**提示：**

在这个例子里（如图 4-187 所示），你会学到使用来源于 www.greensock.com 网站上的 as 类制作 XML 菜单！

学习 ActionScript 最好的方法是在了解基本语法结构的基础上，下载国外优秀的源代码文件，研究别人是如何编写相关程序来实现特定的效果。本实例中和后面一些实例中都会用到来自 www.greensock.com 网站的一个成熟的 as 包。AS 程序开发人员通常会基于该 as 包进行调用，从而减轻了我们的工作量。

### 步骤一：创建文件

**01** 打开 Adobe Flash Professional CS5，选择“新建”面板下的“ActionScript 3.0”，新建一个 Flash 工程文件。

**02** 在“属性”面板上单击“编辑”按钮，在弹出的“文档设置”面板中将“尺寸”设为“800 像素”×“65 像素”，“帧频”设为“30.00”，单击“确定”按钮。

**03** 按 Ctrl+S 键保存文件为“mainmenu.fla”。

本实例用到的来自 http://www.greensock.com/ 网站的 as 类如图 4-188 所示。

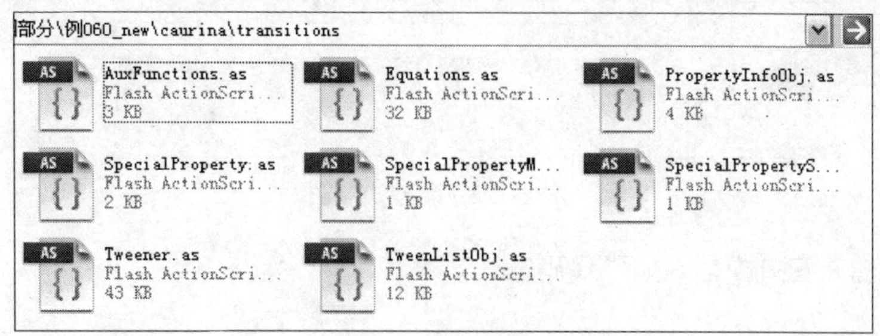


图 4-188 需要引用的 as 类

## 步骤二：制作主菜单

**01** 选择“工具”面板上的“矩形工具”命令，在“属性”面板中将“填充颜色”设为“浅灰色”，“笔触颜色”设为“无”，“矩形边角半径”设为“5”。在舞台上画一个长约“798”，高“33”的矩形，将其作为导航条的背景，如图 4-189 所示。

图 4-189 绘制导航条背景

**02** 在“时间轴”面板上将“图层 1”重命名为“background”，选择第“1”帧，单击鼠标右键选择快捷菜单中的“复制帧”命令。新建图层并重命名为“back_toolbar”，选择第“1”帧，单击鼠标右键选择快捷菜单中的“粘贴帧”命令。

**03** 选择图层“back_toolbar”上的矩形，在“颜色”面板中将其“填充颜色”设为“深灰色”。按 F8 键将其转换为元件，将“名称”设为“backPanel”，“类型”设为“影片剪辑”，“对齐”设为“中心”，如图 4-190 所示，单击“确定”按钮。

**04** 在“库”面板上选择元件“backPanel”，单击鼠标右键选择“属性”命令。在弹出的“元件属性”对话框中单击“高级”按钮。在“链接”面板上勾选“为 ActionScript 导出”和“在第 1 帧中导出”，将“类”设为“backPanel”，如图 4-191 所示。

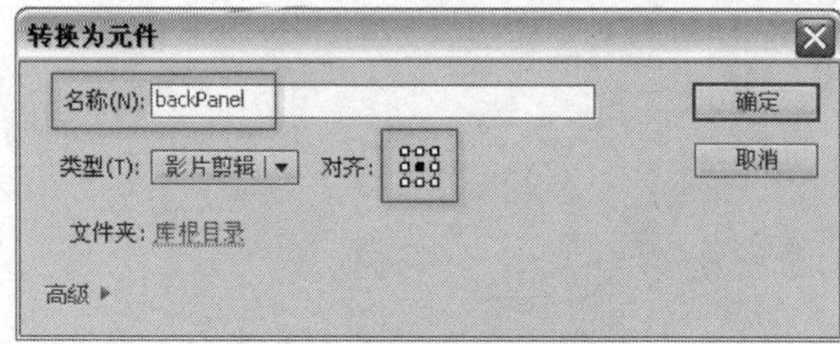


图 4-190 转换元件

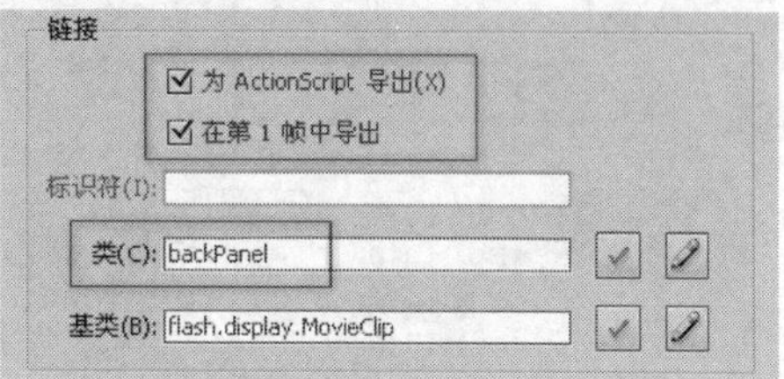


图 4-191 链接属性

## 步骤三：制作 AS 类文件

**01** 选择“文件”|“新建”命令，在弹出的“新建文档”窗口选择“ActionScript 3.0 类”。

**02** 在弹出的“创建 ActionScript 3.0 类”对话框中，将“类名称”设置为“com.utils.CallArg”，如图 4-192 所示，单击“确定”按钮。

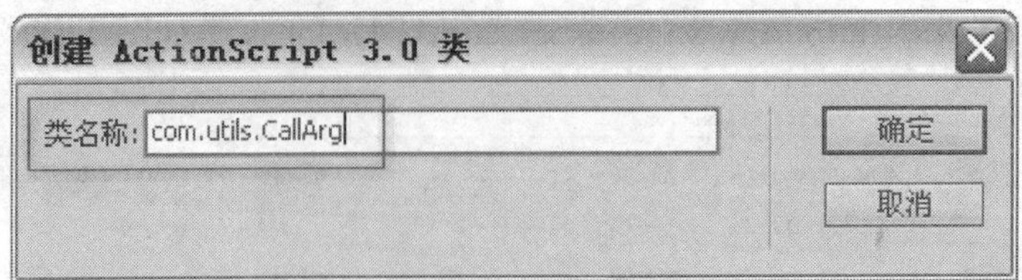


图 4-192　新建类文件

**03** 在打开的输入窗口中输入如下代码:

```
package com.utils{
    import flash.events.Event;
    public class CallArg{
        public function CallArg(){
        }
        public static function create(method:Function, ... args):Function {
            return function(event:Event):void{
                method.apply(null, [event].concat(args));
            }
        }
    }
}
```

**04** 按 Ctrl+S 键保存文件到“com”文件夹下的“utils”文件夹中，文件名为“CallArg.as”。

## 步骤四：添加 XML

**01** 打开 Adobe Dreamweaver CS5，选择“文件”|“新建”命令，在弹出的“新建文件”对话框中将“类型”选择为“XML”，新建一个 XML 文件。选择“文件”|“保存”命令，将其保存为“mainmenu.xml”文件（注意一定要和刚才制作的 .fla 文件存放在一个目录下）。关闭 Adobe Dreamweaver CS5。

如果没有安装 Adobe Dreamweaver CS5 也没有关系，在存放“XMLSlideshow.fla”的同一目录下新建一个文本文件，将其重命名为“slideloader.xml”，记得一定要连后缀名一起修改噢！

**02** 用记事本文件“mainmenu.xml”，输入如下代码:

```
<?xml version="1.0" encoding="utf-8"?>
<mainlinks>
<mainlink title="首页" link="#">
<mainlink title="关于我们" link="#"/>
        <sublink title="动态新闻" link="#"/>
        <sublink title="企业介绍" link="#"/>
        <sublink title="技术团队" link="#"/>
    </mainlink>
<mainlink title="产品列表" link="#">
        <sublink title="产品一" link="#"/>
        <sublink title="产品二" link="#"/>
        <sublink title="产品三" link="#"/>
        <sublink title="产品四" link="#"/>
        <sublink title="产品五" link="#"/>
        <sublink title="产品六" link="#"/>
    </mainlink>
    <mainlink title="免费下载" link="#">
        <sublink title="下载一" link="#"/>
```

```
            <sublink title=" 下载二 " link="#"/>
            <sublink title=" 下载三 " link="#"/>
        </mainlink>
        <mainlink title=" 在线订购 " link="#">
            <sublink title=" 订购产品一 " link="#"/>
            <sublink title=" 订购产品二 " link="#"/>
            <sublink title=" 订购产品三 " link="#"/>
            <sublink title=" 订购产品四 " link="#"/>
            <sublink title=” 订购产品五 " link="#"/>
            <sublink title=" 订购产品六 " link="#"/>
        </mainlink>
        <mainlink title=" 联系我们 " link="#">
        </mainlink>
    </mainlinks>
```

**03** 按 Ctrl+S 键保存该文件。

## 步骤五：添加 AS

切换到“mainmenu.fla”，在“时间轴”面板上选择新建图层“actions”。选择第“1”帧，单击鼠标右键选择快捷菜单中的“动作”命令，在弹出的“动作”面板中输入如下代码：

```
import flash.text.*;
import flash.media.*;
import flash.display.*;
import flash.display.LoaderInfo;
import flash.events.*;
import flash.net.*;
import caurina.transitions.*;
import com.utils.CallArg;
import flash.ui.Mouse

backPanelMain.alpha = 0;
var mainLinkLeftMargin:Number = 30;
var mainLinkPadding:Number = 21;
var subLinkLeftMargin:Number = 25;
var subLinkPadding:Number = 15;
var textFormatMain:TextFormat = new TextFormat();
textFormatMain.color = 0xffffff;
textFormatMain.size = 14;
textFormatMain.letterSpacing = 0;
textFormatMain.bold = true;
textFormatMain.font = " 黑体 ";
var textFormatMainUp:TextFormat = new TextFormat();
textFormatMainUp.color = 0xF3D661;
textFormatMainUp.size = 14;
textFormatMainUp.letterSpacing = 0;
textFormatMainUp.bold = true;
textFormatMainUp.font = " 黑体 ";
var textFormatSub:TextFormat = new TextFormat();
textFormatSub.color = 0x333333;
textFormatSub.size = 12;
textFormatSub.letterSpacing = 0;
textFormatSub.bold = false;
textFormatSub.font = " 宋体 ";
var textFormatSubUp:TextFormat = new TextFormat();
textFormatSubUp.color = 0xB07E0B;
textFormatSubUp.size = 12;
```

```
textFormatSubUp.letterSpacing = 0;
textFormatSubUp.bold = false;
textFormatSubUp.font = "宋体";

stop();

var xmlFilename:String = "mainmenu.xml";
var xmlList:XMLList;
var xmlLoader:URLLoader = new URLLoader();
var xml:XML;

xmlLoader.load(new URLRequest(xmlFilename));
xmlLoader.addEventListener(Event.COMPLETE, xmlLoaded);
var myIconsArray:Array = new Array();
function xmlLoaded(event:Event):void
{
    xml = XML(event.target.data);
    xmlList = xml.children();
    for (var i:int =0 ; i<xmlList.length() ; i++)
    {
        if (i==0)
        {
            createMainText(xmlList[i].attribute("title"), xmlList[i].attribute
           ("link") , mainLinkLeftMargin , 08     , 0 );
            createSublinks(xmlList,i);
        }
        else
        {
            createMainText(xmlList[i].@title, xmlList[i].attribute("link"),
            getChildByName("mainLink"+(i-1).toString()).width + getChildByName
            ("mainLink"+(i-1).toString()).x + subLinkPadding, 08     , i );
            createSublinks(xmlList,i);
        }
    }
    Tweener.addTween(backPanelMain, {alpha:1, time:2, transition:"strong"});
    stage.addEventListener(Event.MOUSE_LEAVE, hideAllSubLinks);
}

function createMainText(mainText:String, mainLink:String, xPosition:Number,
yPosition:Number, indexNumber:Number):void{
    var dynText:TextField = new TextField();
    dynText.name = "mainLink" + indexNumber.toString();
    dynText.selectable = false;
    dynText.x = xPosition;
    dynText.y = yPosition;
    dynText.autoSize = TextFieldAutoSize.LEFT;
    dynText.text = mainText;
    dynText.setTextFormat(textFormatMain);
    addChild(dynText);
    setChildIndex(dynText,numChildren -1);
    dynText.addEventListener(MouseEvent.MOUSE_OVER, subLinksShow);
    dynText.addEventListener(MouseEvent.MOUSE_OVER, buttonModeTrue);
    dynText.addEventListener(MouseEvent.MOUSE_OUT, buttonModeFalse);
    getChildByName("mainLink" + indexNumber.toString()).addEventListener(Mouse-
    Event.CLICK, CallArg.create(gotoSub, mainLink));
}
function buttonModeTrue(event:Event):void
{
    Mouse.cursor="button"
    event.target.setTextFormat(textFormatMainUp);
}
```

```
function buttonModeFalse(event:Event):void
{
    Mouse.cursor="arrow"
    event.target.setTextFormat(textFormatMain);
}

function createSublinks(xmlList:XMLList, indexSub:Number):void{
    for (var i:int =0 ; i<xmlList[indexSub].sublink.length() ; i++)
    {
        if (i==0)
        {            createSublink(xmlList[indexSub].sublink[i].@title, xmlList
        [indexSub].sublink[i].@link, 8, subLinkLeftMargin ,indexSub ,i);
        }
        else
        {
            createSublink(xmlList[indexSub].sublink[i].@title, xmlList[indexSub].
            sublink[i].@link, 8, getChildByName("sublink" + (indexSub).toString()
 + "_" + (i-1).toString()).width + getChildByName("sublink" + (indexSub).
 toString() + "_" + (i-1).toString()).x + subLinkPadding ,indexSub ,i);
        }
    }
}

function createSublink(textSub:String, linkSub:String,  positionY:Number,positionX:
Number, mainIndexNumber:Number,subIndexNumber:Number ):void{
    var dynTextSub:TextField = new TextField();
    dynTextSub.name = "sublink" + mainIndexNumber.toString() + "_" +
    subIndexNumber.toString();
    dynTextSub.selectable = false;
    dynTextSub.x = positionX;
    dynTextSub.y = positionY;
    dynTextSub.autoSize = TextFieldAutoSize.LEFT;
    dynTextSub.text = textSub;
    dynTextSub.setTextFormat(textFormatSub);
    addChild(dynTextSub);
    setChildIndex(dynTextSub,0);
    getChildByName( "sublink" + mainIndexNumber.toString() + "_" + subIndexNumber.
    toString()).addEventListener(MouseEvent.CLICK,  CallArg.create(gotoSub, linkSub));
    dynTextSub.addEventListener(MouseEvent.MOUSE_OVER, buttonModeSubTrue);
    dynTextSub.addEventListener(MouseEvent.MOUSE_OUT, buttonModeSubFalse);
}
function buttonModeSubTrue(event:Event):void
{
    Mouse.cursor="button"
    event.target.setTextFormat(textFormatSubUp);
}
function buttonModeSubFalse(event:Event):void
{
    Mouse.cursor="arrow"
    event.target.setTextFormat(textFormatSub);
}

function gotoSub(_event:Event, link):void
{
    navigateToURL(new URLRequest(link), "_self");
}

function subLinksShow(event:Event):void
{
    var indexMain:Number  = Number(event.target.name.replace("mainLink",""));
    var subChild:Number;
```

```
        for(var k:Number = 0 ; k < xmlList.length() ; k++)
        {
            if (k!=indexMain)
            {
                for( var j2:Number = 0; j02     < xmlList[k].sublink.length(); j2++)
                {
                    Tweener.addTween(getChildByName("sublink" + k.toString() + "_" +
                    j2.toString()), {alpha: .1, y:8, time:1.1, transition:""});
                }
            }
        }

        for( var j:Number = 0; j < xmlList[indexMain].sublink.length(); j++)
        {
            Tweener.addTween(getChildByName("sublink" + indexMain.toString() + "_" +
            j.toString()), {alpha: 1, y:36, time:0.8, transition:""});
        }
    }
    function hideAllSubLinks(event:Event):void
    {
        for(var k:Number = 0 ; k < xmlList.length() ; k++)
        {
            for( var j:Number = 0; j < xmlList[k].sublink.length(); j++)
            {
                Tweener.addTween(getChildByName("sublink" + k.toString() + "_" +
                j.toString()), {alpha: .1, y:8, time:4, transition:""});
            }
        }
    }
```

按 Ctrl+Enter 键看看效果吧！

本例到这里结束。xml 中的相关链接并没有添加，所以单击时没有跳到任何页面，你可以尝试将“#”换成你需要链接的地址看看。

## 实例 63

# 播放视频——FLV 基础篇

图 4-193　实例 63：播放视频——FLV 基础篇

CS5 对视频编辑、控制等都进行了优化。视频控制成为一件越来越轻松的事情。

**提示：**

在这个例子里（如图 4-193 所示），你会学到关于“导入视频”的相关知识。

## 步骤一：创建文件

**01** 打开 Adobe Flash Professional CS5，选择“新建”面板下的“ActionScript 3.0”，新建一个 Flash 工程文件。

**02** 保持默认设置，按 Ctrl+S 键保存文件为“show.fla”。

## 步骤二：导入视频

**01** 选择“文件”|“导入”|“导入视频”命令（通常视频文件会有 .avi，.mov，.mpg 等格式，如果需要导入 .mov 文件则必须安装 QuickTime 软件，你可以在网上下载最新的版本），在弹出的“导入视频”之“选择视频”对话框中单击“浏览”按钮，选择存放需要导入的视频文件的文件夹。

**02** 当选择了“dreambox_levele.mov”视频文件后，会弹出一个如图 4-194 所示的警告窗口。单击“确定”按钮。

**03** 在“选择视频”窗口单击如图 4-195 所示的“启动 Adobe Media Encoder”按钮，打开“Adobe Media Encoder”对话框。

图 4-194　警告窗口

图 4-195　启动 Adobe Media Encoder

**04** 如图 4-196 所示，在“Adobe Media Encoder”的对话框中单击“设置”按钮。需要注意的是，在“消息”提示栏中提示：“队列编码将在 2 分内开始，或按下‘开始队列’立即开始。”这时系统开始 2 分钟的倒计时，如果没有进行相关设置，系统会以默认设置自动进行队列的导出。

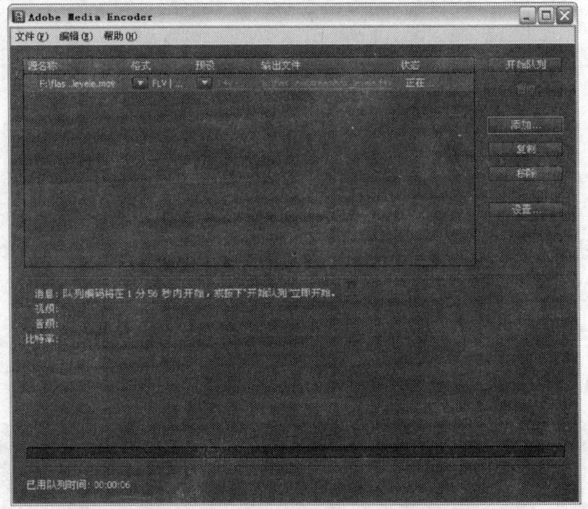


图 4-196　设置“Adobe　Media　Encoder”

**05** 如图 4-197 所示，在打开的“导出设置”面板中，首先单击“格式”，将“基本设置”中的“多路复合”设置成为“FLV”。你也可以设置为“F4V”。（关于这两者谁更好，我曾专门做过测试，F4V 的文件大小和视频质量要略胜一筹，也是未来 Flash 流媒体主推的发展方向。只是现在国内大多数网站使用 FLV 更多一些。）在“输出名称”中设置 FLV 的名称及存放路径。

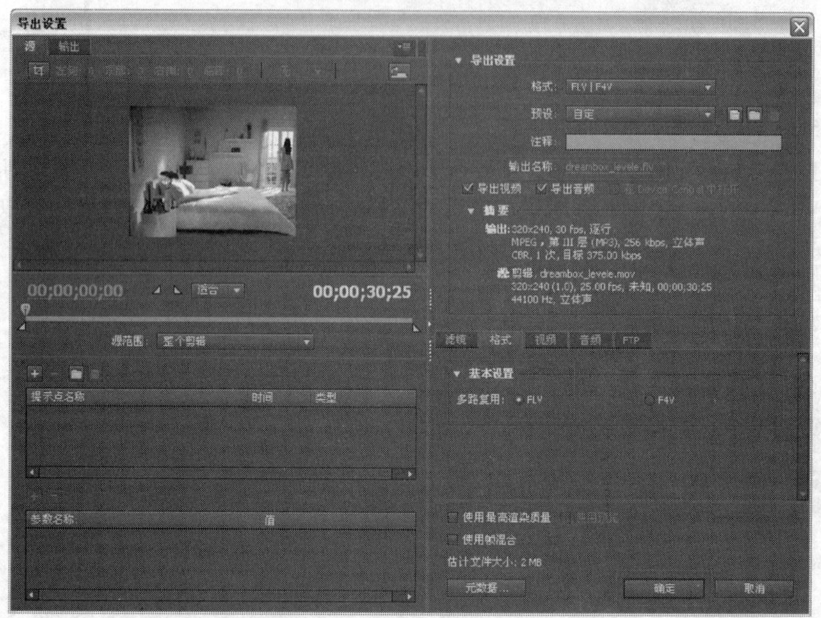

图 4-197　选择导出视频的视频格式

**06** 在“预设”的下拉菜单中，选择“FLV- 与源属性匹配（中等质量）”，如图 4-198 所示。注意观察“摘要”面板中文件大小及相关参数的变化。

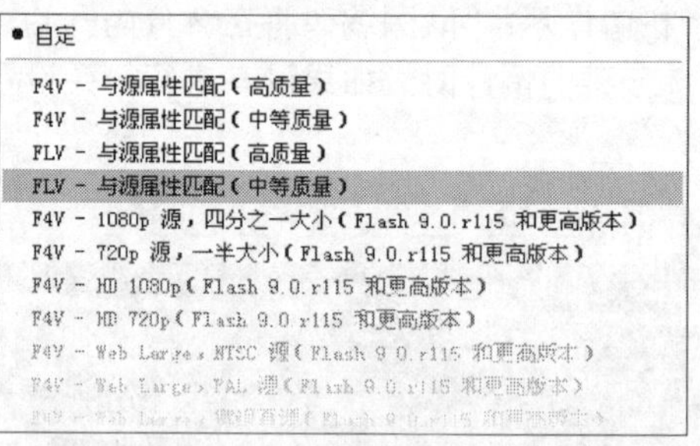


图 4-198　选择导入视频的音频数据速度

**07** 单击“确定”按钮，关闭“导出设置”面板，在“Adobe Media Encoder”对话框单击“开始队列”按钮，这时，你能看见预览窗口视频的编码输出过程。

**08** 当输出完成时，在“状态”栏中会显示一个绿色的“√”的符号，如图 4-199 所示，关闭“Adobe Media Encoder”对话框即可。

图 4-199　输出完成

**09** 这时在“选择视频”窗口单击“浏览”按钮，选择刚刚输出的“dreambox_levele.flv”文件。单击“下一步”按钮来到“外观”对话框。在“外观”的下拉菜单中选择一个播放器的样式，修改“颜色”为“#CCCCCC”，如图 4-200 所示。

图 4-200　选择播放器外观

**10** 单击“下一步”按钮，再单击“完成”按钮，得到如图 4-201 所示效果（你可以单击“播放”按钮直接预览视频，也可以拖动播放条实时预览视频，这是 CS5 的新增功能）。

图 4-201　导入的视频及播放器

需要注意的是，在文件存储的目录下，会产生如图 4-202 所示的几个文件。无论是本地浏览还是上传到网站服务器，其中“dreambox_levele.flv”、“show.swf”、“SkinUnderAllNoVolNoCaptionNoFull.swf”3 个文件必须在一起，除非你在 Flash 输出中为它们指定了专门的路径及文件夹。

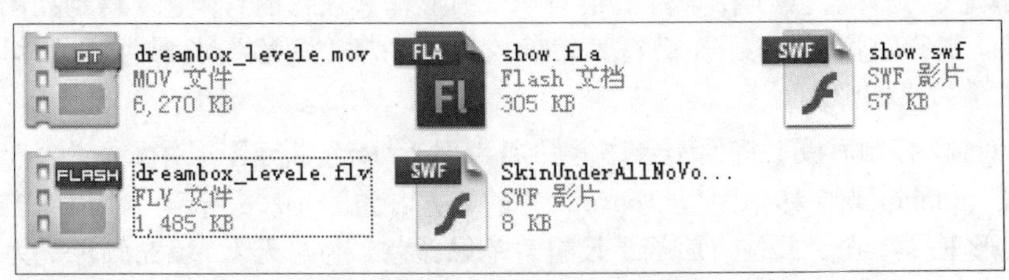


图 4-202　新生成的文件

本例到这里结束，你可以尝试导入 .avi 或者 .mpg 的文件试一试。

## 实例 64

# 动感导航

图 4-203 实例 64：动感导航

对于网站而言，动感时尚的 Flash 导航总能给人留下深刻的印象！

**提示：**

在这个例子里（如图 4-203 所示），你会学到如何利用 Flash 动画与 CS5 新增的“代码片段”相结合，创建动感时尚的导航按钮。

## 步骤一：创建文件

**01** 打开 Adobe Flash Professional CS5，选择“新建”面板下的“ActionScript 3.0”选项，新建一个 Flash 工程文件。

**02** 在“属性”面板上单击“编辑”按钮，在弹出的“文档设置”面板中将“尺寸”设为“755 像素”×“168 像素”，“帧频”设为“120.00”，“背景色”设为“黑色”，单击“确定”按钮。

**03** 选择“文件”|“保存”命令，将文件存为“btncool.fla”文件。

## 步骤二：制作基本元件

**01** 选择“工具”面板上的“矩形工具”，在“属性”面板上设置“笔触颜色”为“无”，“填充颜色”为“蓝色渐变色”，在舞台上绘制一个矩形作为背景色，得到如图 4-204 所示效果。

图 4-204 绘制背景色

**02** 在“时间轴”控制面板上将“图层 1”重命名为“bg”，新建图层并重命名为“anniu1”。按 Ctrl+F8 键新建元件，将“名称”设置为“anniu1_m”，“类型”设置为“影片剪辑”。选择“工具”面板上的“椭圆工具”，在“属性”面板上设置“笔触颜色”为“无”、“填充颜色”为“蓝色”，在舞台上绘制一个圆形作为按钮的背景色，得到如图 4-205 所示效果。选择该圆形，按 F8 键将其转换为元件，将“名称”设置为“bgcolor”，“类型”设置为“图形”。

**03** 在“时间轴”控制面板上将“图层 1”重命名为“bgcolor”，新建图层并重命名为“quanquan”，将图层“quanquan”移到图层“bgcolor”的下方。如图 4-206 所示，使用“工具”面板的“圆形工具”，在“属性”面板上设置“笔触颜色”为“无”、“填充颜色”为“白色”、“Alpha”值为“30%”，在舞台上在刚才绘制的圆形外部绘制一个环形。选择该圆环，按 F8 键将其转换为元件，将“名称”设置为“quanquan”，“类型”设置为“图形”。再按 F8 键将其转换为元件，将“名称”设置为“quanquan_m”，“类型”设置为“影片剪辑”。

**04** 双击元件“quanquan_m”，进入元件“quanquan_m”的编辑模式。在“时间轴”控制面板选择第“81”帧，按 F6 键添加关键帧。将时间滑块拨到第“81”帧，使用“工具”面板上的“任意变形工具”将舞台上的元件“quanquan”放大到约“168%”左右。在“属性”面板将“颜色”设为“Alpha”，将“值”设为“0%”。在“时间轴”控制面板选择第“1”帧，单击鼠标右键选择快捷菜单中的“创建补间动画”命令。

**05** 为了增加按钮的动感效果，还需要增加一些装饰效果。在“编辑栏”单击元件“anniu1_m”，返回元件“anniu1_m”的编辑模式。在“时间轴”控制面板上新建图层并重命名为“zoom_yuan”。关掉图层“bgcolor”，选择“工具”面板上的“椭圆工具”，在“属性”面板设置“笔触颜色”为“无”、“填充颜色”为“白色”，在圆环的中心绘制一个圆形。选择该圆形，按 F8 键将其转换为元件，将“名称”设置为“yuan”，“类型”设置为“图形”，得到如图 4-207 所示效果。

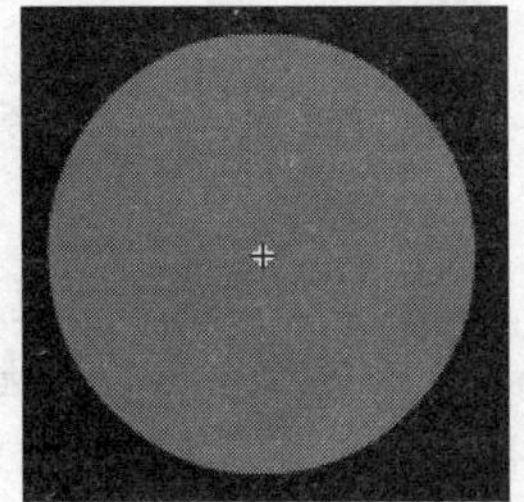

图 4-205　绘制按钮背景

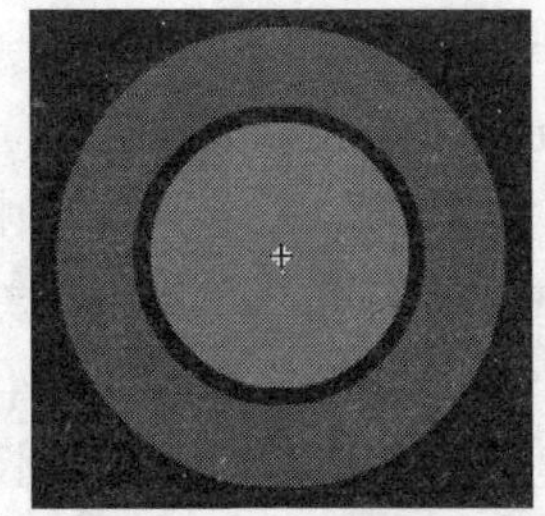

图 4-206　绘制圆环

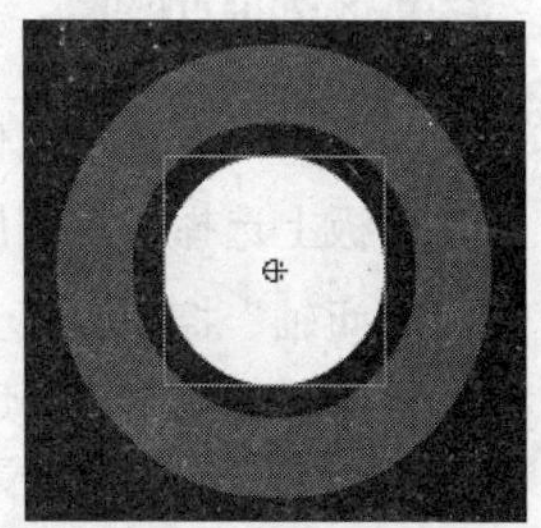

图 4-207　绘制圆形并转换为元件

**06** 在“时间轴”控制面板中图层“bgcolor”上新建图层并重命名为“txt”。选择“工具”面板上的“文本工具”，输入“商品展示”4 个黑体字，如图 4-208 所示。选择该文本，按 F8 键将其转换为元件，将“名称”设置为“zi_pro”、“类型”设置为“图形”。

**07** 在“时间轴”控制面板上新建图层并重命名为“word”，选择“工具”面板上的“文本工具”，输入“SECTION 01”几个英文字母，如图 4-209 所示。选择该文本，按 F8 键将其转换为元件，将“名称”设置为“zi_01_en”，“类型”设置为“图形”。

**08** 在“时间轴”控制面板上新建图层并重命名为“mask”，从“库”中拖拽元件“bgcolor”到舞台上，利用它做一个文字的遮罩。使用“工具”面板上的“任意变形工具”将其放大到合适的比例，如图 4-210 所示。

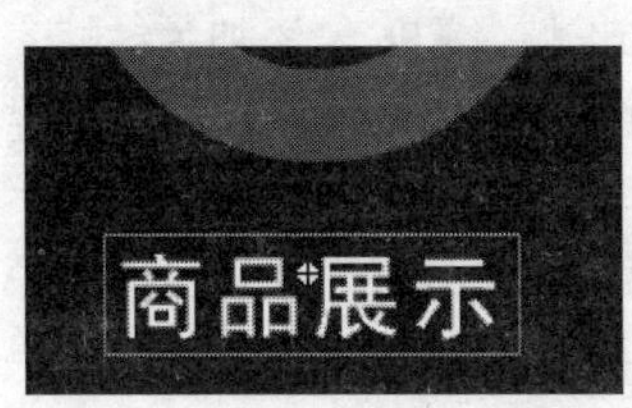


图 4-208　制作按钮的文字提示

图 4-209　制作按钮文字

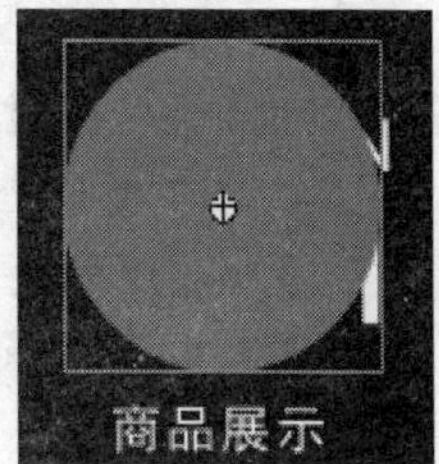


图 4-210　制作遮罩

**09** 在“时间轴”控制面板上暂时关掉图层“word”和“mask”，新建图层并重命名为“photo”，使用“工具”面板上的“钢笔工具”、“矩形工具”等绘制一个填充色为“白色”的图形，如图 4-211 所示。选择该图形，按 F8 键将其转换为元件，将“名称”设置为“photo_pro”，“类型”设置为“图形”。

**10** 在“时间轴”控制面板上新建图层并重命名为“anniu”。使用“工具”面板上的“矩形工具”绘制一个“填充颜色”为“蓝色”的矩形，如图 4-212 所示，选择该矩形，按 F8 键将其转换为元件，将“名称”设置为“anniu”，“类型”设置为“按钮”。双击元件“anniu”，进入元件“anniu”的编辑模式，将第“弹起”的关键帧移到“单击”帧上。

图 4-211　制作按钮图标

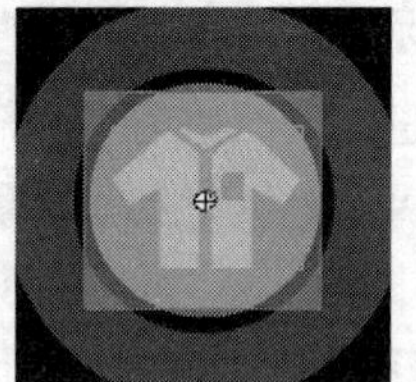

图 4-212　制作按钮热区

## 步骤三：添加动画

**01** 在“编辑栏”上单击元件“anniu1_m”,返回元件“anniu1_m”的编辑模式。在“时间轴”控制面板上选择所有图层的第“30”帧，按 F5 键添加帧。

**02** 在“时间轴”控制面板上选择图层“zoom_yuan”，在第“15”帧按 F6 键添加关键帧。将时间滑块拨到第“1”帧,使用“任意变形工具”将元件“yuan”缩小到约 48% 左右大小。选择第“1”帧，单击鼠标右键选择快捷菜单中的“创建传统补间”命令。将时间滑块拨到第“15”帧，在舞台上选择元件“yuan”，在“属性”面板将“颜色”设为“Alpha”，值为“0%”。

**03** 在“时间轴”控制面板上分别选择图层“bgcolor”、“word”、“mask”的第“15”、“30”帧，按 F6 键添加关键帧。将时间滑块拨到第“15”帧，在舞台上分别选择元件“bgcolor”、“zi_01_en”、“yuan”，使用“任意变形工具”将其一起放大一定比例。分别选择图层“bgcolor”、“word”、“mask”的第“1”、“15”帧，单击鼠标右键选择快捷菜单中的“创建传统补间”命令。选择图层“word”的第“30”帧，在舞台上选择元件“zi_01_en”，在“属性”面板将“颜色”设为“Alpha”，值为“0%”。选择图层“bgcolor”的第“15”帧，在舞台上选择元件“bgcolor”，在“属性”面板上将“颜色”设为“色调”，设置“填充颜色”为“橙色”，设置“值”为“100%”。

**04** 在“时间轴”控制面板上选择图层“mask”，单击鼠标右键选择快捷菜单中的“遮罩层”命令。

**05** 在“时间轴”控制面板上选择图层“txt”的第“15”、“30”帧，按 F6 键添加关键帧。选择第“1”帧，使用“任意变形工具”将元件“zi_pro”缩小并向上方移动一段距离，在“属性”面板将“颜色”设为“Alpha”，“值”为“0%”。同样，选择第“30”帧，使用“任意变形工具”将元件“zi_pro”缩小并向上方移动一段距离，在“属性”面板将“颜色”设为“Alpha”，值为“0%”。分别选择第“1”、“15”帧，单击鼠标右键选择快捷菜单中的“创建传统补间”命令。

**06** 在“时间轴”控制面板上选择图层“photo”的第“14”帧，按 F6 键添加关键帧。将时间滑块拨到第“14”帧，在舞台上选择元件“photo_pro”，使用“任意变形工具”将元件“photo_pro”缩小到约“34%”左右大小，在“属性”面板上将“颜色”设为“Alpha”，设置“值”为“0%”。在“时间轴”控制面板选择第“1”帧，单击鼠标右键选择快捷菜单中的“创建传统补间”命令。

## 步骤四：添加脚本语言

**01** 选择元件“anniu”，如图 4-213 所示，在“属性”面板中将“实例名称”设为“button_1”。

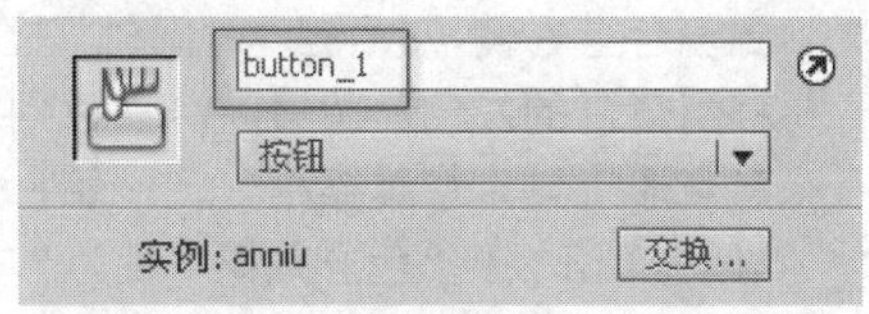


图 4-213　设置实例名称

**02** 在“时间轴”控制面板上新建图层并重命名为“action”，选择第“1”帧，单击鼠标右键选择快捷菜单中的“动作”命令，在打开的窗口输入以下代码：

```
stop();
```

**02** 选择第“15”帧，按 F6 键添加关键帧，单击鼠标右键选择“动作”命令，在打开的窗口输入以下代码：

```
stop();
```

**03** 选择元件“anniu”，如图 4-214 所示，打开“代码片段”面板中的“时间处理函数”下拉菜单，双击“Mouse Over 事件”命令，为元件“anniu”添加鼠标悬停动画。

**04** 这时系统会自动生成一段代码，修改中括号中的内容为如下代码：

```
gotoAndPlay(2);
```

**05** 继续在“代码片段”面板中双击“Mouse Out 事件”，为元件“anniu”添加一个鼠标移走后的动画，修改系统生成的代码中括号中的内容为：

```
gotoAndPlay(16);
```

**06** 继续选择元件“anniu”，如图 4-215 所示，打开“代码片段”面板中的“动作”下拉菜单，双击“单击以转到 Web 页”命令，为元件“anniu”添加网页跳转事件。

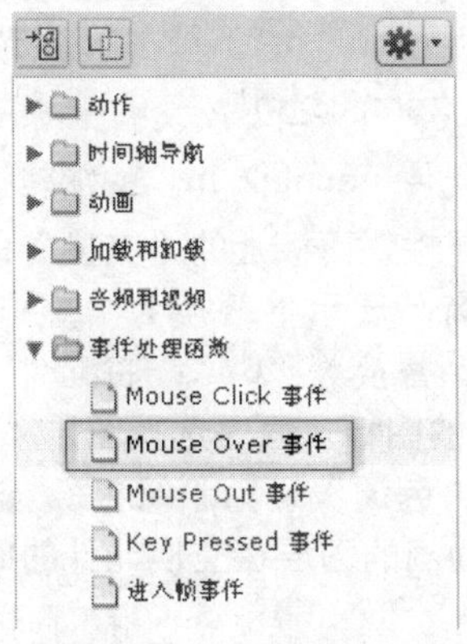


图 4-214　添加代码片段

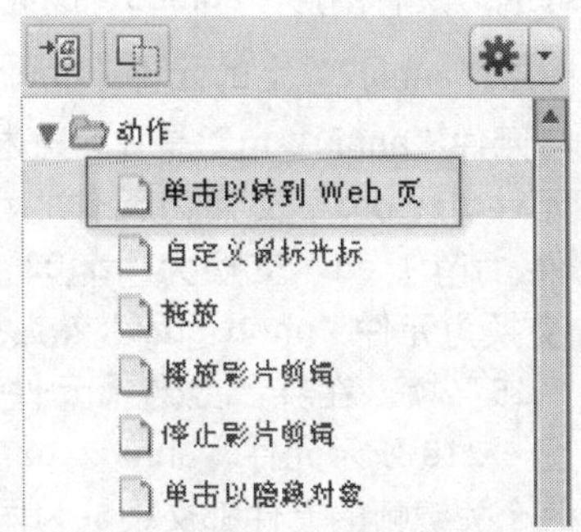


图 4-215　添加代码片段

**07** 这时，系统同样会生成相关代码，你可以修改网址为你需要的地址。按 Ctrl+Enter 键即可预览按钮的效果。

## 步骤五：制作按钮动画

通过以上的四大步骤，我们创建了一个动态按钮元件即“anniu1_m”。现在给按钮元件添加一个动画并且制作更多的按钮。

**01** 在“编辑栏”单击“场景 1”，返回“场景”编辑模式。在“时间轴”控制面板上选择图层“anniu1”，选择第“3”帧，按 F6 键添加关键帧，从“库”中拖拽元件“anniu1_m”到舞台上右侧，然后在“时间轴”控制面板上选择第“13”帧，在舞台上将元件“anniu1_m”移到舞台的左侧。将时间滑块拨到第“3”帧，在舞台上选择元件“anniu1_m”，使用“任意变形工具”将其缩小一定比例，然后在“属性”面板将“色彩效果”设为“Alpha”，“值”为“0%”。选择第“3”帧，单击鼠标右键选择快捷菜单中的“创建传统补间”命令，得到如图 4-216 所示效果。

图 4-216 制作按钮动画

**02** 同样的办法，在“时间轴”控制面板上新建图层并重命名为“anniu2”，继续从“库”中拖拽元件“anniu1_m”到舞台上，制作一段位移动画。同样的方法，新建图层并重命名为“anniu3”，制作第 3 段按钮动画。如图 4-217 所示，分别调整动画出现的时间，让它们彼此之间错开 6 帧。选择所有图层的第“48”帧，按 F5 键添加帧。

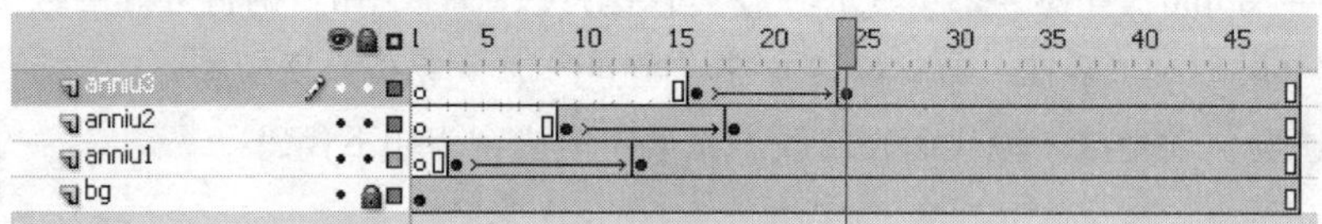


图 4-217 制作按钮动画

**03** 按钮动态出现的动画做好了，但是它们现在都是元件“anniu1_m”，下面使用“属性”面板上的“交换”按钮来快速制作另外 2 个按钮吧。分别选择图层“anniu2”的第“9”帧，在舞台上选择元件“anniu1_m”，在“属性”面板上单击“交换”按钮，在打开的“交换元件”对话框中单击“直接复制元件”命令，将元件复制成为“anniu2_m”。同样的方法，将时间滑块拨到第“18”帧，在舞台上选择元件“anniu1_m”，在“属性”面板上单击“交换”按钮，在打开的“交换元件”对话框中选择元件“anniu2_m”。单击“确定”按钮。用同样的方法将图层“anniu3”的元件也交换成为元件“anniu3_m”。

**04** 选择图层“anniu2”上的元件“anniu2_m”，双击进入元件“anniu2_m”的编辑模式。它目前与元件“anniu1_m”是完全一样的。继续使用“属性”面板上的“交换”命令，分别将元件“zi_pro”交换为元件“zi_try”，将文字“商品展示”替换为“虚拟试穿”；将元件“zi_01_en”交换为“zi_02_en”，将文字“01”替换为“02”；将元件“photo_pro”交换为元件“photo_try”，然后重新绘制这个按钮的图标。同时选择图层“bgcolor”的第“15”帧，在舞台上选择元件“bgcolor”，将其“色调”设为“绿色”。这样就得到如图 4-218 所示元件“anniu2_m”的效果（注意有动画的图层在交换元件的时候一定要让每个关键帧的元件都交换成为同一的元件噢）。

**05** 选择元件“anniu”，如图 4-219 所示，在“属性”面板上将“实例名称”设为“button_2”。

图 4-218 制作按钮

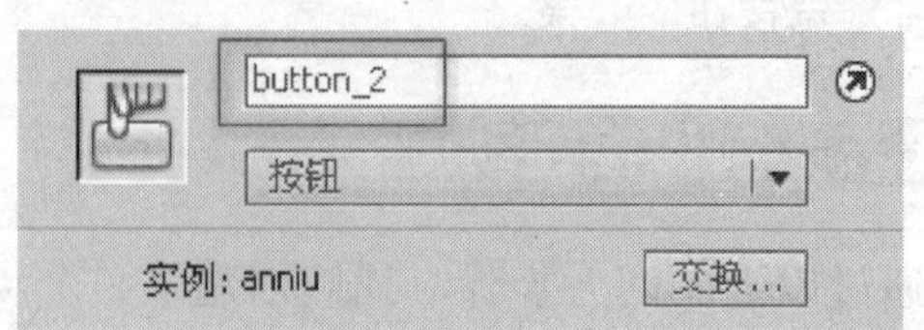


图 4-219 设置实例名称

**06** 同样的方法，选择图层“anniu3”上的元件“anniu3_m”，双击进入元件“anniu3_m”的编辑模式。使用“属性”面板上的“交换”命令，分别将元件“zi_pro”交换为元件“zi_shop”，将文字“商品展示”替换为“放入购物篮”；元件“zi_01_en”交换为“zi_03_en”，将文字“01”替换为“03”；元件“photo_pro”交换为元件“photo_shop”，然后重新绘制这个按钮的图标。同时选择图层“bgcolor”的第“15”帧，在舞台上选择元件“bgcolor”，在“属性”面板上将其“色彩效果”设为“色调”，“着色”为“玫瑰红色”。这样就得到如图 4-220 所示元件“anniu3_m”的效果。

**07** 选择元件“anniu”，如图 4-221 所示，在“属性”面板上将“实例名称”设为“button_3”。

图 4-220　制作按钮

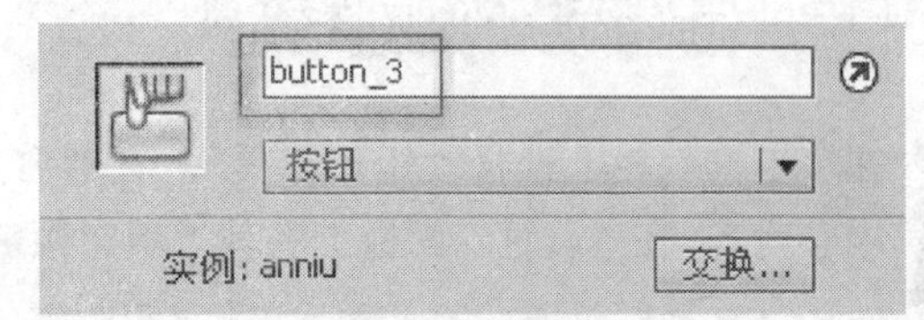


图 4-221　设置实例名称

**08** 在“编辑栏”单击“场景 1”，返回“场景”编辑模式。在“时间轴”控制面板新建图层并重命名为“action”，选择第“48”帧，按 F6 键添加关键帧，单击鼠标右键选择快捷菜单中的“动作”命令，在打开的窗口输入以下代码：

```
stop();
```

这时按 Ctrl+Enter 键测试一下吧！

本例到这里结束。一旦你掌握了这种制作动态按钮的思路，就一定能举一反三制作出更多超酷超炫的动感导航啦！

## 实例 65

# 视频控制——FLV 高级篇

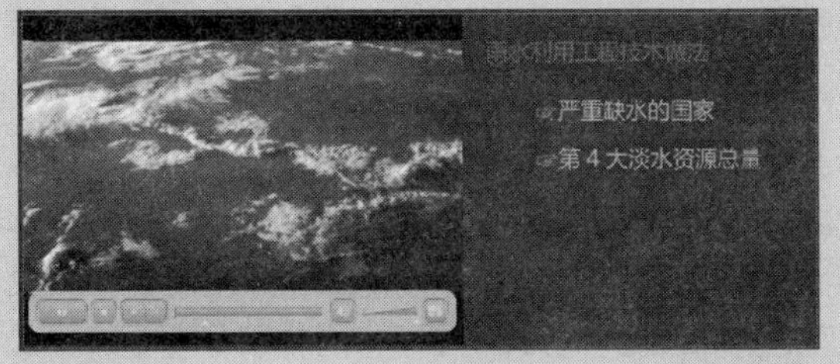


图 4-222　实例 65：视频控制——FLV 高级篇

在制作课件时通常有一种需求是视频课件讲到某个地方，课件会有相应的动画演示。在 CS5 以前，这个需求通常需要大量的程序来实现！

**提示：**

在这个例子里（如图 4-222 所示），你会学到关于 CS5 新增的“提示点”知识及结合“代码片段”实现视频控制。

## 步骤一：创建文件

**01** 打开 Adobe Flash Professional CS5，选择“新建”下的“ActionScript 3.0”，新建一个 Flash 工程文件。

**02** 在“属性”面板上单击“编辑”按钮，在弹出的“文档设置”面板中将“尺寸”设为“720 像素”×“300 像素”，设置“背景颜色”为“#333333”，将“帧频”设为“25.00”，单击“确定”按钮。

**03** 按 Ctrl+S 键保存文件为“rainTech.fla”。

**04** 在“rainTech.fla”的同一目录下放置一个名为“rain.flv”的视频流媒体文件备用。

## 步骤二：制作简单的课件场景

**01** 在“工具”栏上选择“矩形工具”，在舞台上画一个“710×290”的矩形，使其与舞台中心对齐，在“属性”面板上将其“填充颜色”设为“无”，“笔触颜色”设为“#0099CC”。

**02** 选择“工具”面板上的“文本工具”，在舞台右侧的适当区域输入课件的名称“雨水利用工程技术做法”，再分别输入课件中的子标题：“严重缺水的国家”、“第 4 大淡水资源总量”、“人均平均水平的 1/4”、“　最贫乏的国家之一”、“重视雨水利用”。选择 5 个子标题，使用“对齐”面板中的“左对齐”和“垂直居中分布”命令，将其对齐，得到如图 4-223 所示效果。

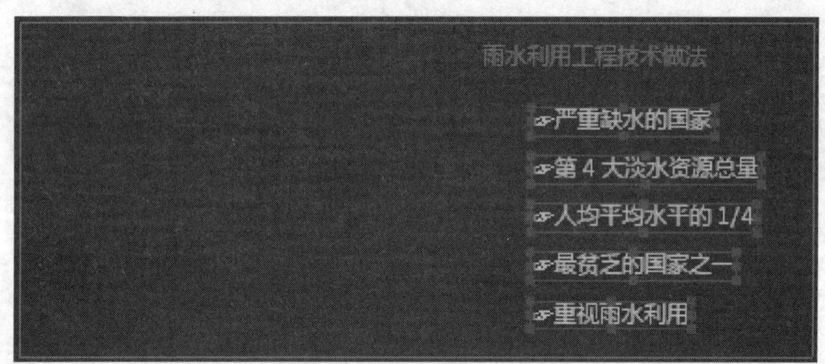


图 4-223　对齐子标题

**03** 选择子标题 1“严重缺水的国家”，连续按两次 Ctrl+B 键，将文字打散，再按 F8 键，将其转换为元件，将其“名称”设为“zi1”，“类型”设为“影片剪辑”。

**04** 同样的方法，连续按两次 Ctrl+B 键，将子标题 2“第 4 大淡水资源总量”的文字打散，再按 F8 键，将其转换为元件，将其“名称”设为“zi2”，“类型”设为“影片剪辑”。连续按两次 Ctrl+B 键，将子标题 3“人均平均水平的 1/4”的文字打散，再按 F8 键，将其转换为元件，将其“名称”设为“zi3”，“类型”设为“影片剪辑”。同样将子标题 4“最贫乏的国家之一”文字打散并将其转换为元件，将“名称”设为“zi4”，“类型”设为“影片剪辑”；将子标题 5“重视雨水利用”文字打散并转换为元件，将“名称”设为“zi5”，“类型”设为“影片剪辑”。

**05** 全选元件“zi1”、“zi2”、“zi3”、“zi4”、“zi5”，按 F8 键将其转换为元件，将“名称”设为“zi_m”，“类型”设为“影片剪辑”。

## 步骤三：制作动画

**01** 双击元件“zi_m”，进入元件“zi_m”的编辑模式。按 Ctrl+A 键全选所有元件，单击鼠标右键选择快捷菜单中的“分散到图层”命令。

**02** 在“时间轴”控制面板上将“图层 1”重命名为“actions”，新建图层并重命名“name”（图层“actions”用来放 ActionScript 代码，图层“name”用来给帧命名）。

**03** 选择图层“zi1”、“zi2”、“zi3”、“zi4”、“zi5”的第“1”帧，将其移动到第“2”帧（使默认状态时不显示子标题）。

**04** 选择图层“zi1”的第“10”帧，按 F6 键添加关键帧。移动图层“zi2”的第“2”帧到第“11”帧，选择图层“zi2”的第“20”帧，按 F6 键添加关键帧。移动图层“zi3”的第“2”帧到第“21”帧，选择图层“zi3”的第“30”帧，按 F6 键添加关键帧。移动图层“zi4”的第“2”帧到第“31”帧，选择图层“zi4”的第“40”帧，按 F6 键添加关键帧。移动图层“zi5”的第“2”帧到第“41”帧，选择图层“zi5”的第“50”帧按 F6 键添加关键帧。

**05** 选择图层“zi1”的第“2”帧，单击鼠标右键选择快捷菜单中的“创建传统补间”命令，在舞台上选择元件“zi1”，将其往左侧移动一段距离（约 50 个像素），在“属性”面板上打开“色彩效果”面板，选择“Alpha”，将其值设为“0”。

**06** 同样的方法，依次为元件“zi2”，元件“zi3”，元件“zi4”、元件“zi5”创建一段从左侧淡入的动画。选择所有图层的第“50”帧，按 F5 键添加帧，补齐动画。

**07** 分别选择图层“actions”的第“10”、“20”、“30”、“40”、“50”帧，按 F6 键添加关键帧。

**08** 分别选择图层“actions”的第“1”、“10”、“20”、“30”、“40”、“50”帧，单击鼠标右键选择快捷菜单中的“动作”命令，在打开的窗口输入以下代码：

```
stop();
```

**09** 分别选择图层“name”的第“2”、“11”、“21”、“31”、“41”帧，按 F6 键添加关键帧。选择图层“name”的第“2”帧，在“属性”面板上打开“标签”面板，将“名称”设为“sub_zi1”，如图 4-224 所示。

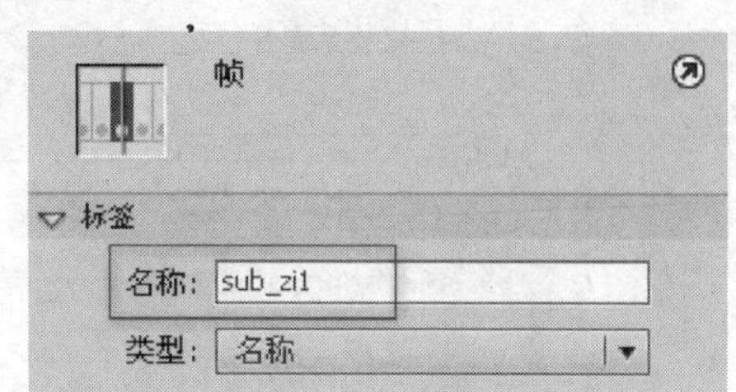


图 4-224　设置帧标签

**10** 同样的方法，依次选择图层“name”的第“11”帧，将其帧标签设置为“sub_zi2”，选择图层“name”的第“21”帧，将其帧标签设置为“sub_zi3”，选择图层“name”的第“31”帧，将其帧标签设置为“sub_zi4”，选择图层“name”的第“41”帧，将其帧标签设置为“sub_zi5”，得到如图 4-225 所示结果。

**11** 在“编辑栏”单击“场景 1”回到场景编辑模式，在舞台上选择元件“zi_m”，在“属性”面板上将其“实例名称”设置为“zi_m”，如图 4-226 所示。

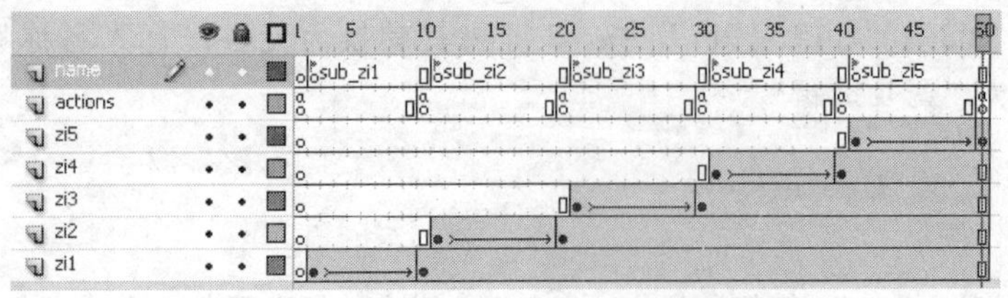

图 4-225　添加动画及帧标签

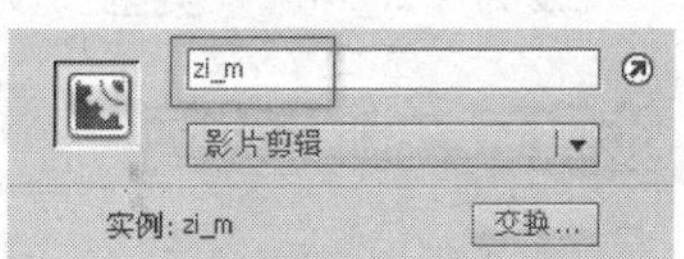

图 4-226　添加实例名称

## 步骤四：导入视频

**01** 如图 4-227 所示，将“组件”面板上的“FLVPlayback 2.5”组件拖到舞台上的左侧区域。

**02** 这时会出现一个黑色的视频播放范围。在“属性”面板调整“skin”属性，也就是视频播放器的样式，如图 4-228 所示。这时你可以直接单击播放器按钮进行视频的预览，这是 CS5 的新增功能噢！设置“source”为事先做好的视频文件“rain.flv”（如果你的视频文件不是 flv 格式，那么你需要将其转换成 flv 的格式，具体的做法可以查阅实例 63）。

图 4-227　添加组件

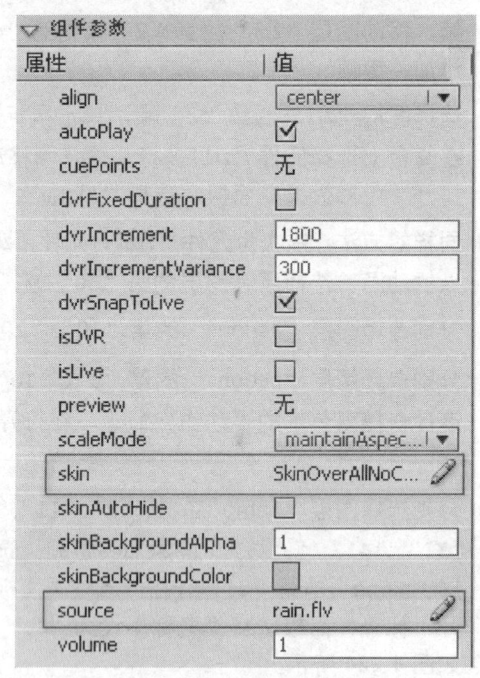

图 4-228　设置组件参数

**03** 选择该视频，在“属性”面板上为其添加“实例名称”为“rain_flv”，如图 4-229 所示。

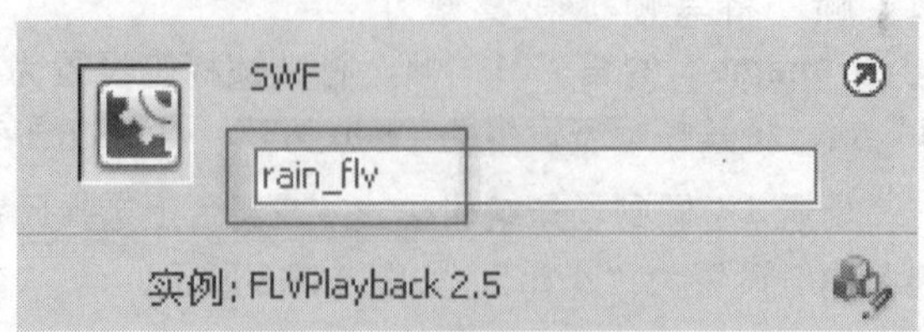

图 4-229　添加实例名称

## 步骤五：添加控制

**01** 单击视频的播放按钮，让其自然播放，在每一个需要出现子标题动画的地方，在“属性”面板的“提示点”面板中单击“+”按钮,修改“提示点 1”的名称为“zi1”。同样的方法，依次添加其他的提示点，如图 4-230 所示。注意修改提示点的名称为“zi2”、“zi3”、“zi4”、“zi5”。这个名称很重要，我们在 AS 中需要调用这个名称！

**02** 选择视频，在“代码片段”面板选择“On Cue Point 事件”，如图 4-231 所示，单击“添加到当前帧”按钮。

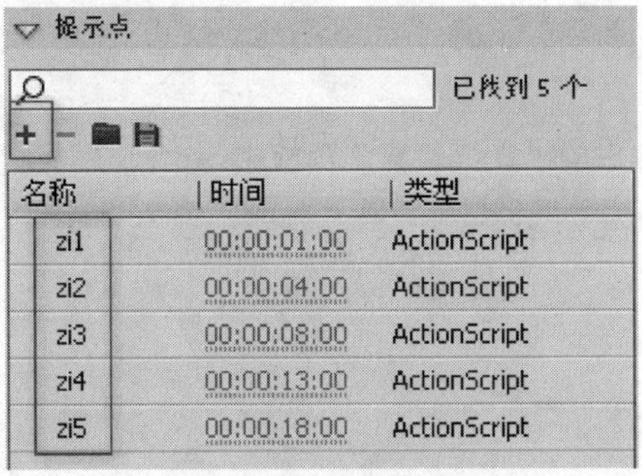

▽ 提示点

已找到 5 个

| 名称 | 时间 | 类型 |
|---|---|---|
| zi1 | 00:00:01:00 | ActionScript |
| zi2 | 00:00:04:00 | ActionScript |
| zi3 | 00:00:08:00 | ActionScript |
| zi4 | 00:00:13:00 | ActionScript |
| zi5 | 00:00:18:00 | ActionScript |

图 4-230　添加提示点

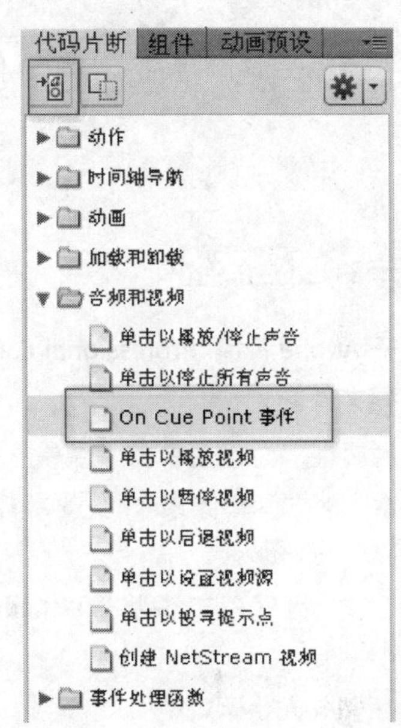


图 4-231　导入的视频及播放器

**03** 这时，系统会自动打开“动作”面板，并添加了如图 4-232 所示相关的代码。

```
import fl.video.MetadataEvent;

rain_flv.addEventListener(MetadataEvent.CUE_POINT, fl_CuePointHandler_4);

function fl_CuePointHandler_4(event:MetadataEvent):void
{
    // 开始您的自定义代码
    // 此片断代码在"输出"面板中显示提示点的名称。
    trace(event.info.name);
    // 结束您的自定义代码
}
```

图 4-232　系统自动添加的代码

**04** 将代码中的中括号的内容替换为以下代码：

```
zi_m.gotoAndPlay("sub_"+event.info.name);
```

这时按 Ctrl+Enter 键就能看到视频一边播放，子标题一边弹出的动画啦！

本例到这里结束。由于使用了“代码片段”功能，使原本复杂的程序控制变得如此轻松，CS5，真的是太给力啦！

## 实例 66

# XML 广告

图 4-233　实例 66：XML 广告

本例是大中型网站常用到的 Cover 图经典案例！

**提示：**

在这个例子里（如图 4-233 所示），你会学到基于 AS3 调用“动态文本框”、“XML”来实现动态广告条轮换效果的技术点。

## 步骤一：创建文件

**01** 打开 Adobe Flash Professional CS5，选择“新建”下的“ActionScript 3.0”，新建一个 Flash 工程文件。

**02** 在“属性”面板上单击“编辑”按钮,在弹出的“文档设置”面板中将“尺寸”设为“641 像素”×“223 像素”，设置“背景颜色”为“#E6EEF9”，将“帧频”设为“25.00”，单击“确定”按钮。

**03** 按 Ctrl+S 键保存文件为“flashadv.fla”。

## 步骤一：素材准备

在文件“flashadv.fla”文件的同一目录下，新建文件夹“images”用来放置轮换图片。如图 4-234 所示放入 5 张“641 像素”×“199 像素”的图片（注意，这个图片的高度要比舞台的高度少 24 个像素，因为舞台需要 24 个像素高来放广告标题）。分别将它们的文件名命名为“1.jpg”、“2.jpg”、“3.jpg”、“4.jpg”、“5.jpg”。

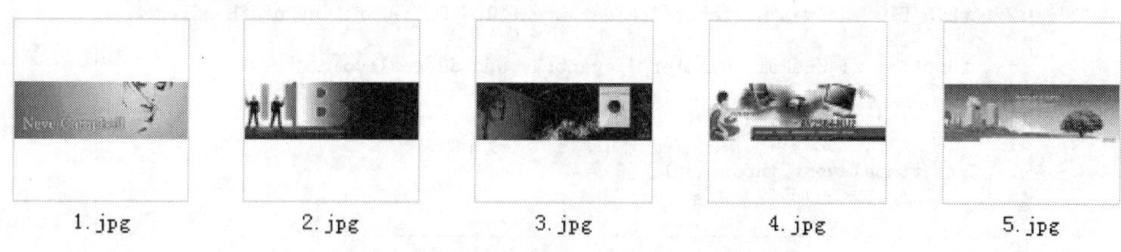


图 4-234　准备需要展示的图片

## 步骤三：创建 xml 文档

**01** 在文件“flashadv.fla”文件的同一目录下,新建一个“文本文档”文件,将其重命名为“list.xml”（一定要连后缀名一起修改）。选择该文件，单击鼠标右键选择快捷菜单中的“打开方式”|“记事本”命令，在打开的窗口输入以下代码：

```
<?xml version="1.0" encoding="utf-8"?>
  <images>
  <image source="images/1.jpg">女人的美，经典的美</image>
  <image source="images/2.jpg">玩枪的人——碟片世纪</image>
  <image source="images/3.jpg">洗出来的浪漫满屋</image>
  <image source="images/4.jpg">新年礼物大派送</image>
  <image source="images/5.jpg">11 年一起买房去</image>
</images>
```

**02** 按 Ctrl+S 键存盘。

## 步骤四：添加脚本语言

切换到 Flash CS5，在“时间轴”控制面板选择第“1”帧，单击鼠标右键选择快捷菜单中的“动作”命令，在打开的窗口输入以下代码：

```
import fl.transitions.Tween;
import fl.transitions.easing.*;
stage.scaleMode="noScale" ;

function btn_bg(se:uint,r:Number):Sprite {
    var yuan:Sprite=new Sprite();
    yuan.graphics.beginFill(se);
    yuan.graphics.drawCircle(0,0,r);
    yuan.graphics.endFill();
    return yuan;
}

function title_bg(se:uint,w:Number,h:Number):Sprite {
    var juxing:Sprite=new Sprite();
    juxing.graphics.beginFill(se);
    juxing.graphics.drawRect(0,0,w,h);
    juxing.graphics.endFill();
    return juxing;
}

var wtw:uint=stage.stageWidth;
var wth:uint=stage.stageHeight;

var jx:Sprite=title_bg(0xAAAAAA,wtw,24);
addChild(jx);
jx.y=wth-24;

var fgx:Sprite=title_bg(0xEEEEEE,wtw,1);
addChild(fgx);
fgx.y=wth-24;

var bt_txt:TextField=new TextField();
bt_txt.width=150;
bt_txt.height=19;
bt_txt.textColor=0x000000;
bt_txt.selectable=false;
bt_txt.x=5;
bt_txt.y=wth-21.5;
addChild(bt_txt);

var btnxs:Sprite=btn_bg(0x666666,9);
addChild(btnxs);

var tt:Timer=new Timer(3000);
```

```
var b:uint=0;
var zhongshu:uint=0;
var loader:Loader;
var _request:URLRequest;
var imageLoader:Loader;
var xml:XML;
var xmlList:XMLList;
var xmlLoader:URLLoader = new URLLoader();
var fadeTween:Tween;

xmlLoader.load(new URLRequest("list.xml"));
xmlLoader.addEventListener(Event.COMPLETE, xmlLoaded);
function xmlLoaded(event:Event):void {
    xml = XML(event.target.data);
    xmlList = xml.children();
    zhongshu=xmlList.length();
    for (var a:int = 0; a < zhongshu; a++) {
        var btnbj:Sprite=btn_bg(0xDDDDDD,7);
        addChild(btnbj);
        btnbj.x=wtw-20*zhongshu+a*20;
        btnbj.y=wth-12;
        var xh_txt:TextField=new TextField();
        xh_txt.width=10;
        xh_txt.height=19;
        xh_txt.textColor=0x000000;
        xh_txt.selectable=false;
        xh_txt.autoSize = TextFieldAutoSize.CENTER;
        xh_txt.text=(a+1)+"";
        xh_txt.x=(wtw-20*zhongshu-5)+a*20;
        xh_txt.y=wth-21.5;
        addChild(xh_txt);
        var btn:Sprite=btn_bg(0x000000,7);
        addChild(btn);
        btn.alpha=0;
        btn.x=wtw-20*zhongshu+a*20;
        btn.y=wth-12;
        btn.name = xmlList[a].attribute("source");
        btn.addEventListener(MouseEvent.CLICK,dj);
        btn.buttonMode=true;
    }
    imageLoader = new Loader();
    imageLoader.load(new URLRequest(xmlList[b].attribute("source")));
    addChild(imageLoader);
    bt_txt.text = xmlList[b];
    btnxs.x=wtw-zhongshu*20;
    btnxs.y=wth-12;
}
tt.addEventListener(TimerEvent.TIMER,gx);
tt.start();

function dj(e:MouseEvent):void {
    tt.stop();
    b=int(e.target.name.substr(8,1)-1);
    btnxs.x=e.target.x;
    btnxs.y=e.target.y;
    tt.start();
    imageLoader = new Loader();
    imageLoader.load(new URLRequest(e.target.name));
    addChild(imageLoader);
    bt_txt.text =xmlList[b];
    fadeTween = new Tween(imageLoader,"alpha",None.easeNone,0,1,1,true);
```

```
}

function gx(e:TimerEvent) {
    b++;
    if (b>=zhongshu) {
        b=0;
    }
    btnxs.x=wtw-zhongshu*20+b*20;
    imageLoader = new Loader();
    imageLoader.load(new URLRequest(xmlList[b].attribute("source")));
    addChild(imageLoader);
    bt_txt.text = xmlList[b];
    fadeTween = new Tween(imageLoader,"alpha",None.easeNone,0,1,1,true);
}
```

这时按 Ctrl+Enter 键测试一下吧！

本例到这里结束。对于需要不断更新的网站来说，只需要修改 XML 文本及 images 文件夹中的图片就可以啦，非常方便！

## 实例 67

# 旋转汽车

图 4-235 实例 67：旋转汽车

这是一个绝对商业的案例，可以用在汽车，房地产、工业等等领域，很实用的说！

**提示：**

在这个例子里（如图 4-235 所示），你会学到使用 AS3 来实现 360 度展示产品的方法。

### 步骤一：创建文件

**01** 打开 Adobe Flash Professional CS5，选择“新建”下的“ActionScript 3.0”，新建一个 Flash 工程文件。

**02** 在“属性”面板上单击“编辑”按钮,在弹出的“文档设置”面板中将“尺寸”设为“311 像素”×“191 像素”，将“背景颜色”设为“#FFFFFF”、“帧频”设为“30.00”，单击“确定”按钮。

**03** 按 Ctrl+S 键保存文件为“3DRotateCar.fla”。

### 步骤二：准备基本素材

**01** 首先要准备一组序列图，序列图是单位时间内连续的图像，可以由三维软件生成或实景拍摄获得。如图 4-236 所示是一组三维软件中旋转 360 度渲染输出的汽车序列图（如果是实拍的序列图，需要使用 Photoshop 或 Fireworks 等软件进行抠图、校色等工序）。将修改后的序列图存为“slide00”～“slide35”的连号图片，将其存放在一个名为“silde360”的文件夹（序列图要以统一的字符开头，方便导入，不同制式的序列图帧数是不一样）。

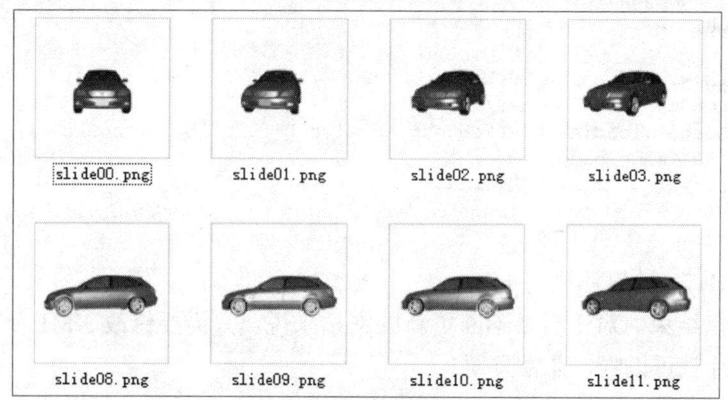


图 4-236　准备序列图

**02** 选择“工具”面板中的“矩形工具”，在“属性”面板上将“填充颜色”设置为“#999999”，“笔触颜色”设为“无”，在舞台上画一个浅灰色的背景，按 F8 键将其转换为元件，将“名称”设置为“bg”，“类型”设置为“影片剪辑”。

**03** 选择“工具”面板中的“椭圆工具”，在“颜色”面板上将“填充颜色”设置为“黑到透明”的渐变色，“笔触颜色”设为“无”，绘制一个阴影，按 F8 键将其转换为元件，将“名称”设置为“shadow”，“类型”设置为“影片剪辑”。

**04** 在“属性”面板上的“色彩效果”中将“样式”设为“Alpha”，“值”设为“67%”，得到如图 4-237 所示效果。

**05** 在“编辑栏”上单击“场景 1”回到场景编辑模式，在舞台上选择元件“bg”，在“属性”面板将其“实例名称”设为“rotator”，如图 4-238 所示。

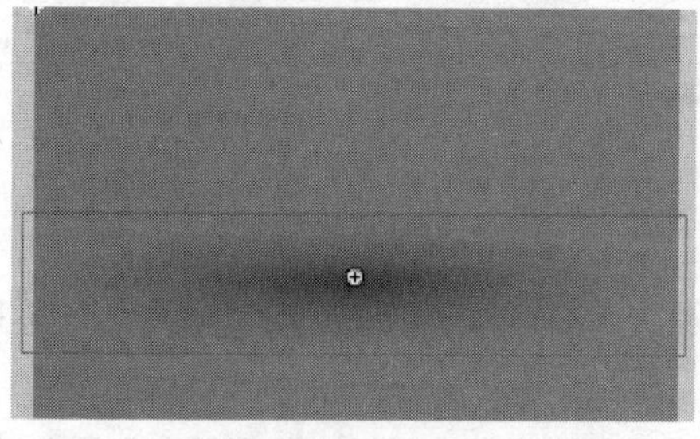

图 4-237　制作背景

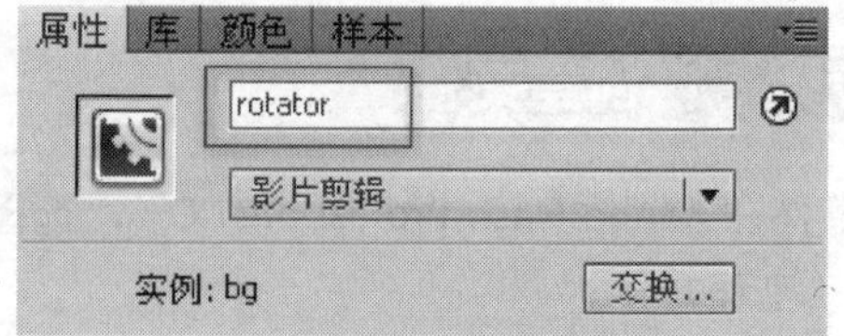


图 4-238　设置实例名称

## 步骤三：创建xml文档

**01** 在文件“3DRotateCar.fla”文件的同一目录下新建一个文本文件，将其重命名为“snapshots.xml”（一定要连后缀名一起修改噢）。在记事本中打开该文件，输入以下代码：

```
<?xml version="1.0"?>
<slide>
```

```
    <slide highres="slides360/slide00.png" sourcetype="external" regname="slide00" />
    <slide highres="slides360/slide01.png" sourcetype="external" regname="slide01" />
    <slide highres="slides360/slide02.png" sourcetype="external" regname="slide02" />
    <slide highres="slides360/slide03.png" sourcetype="external" regname="slide03" />
    <slide highres="slides360/slide04.png" sourcetype="external" regname="slide04" />
    <slide highres="slides360/slide05.png" sourcetype="external" regname="slide05" />
    <slide highres="slides360/slide06.png" sourcetype="external" regname="slide06" />
    <slide highres="slides360/slide07.png" sourcetype="external" regname="slide07" />
    <slide highres="slides360/slide08.png" sourcetype="external" regname="slide08" />
    <slide highres="slides360/slide09.png" sourcetype="external" regname="slide09" />
    <slide highres="slides360/slide10.png" sourcetype="external" regname="slide10" />
    <slide highres="slides360/slide11.png" sourcetype="external" regname="slide11" />
    <slide highres="slides360/slide12.png" sourcetype="external" regname="slide12" />
    <slide highres="slides360/slide13.png" sourcetype="external" regname="slide13" />
    <slide highres="slides360/slide14.png" sourcetype="external" regname="slide14" />
    <slide highres="slides360/slide15.png" sourcetype="external" regname="slide15" />
    <slide highres="slides360/slide16.png" sourcetype="external" regname="slide16" />
    <slide highres="slides360/slide17.png" sourcetype="external" regname="slide17" />
    <slide highres="slides360/slide18.png" sourcetype="external" regname="slide18" />
    <slide highres="slides360/slide19.png" sourcetype="external" regname="slide19" />
    <slide highres="slides360/slide20.png" sourcetype="external" regname="slide20" />
    <slide highres="slides360/slide21.png" sourcetype="external" regname="slide21" />
    <slide highres="slides360/slide22.png" sourcetype="external" regname="slide22" />
    <slide highres="slides360/slide23.png" sourcetype="external" regname="slide23" />
    <slide highres="slides360/slide24.png" sourcetype="external" regname="slide24" />
    <slide highres="slides360/slide25.png" sourcetype="external" regname="slide25" />
    <slide highres="slides360/slide26.png" sourcetype="external" regname="slide26" />
    <slide highres="slides360/slide27.png" sourcetype="external" regname="slide27" />
    <slide highres="slides360/slide28.png" sourcetype="external" regname="slide28" />
    <slide highres="slides360/slide29.png" sourcetype="external" regname="slide29" />
    <slide highres="slides360/slide30.png" sourcetype="external" regname="slide30" />
    <slide highres="slides360/slide31.png" sourcetype="external" regname="slide31" />
    <slide highres="slides360/slide32.png" sourcetype="external" regname="slide32" />
    <slide highres="slides360/slide33.png" sourcetype="external" regname="slide33" />
    <slide highres="slides360/slide34.png" sourcetype="external" regname="slide34" />
    <slide highres="slides360/slide35.png" sourcetype="external" regname="slide35" />
</slide>
```

**02** 按 Ctrl+S 键存盘。

## 步骤四：添加脚本语言

**01** 切换到文件“3DRotateCar.fla”，双击元件“bg”，进入元件“bg”的编辑模式。

**02** 在“时间轴”控制面板上新建图层并重命名为“actions”，选择第“1”帧，单击鼠标右键选择快捷菜单中的“动作”命令，在打开的窗口中输入以下代码：

```
import flash.display.MovieClip;
import flash.utils.Timer;
import flash.events.TimerEvent;
import flash.events.KeyboardEvent;
import flash.events.MouseEvent;
import flash.net.URLLoader;
import flash.net.URLRequest;
import flash.utils.getDefinitionByName;
import flash.utils.getQualifiedClassName;
import flash.xml.XMLDocument;
import fl.transitions.easing.*;
import flash.filters.BlurFilter;
```

```
var _xmlData = new String("snapshots.xml");
var _frameWidth = 311;
var _frameHeight = 153;
var _keyInput = 1;
var _keyLeft = "LEFT";
var _keyRight = "RIGHT";
var _keyRotateSpeed = 20;
var _keyRotateAcceleration = 0.5;
var _keyRotateDeceleration = 0.1;
var _mouseInput = "xAxis";
var _invertMouseAxis = 1;
var _mouseWheelInput = 1;
var _invertMouseWheel = 0;
var _mouseWheelSpeed = 20;
var _mouseWheelAcceleration = 0.5;
var _mouseWheelDeceleration = 0.1;
var _motionBlurAmplitude = 1;
var _motionBlurQuality = 1;
var _motionBlurAxis = "blurX";
var tweenDuration = 1;
var easingFunction = Regular.easeOut;
var mouseTweenDuration = 1;
var mouseEasingFunction = Regular.easeOut;
var speedEndLimit = 0.2;
var angleSpeedReduction = 0.1;
var _currentFramesLoaded = 0;
var framesNo: Number;
var __root;
var objectXml: XMLDocument;
var framesInfo = new Array ();
var loadNextSlideSet = 0;
var slideSet = new Array();
var auxSlideSet = new Array();
var loadInterval: Number;
var slideStep = 1;
var frameDegreeUnit;
var _keyMoveLeft;
var _keyMoveRight;
var leftPressed = 0;
var rightPressed = 0;
var key_velocity;
var keyInfo = new Array();
var keyObj = new Object();
var mouseDirection = "mouseX";
var initMouseHandler = 0;
var mouseListener;
var mouseWheelDirection = 0;
var mousewheel_velocity = 0;
var startAngle = 0; var endAngle = 0; var tweenOffset = 0;
var hasTween = 0; var startTween = 0;
var tweenStartTime = 0;
var oldStep = 0;
var mouseStartValue = 0; var mouseEndValue = 0; var mouseTweenOffset = 0;
var mouseHasTween = 0; var mouseStartTween = 0;
var mouseTweenStartTime = 0;
var dragging = false;
var startx = 0;
var oldSlideIdx = -1;
var currentSlideIdx = -1;
var oldx = 0; var prevoldx = 0;
```

```
var speed = 0;
var offset = 0;
var offset01    = 0;
var currentPos = currentSlideIdx;
var nextSld = 0;
var oldMc = "";
var stepCounter = 0;
var hrTotalLoaded = 0;
var temp = 0;
var myTimer;
var i; var k;
var signum;
var releaseOutsideTarget;
var request1:URLRequest;
var loader1:Loader;
var resourceLoaded = 0;
var request2:URLRequest;
var loader2:Loader;
function init() {
__root = this;
setMouseWheel();
setMouseHandler(_mouseInput);
initKey();
initKeyboardEvent();
_keyMoveRight = getCode(_keyLeft);
_keyMoveLeft = getCode(_keyRight);
loadFrames();
}
……
……
……（代码太多，请参看配套光盘中源代码文件）
function setMouseHandler(dir) {
    if (dir!="disabled") {
                if (dir=="xAxis") mouseDirection = "mouseX";
                    else mouseDirection = "mouseY";
                __root.addEventListener("mouseDown", pressHandler);
    }
      else
      {
          __root.removeEventListener("mouseDown", pressHandler);
      }
}
function setMouseWheel() {
 if (_mouseWheelInput) {
       stage.addEventListener("mouseWheel",mouseWheelHandler);
    }
    else {
         stage.removeEventListener("mouseWheel",mouseWheelHandler);
        }
}
function mouseWheelHandler(e:MouseEvent) {
  var signum = 1;
  if (e.delta<0) signum = -1;
  if (_invertMouseWheel==1) signum*=-1;
  mouseWheelDirection = signum;
}
init();
```

这时按 Ctrl+Enter 键测试一下 360 度旋转汽车吧！

本例到这里结束，你学会了吗？

## 实例 68

# MP3 播放器——初级篇

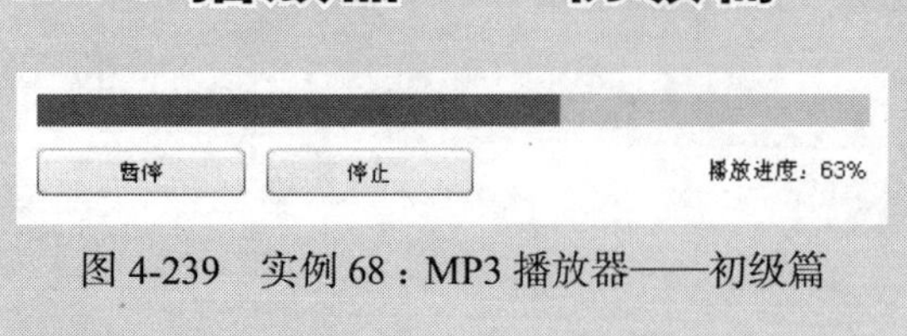

图 4-239　实例 68：MP3 播放器——初级篇

**提示：**

在这个例子里（如图 4-239 所示），你会学到通过调用“组件”的方式来快速生成一个带进度显示的 MP3 播放器！

## 步骤一：创建文件

**01** 打开 Adobe Flash Professional CS5，选择“新建”面板下的“ActionScript 3.0”选项，新建一个 Flash 工程文件。

**02** 在“属性”面板上单击“编辑”按钮，在弹出的“文档设置”面板中将“尺寸”设为“420 像素”×“70 像素”，“帧频”设为“12.00”，单击“确定”按钮。

**03** 选择“文件”|“保存”命令，将文件存为“MP3_as.fla”文件。

## 步骤二：准备工作

**01** 如图 4-240 所示，分别拖拽“组件”面板上的“Button”（按钮组件）、“Label”（文本组件）、“ProgressBar”（进度条）到舞台上。

**02** 调整其位置如图 4-241 所示。

**03** 打开“库”面板，你能看到“库”中已添加了如图 4-242 所示相关的元件。

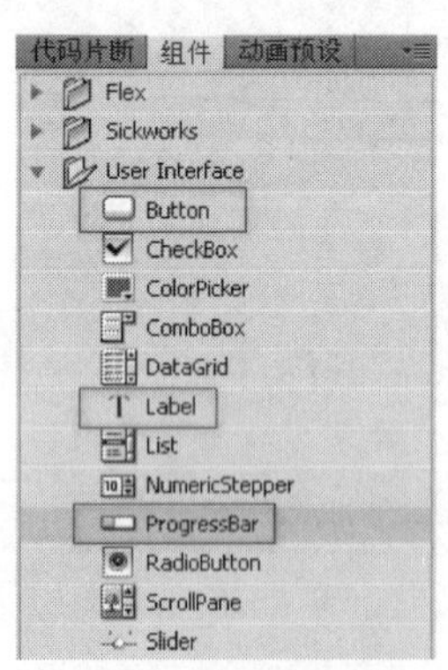

图 4-240　拖拽组件

图 4-241　摆放组件到相应的位置

图 4-242　“库”中的组件元件

**04** 在文档“MP3_as.fla”的同一目录下，放置一个名为“testSound.mp3”的 MP3 音乐用来测试。

## 步骤三：创建类文件

**01** 在 Flash CS5 中，选择“文件”|“新建”命令，如图 4-243 所示，在弹出的“新建文档”对话框中选择“常规”面板下的“ActionScript 3.0 类”选项，单击“确定”按钮，创建一个 Flash 的类文件。

**02** 这时，系统会弹出如图 4-244 所示的“创建 ActionScript 3.0 类”的对话框，将其“类名称”设为“MP3_as”，单击“确定”按钮。

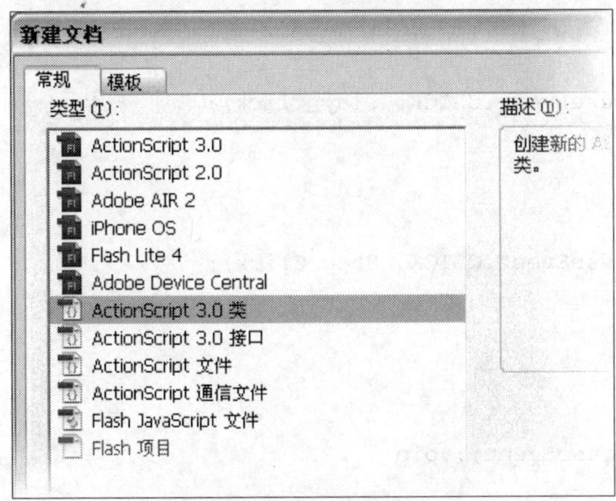


图 4-243　创建类文件

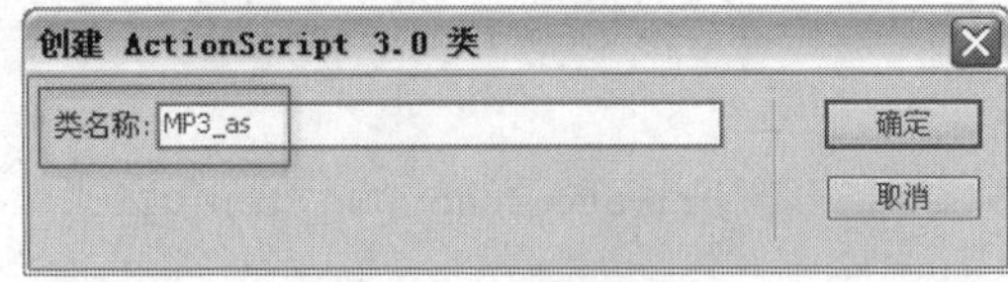


图 4-244　设置类名称

**03** 选择“文件”|“保存”命令，将文件存为“MP3_as.as”，在文档上输入如下代码：

```
package
{
    import flash.display.Sprite;
    import flash.media.Sound;
    import flash.media.SoundChannel;
    import flash.media.SoundTransform;
    import flash.net.URLRequest;
    import flash.events.Event;
    import flash.events.MouseEvent;
    import fl.controls.Label;
    import fl.controls.Button;

    public class MP3_as extends Sprite
    {
        private var sound:Sound;
        private var channel:SoundChannel;
        private var lbPercent:Label;
        private var barWidth:int;
        private var barHeight:int;
        private var loaded:int;
        private var total:int;
        private var percentBuffered:Number;
        private var position:int;
        private var play_tag:int;
        private var btnPlay:Button;
        private var btnStop:Button;

        public function MP3_as()
        {
            Label_Init();
            BtnPlay_Init();
            this.addEventListener(Event.ENTER_FRAME, onEnterFrame);
            sound = new Sound(new URLRequest("testSound.mp3"));
        }

        private function BtnPlay_Init():void
```

```
{
    play_tag = 0;
    position = 0;
    btnPlay = new Button();
    btnPlay.label = "播放";
    btnPlay.move(10, 35);
    btnPlay.addEventListener(MouseEvent.CLICK, Play_Click);

    btnStop = new Button();
    btnStop.label = "停止";
    btnStop.move(120, 35);
    btnStop.addEventListener(MouseEvent.CLICK, Stop_Click);

    addChild(btnPlay);
    addChild(btnStop);
}

private function Stop_Click(e:MouseEvent):void
{
    channel.stop();
    btnPlay.label = "播放";
    position = 0;
    play_tag = 0;
}

private function Play_Click(e:MouseEvent):void
{
    if (e.target.label == "播放")
    {
        channel = sound.play(position);
        btnPlay.label = "暂停";
        play_tag = 1;
    }
    else
    {
        channel.stop();
        btnPlay.label = "播放";
    }
}

private function Label_Init():void
{
    lbPercent = new Label();
    lbPercent.text = "播放进度：";
    lbPercent.move(330, 36);
    lbPercent.width = 100;
    addChild(lbPercent);
}

public function onEnterFrame(event:Event):void
{
    barWidth = 400;
    barHeight = 15;
    loaded = sound.bytesLoaded;
    total = sound.bytesTotal;

    graphics.clear();
    graphics.beginFill(0x000000);
    graphics.drawRect(10, 10, barWidth, barHeight);
```

```
            graphics.endFill();

            if (total > 0)
            {
                percentBuffered = loaded / total;

                graphics.beginFill(0xCCCCCC);
                graphics.drawRect(10, 10, barWidth * percentBuffered, barHeight);
                graphics.endFill();

                if (play_tag == 1)
                {
                    var length:int = sound.length;
                    position = channel.position;
                    length /=  percentBuffered;
                    var percentPlayed:Number = position / length;
                    graphics.beginFill(0x666666);
                    graphics.drawRect(10, 10, barWidth * percentPlayed, barHeight);
                    graphics.endFill();
                    lbPercent.text = "播放进度：" + (percentPlayed * 100).
                    toFixed(0) + "%";
                }
            }
        }
    }
}
```

**04** 按 Ctrl+S 键保存文件。

## 步骤四：添加类

**01** 切换到文件“MP3_as.fla”中，如图 4-245 所示，打开“属性”面板中的“发布”面板，将“类”设置为“MP3_as”。

**02** 按 Ctrl+A 键全选舞台上的组件，按 Delete 键将其删除，然后按 Ctrl+S 键保存文档。

图 4-245　设置文档类

这时按 Ctrl+Enter 键观看影片，单击“播放”按钮，就能看见 MP3 被加载，并能显示进度流量了。

本例到这里结束。虽然删掉了舞台上的组件，但是在 as 中定义了各组件的 x 和 y 的位置，所以，舞台上就算没有组件，也能正常的显示组件了。

## 实例 69

# 3D 图片导航

图 4-246　实例 69：3D 图片导航

本实例模仿苹果操作系统的菜单显示方式，超级酷！

**提示：**

在这个例子里（如图 4-246 所示），你会学到关于“3D 场景”相关知识。

## 步骤一：创建文件及相关准备工作

**01** 打开 Adobe Flash Professional CS5，选择“新建”面板下的“ActionScript 3.0”选项，新建一个 Flash 工程文件。

**02** 在“属性”面板上单击“编辑”按钮，在弹出的“文档设置”面板中将“尺寸”设为“600 像素”×“200 像素”，将“背景颜色”设为“黑色”，“帧频”设为“30.00”，单击“确定”按钮。

**03** 按 Ctrl+S 键保存文件为“3DZoomMenu.fla”。

**04** 如图 4-247 所示，使用 Photoshop 将一些图片处理成“191px×200px”大小，作为菜单导航用。将处理好的图片存放在“images”文件夹中。

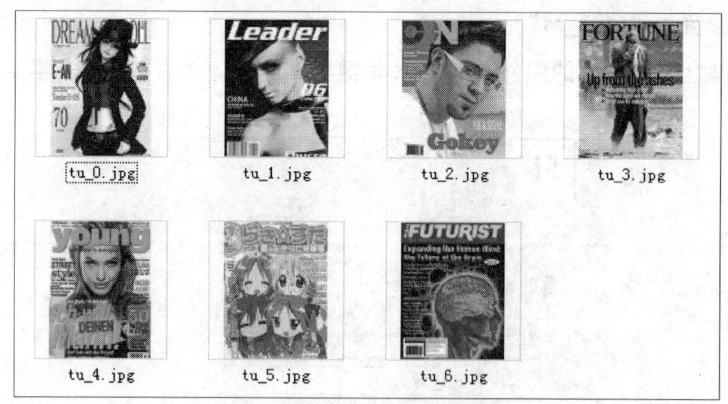


图 4-247　导航图片处理

**05** 同时，本实例需要用到来自“www. Flashtuning.com”网站上的如图 4-248 所示的 AS 程序，我们将其放在“net\flashtuning\Ft3DScene 文件夹”下。

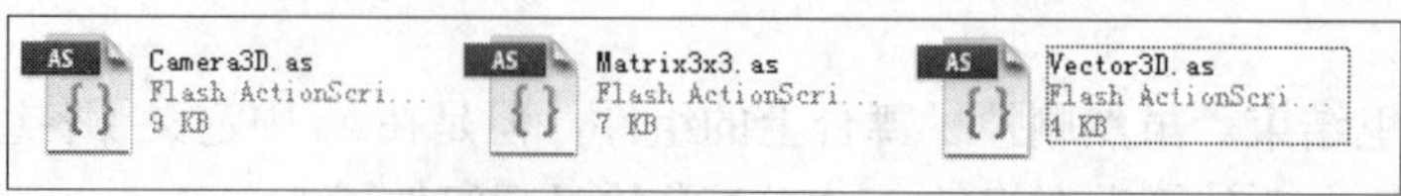


图 4-248　存放类文件

## 步骤二：制作图片导航

**01** 按 Ctrl+F8 键新建元件，将元件“名称”设为“loaderanimation”，“类型”设为“影片剪辑”，这时系统进入元件“loaderanimation”的编辑模式。使用“工具”面板上的“椭圆工具”结合“颜色”面板及“渐变变形工具”画一个圆形，如图 4-249 所示，模拟图片加载时指针的旋转。

**02** 按 Ctrl+F8 键新建元件，将元件“名称”设为“imgBox”，“类型”设为“影片剪辑”。这时系统进入元件“imgBox”的编辑模式。单击“编辑栏”上的“场景 1”，回到场景编辑模式（这个空白元件是用来设置载入图片的位置）。

**03** 按 Ctrl+F8 键新建元件，将元件“名称”设为“mirror”，“类型”设为“影片剪辑”，这时系统进入元件“mirror”的编辑模式。单击“编辑栏”上的“场景 1”，回到场景编辑模式（这个空白元件是用来设置载入图片倒影的位置）。

**04** 按 Ctrl+F8 键新建元件，将元件“名称”设为“imgMc”，“类型”设为“影片剪辑”，这时系统进入元件“imgMc”的编辑模式。使用“工具”面板上的“矩形工具”在舞台上画一个“191×500”的矩形，这是导航图片显示的范围。选择矩形，按 F8 键将其转换为元件，将元件“名称”设为“image_border”，“类型”设为“影片剪辑”。

**05** 选择元件“image_border”，在“属性”面板中设置“实例名称”为“border”，如图 4-250 所示。

图 4-249　绘制图片加载动画

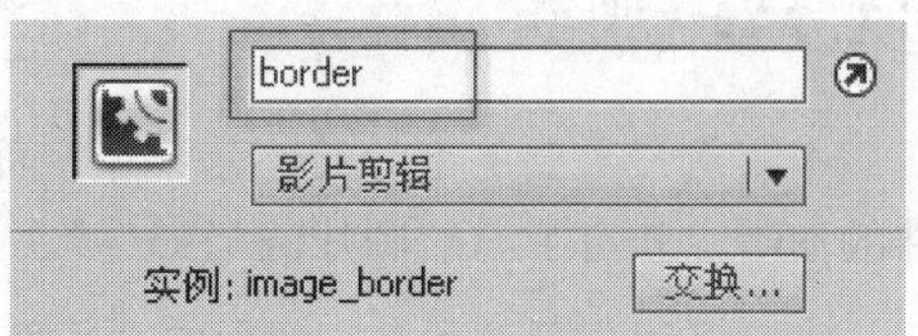


图 4-250　设置实例名称

**06** 在“时间轴”控制面板上将“图层 1”重命名为“image_border”，新建图层并将其重命名为“mirrorBox”。锁定图层“image_border”，从“库”面板中拖拽元件“mirror”，将其放置在“X:0”，“Y:0”的位置上，也就是矩形边框的左上角顶点上。选择元件“mirror”，在“属性”面板中设置“实例名称”为“mirrorBox”，如图 4-251 所示。

**07** 在“时间轴”控制面板上锁定图层“imirrorBox”，新建图层并重命名为“imgBox”。从“库”面板中拖拽元件“imgBox”，将其放置在“X:0”，“Y:0”的位置上，也就是矩形边框的左上角顶点上。选择元件“imgBox”，在“属性”面板中设置“实例名称”为“imgBox”，如图 4-252 所示。

图 4-251　设置实例名称

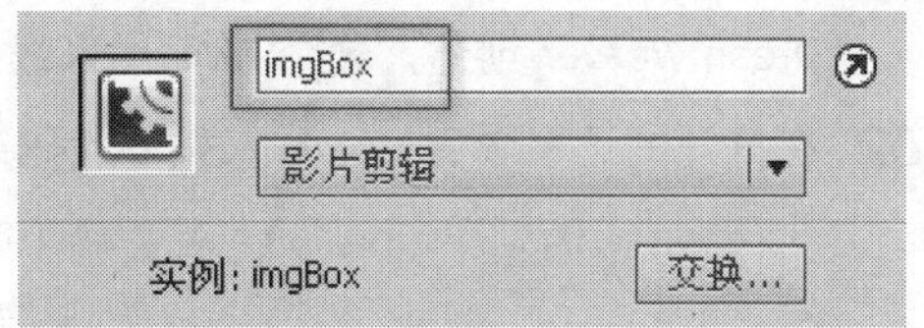


图 4-252　设置实例名称

**08** 在“时间轴”控制面板上新建图层并将其重命名为“loader_animation”，从“库”面板中拖拽元件“loaderanimation”到如图 4-253 所示位置。

**09** 在舞台上选择元件“loaderanimation”,如图 4-254 所示,在“属性”面板中将“实例名称”设为“loaderanim”。

**10** 按 Ctrl+F8 键新建元件，将元件“名称”设为“mirror_mask”,“类型”设为“影片剪辑”,这时系统进入元件“mirror_mask”的编辑模式。使用“工具”面板上的“矩形工具”在舞台上画一个“130×130”的矩形。选择“颜色”面板，将其“填充颜色”设为“半透明到全透明”的渐变色，用来衰减倒影，得到如图 4-255 所示效果。

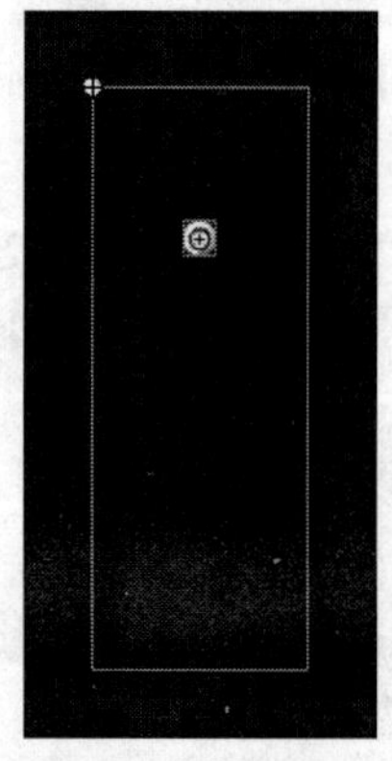

图 4-253　放置元件

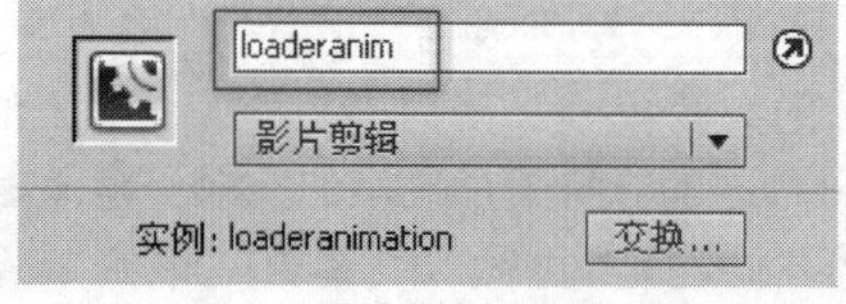


图 4-254　设置实例名称

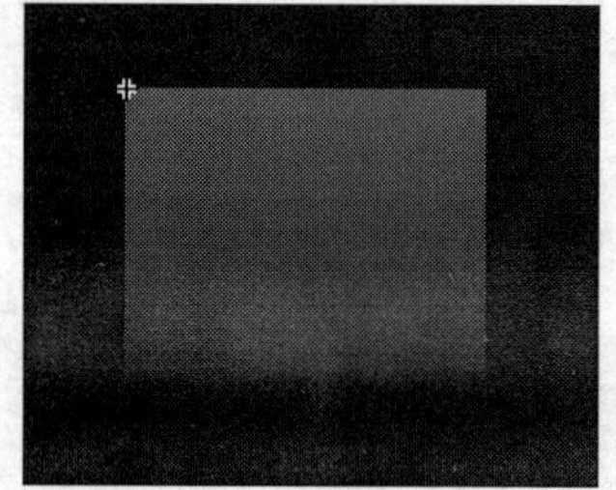

图 4-255　绘制倒影衰减

## 步骤三：制作 3D 舞台

本实例最重要的部分并不是菜单，而是 3D 舞台，因为正是通过对 3D 舞台及鼠标事件的侦听，才有了导航图片的“弹性”。

**01** 按 Ctrl+F8 键新建元件，将元件“名称”设为“stage_graphic”,“类型”设为“影片剪辑”。这时系统进入元件“stage_graphic”的编辑模式，使用“工具”面板上的“矩形工具”画一个“32×32”的矩形，如图 4-256 所示，用来作为舞台采样。

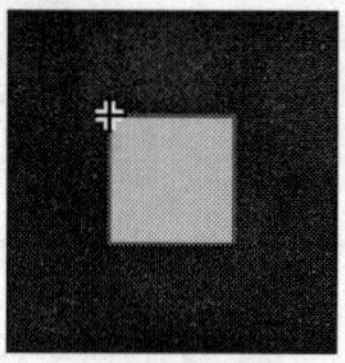

图 4-256　绘制矩形

**02** 按 Ctrl+F8 键新建元件，将元件“名称”设为“menuMask”,“类型”设为“影片剪辑”。这时系统进入元件“menuMask”的编辑模式，使用“工具”面板上的“矩形工具”画一个“600×200”的矩形，用来作为舞台遮罩。

## 步骤四：制作 XML 文件

**01** 在文件“3DZoomMenu.fla”的同一目录下，新建一个文件“config.xml”（可以由 Dreamweaver 创建，这个 XML 用来载入外部图片），用记事本打开该文件。

**02** 在打开的记事本窗口，写入如下代码：

```
<?xml version="1.0"?>
<scene>
    <object source="images/tu_0.jpg" url="" window="_blank" />
    <object source="images/tu_1.jpg" url="" window="_blank" />
    <object source="images/tu_2.jpg" url="" window="_blank" />
    <object source="images/tu_3.jpg" url="" window="_blank" />
    <object source="images/tu_4.jpg" url="" window="_blank" />
```

```
    <object source="images/tu_5.jpg" url="" window="_blank" />
    <object source="images/tu_0.jpg" url="" window="_blank" />
    <object source="images/tu_1.jpg" url="" window="_blank" />
    <object source="images/tu_2.jpg" url="" window="_blank" />
    <object source="images/tu_3.jpg" url="" window="_blank" />
    <object source="images/tu_4.jpg" url="" window="_blank" />
    <object source="images/tu_5.jpg" url="" window="_blank" />
    <object source="images/tu_0.jpg" url="" window="_blank" />
    <object source="images/tu_1.jpg" url="" window="_blank" />
    <object source="images/tu_2.jpg" url="" window="_blank" />
    <object source="images/tu_3.jpg" url="" window="_blank" />
    <object source="images/tu_4.jpg" url="" window="_blank" />
    <object source="images/tu_5.jpg" url="" window="_blank" />
</scene>
```

**03** 按 Ctrl+S 键保存该文件，关闭记事本。

**04** 同样的方法，在文件“3DZoomMenu.fla”的同目录下，新建一个“scene.xml”(可以由 Dreamweaver 创建，这个 XML 用来初始化 3D 场景)，然后用记事本打开该文件。

**05** 在打开的记事本窗口，写入如下代码：

```
<?xml version="1.0"?>
<scene>
    <camera x="0" y="0" z="0" source="none" sourcetype="none" regname="camera_0"
    status="on" />
</scene>
```

**06** 按 Ctrl+s 键保存该文件，关闭记事本。

## 步骤五：添加 AS

**01** 回到 Flash CS5，在“库”面板中选择元件“imgMc”，单击鼠标右键选择快捷菜单中的“属性”命令。打开“高级”按钮，如图 4-257 所示，勾选“为 ActionScript 导出”选项，再勾选“在第 1 帧中导出”选项。设置“类”为“imgMc”，单击“确定”按钮。

**02** 在“库”面板中选择元件“mirror_mask”，单击鼠标右键选择快捷菜单中的“属性”命令。打开“高级”按钮，如图 4-258 所示，勾选“为 ActionScript 导出”选项，再勾选“在第 1 帧中导出”选项。设置“类”为“mirror_mask”，单击“确定”按钮。

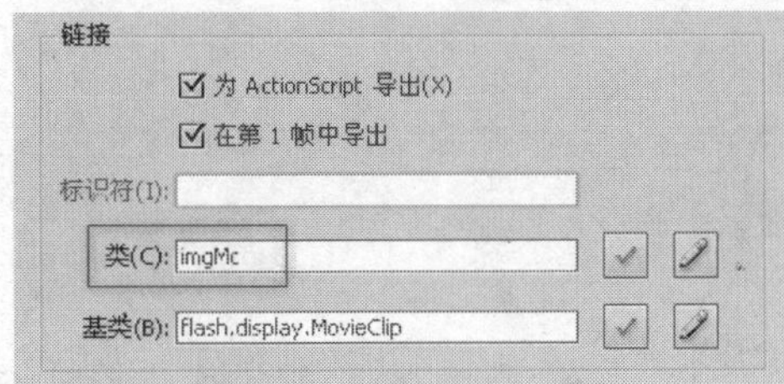


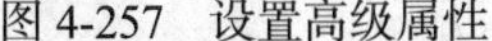
图 4-257　设置高级属性

图 4-258　设置高级属性

**03** 同样的方法，在“库”面板上选择元件“stage_graphic”，单击鼠标右键选择快捷菜单中的“属性”命令。打开“高级”按钮，如图 4-259 所示，勾选“为 ActionScript 导出”选项，再勾选“在第 1 帧中导出”按钮。设置“类”为“stage3DSceneGraphic”，单击“确定”按钮。

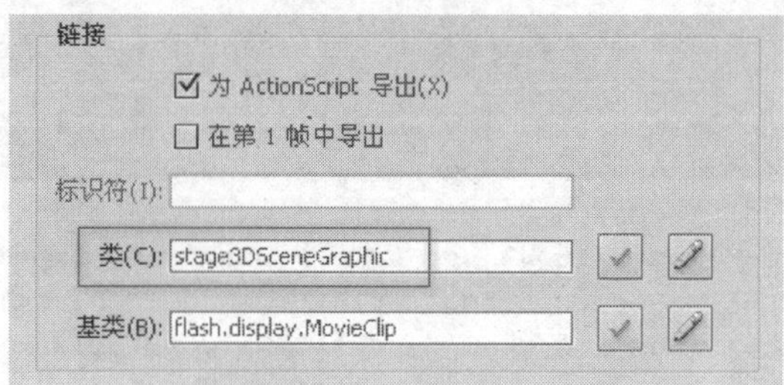


图 4-259　设置高级属性

**04** 按 Ctrl+F8 键新建元件，将元件“名称”设为“3DZoomMenu”，“类型”设为“影片剪辑”。这时系统进入元件“3DZoomMenu”的编辑模式。从“库”面板中拖拽元件“stage_graphic”到舞台上，在“属性”面板设置其“X”为“0”，“Y”为“0”。

**05** 选择元件“stage_graphic”，按 F8 键将其转换为元件，将元件“名称”设为“menu”，“类型”设为“影片剪辑”。

**06** 再按 F8 键将其转换为元件，将元件“名称”设为“3DScene”，“类型”设为“影片剪辑”。

**07** 在“时间轴”控制面板上新建图层并重命名为“Actions”，选择第“1”帧，单击鼠标右键选择快捷菜单中的“动作”命令，在打开的窗口中输入以下代码：

```
import net.flashtuning.Ft3DScene.Vector3D;
import net.flashtuning.Ft3DScene.Camera3D;
import flash.display.MovieClip;
import flash.net.URLLoader;
import flash.net.URLRequest;
import flash.utils.getDefinitionByName;
import flash.events.KeyboardEvent;
import flash.xml.XMLDocument;
import fl.transitions.easing.*;

var xmlPath = new String("scene.xml");
var perspective_depth = 1500;
var __outerFadeRadius = 1500;
var __innerFadeRadius = 0;
var setAlpha:Number;
var _camMoveSpeed = 25;
var _camMoveAcceleration = 0.4;
var _camMoveDeceleration = 0.1;
var _camRotateSpeed = 4;
var _camRotateAcceleration = 0.10;
var _camRotateDeceleration = 0.05;
var centerX = 300;
var centerY = 100;
var centerChanged = 0;
var center;
……
```

本部分代码较多，具体请参考随书光盘中的源文件。

**08** 单击“编辑栏”上的元件“menu”，进入元件“menu”的编辑模式。在舞台上选择元件“3DScene”，如图 4-260 所示，在“属性”面板上设置“实例名称”为“sc”。

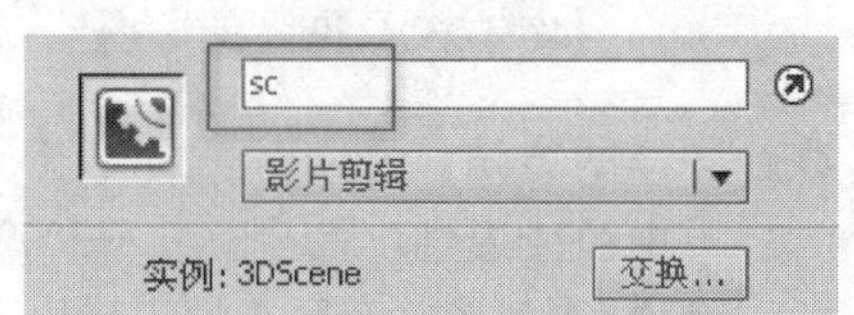


图 4-260　设置实例名称

**09** 在“时间轴”控制面板中新建图层并重命名为

"Actions"，选择第"1"帧，单击鼠标右键选择快捷菜单中的"动作"命令，在打开的窗口中输入以下代码：

```
import flash.geom.ColorTransform;
stage.align = "TL";
stage.scaleMode = "noScale";
stage.addEventListener(Event.RESIZE, resizeHandler);
function resizeHandler(event:Event):void
{
    var x01    = stage.stageWidth / 2;
    var y01    = stage.stageHeight / 2;
    sc.initScreenCenter(x1,y1);
}
var xmlData = "config.xml";
var startPointY = 75;
var startPointZ = 1600;
var startPointX = -200;
var useInvisibleMask = 1;
var useBitmapSmoothing = 1;
var menuWidth = this.parent.maskMc.width;
var offset = 120;
var marginsOffset = 300;
var useZoom = 1;
var zoomDir = -1;
var zoomFactor = 8;
var zoomSpeed = 60;
var maxZoom = zoomFactor * zoomSpeed;
var tweendecay = .2;
var tweentoleration = .2;
var useMirror = 1;
var mirrorHeightGaign = 0.6;
var mirrorOffset = 0;
var useRollOverColoring = 0;
var rollOverColor = 25;
var rollOutColor = -25;
var coloringSpeed = 5;
var maxC = rollOverColor + Math.abs(rollOutColor);
var showTitle = 0;
var titleYOffset = 0;
var useAdjustCamera = 0;

if (useInvisibleMask)
{
    this.parent.maskMc.visible = false;
}
else
{
    this.mask = this.parent.maskMc;
}
var xmlObj:XMLDocument;
var nodes = new Array();
var currspeed = 0;
var oldspeed = 0;
var dragging = false;
var oldxmouse = 0;
var totalDistance = 0;
var useFixedImageSize = 1;
init();
…
```

本部分代码较多，具体请参考随书光盘中的源文件。

**10** 单击“编辑栏”上的元件“3DZoomMenu”，进入元件“3DZoomMenu”的编辑模式。在“时间轴”控制面板中将“图层 1”重命名为“ZoomMenu_MovieClip”，锁定该图层。

**11** 新建图层并重命名为“MenuMask”，从“库”面板中拖拽元件“menuMask”到舞台上，在“属性”面板设置其“X”为“0”，“Y”为“0”。

**12** 在舞台上选择元件“menuMask”，在“属性”面板上设置“实例名称”为“maskMc”，如图 4-261 所示。

**13** 单击“编辑栏”上“场景 1”回到场景编辑模式，从“库”面板中拖拽元件“3DZoomMenu”到舞台上，在“属性”面板设置其“X”为“0”，“Y”为“0”。

**14** 在舞台上选择元件“3DZoomMenu”，在“属性”面板上设置“实例名称”为“menu”，如图 4-262 所示。

图 4-261　设置实例名称

图 4-262　设置实例名称

这时按 Ctrl+Enter 键就看到如 Apple 系统菜单的效果啦！

本例到这里结束。有点复杂，但是很酷！

## 实例 70

# 电子相册——外部载入篇

图 4-263　实例 70：电子相册——外部载入篇

用 XML 来控制外部图片的载入前面已有介绍，这里将它与电子相册结合，不一样的是，这是一个会转动的电子相册噢！

**提示：**

在这个例子里（如图 4-263 所示），你会学到基于 AS3 使用“动态文本框”调用“XML”文件来实现电子相册的导航功能。

## 步骤一：创建文件

**01** 打开 Adobe Flash Professional CS5，选择“新建”面板下的“ActionScript 3.0”选项，新建一个 Flash 工程文件。

**02** 在“属性”面板中单击“编辑”按钮，在弹出的“文档设置”面板中将“尺寸”设为“620 像素”×“350 像素”，“背景颜色”设为“#000000”，“帧频”设为“30.00”，单击“确定”按钮。

**03** 按 Ctrl+S 键保存文件为“imagesList.fla”。

## 步骤二：素材准备

在文件“imagesList.fla”文件的同一目录下，新建文件夹“images”用来放电子相册的缩略图，为了形成一圈轮盘似的效果，我们需要较多的缩略图。如图 4-264 所示使用 Photoshop 软件处理 24 张“140 像素”×“105 像素”的图片，分别将它们的文件名命名为“tu_1.jpg”、“tu_2.jpg”、“tu_3.jpg”、“tu_4.jpg”、“tu_5.jpg”……直到“tu_24.jpg”。

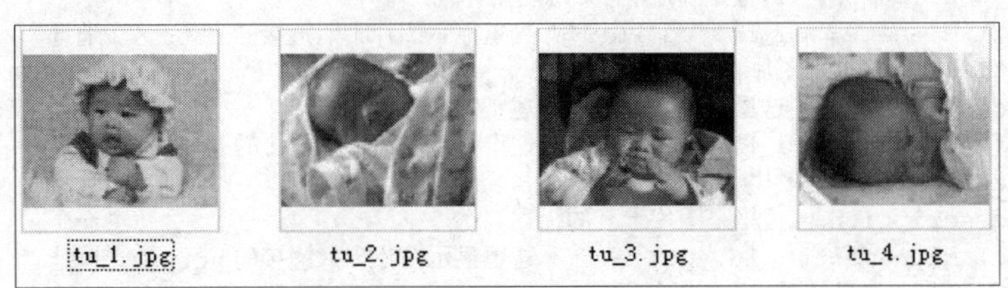


图 4-264 准备需要展示的图片

## 步骤三：创建 xml 文档

**01** 在文件“imagesList.fla”文件的同一目录下，新建一个“文本文档”文件，将其重命名为“list.xml”（一定要连后缀名一起修改）。选择该文件，单击鼠标右键选择快捷菜单中的“打开方式”|“记事本”，在打开的窗口输入以下代码：

```
<?xml version="1.0" encoding="utf-8"?>
<thumbnails>
<thumbnail filename="tu_1.jpg" url="这里显示图片一链接的 http:// 地址"
        title="这里是图片一的标题："
        description="这里是图片一的描述！" />
<thumbnail filename="tu_2.jpg" url="这里显示图片二链接的 http:// 地址"
        title="这里是图片二的标题："
        description="这里是图片二的描述！" />
<thumbnail filename="tu_3.jpg" url="这里显示图片三链接的 http:// 地址"
        title="这里是图片三的标题："
        description="这里是图片三的描述！" />
<thumbnail filename="tu_4.jpg" url="这里显示图片四链接的 http:// 地址"
        title="这里是图片四的标题："
        description="这里是图片四的描述！" />
<thumbnail filename="tu_5.jpg" url="这里显示图片五链接的 http:// 地址"
        title="这里是图片五的标题："
        description="这里是图片五的描述！" />
<thumbnail filename="tu_6.jpg" url="这里显示图片六链接的 http:// 地址"
        title="这里是图片六的标题："
        description="这里是图片六的描述！" />
<thumbnail filename="tu_7.jpg" url="这里显示图片七链接的 http:// 地址"
        title="这里是图片七的标题："
        description="这里是图片七的描述！" />
<thumbnail filename="tu_8.jpg" url="这里显示图片八链接的 http:// 地址"
        title="这里是图片八的标题："
        description="这里是图片八的描述！" />
<thumbnail filename="tu_9.jpg" url="这里显示图片九链接的 http:// 地址"
        title="这里是图片九的标题："
        description="这里是图片九的描述！" />
<thumbnail filename="tu_10.jpg" url="这里显示图片十链接的 http:// 地址"
```

```
        title="这里是图片十的标题："
        description="这里是图片十的描述！" />
    <thumbnail filename="tu_11.jpg" url="这里显示图片十一链接的http://地址"
        title="这里是图片十一的标题："
        description="这里是图片十一的描述！" />
    <thumbnail filename="tu_12.jpg" url="这里显示图片十二链接的http://地址"
        title="这里是图片十二的标题："
        description="这里是图片十二的描述！" />
    <thumbnail filename="tu_13.jpg" url="这里显示图片十三链接的http://地址"
        title="这里是图片十三的标题："
        description="这里是图片十三的描述！" />
    <thumbnail filename="tu_14.jpg" url="这里显示图片十四链接的http://地址"
        title="这里是图片十四的标题："
        description="这里是图片十四的描述！" />
    <thumbnail filename="tu_15.jpg" url="这里显示图片十五链接的http://地址"
        title="这里是图片十五的标题："
        description="这里是图片十五的描述！" />
    <thumbnail filename="tu_16.jpg" url="这里显示图片十六链接的http://地址"
        title="这里是图片十六的标题：)"
        description="这里是图片十六的描述！" />
    <thumbnail filename="tu_17.jpg" url="这里显示图片十七链接的http://地址"
        title="这里是图片十七的标题："
        description="这里是图片十七的描述！" />
    <thumbnail filename="tu_18.jpg" url="这里显示图片十八链接的http://地址"
        title="这里是图片十八的标题："
        description="这里是图片十八的描述！" />
    <thumbnail filename="tu_19.jpg" url="这里显示图片十九链接的http://地址"
        title="这里是图片十九的标题："
        description="这里是图片十九的描述！" />
    <thumbnail filename="tu_20.jpg" url="这里显示图片二十链接的http://地址"
        title="这里是图片二十的标题："
        description="这里是图片二十的描述！" />
    <thumbnail filename="tu_21.jpg" url="这里显示图片二十一链接的http://地址"
        title="这里是图片二十一的标题："
        description="这里是图片二十一的描述！" />
    <thumbnail filename="tu_22.jpg" url="这里显示图片二十二链接的http://地址"
        title="这里是图片二十二的标题："
        description="这里是图片二十二的描述！" />
    <thumbnail filename="tu_23.jpg" url="这里显示图片二十三链接的http://地址"
        title="这里是图片二十三的标题："
        description="这里是图片二十三的描述！" />
    <thumbnail filename="tu_24.jpg" url="这里显示图片二十四链接的http://地址"
        title="这里是图片二十四的标题："
        description="这里是图片二十四的描述！" />
    </thumbnails>
```

**02** 按 Ctrl+S 键存盘。

针对以上“XML 文件”我稍微做些说明。“thumbnail filename”指向的是缩略图文件的名称，“url”定义的是缩略图所链接的文件路径，一般会是在一个新的页面里打开一个高清的大图片，“title”是缩略图的标题，“description”是对这个缩略图的文字描述。这些名称在 flash 文件中会被动态文本框调用。另外，对于“XML”文件很重要的一点就是“encoding="utf-8"”，有时，当你从国外网站上下载的 fla 源代码文件中有可能不支持中文字符，你可以看看，它的 encoding 是否为 "utf-8"，以及 fla 源文件中的动态文本框是否支持中文。

## 步骤四：制作背景

**01** 选择“工具”面板上的“Deco 工具”，在“属性”面板将“绘制效果”设置为“藤蔓式填充”，设置“树叶”的颜色为“棕色”，“花”的颜色为“浅灰绿色”，“分支”颜色为“浅灰色”。如图 4-265 所示，在舞台上画出一个底纹。

**02** 在“时间轴”控制面板上将“图层 1”重命名为“dise”，新建图层并重命名为“bg”，锁定图层“dise”。选择“视图” | “标尺”命令，打开标尺。从标尺的左侧拉出一根辅助线到舞台上的“310 像素”的位置，这是舞台的中心位置。

**03** 选择“工具”面板上的“椭圆工具”，在“颜色”面板调整“填充颜色”为“径向渐变”、“笔触颜色”为“无”。按住 Shift 键画出一个金色到黑色渐变的圆形，如图 4-266 所示，这个圆形的大小为“440”×“440”。按 Ctrl+G 键将其组合，并使中心点对齐辅助线。

图 4-265　绘制底纹

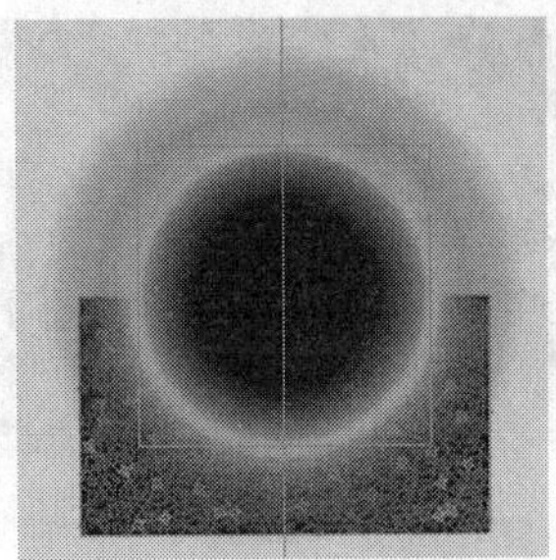

图 4-266　绘制背景

**04** 在“时间轴”控制面板上锁定图层“bg”，新建图层并重命名为“tn group”，这个图层就用来放置电子相册的缩略图。选择“工具”面板上的“矩形工具”，在“属性”面板上将其“填充颜色”设为“灰色”，如图 4-267 所示，按住 Shift 键画出一个正方形，它的大小为“50”×“50”。

**05** 按 F8 键将其转换为元件，并将元件“名称”设为“tn group”，元件“类型”为“影片剪辑”。选择该元件，在“属性”面板上设置元件的“实例名称”为“tn_group”，如图 4-268 所示。

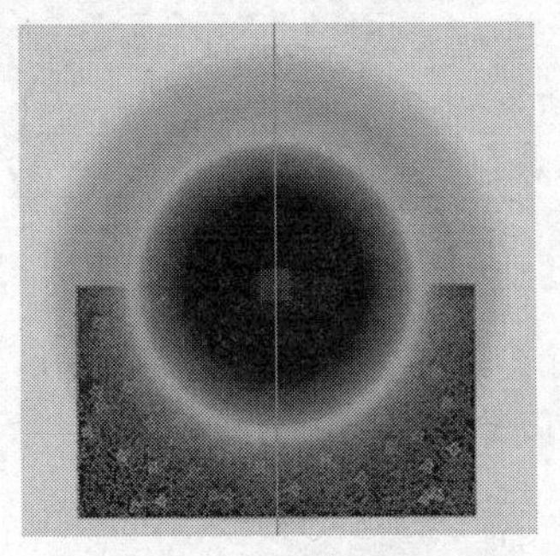

图 4-267　绘制缩略图定位器

图 4-268　设置实例名称

## 步骤五：制作动态文本框及控制按钮

**01** 在“时间轴”控制面板上新建图层“info”，锁定图层“tn group”。

**02** 使用“工具”面板上的“文本工具”在元件“tn group”的下方画出3个矩形的动态文本框，如图4-269所示。这三个文本框的第一个是用来放置图片的标题，第二个用来放置图片链接的地址，第三个用来放置图片的描述（正好是和XML相对应的）。

**03** 选择文本框1，在“属性”面板上将“实例名称”设为“tn_title”（很重要，会在AS中调用），“文本引擎”设为“传统文本”，“文本类型”设为“动态文本”。将“系列”设为“_sans”（一种系统默认字体，能帮助正确显示中文字符），“大小”设为“14”点，“颜色”为“橘红色”，如图4-270所示。

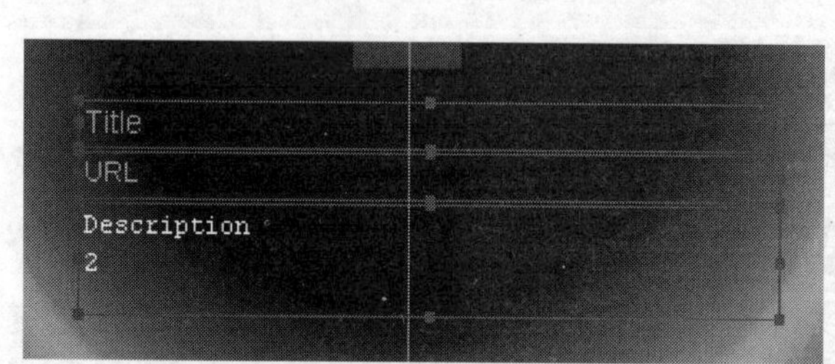


图4-269　绘制文本框

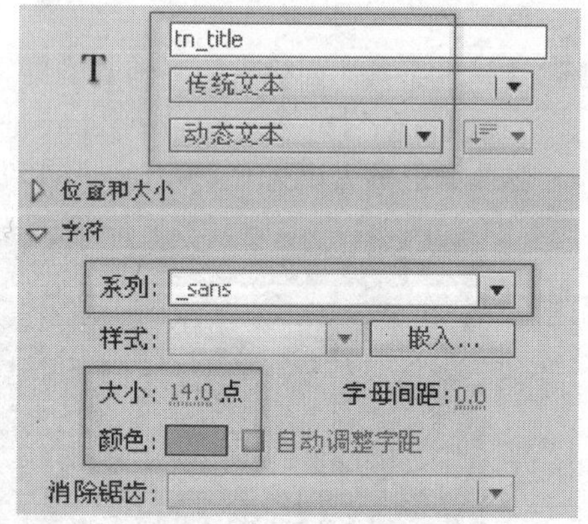


图4-270　设置文本框属性

**04** 同样，选择文本框2，在“属性”面板上将“实例名称”设为“tn_url”，“文本引擎”设为“传统文本”，“文本类型”设为“动态文本”。将“系列”设为“_sans”，“大小”设为“12”点，“颜色”为“青色”，如图4-271所示。

**05** 同样的方法，选择文本框3，在“属性”面板上将“实例名称”设为“tn_desc”，“文本引擎”设为“传统文本”，“文本类型”设为“动态文本”。将“系列”设为“_typewriter”，“大小”设为“12”点，“颜色”为“白色”，如图4-272所示。

图4-271　设置文本框属性

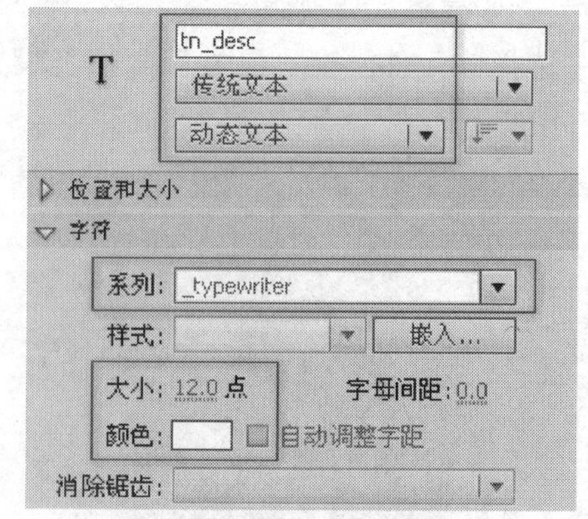


图4-272　设置文本框属性

**06** 在“时间轴”控制面板上新建图层并重命名为“drag area”，选择“工具”面板上的“矩形工具”，在“属性”面板上设置“填充颜色”为“橘红色”，“矩形边角半径”为“30”，在文本框3的下面画一个按钮拖拽的区域范围。按F8键将其转换为元件，设置“名称”为“drag area”，“类型”为“影片剪辑”。打开“滤镜”面板，为元件“drag area”添加2次发光滤镜，分别让其内发光和外发光，得到如图4-273所示效果。

**07** 选择该元件，在“属性”面板上设置元件的“实例名称”为“drag_area”，如图 4-274 所示。

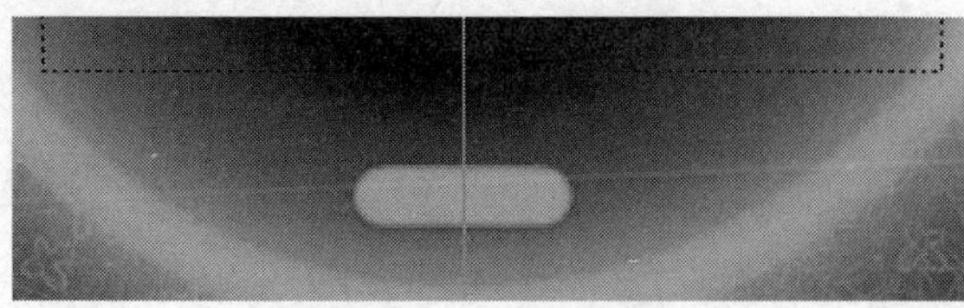

图 4-273　绘制拖拽范围

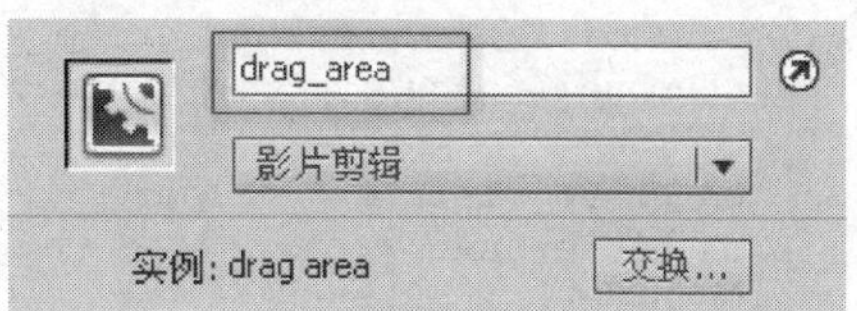


图 4-274　设置实例名称

**08** 在“时间轴”控制面板上新建图层并重命名为“dragger”，锁定图层“drag_area”。如图 4-275 所示，使用“工具”面板的“矩形工具”、“多边形工具”、“线条工具”分别绘制向左和向右移动的箭头。全选绘制好的图形，按 F8 键将其转换为元件，设置“名称”为“dragger”，“类型”为“影片剪辑”。

**09** 选择该元件，在“属性”面板上设置元件的“实例名称”为“dragger”，如图 4-276 所示。

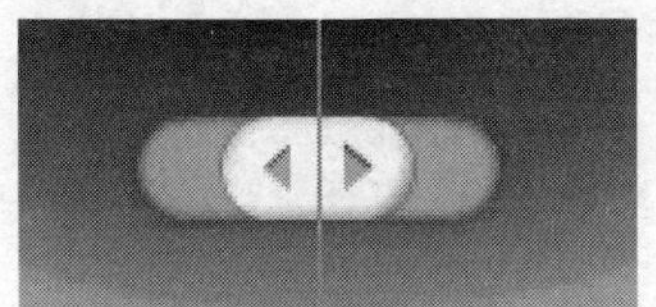

图 4-275　设置实例名称

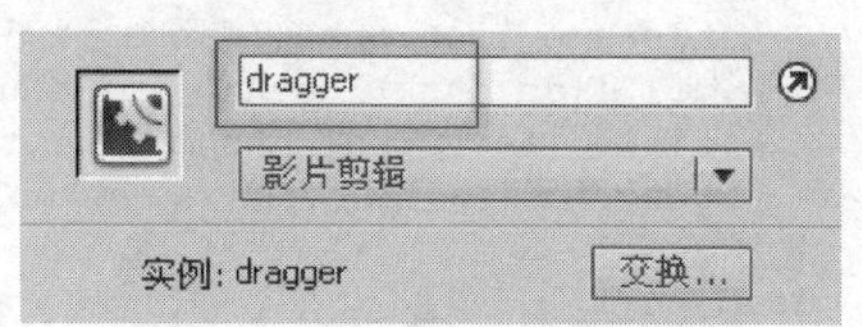


图 4-276　设置实例名称

## 步骤六：添加脚本语言

在“时间轴”控制面板上新建图层“actions”，选择第“1”帧，单击鼠标右键选择快捷菜单中的“动作”命令，在打开的窗口中输入以下代码：

```
stop();
import fl.transitions.Tween;
import fl.transitions.easing.*;

var filename_list = new Array();
var url_list = new Array();
var url_target_list:Array = new Array();
var title_list = new Array();
var description_list = new Array();
var i:Number;
var tn:Number = 0;
var scale_factor:Number = 0.65;
var rollover_duration:Number = 0.6;
var rotation_duration:Number = 1;
var dragger_tween:Tween;
var radius:Number = 250;
var angle:Number;
var degree:Number
var total:Number;
var flashmo_xml:XML = new XML();
var folder:String = "images/";
var xml_loader:URLLoader = new URLLoader();
xml_loader.load(new URLRequest("list.xml"));
xml_loader.addEventListener(Event.COMPLETE, create_thumbnail);
```

```
var thumbnail_group:MovieClip = new MovieClip();
thumbnail_group.rotation = 90;
stage.addChild(thumbnail_group);

thumbnail_group.x = tn_group.x;
thumbnail_group.y = tn_group.y;

tn_group.visible = false;
tn_title.text = "";
tn_desc.text = "";
tn_url.text = "";

function create_thumbnail(e:Event):void
{
    flashmo_xml = XML(e.target.data);
    total = flashmo_xml.thumbnail.length();
    angle = Math.PI * 02   / total;
    degree = Math.round( angle * 180 / Math.PI );

    for( i = 0; i < total; i++ )
    {
        filename_list.push( flashmo_xml.thumbnail[i].@filename.toString() );
        url_list.push( flashmo_xml.thumbnail[i].@url.toString() );
        title_list.push( flashmo_xml.thumbnail[i].@title.toString() );
        description_list.push( flashmo_xml.thumbnail[i].@description.toString() );
    }
    load_tn();
}

function load_tn():void
{
    var pic_request:URLRequest = new URLRequest( folder + filename_list[tn] );
    var pic_loader:Loader = new Loader();

    pic_loader.load(pic_request);
    pic_loader.contentLoaderInfo.addEventListener(Event.COMPLETE, on_loaded);
    tn++;
}

function on_loaded(e:Event):void
{
    if( tn < total )
    {
        load_tn();
    }

    var flashmo_bm:Bitmap = new Bitmap();
    var flashmo_mc:MovieClip = new MovieClip();

    flashmo_bm = Bitmap(e.target.content);
    flashmo_bm.x = -flashmo_bm.width * 0.5;
    flashmo_bm.y = -flashmo_bm.height * 0.5;
    flashmo_bm.smoothing = true;

    var bg_width = flashmo_bm.width + 10;
    var bg_height = flashmo_bm.height + 10;

    flashmo_mc.addChild(flashmo_bm);
    flashmo_mc.graphics.lineStyle(1, 0xFF9900);
    flashmo_mc.graphics.beginFill(0xCCCCCC);
    flashmo_mc.graphics.drawRect(-bg_width * 0.5, -bg_height * 0.5, bg_width, bg_height );
```

```
    flashmo_mc.graphics.endFill();

    flashmo_mc.name = "flashmo_" + thumbnail_group.numChildren;
    flashmo_mc.buttonMode = true;
    flashmo_mc.addEventListener( MouseEvent.MOUSE_OVER, tn_over );
    flashmo_mc.addEventListener( MouseEvent.MOUSE_OUT, tn_out );
    flashmo_mc.addEventListener( MouseEvent.CLICK, tn_click );
    flashmo_mc.scaleX = flashmo_mc.scaleY = scale_factor;

    flashmo_mc.x = Math.cos(thumbnail_group.numChildren * angle) * radius;
    flashmo_mc.y = Math.sin(thumbnail_group.numChildren * angle) * radius;
    flashmo_mc.rotation = thumbnail_group.numChildren * degree -90;

    thumbnail_group.addChildAt(flashmo_mc, 0);
}

function tn_over(e:MouseEvent):void
{
    var mc:MovieClip = MovieClip(e.target);
    var s_no:Number = parseInt(mc.name.slice(8,10));

    thumbnail_group.addChild(mc);
    new Tween(mc, "scaleX", Elastic.easeOut, mc.scaleX, 1, rollover_duration, true);
    new Tween(mc, "scaleY", Elastic.easeOut, mc.scaleY, 1, rollover_duration, true);

    tn_title.text = title_list[s_no];
    tn_desc.text = description_list[s_no];
    tn_url.text = url_list[s_no];
}

function tn_out(e:MouseEvent):void
{
    var mc:MovieClip = MovieClip(e.target);
    var s_no:Number = parseInt(mc.name.slice(8,10));

    thumbnail_group.addChildAt(mc, thumbnail_group.numChildren -s_no -1);
    new Tween(mc, "scaleX", Strong.easeOut, mc.scaleX, scale_factor, rollover_
    duration, true);
    new Tween(mc, "scaleY", Strong.easeOut, mc.scaleY, scale_factor, rollover_
    duration, true);

    tn_title.text = "";
    tn_desc.text = "";
    tn_url.text = "";
}

function tn_click(e:MouseEvent):void
{
    var mc:MovieClip = MovieClip(e.target);
    var s_no:Number = parseInt(mc.name.slice(8,10));

    navigateToURL(new URLRequest(url_list[s_no]), url_target_list[s_no]);
}

stage.addEventListener(MouseEvent.MOUSE_WHEEL, on_wheel );

function on_wheel(e:MouseEvent):void
{
    if( e.delta > 0 )
    {
        new Tween( thumbnail_group, "rotation", Strong.easeOut,
```

```
            thumbnail_group.rotation, thumbnail_group.rotation + degree * 2, rotation_
            duration, true );
        }
        else
        {
            new Tween( thumbnail_group, "rotation", Strong.easeOut,
            thumbnail_group.rotation, thumbnail_group.rotation -degree * 2, rotation_
            duration, true );
        }
    }

    var on_drag:Boolean;
    var diff:Number = ( drag_area.width -dragger.width ) * 0.5;

    dragger.x = drag_area.x;
    dragger.y = drag_area.y;
    dragger.addEventListener( MouseEvent.MOUSE_DOWN, drag);
    dragger.addEventListener( MouseEvent.MOUSE_UP, drop);

    function drag(me:MouseEvent):void
    {
        on_drag = true;

        if( dragger_tween )
            dragger_tween.stop();

        dragger.addEventListener( Event.ENTER_FRAME, update);
        stage.addEventListener(MouseEvent.MOUSE_UP, up);
    }

    function drop(me:MouseEvent):void
    {
        on_drag = false;
        dragger_tween = new Tween(dragger, "x", Strong.easeOut, dragger.x, drag_
        area.x, rotation_duration, true);
        stage.removeEventListener(MouseEvent.MOUSE_UP, up);
    }

    function up( me:MouseEvent ):void
    {
        on_drag = false;
        dragger_tween = new Tween(dragger, "x", Strong.easeOut, dragger.x, drag_
        area.x, rotation_duration, true);
    }

    function update(e:Event):void
    {
        if( on_drag )
        {
            dragger.x = stage.mouseX;
            if( dragger.x -drag_area.x < -diff )
                dragger.x = -diff + drag_area.x;
            if( dragger.x -drag_area.x > diff )
                dragger.x = diff + drag_area.x;
        }
        else if( dragger.x -drag_area.x == 0 )
        {
            dragger.removeEventListener( Event.ENTER_FRAME, update);
        }
        thumbnail_group.rotation += ( dragger.x -drag_area.x ) * 0.16;
    }
```

这时按 Ctrl+Enter 键测试一下吧！

本例到这里结束。这种利用 XML 的方式制作电子相册是非常利于修改的！

## 实例 71

# MP3 播放器——高级篇

图 4-277　实例 71：MP3 播放器——高级篇

前面我们学习过调用组件的方式制作 MP3 播放器，如果想自定义一个呢？

**提示：**

在这个例子里（如图 4-277 所示），你会学到调用 AS3 中“flash.media.Sound”等类　DIY 一个 MP3 播放器。

### 步骤一：创建文件

**01** 打开 Adobe Flash Professional CS5，选择“新建”面板下的“ActionScript 3.0”选项，新建一个 Flash 工程文件。

**02** 在“属性”面板上单击“编辑”按钮，在弹出的“文档设置”面板中将“尺寸”设为“652 像素”×“67 像素”，“背景颜色”设为“#FFFFFF”，“帧频”设为“24.00”，单击“确定”按钮。

**03** 按 Ctrl+S 键保存文件为“soundplayer.fla”。

**04** 在文件“soundplayer.fla”的同一目录下放入一个“bgsound.mp3”的音乐文件作为备用。

### 步骤二：制作播放器外观

**01** 选择“工具”面板上的“矩形工具”，在“颜色”面板上将“填充颜色”设置为“白到银灰色”的渐变色，“笔触颜色”设为“#7F7F7F”，在“属性”面板设置“矩形边角半径”为“5”，如图 4-278 所示，在舞台上画出一个占满舞台的矩形。

**02** 在“时间轴”控制面板上将“图层 1”重命名为“bg”，新建图层并重命名为“bar”，锁定图层“bg”。选择“工具”面板上的“矩形工具”，在“颜色”面板上将“填充颜色”设置为“灰色”，“笔触颜色”设为“深灰色”，在“属性”面板设置“矩形边角半径”为“5”，在舞台上画出一个细长条作为播放器的进度条，如图 4-279 所示。

图 4-278　绘制播放器界面

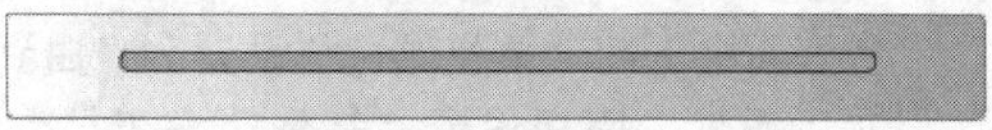

图 4-279　绘制播放器进度条

**03** 按 F8 键将其转换为元件，将元件“名称”设为“Bar”，元件“类型”为“影片剪辑”。选择该元件，在“属性”面板上设置元件的“实例名称”为“bar”，如图 4-280 所示。

**04** 在“时间轴”控制面板上锁定图层“bar”，新建图层并重命名为“load_progress”。使用“工具”面板上的“矩形工具”，在“属性”面板上将其“填充颜色”设为“蓝色”，在播放条的左侧画一个矩形的小方块，如图 4-281 所示。

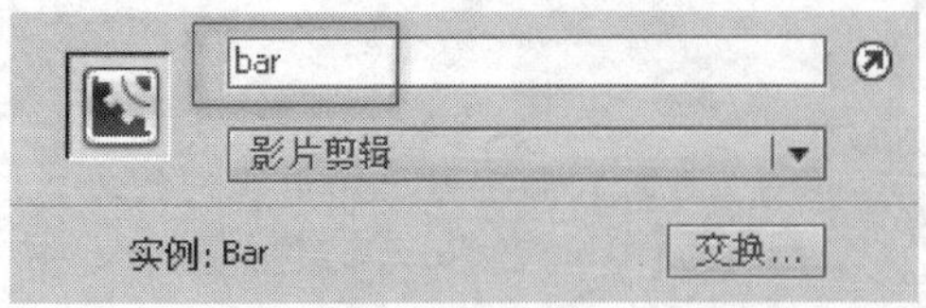


图 4-280　设置实例名称

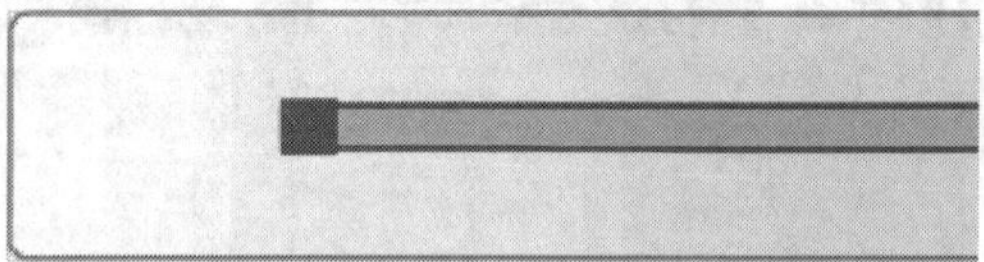

图 4-281　绘制进度显示

**05** 按 F8 键将其转换为元件，将元件“名称”设为“LoadProgress”，元件“类型”为“影片剪辑”。选择该元件，在“属性”面板上设置元件的“实例名称”为“load_progress”，如图 4-282 所示。

**06** 在“时间轴”控制面板上选择图层“bar”的第“1”帧，单击鼠标右键选择快捷菜单中的“复制帧”命令，新建图层并重命名为“mask”，选择图层“mask”的第“1”帧，单击鼠标右键选择快捷菜单中的“粘贴帧”命令。

**07** 在“时间轴”控制面板上新建图层并重命名为“mute_btn”，使用“工具”面板上的“椭圆工具”和“钢笔工具”绘制一个如图 4-283 所示的声音控制按钮。

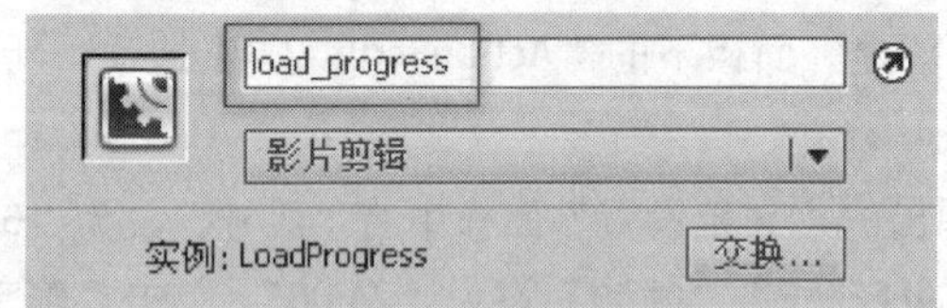


图 4-282　设置实例名称

图 4-283　绘制声音控制按钮

**08** 选择该图形，按 F8 键将其转换为元件，将元件“名称”设为“MuteButton”，元件“类型”设为“按钮”。双击元件“MuteButton”，进入元件“MuteButton”的编辑模式，在第“按下”帧上按 F6 键添加关键帧，然后在“颜色”面板上将小喇叭的“填充颜色”设为“灰色”，如图 4-284 所示。

**09** 在“编辑栏”单击“场景 1”回到“场景”编辑模式。在舞台上选择元件“MuteButton”，在“属性”面板上设置元件的“实例名称”为“mute_btn”，如图 4-285 所示。

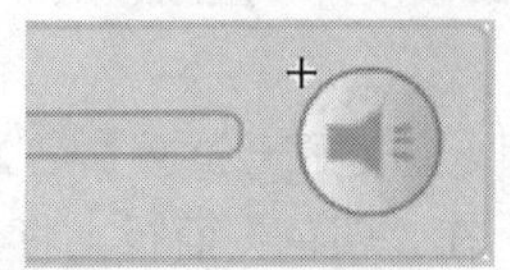

图 4-284　绘制声音控制按钮“按下”状态

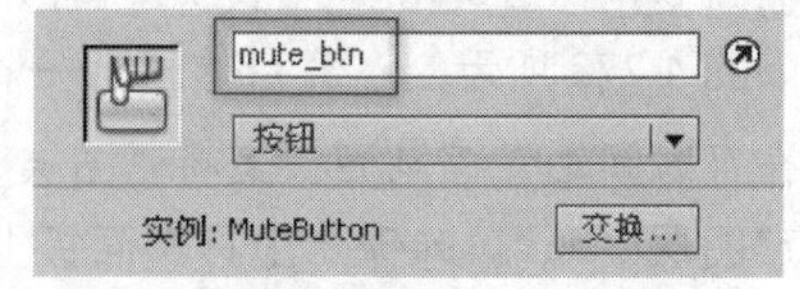


图 4-285　设置实例名称

**10** 在“时间轴”控制面板上锁定图层“mute_btn”，新建图层并重命名为“slider”。在“颜色”面板上将“填充颜色”设置为“白到银灰色”的渐变色，“笔触颜色”设为“#7F7F7F”，在“属性”面板设置“矩形边角半径”为“5”。在播放条的左侧画出一个拖动滑块，如图 4-286 所示。

**11** 按 F8 键将其转换为元件，将元件“名称”设为“Slider”，元件“类型”为“影片剪辑”。选择该元件，在“属性”面板上设置元件的“实例名称”为“slider”，如图 4-287 所示。

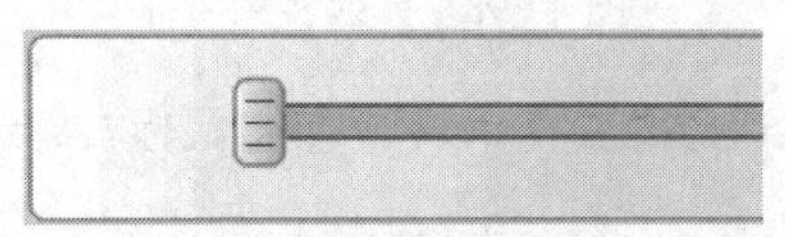

图 4-286 绘制拖动滑块

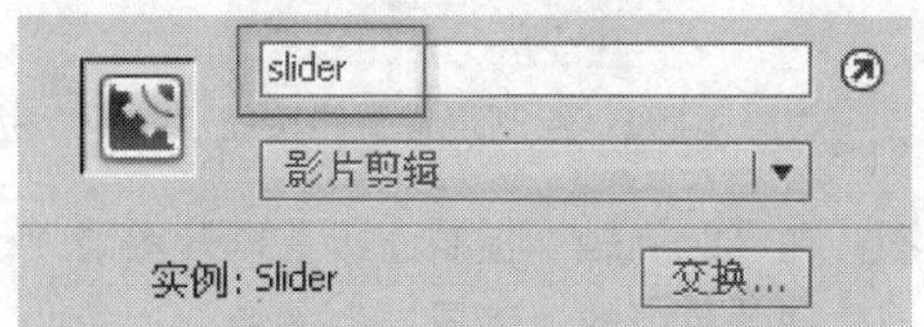


图 4-287 设置实例名称

**12** 在“时间轴”控制面板上新建图层并重命名为“play_btn”，使用“工具”面板的“椭圆工具”和“钢笔工具”绘制一个如图 4-288 所示的声音播放按钮。

**13** 选择该图形，按 F8 键将其转换为元件，将元件“名称”设为“PlayButton”，元件“类型”为“按钮”。双击元件“PlayButton”，进入元件“PlayButton”的编辑模式，在第“按下”帧上按 F6 键添加关键帧，然后在“颜色”面板上将小三角的“填充颜色”设为“灰色”，得到如图 4-289 所示效果。

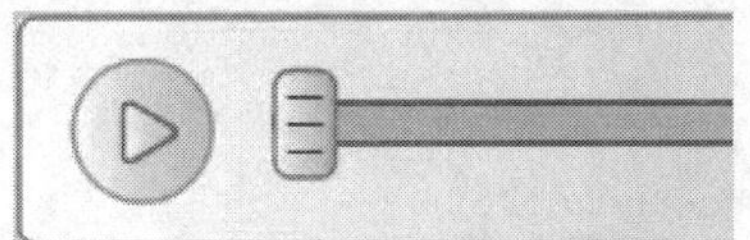

图 4-288 绘制声音控制按钮

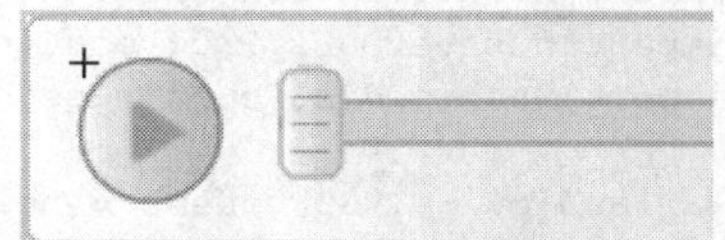

图 4-289 绘制声音播放按钮“按下”状态

**14** 在“编辑栏”单击“场景 1”，回到“场景”编辑模式。在舞台上选择元件“PlayButton”，在“属性”面板上设置元件的“实例名称”为“play_btn”，如图 4-290 所示。

**15** 在“时间轴”控制面板上选择图层“play_btn”的第“1”帧，单击鼠标右键选择快捷菜单中的“复制帧”命令，新建图层并重命名为“pause_btn”，将图层“pause_btn”移到图层“play_btn”的下面，关掉图层“play_btn”。选择图层“pause_btn”的第“1”帧，单击鼠标右键选择快捷菜单中的“粘贴帧”命令。

**16** 在舞台上选择元件“playButton”，在“属性”面板上单击“交换”按钮，在弹出的“交换元件”对话框中单击“直接复制元件”按钮。在弹出的“直接复制元件”对话框中将“元件名称”设为“PauseButton”，单击“确定”按钮。

**17** 双击元件“PauseButton”，删掉小三角形，使用“工具”面板上的“矩形工具”绘制两个小的矩形，作为“暂停”符号，得到如图 4-291 所示效果。

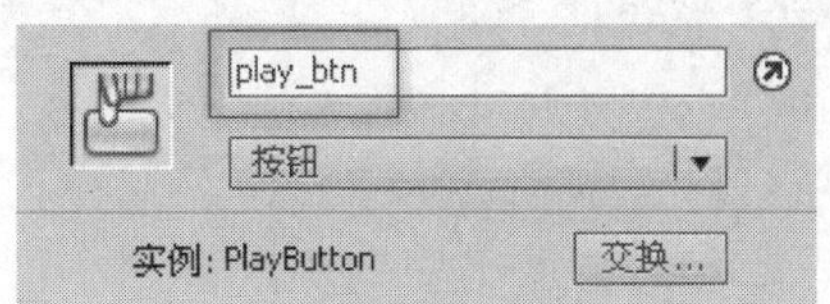


图 4-290 设置实例名称

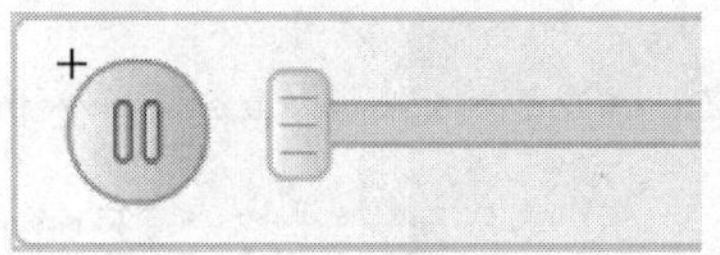

图 4-291 绘制声音暂停按钮

**18** 在第“按下”帧上按 F6 键添加关键帧，然后在“颜色”面板上将小矩形的“填充颜色”设为“灰色”，得到如图 4-292 所示效果。

**19** 在“编辑栏”上单击“场景 1”回到“场景”编辑模式。在舞台上选择元件“PauseButton”，在“属性”面板上修改元件的“实例名称”为“pause_btn”，如图 4-293 所示。

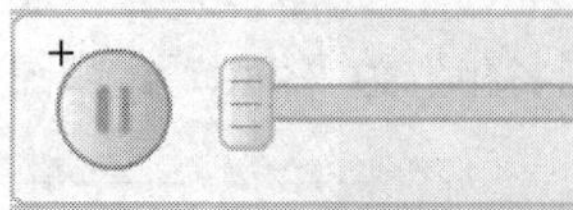

图 4-292　绘制声音暂停按钮“按下”状态

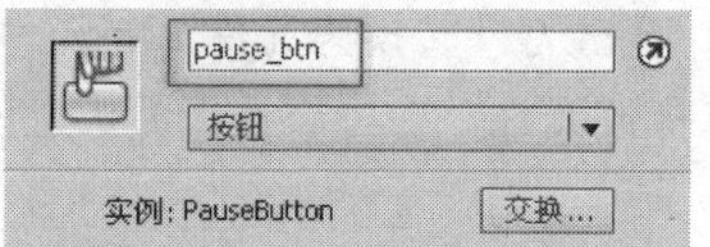


图 4-293　修改实例名称

**20** 在“时间轴”控制面板上打开图层“play_btn”，选择图层“mask”，单击鼠标右键选择快捷菜单中的“遮罩层”命令。

## 步骤三：添加脚本语言

在“时间轴”控制面板上新建图层“actions”，选择第“1”帧，单击鼠标右键选择快捷菜单中的“动作”命令，在打开的窗口输入以下代码：

```
import flash.net.URLRequest;
import flash.media.Sound;
import flash.events.Event;
import flash.media.SoundChannel;
import flash.events.MouseEvent;
import flash.events.ProgressEvent;
import flash.media.SoundTransform;

var audioFile:URLRequest = new URLRequest("bgsound.mp3");
var song:Sound = new Sound();
var songController:SoundChannel;
var resumeTime:Number = 0;

song.addEventListener(Event.COMPLETE, songLoaded);
song.addEventListener(ProgressEvent.PROGRESS, trackLoad);
song.load(audioFile);

function songLoaded(evt:Event):void
{
    play_btn.addEventListener(MouseEvent.CLICK, clickedPlay);
    pause_btn.addEventListener(MouseEvent.CLICK, clickedPause);
    mute_btn.addEventListener(MouseEvent.CLICK, clickedMute);
}

function clickedPlay(evt:MouseEvent):void
{
    play_btn.visible = false;
    pause_btn.visible = true;
    songController = song.play(resumeTime);
    addEventListener(Event.ENTER_FRAME, trackPlayback);
}

function clickedPause(evt:MouseEvent):void
{
    play_btn.visible = true;
    pause_btn.visible = false;
    resumeTime = songController.position;
    songController.stop();
    removeEventListener(Event.ENTER_FRAME, trackPlayback);
}

function clickedMute(evt:MouseEvent):void
{
    //SoundMixer.stopAll();
```

```
    var volControl:SoundTransform = songController.soundTransform;
    if(volControl.volume == 1)
    {
        volControl.volume = 0;
    }
    else
    {
        volControl.volume = 1;
    }
    songController.soundTransform = volControl;
}
function trackLoad(evt:ProgressEvent):void
{
    load_progress.scaleX = evt.bytesLoaded / evt.bytesTotal;
}
function trackPlayback(evt:Event):void
{
    var perPlayed:Number = songController.position / song.length;
    slider.x = perPlayed * (bar.width -slider.width) + bar.x;
}
```

这时按 Ctrl+Enter 键测试一下吧！

本例到这里结束。休息一会儿吧！

## 实例 72

# XML 集合

图 4-294　实例 72：XML 集合

本实例采用 XML 的方式调用多个元素，是 XML 的大集合。

**提示：**

在这个例子里（如图 4-294 所示），你会使用 AS+XML 的方式加载图片及文本。

## 步骤一：创建文件

**01** 打开 Adobe Flash Professional CS5，选择“新建”面板下的“ActionScript 3.0”命令，新建一个 Flash 工程文件。

**02** 在“属性”面板上单击“编辑”按钮，在弹出的“文档设置”面板中将“尺寸”设为“500 像素”×“500 像素”，“背景颜色”设为“#FFFFFF”，“帧频”设为“12.00”，单击“确定”按钮。

**03** 按 Ctrl+S 键保存文件为“XMLSlideshow.fla”。

**04** 在存放“XMLSlideshow.fla”文件的目录下新建文件夹并命名为“images”。如图 4-295 所示，在“images”目录下存放 5 张图片，分别名为“apple.png”、“banana.png”、“juzi.png”、“mihoutao.png”、“xigua.png”。

图 4-295　准备素材图片

## 步骤二：创建 XML

**01** 打开 Adobe Dreamweaver CS5，选择“文件”|“新建”命令，在弹出的“新建文件”对话框中将“类型”选择为“XML”，新建一个 XML 文件，并将其保存为“slideloader.xml”文件。

**02** 用记事本打开文件“slideloader.xml”，输入如下代码：

```
<?xml version="1.0" encoding="utf-8"?>
<slideshow>
    <slide id="1">
        <url>images/apple.png</url>
        <name>
            <first> 苹果 </first>
        </name>
    </slide>
    <slide id="2">
        <url>images/banana.png</url>
        <name>
            <first> 香蕉 </first>
        </name>
    </slide>
    <slide id="3">
        <url>images/juzi.png</url>
        <name>
            <first> 橘子 </first>
        </name>
    </slide>
    <slide id="4">
        <url>images/mihoutao.png</url>
        <name>
            <first> 猕猴桃 </first>
        </name>
    </slide>
   <slide id="5">
        <url>images/xigua.png</url>
        <name>
            <first> 西瓜 </first>
        </name>
    </slide>
</slideshow>
```

**03** 按 Ctrl+S 键保存该文件。

## 步骤三：定义类文件

**01** 切换到 Adobe Flash professional CS5，选择“文件”|“新建”命令，在弹出的“新建文档”窗口选择“ActionScript 3.0 类”选项。

**02** 在弹出的“创建 ActionScript 3.0 类”的对话框中将“类名称”设置为“XMLSlideshow”，如图 4-296 所示，单击“确定”按钮（注意与 XMLSlideshow.fla 存放在同一文件夹下）。

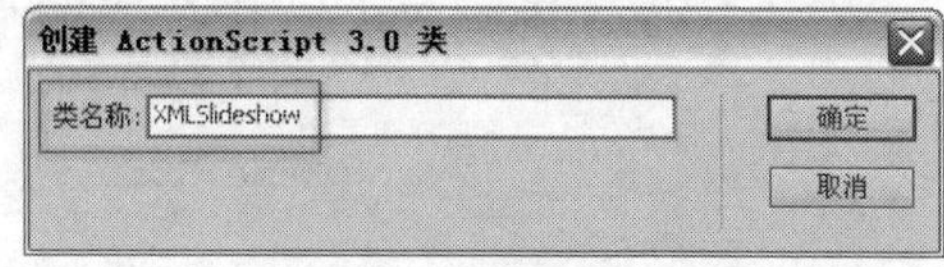


图 4-296　新建类文件

**03** 在打开的窗口中输入如下代码：

```
package
{
    import flash.display.Sprite;
    import flash.events.Event;
    import flash.events.ErrorEvent;
    import flash.events.MouseEvent;
    import flash.net.URLLoader;
    import flash.net.URLRequest;
    import flash.xml.XMLDocument;

    public class XMLSlideshow extends Sprite
    {
        private var urlLoader:URLLoader;
        public static var data:XML;
        private var myIndex:Number;

        public function XMLSlideshow ()
        {
            xmlLoader();
        }

        public function xmlLoader ():void
        {
            var URL:String = "slideloader.xml";
            var urlRequest:URLRequest = new URLRequest(URL);
            urlLoader = new URLLoader();
            urlLoader.addEventListener("complete", onLoaded)
            urlLoader.addEventListener("ioerror", ifFailed)
            urlLoader.load(urlRequest);
        }

            private function onLoaded(event:Event):void
        {
            data = XML(urlLoader.data);
            parseData (data);
        }

        private function ifFailed(errorEvent:ErrorEvent):void
        {
            trace("ERROR");
        }

        private function parseData (data:XML):void
        {
```

```
            var x2:XMLDocument = new XMLDocument ();
            x2.ignoreWhite = true;

            var list:String = data.toXMLString ();
             x2.parseXML(list);

             var cNodes:Array = x2.firstChild.childNodes;

            for (var m:uint = 0; m < cNodes.length; m++)
            {

                var mName:String = data.slide[m].name.first;

                var button:CustomSimpleButton = new CustomSimpleButton();
                button.makeButs (mName);
                addChild(button);

                button.x = 100+(60*m);
                   button.y = 375;
                if (m>4) {
                    var mm:uint = m-5;
                    button.x = 100+(60*mm);
                    button.y = 425;
                }

                   setChildIndex(button, m);

                button.addEventListener(MouseEvent.MOUSE_DOWN, mouseDownHandler);
            }
        }

        private function mouseDownHandler(event:Object):void
        {

            if(myIndex.toString()!="NaN"){
                removeChildAt(myIndex);
            }

            var i:uint = getChildIndex(event.target);

            var myChild:Picloader = new Picloader();
            myChild.myLoader(i);
            myChild.x = 120;
            myChild.y = 20;
            addChild(myChild);

            myIndex = getChildIndex(myChild);
           }

    }
}

import flash.events.*;
import flash.display.Sprite;
import flash.display.Loader;
import flash.text.TextField;
import flash.text.TextFormat;
import flash.text.TextFieldAutoSize;
import flash.net.URLLoader;
import flash.net.URLRequest;
```

```
class Picloader extends Sprite {

    private var infoField:TextField;

    public function Picloader ()
    {
    }
    public function myLoader (i:uint):void
    {

        infoField = new TextField();
        infoField.autoSize = "left"
        infoField.background = true;
        infoField.border = false;

        var format:TextFormat = new TextFormat();
        format.font = "宋体";
        format.color = 0x082968;
        format.size = 12;
        infoField.x = 20;
        infoField.y = 320;
        infoField.defaultTextFormat = format;

        var data:XML = XMLSlideshow.data;

        infoField.text = "水果名称: "+data.slide[i].name.first;
        var _slide:String = data.slide[i].url;
        addChild(infoField);

        LoaderExample(_slide);
    }

    private function LoaderExample(url:String):void
    {
        var loader:Loader = new Loader();
        var request:URLRequest = new URLRequest(url);
        loader.load(request);
        addChild(loader);
    }
}

class CustomSimpleButton extends Sprite
{
    private var upColor:uint = 0xE0E0E0;
    private var overColor:uint = 0x299C39;
    private var downColor:uint = 0xFF0000;
    private var wsize:uint = 50;
    private var hsize:uint = 20;
    private var myColor:uint;
    private var nameField:TextField;
    private var fName:String;

    public function CustomSimpleButton ()
    {
    }

    public function makeButs (mName:String):void
    {
        buttonMode = true;
        fName = mName;
        myColor = upColor;
```

```
            draw ();
            addnameField ();
            addListeners ();
        }

        private function addnameField ():void
        {
            nameField = new TextField();
            nameField.text = fName;
            nameField.mouseEnabled = false;
            addChild (nameField);
        }

        private function addListeners ():void
        {
            addEventListener (MouseEvent.MOUSE_UP, mouseUpHandler);
            addEventListener (MouseEvent.MOUSE_OUT, mouseOutHandler);
            addEventListener (MouseEvent.MOUSE_OVER, mouseOverHandler);
            addEventListener (MouseEvent.MOUSE_DOWN, mouseDownHandler);
        }

        private function mouseUpHandler (mEvent:Event):void
        {
            myColor = upColor;
            draw();
        }

        private function mouseOutHandler (mEvent:Event):void
        {
            myColor = upColor;
            draw();
        }

        private function mouseOverHandler (mEvent:Event):void
        {
            myColor = overColor;
            draw();
        }

        private function mouseDownHandler (mEvent:Event):void
        {
            myColor = downColor;
            draw();
        }

        private function draw ():void
        {
            this.graphics.clear();
            this.graphics.beginFill(myColor);
            this.graphics.drawRect(0, 0, wsize, hsize);
        }
    }
```

**04** 按 Ctrl+S 键保存该文件。

## 步骤四：添加脚本语言

切换到“XMLSlideshow.fla”文件，在“属性”面板上添加文件的“文档类”为“XMLSlideshow”，如图 4-297 所示（也就是指向我们刚刚写好的“XMLSlideshow.as”文件）。

图 4-297　添加文档类

这时按 Ctrl+Enter 键就能看到如图 4-294 所示的图文展示效果啦！

本例到这里结束，尝试自己做一个蔬菜派对如何？

## 实例 73

# 给我留言

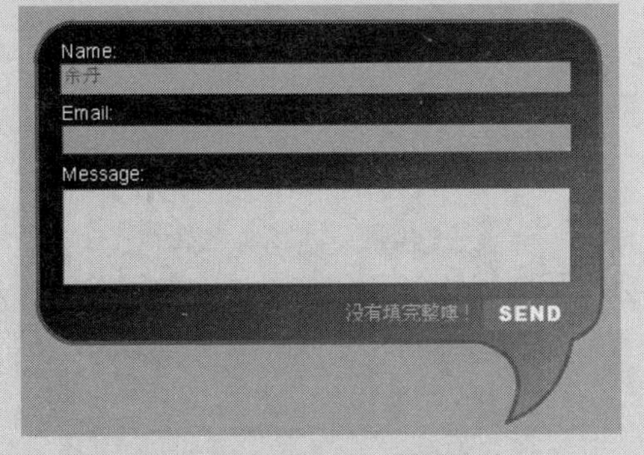


图 4-298　实例 73：给我留言

Flash 留言板需要与服务器进行交互。

**提示：**

在这个例子里（如图 4-298 所示），你能学会使用“if…else”语句。

### 步骤一：创建文件

**01** 打开 Adobe Flash Professional CS5，选择“新建”面板下的“ActionScript 3.0”选项，新建一个 Flash 工程文件。

**02** 在“属性”面板上单击“编辑”按钮，在弹出的“文档设置”面板中将“尺寸”设为“500 像素”×“350 像素”，“背景颜色”设为“#ADAD85”，“帧频”设为“24.00”，单击“确定”按钮。

**03** 按 Ctrl+S 键保存文件为“emailtome.fla”。

### 步骤二：绘制留言板背景

**01** 选择“工具”面板上的“矩形工具”，在“颜色”面板上将“笔触颜色”设为“#666633”，“填充颜色”设为“深灰到浅灰”的渐变色。在“属性”面板上将“矩形边角半径”设为“30”，然后舞台上画出一个矩形带圆角的矩形。

**02** 使用“工具”面板上的“钢笔工具”调整矩形的轮廓。如图 4-299 所示，使用“工具”面板的“矩形工具”画出三个较窄的矩形，删除上面两个矩形的填充颜色，将下面较大的那个矩形的“填充颜色”设为“#E0E0C2”。

**03** 在“时间轴”控制面板上将“图层 1”重命名为“bg”，新建图层并重命名为“Name”，锁定图层“bg”。选择“工具”面板上的“文本工具”，在矩形框的上方写上“Name:”、“Email:”和“Message:”，如图 4-300 所示。在“对齐”面板上将写好的文本对齐，在“属性”面板上设置文本的字体、颜色、大小等属性。

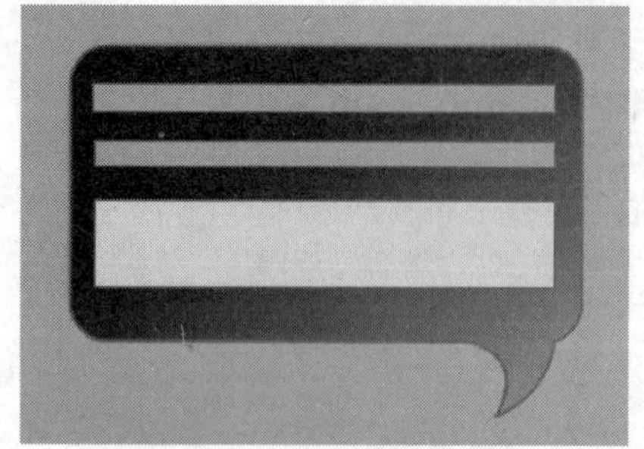

图 4-299　绘制留言板背景

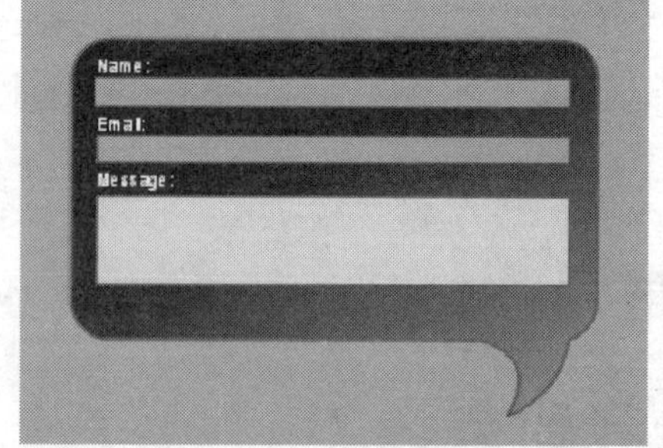


图 4-300　添加文字

## 步骤三：制作动态文本及发送按钮

**01** 在“时间轴”控制面板上新建图层“kuang”。选择“工具”面板的“文本工具”，如图 4-301 所示，在三个矩形范围内分别画出 3 个矩形的动态文本框。这三个文本框的第一个是用来放置“name”信息，第二个用来放置“email”信息，第三个用来放置“message”信息。

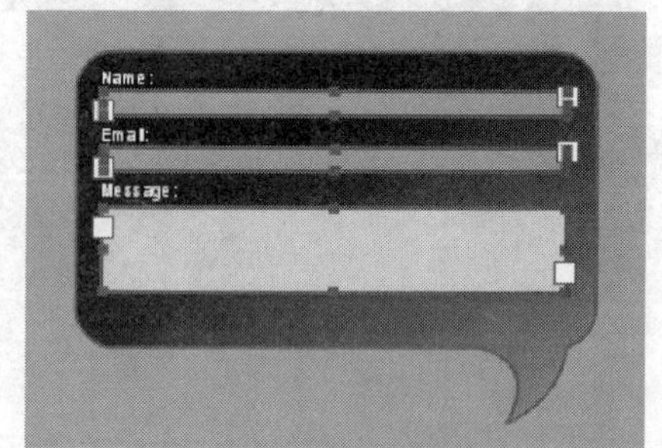


图 4-301　绘制文本框

**02** 选择文本框 1，在“属性”面板上将其“实例名称”设为“theName”（很重要，会在 AS 中调用），“文本引擎”设为“TLF 文本”，“文本类型”设为“可编辑”。将“系列”设为“_sans”（一种系统默认字体，能帮助正确显示中文字符），“大小”为“14”点，“颜色”为“墨绿色”，如图 4-302 所示。

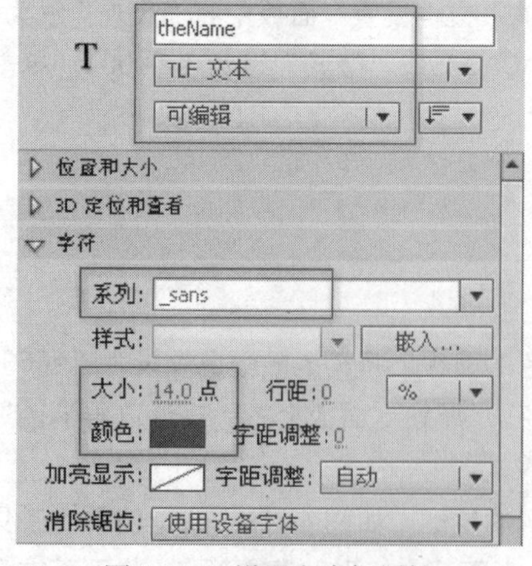


图 4-302　设置文本框属性

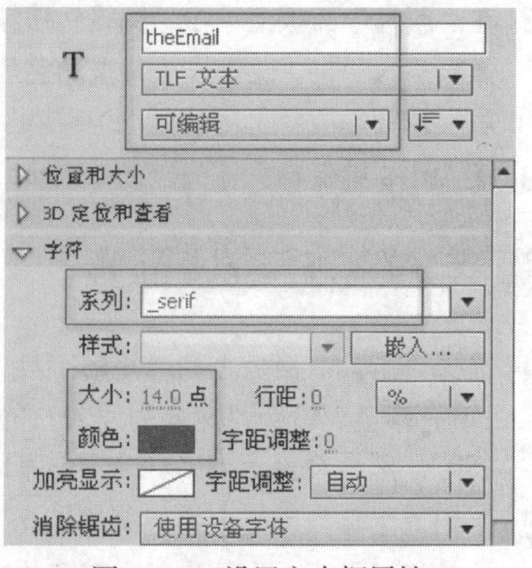


图 4-303　设置文本框属性

**03** 选择文本框 2，在“属性”面板上将其“实例名称”设为“theEmail”，“文本引擎”设为“TLF 文本”，“文本类型”设为“可编辑”。将“系列”设为“_serif，“大小”为“14”点，“颜色”为“墨绿色”，如图 4-303 所示。

**04** 同样的方法，选择文本框 3，在“属性”面板上将其“实例名称”设为“theMessage”，“文本引擎”设为“TLF 文本”，“文本类型”设为“可编辑”。将“系列”设为“宋体”，“大小”设为“14”点，“颜色”设为“黑色”。“行距”设为“120”%，“消除锯齿”为“可读性”，如图 4-304 所示。

**05** 在“时间轴”控制面板上新建图层并重命名为“send_btn”。选择“工具”面板上的“矩形工具”，在“属性”面板上设置“填充颜色”为“橘红色”，将“矩形边角半径”设为“5”，在文本框 3 的右下角画一个按钮。使用“工具”面板上的“文本工具”输入“SEND”，在“属性”面板调整文本的字体、大小和颜色，得到如图 4-305 所示效果。

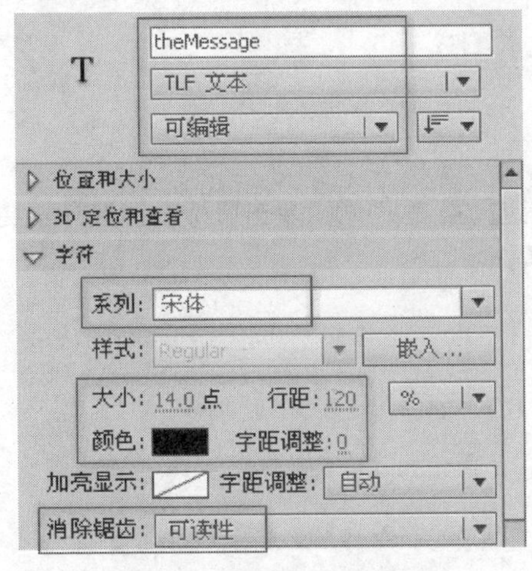


图 4-304　设置文本框属性

图 4-305　绘制发送按钮

**06** 按 F8 键将其转换为元件，设置“名称”为“send button”、“类型”为“按钮”。双击元件“send button”，进入元件“send button”的编辑模式。在第“指针…”帧按 F6 键添加关键帧，将文本的“填充颜色”设为别的颜色，模拟鼠标滑过的状态。

**07** 单击“编辑栏”上的“场景 1”回到场景编辑模式。选择元件“send button”，在“属性”面板上设置元件的“实例名称”为“send_btn”，如图 4-306 所示。

**08** 在“时间轴”控制面板上新建图层并重命名为“help”，使用“工具”面板上的“文本工具”在“SEND”按钮的左侧绘制一个动态文本框，如图 4-307 所示。

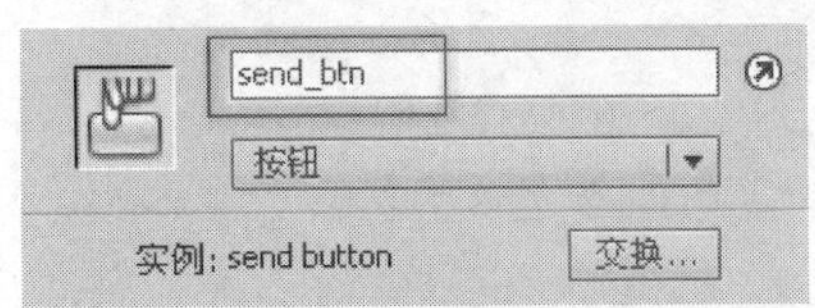


图 4-306　设置实例名称

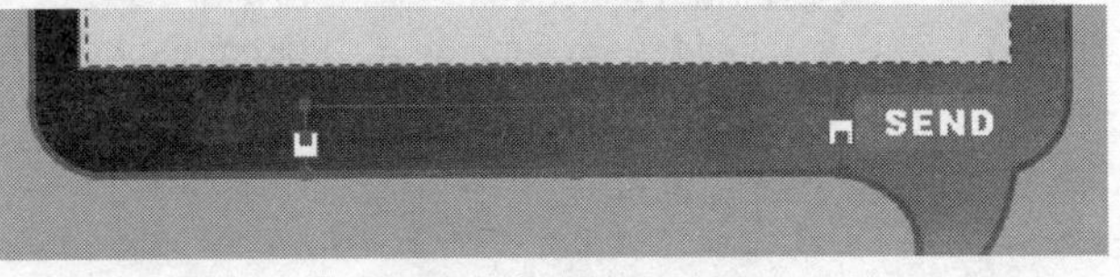


图 4-307　绘制文本框

**09** 选择该元件，在“属性”面板上将其“实例名称”设为“help”，“文本引擎”设为“TLF 文本”，“文本类型”设为“可选”。将“系列”设为“_sans”，“大小”为“14”点，“颜色”设为“橘黄色”。“消除锯齿”设为“可读性”，如图 4-308 所示。

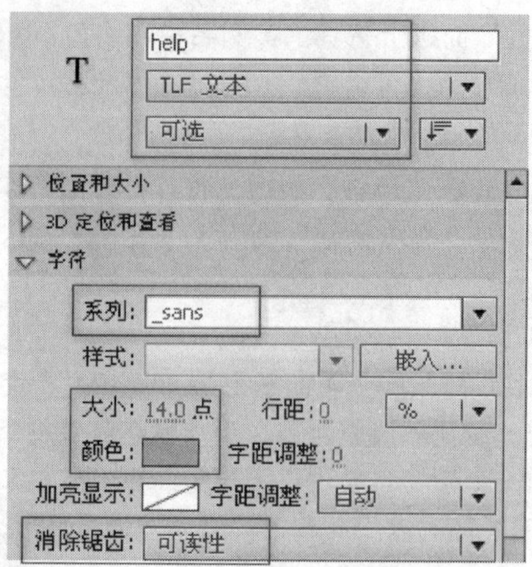


图 4-308 设置文本属性

## 步骤四：添加脚本语言

在“时间轴”控制面板上新建图层“actions”，选择第“1”帧，单击鼠标右键选择快捷菜单中的“动作”命令，在打开的窗口中输入以下代码：

```
import flash.net.URLVariables;
import flash.net.URLRequest;

InteractiveObject(theName.getChildAt(1)).tabIndex = 1;
InteractiveObject(theEmail.getChildAt(1)).tabIndex = 2;
InteractiveObject(theMessage.getChildAt(1)).tabIndex = 3;

send_btn.addEventListener(MouseEvent.CLICK, fl_MouseClickHandler);

function fl_MouseClickHandler(event:MouseEvent):void
{
    if (theName.text == "" || theEmail.text == "" || theMessage.text == "")
    {
        help.text = "没有填完整噢！ ";
    }
    else
    {
        var allVars:URLVariables = new URLVariables();
        allVars.name = theName.text;
        allVars.email = theEmail.text;
        allVars.message = theMessage.text;
        var mailAddress:URLRequest = new URLRequest("mailto:yudan333@yahoo.cn");
        mailAddress.data = allVars;
        mailAddress.method = URLRequestMethod.POST;
        sendToURL(mailAddress);
        help.text = "谢谢你的留言！ ";
        theName.text = "";
        theEmail.text = "";
        theMessage.text = "";
    }
}
```

按 Ctrl+Enter 键测试一下留言效果吧。

本例到这里结束。还需要与服务器进行通讯才能真正实现在线发送留言功能。

## 实例 74

# 图文滚动

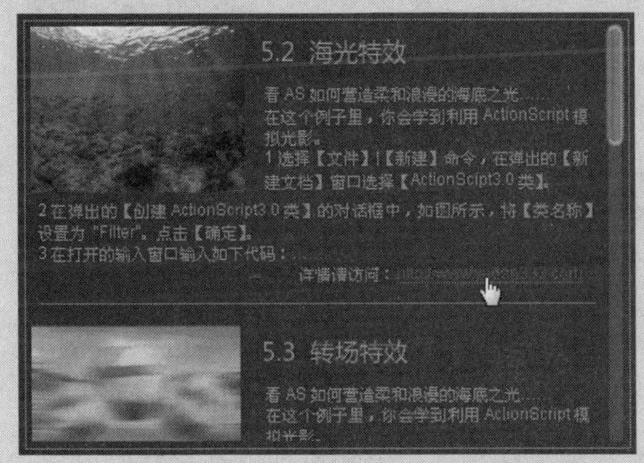


图 4-309　实例 74：图文滚动

图文滚动是网站最常见的页面效果。CS5 新增的文本工具能有效地进行文字与图片的排版，并能直接添加文字的链接。

**提示：**

在这个例子里（如图 4-309 所示），你能对 CS5 的新增文本工具有更深入的了解，并使用 AS 实现 DIY 滚动条。

## 步骤一：创建文件

**01** 打开 Adobe Flash Professional CS5，选择“新建”面板下的“ActionScript 3.0”选项，新建一个 Flash 工程文件。

**02** 在“属性”面板上单击“编辑”按钮，在弹出的“文档设置”面板中将“尺寸”设为“460 像素”×“320 像素”，“背景颜色”设为“#333333”，“帧频”设为“25.00”，单击“确定”按钮。

**03** 按 Ctrl+S 键保存文件为“scroll.fla””。

## 步骤二：绘制场景

**01** 选择“工具”面板上的“矩形工具”，在“颜色”面板上将“笔触颜色”设为“#5094C5”，“填充颜色”设为“无”，在舞台上画出一个矩形。选择该矩形，在“属性”面板上将其“X”和“Y”设为“5”，“宽”设为“450”，“高”设为“310”，得到如图 4-310 所示。

图 4-310　绘制边框

**02** 在“时间轴”控制面板上将“图层 1”重命名为“bian”，新建图层并重命名为“body”，锁定图层“bian”。选择“文件”|“导入”|“导入到舞台”命令，从外部导入一张图片素材，将其缩放到合适的比例。在“属性”面板上设置图片的“X”和“Y”为“10”。

**03** 选择图片，按 F8 键将其转换为元件，设置“名称”为“body”，“类型”为“影片剪辑”。双击元件“body”，进入元件“body”的编辑模式。使用“工具”面板上的“文本工具”在舞台图片的右上方绘制一个矩形范围并输入文本“5.2 海光特效”。如图 4-311 左图所示，在“属性”面板上设置“文本引擎”为“TLF 文本”、“系列”为“微软雅黑”、“大小”为“18”、“颜色”为“橘黄色”，得到如图 4-311 右图所示效果。

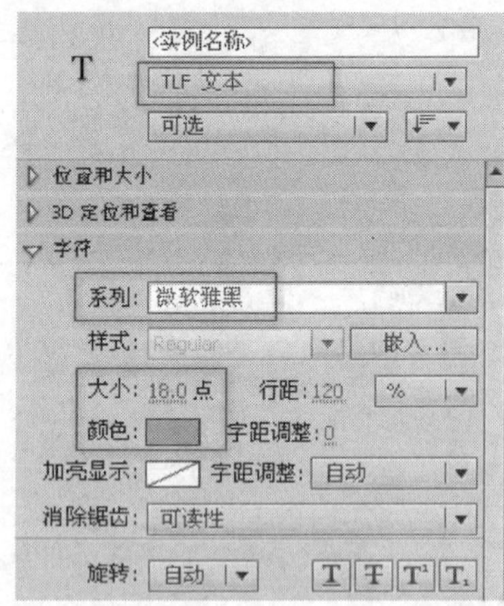


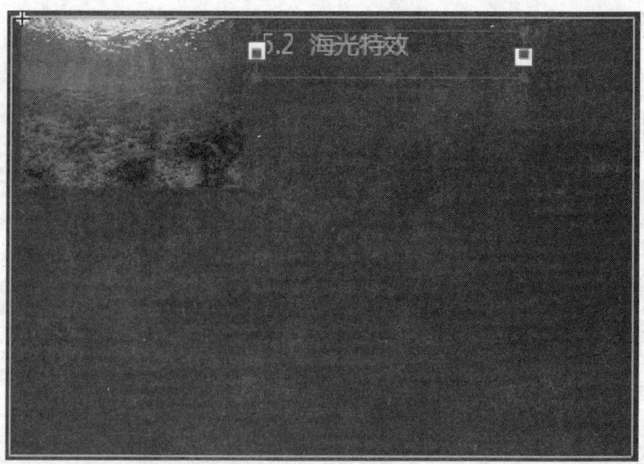


图 4-311　设置标题

**04** 继续使用“工具”面板上的“文本工具”在刚才输入的标题下方绘制一个矩形范围输入正文文本，当文本范围超出你所画的那个矩形范围时，矩形范围的右下角会出现一个红色的提示小方块。单击红色的小方块，当鼠标变为时，再画出一个矩形范围用来装载溢出的那部分文字内容（还不太清楚的话请查看实例 13）。这时，两个矩形范围之间有蓝色的连接线，说明两者存在关联。

**05** 如图 4-312 左图所示，在“属性”面板上设置文本的相关属性，比如“系列”、“大小”、“颜色”、“行距”等，得到如图 4-312 右图所示效果（注意绘制文本范围的时候要将右侧多预留一部分空间，即将来用来放滚动条的位置）。

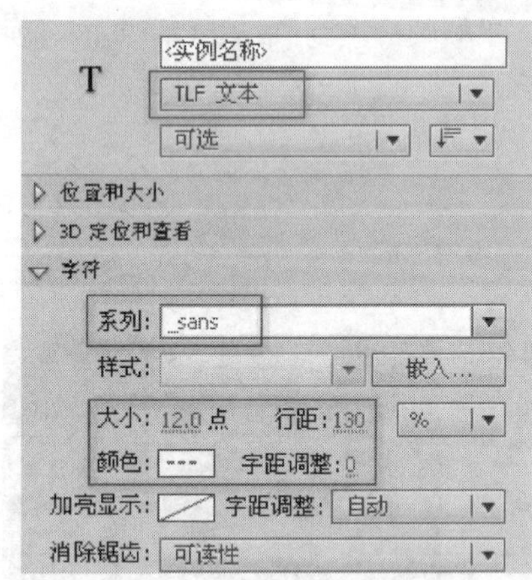


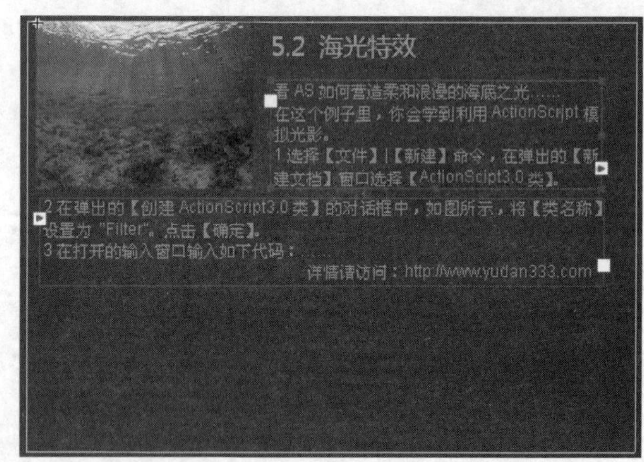


图 4-312　添加正文内容

**06** 选择“工具”面板上的“文本工具”，选择需要添加链接的文本“http://www.yudan333.com”，在“属性”面板将“颜色”设为“湛蓝色”，打开“高级字符”面板，设置“链接”为“http://www.yudan333.com”、“目标”为“_blank”（即新窗口打开），如图 4-313 左图所示，得到如图 4-313 右图所示效果。

**07** 选择“工具”面板的“线条工具”，在“属性”面板将“笔触颜色”设为“湛蓝色”，在舞台上画出一条分割线，这样就制作好了一组图文。使用同样的方法继续制作几组图文组合，也可以使用复制的方法，快速制作几组图文组合。

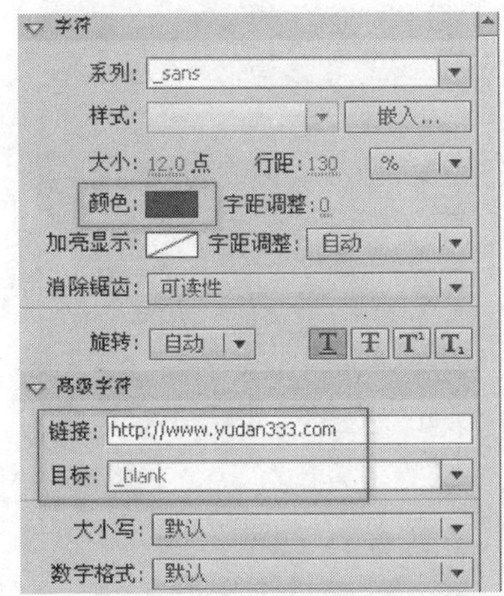


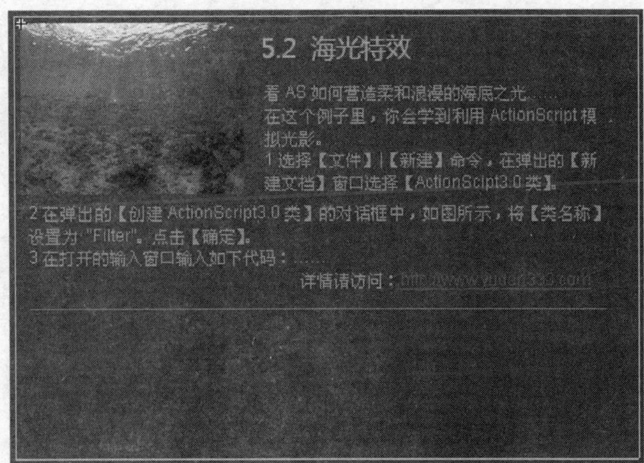


图 4-313　添加文字链接

**08** 当图文组合的效果制作好以后，单击“编辑栏”上的“场景 1”，回到场景编辑模式。在舞台上选择元件“body”，在“属性”面板上将“实例名称”设为“body_mc”，如图 4-314 所示。

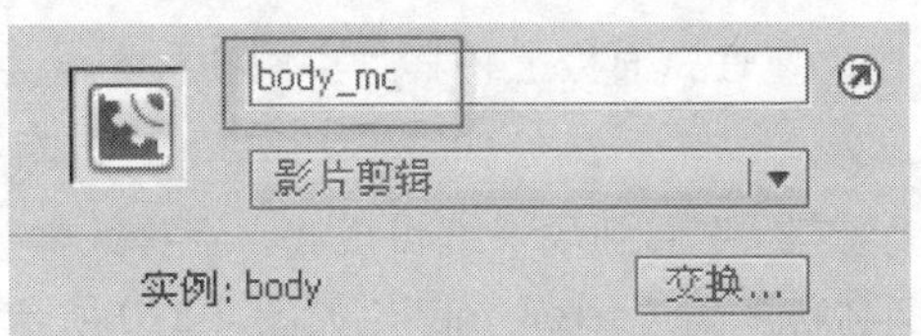


图 4-314　设置实例名称

## 步骤三：制作滚动条

**01** 在“时间轴”控制面板上新建图层“scroll”。选择“工具”面板上的“矩形工具”，在“属性”面板上设置“填充颜色”为“#535353”、“笔触颜色”为“无”。如图 4-315 所示，在舞台右侧绘制一个矩形作为滚动条的范围。在“属性”面板上设置其“X”为“440”、“Y”为“10.5”、“宽”为“10”、“高”为“300”。

**02** 选择该矩形，按 F8 键将其转换为元件，设置“名称”为“ScrollBar”，“类型”为“影片剪辑”。双击元件“ScrollBar”，进入元件“ScrollBar”的编辑模式。在舞台上选择矩形，按 F8 键将其转换为元件，设置“名称”为“scrollable area”。

**03** 在“时间轴”控制面板上将“图层 1”重命名为“scrollable area”，新建图层并重命名为“scroller”，锁定图层“scrollable area”。

**04** 选择“工具”面板上的“矩形工具”，在“属性”面板上设置“填充颜色”为“深蓝到浅蓝到深蓝”渐变色，“笔触颜色”为“无”。如图 4-316 所示，在舞台右侧绘制一个矩形作为滚动条的滑块。在“属性”面板上设置其“X”为“0”、“Y”为“0”、“宽”为“10”、“高”为“100”。

**05** 选择该矩形，按 F8 键将其转换为元件，设置“名称”为“scroller”，“类型”为“影片剪辑”。在“属性”面板为其添加“发光”滤镜，如图 4-317 所示。

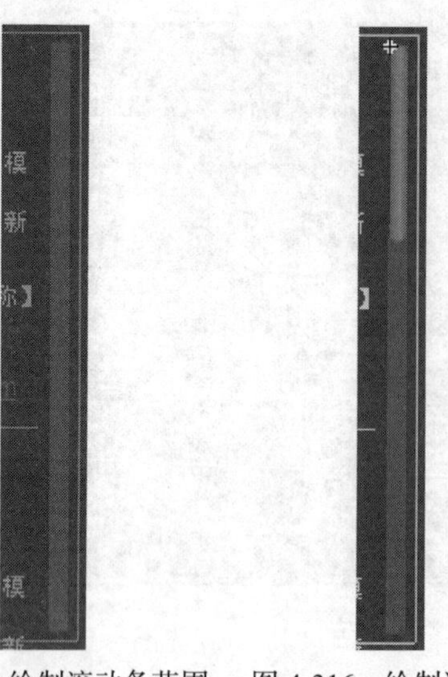

图 4-315　绘制滚动条范围　图 4-316　绘制滚动条

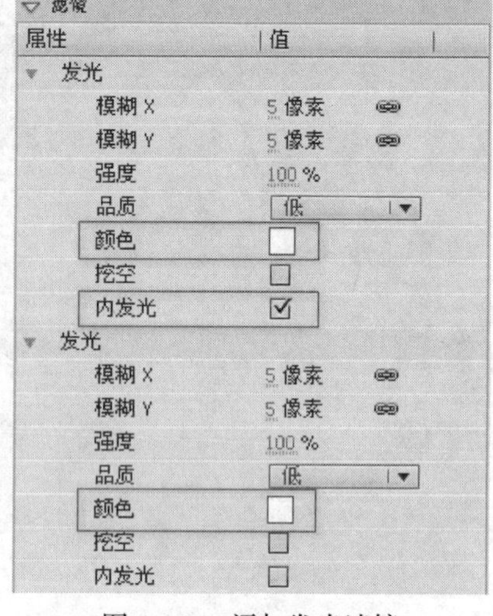


图 4-317　添加发光滤镜

**06** 在“时间轴”控制面板上打开图层“scrollable area”的锁定，选择元件“scrollable area”，在“属性”面板上将其“实例名称”设为“flashmo_scrollable_area”，如图 4-318 所示。

**07** 选择元件“scroller”，在“属性”面板上将其“实例名称”设为“flashmo_scroller”，如图 4-319 所示。

**08** 单击“编辑栏”上的“场景 1”回到场景编辑模式。选择元件“ScrollBar”，在“属性”面板上设置元件的“实例名称”为“scroll_mc”，如图 4-320 所示。

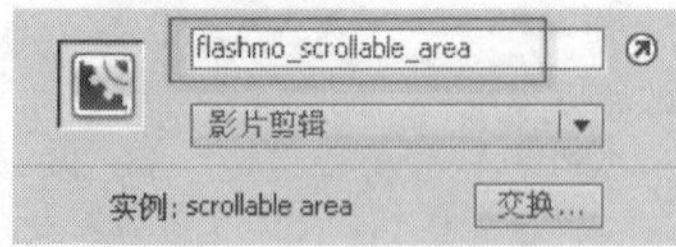


图 4-318　设置实例名称

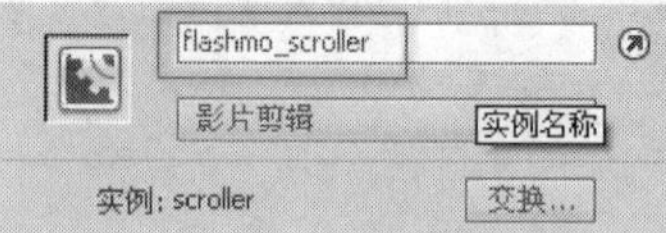


图 4-319　设置实例名称

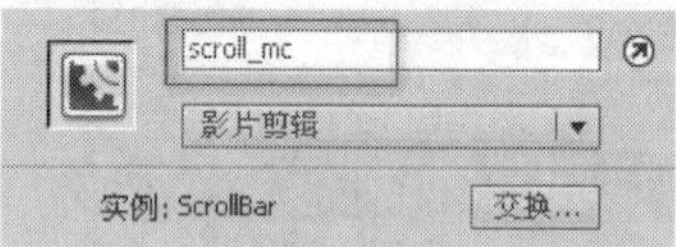


图 4-320　设置实例名称

## 步骤四：添加脚本语言

**01** 在“时间轴”控制面板上新建图层并重命名为“zhe”。

**02** 选择“工具”面板上的“矩形工具”，在“属性”面板上设置“填充颜色”为“绿色”，“笔触颜色”为“无”，在舞台右侧绘制一个矩形作为遮罩范围。在“属性”面板上设置其“X”为“10”、“Y”为“10”、“宽”为“420”、“高”为“300”。

**03** 选择该矩形，按 F8 键将其转换为元件，设置“名称”为“zhe”，“类型”为“影片剪辑”。在“属性”面板上打开“色彩效果”面板，将“样式”设为“Alpha”，“值”设为“0”%。同时，将其“实例名称”设为“mc_zhe”，如图 4-321 所示。

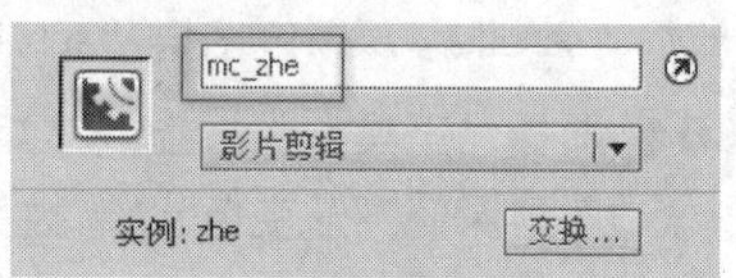


图 4-321　设置实例名称

**04** 双击元件“ScrollBar”，进入元件“ScrollBar”的编辑模式。在“时间轴”控制面板上新建图层“actions”，选择第“1”帧，单击鼠标右键选择快捷菜单中的“动作”命令，在打开的窗口中输入以下代码：

```
var sd:Number;
var sr:Number;
var cd:Number;
var cr:Number;
var new_y:Number;
var drag_area:Rectangle;

var flashmo_content:MovieClip;
var flashmo_content_area:MovieClip;
var scrolling_speed:Number; // 0.00 to 1.00

function scrolling( ct:String, ct_area:String, speed:Number ):void
{
    scrolling_speed = speed;
    if( scrolling_speed < 0 || scrolling_speed > 01    ) scrolling_speed = 0.50;

    flashmo_content = parent[ct];
    flashmo_content_area = parent[ct_area];
    flashmo_content.mask = flashmo_content_area;
    flashmo_content.x = flashmo_content_area.x;
    flashmo_content.y = flashmo_content_area.y;
    flashmo_scroller.x = flashmo_scrollable_area.x;
    flashmo_scroller.y = flashmo_scrollable_area.y;

    sr = flashmo_content_area.height / flashmo_content.height;
    flashmo_scroller.height = flashmo_scrollable_area.height * sr;

    sd = flashmo_scrollable_area.height -flashmo_scroller.height;
    cd = flashmo_content.height -flashmo_content_area.height;
    cr = cd / sd * 1.01;

    drag_area = new Rectangle(0, 0, 0, flashmo_scrollable_area.height -flashmo_
    scroller.height);

    if ( flashmo_content.height <= flashmo_content_area.height )
    {
        flashmo_scroller.visible = flashmo_scrollable_area.visible = false;
    }

    flashmo_scroller.addEventListener( MouseEvent.MOUSE_DOWN, scroller_drag );
    flashmo_scroller.addEventListener( MouseEvent.MOUSE_UP, scroller_drop );
    this.addEventListener( Event.ENTER_FRAME, on_scroll );
}
function scroller_drag( me:MouseEvent ):void
{
    me.target.startDrag(false, drag_area);
    stage.addEventListener(MouseEvent.MOUSE_UP, up);
}
function scroller_drop( me:MouseEvent ):void
{
    me.target.stopDrag();
    stage.removeEventListener(MouseEvent.MOUSE_UP, up);
}
function up( me:MouseEvent ):void
{
    flashmo_scroller.stopDrag();
}
function on_scroll( e:Event ):void
{
    new_y = flashmo_content_area.y + flashmo_scrollable_area.y * cr -flashmo_
    scroller.y  * cr;
    flashmo_content.y += ( new_y -flashmo_content.y ) * scrolling_speed;
}
```

**05** 单击“编辑栏”上的“场景 1”回到场景编辑模式，在“时间轴”控制面板上新建图层“actions”，选择第“1”帧，单击鼠标右键选择快捷菜单中的“动作”命令，在打开的窗口输入以下代码：

```
scroll_mc.scrolling("body_mc", "mc_zhe", 0.15);
```

这时，按 Ctrl+Enter 键测试一下图文滚动的效果吧。

本例到这里结束。这种图文滚动的方式能使你的网站看起来更时尚和更专业，不过通常只用来制作简单的不常更新的产品或新闻索引页面，毕竟它没有和 XML 结合啊。

## 实例 75

# 拼图游戏

图 4-322　实例 75：拼图游戏

不规则形状的拼图游戏很少见，但它会比规则形状的拼图游戏有趣。

**提示：**

在这个例子里（如图 4-322 所示），你会学到一些 Photoshop 制作拼图文件的方法及使用 AS 来完成鼠标的拖拽与位置判断。

### 步骤一：创建文件

**01** 打开 Adobe Flash Professional CS5，选择“新建”面板下的“ActionScript 3.0”选项，新建一个 Flash 工程文件。

**02** 在“属性”面板上单击“编辑”按钮，在弹出的“文档设置”面板中将“尺寸”设为“260 像素”×“380 像素”，“背景颜色”设为“#CC9966”，“帧频”设为“12.00”，单击“确定”按钮。

**03** 按 Ctrl+S 键保存文件为“jigsaw.fla”。

**04** 在文件“jigsaw.fla”的目录下，新建“com”文件夹。在“com”文件夹中新建“gs”和“ui”两个文件夹，其中，“gs”引用的 as 类，ui 放自己定义的类。

**05** 在文件夹“gs”中放入本实例用到的来自 http://www.greensock.com/ 网站的 as 类，如图 4-323 所示。

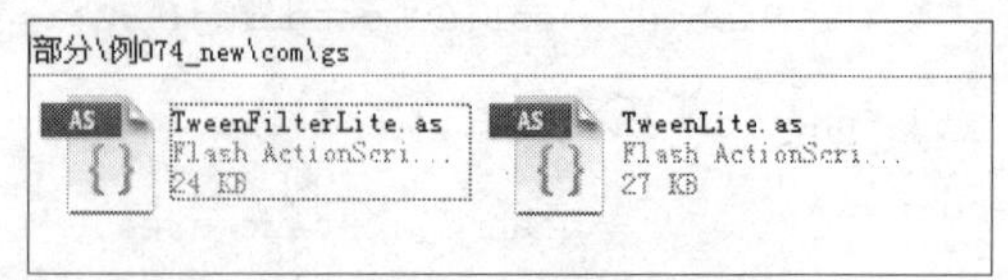


图 4-323　需要引用的 as 类

**06** 在文件夹“ui”中新建文件夹“jigsaw”。

## 步骤二：制作拼图素材

**01** 打开 Adobe Photoshop CS5，选择“文件”|“打开”命令，打开一张事先准备好的“220 像素”×“270 像素”的名叫做“maomao.jpg”的图片，如图 4-324 所示。

**02** 新建“图层 1”，选择“工具”面板上的“铅笔工具”，将“大小”设为“1px”，如图 4-325 所示，画出拼图的分隔线，将原始图片分隔成为九块小的拼图。

图 4-324　原始素材

图 4-325　画出拼图的缝

**03** 双击“图层 1”打开“图层样式”对话框，勾选“描边”。单击“描边”，在打开的“描边”对话框中将“大小”设为“2px”，“位置”设为“居中”，单击“确定”按钮。鼠标右键选择“图层 1”，选择“转换为智能对象”命令，再选择“格栅化图层”命令，得到如图 4-326 所示效果。

**04** 选择“工具”面板上的“魔棒工具”，点取选择第一个拼图的范围，然后到图层“背景”，按 Ctrl+C 键，再按 Ctrl+V 键，这样就制作了第一块拼图。双击拼图 1 所在的“图层 2”，在打开的“图层样式”对话框中勾选“斜面和浮雕”。单击“斜面和浮雕”，在打开的“斜面和浮雕”对话框中，将“样式”设为“内斜面”，“方向”设为“下”，“大小”设为“3”，单击“确定”按钮，这样就为拼图添加了一个突起的效果。同样的方法，依次“选择”→“复制”→添加“图层样式”，制作其他的拼图，得到如图 4-327 所示效果。

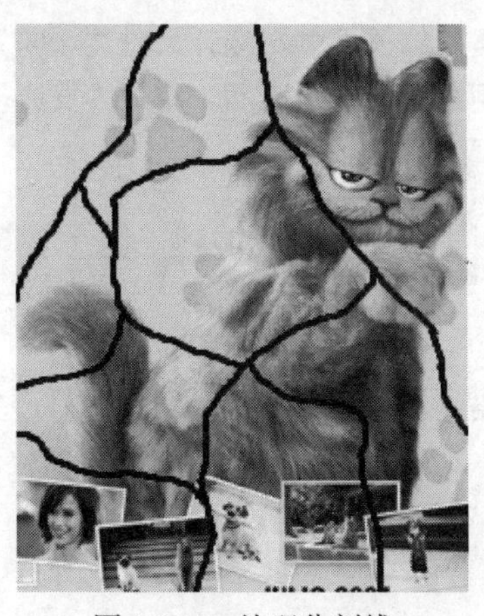

图 4-326　处理分割线

图 4-327　添加立体效果

**05** 当所有的拼图制作完成后，关闭所有图层，然后打开一块拼图，使用“图像”|“裁切”命令，将拼图切割到合适的大小，并将拼图存为“1.png”。依次处理每块拼图，得到如图4-328 所示的拼图素材。

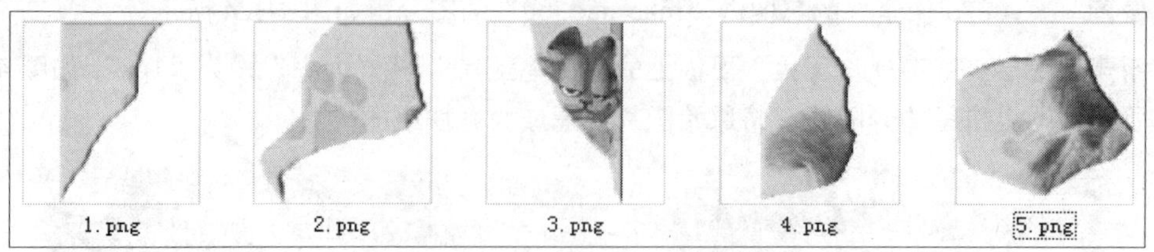


图 4-328 制作好的拼图素材

## 步骤三：制作拼图

**01** 切换到 Adobe Flash professional CS5，选择“文件”|“导入”|“导入到库”命令，将图片“maomao.jpg”、“1.png”～“9.png”导入到文件“jigsaw.fla”的“库”中。

**02** 按 Ctrl+F8 键创建新元件，将其“名称”设为“s0”，“类型”设为“影片剪辑”。从“库”中拖拽“1.png”到舞台上，在“属性”面板将其“X”和“Y”均设为“0”。同样的方法，分别拖拽不同的拼图“2.png”～“9.png”来创建新元件“s1”～“s8”。

**03** 当基本的拼图都做好以后，按 Ctrl+F8 键创建新元件，将其“名称”设为“_dragCeilContain”，“类型”设为“影片剪辑”（这个元件用来放拖拽的拼图）。从“库”中分别拖拽元件“s0”～“s8”到舞台上，并将每个元件的“X”和“Y”设为“0”。

**04** 按 Ctrl+F8 键创建新元件，将其“名称”设为“_jigCeilContain”，“类型”设为“影片剪辑”（这个元件用来放拼图菜单）。从“库”中拖拽图片“1.png”到舞台上，使用“任意变形工具”将其缩小到 50% 左右（因为拼图菜单的图要小些才好）。将其“X”和“Y”设为“0”。选择图片“1.png”，按 F8 键将其转换为元件，将其“名称”设为“c0”，“类型”设为“影片剪辑”。再按 F8 键将其转换为元件，将其“名称”设为“ceil0”，“类型”设为“影片剪辑”。

**05** 选择元件“ceil0”，如图 4-329 所示，在“属性”面板中打开“滤镜”面板，添加“投影”滤镜。

**06** 在“时间轴”控制面板上选择第“2”帧，按 F6 键添加关键帧，选择元件“ceil0”，如图4-330 所示，在“属性”面板打开“滤镜”面板，删除“投影”滤镜，添加“发光”滤镜。

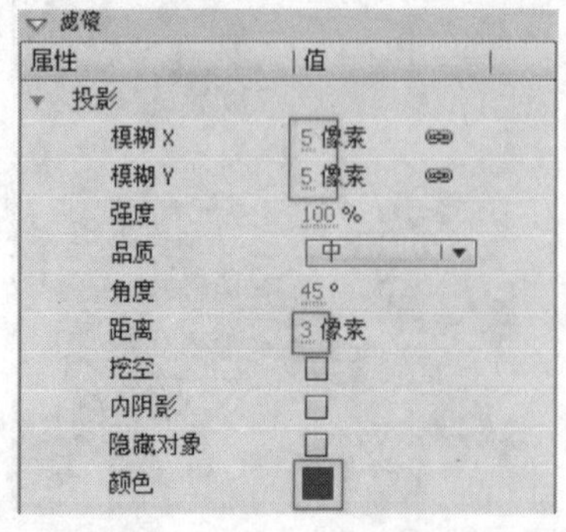


图 4-329 添加滤镜

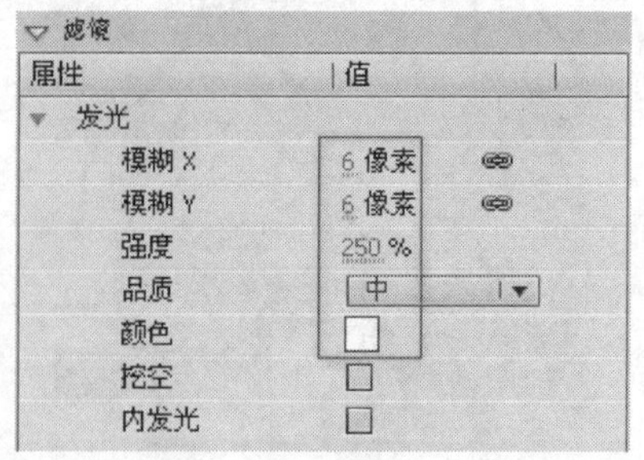


图 4-330 添加滤镜

**07** 在“时间轴”控制面板上新建“图层 2”，选择第 1 帧，单击鼠标右键选择快捷菜单中的“动作”命令，在弹出的“动作”面板中输入：

```
stop();
```

**08** 在“时间轴”控制面板上将“图层 1”重命名为“s1”，即第一片拼图，然后选择第“1”帧，单击鼠标右键选择快捷菜单中的“复制帧”命令，新建图层并重命名为“s2”，在第“1”帧上单击鼠标右键选择快捷菜单中的“粘贴帧”命令，关掉图层“s1”。

**09** 选择元件“ceil0”，在“属性”面板上单击“交换”按钮。在弹出的“交换元件”对话框中单击“直接复制元件”按钮，在弹出的“直接复制元件”对话框中将“元件名称”设为“ceil1”，单击“确定”单击。

**10** 双击元件“ceil1”，进入元件“ceil1”的编辑模式。在舞台上选择元件“c0”，在“属性”面板上单击“交换”按钮，在弹出的“交换元件”对话框中单击“直接复制元件”按钮。在弹出的“直接复制元件”对话框中将“元件名称”设为“c1”，单击“确定”按钮。选择第“2”帧上的元件“c0”，将其“交换”为元件“c1”。

**11** 双击元件“c1”，进入元件“c1”的编辑模式，将图片“1.png”“交换”为“2.png”。使用“任意变形工具”将图片“2.png”缩小到 50% 左右，将“X”和“Y”设为“0”。

**12** 重复以上的第 8 ～ 11 步，分别制作另外的几个拼图。当 9 块拼图都制作完成后，在“编辑栏”单击“_jigCeilContain”，确认当前为元件“_jigCeilContain”的编辑模式。选择图层“s1”上的元件“ceil0”，将其“实例名称”设为“c0”，如图 4-331 所示。

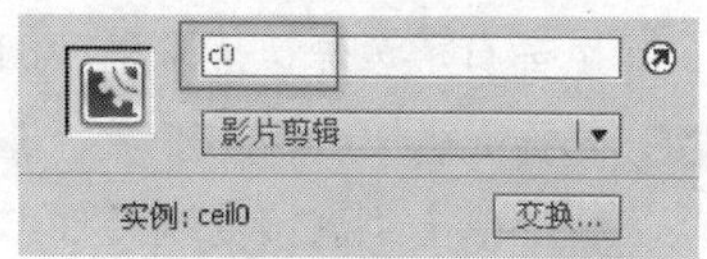

图 4-331　设置实例名称

**13** 依次选择图层“s2”，将元件“ceil1”的“实例名称”设为“c1”。选择图层“s3”，将元件“ceil2”的“实例名称”设为“c2”。选择图层“s4”，将元件“ceil3”的“实例名称”设为“c3”。选择图层“s4”，将元件“ceil3”的“实例名称”设为“c3”。选择图层“s5”，将元件“ceil4”的“实例名称”设为“c4”。选择图层“s6”，将元件“ceil5”的“实例名称”设为“c5”。选择图层“s7”，将元件“ceil6”的“实例名称”设为“c6”。选择图层“s8”，将元件“ceil7”的“实例名称”设为“c7”。选择图层“s9”，将元件“ceil8”的“实例名称”设为“c8”。

## 步骤四：制作拼图动画

**01** 按 Ctrl+F8 键创建新元件，将其“名称”设为“mask0”，“类型”设为“影片剪辑”。从“库”中拖拽图片“1.png”到舞台上，将其“X”和“Y”设为“0”。选择图片“1.png”，按 F8 键将其转换为元件，将其“名称”设为“m0”，“类型”设为“影片剪辑”。

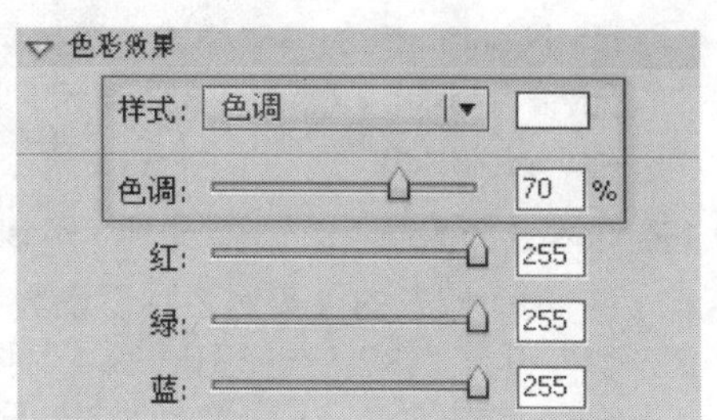

图 4-332　添加色彩效果

**02** 选择第“2”帧，按 F6 键添加关键帧，选择元件“m0”，在“属性”面板上打开“色彩效果”面板，将“样式”设为“色调”，“颜色”设为“白色”，“值”设为“70%”，如图 4-332 所示。

**03** 在“时间轴”控制面板上将时间滑块拨到第“4”帧，按 F6 键添加关键帧，在“属性”面板上将“色彩效果”的“样式”设为“无”。

**04** 在“时间轴”控制面板上选择第“2”帧，单击鼠标右键选择快捷菜单中的“复制帧”命令，选择第“6”帧，单击鼠标右键选择快捷菜单中的“粘贴帧”命令。然后选择第“1”帧，单击鼠标右键选择快捷菜单中的“复制帧”命令，选择第“8”帧，单击鼠标右键选择快捷菜单中的“粘贴帧”命令。再选择第“2”帧，单击鼠标右键选择快捷菜单中的“复制帧”命令，选择第“10”帧，单击鼠标右键选择快捷菜单中的“粘贴帧”命令。选择第“12”帧，单击鼠标右键选择快捷菜单中的“粘贴帧”命令。选择第“1”帧，单击鼠标右键选择快捷菜单中的“复制帧”命令，选择第“11”和第“13”帧，单击鼠标右键选择快捷菜单中的“粘贴帧”命令，这样就给拼图添加了一个闪动效果的简单动画。

**05** 在“时间轴”控制面板上新建“图层 2”，选择第 1 帧，单击鼠标右键选择快捷菜单中的“动作”命令，在弹出的“动作”面板中输入：

```
Stop();
```

**06** 按 Ctrl+F8 键创建新元件，将其“名称”设为“_maskContaint”,“类型”设为“影片剪辑”，这个元件用来放拼图动画。从“库”中拖拽元件“mask0”到舞台上，将“X”和“Y”设为“0”。

**07** 在“时间轴”控制面板上将“图层 1”重命名为“s1”，然后选择第“1”帧，单击鼠标右键选择快捷菜单中的“复制帧”命令，新建图层并重命名为“s2”，选择第“1”帧，单击鼠标右键选择快捷菜单中的“粘贴帧”。关掉图层“s1”。

**08** 选择元件“mask0”，在“属性”面板上单击“交换”按钮。在弹出的“交换元件”对话框中单击“直接复制元件”按钮，在弹出的“直接复制元件”对话框中将“元件名称”设为“mask1”，单击“确定”按钮。

**09** 双击元件“mask1”，进入元件“mask1”的编辑模式。在舞台上选择元件“m0”，在“属性”面板上单击“交换”按钮，在弹出的“交换元件”对话框中单击“直接复制元件”按钮，在弹出的“直接复制元件”对话框中将“元件名称”设为“m1”，单击“确定”按钮。选择其余帧上的元件“m0”，将其“交换”为元件“m1”。

**10** 双击元件“m1”，进入元件“m1”的编辑模式，将图片“1.png”“交换”为“2.png”。将图片“2.png”的“X”和“Y”设为“0”。

**11** 重复以上的第 7 ～ 10 步，分别制作另外的几个拼图的动画。当 9 块拼图都制作完成后，在“编辑栏”单击“_maskContaint”，确认当前为元件“_maskContaint”的编辑模式。选择图层“s1”上的元件“mask0”，如图 4-333 所示，将其“实例名称”设为“s0”。

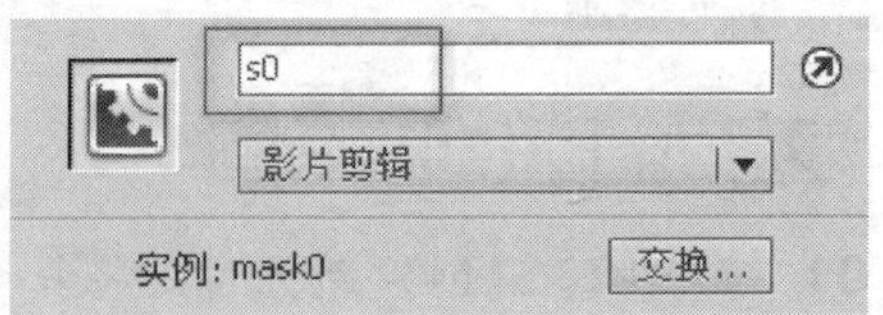


图 4-333　设置实例名称

**12** 依次选择图层“s2”，将元件“mask1”的“实例名称”设为“s1”。选择图层“s3”，将元件“mask2”的“实例名称”设为“s2”。选择图层“s4”，将元件“mask3”的“实例名称”设为“s3”。选择图层“s4”，将元件“mask3”的“实例名称”设为“s3”。选择图层“s5”，将元件“mask4”的“实例名称”设为“s4”。选择图层“s6”，将元件“mask5”的“实例名称”设为“s5”。选择图层“s7”，将元件“mask6”的“实例名称”设为“s6”。选择图层“s8”，将元件“mask7”的“实例名称”设为“s7”。选择图层“s9”，将元件“mask8”的“实例名称”设为“s8”。

## 步骤五：制作拼图界面

**01** 按 Ctrl+F8 键创建新元件，将其“名称”设为“jigsaw”，“类型”设为“影片剪辑”，这个元件用来放拼图界面。从“库”中拖拽图片“maomao.jpg”到舞台上，按 F8 键将其转换为元件，将“名称”设为“jigImage”，“类型”设为“影片剪辑”。

**02** 选择元件“jigImage”，在“属性”面板上将其“X”和“Y”设为“20”。打开“滤镜”面板，如图 4-334 所示，添加“调整颜色”滤镜，将“饱和度”设为“-100”，这样，图片就成了黑白的。

**03** 在“时间轴”控制面板将“图层 1”重命名为“alphaImage”，新加图层并重命名为“gray”。选择“工具”面板上的“矩形工具”，将“填充颜色”设为“白色”，“Alpha”设为“73%”，确保“工具”面板上的“贴紧至对象”按钮开启，沿着图片的范围绘制一个矩形。

**04** 在“时间轴”控制面板上将图层“gray”锁定，新加图层并重命名为“mask”。从“库”中拖拽元件“_maskContaint”到舞台，这时所有的元件都是挤在一个位置上。双击元件“_maskContaint”，进入元件“_maskContaint”的编辑模式。如图 4-335 所示，分别将每个拼图放置到合适的位置上（这个位置，也就是每个拼图正确的拖拽位置）。

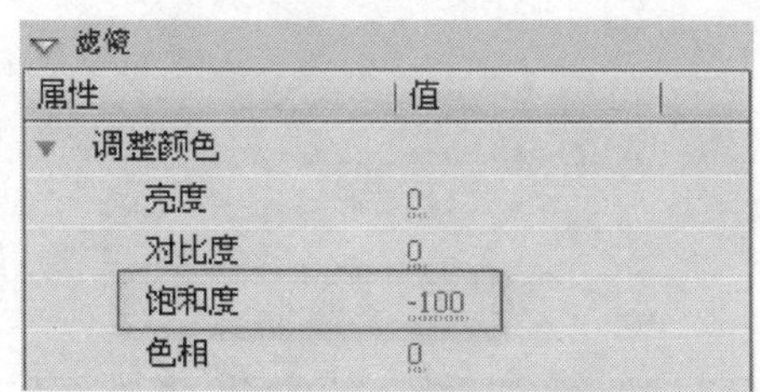


图 4-334　添加滤镜

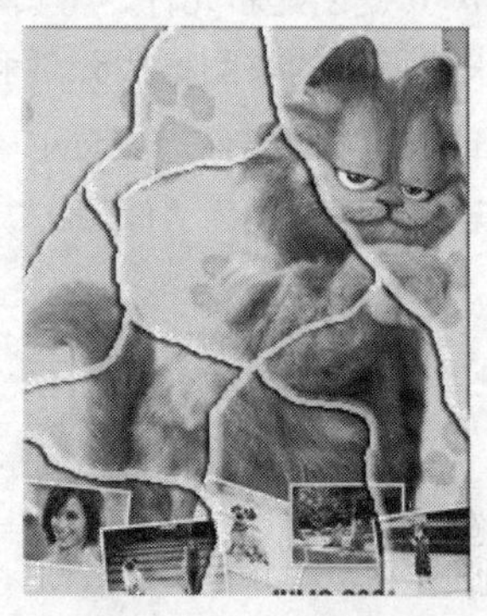

图 4-335　添加滤镜

**05** 在“编辑栏”单击“jigsaw”，确认当前为元件“jigsaw”的编辑模式。选择图层“mask”上的元件“_maskContaint”，如图 4-336 所示，将其“实例名称”设为“maskContaint”。

**06** 在“时间轴”控制面板上选择图层“gray”的第“1”帧，单击鼠标右键选择快捷菜单中的“复制帧”命令，然后新建图层并将其重命名为“droparea”，单击鼠标右键选择快捷菜单中的“粘贴帧”命令。锁定图层“mask”。

**07** 选择图层“droparea”上的矩形，在“颜色”面板上将其“填充颜色”的“Alpha”“值”设为“0%”。按 F8 键将其转换为元件，设置“名称”为“bigDropArea”、“类型”为“影片剪辑”。如图 4-337 所示，将其“实例名称”设为“bigDropArea”。

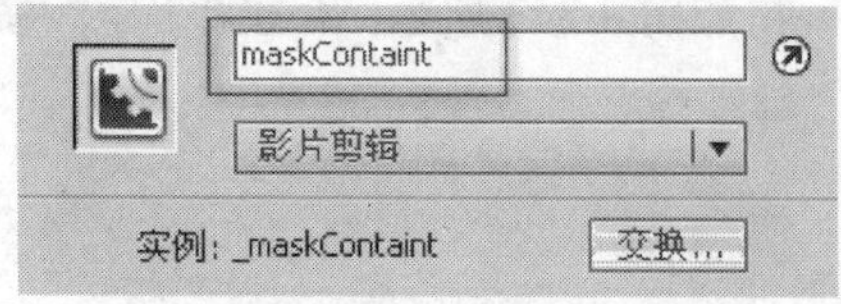


图 4-336　设置实例名称

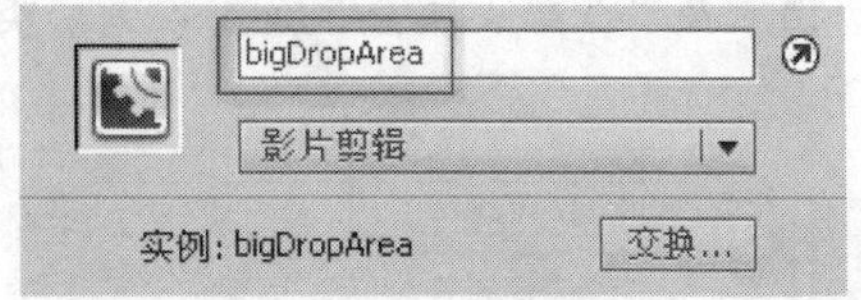


图 4-337　设置实例名称

**08** 按 Ctrl+F8 键创建新元件，将其“名称”设为“_dropDotContain”，“类型”设为“影片剪辑”。在“编辑栏”单击“jigsaw”，确认当前为元件“jigsaw”的编辑模式。

**09** 在“时间轴”控制面板上新建图层并重命名为“dropDot”，从“库”中拖拽元件“_dropDotContain”到如图 4-338 所示的拼图的左上角上，即“X”和“Y”为“20”。

**10** 选择元件“_dropDotContain”，将其“实例名称”设为“dropDotContain”，如图 4-339 所示。

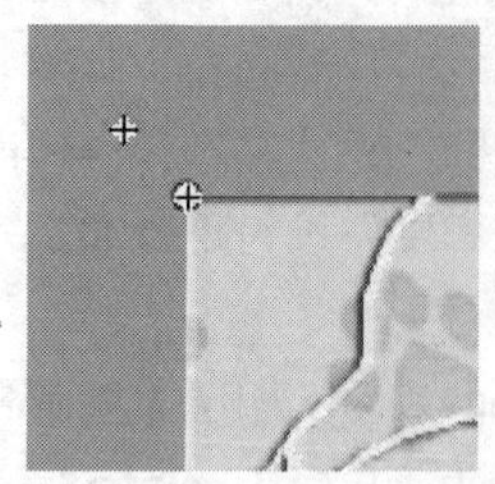
图 4-338　拖拽元件

图 4-339　设置实例名称

**11** 在“时间轴”控制面板上新建图层并重命名为“jigCeil”，将其移到最下一层。从“库”中拖拽元件“_jigCeilContain”到舞台上，让其“X”为“20”，“Y”为“305”。

**12** 选择元件“_jigCeilContain”，将其“实例名称”设为“ceilContaint”，如图 4-340 所示。

**13** 按 Ctrl+F8 键创建新元件，将其“名称”设为“main”，“类型”设为“影片剪辑”，这个元件用来放所有的拼图拖拽元件和界面元件。

**14** 从“库”中拖拽元件“jigsaw”到舞台，让其“X”和“Y”为“0”。如图 4-341 所示，将其“实例名称”设为“jigsaw”。

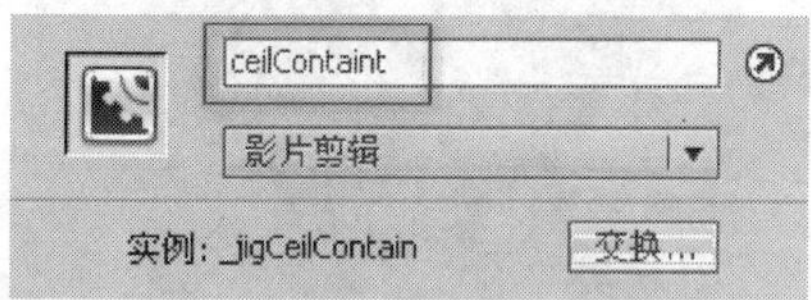

图 4-340　设置实例名称

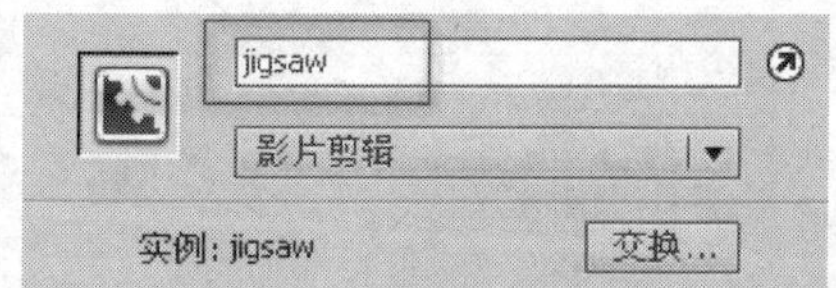

图 4-341　设置实例名称

**15** 在“时间轴”控制面板上将“图层 1”重命名为“jigsaw”，新建图层并重命名为“dragCeil”。从“库”中拖拽元件“_dragCeilContain”到舞台上，使其“X”和“Y”为“0”。如图 4-342 所示，将其“实例名称”设为“dragCeilContain”。

**16** 在“时间轴”控制面板上新建图层并重命名为“mask”，使用“工具”面板的“矩形工具”绘制一个“260×450”的矩形，使其“X”和“Y”为“0”。

**17** 在“时间轴”控制面板上选择图层“mask”，单击鼠标右键选择快捷菜单中的“遮罩层”命令。

**18** 在“库”面板中选择元件“main”，单击鼠标右键选择快捷菜单中的“属性”命令，在弹出的“元件属性”对话框中打开“高级选项”。在“链接”面板中勾选“在 ActionScript 导出”及“在第 1 帧中导出”，设置“类”为“main”，如图 4-343 所示，单击“确定”按钮。

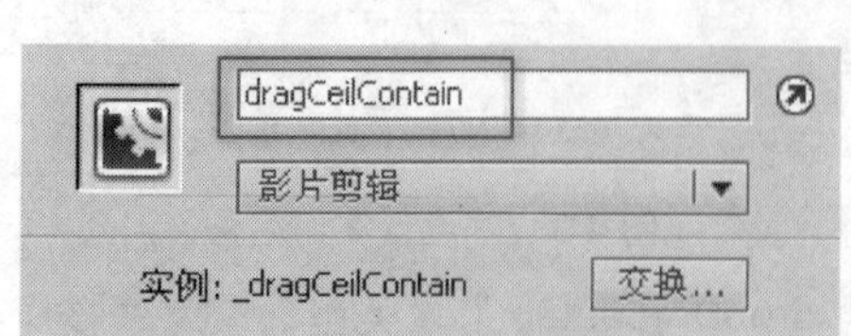

图 4-342　设置实例名称

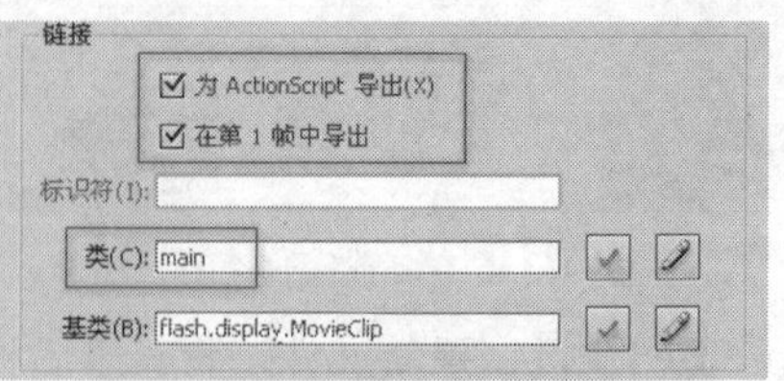

图 4-343　设置元件高级属性

## 步骤六：添加类文件

**01** 选择“文件”|“新建”命令，在弹出的“新建文档”窗口中选择“ActionScript 3.0 类”。

**02** 在弹出的“创建 ActionScript 3.0 类”的对话框中将“类名称”设置为“com.ui.jigsaw.Jigsaw”，如图 4-344 所示。这个类的名称包含了类的路径，单击“确定”按钮。

图 4-344　新建类文件

**03** 在打开的输入窗口输入如下代码：

```
package com.ui.jigsaw{
    import flash.events.Event;
    import flash.display.Sprite;
    import flash.events.MouseEvent;
    import flash.display.MovieClip;
    import flash.utils.getDefinitionByName;
    import com.gs.TweenLite;
    import flash.events.EventDispatcher;

    public class Jigsaw extends Sprite{

        private var __jigMain:Class;
        private var jigMain:Sprite;
        private var timeState:Boolean = true;

        private var jigsaw:Sprite;
        private var maskContaint:Sprite;
        private var ceilContaint:Sprite;
        private var dragCeilContain:Sprite;
        private var dropDotContain:Sprite;
        private var xiaoren:MovieClip;

        private var nowDragCeil:Sprite;
        private var bigDropArea:Sprite;
        private var selNum:int = -1;
        private var noNewTempArr:Array = new Array();
        private var dragState:Boolean = false;
        private var jigNum:uint = 0;

        private var ceilArr:Array = new Array();
        private var activeCeilArr:Array = new Array(0,1,2,3,4,5,6,7,8);

        public function Jigsaw(){
            initView();

            jigMain = new __jigMain();
            addChild(jigMain);
            jigsaw = jigMain.getChildByName("jigsaw") as Sprite;

            maskContaint = jigsaw.getChildByName("maskContaint") as Sprite;
            ceilContaint = jigsaw.getChildByName("ceilContaint") as Sprite;
            xiaoren = jigsaw.getChildByName("xiaoren") as MovieClip;
            bigDropArea = jigsaw.getChildByName("bigDropArea") as Sprite;
```

```
        dropDotContain = jigsaw.getChildByName("dropDotContain") as Sprite;
        dragCeilContain = jigMain.getChildByName("dragCeilContain") as Sprite;

        initmaskContaint();
        initDropDot();
        initDragCeil();
        getCeilArr();
        upDataCeil();

        defaultInDot();

        addListeners();
    }

    private function initView():void{
        __jigMain = getDefinitionByName("main") as Class;
    }
    private function initmaskContaint():void{
        for(var i:uint=0;i<maskContaint.numChildren;i++){
            var s:Sprite = maskContaint.getChildByName("s"+i) as Sprite;
            s.visible = false;
        }
    }
    private function initDropDot():void{
        for(var i:uint=0;i<maskContaint.numChildren;i++){
            var dropTag:Sprite = new Sprite;
            dropTag.name = "dropDot"+i;
            var s:Sprite = maskContaint.getChildByName("s"+i) as Sprite;
            var theDot:Sprite = makeArea(25,25);
            dropTag.addChild(theDot);
            dropDotContain.addChild(dropTag);
            dropTag.x = s.x + s.width/02    -12;
            dropTag.y = s.y + s.height/02     -12;
        }
    }
    private function initDragCeil():void{
        for(var i:uint=0;i<dragCeilContain.numChildren;i++){
            var ceil:Sprite = dragCeilContain.getChildByName( "drag" +i) as Sprite;
            ceil.alpha = 1;
            ceil.scaleX = 1;
            ceil.scaleY = 1;
            ceil.x = 0;
            ceil.visible = false;
        }
    }
    private function addListeners():void{
        for(var i:uint=0;i<ceilContaint.numChildren;i++){
            var ceil:Sprite = ceilContaint.getChildByName( "c" +i) as Sprite;
            ceil.buttonMode = true;
            ceil.addEventListener(MouseEvent.MOUSE_DOWN, ceilDown);
            ceil.addEventListener(MouseEvent.MOUSE_OVER, ceilOver);
            ceil.addEventListener(MouseEvent.MOUSE_OUT, ceilOut);
            ceil.mouseChildren = false;
        }
        for(var k:uint=0;k<dropDotContain.numChildren;k++){
            var dropDot:Sprite = dropDotContain.getChildByName( "dropDot" +k)
            as Sprite;
            dropDot.mouseChildren = false;
        }
    }
```

```
private function dropInBig():void{

    ceilMoveBack();
    dragState = false;
}
private function defaultInDot():void{
    var n:uint = Math.random() * 03    + 1;
    if(n == 1){
        n = 2;
    }

    for(var i:uint=0;i<n;i++){
        var gotMask:MovieClip = maskContaint.getChildByName("s"+ceilArr
        [0]) as MovieClip;
        selNum = ceilArr[0];
        gotMask.visible = true;
        gotMask.gotoAndPlay(2);

        getCeilArr();
        upDataCeil();

        jigNum++;
    }
}
private function dropInDot(dropDot:Sprite):void{
    var n:uint = dropDotContain.getChildIndex(dropDot);

    if(n == selNum && dragState){
        initDragCeil();
        var gotMask:MovieClip = maskContaint.getChildByName( “s” +n) as
        MovieClip;
        gotMask.visible = true;
        gotMask.gotoAndPlay(2);

        getCeilArr();
        upDataCeil();

        dropDot.visible = false;
        jigNum++;
        checkJigNum();
    }else{
        ceilMoveBack();
    }
    dragState = false;
}
private function ceilOver(evt:MouseEvent):void{
    var ceil:MovieClip = evt.target as MovieClip;
    ceil.gotoAndStop(2);
}
private function ceilOut(evt:MouseEvent):void{
    var ceil:MovieClip = evt.target as MovieClip;
    ceil.gotoAndStop(1);
}
private function ceilDown(evt:MouseEvent):void{
    if(timeState){
        dispatchEvent(new Event("startGame"));
        timeState = false;
    }

    var ceil:Sprite = evt.target as Sprite;
    var n:uint = ceilContaint.getChildIndex(ceil);
```

```
        selNum = n;
        dragState = true;

        initDragCeil();
        nowDragCeil = dragCeilContain.getChildByName("drag"+n) as Sprite;
        nowDragCeil.addEventListener(MouseEvent.MOUSE_UP, nowDragUp);
        nowDragCeil.visible = true;
        nowDragCeil.x = mouseX -nowDragCeil.width/2;
        nowDragCeil.y = mouseY -nowDragCeil.height/2;
        nowDragCeil.startDrag();
    }
    private function nowDragUp(evt:MouseEvent):void{
        nowDragCeil.stopDrag();
        if(nowDragCeil.dropTarget){
            var dropTag:Sprite = nowDragCeil.dropTarget.parent as Sprite;
            if(dropTag.name == "bigDropArea"){
                dropInBig();
            }else if(dropTag.name.slice(0,7) == "dropDot"){
                dropInDot(dropTag);
            }else{
                dropInBig();
            }
        }
    }
    private function ceilMoveBack():void{
        if(dragState){
            nowDragCeil.alpha = 0.5;
            nowDragCeil.scaleX = 0.5;
            nowDragCeil.scaleY = 0.5;
            var nowCeilIndex:uint = ceilArr.indexOf(selNum);
            var backX:Number;
            if(nowCeilIndex == 0){
                backX = 25;
            }else{
                backX = nowCeilIndex%03    * 90;
            }
            TweenLite.to(nowDragCeil,0.2,{y:380,x:backX});
            TweenLite.delayedCall(0.2, tLiteComplete);
        }
    }
    private function tLiteComplete():void{
        nowDragCeil.alpha = 0;
        nowDragCeil.visible = false;
    }
    private function checkJigNum():void{
        if(jigNum == 9){

            dispatchEvent(new Event("winLevel"));
            for(var i:uint=0;i<3;i++){
                disableCeil(i);
            }
        }
    }
    private function disableCeil(n:uint):void{
        var ceil:Sprite = ceilContaint.getChildByName("c"+ceilArr[n]) as Sprite;
        ceil.buttonMode = false;
        ceil.removeEventListener(MouseEvent.MOUSE_DOWN, ceilDown);
    }
    private function upDataCeil():void{
        resetCeil();
        upDataCeilAnim();
```

```
        }
        private function upDataCeilAnim():void{
            for(var i:uint=0;i<3;i++){
                var ceilafter:Sprite = ceilContaint.getChildByName("c"+ceilArr
                [i]) as Sprite;
                ceilafter.x = i%03     * 80;
                ceilafter.visible = true;
            }
        }
        private function resetCeil():void{
            for(var i:uint=0;i<ceilContaint.numChildren;i++){
                var ceil:Sprite = ceilContaint.getChildByName("c"+i) as Sprite;
                ceil.x = 0;
                ceil.visible = false;              }
        }
        private function getCeilArr():void{
            if(ceilArr.length>0){
                var n:uint = activeCeilArr.indexOf(selNum);
                activeCeilArr.splice(n,1);
                randomArr();
            }else{
                randomArr();
            }
        }
        private function randomArr():void{
            var tempArr:Array = new Array();
            for(var index in activeCeilArr){
                tempArr.push(activeCeilArr[index]);
            }
            if(tempArr.length == 3){
                for(var index02    in activeCeilArr){
                    noNewTempArr.push(activeCeilArr[index2]);
                }
            }
            if(tempArr.length>2){
                resetArr(tempArr);
            }else if(tempArr.length == 02    || tempArr.length == 1){
                var tempArr2:Array = new Array();
                for(var index03    in noNewTempArr){
                    tempArr2.push(noNewTempArr[index3]);
                }
                resetArr(tempArr2);
            }
        }
        private function resetArr(arr:Array):void{
            for(var i:uint=0;i<3;i++){
                var arrIndex:uint = Math.random()*arr.length;
                ceilArr[i] = arr[arrIndex];
                arr.splice(arrIndex,1);
            }
        }
        private function makeArea(w:uint,h:uint):Sprite {
            var area:Sprite = new Sprite;
            area.alpha=0;
            area.graphics.beginFill(0x000000,1);
            area.graphics.drawRect(0,0,w,h);
            area.graphics.endFill();
            return area;
        }
    }
}
```

**04** 按 Ctrl+S 键保存文件到“com”文件夹下的“ui\jigsaw”文件夹中，将其存为“Jigsaw.as”。

**05** 切换到“jigsaw.fla”文件，在“属性”面板上打开“发布”面板，添加文件的“文档类”为“com.ui.jigsaw.Jigsaw”，如图 4-345 所示，也就是指向我们刚刚写好的“Jigsaw.as”文件。

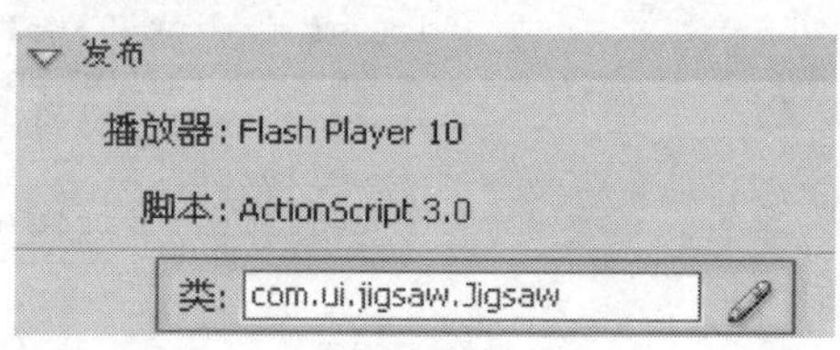


图 4-345　添加文档类

这时按 Ctrl+Enter 键就能进行拼图游戏啦！

本例到这里结束。各元件之间的调用关系及游戏的基本思路你理解了吗？

## 实例 76

# 鼠标跟随——高级篇

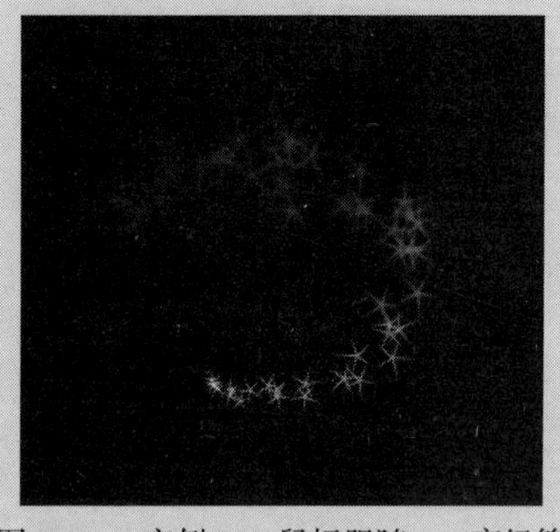

图 4-346　实例 76：鼠标跟随——高级篇

本例是一个非常漂亮的鼠标跟随效果，你会惊讶于 Flash AS 的神奇魅力！

**提示：**

在这个例子里（如图 4-346 所示），你会学到使用来源于 http://www.greensock.com/ 网站上的 as 类制作鼠标跟随！

在实例 62 中，我们已经接触过来自 http://www.greensock.com 网站的成熟的 as 包。在前面的其他的一些实例也或多或少的用到了这个类，本例中，我特地放入了完整的 greensock 包，也就是 AS 程序员常常提到的“gs”。如图 4-347 所示，它基本包含以下这些内容。

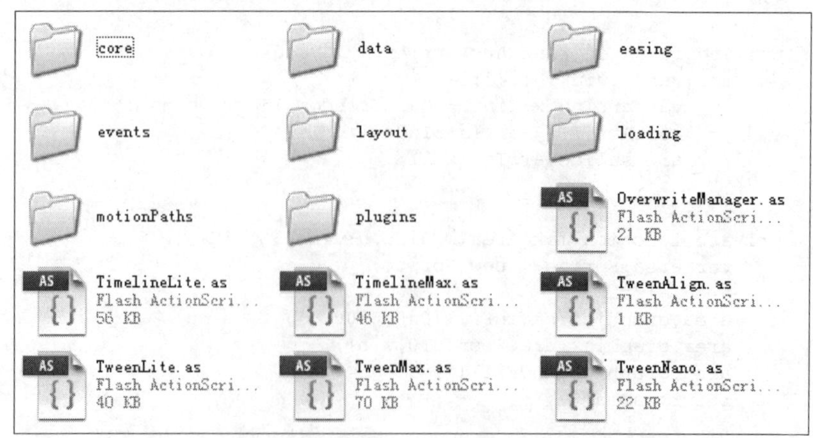


图 4-347　完整的 greensock 类文件

## 步骤一：创建文件

**01** 打开 Adobe Flash Professional CS5，选择“新建”面板下的“ActionScript 3.0”选项，新建一个 Flash 工程文件。

**02** 在“属性”面板上单击“编辑”按钮，在弹出的“文档设置”面板中将“尺寸”设为“300 像素”×“300 像素”，“背景颜色”设为“#000000”，“帧频”设为“30.00”，单击“确定”按钮。

**03** 按 Ctrl+S 键保存文件为“mouse_follow.fla”。

**04** 请将“greensock”的文件夹与“mouse_follow.fla”放在同一目录下，以备用。

## 步骤二：制作基本元素

**01** 选择“工具”面板上的“多角星形工具”，在“属性”面板上单击“工具设置”面板，单击“选项”按钮。将“样式”设为“星形”，“星形顶点大小”为“0.10”，如图 4-348 所示，单击“确定”按钮。

**02** 在“颜色”面板上将“填充颜色”设为“白色”，“笔触颜色”设为“无”，在舞台上画一个“10”×“10”的小星星，如图 4-349 所示。

**03** 选择小星星，按 F8 键将其转换为元件，将其“名称”设为“My Star”，“类型”设为“影片剪辑”。

**04** 选择元件“My Star”，如图 4-350 所示，在“属性”面板设置“实例名称”为“myStar”。

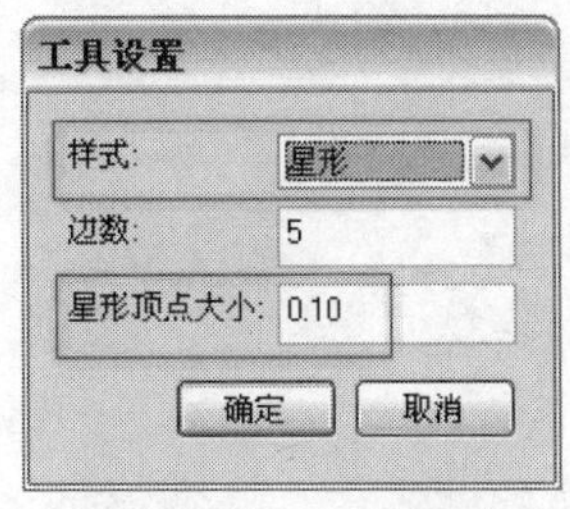


图 4-348　工具设置

图 4-349　绘制小星星

图 4-350　设置实例名称

## 步骤三：添加 AS

**01** 在“库”面板中选择元件“My Star”，单击鼠标右键选择快捷菜单中的“属性”命令，在弹出的“元件属性”对话框中打开“高级选项”。在“链接”面板中勾选“在 ActionScript 导出”及“在第 1 帧中导出”，设置“类”为“MyStar”，如图 4-351 所示，单击“确定”按钮。

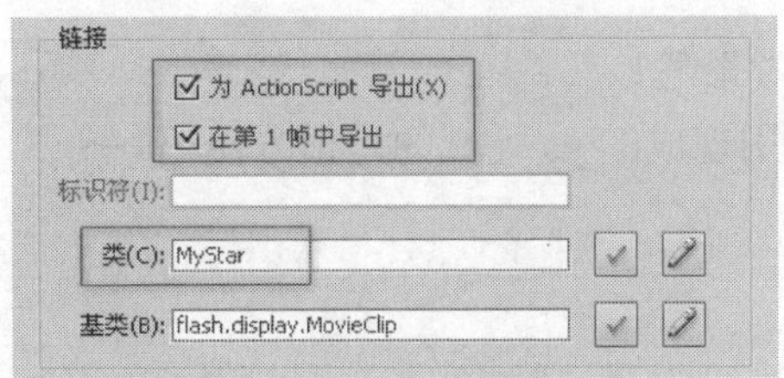


图 4-351　设置元件高级属性

**02** 在“时间轴”面板上选择新建“图层 2”，选择第“1”帧。单击鼠标右键选择快捷菜单中的“动作”命令。在弹出的“动作”面板中输入如下代码：

```
import com.greensock.*;

Mouse.hide();

var currentColor:uint = 0xffffff;

var colorTimer:Timer = new Timer(500,0);
colorTimer.addEventListener(TimerEvent.TIMER, changeColor);
colorTimer.start();

var trailTimer:Timer = new Timer(10,0);
trailTimer.addEventListener(TimerEvent.TIMER, createStar);
trailTimer.start();

addEventListener(Event.ENTER_FRAME, moveStar);

function moveStar(e:Event):void
{
    myStar.x = mouseX;
    myStar.y = mouseY;
}

function changeColor(e:Event):void
{

    currentColor = Math.random() * 0xffffff;
    TweenMax.to(myStar, 0.2, {tint: currentColor});
}
function createStar(e:Event):void
{
    var newStar:MyStar = new MyStar();
    newStar.x = myStar.x;
    newStar.y = myStar.y;
    var targetX:Number = newStar.x + Math.random() * 604    -32;
    var targetY:Number = newStar.y + Math.random() * 604    -32;
    var targetRotation = Math.random() * 360 -180;
    addChild(newStar);

    TweenMax.to(newStar, 3, {alpha: 0, scaleX: 5, scaleY: 5, tint: currentColor});
    TweenMax.to(newStar, 3, {rotation: targetRotation, x: targetX, y: targetY});
    TweenMax.to(newStar, 3, {blurFilter:{blurX:3, blurY:3}, onComplete:
    removeStar, onCompleteParams: [newStar]});
}

function removeStar(star:MyStar):void
{
    removeChild(star);
}
```

按 Ctrl+Enter 键看看效果吧！

本例到这里结束，引用现成的 gs 类真的是很方便吧？

# 第5章 特效篇——大片是这样产生的

欢迎你来到第 5 章，这里是一个奇妙的世界。

Flash 特效非常有趣，它的文件通常很小，很简单。通过看似枯燥乏味的 ActionScript 代码，就能让一个画面或者舞台产生华丽奇特的视觉感受！

Flash 特效一般不会单独的存在，你可以将它们用在任何你制作的 Flash 影片或 Flash 广告中，从而为你的作品增色添彩！一旦做好了，你可以反复调用它们。赶快掌握它们吧！

本章实例均可以跳着学习，关键是举一反三！祝你在本部分学习顺利。如有任何不明白的地方欢迎发送邮件至 E-mail:yudan333@yahoo.cn 询问！

| | | |
|---|---|---|
| 实例 77 下雨特效 | 实例 78 海光特效 | 实例 79 老电影特效 |
| 实例 80 背景特效 | 实例 81 转场特效 | 实例 82 打字特效 |
| 实例 83 花瓣特效 | 实例 84 星空特效 | 实例 85 瀑布特效 |
| 实例 86 火烧特效 1 | 实例 87 光影特效 | 实例 88 流水特效 |
| 实例 89 飞沙特效 | 实例 90 迷雾特效 | 实例 91 火烧特效 2 |
| 实例 92 香烟特效 | 实例 93 爆炸特效 | 实例 94 下雪特效 |

## 实例 77

# 下雨特效

图 5-1　实例 77：下雨特效

前面你已经学过用动画的方法模拟下雨，有没有更简单的方法呢？

**提示：**

在这个例子里（如图 5-1 所示），你会学到用“Actionscript”模拟天空下雨的效果。

### 步骤一：创建文件

**01** 打开 Adobe Flash Professional CS5，选择“文件”|“打开”命令，在弹出的“打开”对话框中选择事先做好的文件“rain_bg.fla”（你也可以自己制作一个背景文件，或者直接导入一张阴天光照环境下的图片）。

**02** 选择“文件”|“另存为”命令，将文件保存为“rain.fla”文件。

### 步骤二：制作单个雨滴

**01** 在“时间轴”控制面板上锁定图层“bg”，新建图层并将其重命名为“rain”。

**02** 在“工具”面板上选择“矩形工具”，在“颜色”面板中设置“笔触颜色”为“无”，“填充颜色”为“浅灰色到较深灰色”的渐变色，绘制一个长方形。使用“工具”面板的“选择工具”修改矩形的外轮廓成为雨滴的形状如图 5-2 所示。

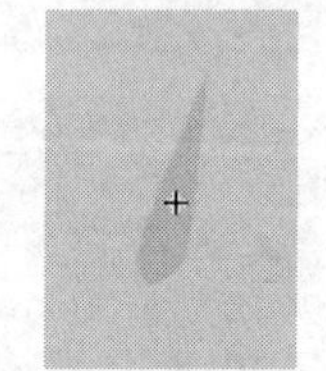
图 5-2　绘制雨滴

**03** 按 F8 键将其转换为元件，将其“名称”设为“Rain”，“类型”设为“影片剪辑”。

### 步骤三：制作雨滴动画

**01** 按 Ctrl+F8 键新建元件，将“名称”设为“rain_m”，“类型”设为“影片剪辑”。

**02** 从“库”中拖拽元件“Rain”到舞台上左上方，在“时间轴”控制面板上选择第“140”帧，按 F5 键添加帧。选择 140 帧前的任意一帧，单击鼠标右键选择快捷菜单中的“创建补间动画”命令。

**03** 将时间滑块拨到第“140”帧上，在舞台上将元件“Rain”移动到舞台下方，形成如图 5-3 所示动画。

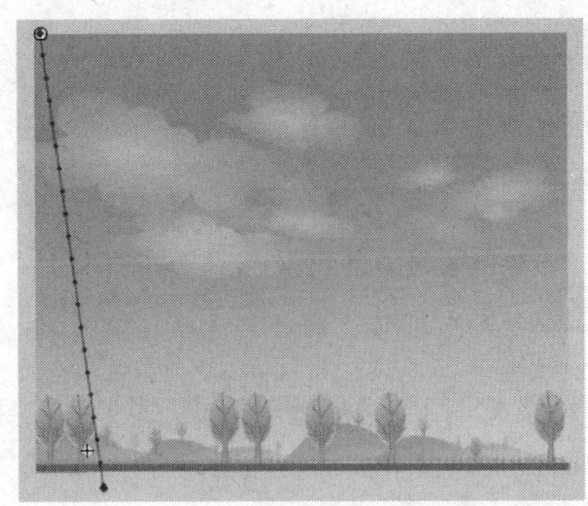

图 5-3　添加下雨动画

**04** 选择第“1”帧上的元件“Rain”，打开“属性”面板中的“色彩效果”面板，将“样式”设为“Alpha”，“值”为“45%”。

**05** 在“时间轴”控制面板上将“图层 1”重命名为“slow”，单击“补间动画”，单击鼠标右键选择快捷菜单中的“复制帧”命令。新建“图层 2”，单击鼠标右键选择快捷菜单中的“粘贴帧”命令。锁定图层“slow”，将“图层 2”重命名为“medium”，如图 5-4 所示，拖拽动画补间的右侧结束帧到第“45”帧。

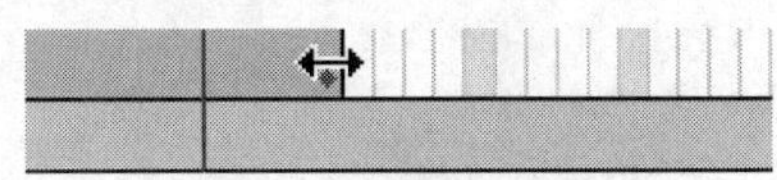

图 5-4　调整动画时间

**06** 在“时间轴”控制面板上打开“编辑多个帧”按钮，将时间滑块拨到第“45”帧，全选舞台上的元件，将其向左侧移动一小段距离。关闭“编辑多个帧”按钮，选择第“1”帧，在舞台上选择元件“Rain”，在“属性”面板中将“样式”的“Alpha”的“值”设为“25%”。

**07** 同样的方法，在“时间轴”控制面板上锁定图层“medium”。新建“图层 3”，单击鼠标右键选择快捷菜单中的“粘贴帧”命令。将“图层 3”重命名为“fast”，拖拽动画补间的右侧结束帧到第“20”帧。

**08** 打开“编辑多个帧”按钮，将时间滑块拨到第“20”帧，全选舞台上的元件，将其向左侧移动一小段距离，关闭“编辑多个帧”按钮。选择第“1”帧，在舞台上选择元件“Rain”，在“属性”面板将“样式”的“Alpha”的“值”设为“50%”。

**09** 分别选择各动画补间，在“动画编辑器”中对动画曲线略作调整。

**10** 当动画调整好以后，在“时间轴”面板上选择图层“slow”上的动画补间，在“属性”面板将其“实例名称”设为“slow”，如图 5-5 所示。

**11** 在“时间轴”面板上选择图层“medium”上的动画补间，在“属性”面板上将其“实例名称”设为“medium”，如图 5-6 所示。

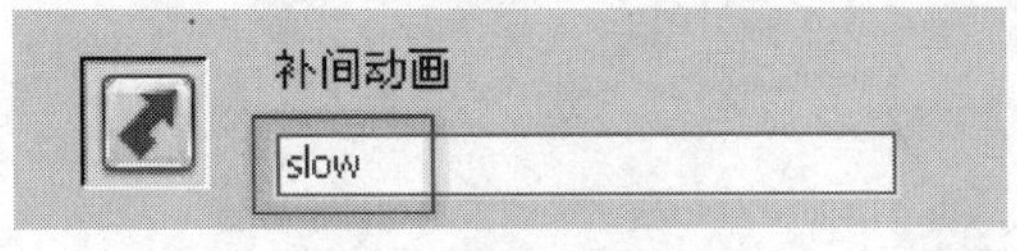


图 5-5　设置实例名称

图 5-6　设置实例名称

**12** 在“时间轴”面板上选择图层“fast”上的动画补间，在“属性”面板将其“实例名称”设为“fast”，如图 5-7 所示。

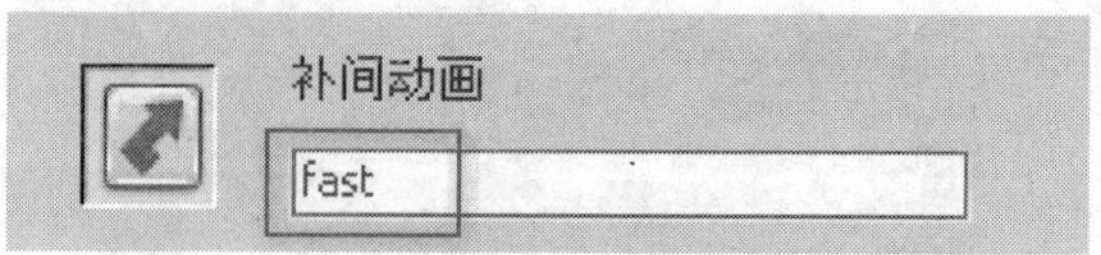


图 5-7　设置实例名称

## 步骤四：添加脚本语言

**01** 在“编辑栏”上单击“场景 1”回到场景编辑模式，从“库”中拖拽元件“rain_m”到舞台左上角。在“属性”面板上设置“实例名称”为“myClip”，如图 5-8 所示。

**02** 在“库”面板上选择元件“Rain”，单击鼠标右键选择快捷菜单中的“属性”命令。在弹出的“元件属性”对话框中打开“高级属性”。勾选“链接”面板下的“为 ActionScript 导出”和“在第 1 帧中导出”，设置“类”为“Rain”，如图 5-9 所示，单击“确定”按钮。

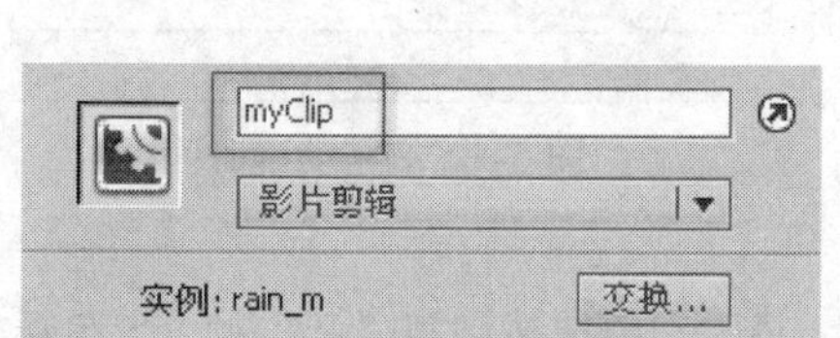


图 5-8　设置实例名称

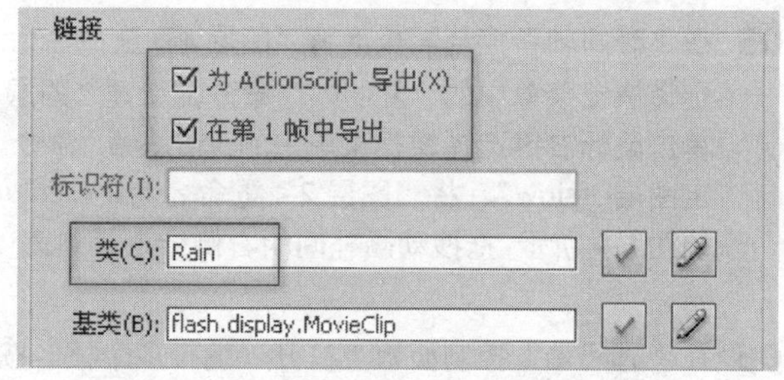


图 5-9　设置高级属性

**03** 在“时间轴”控制面板上新建图层“action”，在第“1”帧单击鼠标右键选择快捷菜单中的“动作”命令，在弹出的“动作”对话框中输入如下代码：

```
const NUM_SYMBOLS:uint = 200;

var symbolsArray:Array = [];
var idx:uint;
var drop:Rain;

for (idx = 0; idx < NUM_SYMBOLS; idx++) {
    drop = new Rain();
    addChild(drop);
    symbolsArray.push(drop);
    setTimeout(randomInterval, int(Math.random() * 10000), drop);
}

function randomInterval(target:Rain):void {
    target.x = Math.random()* 720-50;
    target.y = -Math.random() * 200;

    var ranScale:Number = Math.random() * 3;
    target.scaleX = ranScale;
     target.scaleY = ranScale;

    var tween:String;
    if (ranScale < 1) {
        tween = "slow";
```

```
    } else if (ranScale < 2) {
        tween = "medium";

    } else {
        tween = "fast";

    }
    myClip[tween].addTarget(target);
}
```

这时按 Ctrl+Enter 键就能看到乌云密布的天空，小雨开始下啦！

本例到这里结束，是不是挺有趣的！

## 实例 78

# 海光特效

图 5-10　实例 78：海光特效

本例主要介绍如何用 AS 营造柔和浪漫的海底之光。

**提示：**

在这个例子里（如图 5-10 所示），你会学到利用 ActionScript 模拟光影。

### 步骤一：创建文件

**01** 打开 Adobe Flash Professional CS5，选择“新建”面板下的“ActionScript 3.0”选项，新建一个 Flash 工程文件。

**02** 在“属性”面板上单击“编辑”按钮，在弹出的“文档设置”面板中将“尺寸”设为“320 像素”×“240 像素”，“背景颜色”设为“#0033cc”，“帧频”设为“30.00”，单击“确定”按钮。

**03** 按 Ctrl+S 键保存文件为“WterLightEffect.fla”。

### 步骤二：制作背景

**01** 选择“文件”|“导入”|“导入到舞台”命令，从外部导入“bg.jpg”图片，如图 5-11 所示。

**02** 在“属性”面板上将“bg.jpg”的“X”为“0”,“Y”为“0”。在“时间轴”控制面板上将“图层 1”重命名为“bg”。

图 5-11　导入图片 bg.jpg

**03** 锁定图层“bg”，新建图层并重命名为“light”。按 Ctrl+F8 键新建元件，将其“名称”设为“waterEffect”，“类型”设为“影片剪辑”。

**04** 单击“编辑栏”上的“场景 1”，回到场景编辑模式。从“库”中拖拽元件“waterEffect”到舞台的左上角处，在“属性”面板上将“X”设为“0”，“Y”设为“0”。如图 5-12 所示，将其“实例名称”设为“waterEffectClip”。

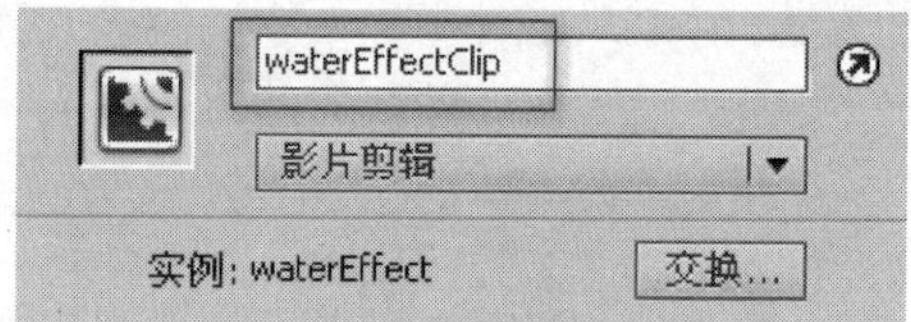


图 5-12 设置实例名称

## 步骤三：制作AS类文件

**01** 选择“文件”|“新建”命令，在弹出的“新建文档”窗口选择“ActionScipt 3.0 类”选项。

**02** 在弹出的“创建 ActionScript 3.0 类”的对话框中，将“类名称”设置为“Filter”，如图 5-13 所示，单击“确定”按钮。

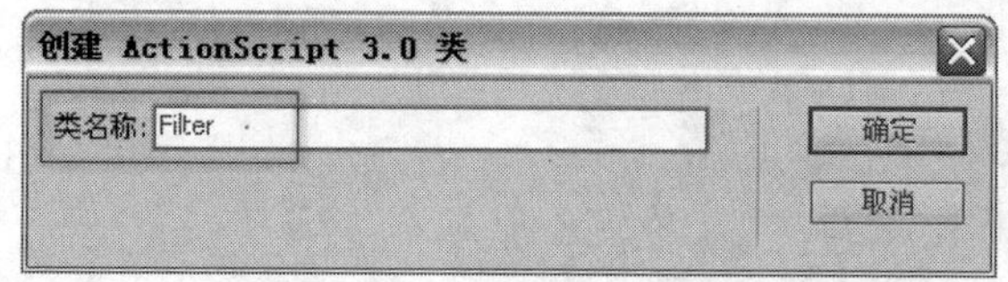


图 5-13 新建类文件

**03** 在打开的输入窗口中输入如下代码：

```
package{
  import flash.display.*;
  import flash.geom.*;
  import flash.filters.*;

  public class Filter
  {
    static public function twirlFilter(source:BitmapData, region:Rectangle=null,
                                       rotation:Number=0):DisplacementMapFilter
    {
      var width:int = source.width;
      var height:int = source.height;
      region ||= new Rectangle(0, 0, width, height);
      rotation ||= Math.PI / 2;
      var dbmd:BitmapData = new BitmapData(width, height, false, 0x8080);
      var radius:Number = Math.min(region.width, region.height) / 2;
      var centerX:int = region.x + region.width / 2;
      var centerY:int = region.y + region.height / 2;
      for(var y:int=0;y<height;++y) {
        var ycoord:int = y -centerY;
        for(var x:int=0;x<width;++x) {
          var xcoord:int = x -centerX;
          var dr:Number = radius -Math.sqrt(xcoord * xcoord + ycoord * ycoord);
          if(dr > 0) {
            var angle:Number = dr / radius * rotation;
            var dx:Number = xcoord * Math.cos(angle) -ycoord * Math.sin(angle) -xcoord;
            var dy:Number = xcoord * Math.sin(angle) + ycoord * Math.cos(angle) -ycoord;
            var blue:int = 0x80 + Math.round(dx / width * 0xff);
            var green:int = 0x80 + Math.round(dy / height * 0xff);
            dbmd.setPixel(x, y, green << 08 | blue);
          }
        }
```

```
    }
    return new DisplacementMapFilter(dbmd,
                                      new Point(0, 0),
                                      BitmapDataChannel.BLUE,
                                      BitmapDataChannel.GREEN,
                                      width,
                                      height,
                                      DisplacementMapFilterMode.IGNORE);
  }
  static public function mirror(source:BitmapData):BitmapData
  {
    var bmd:BitmapData = new BitmapData(source.width, source.height, false);
    var halfWidth:int = Math.round(source.width / 2);
    source.lock();
    bmd.copyPixels(source, new Rectangle(0, 0, halfWidth, source.height), new
    Point(0,0));
    for(var i:int=0;i<source.height;++i) {
      for(var j:int=0;j<halfWidth;++j) {
        bmd.setPixel32(halfWidth + j, i, source.getPixel32(halfWidth -j, i));
      }
    }
    source.unlock();
    return bmd;
  }
  static public function pinchFilter(source:BitmapData, region:Rectangle=null,
                                     amount:Number=0.35):DisplacementMapFilter
  {
    var width:int = source.width;
    var height:int = source.height;
    region ||= new Rectangle(0, 0, width, height);
    var radius:Number = Math.min(region.width, region.height) / 2;
    var centerX:int = region.x + region.width / 2;
    var centerY:int = region.y + region.height / 2;
    var dbmd:BitmapData = new BitmapData(width, height, false, 0x8080);
    for(var y:int=0;y<height;++y) {
      var ycoord:int = y -centerY;
      for(var x:int=0;x<width;++x) {
        var xcoord:int = x -centerX;
        var d:Number = Math.sqrt(xcoord * xcoord + ycoord * ycoord);
        if(d < radius) {
          var t:Number = d == 0 ? 0 : Math.pow(Math.sin(Math.PI / 02 * d / radius),
          -amount);
          var dx:Number = xcoord * (t -1) / width;
          var dy:Number = ycoord * (t -1) / height;
          var blue:int = 0x80 + dx * 0xff;
          var green:int = 0x80 + dy * 0xff;
          dbmd.setPixel(x, y, green << 08     | blue);
        }
      }
    }
    return new DisplacementMapFilter(dbmd,
                                      new Point(0, 0),
                                      BitmapDataChannel.BLUE,
                                      BitmapDataChannel.GREEN,
                                      width,
                                      height,
                                      DisplacementMapFilterMode.CLAMP);
  }
static public function specialPinchFilter(source:BitmapData,_nwidth:Number,
_nheight:Number,_centerX:Number,_centerY:Number,_newRadius:Number, region:
Rectangle=null, amount:Number=0.35):DisplacementMapFilter
```

```
{
  var width:int = _nwidth
  var height:int = _nheight
  region ||= new Rectangle(0, 0, width, height);
  var radius:Number = _newRadius
  var centerX:int = _centerX
  var centerY:int = _centerY;
  var dbmd:BitmapData = new BitmapData(width, height, false, 0x8080);
  for(var y:int=0;y<height;++y) {
    var ycoord:int = y -centerY;
    for(var x:int=0;x<width;++x) {
      var xcoord:int = x -centerX;
      var d:Number = Math.sqrt(xcoord * xcoord + ycoord * ycoord);
      if(d < radius) {
        var t:Number = d == 0 ? 0 : Math.pow(Math.sin(Math.PI / 02 * d / radius),
        -amount);
        var dx:Number = xcoord * (t -1) / width;
        var dy:Number = ycoord * (t -1) / height;
        var blue:int = 0x80 + dx * 0xff;
        var green:int = 0x80 + dy * 0xff;
        dbmd.setPixel(x, y, green << 08     | blue);
      }
    }
  }
  return new DisplacementMapFilter(dbmd,
                                   new Point(0, 0),
                                   BitmapDataChannel.BLUE,
                                   BitmapDataChannel.GREEN,
                                   width,
                                   height,
                                   DisplacementMapFilterMode.CLAMP);
}
static public function photicTunnelFilter(source:BitmapData, region:Rectangle
=null):DisplacementMapFilter
{
  var width:int = source.width;
  var height:int = source.height;
  region ||= new Rectangle(0, 0, width, height);
  var centerX:int = region.x + region.width / 2;
  var centerY:int = region.y + region.height / 2;
  var dbmd:BitmapData = new BitmapData(width, height, false, 0x8080);
  var radius:Number = Math.min(region.width, region.height) / 2;
  for(var y:int=0;y<height;++y) {
    var ycoord:int = y -centerY;
    for(var x:int=0;x<width;++x) {
      var xcoord:int = x -centerX;
      var d:Number = Math.sqrt(xcoord * xcoord + ycoord * ycoord);
      if(radius < d) {
        var angle:Number = Math.atan2(Math.abs(ycoord), Math.abs(xcoord));
        var dx:Number = (xcoord > 0? -01 : 1) * (d -radius) * Math.cos(angle)
        / width;
        var dy:Number = (ycoord > 0? -01 : 1) * (d -radius) * Math.sin
        (angle) / height;
        var blue:int = 0x80 + dx * 0xff;
        var green:int = 0x80 + dy * 0xff;
        dbmd.setPixel(x, y, green << 08     | blue);
      }
    }
  }
  return new DisplacementMapFilter(dbmd,
                                   new Point(0, 0),
```

```
                                BitmapDataChannel.BLUE,
                                BitmapDataChannel.GREEN,
                                width,
                                height,
                                DisplacementMapFilterMode.CLAMP);
}
static public function bulgeFilter(source:BitmapData, region:Rectangle=null,
                          amount:Number=0.5):DisplacementMapFilter
{
  return pinchFilter(source, region, Math.min(-amount, -1));
}
static public function squeezeFilter(source:BitmapData, region:Rectangle=null,
                          amount:Number=0.5):DisplacementMapFilter
{
  return pinchFilter(source, region, amount);
}
static public function fisheyeFilter(source:BitmapData, amount:Number=0.8):
DisplacementMapFilter
{
  var width:int = source.width;
  var height:int = source.height;
  var dbmd:BitmapData = new BitmapData(width, height, false, 0x8080);
  var centerX:int = width / 2;
  var centerY:int = height / 2;
  var radius:Number = Math.sqrt(Math.pow(width, 2) + Math.pow(height, 2));
  for(var y:int=0;y<height;++y) {
    var ycoord:int = y -centerY;
    for(var x:int=0;x<width;++x) {
      var xcoord:int = x -centerX;
      var d:Number = Math.sqrt(xcoord * xcoord + ycoord * ycoord);
      if(d < radius) {
        var t:Number = d == 0 ? 0 : Math.pow(Math.sin(Math.PI / 02 * d /
        radius), amount);
        var dx:Number = xcoord * (t -1) / width;
        var dy:Number = ycoord * (t -1) / height;
        var blue:int = 0x80 + dx * 0xff;
        var green:int = 0x80 + dy * 0xff;
        dbmd.setPixel(x, y, green << 08     | blue);
      }
    }
  }
  return new DisplacementMapFilter(dbmd,
                                 new Point(0, 0),
                                 BitmapDataChannel.BLUE,
                                 BitmapDataChannel.GREEN,
                                 width,
                                 height,
                                 DisplacementMapFilterMode.CLAMP);
}
static public function strechFilter(source:BitmapData, amount:Number=0.6):
DisplacementMapFilter
{
  var width:int = source.width;
  var height:int = source.height;
  var dbmd:BitmapData = new BitmapData(width, height, false, 0x8080);
  var centerX:int = width / 2;
  var centerY:int = height / 2;
  var vregion:Rectangle = new Rectangle(0, 0 , width / 3, height);
  var hregion:Rectangle = new Rectangle(0, 0, width, height / 3);
  var blue:int;
  var green:int;
```

```
        for(var y:int=0;y<height;++y) {
          var ycoord:int = y -centerY;
          for(var x:int=0;x<width;++x) {
            var xcoord:int = x -centerX;
            var dx:int = (Math.abs(xcoord) < vregion.width)?
              xcoord * (Math.pow(Math.abs(xcoord) / vregion.width, amount) -1) : 0x0;
            var dy:int = (Math.abs(ycoord) < hregion.height)?
              ycoord * (Math.pow(Math.abs(ycoord) / hregion.height, amount) -1) : 0x0;
            blue = 0x80 + 0xff * dx / width;
            green = 0x80 + 0xff * dy / height;
            dbmd.setPixel(x, y, green << 08         | blue);
          }
        }
        return new DisplacementMapFilter(dbmd,
                                         new Point(0, 0),
                                         BitmapDataChannel.BLUE,
                                         BitmapDataChannel.GREEN,
                                         width,
                                         height,
                                         DisplacementMapFilterMode.CLAMP);
      }
    }
  }
```

**04** 按 Ctrl+S 键保存文件，将其与“WterLightEffect.fla”存放在同一目录下，存为“Filter.as”。

**05** 再次选择“文件” | “新建”命令，在弹出的“新建文档”窗口选择“ActionScript 3.0 类”选项。

**06** 在弹出的“创建 ActionScript 3.0 类”的对话框中将“类名称”设置为“WaterEffectClass”，如图 5-14 所示，单击“确定”按钮。

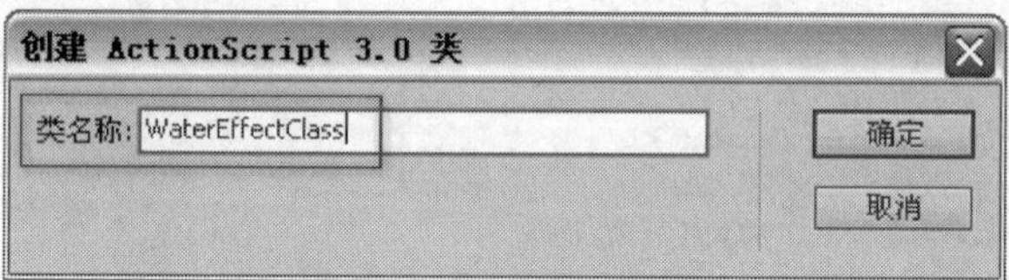


图 5-14　新建类文件

**07** 在打开的输入窗口中输入如下代码：

```
package {
    import flash.display.*;
    import flash.events.Event;
    import flash.geom.*;
    import Filter
    import flash.filters.DisplacementMapFilter;
    public class WaterEffectClass extends MovieClip {
        private var xSize:int = 100
        private var ySize:int =70
        public function WaterEffectClass ():void {
        }
        public function init(_xSize:Number, _ySize:Number):void {
            xSize = _xSize
            ySize =_ySize
            running = false
            bitmapDataRef = new BitmapData(xSize, ySize, false, 0x00FF0000);
            bitmapRef = new Bitmap(bitmapDataRef);

            renderBitmapDataRef = new BitmapData(xSize, ySize, false, 0x00FF0000);
```

```
        renderBitmapRef = new Bitmap(renderBitmapDataRef,"auto",true);

        bitmapDataRef = new BitmapData(xSize, ySize, false, 0x00FF0000);
        bitmapRef = new Bitmap(bitmapDataRef);
        holder = new Sprite()
        renderBitmapRef.blendMode = BlendMode.OVERLAY
        renderBitmapRef.alpha = .3
        holder.addChild(renderBitmapRef)
        addChild(holder)
    }
    private var holder:Sprite
    public function loop (e:Event) {

        water_offset0.y -=1
        water_offset1.x +=.1
        renderBitmapDataRef.perlinNoise(10, 40,2, 1, false, true, 7, true,
        [water_offset0, water_offset1]);

        offset0.y +=2;
        offset1.y=+2;
        offset2.y -= 2;
        var filter:DisplacementMapFilter = Filter.specialPinchFilter(render-
        BitmapDataRef,xSize,ySize,xSize/2,-ySize/5,xSize*.9,null,.85)
        renderBitmapDataRef.applyFilter(renderBitmapDataRef, renderBitmap-
        DataRef.rect, new Point(0,0) , filter)
    }

    public function startEffect():void {
        addEventListener(Event.ENTER_FRAME,loop)
    }
    public function stopEffect():void {
        removeEventListener(Event.ENTER_FRAME,loop)
    }
    private var renderBitmapDataRef:BitmapData;
    private var bitmapDataRef:BitmapData;
    private var bitmapRef:Bitmap;
    private var renderBitmapRef:Bitmap;
    private var mapPoint:Point = new Point(0, 0);
    private var componentX:Number = 1;
    private var componentY:Number = 1;
    private var scaleXFactor:Number = 100;
    private var scaleYFactor:Number = 100;
    private var modeVal:String = "wrap";
    private var colorVal:uint = 0x000000;
    private var alphaVal:uint = 0x000000;
    private var offset0:Point = new Point(0,10);
    private var offset1:Point = new Point(0, 10);
    private var offset2:Point = new Point(0, 10);

    private var water_offset0:Point = new Point(0,10);
    private var water_offset1:Point = new Point(0, 10);
    private var water_offset2:Point = new Point(0, 10);

    public var running:Boolean
  }
}
```

**08** 按 Ctrl+S 键保存文件，将其与“WterLightEffect.fla”存放在同一目录下，存为“WaterEffectClass.as”。

## 步骤四：添加 AS

**01** 切换到“WterLightEffect.fla”，在“库”面板中选择元件“waterEffect”，单击鼠标右键选择快捷菜单中的“属性”命令。在弹出的“元件属性”面板中打开“高级属性”。在“链接”面板上勾选“为 ActionScript 导出”，将“类”设为“waterEffect”，“基类”设为“WaterEffectClass”（即调用我们刚才编写的“WaterEffectClass.as”），如图 5-15 所示，单击“确定”按钮。

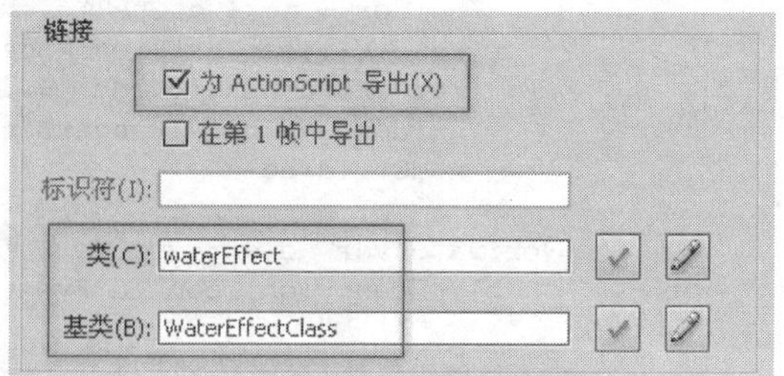


图 5-15　设置链接属性

**02** 在“时间轴”面板上选择新建图层“actions”，选择第“1”帧，单击鼠标右键选择快捷菜单中的“动作”命令，在弹出的“动作”面板中输入如下代码：

```
stop();
waterEffectClip.init(160,120);
waterEffectClip.startEffect();
waterEffectClip.scaleX = waterEffectClip.scaleY = 2;
```

这时按 Ctrl+Enter 键就能看到海水上方折射出来了柔和而浪漫的光影效果啦！

本例到这里结束，你喜欢这个特效吗？

## 实例 79

# 老电影特效

图 5-16　实例 79：老电影特效

这是一个经典的怀旧风格特效，可以反复使用的实例哦！

**提示：**

在这个例子里（如图 5-16 所示），你会学到“关键帧动画”模拟老电影效果。

## 步骤一：创建文件

**01** 打开 Adobe Flash Professional CS5，选择“新建”面板下的“ActionScript 3.0”选项，新建一个 Flash 工程文件。

**02** 在“属性”面板上单击“编辑”按钮，在弹出的“文档设置”面板中将“尺寸”设为“800 像素”×“250 像素”，“背景颜色”设为“#000000”，“帧频”设为“36.00”，单击“确定”按钮。

## 步骤二：制作颗粒

**01** 选择“文件”|“导入”|“导入到舞台”命令，从外部导入“bg.jpg”图片，如图5-17所示。

**02** 在“属性”面板上将“bg.jpg”的“X”设为“0”，“Y”设为“0”。按F8键将其转换为元件，将“名称”设置为“bg”，“类型”设置为“影片剪辑”。在“时间轴”控制面板上将“图层1”重命名为“bg”。

**03** 关掉图层“bg”，新建图层并重命名为“wen”。选择“工具”面板上的“铅笔工具”，在“属性”面板上调整“笔触颜色”为“白色”，在“颜色”面板上调整“笔触颜色”的“Alpha”值为“15%”，在舞台上画出若干的小线条，如图5-18所示。

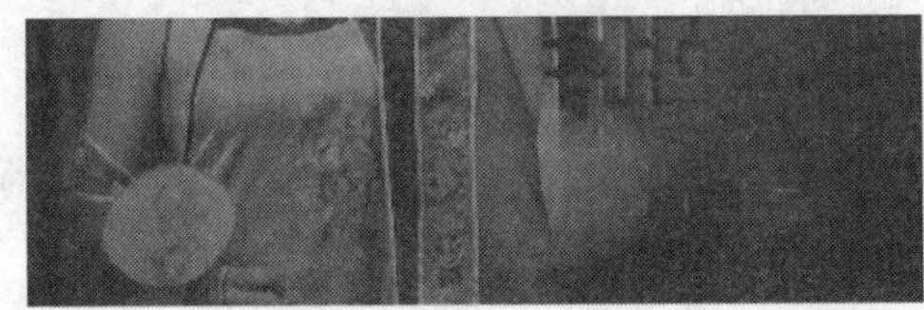

图5-17 导入图片bg.jpg

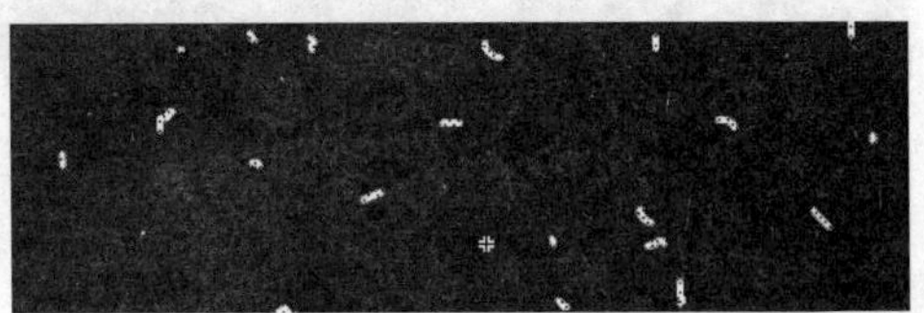

图5-18 绘制小细线

**04** 按Ctrl+A键全选所有画好的线，按F8键将其转换为元件，将“名称”设置为“wen”，“类型”设置为“影片剪辑”。双击元件“wen”，进入元件“wen”的编辑模式。

**05** 在“时间轴”控制面板上选择图层1的第“2”帧，按F7键添加空白关键帧，使用“工具”面板的“铅笔工具”继续绘制颗粒即小线条。

**06** 继续用同样的方法画出颗粒效果，如图5-19所示分别为第“4”、“8”、“9”、“16”、“28”帧的效果，一直画到第“30”帧。

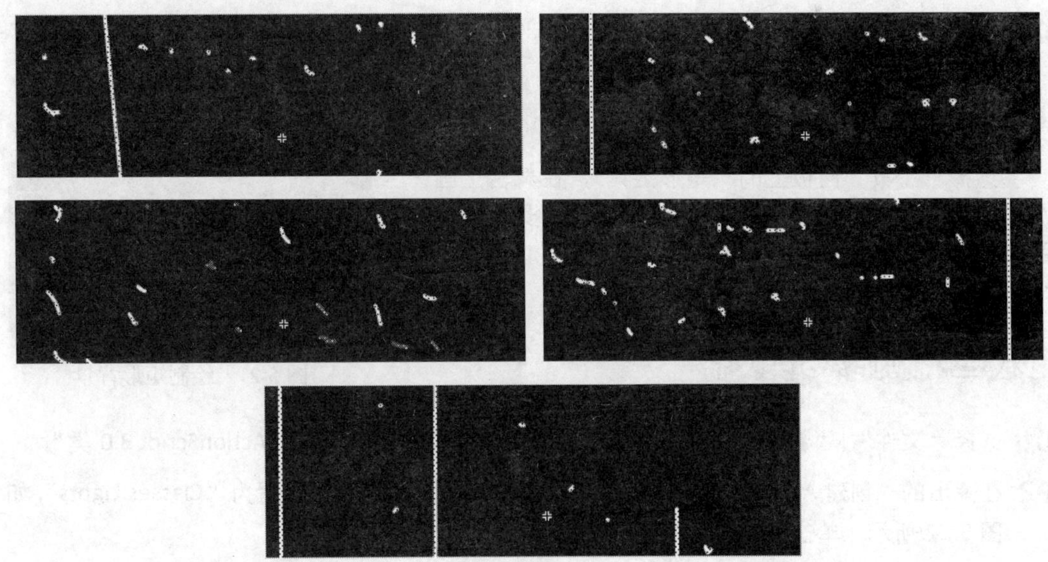

图5-19 第“4”、“8”、“9”、“16”、“28”帧的效果

**07** 单击“编辑栏”上的“场景1”回到“场景”编辑模式。在“时间轴”控制面板上打开图层“bg”。

这时按Ctrl+Enter键就能看到老电影的颗粒闪烁的效果啦！

本例到这里结束，做好一次就能反复使用啦！

## 实例 80

# 背景特效

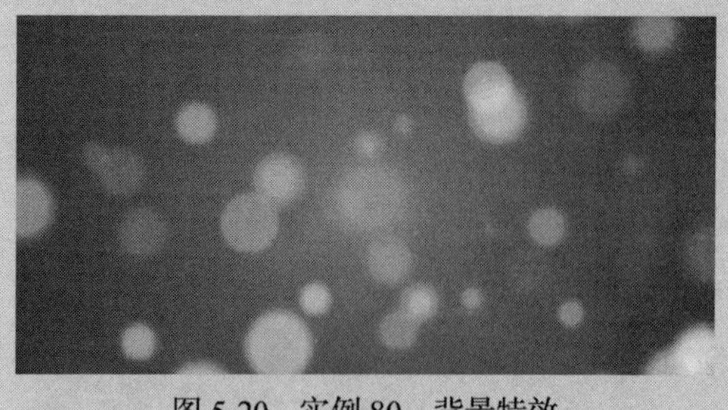
图 5-20　实例 80：背景特效

不管你将这个特效用在哪里，都能使你的 flash 电影变得更唯美。

**提示：**

在这个例子里（如图 5-20 所示），你会学到利用 ActionScript 制作动画背景。

## 步骤一：创建文件

**01** 打开 Adobe Flash Professional CS5，选择“新建”面板下的“ActionScript 3.0”选项，新建一个 Flash 工程文件。

**02** 在“属性”面板上单击“编辑”按钮，在弹出的“文档设置”面板中将“尺寸”设为“600 像素”×“300 像素”，“背景颜色”设为“#FFFFFF”，“帧频”设为“25.00”，单击“确定”按钮。

**03** 按 Ctrl+S 键保存文件为“bgBlur.fla”。

**04** 在“bgBlur.fla”的同目录下，新建文件夹“Classes”用来放置 as 类文件。

## 步骤二：制作背景

选择“工具”面板上的“矩形工具”，在舞台上画一个“600”×“300”的矩形，将其用来作为背景颜色，如图 5-21 所示。在“颜色”面板将“笔触颜色”设为“无”，“填充颜色”为“蓝色”渐变色。

图 5-21　绘制矩形背景

## 步骤三：制作 AS 类文件

**01** 选择“文件”|“新建”命令，在弹出的“新建文档”窗口选择“ActionScript 3.0 类”。

**02** 在弹出的“创建 ActionScript 3.0 类”的对话框中将“类名称”设置为“Classes.Lights”，如图 5-22 所示，单击“确定”按钮。

图 5-22　新建类文件

**03** 在打开的输入窗口输入如下代码：

```
package Classes
{
    import flash.display.MovieClip;
    import flash.filters.BitmapFilter;
    import flash.filters.BlurFilter;
    import flash.events.Event;

    public class Lights extends MovieClip
    {
        private var lightsNumber:int;
        private var xSpeed:int;
        private var ySpeed:int;
        private var lightsDir:String;
        private var areaW:int;
        private var areaH:int;
        private var lights:Array = new Array();

        public function init(areaWidth:int, areaHeight:int, numberOfLights:int,
        lightSize:int, lightColor:uint, minimumScale:Number, hSpeed:int, vSpeed:
        int, dir:String, quality:int):void
        {
            areaW = areaWidth;
            areaH = areaHeight;
            lightsNumber = numberOfLights;
            lightsDir = dir;
            for (var i:int = 0; i < numberOfLights; i++)
            {
                var light:MovieClip = new MovieClip();
                xSpeed = Math.floor((Math.random() * (hSpeed --hSpeed + 1)) +
                -hSpeed);
                ySpeed = Math.round((Math.random() * vSpeed) + 0.5);
                light.xSpeed = xSpeed;
                light.ySpeed = ySpeed;
                light.graphics.beginFill(lightColor);
                light.graphics.drawCircle(0, 0, lightSize / 2);
                light.graphics.endFill();
                light.x = Math.floor(Math.random() * areaWidth);
                light.y = Math.floor(Math.random() * areaHeight);

                var b:int = Math.floor(Math.random() * 10) + 5;

                var blur:BitmapFilter = new BlurFilter(b,b,quality);

                var filterArray:Array = new Array(blur);

                light.filters = filterArray;
                light.alpha = Math.random() * 0.06      + 0.1;
                light.scaleX = Math.round(((Math.random() * (01-minimumScale))
                + minimumScale) * 100) / 100;
                light.scaleY = light.scaleX;

                addChild(light);

                lights.push(light);
                checkDirection();
            }
        }
        private function checkDirection():void
        {
            for (var i:int = 0; i < lights.length; i++)
            {
                switch ( lightsDir )
                {
```

```
                case "up" :
                    lights[i].addEventListener(Event.ENTER_FRAME, moveUp);
                    break;
                case "down" :
                    lights[i].addEventListener(Event.ENTER_FRAME, moveDown);
                    break;
                case "right" :
                    lights[i].addEventListener(Event.ENTER_FRAME, moveRight);
                    break;
                case "left" :
                    lights[i].addEventListener(Event.ENTER_FRAME, moveLeft);
                    break;
                default :
            }
        }
    }
    private function moveUp(e:Event):void
    {
        e.target.x += e.target.xSpeed;
        e.target.y-=e.target.ySpeed;
        if (e.target.y + (e.target.height / 2) < 0)
        {
            e.target.y = areaH + (e.target.height / 2);
            e.target.x=Math.floor(Math.random()*areaW);
        }
        if ((e.target.x + e.target.width / 2) < 0 || (e.target.x -e.target.
        width / 2) > areaW)
        {
            e.target.y = areaH + (e.target.height / 2);
            e.target.x=Math.floor(Math.random()*areaW);
        }
    }
    private function moveDown(e:Event):void
    {
        e.target.x+=e.target.xSpeed;
        e.target.y+=e.target.ySpeed;

        if (e.target.y -(e.target.height / 2) > areaH)
        {
            e.target.y = 0 -(e.target.height / 2);
            e.target.x=Math.floor(Math.random()*areaW);
        }
        if ((e.target.x + e.target.width / 2) < 0 || (e.target.x -e.target.
        width / 2) > areaW)
        {
            e.target.y = areaH + (e.target.height / 2);
            e.target.x=Math.floor(Math.random()*areaW);
        }
    }

    private function moveRight(e:Event):void
    {
        e.target.x+=e.target.ySpeed;
        e.target.y+=e.target.xSpeed;

        if (e.target.y -(e.target.height / 2) > areaH || e.target.y +
        (e.target.height / 2) < 0)
        {
            e.target.x = 0 -(e.target.height / 2);
            e.target.y = Math.floor(Math.random()*areaH);
        }
        if ((e.target.x -e.target.width / 2) > areaW)
        {
            e.target.x = 0 -(e.target.height / 2);
            e.target.y = Math.floor(Math.random()*areaW);
```

```
            }
        }

        private function moveLeft(e:Event):void
        {
            e.target.x-=e.target.ySpeed;
            e.target.y-=e.target.xSpeed;

            if (e.target.y -(e.target.height / 2) > areaH || e.target.y +
            (e.target.height / 2) < 0)
            {
                e.target.x = areaW + (e.target.width / 2);
                e.target.y=Math.floor(Math.random()*areaH);
            }

            if ((e.target.x + e.target.width / 2) < 0)
            {
                e.target.x = areaW + (e.target.width / 2);
                e.target.y=Math.floor(Math.random()*areaW);
            }
        }
    }
}
```

**04** 按 Ctrl+S 键保存文件，将其存放在文件夹“Classes”目录下，文件名存为“Lights.as”。

### 步骤四：添加 AS

切换到“bgBlur.fla”，在“时间轴”面板上将“图层 1”重命名为“bg”。新建图层“actions”，选择第“1”帧，单击鼠标右键选择快捷菜单中的“动作”命令，在弹出的“动作”面板中输入如下代码：

```
import Classes.Lights;
var light:Lights = new Lights();
light.init(600, 300, 40, 60, 0xFFFFFF, 0.3, 3, 3, "up", 2);
addChild(light);
```

这时按 Ctrl+Enter 键就能背景动画的效果啦！

本例到这里结束。你可以把它加到你的影片中看看效果。

## 实例 81

## 转场特效

图 5-23　实例 81：转场特效

转场是动画中经常遇到的问题，虽然在电影领域针对转场有各种各样的蒙太奇手法，但是在 Flash 领域，模糊转场是最常用到的。

**提示：**

在这个例子里（如图 5-23 所示），你会学到利用 mpx 组件快速生成专业级转场特效。

## 步骤一：安装 MXP

**01** 打开 Adobe Extension Manage CS5 的软件，单击右上角的“安装”，在弹出的“选取要安装的扩展”窗口选择“BlurEffectAS3.mxp”（这个 mxp 是从 InterNet 上下载的免费资源）。

**02** 安装完成后如图 5-24 所示。

图 5-24　安装“BlurEffectAS3.mxp”

## 步骤二：创建文件

**01** 打开 Adobe Flash Professional CS5，选择“新建”面板下的“ActionScript 3.0”选项，新建一个 Flash 工程文件。

**02** 在“属性”面板上单击“编辑”按钮，在弹出的“文档设置”面板中将“尺寸”设为“423 像素”×“312 像素”，“背景颜色”设为“#ffffff”，“帧频”设为“25.00”，单击“确定”按钮。

**03** 按 Ctrl+S 键保存文件为“trans.fla”。

**04** 使用 Photoshop 处理几张和舞台尺寸同样大小的图片，分别将其保存为“tu1.jpg”、“tu2.jpg”、“tu3.jpg”，如图 5-25 所示。

图 5-25　准备素材图片

## 步骤三：制作元件

**01** 选择“文件”|“导入”|“导入到舞台”命令，从外部导入图片“tu1.jpg”、“tu2.jpg”、“tu3.jpg”。单击鼠标右键选择快捷菜单中的“分散到图层”命令，将 3 张图片分到 3 个不同的图层中。

**02** 在“时间轴”控制面板上选择图层“tu1.jpg”，将其重命名为“image1”。选择图层“tu2.jpg”，将其重命名为“image2”。选择图层“tu3.jpg”，将其重命名为“image3”。然后删除多余的图层。

**03** 关掉图层“image2”和“image3”，在舞台上选择图片“tu1.jpg”，按 F8 键将其转换为元件，将其“名称”设为“img1_mc”，“类型”设为“影片剪辑”。

**04** 选择元件“img1_mc”，在“属性”面板上将其“实例名称”设为“img1”，如图 5-26 所示。

**05** 同样的方法，在“时间轴”控制面板上关掉图层“image1”，打开“image2”，选择图片“tu2.jpg”，按 F8 键将其转换为元件，将其“名称”设为“img2_mc”，“类型”设为“影片剪辑”。

**06** 选择元件“img2_mc”，在“属性”面板上将其“实例名称”设为“img2”，如图 5-27 所示。

图 5-26 设置实例名称

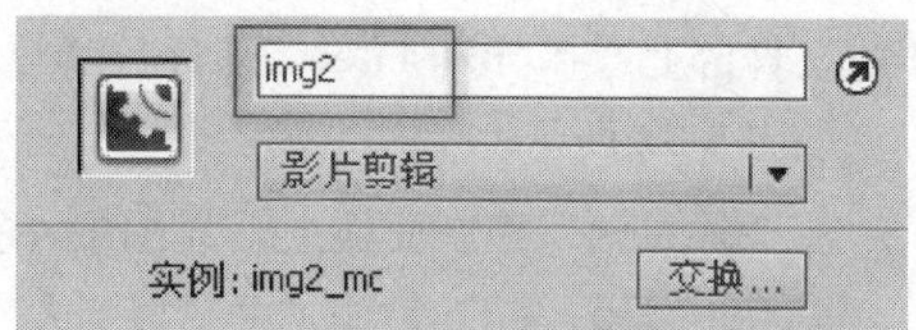


图 5-27 设置实例名称

**07** 在“时间轴”控制面板上关掉图层“image2”，打开“image3”，选择图片“tu3.jpg”，按 F8 键将其转换为元件，将其“名称”设为“img3_mc”，“类型”设为“影片剪辑”。

**08** 选择元件“img3_mc”，在“属性”面板上将其“实例名称”设为“img3”，如图 5-28 所示。

**09** 在“库”面板中选择元件“img1_mc”，单击鼠标右键选择快捷菜单中的“属性”命令。在弹出的“元件属性”对话框中打开“高级属性”，勾选“链接”面板下的“为 ActionScript 导出”和“在第 1 帧中导出”，将“类”设为“img1_mc”，如图 5-29 所示，单击“确定”按钮。

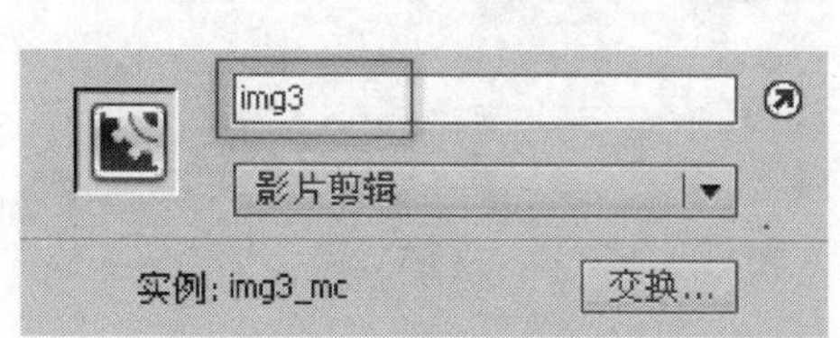


图 5-28 设置实例名称

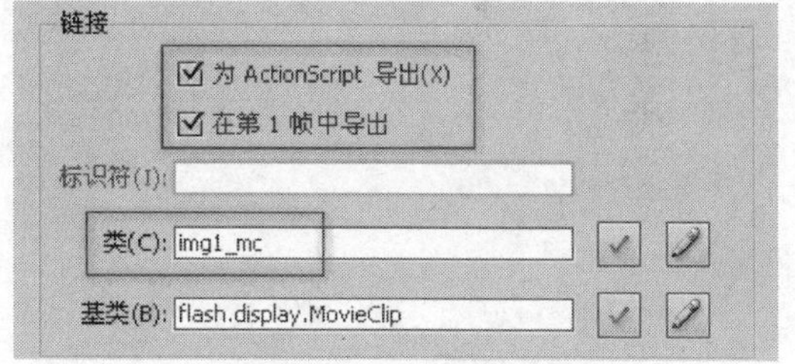


图 5-29 设置链接属性

**10** 同样的方法，分别将元件“img2_mc”的“链接名称”设为“img2_mc”，元件“img3_mc”的“链接名称”设为“img3_mc”。

## 步骤四：使用 mxp

**01** 在“时间轴”控制面板上打开所有图层，并选择所有图层的第“299”帧，按 F5 键添加帧。新建图层并重命名为“f1”，这个图层用来放置第一个转场。

**02** 打开“组件”面板，如图 5-30 所示，“组件”面板中会增加了一个新的“flash-filter.net”的文件夹。选择组件“Blur Effect AS3”，将其拖动到舞台上，这时，舞台上会出现一个如图 5-31 所示的“Blur Effect”的图标。

**03** 选择图层“f1”的第“101”帧至第“299”帧，单击鼠标右键选择快捷菜单中的“删除帧”命令。

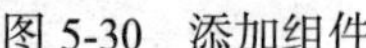


图 5-30 添加组件

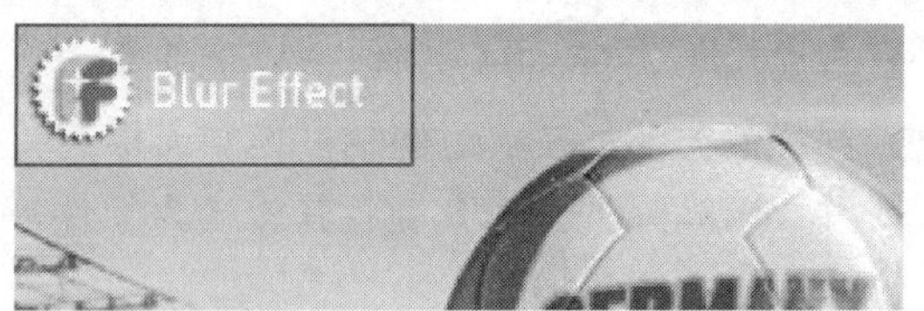


图 5-31 添加组件

**04** 在舞台上选择“Blur Effect”图标，在“属性”面板上将其“实例名称”设为“InstanceName_0”，如图 5-32 所示。

**05** 在“时间轴”控制面板上新建图层并重命名为“f2”，这个图层用来放第 2 个转场。选择第“98”帧，按 F6 键添加关键帧。从“组件面板”拖动组件“Blur Effect AS3”到舞台上。

**06** 在“时间轴”控制面板上选择图层“f2”的第“201”帧到第“299”帧，单击鼠标右键选择快捷菜单中的“删除帧”命令。

**07** 在“时间轴”控制面板上新建图层并重命名为“f3”，这个图层用来放第 3 个转场。选择第“198”帧，按 F6 键添加关键帧。从“组件面板”拖动组件“Blur Effect AS3”到舞台上。

**08** 选择图层“f1”上的“Blur Effect”图标，在“属性”面板上单击“参数、绑定和架构面板”图标，打开“组件检查器”对话框。将“Start MovieClip”设为“img1”,“End MovieClip”设为“img2”，如图 5-33 所示。

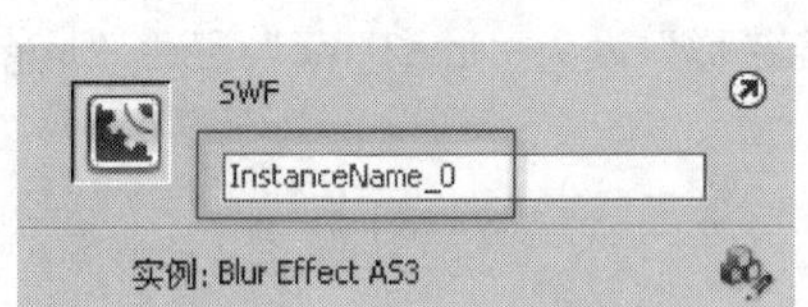


图 5-32 设置实例名称

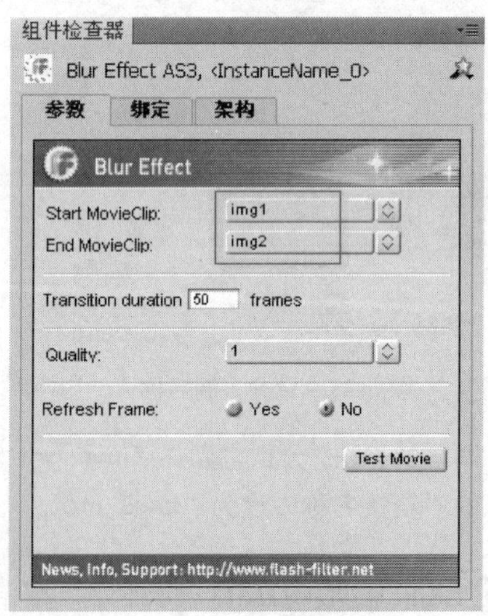


图 5-33 设置组件属性

**09** 同样的方法，选择图层“f2”上的“Blur Effect”图标，在“属性”面板上单击“参数、绑定和架构面板”图标，打开“组件检查器”对话框。将“Start MovieClip”设为“img2”，“End MovieClip”设为“img3”。

**10** 选择图层“f3”上的“Blur Effect”图标，在“属性”面板上单击“参数、绑定和架构面板”图标，打开“组件检查器”对话框。将“Start MovieClip”设为“img3”,“End MovieClip”设为“img1”。

这时按 Ctrl+Enter 键就能看到图片间自然模糊转场的效果啦！

本例到这里结束。这个“Blur Effect”组件不仅能用在图片做成的影片剪辑上，也能用在含有文字、动画的更为复杂的影片剪辑上，你自己试试吧，希望能给你的作品带来更高的效率和更好的效果。

## 实例 82

# 打字特效

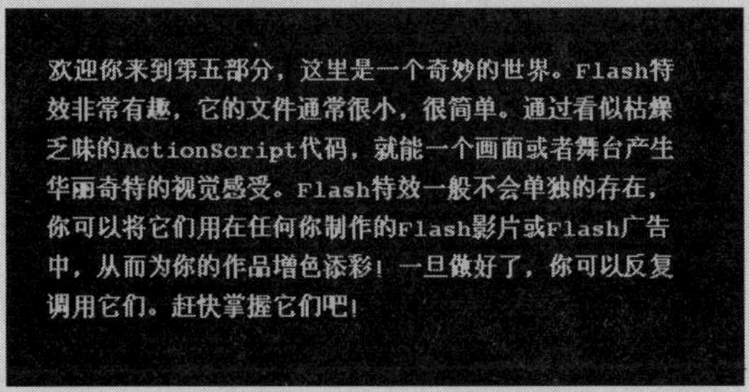

欢迎你来到第五部分，这里是一个奇妙的世界。Flash特效非常有趣，它的文件通常很小，很简单。通过看似枯燥乏味的ActionScript代码，就能一个画面或者舞台产生华丽奇特的视觉感受。Flash特效一般不会单独的存在，你可以将它们用在任何你制作的Flash影片或Flash广告中，从而为你的作品增色添彩！一旦做好了，你可以反复调用它们。赶快掌握它们吧！

图 5-34 实例 82：打字特效

打字特效是 Flash 常见的效果之一。通常用于网站的新闻、通告或 MV 的字幕等。

**提示：**

在这个例子里（如图 5-34 所示），你会学到利用 AS 模拟打字效果。

## 步骤一：创建文件

**01** 打开 Adobe Flash Professional CS5，选择“新建”面板下的“ActionScript 3.0”选项，新建一个 Flash 工程文件。

**02** 在“属性”面板上单击“编辑”按钮，在弹出的“文档设置”面板中将“尺寸”设为“500 像素”×“250 像素”，“背景颜色”设为“#000000”，“帧频”设为“25.00”，单击“确定”按钮。

**03** 按 Ctrl+S 键保存文件为“typerwiter.fla”。

**04** 在文件“typerwiter.fla”的同名目录下新建文件夹“com”，在文件夹“com”下新建文件夹“fladev”，在文件夹“fladev”下新建“effect”文件夹用来放置 as 类文件。

## 步骤二：制作场景

**01** 使用“工具”面板上的“文本工具”在舞台上画出一个矩形范围，如图 5-35 所示，这个范围就是用来显示文本的区域。

**02** 选择该文本框，在“属性”面板上设置“文本名称”为“txt”、“文本引擎”为“传统文本”、“文本类型”为“动态文本”、“系列”为“_typewriter”、“大小”为“16”点、“颜色”为“明黄色”。设置“间距”为“2”、“行距”为“8”、“左边距”为“2”、“右边距”为“2”、“行”为“多行”，如图 5-36 所示。

图 5-35　绘制文本范围

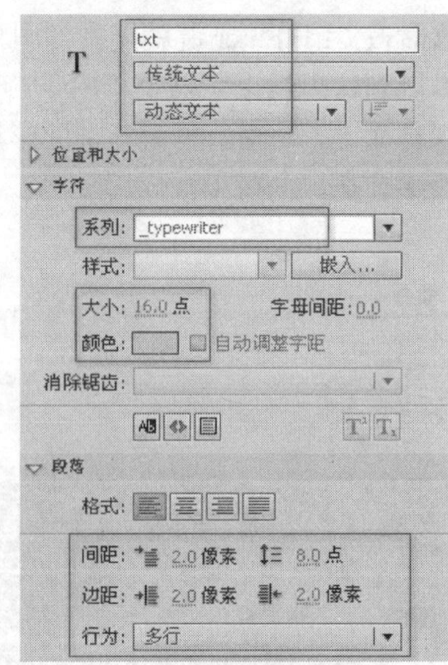


图 5-36　设置文本属性

## 步骤三：制作 AS 类文件

**01** 选择“文件”|“新建”命令，在弹出的“新建文档”窗口中选择“ActionScript 3.0 类”。

**02** 在弹出的“创建 ActionScript 3.0 类”对话框中，将“类名称”设置为“com.fladev.effect.MainClass”，如图 5-37 所示，单击“确定”按钮。

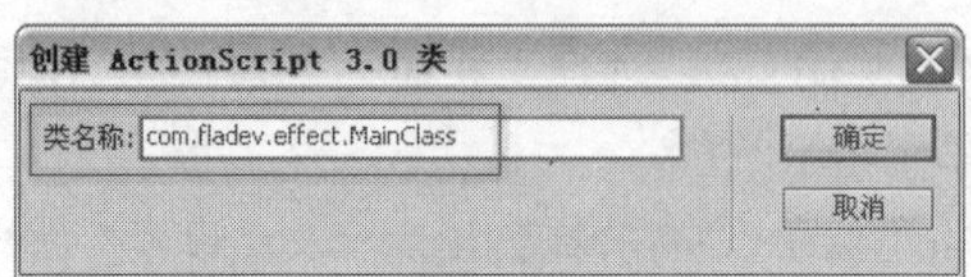


图 5-37　新建类文件

**03** 在打开的输入窗口输入如下代码：

```
package com.fladev.effect
{
    import flash.display.Sprite;
    import flash.events.TimerEvent;
    import flash.text.TextField;
    import flash.utils.Timer;

    public class MainClass extends Sprite
    {

        private static const SPEED_TIMER:Number = 60;
        private var timer:Timer;
        private var textLength:Number;
        private var i:Number = 0;
        private var textToAnimate:String = "欢迎你来到第五部分，这里是一个奇妙的世界。
        Flash 特效非常有趣，它的文件通常很小，很简单。通过看似枯燥乏味的 ActionScript 代码，
        就能一个画面或者舞台产生华丽奇特的视觉感受。Flash 特效一般不会单独的存在，你可以将它
        们用在任何你制作的 Flash 影片或 Flash 广告中，从而为你的作品增色添彩！一旦做好了，你可
        以反复调用它们。赶快掌握它们吧！"

        public function MainClass() {
```

```
            timer = new Timer(SPEED_TIMER);
            timer.addEventListener(TimerEvent.TIMER, startToAnimate);
            textLength = textToAnimate.length;
            timer.start();
        }

        private function startToAnimate(e:TimerEvent):void
        {
            if (i < textLength) {
                txt.appendText(textToAnimate.substr(i, 1));
                i += 1;
            } else {
                timer.stop();
                timer.removeEventListener(TimerEvent.TIMER, startToAnimate);
            }
        }
    }
}
```

**04** 按 Ctrl+S 键保存文件，将其存放在“com\fladev\effect”文件夹中，存为“MainClass.as”。

### 步骤四：指定类文件

切换到“typerwiter.fla”，在“属性”面板上打开“发布”面板，如图 5-38 所示，将“类”设置为“com.fladev.effect.MainClass”，即指向刚刚编写好的 as 类文件。

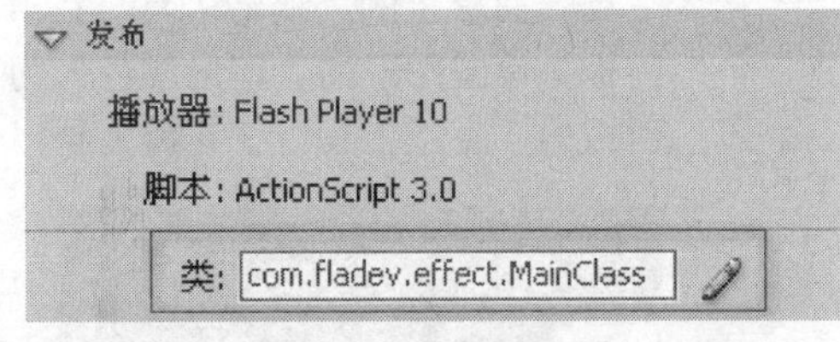


图 5-38　设置类文件

这时按 Ctrl+Enter 键就能看到一个一个字出现的效果了。

本例到这里结束。需要指出的是：AS 代码中的第“15”行中 var textToAnimate: String = "…" 这个字符串中引号引起的部分就是需要打字显示的部分。第“11”行中 SPEED_TIMER:Number = 60; 是用来控制打字速度的。

## 实例 83

# 花瓣特效

图 5-39　实例 83：花瓣特效

本例是一个花瓣特效，在暮春三月天空里，樱花瓣飘落在空中……

**提示：**

在这个例子里（如图 5-39 所示），你会学到用“ActionScript”结合动画曲线模拟花瓣飘落的效果。

## 步骤一：创建文件

**01** 打开 Adobe Flash Professional CS5，选择“新建”面板下的“ActionScript 3.0”选项，新建一个 Flash 工程文件。

**02** 在“属性”面板上单击“编辑”按钮，在弹出的“文档设置”面板中将“尺寸”设为“500 像素”×“375 像素”，“背景颜色”设为“#6666CC”，“帧频”设为“24.00”，单击“确定”按钮。

**03** 按 Ctrl+S 键保存文件为“flower.fla”。

## 步骤二：制作单个花瓣

**01** 选择“文件”|“导入”|“导入到舞台”命令，从外部导入“bg.jpg”图片，如图 5-40 所示。选择该图形，按 F8 键将其转换为元件，设置“名称”为“bg”，将“类型”设置为“图形”。

**02** 在“时间轴”控制面板上将“图层 1”重命名为“bg”，锁定该图层，新建图层并重命名为“bouncers”。

**03** 按 Ctrl+F8 键新建元件，将“名称”设置为“huaban_m”，“类型”设置为“影片剪辑”。使用“工具”面板上的“钢笔工具”在舞台上绘制如图 5-41 所示樱花花瓣的图形，在“颜色”面板上设置图形的“笔触颜色”为“桃红色”，“填充颜色”为“粉红色”。使用“工具”面板的“直线工具”在花瓣上画出一条白色的高光线。

图 5-40　导入图片 bg.jpg

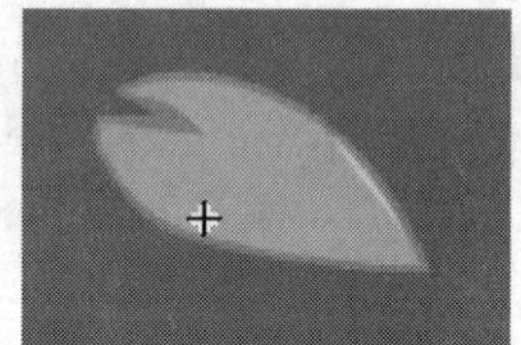

图 5-41　绘制樱花花瓣

**04** 全选图形，按 F8 键新建元件，将“名称”设置为“huaban”，“类型”设置为“图形”。

**05** 在“时间轴”控制面板上选择“图层 1”的第“3”、“5”、“7”、“9”、“13”帧，按 F6 键添加关键帧。如图 5-42 所示，使用“工具”面板上的“任意变形工具”分别将第“3”、“5”、“7”、“9”帧的元件“huaban”进行旋转拉伸。分别选择第“1”、“3”、“5”、“7”、“9”帧，单击鼠标右键选择快捷菜单中的“创建传统补间”命令。

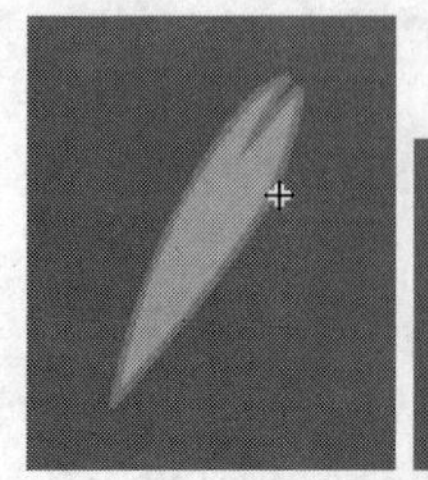
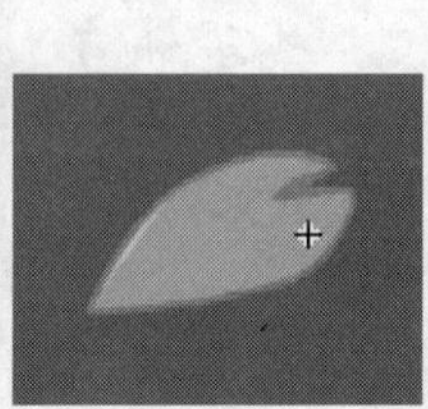
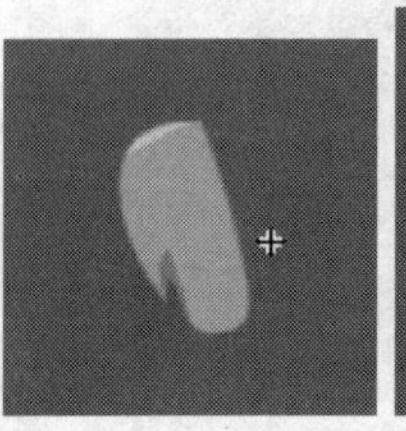
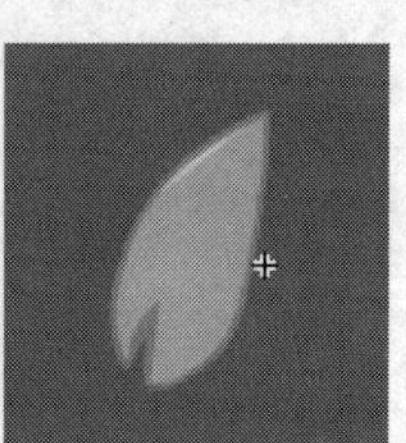

图 5-42　旋转拉伸元件

## 步骤三：制作花瓣落下动画

**01** 按 Ctrl+F8 键新建元件，将“名称”设为“flower_m”，“类型”设为“影片剪辑”。

**02** 从“库”中拖拽元件“huaban_m”到舞台上左上方，选择元件“huaban_m”，按 F8 键将其转换为元件，将“名称”设为“flower”，“类型”设为“影片剪辑”。

**03** 如图 5-43 所示，在“变形”面板上，将元件“flower”缩小一些。

**04** 在“时间轴”控制面板上选择第“392”帧，按 F5 键添加帧，然后单击动画补间，单击鼠标右键选择“创建补间动画”命令。

**05** 将时间滑块拨到第“392”帧上，在舞台上将元件“flower”移动到舞台下方，形成如图 5-44 所示动画。

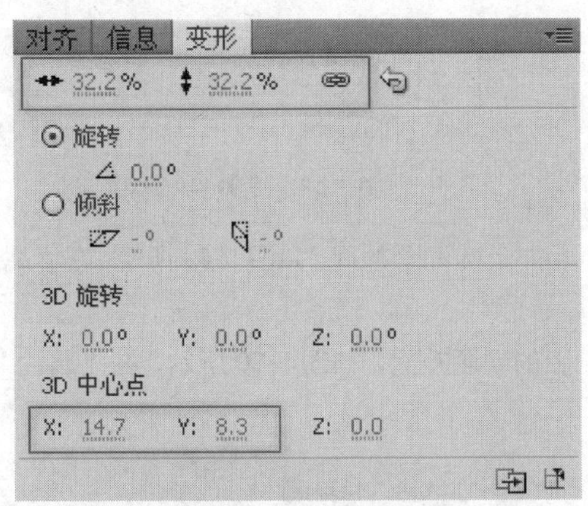


图 5-43　缩小樱花花瓣

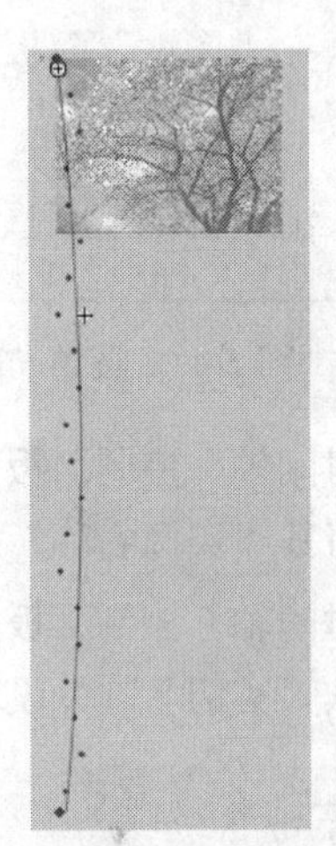

图 5-44　添加花瓣落下动画

**06** 选择第“1”帧上的元件“flower”，在“属性”面板上打开“色彩效果”面板，将“样式”设为“Alpha”、“值”设为“25%”。打开“滤镜”面板，如图 5-45 所示，添加“模糊”滤镜，将“模糊 X”和“模糊 Y”都设为“2”像素。

**07** 在“时间轴”控制面板上将“图层 1”重命名为“slow”，单击动画补间，打开“动画编辑器”。单击“缓动”面板右侧的“+”，添加“正弦波”，将其“值”设为“6”，如图 5-46 所示。

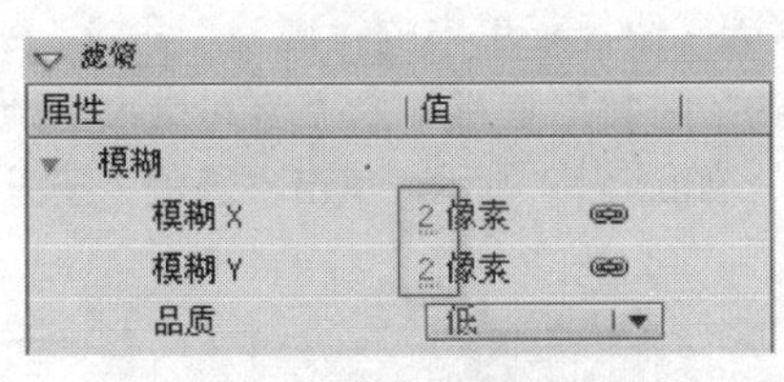


图 5-45　添加模糊滤镜

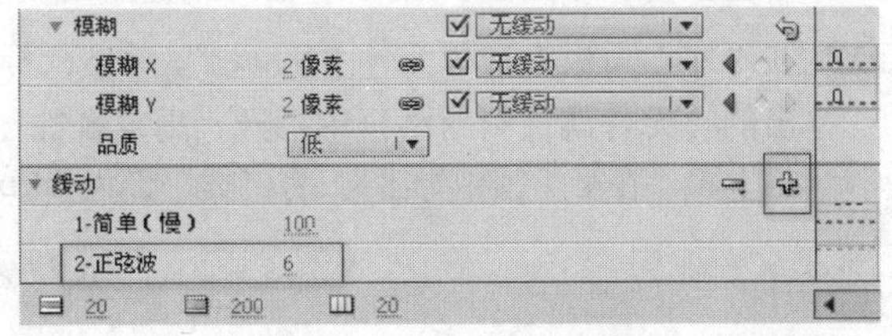


图 5-46　调整动画曲线

**08** 在“时间轴”控制面板上将“图层 1”重命名为“slow”，单击动画补间，单击鼠标右键选择快捷菜单中的“复制帧”命令。新建“图层 2”，单击鼠标右键选择快捷菜单中的“粘贴帧”命令。锁定图层“slow”，将“图层 2”重命名为“medium”，如图 5-47 所示，拖拽动画补间的右侧结束帧到第“324”帧。

**09** 打开“编辑多个帧”按钮，将时间滑块拨到第“324”帧，全选图层“medium”上的元件，将其向左侧移动一小段距离，关闭“编辑多个帧”按钮，选择第“1”帧，在舞台上选择元件“flower”，在“属性”面板上将“样式”的“Alpha”的“值”设为“50%”。

**10** 同样的方法，在“时间轴”控制面板上锁定图层“medium”。新建“图层 3”，单击鼠标右键选择“粘贴帧”命令。将“图层 3”重命名为“fast”，拖拽动画补间的右侧结束帧到第“200”帧。

**11** 打开“编辑多个帧”按钮，将时间滑块拨到第“200”帧，全选舞台上的元件，将其向左侧移动一小段距离，关闭“编辑多个帧”按钮，选择第“1”帧，在舞台上选择元件“flower”，在“属性”面板上将“样式”的“Alpha”的“值”设为“90%”。

**12** 当动画调整好以后，在“时间轴”控制面板上选择图层“slow”上的动画补间，如图 5-48 所示，在“属性”面板上将其“实例名称”设为“slow”。

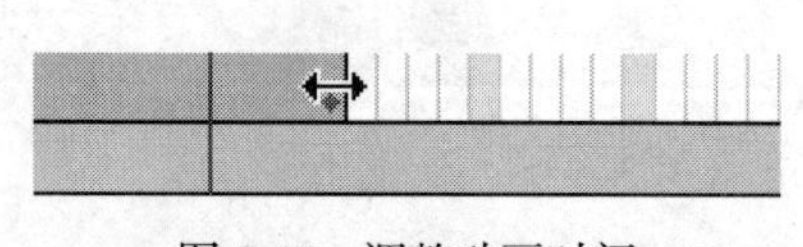

图 5-47 调整动画时间

图 5-48 设置实例名称

**13** 在“时间轴”控制面板上选择图层“medium”上的动画补间，如图 5-49 所示，在“属性”面板将其“实例名称”设为“medium”。

**14** 在“时间轴”控制面板上选择图层“fast”上的动画补间，如图 5-50 所示，在“属性”面板将其“实例名称”设为“fast”。

图 5-49 设置实例名称

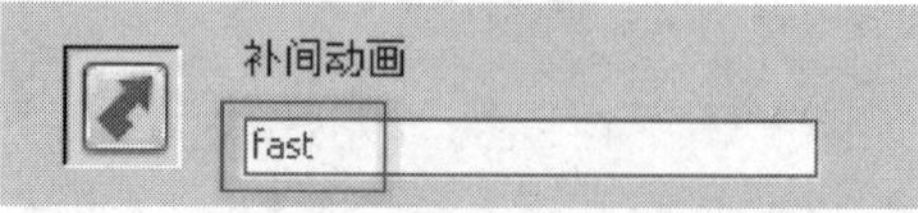


图 5-50 设置实例名称

## 步骤四：添加脚本语言

**01** 在“编辑栏”单击“场景 1”回到场景编辑模式，从“库”中拖拽元件“flower_m”到舞台左上角。如图 5-51 所示，在“属性”面板设置“实例名称”为“myClip”。

**02** 在“库”面板中选择元件“flower”，单击鼠标右键选择快捷菜单中的“属性”命令，在弹出的“元件属性”对话框中打开“高级属性”。勾选“链接”面板下的“为 ActionScript 导出”和“在第 1 帧中导出”，将“类”设为“Flower”，如图 5-52 所示，单击“确定”按钮。

图 5-51 设置实例名称

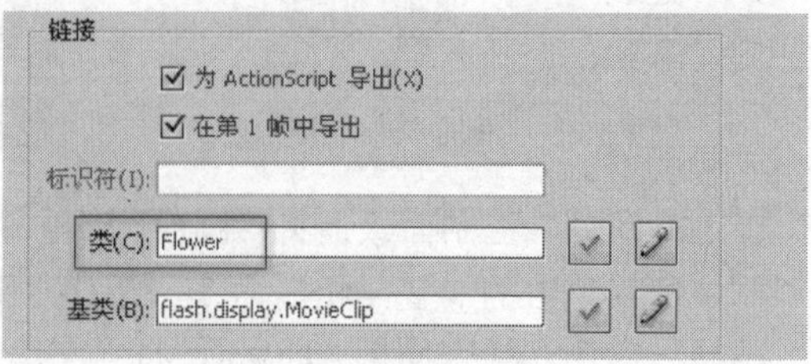


图 5-52 设置高级属性

**03** 在“时间轴”控制面板上新建图层“actions”，在第“1”帧单击鼠标右键选择快捷菜单中的“动作”命令，在弹出的“动作”编辑区输入如下代码：

```
const NUM_SYMBOLS:uint = 75;

var symbolsArray:Array = [];
var idx:uint;
var flake:Flower;

for (idx = 0; idx < NUM_SYMBOLS; idx++) {
    flake = new Flower();
    addChild(flake);
    symbolsArray.push(flake);
    setTimeout(randomInterval, int(Math.random() * 10000), flake);
}

function randomInterval(target:Flower):void {

    target.x = Math.random()* 550-50;
    target.y = -Math.random() * 200;

    var ranScale:Number = Math.random() * 3;
    target.scaleX = ranScale;
     target.scaleY = ranScale;

    var tween:String;
    if (ranScale < 1) {
        tween = "slow";

    } else if (ranScale < 2) {
        tween = "medium";

    } else {
        tween = "fast";

    }
    myClip[tween].addTarget(target);
}
```

这时按 Ctrl+Enter 键就能看到樱花漫天飞舞的效果了！

本例到这里结束。你可以尝试修改动画曲线来改变花瓣运动的方向！

## 实例 84

# 星空特效

图 5-53 实例 84：星空特效

这是一个非常酷的粒子特效实例。

**提示：**

在这个例子里（如图 5-53 所示），你会学到使用来源于 http://www.flashandmath.com/ 网站的 as 类制作漂亮的星空特效！

## 步骤一：创建文件

**01** 打开 Adobe Flash Professional CS5，选择“新建”面板下的“ActionScript 3.0”选项，新建一个 Flash 工程文件。

**02** 在“属性”面板中单击“编辑”按钮，在弹出的“文档设置”面板中将“尺寸”设为“620 像素”×“420 像素”，“背景颜色”设为“#000000”，“帧频”设为“40.00”，单击“确定”按钮。

**03** 按 Ctrl+S 键保存文件为“star.fla”。

**04** 本实例用到的来自 http://www.flashandmath.com/ 网站的 as 类包括如图 5-54 所示。将这些类文件分别存放在“com\flashandmath\dg”的文件夹下（这些网站上下载的 as 包通常都会放在一个“com”的文件夹下，一般情况下，不要更改 as 文件的文件夹名称及路径，直接调用就行了）。

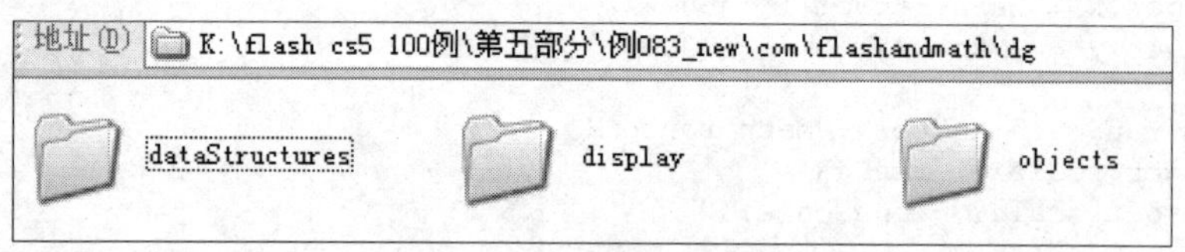


图 5-54　需要引用的 as 类

## 步骤二：添加 AS

由于引用了现成的类文件，使我们的工作变得非常容易。在“时间轴”面板上选择“图层 1”，选择第“1”帧，单击鼠标右键选择快捷菜单中的“动作”命令，在弹出的“动作”面板中输入如下代码：

```
import com.flashandmath.dg.objects.*;
import com.flashandmath.dg.display.*;

var origin:Point;
var waitCount:int;
var count:int;
var dropsToAddEachFrame:int;
var display:DiskParticleDisplay;
var blur:BlurFilter;
var bitmapData:BitmapData;
var bitmap:Bitmap;
var bitmapHolder:Sprite;
var frame:Shape;
var cursor:Shape;

var baseColorR:Number;
var baseColorG:Number;
var baseColorB:Number;
var randomColorR:Number;
var randomColorG:Number;
var randomColorB:Number;
var maxColorComponentDistance:Number;
var phaseR:Number;
var phaseG:Number;
var phaseB:Number;
var targetPhaseR:Number;
```

```
var targetPhaseG:Number;
var targetPhaseB:Number;
var lastTargetPhaseR:Number;
var lastTargetPhaseG:Number;
var lastTargetPhaseB:Number;
var phaseShiftDuration:Number;
var phaseShiftCount:Number;
var minColorComponentValue:Number;
var particleColor:uint;

var theta:Number;
var phi:Number;
var mag:Number;

var mouseIsUp:Boolean;
var mouseGravity:Number;
var attractionOn:Boolean;

var timer:Timer;

const frameColor:uint = 0x333333;
const bgColor:uint = 0x000000;

init();

function init():void {

    origin = new Point(0,0);
    waitCount = 1;
    count = waitCount-1;
    dropsToAddEachFrame = 1;

    targetPhaseR = 4;
    targetPhaseG = 3;
    targetPhaseB = 0;
    minColorComponentValue = 32;
    phaseShiftDuration = 2000;
    phaseShiftCount = phaseShiftDuration -1;

    mouseGravity = 1;

    blur = new BlurFilter(5,5);

    display = new DiskParticleDisplay(600,400, true);
    display.randomizeColor = false;
    display.gravity = 0;

    bitmapData = new BitmapData(display.displayWidth, display.displayHeight,
    true, 0x00000000);
    bitmap = new Bitmap(bitmapData);
    bitmap.x = 0;
    bitmap.y = 0;

    bitmapHolder = new Sprite();
    bitmapHolder.x = 10;
    bitmapHolder.y = 10;

    cursor = new Shape;
    cursor.graphics.lineStyle(1,0xaaccff,0.5);
    cursor.graphics.beginFill(0xaaccff,0.25);
    cursor.graphics.drawEllipse(-4,-4,8,8);
```

```
        cursor.graphics.endFill();

        bitmapHolder.addEventListener(MouseEvent.MOUSE_MOVE, mouseMoveListener);
        bitmapHolder.addEventListener(MouseEvent.MOUSE_DOWN, mouseDownListener);
        stage.addEventListener(MouseEvent.MOUSE_UP, mouseUpListener);
        bitmapHolder.addEventListener(MouseEvent.ROLL_OUT, rollOutHandler);
        bitmapHolder.addEventListener(MouseEvent.ROLL_OVER, rollOverHandler);

        mouseIsUp = true;

        frame = new Shape();
        frame.graphics.lineStyle(1,frameColor);
        frame.graphics.drawRect(-1,-1,display.displayWidth+1, display.display-
        Height+1);
        frame.x = bitmapHolder.x;
        frame.y = bitmapHolder.y;

        var bg:Shape = new Shape();
        bg.graphics.beginFill(0x000000)
        bg.graphics.drawRect(0,0,display.displayWidth, display.displayHeight);
        bg.graphics.endFill();
        bg.x = 0;
        bg.y = 0;

        stage.addChild(frame);
        stage.addChild(bitmapHolder);
        bitmapHolder.addChild(bg);
        bitmapHolder.addChild(bitmap);
        bitmapHolder.addChild(cursor);
        Mouse.hide();

        bitmapHolder.addEventListener(MouseEvent.CLICK, bitmapClickHandler);
        attractionOn = false;

        timer = new Timer(10,0);
        timer.start();

        timer.addEventListener(TimerEvent.TIMER, onEnter);
    }

    function bitmapClickHandler(evt:MouseEvent):void {
        attractionOn = !attractionOn;
    }

    function rollOutHandler(evt:MouseEvent):void {
        Mouse.show();
    }
    function rollOverHandler(evt:MouseEvent):void {
        Mouse.hide();
    }

    function mouseDownListener(evt:MouseEvent):void {
        mouseIsUp = false;
    }

    function mouseUpListener(evt:MouseEvent):void {
        mouseIsUp = true;
    }

    function mouseMoveListener(evt:MouseEvent):void {
        cursor.alpha = 1;
```

```
    cursor.x = bitmapHolder.mouseX;
    cursor.y = bitmapHolder.mouseY;
}

function onEnter(evt:Event):void {
    phaseShiftCount++;
    if (phaseShiftCount >= phaseShiftDuration) {
        phaseShiftCount = 0;
        lastTargetPhaseR = targetPhaseR;
        lastTargetPhaseG = targetPhaseG;
        lastTargetPhaseB = targetPhaseB;
        targetPhaseR = Math.random()*6.283;
        targetPhaseG = Math.random()*6.283;
        targetPhaseB = Math.random()*6.283;
    }

    phaseR = lastTargetPhaseR + phaseShiftCount/phaseShiftDuration*(targetPhase-
    R -lastTargetPhaseR);
    phaseG = lastTargetPhaseG + phaseShiftCount/phaseShiftDuration*(targetPhaseG
    -lastTargetPhaseG);
    phaseB = lastTargetPhaseB + phaseShiftCount/phaseShiftDuration*(targetPhaseB
    -lastTargetPhaseB);

    baseColorR = 302      + (0.5+0.5*Math.cos(phaseR+getTimer()*0.00017))*223;
    baseColorG = 302      + (0.5+0.5*Math.cos(phaseG-getTimer()*0.00027))*223;
    baseColorB = 302      + (0.5+0.5*Math.cos(phaseB+getTimer()*0.00035))*223;

    cursor.alpha = (cursor.alpha >= 0.02) ? (cursor.alpha -0.02) : 0;

    count++
    if (count >= waitCount) {
        count =0;
        for (var i:int = 0; i <= dropsToAddEachFrame-1; i++) {

            randomColorR = baseColorR+Math.random()*Math.random()*(255-baseColorR);
            randomColorG = baseColorG+Math.random()*Math.random()*(255-baseColorG);
            randomColorB = baseColorB+Math.random()*Math.random()*(255-baseColorB);

            particleColor = int(randomColorR) << 16  | int(randomColorG) << 08
            | int(randomColorB);
            theta = Math.random()*Math.PI*2;
            phi = Math.random()*Math.PI;
            mag = 0.4+0.4*(Math.random());
            var thisDrop = display.addDrop(
                                        display.displayWidth/2,
                                        display.displayHeight/2,
                                        mag*Math.sin(phi)*Math.cos(theta),
                                        mag*Math.sin(phi)*Math.sin(theta),
                                        particleColor);
            thisDrop.airResistanceFactor = 0;
            thisDrop.alpha = 1;
            thisDrop.setEnvelope(40,200,40,
                                4,10,10,
                                0,0.4+0.8*Math.random(),0,0);
            thisDrop.redraw();
        }
        if (attractionOn) {
            var drop:DiskParticle = display.onStageList.first;
            var distSquare:Number;
            while (drop != null) {
```

```
                    distSquare = Math.max(1,(drop.pos.x -bitmap.mouseX)*(drop.pos.x
                    -bitmap.mouseX)+(drop.pos.y -bitmap.mouseY)*(drop.pos.y -bitmap.
                    mouseY));
                    drop.accel.x = -mouseGravity*(drop.pos.x -bitmap.mouseX)/distSquare;
                    drop.accel.y = -mouseGravity*(drop.pos.y -bitmap.mouseY)/distSquare;
                    drop = drop.next;
                }
            }

        }
        display.update();

        bitmapData.applyFilter(bitmapData,bitmapData.rect,origin,blur);
        bitmapData.draw(display);
    }
```

按 Ctrl+Enter 键看看效果吧！

好了，本例到这里结束。喜欢这个特效么？

## 实例 85

# 瀑布特效

图 5-55　实例 85：瀑布特效

这是一个非常酷的粒子特效实例。

**提示：**

在这个例子里（如图 5-55 所示），你会学到使用来源于 http://www.flashandmath.com/ 网站上的 as 类制作逼真的瀑布特效！

## 步骤一：创建文件

**01** 打开 Adobe Flash Professional CS5，选择"新建"面板下的"ActionScript 3.0"选项，新建一个 Flash 工程文件。

**02** 在"属性"面板上单击"编辑"按钮，在弹出的"文档设置"面板中将"尺寸"设为"620 像素"×"420 像素"，"背景颜色"设为"#000000"，"帧频"设为"40.00"，单击"确定"按钮。

**03** 按 Ctrl+S 键保存文件为"Waterfall.fla"。

**04** 本实例用到的来自 http://www.flashandmath.com/ 网站的 as 类包括如图 5-56 所示。将这些类文件分别存放在"com\flashandmath\dg"的文件夹下。

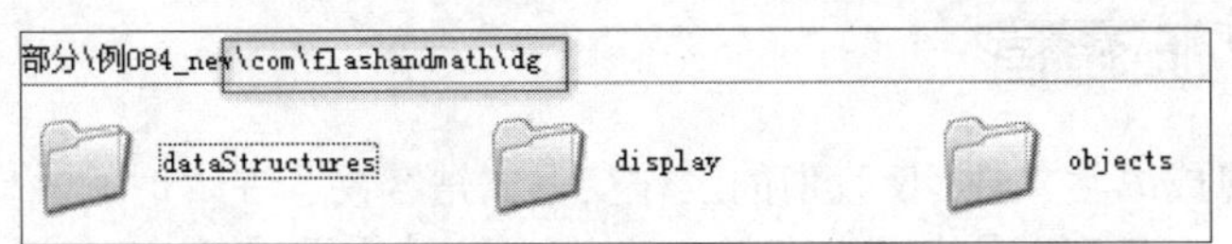

图 5-56　需要引用的 as 类

## 步骤二：制作控制按钮

为了方便比较各参数的区别，我们制作 3 个按钮来切换不同设置下的瀑布效果。

**01** 在“组件”面板拖拽组件“RadioButton”到舞台上，分别拖拽 3 次。使用“对齐”面板上的“左对齐”和“顶部分布”命令，将三个组件对齐。

**02** 选择第一个组件“RadioButton”，将其“实例名称”设为“radio1”，打开“组件参数”面板，设置如图 5-57 所示。

**03** 选择第二个组件“RadioButton”，将其“实例名称”设为“radio2”，并打开“组件参数”面板，设置如图 5-58 所示。

图 5-57　设置组件参数

图 5-58　设置组件参数

**04** 选择第三个组件“RadioButton”，将其“实例名称”设为“radio3”，并打开“组件参数”面板，设置如图 5-59 所示。

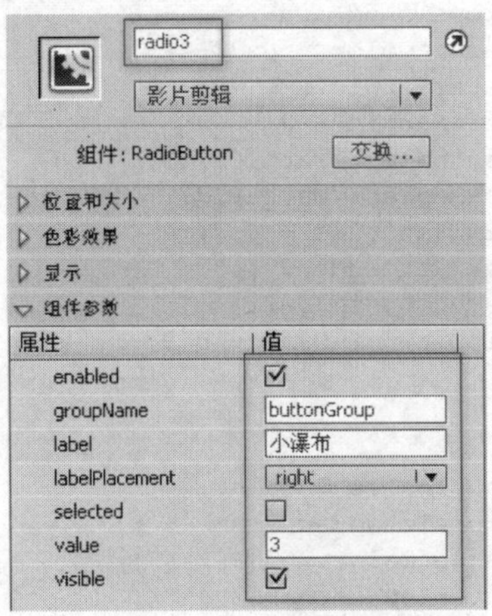

图 5-59　设置组件参数

## 步骤三：添加脚本语言

由于引用了现成的类文件，使我们的工作变得非常容易。在“时间轴”面板上将“图层1”重命名为“btn”，新建图层并重命名为“actions”。选择图层“actions”的第“1”帧，单击鼠标右键选择快捷菜单中的“动作”命令，在弹出的“动作”面板中输入如下代码：

```
import com.flashandmath.dg.display.*;

var waterfall:Waterfall;

init();

function init():void {
    waterfall = new Waterfall(200,300,false);
    waterfall.x = 20;
    waterfall.y = 10;
    stage.addChild(waterfall);
    waterfall.startFlow();

    waterfall.addEventListener(MouseEvent.CLICK, toggleFlow);

    var tf:TextFormat = new TextFormat();
    tf.color = 0xCCCCCC;
    radio1.setStyle("textFormat", tf);
    radio2.setStyle("textFormat", tf);
    radio3.setStyle("textFormat", tf);
    radio1.group.addEventListener(Event.CHANGE, buttonChange);
}

function toggleFlow (evt:MouseEvent):void {
    if (waterfall.flowOn) {
        waterfall.stopFlow();
    }
    else {
        waterfall.startFlow();
    }
}

function buttonChange(evt:Event):void {
    switch (radio1.group.selectedData) {
        case "1":  //defaults are set
            waterfall.noSplashes = false;
            waterfall.dropsToAddEachFrame = 8;
            waterfall.targetColor = 0x33B2FF;
            waterfall.waterTopWidth = 72;
            waterfall.leftMargin = 2;
            waterfall.minAngle = Math.PI/12;
            waterfall.maxAngle = Math.PI/3;
            waterfall.minMagnitude = 0.7;
            waterfall.maxMagnitude = 1.3;
            waterfall.fadeAmount = -1;
            waterfall.display.minGray = 0.9;
            break;

        case "2":
            waterfall.noSplashes = false;
            waterfall.dropsToAddEachFrame = 8;
            waterfall.targetColor = 0xFFFFFF;
            waterfall.waterTopWidth = 20;
            waterfall.leftMargin = 50;
```

```
            waterfall.minAngle = 0;
            waterfall.maxAngle = Math.PI/12;
            waterfall.minMagnitude = 0;
            waterfall.maxMagnitude = 1;
            waterfall.fadeAmount = -1;
            waterfall.display.minGray=1;
            break;

        case "3":
            waterfall.noSplashes = true;
            waterfall.dropsToAddEachFrame = 4;
            waterfall.targetColor = 0xaaeeFF;
            waterfall.waterTopWidth = 10;
            waterfall.leftMargin = 100;
            waterfall.minAngle = -4*Math.PI/3;
            waterfall.maxAngle = -2*Math.PI/3;
            waterfall.minMagnitude = 0;
            waterfall.maxMagnitude = 0.5;
            waterfall.fadeAmount = -2;
            waterfall.display.minGray=0.8;
            break;

    }
}
```

按 Ctrl+Enter 键看看效果吧！

本例到这里结束，利用网上现成的 as 类文件制作特效就是这么容易。

## 实例 86

# 火烧特效 1

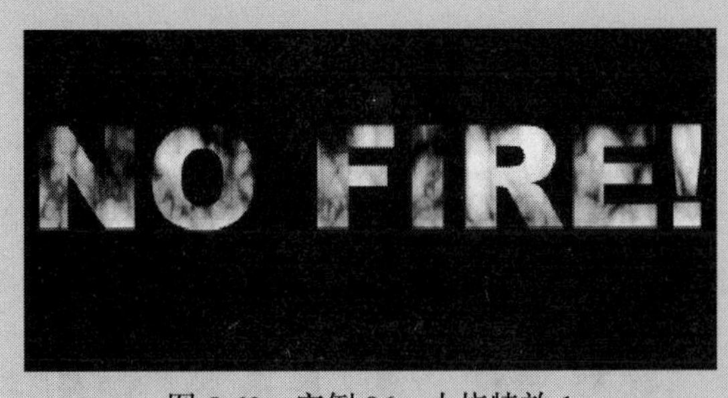


图 5-60　实例 86：火烧特效 1

火烧特效常用来制作影片的开头字幕。

**提示：**

在这个例子里（如图 5-60 所示），你会学到用 ActionScript 结合一个渐变色模仿熊熊大火的效果。

### 步骤一：创建文件

**01** 打开 Adobe Flash Professional CS5，选择“新建”面板下的“ActionScript 3.0”选项，新建一个 Flash 工程文件。

**02** 在“属性”面板上单击“编辑”按钮，在弹出的“文档设置”面板中将“尺寸”设为“400 像素”×“200 像素”，“背景颜色”设为“#000000”，“帧频”设为“24.00”，单击“确定”按钮。

**03** 按 Ctrl+S 键保存文件为“Fire.fla”。

## 步骤二：制作场景

**01** 选择“工具”面板上的“矩形工具”，在舞台上画一个盖满整个舞台的矩形。在“颜色”面板调整“填充颜色”为“线性渐变”，添加颜色滑块，并调整各滑块的颜色，如图 5-61 所示，使其最终填充效果如图 5-62 所示（是一种由黑到红到金色到白色的模仿大火燃烧时颜色的渐变色）。

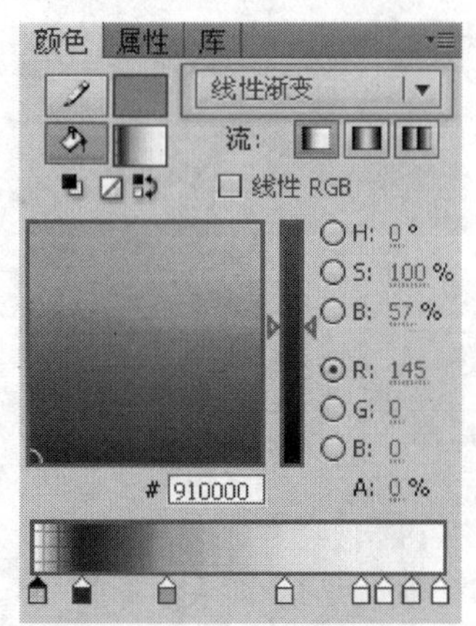


图 5-61　调整填充颜色

图 5-62　模仿火焰颜色的渐变色

**02** 选择该矩形，按 F8 键将其转换为元件，设置元件“名称”为“fireAsset_mc”，“类型”为“影片剪辑”。选择元件“fireAsset_mc”，如图 5-63 所示，将其“实例名称”设为“_mc”。

**03** 在“时间轴”控制面板上将“图层 1”重命名为“fire”，锁定该图层，新建图层并重命名为“mask”。

**04** 在“工具”面板上使用“文本工具”，在舞台上输入“NO FIRE!”的文字，在“属性”面板调整相关属性，使其如图 5-64 所示效果。

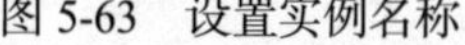

图 5-63　设置实例名称

图 5-64　输入文本

**05** 在“时间轴”控制面板上选择图层“mask”，单击鼠标右键选择快捷菜单中的“遮罩层”命令。

## 步骤三：添加 AS

在“时间轴”控制面板上新建图层“actions”，在第“1”帧单击鼠标右键选择快捷菜单中的“动作”命令，在弹出的“动作”编辑区输入如下代码：

```
import flash.display.BitmapData;
import flash.filters.DisplacementMapFilter;
import flash.geom.Point;

var _offsets:Array;
var _offsetsD:Array;
var _bitmapData:BitmapData;

var displace:DisplacementMapFilter;
btnClickHandler();
this.addEventListener(Event.ENTER_FRAME , enterFrameHandler);

function btnClickHandler(e:Event = null):void {

    _bitmapData=new BitmapData(400,130,false,0x00ffcc);

    _offsets = [new Point(),new Point() ];

    _offsetsD=[];

    for (var i:Number = 0; i<2; i++) {
        _offsetsD[i]={x:Math.random()*2-1,y:Math.random()*6+2};
    }
}

function enterFrameHandler(e:Event):void {
    for (var i:Number = 0; i<2; i++) {
        _offsets[i].x+=_offsetsD[i].x;
        _offsets[i].y+=_offsetsD[i].y;
    }

_bitmapData.perlinNoise(30,50,5,5,false,false,1,true,_offsets);
    displace=new DisplacementMapFilter(_bitmapData,new Point(0,0),1,1,10,200,"clamp");
    _mc.filters=[displace];
}
```

这时按 Ctrl+Enter 键就能看到文字燃烧的效果了！

本例到这里结束。

## 实例 87

# 光影特效

图 5-65　实例 87：光影特效

本例效果亦幻亦真，它是依靠数学计算出来的神奇视觉效果！

**提示：**

在这个例子里（如图 5-65 所示），你会学到使用来源于 http://www.flashandmath.com/ 网站上的 as 类制作亦幻亦真的光影特效！

## 步骤一：创建文件

**01** 打开 Adobe Flash Professional CS5，选择“新建”面板下的“ActionScript 3.0”选项，新建一个 Flash 工程文件。

**02** 在“属性”面板上单击“编辑”按钮，在弹出的“文档设置”面板中将“尺寸”设为“480 像素”×“480 像素”，“背景颜色”设为“#000000”，“帧频”设为“25.00”，单击“确定”按钮。

**03** 按 Ctrl+S 键保存文件为“Lighting.fla”。

**04** 本实例用到的来自 http://www.flashandmath.com/ 网站的 as 类包括如图 5-66 所示，将这些类文件分别存放在“com\flashandmath\dg”的文件夹下。

图 5-66 需要引用的 as 类

## 步骤二：添加脚本语言

由于引用了现成的类文件，使我们的工作变得非常容易。在“时间轴”面板选择“图层 1”的第“1”帧，单击鼠标右键选择快捷菜单中的“动作”命令，在弹出的“动作”面板中输入如下代码：

```
import com.flashandmath.dg.objects.Particle3D;

const pi2:Number = Math.PI*2;

var displayWidth:Number;
var displayHeight:Number;
var projCenterX:Number;
var projCenterY:Number;
var theta:Number;
var phi:Number;
var dphi:Number;
var dtheta:Number;
var fLen:Number;
var uMax:Number;
var dColor:uint;
var cost:Number;
var sint:Number ;
var cosp:Number;
var sinp:Number;
var p:Particle3D;
var m:Number;
var numParticles:Number;
var bgColor:uint;
var blur:BlurFilter;
var origin:Point;
var darken:ColorTransform;
var picHolder:Sprite;

var displayBitmap:Bitmap;
var displayBitmapData:BitmapData;

var pic:Bitmap;
var picLoader:Loader;
var picURL:URLRequest;
```

```
var firstParticle:Particle3D;
var M11:Number;
var M12:Number;
var M31:Number;
var M32:Number;

var level:Number;
var readColor:uint;
var levelInc:Number;
var postColor:ColorTransform;
var postBlur:BlurFilter;
var numT:Number;
var numS:Number;

stage.scaleMode = StageScaleMode.NO_SCALE;

init();

function init():void {

    levelInc = 13;

    displayWidth = 480;
    displayHeight = 480;

    projCenterX = displayWidth/2;
    projCenterY = displayHeight/2;

    theta = 3*Math.PI/2;
    phi = -Math.PI/4;
    dphi = Math.PI/208;
    dtheta = Math.PI/177;

    fLen = 250;
    uMax = fLen-2;

    origin = new Point();

    blur = new BlurFilter(4,4);
    blur.quality = BitmapFilterQuality.MEDIUM;

    var darkenFactor:Number = 0.9;
    darken = new ColorTransform(darkenFactor,darkenFactor,darkenFactor);

    var f:Number = 1;
    var d:Number = -24;
    postColor = new ColorTransform(1,1,1,1,d,d,d,0);

    postBlur = new BlurFilter(2,2);

    picHolder = new Sprite();

    displayBitmapData = new BitmapData(displayWidth, displayHeight, false, bgColor);
    displayBitmap = new Bitmap(displayBitmapData);
    picHolder.addChild(displayBitmap);
    stage.addChildAt(picHolder,0);

    createParticles();
    stage.addEventListener(Event.ENTER_FRAME, onEnter);
}
```

```
function onEnter(evt:Event):void {

    dphi = 0.015*Math.cos(getTimer()*0.000132);
    dtheta = 0.017*Math.cos(getTimer()*0.000244);

    phi = (phi + dphi) % pi2;
    theta = (theta + dtheta) % pi2;

    cost = Math.cos(theta);
    sint = Math.sin(theta);
    cosp = Math.cos(phi);
    sinp = Math.sin(phi);

    M11    = cost*sinp;
    M12    = sint*sinp;
    M301   = -cost*cosp;
    M302   = -sint*cosp;

    p = firstParticle;

    displayBitmapData.lock();

    displayBitmapData.colorTransform(displayBitmapData.rect,darken);
    displayBitmapData.applyFilter(displayBitmapData, displayBitmapData.rect,
    origin, blur);

    p = firstParticle;
    do {
        p.u = M11*p.x + M12*p.y + cosp*p.z;
        p.v = -sint*p.x + cost*p.y;
        p.w = M31*p.x + M32*p.y + sinp*p.z;

        m = fLen/(fLen -p.u);
        p.projX = p.v*m + projCenterX;
        p.projY = p.w*m + projCenterY;

        if ((p.projX > displayWidth)||(p.projX<0)||(p.projY<0)||(p.projY>
        displayHeight)||(p.u>uMax)) {
            p.onScreen = false;
        }
        else {
            p.onScreen = true;
        }

        if (p.onScreen) {

                readColor = displayBitmapData.getPixel(p.projX, p.projY);
                level = (readColor & 0xFF)+levelInc;
                level = (level > 255) ? 2505     : level;
                dColor = ((level>>1) << 8) | level;
                displayBitmapData.setPixel(p.projX, p.projY, dColor);
        }
        p = p.next;
    } while (p != null)

    displayBitmapData.unlock();
}

function createParticles():void {
```

```
    var rad1:Number;
    var rad2:Number;
    var f1:Number;
    var f2:Number;
    var s:Number;
    var t:Number;
    var sMin:Number;
    var tMin:Number;
    var sMax:Number;
    var tMax:Number;
    var sInc:Number;
    var tInc:Number;

    sMin = -Math.PI;
    sMax = Math.PI;
    tMin = -Math.PI;
    tMax = Math.PI;

    numT = 173;
    numS = 173;

    sInc = (sMax -sMin)/numS;
    tInc = (tMax -tMin)/numT;

    numParticles = numT*numS;

    var lastParticle:Particle3D;

    for (var i:int = 0; i<=numT;i++) {

        t = tMin + tInc*i;

        for (var j:int = 0; j<=numS;j++) {

            s = sMin + sInc*j;

            var thisParticle:Particle3D = new Particle3D(0x888888);

            rad01 = 80;
            rad02 = 50+15*Math.cos(s);

            thisParticle.x = 100*Math.cos((s+t));
            thisParticle.y = 100*Math.sin((s-t));
            thisParticle.z = 40*t;

            if ((i == 0)&&(j == 0)) {
                firstParticle = thisParticle;
            }
            else {
                lastParticle.next = thisParticle;
            }
            lastParticle = thisParticle;
        }
    }
}
```

按 Ctrl+Enter 键看看效果吧！

好了，本例到这里结束，亦幻亦真，希望你能喜欢。

## 实例 88

# 流水特效

图 5-67　实例 88：流水特效

这是一个经典实用的流水特效。

**提示：**

在这个例子里（如图 5-67 所示），你会学到利用图片的“perlinOffset”属性实现流水特效。

### 步骤一：创建文件

**01** 打开 Adobe Flash Professional CS5，选择“新建”面板下的“ActionScript 3.0”选项，新建一个 Flash 工程文件。

**02** 在“属性”面板上单击“编辑”按钮，在弹出的“文档设置”面板中设置“大小”为“400 像素”×“300 像素”，将“帧频”设为“40.00”，单击“确定”按钮。

### 步骤二：图片处理

**01** 如图 5-68 所示，准备一张“400”×“300”像素的水景图片，将其存为“2.jpg”。

图 5-68　原始素材图片

**02** 使用 Photoshop 的“选区工具”将图片的流水和堤岸部分区分开来，然后分别存为图片“2_1.png”和图片“2_2.png”，如图 5-69 所示（存为 png 图片格式是为了保存其透明的属性）。

**03** 再处理一张“100”×“75”像素的图片如图 5-70 所示，将其存为“1.jpg”（这张图片是用来模拟水波的，不需要太大，不然系统计算会非常慢）。

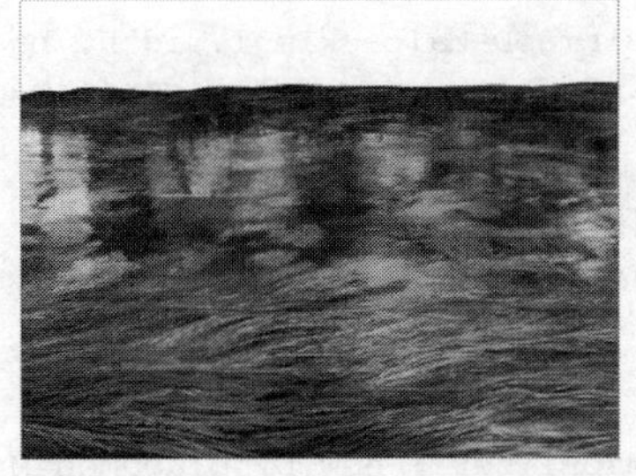

图 5-69　处理图片

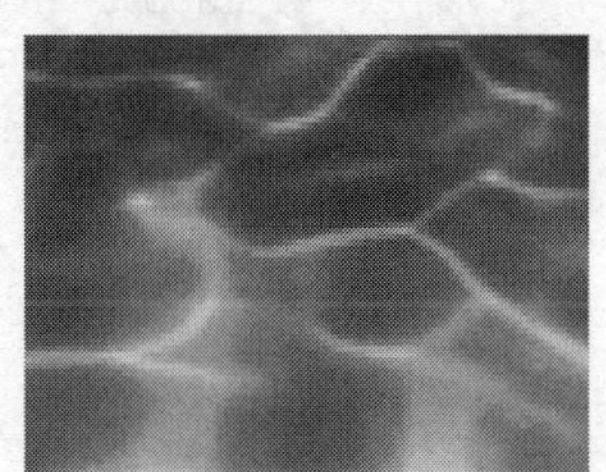

图 5-70　素材图片

## 步骤三：导入图片素材

**01** 选择“文件”|“导入”|“导入到舞台”命令，导入“2.jpg”文件。在“属性”面板打开“位置和大小”面板，调整“X”为“0”，“Y”为“0”，得到如图 5-71 所示效果。

**02** 在“时间轴”控制面板上将“图层 1”重命名为“bg”，新建图层并重命名为“shui”。选择“文件”|“导入”|“导入到舞台”命令，导入“2_2.png”文件。在“属性”面板上打开“位置和大小”面板，调整“X”为“0”，“Y”为“0”。

图 5-71　导入图片“2.jpg”

**03** 按 F8 键将其转换为元件，设置元件“名称”为“backImg”，“类型”为“影片剪辑”。选择该元件，在“属性”面板将其“实例名称”设为“backImg1”，如图 5-72 所示。

**04** 在“时间轴”控制面板上新建图层并重命名为“green”。选择“文件”|“导入”|“导入到舞台”命令，导入“2_1.png”文件。在“属性”面板打开“位置和大小”面板，调整“X”为“0”，“Y”为“0”。

**05** 在“时间轴”控制面板上新建图层并重命名为“water”。选择“文件”|“导入”|“导入到舞台”命令，导入“1.jpg”文件，将其放置在舞台外部区域即可。

**06** 选择图片“1.jpg”，按 F8 键将其转换为元件，设置元件“名称”为“fall”，“类型”为“影片剪辑”。选择该元件，在“属性”面板将其“实例名称”设为“waterfall”，如图 5-73 所示。

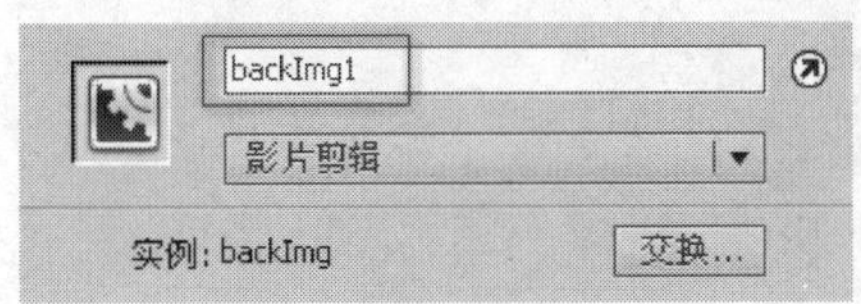


图 5-72　设置实例名称

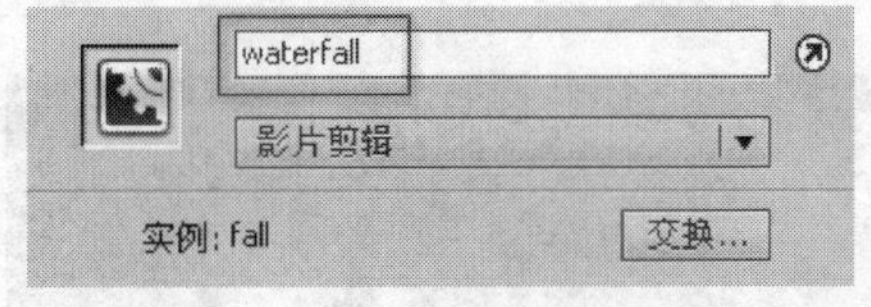


图 5-73　设置实例名称

## 步骤四：添加脚本语言

在“时间轴”面板上新建图层并重命名为“actions”。选择图层“actions”的第“1”帧，单击鼠标右键选择快捷菜单中的“动作”命令，在弹出的“动作”面板中输入如下代码：

```
var bm:BitmapData=new BitmapData(backImg1.width, backImg1.height);
var disp:DisplacementMapFilter = new DisplacementMapFilter(bm,new Point(0,0),
1,2,10,60);

var pt1:Point = new Point(0,0);
var pt2:Point = new Point(0,0);
var perlinOffset:Array = [pt1, pt2];

var bm2:BitmapData=new BitmapData(waterfall.width, waterfall.height);
var disp2:DisplacementMapFilter = new DisplacementMapFilter(bm2,new Point(0,0),
1,2,10,60);

var pt3:Point = new Point(0,0);
var pt4:Point = new Point(0,0);
var perlinOffsetFall:Array = [pt3, pt3];

addEventListener(Event.ENTER_FRAME, onFrame);

function onFrame(evt:Event):void {
perlinOffset[0].x +=1;
perlinOffset[1].y +=0.1;
bm.perlinNoise(45,9,2,50,true,false, 7,true,perlinOffset);
backImg1.filters=[disp]

perlinOffsetFall[0].y -=1;
perlinOffsetFall[1].x -=0.1;

bm2.perlinNoise(20,10,1,99,true,false, 7,false,perlinOffsetFall);
waterfall.filters=[disp2]
}
```

这时按 Ctrl+Enter 键就能看到缓缓流动的流水特效啦！

本例到这里结束。是不是很有趣啊！对比我们之前学过的用动画的方式实现流水效果（见实例 25），这种使用 ActionScript 的方式要更加简单和可调节性。由于是根据元件“fall”也就是图片“1.jpg”的采样来生成元件“backImg”的流水效果，所以，你可以尝试替换图片“1.jpg”来看看不同的流水效果，从而对“perlinOffset”属性有更深的体会。

## 实例 89

# 飞沙特效

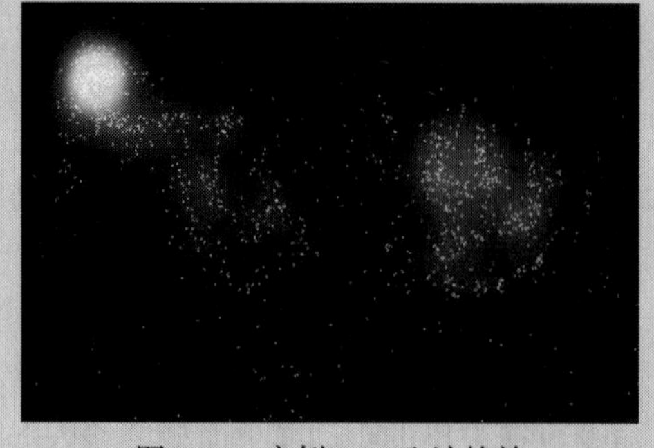

图 5-74　实例 89：飞沙特效

这又是一个漂亮的粒子特效实例。

**提示：**

在这个例子里（如图 5-74 所示），你会学到利用 ActionScript 模拟飞沙特效。

## 步骤一：创建文件

**01** 打开 Adobe Flash Professional CS5，选择“新建”面板下的“ActionScript 3.0”选项，新建一个 Flash 工程文件。

**02** 在“属性”面板上单击“编辑”按钮，在弹出的“文档设置”面板中将“尺寸”设为“800 像素”×“600 像素”，“背景颜色”设为“#000000”，“帧频”设为“30.00”，单击“确定”按钮。

**03** 按 Ctrl+S 键保存文件为“Light.fla”。

## 步骤二：制作文字背景

**01** 按 Ctrl+F8 键，创建一个新的元件，将“名称”设为“LightMap”，“类型”设为“影片剪辑”，这时系统默认进入元件“LightMap”的编辑模式。

**02** 选择“工具”面板上的“矩形工具”，在“颜色”面板上将“填充颜色”设为“黑色”，在舞台上画一个铺满舞台，即“800”×“600”的矩形。选择该矩形，在“属性”面板将“X”设为“0”，“Y”设为“0”。

**03** 在“时间轴”控制面板上将“图层 1”重命名为“bg”，新建图层并重命名为“map”。

**04** 使用“工具”面板上的“文本工具”在舞台上输入“飞沙”两个字。按 Ctrl+B 键 2 次，将文本打散，然后选择“工具”面板的“墨水瓶工具”，为文字添加一圈“10”像素的外轮廓边缘，得到如图 5-75 所示效果。

**05** 单击“编辑栏”上的“场景 1”，回到场景编辑模式。在“库”中选择元件“LightMap”，单击鼠标右键选择快捷菜单中的“属性”命令。如图 5-76 所示，在弹出的“元件属性”对话框中，勾选“链接”面板下的“为 ActionScript 导出”和“在第 1 帧中导出”，将“类”设为“LightMap”，单击“确定”按钮。

图 5-75　添加文字

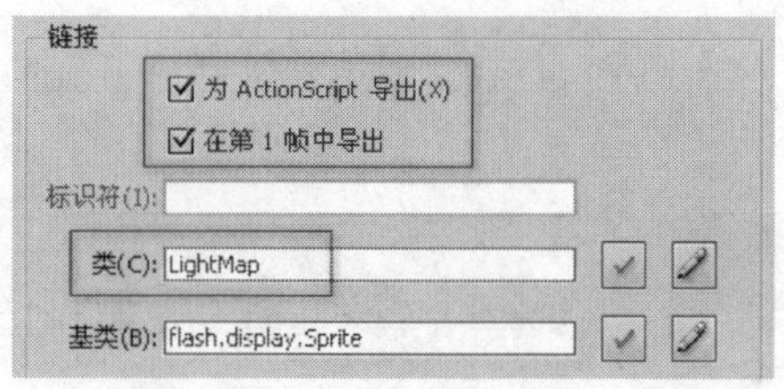


图 5-76　设置高级属性

## 步骤三：制作 AS 类文件

**01** 选择“文件”|“新建”命令，在弹出的“新建文档”窗口选择“ActionScript 3.0 类”。

**02** 在弹出的“创建 ActionScript 3.0 类”的对话框中，将“类名称”设置为“SimpleParticle”，如图 5-77 所示，单击“确定”按钮。

图 5-77　新建类文件

**03** 在打开的输入窗口输入如下代码：

```
package {
    import flash.display.Shape;

    public dynamic class SimpleParticle extends Shape{

        private var _color:Number = 0x000000;
        private var _size:Number = 1;
        private var _type:String = "rect";

        public static var RECT:String = "rect";
        public static var CIRCLE:String = "circle";

        function SimpleParticle(){
        }

        private function draw(){
            clear();
            graphics.beginFill(_color, 1);

            switch(type){
                case RECT:
                    graphics.drawRect(-size/2, -size/2, size, size);
                    break;

                case CIRCLE:
                    graphics.drawCircle(-size/2, -size/2, size);
                    break;
            }

            graphics.endFill();
        }

        public function clear(){
            graphics.clear();
        }

        public function set color(c:Number){
            _color = c;
            draw();
        }

        public function set size(s:Number){
            _size = s;
            draw();
        }

        public function set type(t:String){
            _type = t;
            draw();
        }

        public function get color():Number{
            return _color;
        }

        public function get size():Number{
            return _size;
        }
```

```
        public function get type():String{
            return _type;
        }
    }
}
```

**04** 按 Ctrl+S 键保存文件，将其与“Light.fla”存放在同一目录下，存为“SimpleParticle.as”。

**05** 再次选择“文件”|“新建”命令,在弹出的“新建文档”窗口选择“ActionScript 3.0 类”。

**06** 在弹出的“创建 ActionScript 3.0 类”的对话框中,将“类名称”设置为“Light”,如图 5-78 所示，单击“确定”按钮。

图 5-78　新建类文件

**07** 在打开的输入窗口输入如下代码:

```
package{
    import flash.display.Bitmap;
    import flash.display.BitmapData;
    import flash.display.Sprite;
    import flash.events.Event;
    import flash.events.MouseEvent;
    import flash.filters.GlowFilter;

    public class Light extends Sprite{

        private var _particles:Array;
        private var _holder:Sprite;
        private var _glow:GlowFilter;
        private var _map:Sprite;
        private var _bmp:BitmapData;
        private var _isDown:Boolean;

        private var WHITE_VALUE:Number = 16777215;

        public function Light(){
            init();
        }

        public function init(){
            stage.addEventListener(MouseEvent.MOUSE_DOWN, onPress2);
            stage.addEventListener(MouseEvent.MOUSE_UP, onRelease2);
            stage.addEventListener(Event.ENTER_FRAME, animate);

            _map = new LightMap();
            _bmp = new BitmapData(_map.width, _map.height);
            _bmp.draw( _map );

            _glow = new GlowFilter(0x99FF00, .8, 25, 25, 8, 2);

            _holder = new Sprite();
            _holder.filters = [_glow];
            addChild(_holder);
```

```
        _particles = [];
    }

    private function onPress2(evt:MouseEvent){
        _isDown = true;
    }

    private function onRelease2(evt:MouseEvent){
        _isDown = false;
    }

    private function emitParticles(){
        var p:SimpleParticle = new SimpleParticle();
        p.color = 0x99FF00;
        p.size = 1;
        p.type = SimpleParticle.RECT;
        p.x = mouseX + Math.random()*5*randomDirection;
        p.y = mouseY + Math.random()*5*randomDirection;

        p.currentY = p.y;
        p.counter = 1;
        p.randomGravity = 5+Math.random()*15;
        p.randomWind = Math.random()*5*randomDirection;
        p.incY = 0;
        p.randomIncY = Math.random()*.2+.1;
        p.amplitudeY = Math.random()*5+5;
        p.direction = (mouseX>400) ? 01      : -1;

        _holder.addChild(p);

        _particles.push(p);
    }

    protected function animate(event:Event){
        if(_isDown){
            for(var j=0; j<=60; j++){
                emitParticles();
            }
        }

        var p:SimpleParticle;
        var ang:Number;
        var multiply:Number;
        var perc:Number;

        for(var i in _particles){
            p = _particles[i];
            p.counter-=.015;

            perc = _bmp.getPixel(p.x, p.y)/WHITE_VALUE;
            multiply = 1-perc * .95;

            p.randomWind += .05       * -1;
            p.x += p.randomWind * multiply * p.direction;
            p.currentY += p.randomGravity * multiply;
            p.incY += p.randomIncY;
            p.y = p.currentY + Math.cos(p.incY) * p.amplitudeY;

            if(p.counter<.05){
                p.alpha -= .1;
            }
```

```
                if(p.alpha<.001   || p.x<0 || p.x>800 || p.y>600){
                    p.clear();
                    _holder.removeChild(p);
                    _particles[i] = null;
                    _particles.splice(i, 1);
                }
            }
        }
        private function get randomDirection():Number{
            return Math.round(Math.random()*1) * 02      -1;
        }
    }
}
```

**08** 按 Ctrl+S 键保存文件，将其与“Light.fla”存放在同一目录下，存为“Light.as”。

## 步骤四：添加 AS

切换到“Light.fla”，如图 5-79 所示，在“属性”面板打开“发布”面板，将“类”设置为“Light”，即指向我们刚才写好的“Light.as”类文件。

这时按 Ctrl+Enter 键预览动画，单击鼠标，就能看到漂亮的飞沙效果了。飞沙落在文字所在的地方会稍作停留噢！

本例到这里结束，你喜欢这个特效吗？

图 5-79　设置发布属性

## 实例 90

# 迷雾特效

图 5-80　实例 90：迷雾特效

神秘的原始森林，弥漫着挥之不去的迷雾，这就是本例的效果。

**提示：**

在这个例子里（如图 5-80 所示），你会学到利用 ActionScript 模拟烟雾特效。

## 步骤一：创建文件

**01** 打开 Adobe Flash Professional CS5，选择“新建”面板下的“ActionScript 3.0”选项，新建一个 Flash 工程文件。

**02** 在“属性”面板上单击“编辑”按钮，在弹出的“文档设置”面板中将“尺寸”设为“400像素”×“260像素”，“背景颜色”设为“#698787”，“帧频”设为“12.00”，单击“确定”按钮。

**03** 按 Ctrl+S 键保存文件为“fog.fla”。

## 步骤二：制作背景及烟雾元件

**01** 按 Ctrl+F8 键，创建一个新的元件，将“名称”设为“smoker”，“类型”设为“影片剪辑”，这时系统默认进入元件“smoker”的编辑模式。

**02** 使用“文件”|“导入”|“导入到舞台”命令，从外部导入一张“smoke.jpg”的图片（这张图片可以使用 Photoshop 的“滤镜”|“渲染”|“云彩”命令快速生成）。选择该图片，在“对齐”面板将其与舞台中心对齐，如图 5-81 所示。即“X”为“–100”，“Y”为“–95”。

**03** 单击“编辑栏”上的“场景 1”回到场景编辑模式。选择“文件”|“导入”|“导入到舞台”命令，从外部导入一张“bg.jpg”的图片，在“属性”面板将其“X”和“Y”设为“0”，如图 5-82 所示。按 F8 键将其转换为元件，设置元件“名称”为“bg”、“类型”为“影片剪辑”。

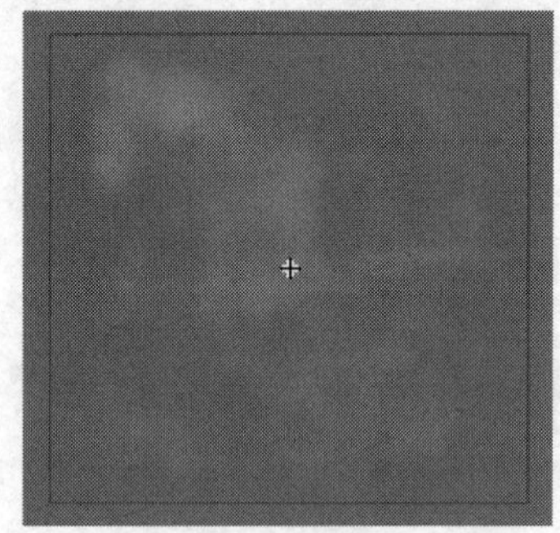

图 5-81 烟雾图片

图 5-82 添加背景图

**04** 在“库”中选择元件“smoker”，单击鼠标右键选择快捷菜单中的“属性”命令，在弹出的“元件属性”对话框中，勾选“链接”面板下的“为 ActionScript 导出”和“在第 1 帧中导出”，“类”为“smoker”，如图 5-83 所示，单击“确定”按钮。

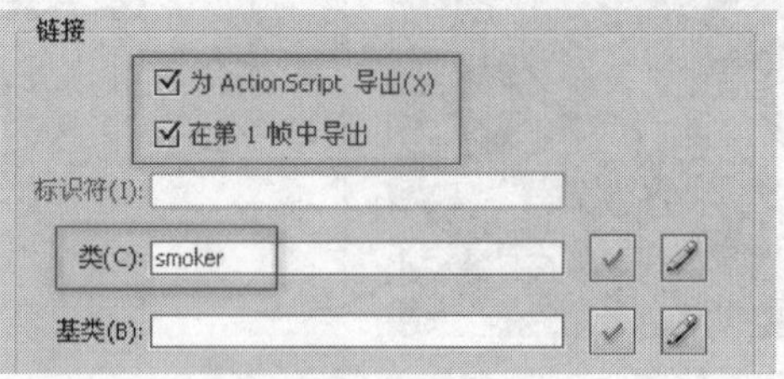


图 5-83 设置高级属性

## 步骤三：制作AS类文件

**01** 选择“文件”|“新建”命令，在弹出的“新建文档”窗口选择“ActionScript 3.0 类”。

**02** 在弹出的“创建 ActionScript 3.0 类”的对话框中将“类名称”设置为“smoker”，如图 5-84 所示，单击“确定”按钮。

**03** 在打开的输入窗口输入如下代码：

```
package {
    import flash.display.MovieClip;
    import flash.utils.setInterval;
    import flash.utils.clearInterval;

    public class smoker extends MovieClip {

        private var uintMoveFog:uint;
        private var rotater:Number = (Math.random()*1)-.5;
        private var nStageHeight:Number = 400;

        public function smoker( ) {
            uintMoveFog = setInterval ( _moveFog, 12    );
        }
        private function _moveFog( ):void {
            this.rotation += this.rotater;
        }
    }
}
```

**04** 按 Ctrl+S 键保存文件，将其与“fog.fla”存放在同一目录下，存为“smoker.as”。

**05** 再次选择“文件”|“新建”命令，在弹出的“新建文档”窗口选择“ActionScript 3.0 类”。

**06** 在弹出的“创建 ActionScript 3.0 类”的对话框中将“类名称”设置为“Fogger”，如图 5-85 所示，单击“确定”按钮。

图 5-84　新建类文件

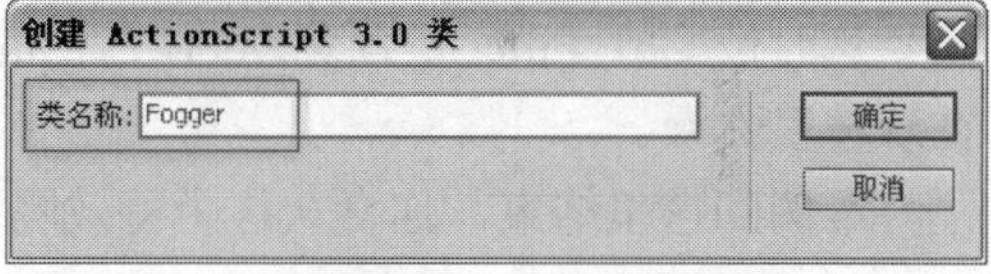

图 5-85　新建类文件

**07** 在打开的输入窗口输入如下代码：

```
package
{
    import flash.display.MovieClip;
    import flash.utils.setInterval;
    import flash.utils.clearInterval;

    public class Fogger extends MovieClip
    {
        private var mcFogContainer:MovieClip;

        private var nStageWidth:Number = 400;
        private var nStageHeight:Number = 260;
        private var b:int;

        public function Fogger ( )
        {

            mcFogContainer = new MovieClip ();
            addChild(mcFogContainer);
```

```
            for (b = 0; b<10; b++) {
                _addFog();
            }
        }

        private function randomer(firstInt:Number, lastInt:Number) {
            var a:Number = lastInt-firstInt;
            return (Math.random()*a)+firstInt;
        }

        private function _addFog ( ) : void
        {
            var NewFog:smoker = new smoker ( );
            mcFogContainer.addChild(NewFog);
            NewFog.rotation = randomer(0, 359);
            NewFog.x = randomer(0, nStageWidth);
            NewFog.y = randomer(0, nStageHeight);
            NewFog.scaleX = NewFog.scaleY = randomer(2, 4);
            NewFog.alpha = randomer(.2, .8);
        }
    }
}
```

**08** 按 Ctrl+S 键保存文件，将其与“fog.fla”存放在同一目录下，存为“Fogger as”。

### 步骤四：添加 AS

切换到“fog.fla”，如图 5-86 所示，在“属性”面板打开“发布”面板，将“类”设置为“Fogger”，即指向我们刚才写好的“Fogger.as”类文件。

这时按 Ctrl+Enter 键预览动画，白色的迷雾就在森林里弥漫。

本例到这里结束，你喜欢这个特效吗？

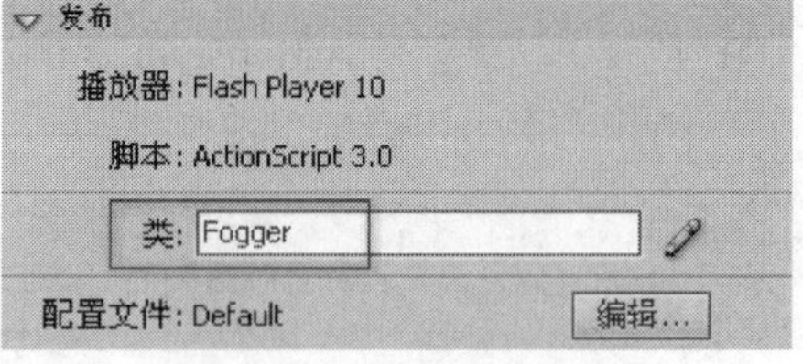


图 5-86　添加类文件

## 实例 91

# 火烧特效 2

图 5-87　实例 90：火烧特效 2

这是一个使用纯 ActionScript 制作的火焰特效。

**提示：**

在这个例子里（如图 5-87 所示），你会学到用“Actionscript3”模拟火焰燃烧效果

## 步骤一：创建文件

**01** 打开 Adobe Flash Professional CS5，选择“新建”面板下的“ActionScript 3.0”选项，新建一个 Flash 工程文件。

**02** 在“属性”面板上单击“编辑”按钮，在弹出的“文档设置”面板中将“尺寸”设为“320 像素”×“240 像素”，“帧频”设为“50.00”，单击“确定”按钮。

**03** 按 Ctrl+S 键保存文件为“fire.fla”。

**04** 同时准备一张名为“bg.jpg”的圆明园图片放在同一目录下。

## 步骤二：制作 AS 类文件

**01** 选择“文件”|“新建”命令，在弹出的“新建文档”窗口选择“ActionScript 3.0 类”。

**02** 在弹出的“创建 ActionScript 3.0 类”的对话框中将“类名称”设置为“fire”，如图 5-88 所示，单击“确定”按钮。

图 5-88　新建类文件

**03** 在打开的输入窗口输入如下代码：

```
package {
    import flash.display.Sprite;
    import flash.display.Shape;
    import flash.display.GradientType;
    import flash.display.SpreadMethod;
    import flash.display.InterpolationMethod;
    import flash.display.Loader;
    import flash.net.URLRequest;
    import flash.geom.Matrix;
    import flash.geom.Point;
    import flash.events.Event;
    import flash.display.Bitmap;
    import flash.display.BitmapData;
    import flash.display.BitmapDataChannel;
    import flash.filters.DisplacementMapFilter;
    import flash.filters.DisplacementMapFilterMode;

[SWF(frameRate='50',width='320',height='240',backgroundColor='0xffffff')]

    public class fire extends Sprite
    {
        private var gradientX_data:BitmapData;
        private var perlin_data:BitmapData;
        private var fire_data:BitmapData;
        private var fireScreen:Bitmap;
        private var a:Array;
        public function fire()
```

```
{
    loadBackground();
    var matrix:Matrix = new Matrix();
    matrix.createGradientBox(100, 100, -Math.PI/2, 0, 0);
    var type:String = GradientType.LINEAR;
    var colors:Array = [0xFF6600, 0x000000];
    var alphas:Array = [1, 0.5];
    var ratios:Array = [0, 210];
    var spreadMethod:String = SpreadMethod.PAD;
    var interp:String = InterpolationMethod.RGB;
    var focalPtRatio:Number = 0;
    var square:Shape = new Shape;
    square.graphics.beginGradientFill(type,
                    colors,
                    alphas,
                    ratios,
                    matrix,
                    spreadMethod,
                    interp,
                    focalPtRatio);
    square.graphics.drawRect(0, 0, 100, 100);
    square.graphics.endFill();
    gradientX_data = new BitmapData(100, 100, true, 0x00000000);
    gradientX_data.draw(square);
    fire_data = new BitmapData(100, 100, true, 0x00000000);
    fireScreen = new Bitmap(fire_data);
    fireScreen.scaleX = 3.2;
    fireScreen.scaleY = 2.4;
    fireScreen.smoothing = true;
    addChild(fireScreen);
    perlin_data = new BitmapData(100, 100, true, 0x00000000);
    a = new Array();
    for(var i:int = 0; i< 2; i++){
        a.push(new Point());
    }
    addEventListener(Event.ENTER_FRAME, onEnterFrame);
}

public function onEnterFrame(event:Event):void {
    var vx:int = 0;
    var vy:int = 7;
    a[0].x += vx;
    a[0].y += vy;
    a[1].x += vx;
    a[1].y += vy;
    perlin_data.perlinNoise(10, 150, 2, 123456, true, false, 2, false, a);
    var d:DisplacementMapFilter = new DisplacementMapFilter(perlin_data,
    new Point(), BitmapDataChannel.RED, BitmapDataChannel.GREEN, 50, 50,
    DisplacementMapFilterMode.IGNORE);
    fire_data.applyFilter(gradientX_data, gradientX_data.rect, new Point(), d);
}

private function loadBackground():void
{
    var loaderFond:Loader = new Loader();
    loaderFond.load(new URLRequest(fullPath ("bg.jpg")));
    loaderFond.cacheAsBitmap = true;
    this.addChild(loaderFond);
}

private function fullPath(nomFichier:String) : String {
```

```
            return((root.loaderInfo.url.substring(0, (root.loaderInfo.url).
            lastIndexOf("/") + 01) ) + nomFichier );
        }
    }
}
```

**04** 按 Ctrl+S 键，保存文件，将其与“fire.fla”存放在同一目录下，存为“fire.as”。

## 步骤三：添加 AS

切换到文件“fire.fla”。单击舞台，在“属性”面板添加文件的“文档类”为“fire”，如图 5-89 所示。

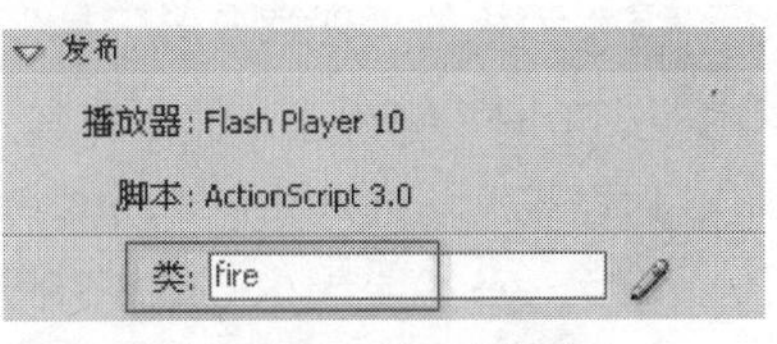


图 5-89　添加文档类

这时按 Ctrl+Enter 键就能看到如图 5-87 所示的火烧圆明园的效果啦！

本例到这里结束。AS3 制作的文件都非常的干净，代码也非常有层次，是不是很简单啊！

## 实例 92

# 香烟特效

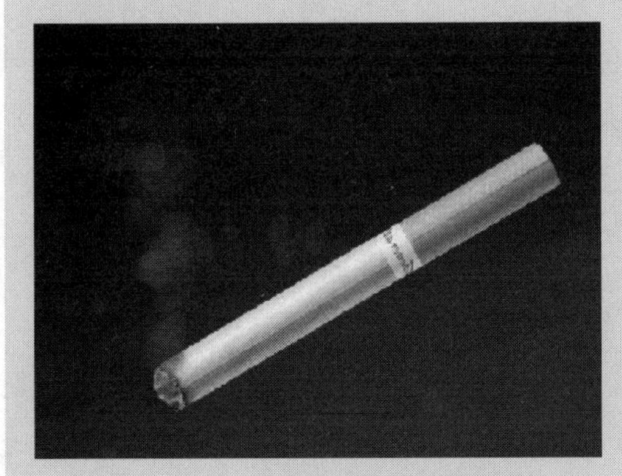

图 5-90　实例 92：香烟特效

看 AS 如何营造香烟点燃后的烟烧效果。

**提示：**

在这个例子里（如图 5-90 所示），你会学到利用 ActionScript 模拟香烟燃烧的效果。

## 步骤一：创建文件

**01** 打开 Adobe Flash Professional CS5，选择“新建”面板下的“ActionScript 3.0”选项，新建一个 Flash 工程文件。

**02** 在“属性”面板上单击“编辑”按钮，在弹出的“文档设置”面板中将“尺寸”设为“400 像素”×“300 像素”，“背景颜色”设为“#CCCCCC”，“帧频”设为“30.00”，单击“确定”按钮。

**03** 按 Ctrl+S 键保存文件为“smokepuff.fla”。

## 步骤二：制作场景

**01** 选择“工具”面板上的“矩形工具”，在“颜色”面板上将其“填充颜色”设为“黑色到深灰色”的渐变色，“笔触颜色”设为“无”，在舞台上画一个铺满舞台的矩形作为背景。在“属性”面板将“X”和“Y”设为“0”，“宽”为“400”，“高”为“300”。

**02** 在“时间轴”控制面板上将“图层 1”重命名为“bg”，新建图层并重命名为“smoke”。选择“文件”|“导入”|“导入到舞台”命令，从外部导入“smoke.png”图片。选择“工具”面板的“任意变形工具”将其调整如图 5-91 所示。

**03** 按 Ctrl+F8 键新建元件，将其“名称”设为“smokepuff”，“类型”设为“影片剪辑”。这时系统默认进入元件“smokepuff”的编辑模式。选择“文件”|“导入”|“导入到舞台”命令，从外部导入“smokepuff.png”图片，如图 5-92 所示。

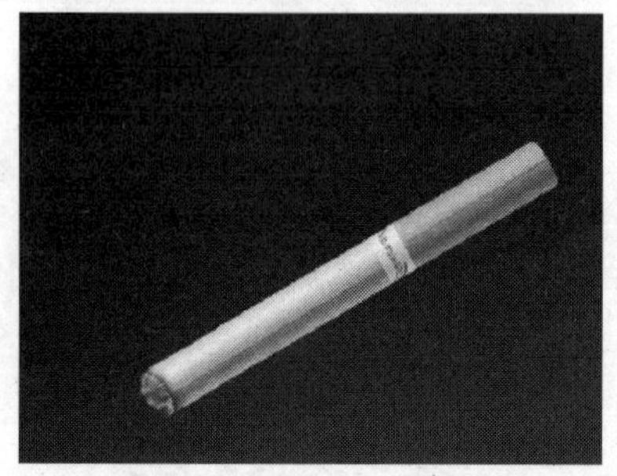

图 5-91　导入图片 smoke.png

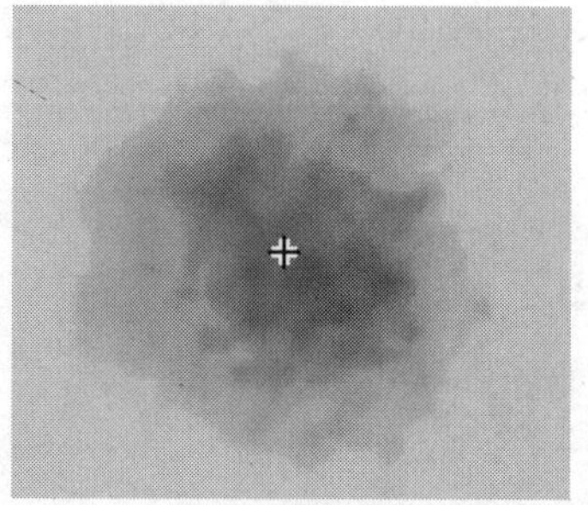

图 5-92　导入图片 smokepuff.png

**04** 在“库”面板上选择元件“smokepuff”，单击鼠标右键选择快捷菜单中的“属性”命令。在弹出的“元件属性”面板打开“高级属性”。如图 5-93 所示，在“链接”面板，勾选“为 ActionScript 导出”，将“类”设为“waterEffect”，“基类”设为“smokepuff”。单击“确定”按钮。

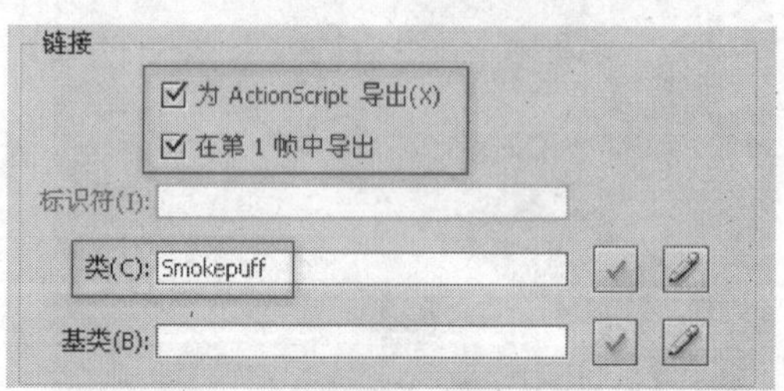


图 5-93　设置高级属性

## 步骤三：制作 AS 类文件

**01** 选择“文件”|“新建”命令，在弹出的“新建文档”窗口选择“ActionScript 3.0 类”。

**02** 在弹出的“创建 ActionScript 3.0 类”的对话框中将“类名称”设置为“Smokepuff”，如图 5-94 所示，单击“确定”按钮。

图 5-94　新建类文件

**03** 在打开的输入窗口输入如下代码：

```
package
{
    import flash.display.BlendMode;
    import flash.display.MovieClip;
    import flash.events.Event;

    public class Smokepuff extends MovieClip
```

```
    {
        public var vx:Number;
        public var vy:Number;
        public function Smokepuff() : void
        {
            alpha = Math.random();
            vx = Math.random() -Math.random();
            vy = Math.random() * 03     -5;
            scaleX = scaleY = Math.random();
            addEventListener(Event.ENTER_FRAME, loop, false, 0, true);
        }

        private function loop(e:Event) : void
        {
            alpha -= 0.01;
            y += vy;
            x += vx;
            scaleX = scaleY += 0.02;

            if (alpha < 0)
                removeSelf();
        }

        private function removeSelf() : void
        {
            removeEventListener(Event.ENTER_FRAME, loop);
            parent.removeChild(this);
        }
    }
}
```

**04** 按 Ctrl+S 键保存文件，将其与“smokepuff.fla”存放在同一目录下，存为“Smokepuff.as”。

**05** 再次选择“文件”|“新建”命令，在弹出的“新建文档”窗口选择“ActionScript 3.0 类”。

**06** 在弹出的“创建 ActionScript 3.0 类”的对话框中将“类名称”设置为“Main”，如图 5-95 所示，单击“确定”按钮。

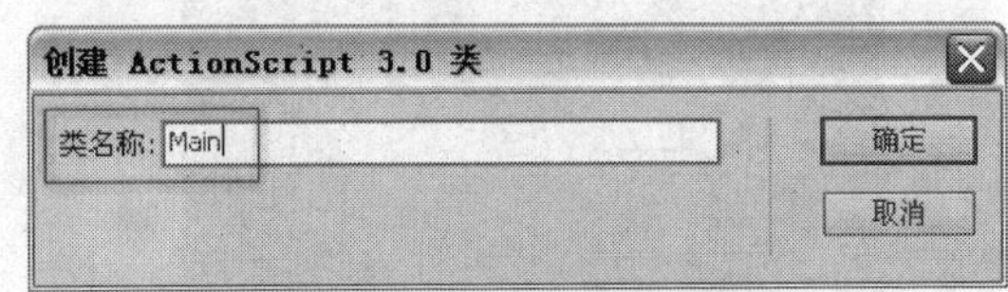

图 5-95 新建类文件

**07** 在打开的输入窗口输入如下代码：

```
package
{

    import flash.display.Stage;
    import flash.display.MovieClip;
    import flash.events.Event;
    import Smokepuff;
    import flash.display.Sprite;

    public class Main extends Sprite
    {

        public function Main() : void
        {
            addEventListener(Event.ENTER_FRAME, loop, false, 0, true);
        }

        private function loop(e:Event) : void
        {
```

```
            var smokepuff:Smokepuff = new Smokepuff();
            smokepuff.x = 95;
            smokepuff.y = 230;
            stage.addChild(smokepuff);
        }
    }
}
```

**08** 按 Ctrl+S 键保存文件，将其与“smokepuff.fla”存放在同一目录下，存为“Main.as”。

## 步骤四：添加 AS

切换到“smokepuff.fla”，在“属性”面板上打开“发布”面板，如图 5-96 所示，设置“类”为“Main”。

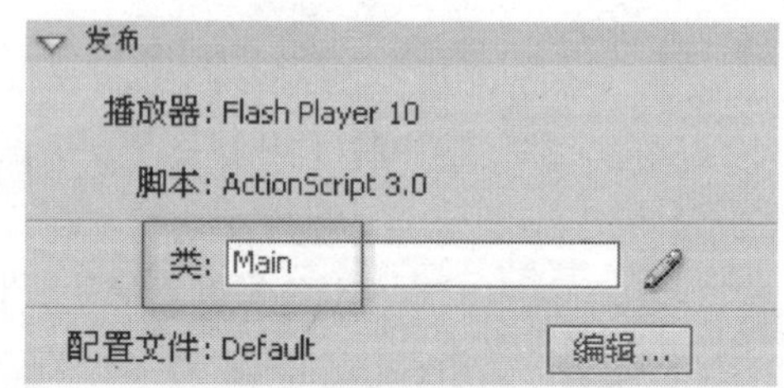


图 5-96　设置发布属性

这时按 Ctrl+Enter 键就能看到香烟上冉冉升起的烟烧效果啦！

本例到这里结束。如果你的香烟和燃烧的烟之间没有很好的合上，不用担心，请调整“Main.as”中的“smokepuff.x = 95;”和“smokepuff.y = 230;”的数值，这两个数值决定了香烟燃烧的起点位置。

## 实例 93

# 爆炸特效

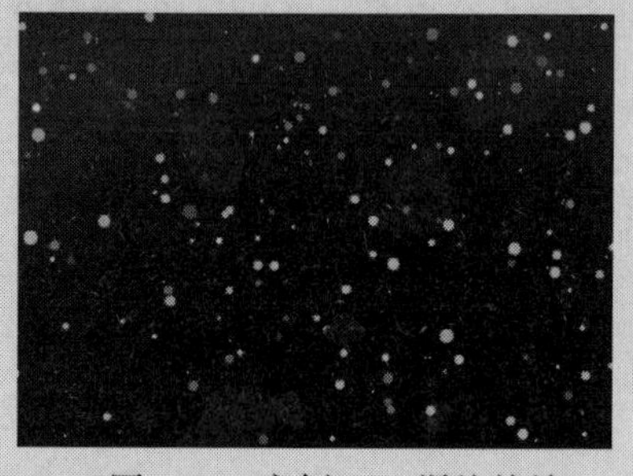

图 5-97　实例 93：爆炸特效

**提示：**

在这个例子里（如图 5-97 所示），你会学到用 AS 的“Math.random”来模拟烟花爆炸的随机效果。

## 步骤一：创建文件

**01** 打开 Adobe Flash Professional CS5，选择“新建”面板下的“ActionScript 3.0”选项，新建一个 Flash 工程文件。

**02** 在“属性”面板上单击“编辑”按钮，在弹出的“文档设置”面板中将“尺寸”设为“400 像素”×“280 像素”，“背景颜色”设为“#000000”，“帧频”设为“24.00”，单击“确定”按钮。

**03** 按 Ctrl+S 键保存文件为“firework.fla”。

## 步骤二：制作场景

图 5-98　绘制背景

选择“工具”面板上的“矩形工具”，在“颜色”面板将“填充颜色”设为“黑到深蓝”的渐变色，在舞台上画一个盖满整个舞台的矩形。使用“工具”面板上的“渐变变形工具”调整渐变色的范围，得到如图 5-98 所示效果。

## 步骤三：添加脚本语言

**01** 在“时间轴”控制面板上将“图层 1”重命名为“bg”，新建图层并重命名为“actions”。

**02** 选择图层“actions”的第“1”帧，单击鼠标右键选择快捷菜单中的“动作”命令，在弹出的“动作”编辑区输入如下代码：

```
var FireTimer:Timer = new Timer(1000);
FireTimer.addEventListener(TimerEvent.TIMER,addFire);
FireTimer.start();
var tempRo:Number;
function addFire(e:TimerEvent):void
{
    var X:Number = Math.random() * 400;
    var Y:Number = Math.random() * 280;
    var color:uint = 0xffffff * Math.random();
    for (var i:int=0; i<100; i++)
    {
        var mc :MovieClip=new MovieClip();
        mc.graphics.beginFill(color);
        mc.graphics.drawCircle(0,0,4+3* Math.random());
        mc.graphics.endFill();
        addChild(mc);
        mc.x = X;
        mc.y = Y;
        mc.scaleX = mc.scaleY = 0.01     + Math.random() * 0.6;
        tempRo = Math.random() * 360 / 180;
        mc.spdX = Math.random() * 10     * Math.sin(tempRo) * Math.pow(-1,Math.
        floor(Math.random() * 100) % 2);
        mc.spdY = Math.random() * 10     * Math.cos(tempRo) * Math.pow(-1,Math.
        floor(Math.random() * 100) % 2);
        mc.addEventListener(Event.ENTER_FRAME,FireMove);
    }
}
function FireMove(e:Event):void
{
    var obj:Object = e.target;
    obj.x +=  obj.spdX;
    obj.y +=  obj.spdY;
    if (obj.alpha <= 0)
    {
        obj.removeEventListener(Event.ENTER_FRAME,FireMove);
    }
}
```

这时按 Ctrl+Enter 键就能看到爆炸的效果了！

本例到这里结束。尝试调整不同的 Math.random() 相关系数，你能得到不一样的爆炸效果噢！

## 实例 94

# 下雪特效

图 5-99 实例 94：下雪特效

CS5 默认的动画模板中有下雪特效，在前面的花瓣特效实例（详见实例 83）中我们应用过。这里采用的是使用 AS 编写的下雪特效。

**提示：**

在这个例子里（如图 5-99 所示），你会学到利用 ActionScript 模拟下雪特效。

### 步骤一：创建文件

**01** 打开 Adobe Flash Professional CS5，选择“新建”面板下的“ActionScript 3.0”选项，新建一个 Flash 工程文件。

**02** 在“属性”面板上单击“编辑”按钮，在弹出的“文档设置”面板中将“尺寸”设为“550 像素”×“300 像素”，“背景颜色”设为“#006699”，“帧频”设为“30.00”，单击“确定”按钮。

**03** 按 Ctrl+S 键保存文件为“Snow.fla”。

**04** 在“Snow.fla”的同级目录下，新建文件夹“image”用来放置背景图片，新建文件夹“project”，再双击文件夹“project”，在文件夹“project”下新建文件夹“snow”用来放置 as 类文件。

**05** 本实例用到的来自 http://www. neatfilm.com 网站的 as 类包括如图 5-100 所示。将这些类文件分别存放在“com\neatfilm\display”的文件夹下（不要更改 as 文件的文件夹名称及路径，直接调用就行了）。

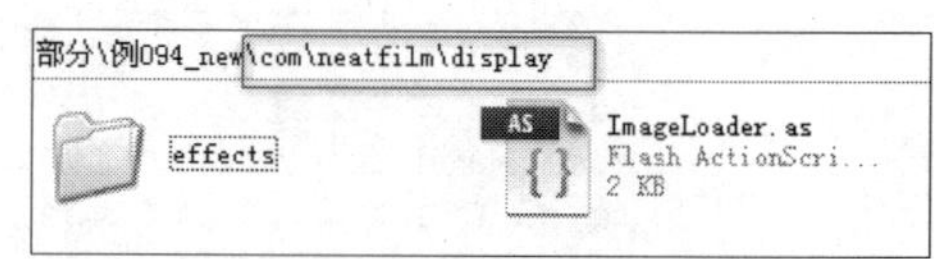


图 5-100 需要引用的 as 类

### 步骤二：制作场景

**01** 使用 Photoshop 制作一张 550×350 像素的图片，如图 5-101 所示，将其存为“snow.jpg”，并将其存放在文件夹“image”下。

**02** 切换到 Flash CS5 文件“Snow.fla”，按 Ctrl+F8 键新建元件，设置元件“名称”为“snow”，“类型”为“影片剪辑”，这是系统默认进入元件“snow”的编辑模式。

图 5-101 处理图片 snow.jpg

**03** 选择“工具”面板上的“椭圆工具”,在“颜色”面板将“填充颜色”设为“白色到透明”的渐变色，将“笔触颜色”设为“无”，在舞台中心绘制一个小小的圆形，模拟雪花。使用“工具”面板上的“任意变形工具”和“渐变变形工具”调整圆形，得到如图 5-102 所示效果。

**04** 单击“编辑栏”上的“场景 1”，回到场景编辑模式。在“库”面板中选择元件“snow”，单击鼠标右键选择快捷菜单中的“属性”命令，在弹出的“元件属性”面板中打开“高级属性”面板。如图 5-103 所示，在“链接”面板中勾选“为 ActionScript 导出”和“在第 1 帧中导出”，将“类”设为“lib_snow”。

图 5-102　绘制雪花

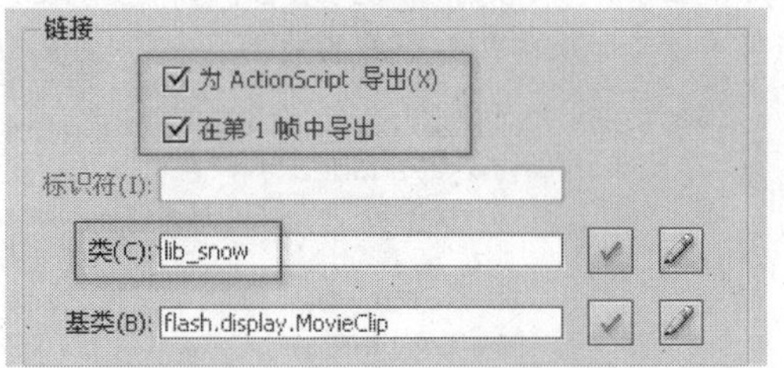


图 5-103　设置高级属性

## 步骤三：制作 AS 类文件

**01** 选择“文件”|“新建”命令，在弹出的“新建文档”窗口选择“ActionScript 3.0 类”。

**02** 在弹出的“创建 ActionScript 3.0 类”的对话框中，将“类名称”设置为“project.snow.Snow”，如图 5-104 所示单击“确定”按钮。

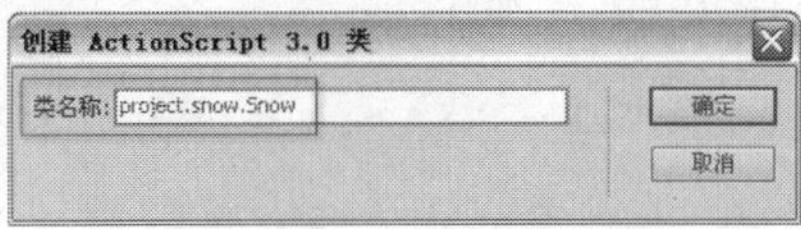


图 5-104　新建类文件

**03** 在打开的输入窗口输入如下代码：

```
package project.snow
{
    import flash.display.Sprite;
    import flash.events.Event;
    import flash.display.Bitmap;

    import com.neatfilm.display.ImageLoader;
    import com.neatfilm.display.effects.SnowEffect;

    public class Snow extends Sprite
    {
        private var w:Number;
        private var h:Number;

        private var angle:Number;
        private var angle2:Number;

        public function Snow()
        {
            init();
```

```
        }
        private function init()
        {

            this.w = 550;
            this.h = 350;

            var bg:Sprite = new Sprite();
            var snow:Sprite = new Sprite();
            this.addChild(bg);
            this.addChild(snow);
            bg.name = 'bg_layer';
            snow.name = 'snow_layer';
            snow.alpha = 0;

            var loader:ImageLoader = new ImageLoader(bg, 'image/snow.jpg', this,
            'imageLoaded');
            var se:SnowEffect = new SnowEffect(this.w, this.h, snow);

            this.angle = 0;
            this.angle02  = 2;

            this.addEventListener(Event.ENTER_FRAME,wind);
        }
        public function imageLoaded(image:Bitmap):void
        {
            var snow:Sprite = this.getChildByName('snow_layer');
            snow.alpha = 1;
        }
        private function wind(e:Event):void
        {
            var n:int = int(Math.sin(this.angle2)*8);
            var i:int = int(Math.sin(this.angle)*n);
            SnowEffect.setWind( i/02      );
            this.angle += 0.2;
            this.angle02  += 0.22;
        }
    }
}
```

**04** 按 Ctrl+S 键保存文件，将其存放在目录“project\snow”下，存为“Snow.as”。

## 步骤四：添加 AS

切换到“Snow.fla”，在“属性”面板上打开“发布”面板，将“类”设为“project.snow.Snow”，指向我们刚刚写好的 as 类文件，如图 5-105 所示。

图 5-105　设置发布属性

这时按 Ctrl+Enter 键就能雪花飘飘的效果了！

本例到这里结束，非常简单又非常实用的特效！

# 第 6 章 终极篇——返璞归真

终于来到第 6 章啦！感谢你辛苦的学习直到最终的阶段。

这章的内容实用性非常强，均为目前热门的商业项目和领域，可以说每一个实例都有较高的含金量。本章实例综合利用到了前面所学到的各种绘画、动画、互动、特效技巧，而且更着重讲解了大型 Flash 文件的层级关系问题，并针对每个实例所涉及的相关行业背景知识和制作流程都进行了介绍。

本章的实例你可以不按顺序学习，先挑你需要的开始吧！不过，如果你对本书前几个部分的内容没有较为熟悉的了解的话，直接学习这个部分会非常吃力。

在你全部或部分的学习完本部分的实例后，也许你就能达到返璞归真的最高境界。那时候你会真正明白一切的技术都是为了你的创意服务的，不管 Flash 的版本如何发展，只要你掌握了它的使用技巧，这才是最高的境界！祝你在本部分学习顺利，还是那句话，任何有不明白的地方欢迎发送邮件至 Email:yudan333@yahoo.cn ！

| | | | | | |
|---|---|---|---|---|---|
|  | 实例 95<br>商务贺卡 |  | 实例 96<br>结婚相册 | 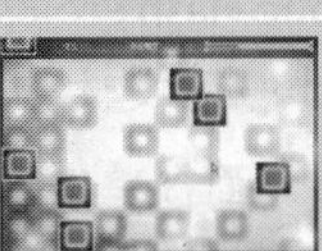 | 实例 97<br>方块游戏 |
|  | 实例 98<br>Flash 网站 |  | 实例 99<br>电子杂志 |  | 实例 100<br>课件点播 |

## 实例 95

# 商务贺卡

图 6-1　实例 95：商务贺卡

怎么让图片的动画看起来又酷又时尚呢？虽然 After Effects 能够实现各种各样漂亮的转场，可它输出的 swf 文件却是超级大哦！

**提示：**

在这个例子里（如图 6-1 所示），你能综合利用前面所学过的"特效"、"动画"、"互动"和"音乐导入"等知识，通过 Mc 特有的"滤镜"属性创造出一个时尚流行的 Flash 商务电子贺卡！

Flash 商务电子贺卡一般具有广告和祝贺的双重功能，由于其能以电子邮箱及 http:// 地址链接的方式快捷、低成本地传递，正日益成为企业营销的重要工具之一，这也是 Flash 软件的典型商业应用之一。

在开始制作商务电子贺卡之前，需要做一些必要的准备工作。比如风格及脚本确定，图片选择及处理，logo 及企业 VI 的要求，还有音乐的选择等等。当然，文件的大小依然是头等重要的大事！

## 步骤一：创建文件

**01** 打开 Adobe Flash Professional CS5，选择"新建"面板下的"ActionScript 3.0"选项，新建一个 Flash 工程文件。

**02** 在"属性"面板单击"编辑"按钮，在弹出的"文档设置"面板中将"尺寸"设为"720 像素"×"480 像素"，"背景颜色"设为"#FFFFFF"，"帧频"设为"12.00"，单击"确定"按钮。

**03** 按 Ctrl+S 键将文件存为"xmasEcard.fla"。

**04** 利用 Photoshop 等图形处理软件制作 5 张尺寸不小于 720 像素 ×480 像素的图片，如图 6-2 所示即可。

图 6-2　准备需要展示的图片

## 步骤二：制作开场动画

开场动画通常是一段较为简单但引人入胜的小动画，它一方面较快的下载以实现预览，一方面吸引用户单击以打开较大较复杂的动画文件，它类似于动画电影、话剧等的序幕，力求简洁、明了，引人入胜。商务贺卡的开篇动画一般用来强调企业 Logo、广告语及贺卡本身的主要诉求，比如某个特点节日的问候，或某个新产品的发布等。

**01** 选择“工具”面板的“矩形工具”，在“颜色”面板设置“笔触颜色”为“无”、“填充颜色”为“深蓝到浅蓝色的渐变色”，在舞台上绘制一个铺满画面的矩形作为天空背景，如图 6-3 所示。

**02** 在“时间轴”控制面板上将“图层 1”重命名为“bg”，锁定该图层，新建图层并重命名为“hill”。选择“文件”|“导入”|“导入到舞台”命令，从外部导入“snowbg.png”图片，将图片放置在舞台的下方，作为雪山，如图 6-4 所示。

图 6-3　绘制天空背景

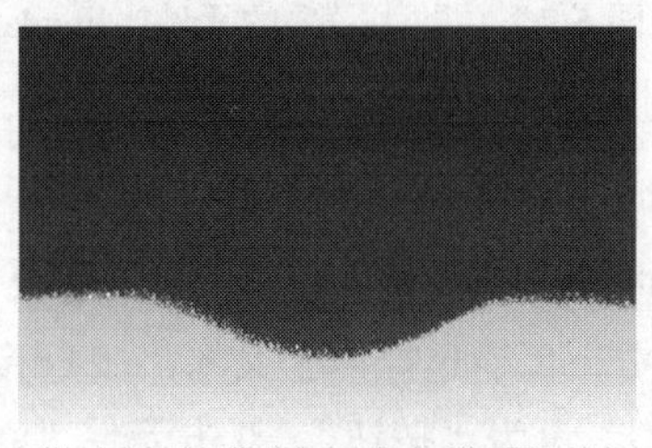

图 6-4　绘制雪山背景

**03** 选择“修改”|“位图”|“转换位图为矢量图”命令，在弹出的“转换位图为矢量图”对话框中将其设置如图 6-5 所示，单击“确定”按钮。

**04** 全选该图形，按 F8 键将其转换为元件，将“名称”设置为“snow_earth”，“类型”设置为“影片剪辑”。在“属性”面板上打开“滤镜”面板，添加“发光”滤镜，将其设置如图 6-6 所示。

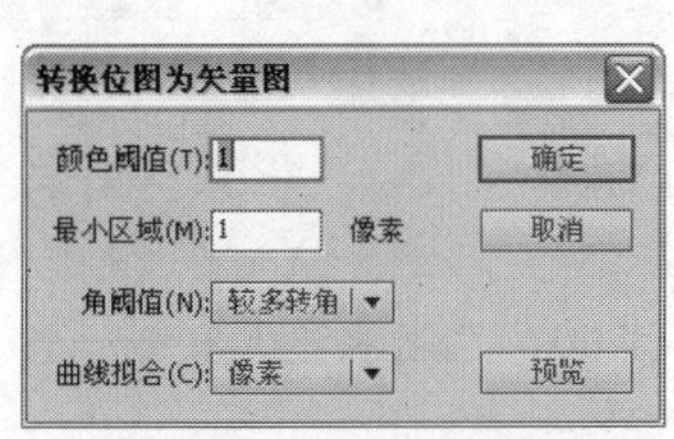


图 6-5　转换位图为矢量图

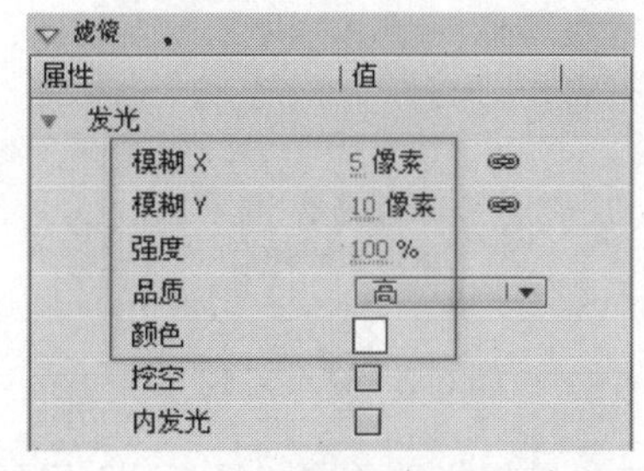


图 6-6　添加发光特效

**05** 选择“文件”|“打开”命令，在弹出的“打开”对话框中选择目录“实例 33”下的文件“lingdang.fla”文件（就是我们前面做过的那个铃铛动画的例子）。在打开的文件“lingdang.fla”中，选择所有舞台上的元件，按 F8 键将其转换为元件，将“名称”设为“lingdang”，“类型”设为“影片剪辑”。

**06** 选择元件“lingdang”，按 Ctrl+C 键复制该元件，然后切换到文件“xmasEcard.fla”，在“时间轴”控制面板新建图层并重命名为“lingdang”，按 Ctrl+V 键粘贴，将元件“lingdang”拷贝到当前文件中来，得到如图 6-7 所示效果。

**07** 使用“工具”面板上的“任意变形工具”将元件“lingdang”等比缩小到约 60% 左右大小，将其放到合适的位置上。

**08** 在舞台上选择元件“snow_earth”，在“变形”面板上将“约束”选项关掉，然后将其“高度”设为 150%，调整好的元件如图 6-8 所示。

图 6-7 粘贴入需要的元件“lingdang”

图 6-8 调整元件比例

**09** 在“时间轴”控制面板上新建图层并重命名为“anniu_open”（这个图层用来放置打开按钮）。在“工具”面板上选择“文本工具”，在舞台上单击输入“请您开启”及“Open, please”两行文本，在“属性”面板调整文本的“字体”、“字号”及“颜色”如图 6-9 所示。

**10** 按 Shift 键选择两个文本，按 F8 键将其转换为元件，将“名称”设为“anniu_open”，“类型”设为“按钮”。双击元件“anniu_open”，进入元件“anniu_open”的编辑模式，在舞台上继续选择两行文本，再按 F8 键将其转换为元件，将“名称”设为“zi_open”，“类型”为“图形”。在“时间轴”控制面板上选择第“指针经过”帧，按 F6 键插入关键帧。在舞台上选择元件“zi_open”，在“属性”面板上将“颜色”设为“色调”，“填充颜色”设为“橙黄色”。在“时间轴”控制面板上选择第“点击”帧，按 F7 键添加空白关键帧。如图 6-10 所示，打开“绘图纸外观轮廓”按钮，和“图层轮廓”按钮，选择“工具”面板的“矩形工具”，在舞台上绘制一个覆盖整个文本的矩形作为按钮单击的热区，关闭“绘图纸外观轮廓”和“图层轮廓”。

图 6-9 输入文本

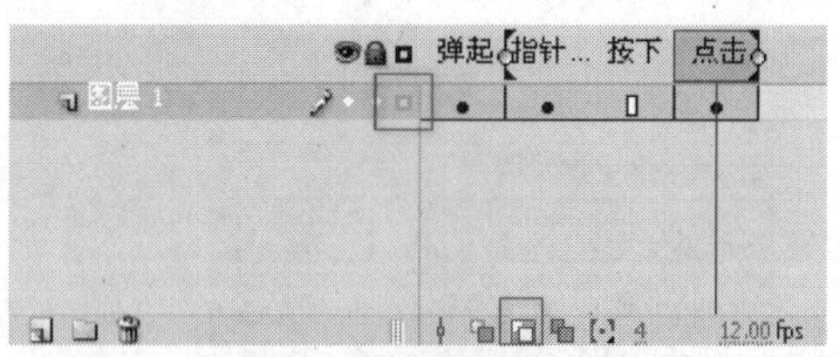


图 6-10 制作按钮热区

**11** 在“编辑栏”单击“场景 1”回到“场景”编辑模式。在“时间轴”控制面板上新建图层并重命名为“logo”，选择“文件”|“导入”|“导入到舞台”命令从外部导入客户的 logo 图形，使用“文本工具”输入企业中英文名称。在“属性”调整好字体字号和颜色等属性后，全选图形和文本，按 F8 键将其转换为元件，将“名称”设为“logo”，“类型”设为“图形”，得到如图 6-11 所示效果。

图 6-11 导入企业 LOGO

## 步骤三：添加动画

**01** 给雪地添加动画。在“时间轴”控制面板上选择图层“hill”，在第“5”帧按 F6 键添加关键帧。在舞台上选择元件“snow_earth”，在“变形”面板上将其“高度”设为 64.5%，然后选择第“1”帧，单击鼠标右键选择快捷菜单中的“创建传统补间”命令。

**02** 给 logo 添加动画。在“时间轴”控制面板上选择图层“logo”，在第“5”帧按 F6 键添加关键帧。在舞台上选择元件“logo”，在“属性”面板上将“颜色”设为“Alpha”，值设为“0%”。然后选择第“1”帧，单击鼠标右键选择快捷菜单中的“创建传统补间”命令。选择第“6”帧，按 F7 键插入空白关键帧。加入空白关键帧是让其封尾，这样就不会添加上多余的 Frame 了。

**03** 给铃铛添加动画。在“时间轴”控制面板上选择图层“lingdang”，在第“5”帧按 F6 键添加关键帧。在舞台上选择元件“lingdang”，在“属性”面板上将“颜色”设为“Alpha”，值设为“0%”。然后选择第“1”帧，单击鼠标右键选择快捷菜单中的“创建传统补间”命令。选择第“6”帧，按 F7 键插入空白关键帧。

**04** 在“时间轴”控制面板锁定图层“bg”，“hill”，“logo”，“anniu_open”。

**05** 选择所有图层的第“315”帧，按 F5 键添加帧。这样，整个动画的长度成为 315 帧。为什么是 330 帧呢？这是大概估算的，假设一幅图片我们用 60 帧的时间去展示，5 张图片就需要 300 帧，再加上点祝福语什么的，大概就是这么多啦！当然，这个帧数是随时可以调整的。

**06** 在图层“bg”上新建图层并重命名为“photo”，它用来放置主要的图片展示动画。选择“文件”|“导入”|“导入到舞台”命令导入图片“tu02.jpg”，按 F8 键将其转换为元件，将“名称”设为“pic01”,“类型”设为“影片剪辑”。在“属性”面板上调整元件“pic01”在舞台上的位置“X”为“0”，“Y”为“0”。

**07** 再按 F8 键将其转换为元件，将“名称”设为“photo_m”，“类型”设为“图形”，这个元件用来放置整个图片展示的动画。双击元件“photo_m”，进入元件“photo_m”的编辑模式下。在“时间轴”控制面板上选择“图层 1”，将其重命名为“tu01”（一定要养成给图层、元件命名的好习惯）。

**08** 选择第“13”帧按 F6 键添加关键帧，在舞台上将元件“pic01”沿 Y 轴方向向上移动一定距离。在第“47”帧按 F6 键添加关键帧，继续将元件“pic01”沿 Y 轴移动。在第“55”帧按 F6 键添加关键帧，并将元件“pic01”继续移动一定距离。最后在第“56”帧按 F7 键添加空白关键帧。分别在第 1、13、47 帧单击鼠标右键选择快捷菜单中的“创建传统补间”命令，这样就建立的一个简单的位移动画。

**09** 分别在第“5”、“8”帧按 F6 键添加关键帧，然后选择第“1”帧和第“55”帧上的元件“pic01”，在“属性”面板上将“色彩效果”设为“Alpha”，“值”设为“0%”。选择第“8”帧，选择元件“pic01”，在“滤镜”面板上添加“调整颜色”滤镜，将其值设为如图 6-12 所示，这样就为图片的位移动画创建了一些不一样的视觉效果。

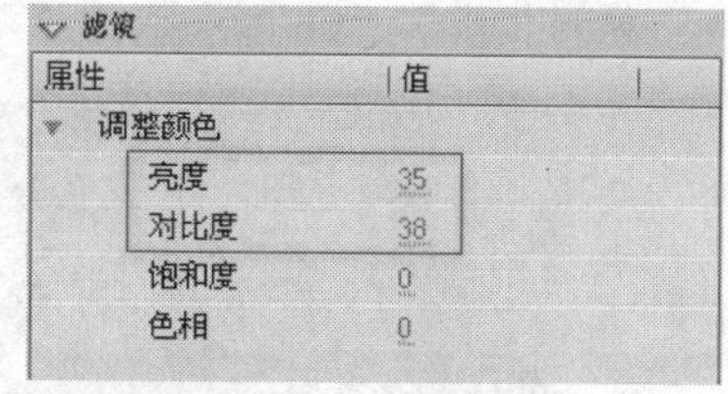


图 6-12　添加滤镜

**10** 用同样的方法，选择“文件”|“导入”|“导入到舞台”命令分别导入“tu03.jpg”、“tu06.

jpg"、"tu08.jpg"、"tu07.jpg"，分别生成元件"pic02"、"pic03"、"pic04"、"pic05"，并分别放置在新建的图层"tu02"、"tu03"、"tu04"、"tu05"里，分别对其做位移动画，并通过调整"属性"面板中的"色彩样式"属性和"滤镜"面板中的"调整颜色"，获得超酷的图片滤镜效果。

**11** 保持在对元件"photo_m"的编辑状态下，在"时间轴"控制面板上新建图层并重命名为"zi"，用来放置文本动画。在第"15"帧按F6键插入关键帧，单击"工具"面板上的"文本工具"，在舞台上单击输入"中国"及"China"两行文本，调整字体，字号、颜色及位置如图6-13所示。

**12** 按住Shift键选择两行文本，按F8键将其转换为元件，"名称"设为"zi_01"，"类型"为"图形"。

**13** 在"时间轴"控制面板上分别选择第"24"、"46"、"53"帧，按F6键插入关键帧。在第"54"帧按F7键添加空白关键帧。然后分别选择第"15"帧和第"46"帧，单击鼠标右键选择"创建传统补间"命令。

**14** 将时间滑块拨到第"15"帧，在舞台上选择元件"zi_01"，在"变形"面板上将"高度"与"宽度"都放大到"200%"，在"属性"面板上将"色彩样式"设为"Alpha"，"值"设为"0%"。然后在"滤镜"面板上添加"模糊"的滤镜效果，创建运动模糊效果。将其值设为如图6-14所示。

图6-13 输入文本

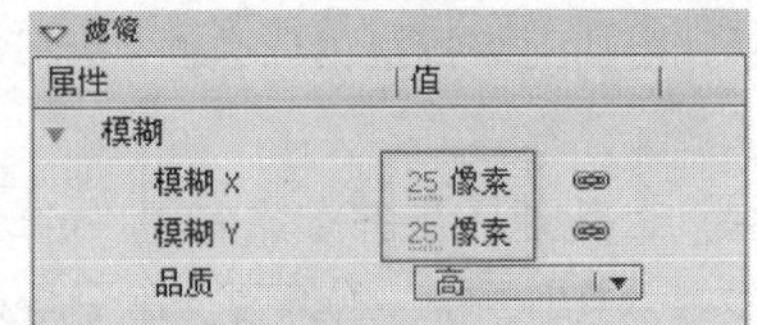


图6-14 添加滤镜

**15** 调整好文字与图片起始的时间和位置，得到如图6-15所示效果。

**16** 按住Shift键选择图层"zi_01"的所有帧，单击鼠标右键选择快捷菜单中的"复制帧"命令，然后新建图层，在第"55"帧按F6键添加关键帧，单击鼠标右键选择快捷菜单中的"粘贴帧"命令，这样就复制了一段与第一段相同的动画。

**17** 选择第二段文字动画的第"1"帧，在舞台上选择元件"zi_01"，在"属性"面板上单击"交换"按钮，在弹出对话框中单击"直接复制元件"按钮，然后在弹出的"复制元件"对话框中将"元件名称"设为"zi_02"。分别选择第二段动画的第"2"、"3"、"4"帧中的元件"zi_01"，使用"交换"命令将其指定为"zi_02"。

**18** 在舞台上双击元件"zi_02"，进入元件"zi_02"的编辑模式，双击文本分别将"中国"改为"北京"，"China"改为"Beijing"，然后将两行文本移到如图6-16所示位置。

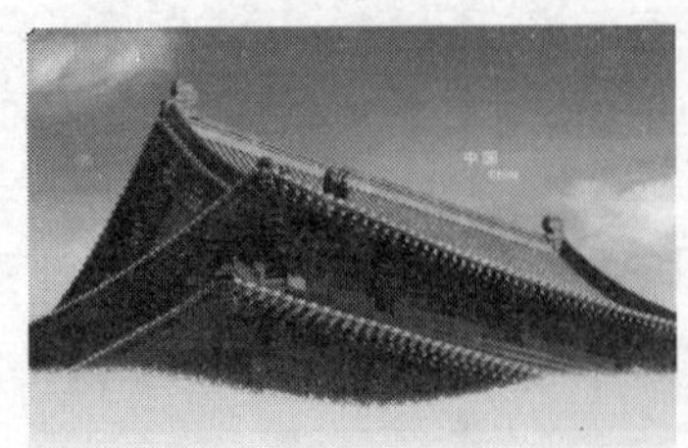

图6-15 调整文字与图片的位置关系

图6-16 "zi_02"文字与图片的位置关系

**19** 在“编辑栏”单击元件“photo_m”回到元件“photo_m”的编辑模式。用同样的方法制作元件“zi_03”、“zi_04”、“zi_05”这几段文字动画。注意它们的起止时间，要正好与图片的起始时间相配合，得到如图 6-17 所示效果。

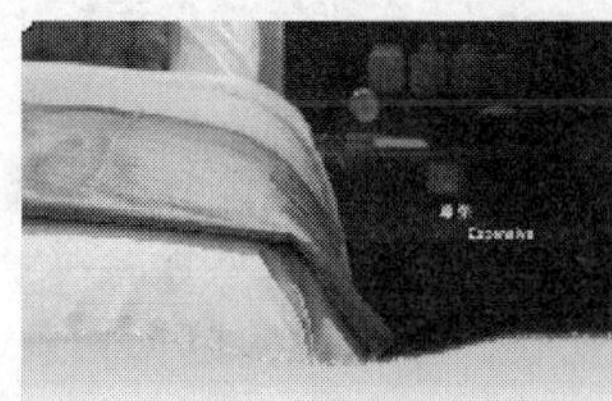

图 6-17 “zi_03”、“zi_04”、“zi_05”文字与图片的位置关系

## 步骤四：添加背景音乐

**01** 选择“文件”|“导入”|“导入到舞台”命令，导入音乐“Aborigine.mp3”到当前场景中。

**02** 在“时间轴”控制面板上新建图层并重命名为“sound”。选择第“2”帧，按 F6 键插入关键帧。然后按 Ctrl+F8 键建立新元件，将其“名称”设为“bgsound”，“类型”设为“影片剪辑”。这时系统默认进入元件“bgsound”的编辑模式，将“Aborigine.mp3”从“库”面板中拖到舞台上。

**03** 在“编辑栏”上单击“场景 1”回到“场景”编辑模式。在舞台上选择元件“bgsound”，如图 6-18 所示，在“属性”面板将其“实例名称”设为“bgsound”。

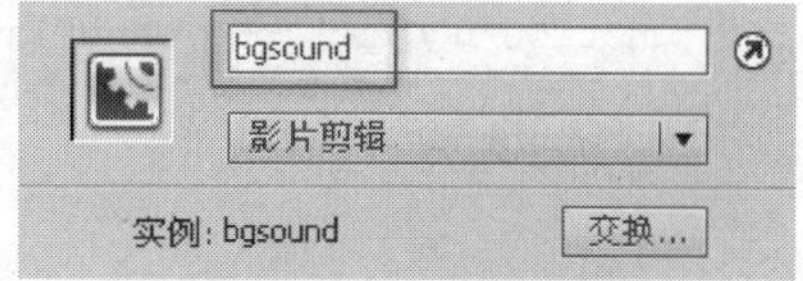


图 6-18　定义实例名称

## 步骤五：添加重放按钮

通常电子贺卡都会设有“重放（repaly）”的相关按钮，帮助观看者再次浏览动画。

**01** 在“时间轴”控制面板上新建图层并重命名为“anniu_replay”，选择第“305”帧，按 F6 键插入关键帧。

**02** 从“库”中拖拽元件“anniu_open”到舞台上。在“属性”面板上单击“交换”按钮，在弹出的对话框中单击“直接复制元件”按钮，然后在弹出的“复制元件”对话框中将“元件名称”设为“anniu_replay”。然后双击元件“anniu_replay”，将其文本替换成“再次欣赏”和“Replay”。

## 步骤六：添加下雪特效

**01** 在“编辑栏”单击“场景 1”回到“场景”编辑模式。选择“文件”|“新建”|“从模板新建”命令，选择“雪景脚本”文件，这时系统默认创建了一个具有下雪效果的 fla 文件。

**02** 在“时间轴”控制面板上选择图层“雪的图形”的第“1”帧，单击鼠标右键选择快捷菜单中的“复制帧”命令，然后切换到“xmasEcard.fla”，新建图层，然后单击鼠标右键选择快捷菜单中的“粘贴帧”命令。

**03** 这时，舞台上就多了一个“nested snow animation”的元件。将其移动到舞台的左上角。双击元件“nested snow animation”，进入元件“nested snow animation”的编辑模式。调整“属性”面板的“色彩样式”和“滤镜”到你满意的样式。

## 步骤七：添加脚本语言

**01** 在“编辑栏”单击“场景 1”回到“场景”编辑模式上在“时间轴”控制面板上选择图层“anniu_open”的第“1”帧，在舞台上选择元件“anniu_open”，在“属性”面板上为其设置“实例名称”为“open”，如图 6-19 所示。

**02** 在“时间轴”控制面板上选择图层“anniu_replay”的第“315”帧，在舞台上选择元件“anniu_replay”，在“属性”面板设置“实例名称”为“replay”，如图 6-20 所示。

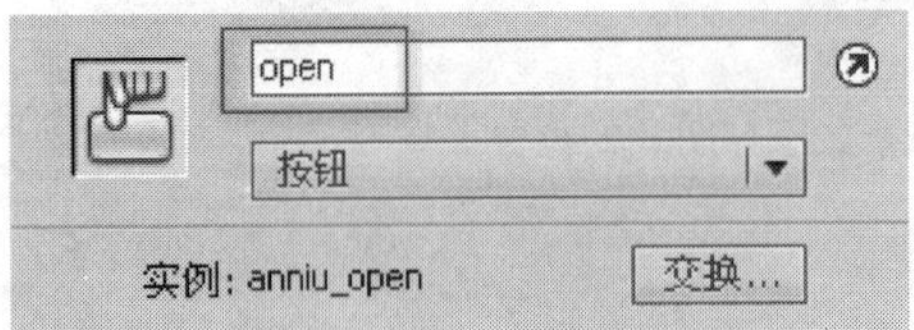

图 6-19　定义实例名称

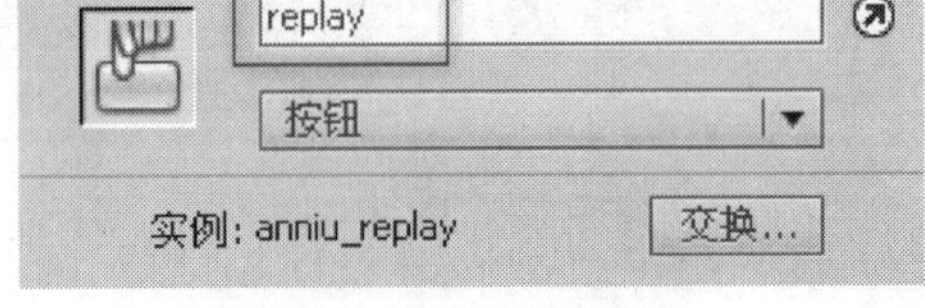


图 6-20　定义实例名称

**03** 在“时间轴”控制面板上新建图层并重命名为“Actions”，选择图层“Actions”第“1”帧，单击鼠标右键选择快捷菜单中的“动作”命令，在打开的“动作”面板中输入以下代码：

```
stop();
open.addEventListener(MouseEvent.CLICK, fl_ClickToGoToAndPlayFromFrame);

function fl_ClickToGoToAndPlayFromFrame(event:MouseEvent):void
{
    gotoAndPlay(2);
}

const NUM_SYMBOLS:uint = 75;

var symbolsArray:Array = [];
var idx:uint;
var flake:Snow;

for (idx = 0; idx < NUM_SYMBOLS; idx++) {
    flake = new Snow();
    addChild(flake);
    symbolsArray.push(flake);
    setTimeout(randomInterval, int(Math.random() * 10000), flake);
}

function randomInterval(target:Snow):void {

    target.x = Math.random()* 720-50;
    target.y = -Math.random() * 200;

    var ranScale:Number = Math.random() * 3;
    target.scaleX = ranScale;
     target.scaleY = ranScale;

    var tween:String;

    if (ranScale < 1) {
        tween = "slow";

    } else if (ranScale < 2) {
        tween = "medium";
```

```
    } else {
        tween = "fast";

    }
    myClip[tween].addTarget(target);
}
```

**04** 选择图层“Actions”的第“315”帧，按 F6 键添加关键帧。单击鼠标右键选择快捷菜单中的“动作”命令，在打开的“动作”面板中输入以下代码：

```
stop();

replay.addEventListener(MouseEvent.CLICK, fl_ClickToGoToAndStopAtFrame);

function fl_ClickToGoToAndStopAtFrame(event:MouseEvent):void
{
    gotoAndStop(1);
}
```

这时按 Ctrl+Enter 键就能看到一个优雅的 Flash 商务贺卡了！

## 步骤八：给影片减肥

作为一个合格的商业作品，还需要考虑到它在网页上播放的速度。再好的作品，如果下载很慢，观看的人也会失去耐性的。所以，整个影片完成之后的关键步骤是给影片“减肥”。

**01** 如图 6-21 所示，打开“属性”面板上的“SWF 历史记录”，你能看到目前影片的大小为“2.7MB”，相当大的文件。

图 6-21　查看历史记录

**02** 在“库”面板中选择图片“tu02.jpg”，单击鼠标右键选择快捷菜单中的“属性”命令，如图 6-22 所示，在弹出的“位图属性”对话框中，将“品质”设为“自定义”，“值”设为“60”，单击“测试”按钮，就能在对话框左侧的“图像预览窗口”看到压缩后的效果，并能在下方的“提示信息栏”看到文件压缩后的大小。

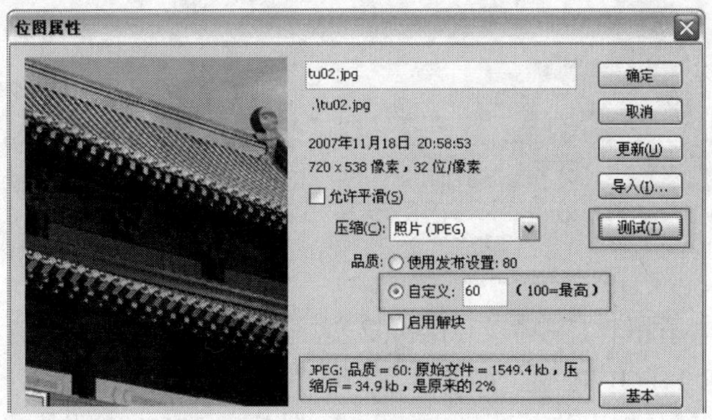


图 6-22　压缩位图

**03** 调整好以后单击“确定”按钮。采用同样的方法将其他的较大的图片进行压缩处理。如果希望全部图片都压缩处理的话，可以在“文件”|“发布设置”|“Flash”中设置“JPEG 品质”中进行全局设置。

**04** 图片压缩好后，如果还对文件的大小不满意，可以选择压缩声音文件。在“库”面板中选择“Aborigine.mp3”，单击鼠标右键选择快捷菜单中的“属性”命令。如图 6-23 所示，在弹出的“声音属性”对话框中，取消“使用导入的 MP3 品质”选项，将“比特率”设为“16kbps”，“品质”设为“最佳”。在下方“信息提示栏”中观察文件的大小，单击“测试”按钮，可以试听压缩后的声音质量。

**05** 当压缩设置完成后，单击“确定”按钮。按 Ctrl+Enter 键预览动画。这时，你能发现，在“属性”面板中显示影片文件已经变得比较合适啦，如图 6-24 所示。

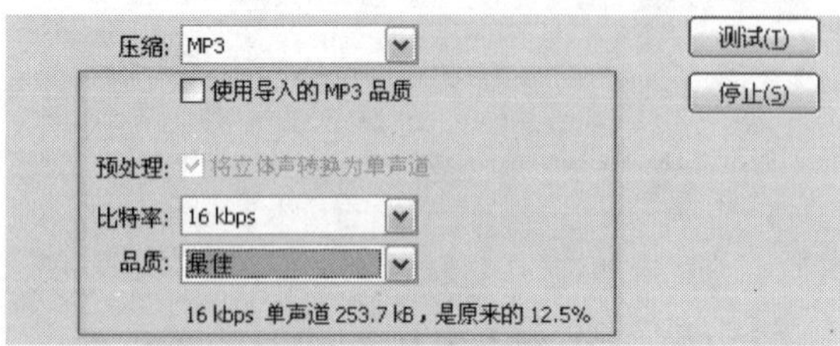


图 6-23　压缩声音

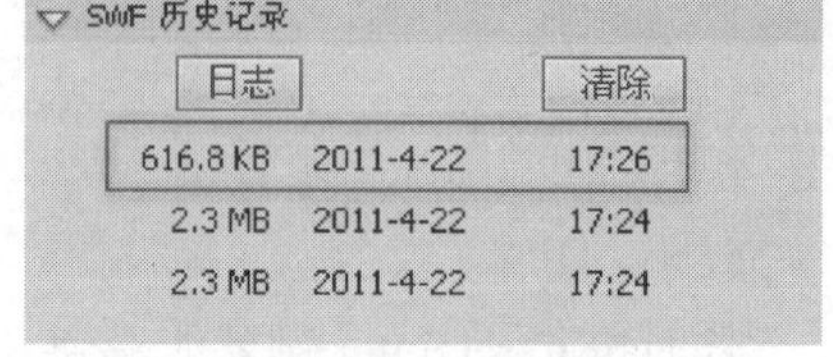


图 6-24　查看历史记录

本例到这里结束。看似简单的一个电子贺卡融合了我们以前学到的很多的知识点，一个集合了图形、文字、动画、音乐和互动 Flash 作品就是这样诞生的！所以不要小瞧了我们前面学习的那些基础性的例子噢，每一个都能派上大用场！

## 实例 96

# 结婚相册

图 6-25　实例 96：结婚相册

做电子相册是一件苦力活儿，但是它却有着巨大的市场需求！

**提示：**

在这个例子里（如图 6-25 所示），你会学到关于“场景”、“标尺”、“辅助线”、“背景遮挡”、“打孔”、“管理库文件”等相关知识点，还能深入体会如何“使画面充满动感”的小窍门。

为什么说做电子相册是一个苦力活呢？这是因为电子相册中通常有大量的照片要展示，一般场景会在 5 ～ 10 之间，而照片在 30 张以上，有时候还会有 60 张。其中一些图片还需要扣图——就是把人物从背景中挖出来。然后这 30 ～ 60 张的图片你还要考虑给它们设置一个漂亮的出场和退场形式，力求画面华丽凸现人物。

在开始做电子相册之前，需要做一些必要的准备工作。比如背景音乐、整体风格，图片筛选及扣图处理，祝福话语，还有特效元素的选择等等。当然，客户偏好的颜色、图案和音乐都能帮你创意！

## 步骤一：创建文件

**01** 打开 Adobe Flash Professional CS5，选择“新建”面板下的“ActionScript 3.0”选项，新建一个 Flash 工程文件。

**02** 在“属性”面板中单击“编辑”按钮，保持尺寸的默认大小，设置“背景颜色”为“#FFFFFF”，将“帧频”设为“12.00”，单击“确定”按钮。

**03** 按 Ctrl+S 键将文件存为“myshow.fla”。

## 步骤二：准备工作

**01** 选择音乐。音乐的节奏直接决定了图片运动的速度和整个片子的气氛。所以选择音乐是第一步。不要使用没有版权的音乐噢！你可以找些经典的超过 20 年版权期的古典音乐，也可以找些网上免费下载的个人音乐作品，也可以使用音乐编辑软件自己 DIY 音乐，当然，最省事的是让客户提供音乐，这样侵权责任就不在你啦！

**02** 当音乐确定了以后就大概能决定用多少个场景。然后利用 Photoshop 等图形处理软件准备几张大小不小于“550 像素”×“400 像素”的背景图片，计划作几个场景就准备几个，如图 6-26 所示即可（背景图片要抽象大气，而且要有很明显的色调为好）。

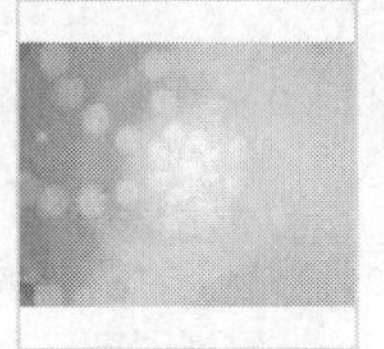
GB065.BMP

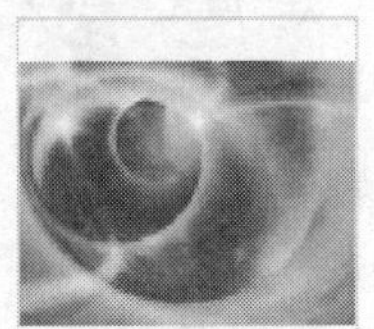
GB081.BMP

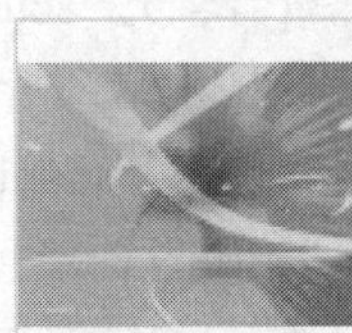
GB091.BMP

GB097.BMP

图 6-26　准备需要的背景图片

**03** 利用 Photoshop 等图形处理软件准备几张大小为“750 像素”×“1121 像素”，分辨率为“72dpi”，存储格式为“.jpg”的横版图片，如图 6-27 所示。将其按照序号的方式存储。

H001.jpg

H002.jpg

H003.jpg

H004.jpg

图 6-27　处理素材图片

**04** 利用 Photoshop 等图形处理软件准备几张大小为“1128 像素”×“750 像素”，分辨率为“72dpi”，存储格式为“.jpg”的竖版图片（如果是挖过的图存为背景透明的 .png 文件），如图 6-28 所示。将其按照序号的方式存储。

S010.jpg S011.jpg S012.jpg S013.jpg S014.jpg

图 6-28 处理素材图片

**05** 切换到 Adobe Flash professional CS5，在“库”面板上单击“新建文件夹”按钮，新建名为“pic-folder”的文件夹，用来放置图片素材。选择“文件”|“导入”|“导入到库”命令，分别导入刚才做好的所有图片素材，然后在“库”面板中将这些图片移到“pic-folder”目录下。

**06** 选择“文件”|“导入”|“导入到库”命令，导入“456.mp3”，用来作为背景音乐。

## 步骤三：制作基本元件

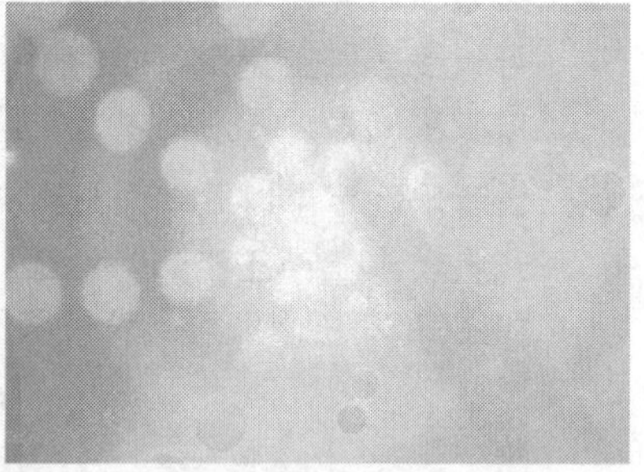

图 6-29 场景一的背景

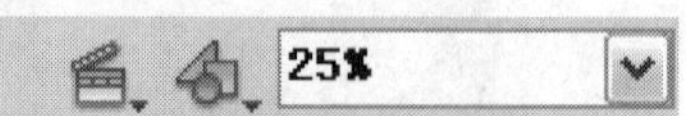


图 6-30 调整视图窗口显示大小

**01** 请注意保持“工具”面板上的“贴紧至对象”及“对象绘制”按钮开启。从“库”中拖拽图片“GB065.BMP”到舞台上，调整其在舞台上的位置为“X”和“Y”为“0”，得到如图 6-29 所示效果。

**02** 在“时间轴”控制面板上将“图层 1”重命名为“bg”，锁定该图层。新建图层并重命名为“sound”，从“库”面板上拖拽“456.mp3”到舞台上。

**03** 在“时间轴”控制面板上将图层“sound”锁定。新建图层并重命名为“框框”。如图 6-30 所示，将当前视图窗口的大小设为“25%”，然后使用“工具”面板上的“矩形工具”在舞台上画一个无边、黑色的、1840×1640 的矩形，这个大大的矩形将覆盖几乎整个视窗。然后再画一个“无边”，白色的，550×400，X 轴位置为 0，Y 轴位置为 0 的矩形，全选 2 个矩形，选择“修改”|“合并对象”|“打孔”命令，这样一个用来挡住舞台以外多余部分的“挡板”就做好了。

**04** 选择“视图”|“标尺”命令，打开标尺。和 Photoshop 一样，标尺可以帮助你定位，对齐等操作。从标尺处向舞台中央拉出绿色的“辅助线”，让其与舞台的可视区域一样大，得到如图 6-31 所示。将视窗的显示大小重新调回 100%。

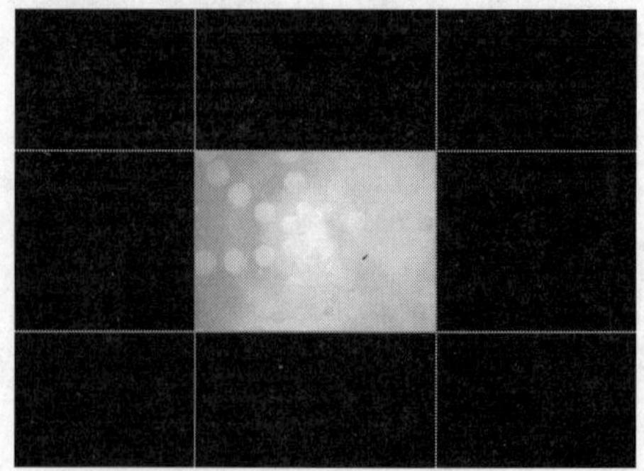

图 6-31 添加辅助线

**05** 从“库”中拖拽相应的图片到舞台上，然后将其转换为元件并添加相应的动画就可以啦（制作位图动画的方法在第 3 章讲过多次，这里就不重复了。图片可以单张出现，也可以分组出现，让每一组动画的出现形式不同就可以）。

## 步骤三：添加辅助动画

当图片动画做得差不多的时候，我们需要给整个动画添加一些辅助动画作为特殊效果，以增添整个片子的动感和时尚元素。

**01** 添加“转动的风车”动画。在“时间轴”控制面板上新建图层“旋转”，使用“椭圆工具”绘制一个风车的图形，如图 6-32 所示。按 F8 键将其转换为元件，设置“名称”为“fengche”，将其“类型”设为“影片剪辑”，然后再按 F8 键将其转换为元件，设置“名称”为“fengche_r”，将其“类型”设为“影片剪辑”，制作一段风车旋转的动画。在“滤镜”面板上添加“模糊”效果。当这个风车旋转的元件做好以后，你可以在任意需要的地方调用。通过调整其在“属性”面板上的“色彩样式”的“Alpha”值，可以有效地增加画面的动感。

**02** 添加“闪动转场”动画。在“时间轴”控制面板上新建图层“闪动”，使用“矩形工具”在舞台上绘制一个覆盖整个可视区域的“白色”矩形。按 F8 键将其转换为元件，设置“名称”为“flash_kuai”，将“类型”设为“图形”，再按 F8 键将其转换为元件，设置“名称”为“闪动”，将“类型”设为“图形”。双击元件“闪动”，在第“5”和“10”帧按 F6 键添加关键帧。分别选择第“1”和“10”帧的元件“flash_kuai”，在“属性”面板上将“色彩样式”设为“Alpha”，“值”设为“0%”。将时间滑块拨到第“5”帧，在舞台上选择元件“flash_kuai”，在“属性”面板上将“色彩样式”设为“Alpha”，“值”设为“55%”。然后选择第“1”、“5”帧，单击鼠标右键选择快捷菜单中的“创建传统补间”命令（这个闪动转场动画的播放循环属性通常设为“1”次，在图片与图片交替的时候添加就可以）。

**03** 添加“移动装饰条”动画。在“时间轴”控制面板上新建图层“移动”，使用“工具”面板上的“矩形工具”在舞台上绘制一个细长的“白色”矩形，并将其转换为元件，设置“名称”为“tiao”，“类型”设为“影片剪辑”。再按 F8 键将其转换为元件，设置“名称”为“tiao_m”，“类型”设为“影片剪辑”。双击元件“tiao_m”，分别添加多个图层，制作多个元件“tiao”的左右位移动画，并将不同图层的“tiao”的“Alpha”值设为不同，得到如图 6-33 所示效果（这个移动装饰动画通常放在背景图层上，图片图层下，这样原本静态的图片背景就增添了一些动感了）。

图 6-32 制作风车动画

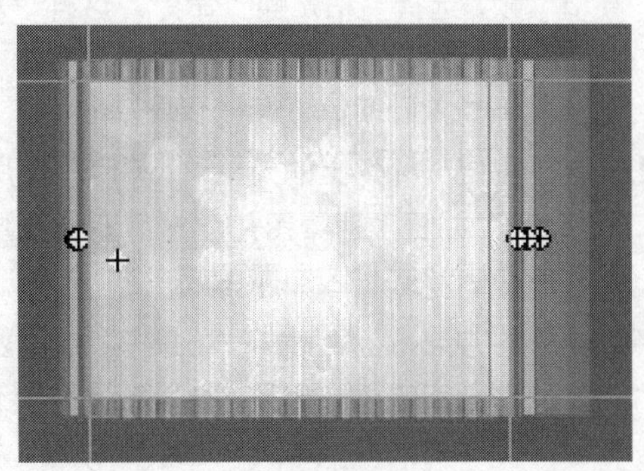

图 6-33 制作移动装饰条动画

**04** 添加“羽毛与天使”动画。按 Ctrl+F8 键新建元件，将其“名称”设为“yumao”，“类型”设为“图形”。这时，系统默认进入“yumao”的编辑模式。使用“工具”面板上的“钢笔工具”和“椭圆工具”在舞台上绘制一个如图 6-34 所示“天使飞翔”的图形。按 F8 键将其转换为元件，设置“名称”为“girl”，“类型”设为“图形”。新建图层，从“库”中拖拽元件“girl”，制作“2 个天使分别从左和右相对着飞过的动画”。

**05** 新建图层，如图 6-35 所示，绘制一个“羽毛”的图形，按 F8 键将其转换为元件，设置“名称”设为“yumao_one”，“类型”设为“图形”。制作“1 片由近处向远处旋转飞舞的动画”。当一片羽毛的动画做好以后，复制整个图层的帧，然后新建图层，粘贴帧，这样就得到了多个羽毛的动画，略微移动关键帧上的元件的位置，就得到不同的羽毛飞舞的效果了。

图 6-34　添加天使的动画

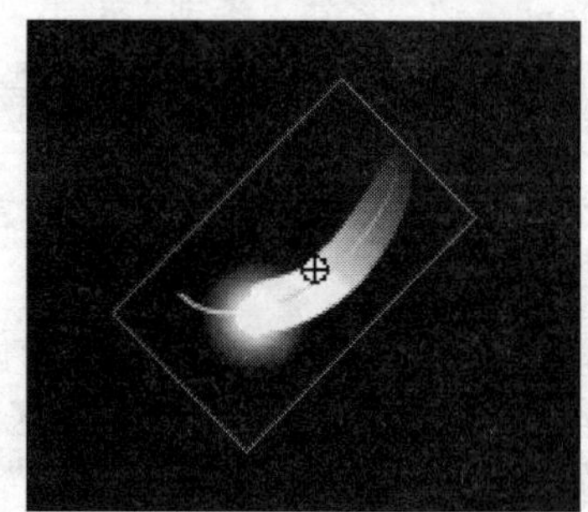

图 6-35　添加天使的动画

**06** 当羽毛和天使的动画制作完以后，在“编辑栏”单击“场景 1”回到“场景”编辑模式。从“库”中拖拽元件“yumao”到舞台上合适的位置，在“属性”面板上打开“循环”面板，将“选项”设为“播放一次”。

## 步骤四：添加更多的场景

**01** 选择“插入”|“场景”命令，这时系统默认进入“场景 2”的编辑状态下。再单击“插入”|“场景”命令。如图 6-36 所示，在“工作区”单击“编辑场景”按钮，在下拉菜单中选择“场景 1”，这样就回到“场景 1”的编辑模式下了。

**02** 在“时间轴”控制面板上选择图层“bg”、“旋转”、“移动”、“框框”的第“1”帧，单击鼠标右键选择快捷菜单中的“复制帧”命令，然后切换到“场景 2”，选择“图层 1”的第“1”帧，选择“粘贴帧”命令。这样“场景 1”中的一些我们已经做好的元件就可以直接用在“场景 2”里面了（从“库”中也可以拖相关的元件到场景 2 的舞台上，不过需要对齐 X 轴和 Y 轴的位置，比较麻烦）。

**03** 选择图层“bg”上的元件“bg01”，使用“属性”面板上的“交换”命令将其复制为元件“bg02”并更换背景图片。然后新建图层，继续制作图片的动画，使它与“场景 1”中图片的动画形式相区别即可。

**04** 同样的方法，继续制作“场景 3”或更多的场景。这种分场景制作的好处就是可以控制较短的动画篇幅，如果期望每段场景的变化能够和音乐的变化合上，需要提前计算一下音乐段落的“秒数”，通过“秒数 × 帧数 / 秒（fps）”算出每段动画场景的帧数。如果需要调整场景的顺序，给场景起名字，或者删除场景可以选择“窗口”|“其它面板”|“场景”命令，把“场景”面板打开，如图 6-37 所示。

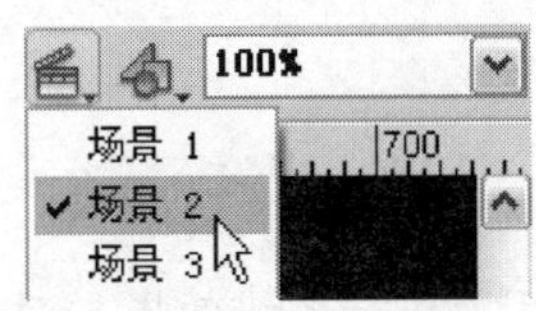


图 6-36　选择场景

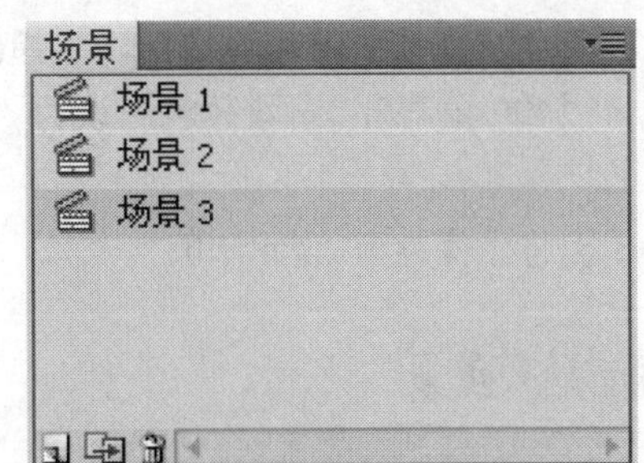


图 6-37　打开场景控制面板

每制作好一定程度后，按 Ctrl+Enter 键观看效果。不断调整动画运动的速度和节奏。

本例到这里结束。一个电子相册的基本制作过程就是这样的。除了以上提到的这些软件层面的技术点以外，最关键的还是你的创意！

## 实例 97

## 方块游戏

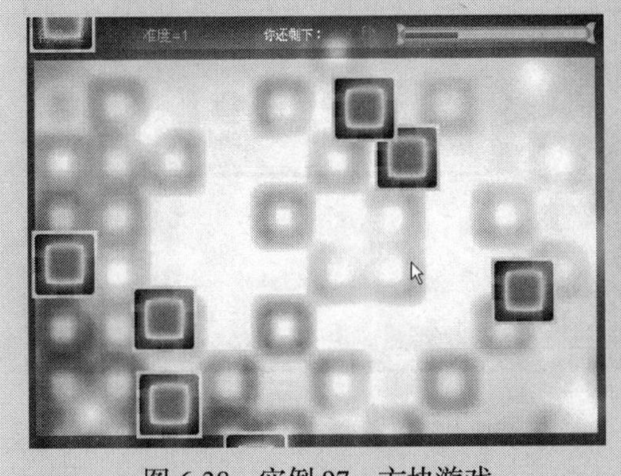

图 6-38　实例 97：方块游戏

自从“开心网”、“人人网”等网络游戏红极一时后，Flash 页面游戏日益受到青睐。

**提示：**

在这个例子里（如图 6-38 所示），你能综合利用前面所学过的知识，通过对“帧”进行调用的方式创造出一个简单的打方块游戏，以及发布成 EXE 文件的方法！

Flash 网页游戏通常比较小，通过简单的操作获得有趣的互动体验。如果是在线游戏，则需要添加与服务器的交互。本实例是单机板，它讲解了一个常见 Flash 小游戏的基本的创作思路：一般会设置游戏的“加载”、“初始”、“胜利”和“结束”几种状态，分别将这几种状态的页面及动画效果放置在不同的帧上，然后通过程序判断当前游戏的状态，再调用不同的帧，以显示不同的页面及动画效果。对于游戏而言，很重要的一个设定是“Reset”，不然常常会进入死循环的噢！

### 步骤一：创建文件

**01** 打开 Adobe Flash Professional CS5，选择“新建”面板下的“ActionScript 3.0”选项，新建一个 Flash 工程文件。

**02** 在“属性”面板单击“编辑”按钮，在弹出的“文档设置”面板中将“尺寸”设为“550像素”×“400像素”，“背景颜色”设为“#FFFFFF”，“帧频”设为“30.00”，单击“确定”按钮。

**03** 按Ctrl+S键将文件存为“game.fla”。

## 步骤二：制作场景

通常游戏的场景和角色设计是由专人负责的，不管使用二维或三维效果，对于Flash游戏来说，场景和角色所使用到的位图文件一定要尽可能的小，以免占用过多的系统资源。

**01** 使用“文件”|“导入”|“导入到舞台”命令，导入一张事先做好的“bg.jpg”图片，如图6-39所示，在“属性”面板将其“X”和“Y”设为“0”。

**02** 在“时间轴”控制面板上将“图层1”重命名为“bg”，锁定该图层，新建图层并重命名为“loading”。使用“工具”面板上的“矩形工具”及“文本工具”绘制一个进度条，在“属性”和“颜色”面板上调整矩形及文本效果如图6-40所示。

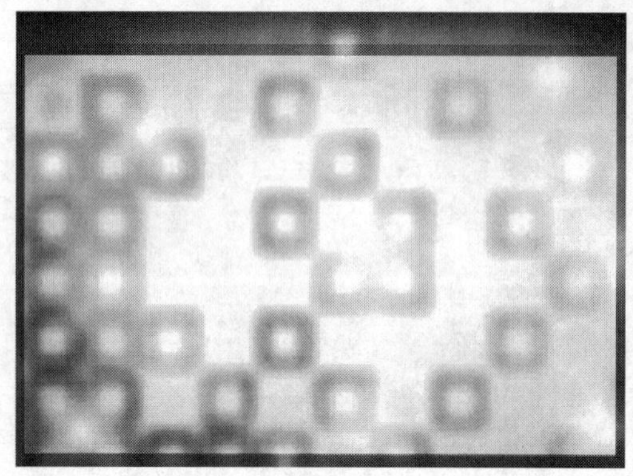

图6-39 导入背景图片

图6-40 绘制进度条

**03** 全选进度条图案，按F8键将其转换为元件，设置“名称”为“loading”，将“类型”设为“影片剪辑”。双击元件“loading”，进入元件“loading”的编辑模式。

**04** 在“时间轴”控制面板上新建“图层2”，如图6-41所示，选择“工具”面板上的“矩形工具”，将“填充颜色”设为“黑色”，“笔触颜色”设为“无”，绘制一个矩形。选择该矩形，按F8键将其转换为元件，将“名称”设置为“loading_m”，“类型”设置为“影片剪辑”。双击元件“loading_m”，进入元件“loading_m”的编辑模式。

**05** 在“时间轴”控制面板上新建“图层2”，选择“图层1”的第“1”帧，单击鼠标右键选择快捷菜单中的“复制帧”命令。选择“图层2”的第“1”帧，单击鼠标右键选择快捷菜单中的“粘贴帧”命令。关闭“图层1”。在舞台上选择“图层2”上的黑色矩形，调整“颜色”面板的“填充颜色”为“橙黄”渐变色。再使用“工具”面板上的“套索工具”结合“颜色”面板，调整矩形条的颜色如图6-42所示。

**06** 全选彩色矩形条，按F8键将其转换为元件，设置“名称”为“tiaotiao”、“类型”为“图形”。

**07** 在“时间轴”控制面板上选择“图层 2”的第“100”帧，按 F6 键添加关键帧。选择第“1”帧，在舞台上选择元件“tiaotiao”，将元件“tiaotiao”移到进度条的最左侧。在“时间轴”控制面板上选择“图层 2”的第“1”帧，单击鼠标右键选择“创建传统补间”命令。

图 6-41　绘制进度条显示区域

图 6-42　绘制进度条显示动画

**08** 打开“图层 1”，在第“100”帧按 F5 键添加帧。选择“图层 1”，单击鼠标右键选择“遮罩层”命令。

**09** 在“编辑栏”单击“loading”回到元件“loading”的编辑模式。在舞台上选择元件“loading_m”（由于它的第一帧被遮罩层遮挡，所以，在舞台上显示仅为一个小圆点点），如图 6-43 所示，在“属性”面板设置其“实例名称”为“mc”。

**10** 在“编辑栏”单击“场景 1”回到“场景”编辑模式。在舞台上选择元件“loading”，如图 6-44 所示，在“属性”面板上设置其“实例名称”为“loading”。

图 6-43　设置实例名称

图 6-44　设置实例名称

**11** 在“时间轴”控制面板上选择图层“bg”的第“40”帧，按 F5 键添加帧。选择图层“loading”的第“9”帧，按 F5 键添加帧。

## 步骤三：制作信息提示栏

游戏的信息提示栏包括很多内容，通常有“得分”、“层级”、“倒计时器”、“装备”、“消息”、“好友”等等，不同游戏的信息提示栏复杂程度也各异。

**01** 添加得分提示。在“时间轴”控制面板上新建图层并重命名为“message”，选择第“10”帧，按 F6 键添加关键帧。使用“工具”面板上的“文本工具”，在舞台上方画一个矩形范围用来作为得分的显示区，选择该矩形范围，在“属性”面板上将相关属性设置如图 6-45 所示。

**02** 添加层级提示。继续使用“工具”面板上的“文本工具”，在刚才绘制的矩形范围旁再绘制一个矩形范围用来作为层级显示区，选择该矩形范围，在“属性”面板上将相关属性设置如图 6-46 所示。

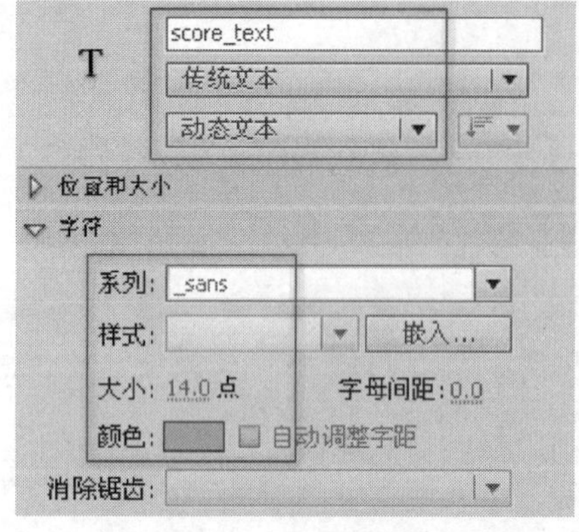


图 6-45　设置动态文本

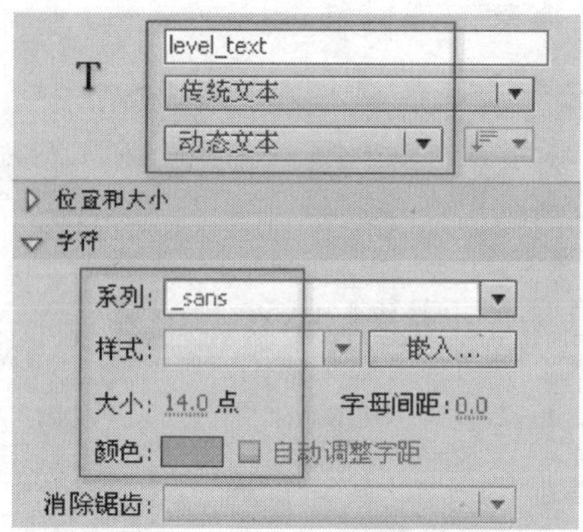


图 6-46　设置动态文本

**03** 添加倒计时提示。使用“工具”面板上的“文本工具”在刚才绘制的矩形范围旁输入文字“你还剩下：”。然后再次使用“工具”面板上的“文本工具”在刚才输入的文本旁画一个矩形范围，选择该矩形范围，在“属性”面板上将相关属性设置如图 6-47 所示。

**04** 添加倒计时器。打开前面学过的“实例 48”的“time.fla”文件，在舞台上选择元件“timer_m”，按 Ctrl+C 键复制该元件，切换到“game.fla”文件。在“时间轴”控制面板上新建图层并重命名为“time”，选择第“10”帧，按 F6 键添加关键帧。再按 Ctrl+V 键粘贴元件“timer_m”到当前场景中。使用“工具”面板上的“任意变形工具”调整元件“timer_m”的大小及位置如图 6-48 所示。

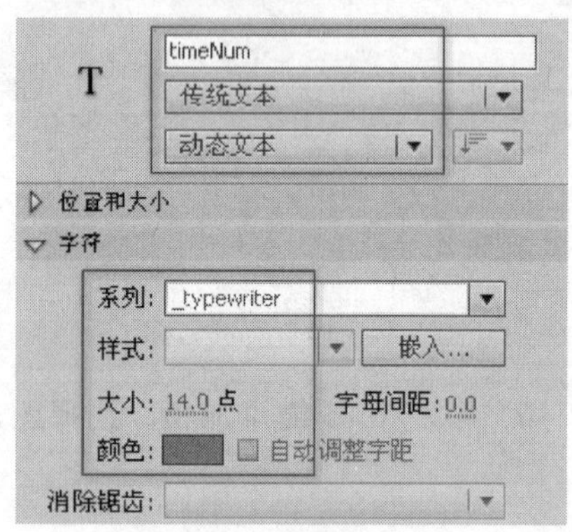


图 6-47　设置动态文本

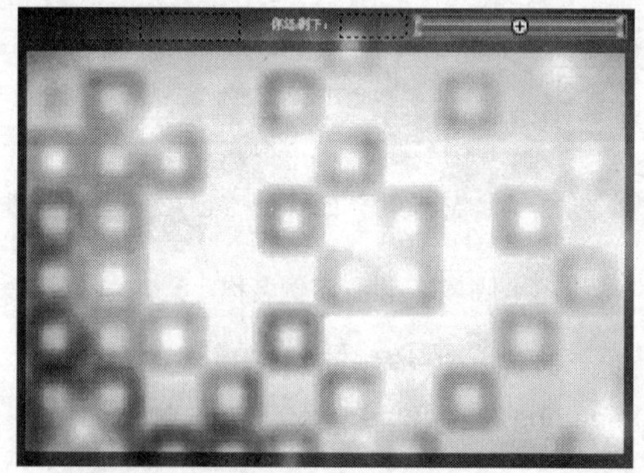

图 6-48　放置倒计时器

**05** 在舞台上选择元件“timer_m”，在“属性”面板上修改元件的“实例名称”为“clockBar_mc”，如图 6-49 所示。

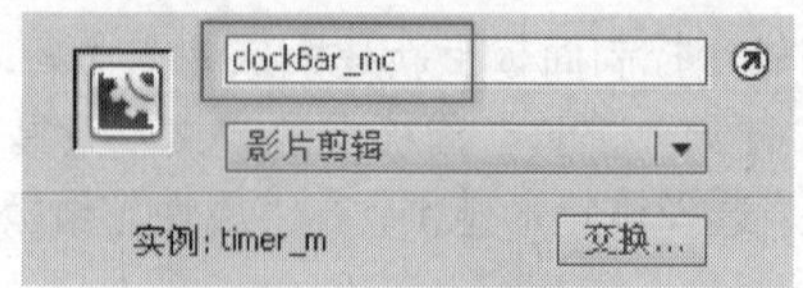


图 6-49　设置实例名称

**06** 在“时间轴”控制面板上选择图层“message”的第“20”帧，按 F5 键添加帧。选择图层“time”的第“20”帧，按 F5 键添加帧。

## 步骤四：添加游戏控制

**01** 在“时间轴”控制面板上新建图层并重命名为“start game”。选择第“10”帧，按 F6 键插入关键帧。使用“工具”面板上的“矩形工具”和“文本工具”制作一个如图 6-50 所示的开始按钮。

**02** 选择图形及文字，按 F8 键将其转换为元件，设置元件“名称”为“start_btn”，“类型”为“按钮”。再按 F8 键将其转换为元件，设置元件“名称”为“start”，“类型”为“影片剪辑”。选择元件“start”，在“属性”面板上设置“实例名称”为“gameStartBtn”，如图 6-51 所示。

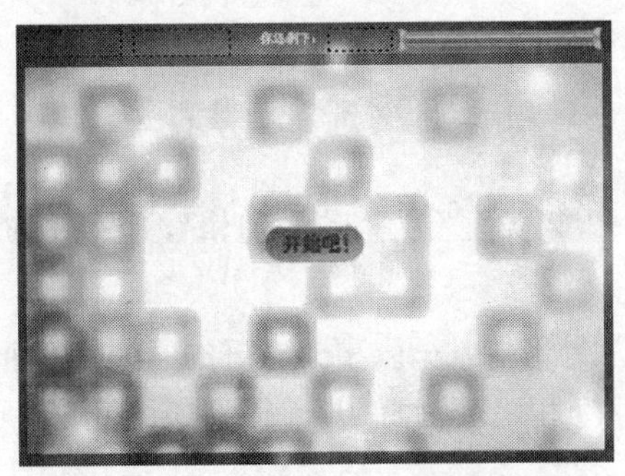


图 6-50　制作开始按钮

图 6-51　定义实例名称

**03** 在“时间轴”控制面板上选择图层“start game”的第“11”帧，按 F7 键添加空白关键帧。再选择第“30”帧，按 F6 键添加关键帧。使用“工具”面板上的“文本工具”在舞台中间输入“胜利啦！”三个字。在“属性”面板上调整文字属性，得到如图 6-52 所示效果。

**04** 在“时间轴”控制面板上选择图层“start game”的第“31”帧，按 F7 键添加空白关键帧。再选择第“40”帧，按 F6 键添加关键帧。使用“工具”面板上的“文本工具”在舞台中间输入“游戏结束”四个字。在“属性”面板上调整文字属性，得到如图 6-53 所示效果。

图 6-52　添加文字

图 6-53　添加文字

**05** 在“时间轴”控制面板上新建图层并重命名为“restart game”，选择第“30”帧，按 F6 键添加关键帧。从“库”面板中拖拽元件“start_btn”到舞台上，使用“属性”面板上的“交换”功能将元件“直接复制”为元件“restart_btn”，修改元件“restart_btn”的文本为“再来一次”，得到如图 6-54 所示效果。

**06** 选择元件“restart_btn”，在“属性”面板上设置“实例名称”为“gameOverBtn”，如图 6-55 所示。

图 6-54　添加按钮

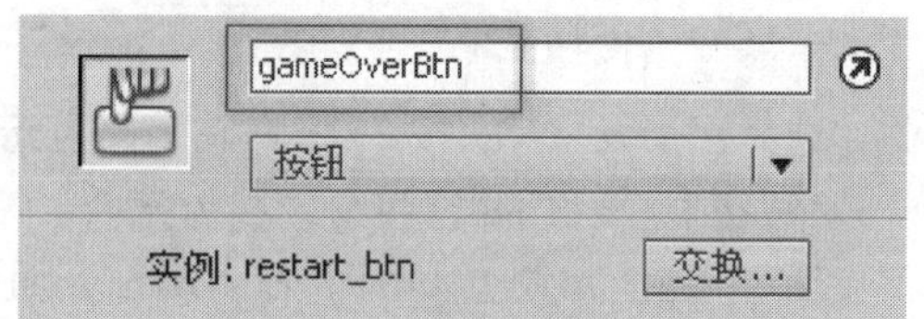


图 6-55　定义实例名称

## 步骤五：制作方块及动画

**01** 按 Ctrl+F8 键创建新元件，设置“名称”为“kuai”，“类型”为“影片剪辑”，这时系统默认进入元件“kuai”的编辑模式。

**02** 选择“文件”|“导入”|“导入到舞台”命令，从外部导入一张事先做好的“paopao.jpg”图片。选择该图片，在“属性”面板上设置“X”和“Y”为“0”，得到如图 6-56 所示效果。

**03** 在“时间轴”控制面板上将“图层 1”重命名为“kuai”，新建图层并重命名为“paopao1”。选择图层“paopao1”的第“2”帧，按 F6 键添加关键帧。如图 6-57 所示，使用“工具”面板上的“刷子工具”，打开“使用压力”和“使用斜度”按钮，在舞台上绘制一个水滴的样子，模拟方块被单击后炸开的水花。

图 6-56　导入图片

图 6-57　绘制水花

**04** 选择该图形，按 F8 键将其转换为元件，设置“名称”为“paopao1”，“类型”为“图形”。在“属性”面板上打开“色彩样式”面板，设置“样式”为“Alpha”，“值”为“87”%。

**05** 在“时间轴”控制面板上选择图层“paopao1”的第“20”帧，按 F6 键添加关键帧。选择第“2”帧，单击鼠标右键选择快捷菜单中的“创建传统补间”命令。在舞台上选择元件“paopao1”将其向下移动一定距离，使用“工具”面板上的“任意变形工具”调整其大小。在“属性”面板上设置“色彩样式”的“Alpha”“值”为“35”%。

**06** 同样的方法，新建图层“paopao2”、“paopao3”和“paopao4”，分别绘制不同方向的水花，分别将其转换为元件“paopao2”、“paopao3”、“paopao4”模拟炸开效果，得到如图 6-58 所示效果。如果对这种动画的表现方式还有疑惑的地方，请再去看看实例 30 吧！

**07** 在“时间轴”控制面板上新建图层并重命名为“actions”，选择图层“actions”的第“1”帧，单击鼠标右键选择快捷菜单中的“动作”命令，在打开的“动作”面板中输入以下代码：

```
stop();
```

**08** 选择图层“actions”的第“21”帧，按 F6 键添加关键帧。单击鼠标右键选择快捷菜单中的“动作”命令，在打开的“动作”面板中输入以下代码：

```
stop();
```

**09** 在“编辑栏”单击“场景 1”回到“场景”编辑模式，在“库”面板上选择元件“kuai”，单击鼠标右键选择快捷菜单中的“属性”命令，在弹出的“元件属性”对话框中打开“高级属性”。如图 6-59 所示，勾选“链接”面板下的“为 ActionScript 导出”和“在第 1 帧中导出”，设置“类”为“kuai_mc”，单击“确定”按钮。

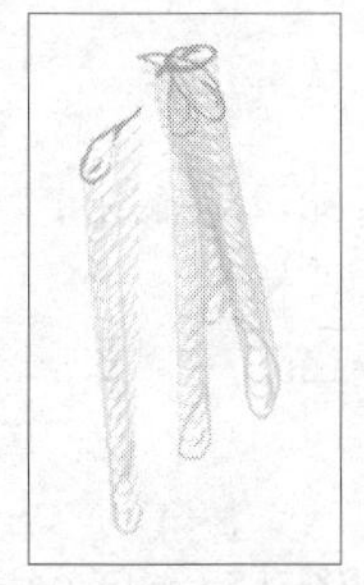

图 6-58　绘制炸开效果动画

图 6-59　设置高级属性

## 步骤六：添加帧名称

**01** 在“时间轴”控制面板上新建图层并重命名为“label”，选择第“1”帧，在“属性”面板中打开“标签”面板，将“名称”设为“loading”，如图 6-60 所示。

**02** 在“时间轴”控制面板上选择图层“label”的第“10”帧，在“属性”面板上打开“标签”面板，将“名称”设为“start”，如图 6-61 所示。

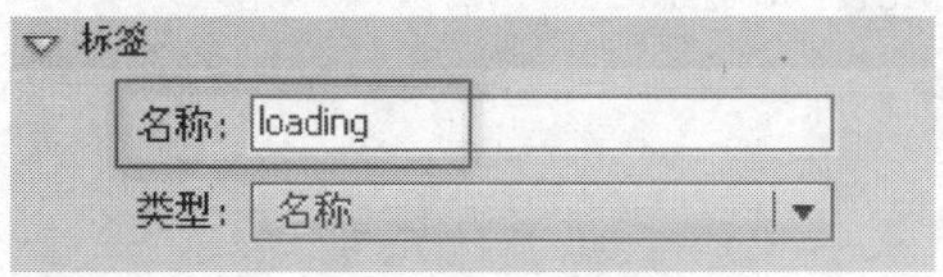


图 6-60　设置帧名称

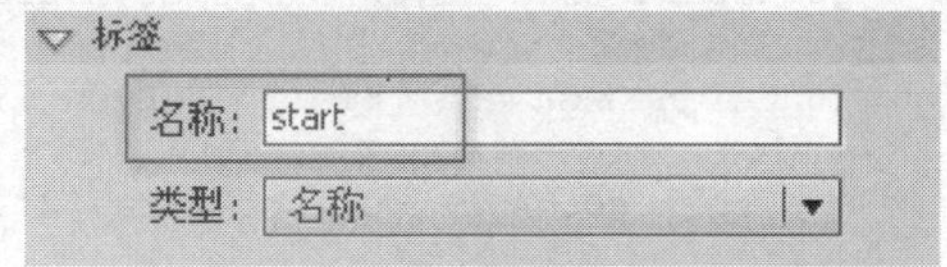


图 6-61　设置帧名称

**03** 在“时间轴”控制面板选择图层“label”的第“20”帧，在“属性”面板上打开“标签”面板，将“名称”设为“game”，如图 6-62 所示。

**04** 在“时间轴”控制面板选择图层“label”的第“30”帧，在“属性”面板上打开“标签”面板，将“名称”设为“win”，如图 6-63 所示。

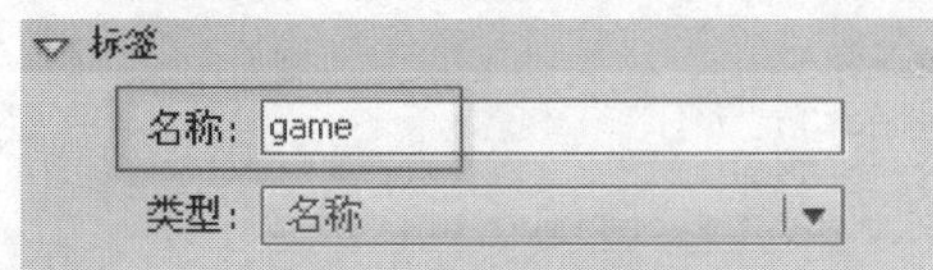


图 6-62　设置帧名称

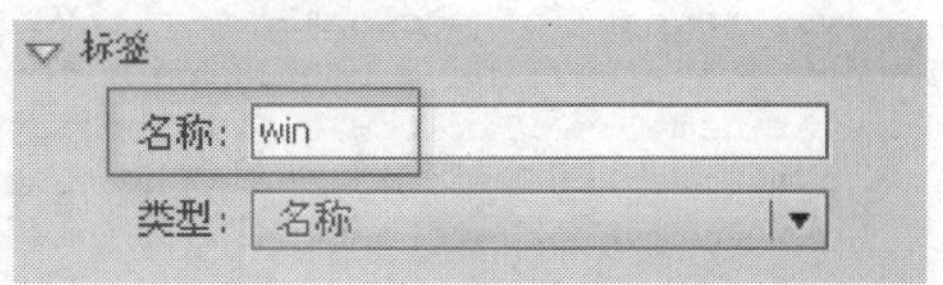


图 6-63　设置帧名称

**05** 在“时间轴”控制面板上选择图层“label”的第“40”帧，在“属性”面板上打开“标签”面板，将“名称”设为“fail”，如图 6-64 所示。

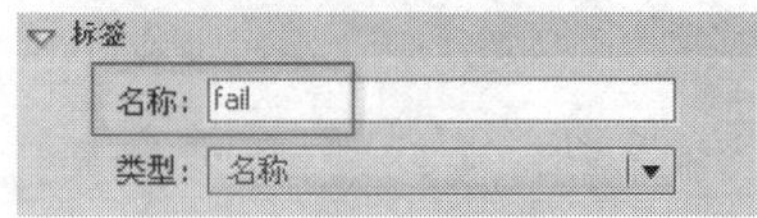


图 6-64 设置帧名称

## 步骤七：添加脚本语言

**01** 在“时间轴”控制面板上新建图层并重命名为“actions”，选择图层“actions”的第“1”帧，单击鼠标右键选择快捷菜单中的“动作”命令，在打开的“动作”面板中输入以下代码：

```
this.stop();

this.loaderInfo.addEventListener(ProgressEvent.PROGRESS,onProgress);
this.loaderInfo.addEventListener(Event.COMPLETE,onComplete);
function onProgress(e:ProgressEvent):void {
    var p:Number=Math.floor((e.bytesLoaded/e.bytesTotal)*100);
    this.loading.mc.gotoAndStop(p);
}
function onComplete(e:Event):void {
    this.loaderInfo.removeEventListener(ProgressEvent.PROGRESS,onProgress);
    this.loaderInfo.removeEventListener(Event.COMPLETE,onComplete);
    this.removeChild(loading);
    this.gotoAndStop("start");
}
```

**02** 选择图层“actions”的第“10”帧，按 F6 键添加关键帧。单击鼠标右键选择快捷菜单中的“动作”命令，在打开的“动作”面板中输入以下代码：

```
stage.scaleMode = StageScaleMode.NO_SCALE;
stage.align = StageAlign.TOP_LEFT;
this.stop();
gameStartBtn.addEventListener(MouseEvent.CLICK,onGameStart);

function onGameStart(e:MouseEvent):void
{
    this.gotoAndStop(labelArray[2].name);
}

var score:uint;
var level:uint;
var win:Number;
var labelArray:Array = this.currentLabels;
var container:Sprite=new Sprite();
this.addChild(container);

var totalTime:int = 20;
var repeat:int = clockBar_mc.totalFrames;
var interval:int = totalTime * 1000 / repeat;
var gameTime:Timer = new Timer(interval,repeat);
gameTime.addEventListener(TimerEvent.TIMER, onTimer);
gameTime.addEventListener(TimerEvent.TIMER_COMPLETE,onTimeOver);

var DownTimer:Number = 20;
```

```
var DownTimerInstance:Timer = new Timer(1000,DownTimer);
DownTimerInstance.addEventListener(TimerEvent.TIMER, DownTimerHandler);

function onTimer(event:TimerEvent):void
{
    clockBar_mc.nextFrame();
}

function DownTimerHandler(event:TimerEvent):void
{
    timeNum.text = (DownTimer + " 秒");
    DownTimer--;
}

function onTimeOver(e:TimerEvent)
{
    this.gotoAndStop(labelArray[4].name);
    stage.removeEventListener(Event.ENTER_FRAME,onEnterframe);
    DownTimerInstance.reset();
}

function initGame():void
{
    score = 0;
    level = 1;
    win = 30;
    DownTimer = 20;
    score_text.text = "得分=" + score.toString();
    level_text.text = "难度=" + level.toString();
    timeNum.text = (DownTimer + " 秒");
    DownTimer--;
    stage.addEventListener(Event.ENTER_FRAME,onEnterframe);
    score_text.addEventListener("showscore",onScore);
    clockBar_mc.gotoAndStop(1);
    gameTime.reset();
    gameTime.start();
    DownTimerInstance.start();
}

function onScore(e:Event):void
{
    e.target.text = "得分=" + score.toString();
    if (score % win == 0)
    {
        level++;
        level_text.text = “难度=" + level.toString();
        clockBar_mc.gotoAndStop(1);
        gameTime.reset();
        gameTime.start();
        if (level > 5)
        {
            this.gotoAndStop(labelArray[3].name);
        }
    }
}

function onEnterframe(e:Event):void
{
    var r:Number = randRange(0,15);
    if (r == 1)
    {
```

```
        var mc:MovieClip=new kuai_mc();
        container.addChild(mc);
        mc.scaleX = mc.scaleY = .5;
        mc.y = randRange(0,-100) -mc.height;
        mc.x = randRange(0,stage.stageWidth -mc.width);

        mc.addEventListener(Event.ENTER_FRAME,onMove);
        mc.addEventListener(MouseEvent.CLICK,onClick);

        mc.speed = randRange(4,10) + level;
        mc.isHiting = true;
    }
}

function onMove(e:Event):void
{
    var mc:MovieClip = e.target as MovieClip;
    mc.y +=  mc.speed;
    if (mc.y > stage.stageHeight)
    {
        container.removeChild(mc);
        mc.removeEventListener(Event.ENTER_FRAME,onMove);
    }
}

function onClick(e:MouseEvent)
{
    var mc:MovieClip = e.target as MovieClip;
    if (mc.hitTestPoint(e.stageX,e.stageY,false) && mc.isHiting)
    {
        mc.isHiting = false;
        mc.play();
        score++;
        score_text.dispatchEvent(new Event("showscore"));
    }
}

function randRange(minNum:Number, maxNum:Number):Number
{
    return Math.floor(Math.random() * maxNum -minNum + 1) + minNum;
}
```

**03** 选择图层“actions”第“20”帧，按F6键添加关键帧，单击鼠标右键选择快捷菜单中的“动作”命令，在打开的“动作”面板中输入以下代码：

```
initGame();
```

**04** 选择图层“actions”的第“40”帧，按F6键添加关键帧，单击鼠标右键选择快捷菜单中的“动作”命令，在打开的“动作”面板中输入以下代码：

```
gameOverBtn.addEventListener(MouseEvent.CLICK,onRestartGame)
function onRestartGame(e:MouseEvent)
{
    this.gotoAndStop(labelArray[2].name)
}
```

这时按Ctrl+Enter键测试看看你做的打方块游戏吧！

## 步骤八：发布EXE

单机版的游戏通常会发布为“.exe”程序，以方便流传和使用。Flash发布的.exe文件实际上是打包的 Flash 播放器，也就是在没有安装 Flash 相关插件的机器上也能正常播放 Flash 文件，这种功能不仅能用于游戏，也能用于影片及多媒体项目的发布中，这在前面的实例中讲过。

**01** 选择“文件” | “发布设置”命令，你会看到一个“发布设置”对话框。如图 6-65 所示，勾选“Windows 放映文件（.exe）”选项，选择你存放文件的路径，单击“发布”或“确定”按钮。

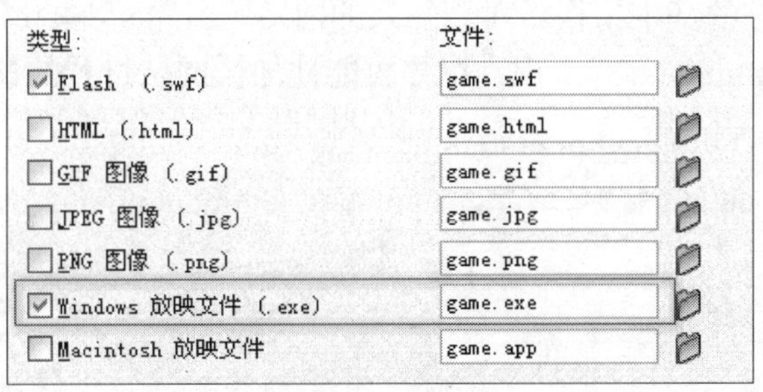


图 6-65　发布 .exe

**02** 这时你就能在你存放文件的文件夹下看到一个如图 6-66 所示的 .exe 文件了。你可以使用第三方软件修改你所发布的 .exe 文件的图标。

图 6-66　新生成的 .exe 文件

本例到这里结束。这个简单的方块游戏以抛砖引玉的方式为你提供一种思路，你理解了这种思路后就能制作更复杂的游戏啦！

## 实例 98

# Flash 网站

图 6-67　实例 98：Flash 网站

Flash 网站在前面的实例 13 中我们已有简单的接触，现在让它互动起来吧！

**提示：**

在这个例子里（如图 6-67 所示），你能综合利用前面所学过的知识，通过对“帧”进行调用的方式创造出一个简单的 Flash 网站，同时如何外部载入 swf 影片进行一次实战练习！

Flash 网站由 loading、Logo 栏、导航栏、开场动画、主界面、版权信息栏等组成，你在普通网站上看到的二级或者三级页面在 Flash 网站中都可以用一个主界面来实现调用。主界面可以通过场景、时间轴、帧等不同方式，分别加载不同的文字、图像、视频及影片。Flash 网站能创造令人叹为观止的各导航间跳转的动画效果，能创造漂亮的按钮特效，还能有效的控制视频文件的盗链及图片文件的下载。

制作一个优秀的 Flash 网站首先要对网站的架构进行合理的设计，如图 6-68 所示是一个常见的 Flash 网站的基本架构。对于复杂的网站，主界面上的所有内容都可以使用外部调用 swf 或 xml、html 等方式实现，以尽可能地加快网站打开的速度。

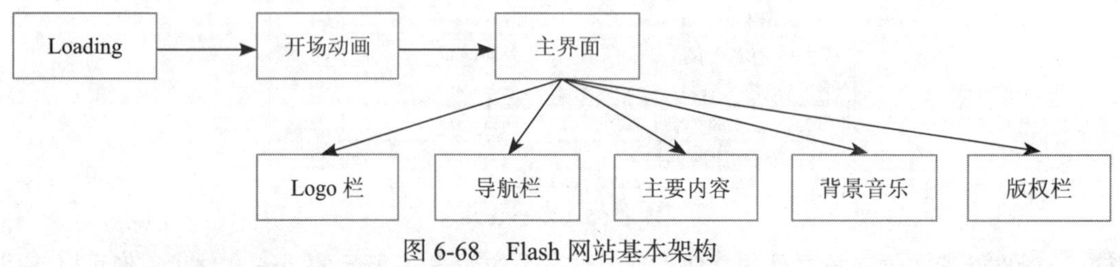


图 6-68　Flash 网站基本架构

## 步骤一：创建文件

**01** 打开 Adobe Flash Professional CS5，选择“新建”面板下的“ActionScript 3.0”选项，新建一个 Flash 工程文件。

**02** 在“属性”面板上单击“编辑”按钮，在弹出的“文档设置”面板中将“尺寸”设为“960 像素”×“600 像素”（这是 Flash 网站最常用到的尺寸，能正常的满幅显示于大部分浏览器窗口，同时文件又不会特别的大），设置“背景颜色”为“#1A1A1A”，将“帧频”设为“30.00”，单击“确定”按钮。

**03** 按 Ctrl+S 键将文件存为“website.fla”。

## 步骤二：制作加载场景

加载场景是一个张扬个性的舞台，你可以使用 Logo 或个性签名、抽象的图案及简洁的几何图形等来体现加载进度，你可以随意设计，但切记不能放过多的图形图案在加载场景里，否则加载场景本身的加载就是个问题。

**01** 单击“窗口”|“其他面板”|“场景”命令，打开“场景”面板，双击“场景 1”，将其重命名为“preloader”，如图 6-69 所示，用这个场景来放置加载场景。单击“新建场景”按钮新建并重命名场景为“content”，用这个场景来放置主界面场景。

**02** 在“场景”面板上单击一下“preloader”，来到场景“preloader”的舞台。

**03** 选择“工具”面板上的“矩形工具”，将“填充颜色”设为“蓝色”，“笔触颜色”设为“无”。在舞台上绘制一个矩形。使用“任意变形工具”和“变形”面板上的“重制选区和变形”命令复制一圈矩形。逐个选取每个矩形，按逆时针方向，在“颜色”面板上调整“填充颜色”的“Alpha”值，得到如图 6-70 所示效果。

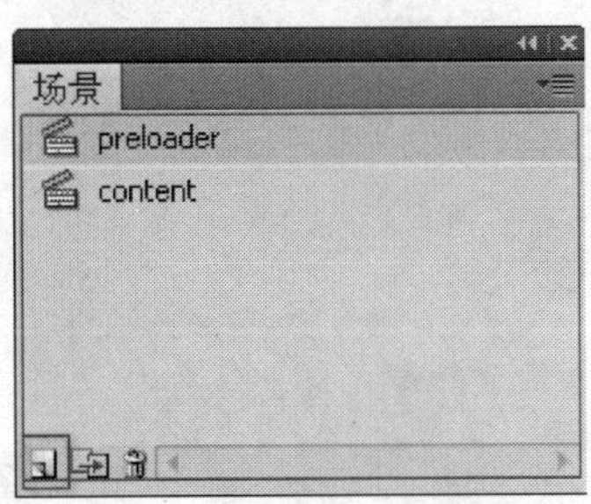


图 6-69　管理场景

图 6-70　绘制进度条

**04** 全选刚刚绘制的图案，按 F8 键将其转换为元件，设置“名称”为“preloader”，“类型”设为“影片剪辑”。选择元件“preloader”，如图 6-71 所示，在“属性”面板上设置“实例名称”为“preloader”。

**05** 如图 6-72 所示，使用“工具”面板上的“文本工具”在元件“preloader”的下方绘制一个矩形范围，用来显示下载的进度。

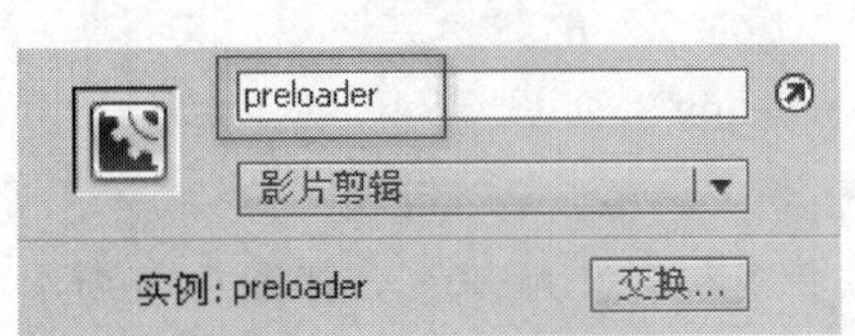


图 6-71　设置实例名称

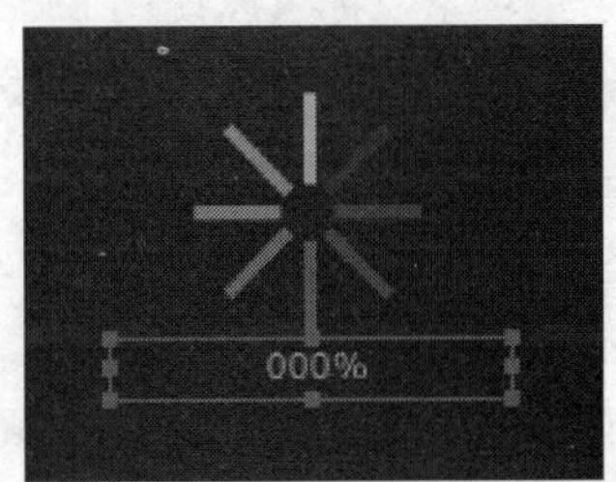


图 6-72　添加进度显示文本

**06** 选择该文本框，在“属性”面板上将相关属性设置成如图 6-73 所示。

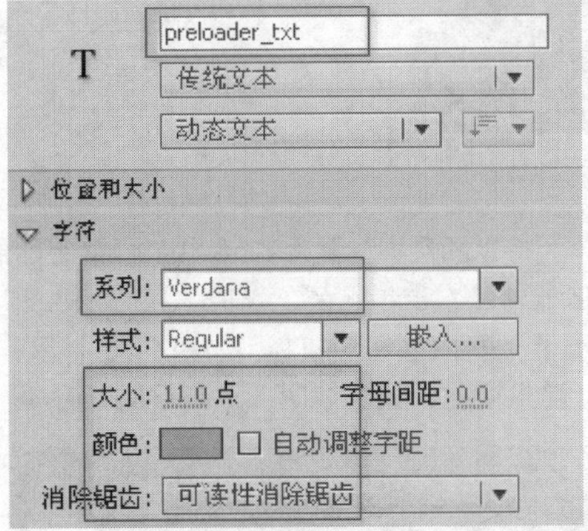


图 6-73　设置文本框属性

**07** 在“时间轴”控制面板上新建图层并重命名为“actions”，选择图层“actions”的第“1”帧，单击鼠标右键选择快捷菜单中的“动作”命令，在打开的“动作”面板中输入以下代码：

```
stop();
var loaded:Number;
var percent:Number;
preloader.addEventListener( Event.ENTER_FRAME, loading );
function loading(e:Event):void
```

```
{
    loaded = stage.loaderInfo.bytesLoaded / stage.loaderInfo.bytesTotal;
    percent = Math.round(loaded * 100);
    preloader.rotation += 5;
    preloader_txt.text = percent + "%";
    if( percent == 100 )
    {
        preloader.removeEventListener( Event.ENTER_FRAME, loading );
        play();
    }
}
```

在前面的实例中我们学过很多种加载影片的方法，这种分场景加载影片是我最喜欢的一种加载方法，因为这个加载场景做好以后不管后面的场景如何修改和变化，它都是可以反复使用，非常方便！

## 步骤三：制作主场景

对于主场景，你可以使用 psd 导入的方式将设计好的网页直接导入 Flash 中制作动画（忘记怎么导入了，请再去看看实例 34），也可以在 Flash 中直接设计和制作。

**01** 单击“场景”面板上的“content”，来到场景“content”的舞台。使用“文件”|“导入”|“导入到舞台”命令，导入一张背景图片“bg.jpg”，如图 6-74 所示。

**02** 选择图片“bg.jpg”，按 F8 键将其转换为元件，设置“名称”为“bg”，“类型”为“影片剪辑”。选择元件“bg”，在“属性”面板将“实例名称”设为“bg”，如图 6-75 所示。

图 6-74　导入背景图片

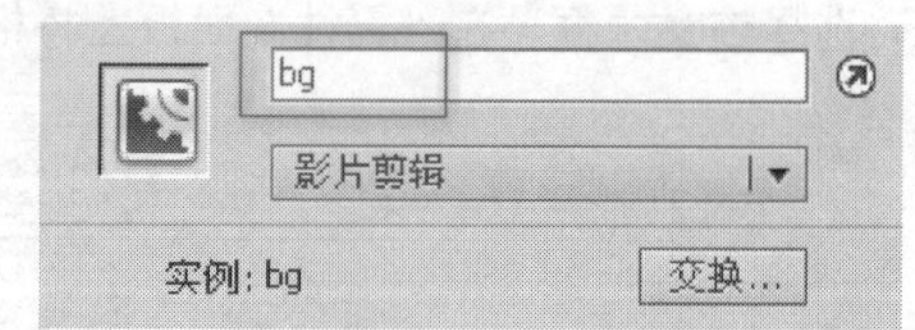


图 6-75　设置实例名称

**03** 在“时间轴”控制面板上将“图层 1”重命名为“bg”，锁定图层“bg”，新建图层并重命名为“nav_logo”。选择“工具”面板上的“矩形工具”、“文本工具”，分别在舞台的左上、右上和右下方绘制 Logo 栏、导航栏和版权栏，如图 6-76 所示。当然，这个位置不是绝对的，可以根据你的设计随意变化，也可以导入你自己的 Logo 图片。

图 6-76　页面基本布局

**04** 选择左下方的版权信息文本，在“属性”面板上调整字体的颜色和大小，打开“选项”面板，设置“链接”及“目标”，如图 6-77 所示，这样，当单击该文本时，将会跳转到相应的网站页面上。

**05** 选择“工具”面板上的“文本工具”，在导航栏区域分别输入“关于我们”、“成功案例”、“业务领域”、“联系我们”4 个文本作为导航按钮。在“属性”面板上调整文字的大小及字体，使其如图 6-78 所示。

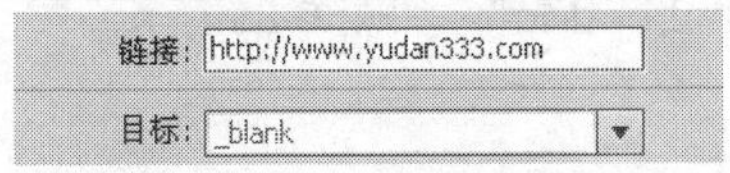


图 6-77　设置文本属性

图 6-78　输入文本

**06** 选择文本“关于我们”，按 F8 键将其转换为元件，设置“名称”为“aboutus”，“类型”为“按钮”。在舞台上选择元件“aboutus”，在“属性”面板上设置“实例名称”为“about_us”，如图 6-79 所示。

**07** 选择文本“成功案例”，按 F8 键将其转换为元件，设置“名称”为“work”，“类型”为“按钮”。在舞台上选择元件“work”，在“属性”面板上设置“实例名称”为“work”，如图 6-80 所示。

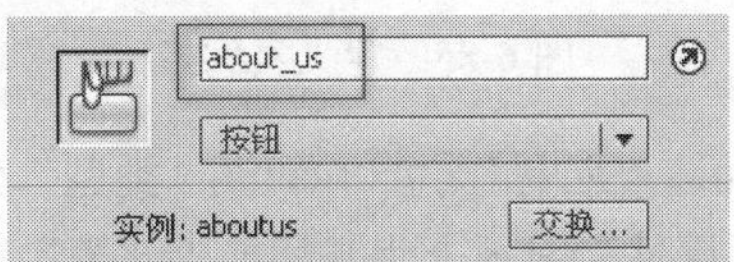


图 6-79　设置实例名称

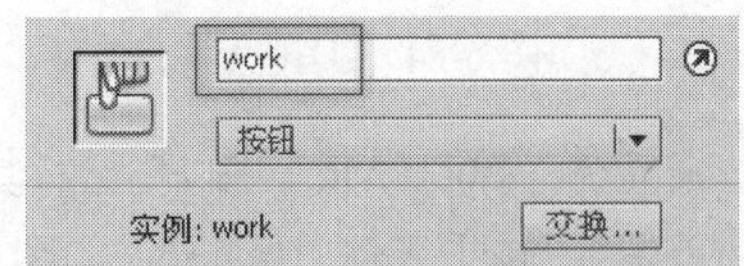


图 6-80　设置实例名称

**08** 选择文本“业务领域”，按 F8 键将其转换为元件，设置“名称”为“services”，“类型”为“按钮”。在舞台上选择元件“services”，如图 6-81 所示，在“属性”面板上设置“实例名称”为“services”。

**09** 选择文本“联系我们”，按 F8 键将其转换为元件，设置“名称”为“contact”，“类型”为“按钮”。在舞台上选择元件“contact”，如图 6-82 所示，在“属性”面板上设置“实例名称”为“contact”。

**10** 全选 4 个导航按钮，即元件“aboutus”、“work”、“services”、“contact”，按 F8 键将其转换为元件。设置“名称”为“navigation”，“类型”为“影片剪辑”。选择元件“navigation”，在“属性”面板上设置“实例名称”为“navigation”，如图 6-83 所示。

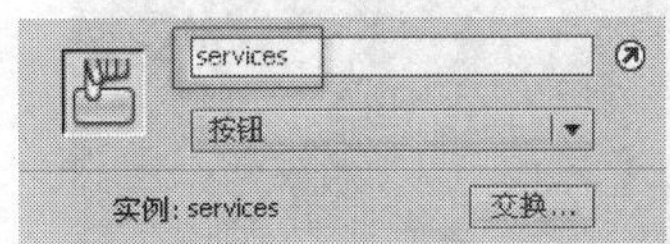


图 6-81　设置实例名称

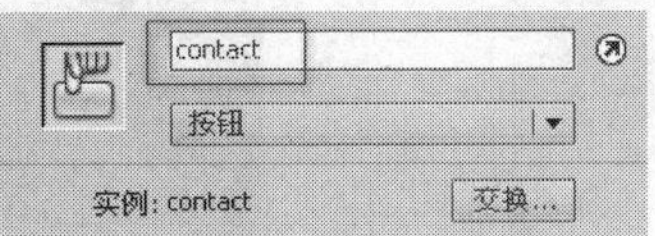


图 6-82　设置实例名称

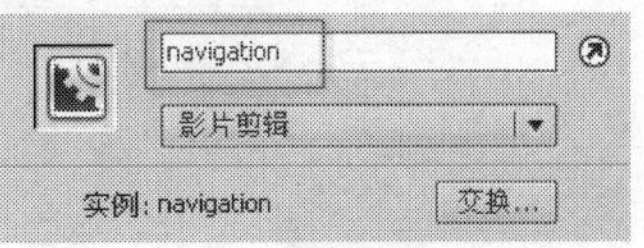


图 6-83　设置实例名称

## 步骤四：制作主要内容

**01** 选择“工具”栏上的“矩形工具”，在“属性”面板上设置“矩形边角半径”为“30”、“笔触颜色”为“蓝色”、“填充颜色”为“无”，在舞台导航栏的下方绘制一个区域作为正文显示的区域。

**02** 选择该矩形，按 F8 键将其转换为元件，设置“名称”为“aboutMc”，“类型”为“影片剪辑”。双击元件“aboutMc”，进入元件“aboutMc”的编辑模式，使用“工具”面板上的“文本工具”输入相关内容，并通过“属性”面板调整字体的大小、颜色等，如图 6-84 所示（你也可以分栏显示、插入图片等更复杂的操作，如果忘了怎么做请再看看实例 74 吧）。

**03** 在“编辑栏”单击场景“content”，回到场景“content”的编辑模式。在舞台上选择元件“aboutMc”，在“属性”面板上设置“实例名称”为“aboutMc”，如图 6-85 所示。

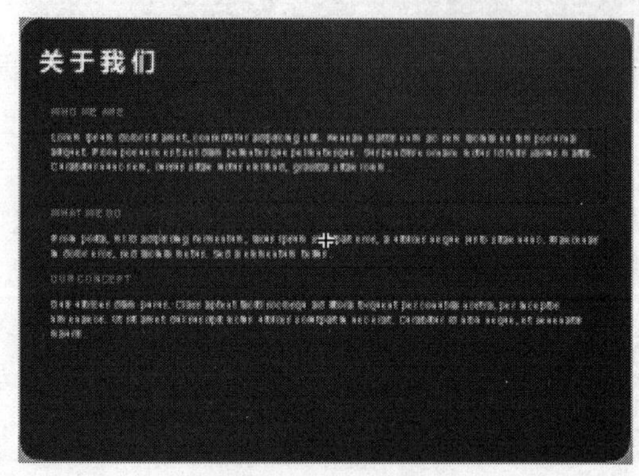


图 6-84　编排文字内容

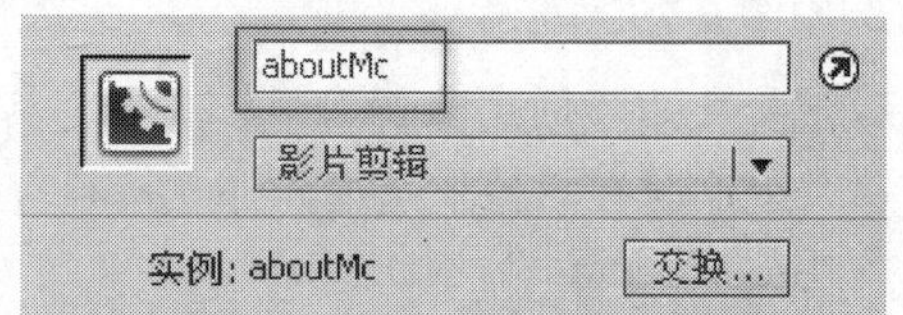


图 6-85　定义实例名称

**04** 选择元件“aboutMc”，按 F8 键将其转换为元件，设置“名称”为“main”，“类型”为“影片剪辑”。选择元件“main”，如图 6-86 所示，在“属性”面板上为其添加“滤镜”属性。

**05** 双击元件“main”，进入元件“main”的编辑模式。将第“1”帧移到第“2”帧，选择第“2”帧，单击鼠标右键选择快捷菜单中的“复制帧”命令，然后分别在第“8”帧和第“11”帧单击鼠标右键选择快捷菜单中的“粘贴帧”命令。

**06** 在“时间轴”控制面板上选择第“8”帧，在舞台上选择元件“aboutMc”，使用“属性”面板的“交换”命令将元件“直接复制为”元件“servicesMc”。双击元件“servicesMc”，修改相关文字与内容如图 6-87 所示。

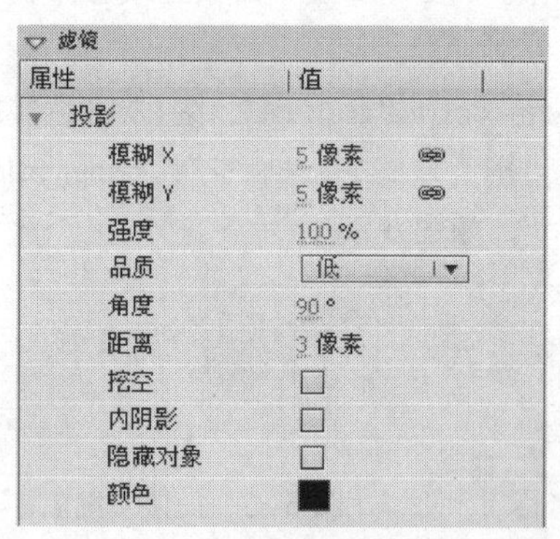


图 6-86　添加文字

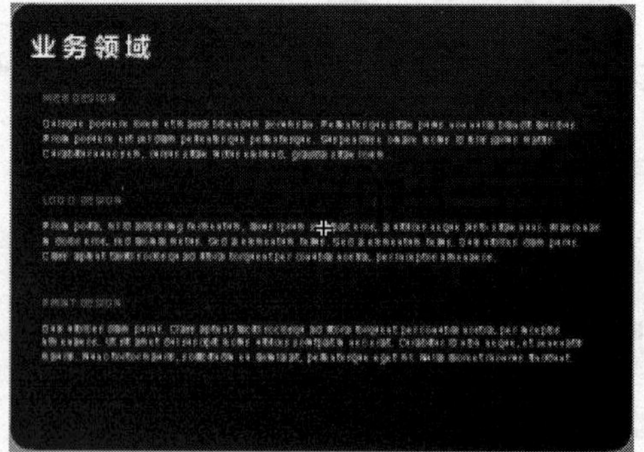


图 6-87　添加文字

**07** 在“编辑栏”单击元件“main”回到元件“main”的编辑模式，在舞台上选择元件“servicesMc”。在“属性”面板上设置“实例名称”为“servicesMc”，如图 6-88 所示。

**08** 同样的方法，在“时间轴”控制面板上选择第“11”帧，在舞台上选择元件“aboutMc”，使用“属性”面板上的“交换”命令将元件“直接复制为”交换为元件“contactMc”。双击元件“contactMc”，修改相关文字与内容如图 6-89 所示。

图 6-88　定义实例名称

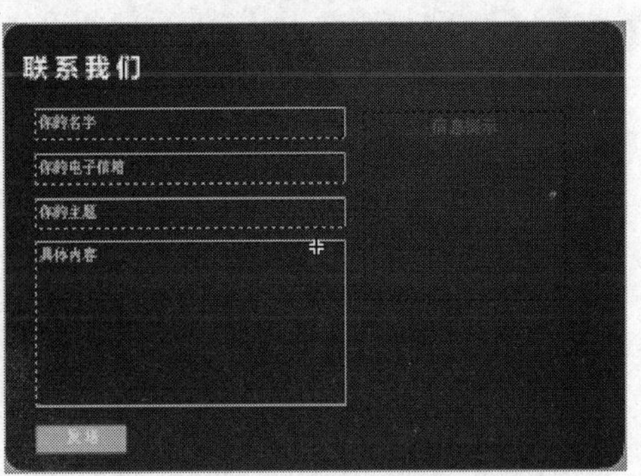


图 6-89　添加文本内容

**09** 在“编辑栏”单击元件“main”回到元件“main”的编辑模式，在舞台上选择元件“contactMc”，在“属性”面板，设置“实例名称”为“contactMc”，如图 6-90 所示。

图 6-90　定义实例名称

## 步骤五：加载影片

如图 6-91 所示，在“主要业绩”这个栏目下希望加载一个“web01.swf”的影片，这个影片也是采用 Flash 的制作的，其大小是“800×410”。

图 6-91　加载外部影片

**01** 在“时间轴”控制面板上选择第“5”帧，按 F7 键插入空白关键帧。使用“工具”面板上的“矩形工具”在舞台上画出一个“800×410”的矩形范围作为“加载影片显示的区域”。选择该矩形，在“颜色”面板上将其“填充颜色”的“Alpha”值设为“0”%。

**02** 按 F8 键将其转换为元件，设置元件“名称”为“workMc”，“类型”为“影片剪辑”。这样就得到了一个不显示的 mc，由于这个 mc 是用来加载外部影片的，所以它的位置和大小非常重要！

**03** 在舞台上选择元件“workMc”，在“属性”面板上设置“实例名称”为“workMc”，如图 6-92 所示。

**04** 从“库”中拖拽元件“preloader”到舞台中心，得到如图 6-93 所示效果。

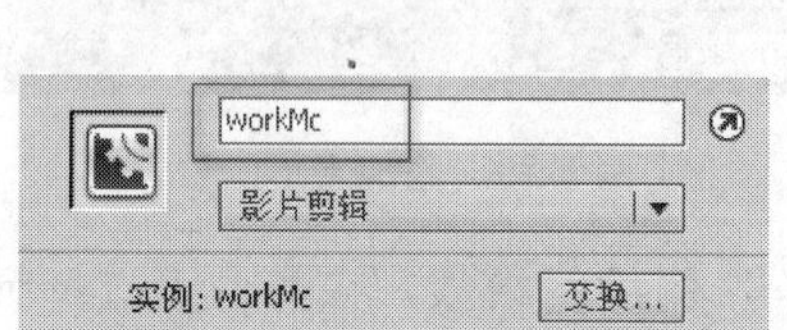


图 6-92　定义实例名称

图 6-93　添加下载进度条

**05** 在舞台上选择元件“preloader”，在“属性”面板上设置“实例名称”为“loader”，如图 6-94 所示。记住，这里虽然使用了和整个场景加载相同的进度显示条，但是实例名称是不一样的！

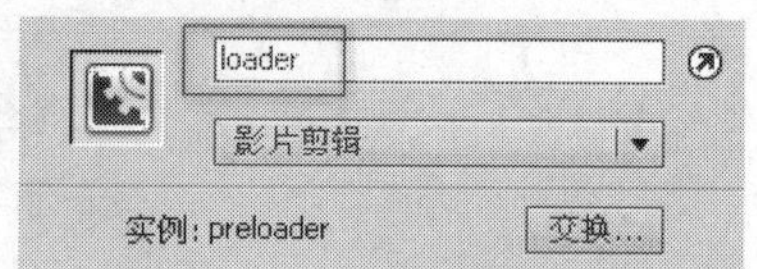


图 6-94　定义实例名称

## 步骤六：添加帧名称

**01** 在“时间轴”控制面板上选择第“2”帧，在“属性”面板上打开“标签”面板，将“名称”设为“one”，如图 6-95 所示。

**02** 在“时间轴”控制面板上选择第“5”帧，在“属性”面板上打开“标签”面板，将“名称”设为“two”，如图 6-96 所示。

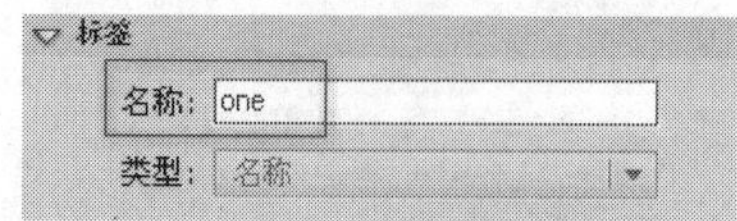


图 6-95　设置帧名称

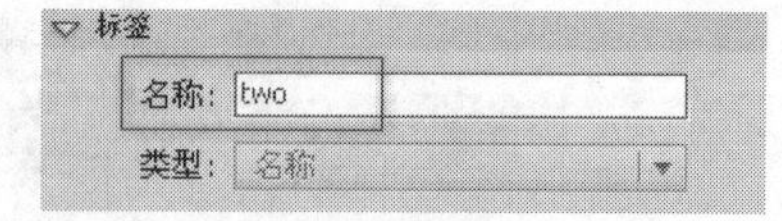


图 6-96　设置帧名称

**03** 在“时间轴”控制面板上选择第“8”帧，在“属性”面板上打开“标签”面板，将“名称”设为“three”，如图 6-97 所示。

**04** 在“时间轴”控制面板上选择第“11”帧，在“属性”面板上打开“标签”面板，将“名称”设为“four”，如图 6-98 所示。

图 6-97　设置帧名称

图 6-98　设置帧名称

## 步骤七：添加脚本语言

**01** 在"时间轴"控制面板上新建图层并重命名为"actions"，选择图层"actions"的第"1"帧，单击鼠标右键选择快捷菜单中的"动作"命令，在打开的"动作"面板中输入以下代码：

```
stop();
```

**02** 选择图层"actions"的第"2"帧，按 F6 键添加关键帧。单击鼠标右键选择快捷菜单中的"动作"命令，在打开的"动作"面板中输入以下代码：

```
import fl.transitions.easing.*;
import fl.transitions.Tween;

var func01 = Regular.easeOut;
var xs = 0;
var xf = 1;
var duration01    = 1.5;
new Tween(aboutMc,"alpha",func1,xs,xf,duration1,true);
```

**03** 选择图层"actions"的第"5"帧，按 F6 键添加关键帧。单击鼠标右键选择快捷菜单中的"动作"命令，在打开的"动作"面板中输入以下代码：

```
function loadResource(resURL)
{
    var url = resURL;
    var request01 = new URLRequest(url);
    var loader01  = new Loader();
    var mc01      = this.getChildByName("workMc");
    var nc = mc1.numChildren;
    if (nc)
    {
        var l01    = mc1.getChildAt(0);
        mc1.removeChild(l1);
        l01        = null;
    }
    loader1.load(request1);
    mc1.addChild(loader1);

    loader1.contentLoaderInfo.addEventListener("complete", this.finished_loading);
    loader1.contentLoaderInfo.addEventListener("progress", this.progress_loading);
}

function progress_loading(e:Event)
{
    loader.rotation +=  5;
}

function finished_loading(e:Event)
{
    loader.visible = false;
}

loadResource("web01.swf");
```

**04** 选择图层"actions"的第"8"帧，按 F6 键添加关键帧。单击鼠标右键选择快捷菜单中的"动作"命令，在打开的"动作"面板中输入以下代码：

```
new Tween(servicesMc, "alpha", func1, xs, xf, duration1, true);
```

**05** 选择图层“actions”的第“11”帧，按 F6 键添加关键帧。单击鼠标右键选择快捷菜单中的“动作”命令，在打开的“动作”面板中输入以下代码：

```
new Tween(contactMc, "alpha", func1, xs, xf, duration1, true);
```

**06** 在“编辑栏”单击场景“content”，回到场景“content”的编辑模式。在舞台上选择元件“main”，如图 6-99 所示，在“属性”面板，设置“实例名称”为“main”。

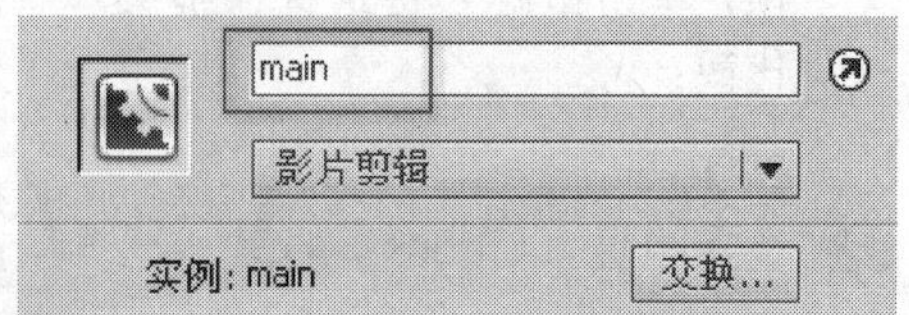


图 6-99　定义实例名称

**07** 在“时间轴”控制面板上新建图层并重命名为“actions”，选择图层“actions”的第“1”帧，单击鼠标右键选择快捷菜单中的“动作”命令，在打开的“动作”面板中输入以下代码：

```
stop();

import flash.display.Sprite;
import flash.display.StageAlign;
import flash.display.StageScaleMode;
import flash.events.Event;
import fl.transitions.Tween;
import fl.transitions.easing.*;

stage.scaleMode = StageScaleMode.NO_SCALE;
stage.align = StageAlign.TOP_LEFT;
stage.addEventListener(Event.RESIZE, resizeHandler);

function setBackground() {
    var reg02      = stage.stageWidth / 2;
    var reg01      = stage.stageHeight / 2;
    bg.x = reg2;
    bg.y = reg1;
    bg.width = stage.stageWidth;
    bg.height = stage.stageHeight;
    }
setBackground();

function setPos() {
    main.x = stage.stageWidth / 2;
    main.y = stage.stageHeight / 2;
    base_mc.x=(stage.stageWidth -576);
    base_mc.y=65;
    navigation.x=stage.stageWidth -554;
    navigation.y=20;
    logo_mc.x=4;
    logo_mc.y=4;
}
setPos();
function resizeHandler(event:Event):void {
    setBackground();
    setPos();
}
main.gotoAndStop("one");

navigation.about_us.addEventListener(MouseEvent.CLICK, aboutUsF);
function aboutUsF(Event:MouseEvent):void {
    main.gotoAndStop("one");
}
navigation.work.addEventListener(MouseEvent.CLICK, workF);
```

```
function workF(Event:MouseEvent):void {
    main.gotoAndStop("two");
}
navigation.services.addEventListener(MouseEvent.CLICK, servicesF);
function servicesF(Event:MouseEvent):void {
    main.gotoAndStop("three");
}

navigation.contact.addEventListener(MouseEvent.CLICK, contactF);
function contactF(Event:MouseEvent):void {
    main.gotoAndStop("four");
}
```

这时按 Ctrl+Enter 键测试一下，看看你做的 Flash 网站吧！

本例到这里结束。这个简单的 Flash 网站为你提供了一种思路。当你理解了这种建站的基本结构后便能做出更加复杂、炫酷的 Flash 网站啦！

## 实例 99

# 电子杂志

图 6-100　实例 99：电子杂志

电子杂志也是 Flash 中常见的应用，使用 AS2 开发的电子杂志组件已相当的成熟。AS3 编写的电子杂志程序目前还比较少见，本例略作一些探讨，你可以根据自己的实际需要选择适合你的版本！

**提示：**

在这个例子里（如图 6-100 所示），你会学到利用 AS 类模拟翻页效果，并使用组件快速定义一个电子杂志。

电子杂志与普通纸质杂志的不同之处在于它是一种以电子格式作为媒体的传播手段。一方面它能展现超媒体所具有的独特视听效果，另一方面又具有快速浏览、下载、传播的方便，符合我们这个快节奏时代的要求。打包后的电子杂志还能有效地进行版权保护，方便客户随时阅读，存储和管理。

电子杂志的制作在 AS2 时代是非常流行的，因而有大量成熟的组件可以使用。在作者编写的《Flash CS3 动画设计经典 100 例》中有 AS2 版本的电子杂志制作实例，有需要的读者可以 Email 索取。不同项目的电子杂志要求不同，但通常都会包含有封面、封底、翻页控制、页码这几个部分。再复杂些的电子杂志会包含目录、搜索、缩放、背景音乐控制、pdf 文件生成、打印控制等。一个优秀的电子杂志一定由着赏心悦目的视觉画面，优雅柔和的背景音乐，和独具特色的互动体验组成。

## 步骤一：创建文件

**01** 打开 Adobe Flash Professional CS5，选择“新建”面板下的“ActionScript 3.0”选项，新建一个 Flash 工程文件。

**02** 在“属性”面板上单击“编辑”按钮，在弹出的“文档设置”面板中将“尺寸”设为“1000像素”×“650 像素”，“背景颜色”设为“#333333”，“帧频”设为“30.00”，单击“确定”按钮。

**03** 按 Ctrl+S 键保存文件为“ebook.fla”。

**04** 在文件“ebook.fla”的同级目录下新建文件夹“book”，用来放置杂志的内页，新建文件夹“xml”用来放置 xml 文件。

## 步骤二：图文处理

**01** 如图 6-101 所示，使用 Photoshop 制作“460×620”的图片文件，以第“1”页作为杂志的封面，分别制作杂志的其他页面，依次命名为“1.jpg”、“2.jpg”、“3.jpg”……“12.jpg”。将做好的图片统一存放在文件夹“book”里。

图 6-101　制作杂志内页图片

**02** 当图片处理完成以后，创建一个名为“book.xml”文件，将其存放到文件夹“xml”下，用来调取刚刚做好的这些图片。

**03** 选择文件“book.xml”，单击鼠标右键选择快捷菜单中的“打开方式”|“记事本”命令，输入如下代码：

```
<?xml version="1.0" encoding="UTF-8"?>
<book>
  <Setting
          BackgroundColor="0x666666"
          ZoomOutScale="1"
          ZoomInScale="1.5"
         />

  <FilePath Path="book/1.jpg"/>
  <FilePath Path="book/2.jpg"/>
  <FilePath Path="book/3.jpg"/>
  <FilePath Path="book/4.jpg"/>
  <FilePath Path="book/5.jpg"/>
  <FilePath Path="book/6.jpg"/>
  <FilePath Path="book/7.jpg"/>
  <FilePath Path="book/8.jpg"/>
  <FilePath Path="book/9.jpg"/>
  <FilePath Path="book/10.jpg"/>
  <FilePath Path="book/11.jpg"/>
  <FilePath Path="book/12.jpg"/>
</book>
```

**04** 按 Ctrl+S 键保存文件，关闭“book.xml”文件。

## 步骤三：制作场景

**01** 切换到文件“ebook.fla”，在“时间轴”控制面板上将“图层 1”重命名为“bg”，这个图层用来加载杂志页面。

**02** 按 Ctrl+F8 键创建新元件，设置“名称”为“empty_bg”、“类型”为“影片剪辑”。单击“编辑栏”上的“场景 1”，回到场景编辑模式。从“库”中拖拽元件“empty_bg”到舞台上的最左上角，在“属性”面板上设置“X”和“Y”为“0”，设置“实例名称”为“bg_mc”，如图 6-102 所示。

**03** 在“时间轴”控制面板上新建图层并重命名为“main”。打开“组件”面板，拖拽组件“ProgressBar”到舞台的中心，如图 6-103 所示。

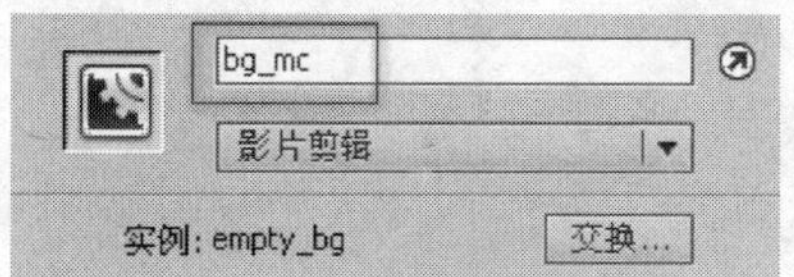


图 6-102 定义实例名称

图 6-103 添加进度条组件

**04** 选择组件“ProgressBar”，在“属性”面板设置“实例名称”为“pbar_mc”，如图 6-104 所示。

**05** 使用“工具”面板上的“矩形工具”在舞台的最下方绘制一个如图 6-105 所示矩形区域，用来作为页面控制区域的背景色。选择该矩形，按 F8 键将其转换为元件，设置“名称”为“Operation”，“类型”为“影片剪辑”。

图 6-104 定义实例名称

图 6-105 绘制矩形

**06** 双击元件“Operation”，进入元件“Operation”的编辑模式。在舞台上选择矩形，按 F8 键将其转换为元件，设置“名称”为“Operation_BG”、“类型”为“影片剪辑”。选择元件“Operation_BG”，在“属性”面板上打开“滤镜”面板，为其添加“发光”滤镜，如图 6-106 所示。

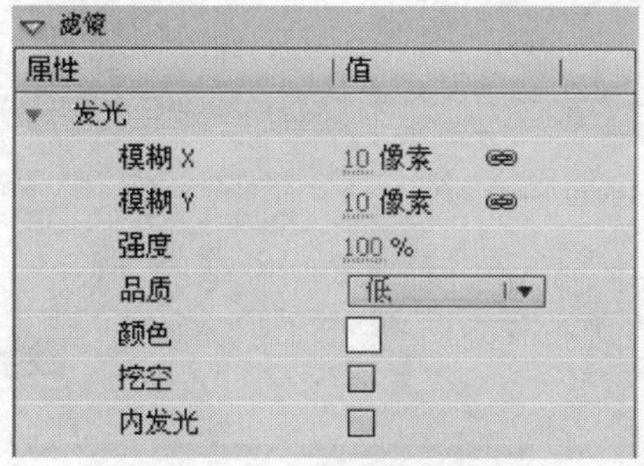


图 6-106 添加发光滤镜

**07** 在“时间轴”控制面板上新建“图层 2”，分别从“组件”面板中拖拽组件“Button”、“TextArea”到元件“Operation_BG”上相应的位置，使用“工具”栏上的“文本工具”绘制一个文本显示区域用来显示当前页码。在“属性”面板调整各组件如图 6-107 所示。

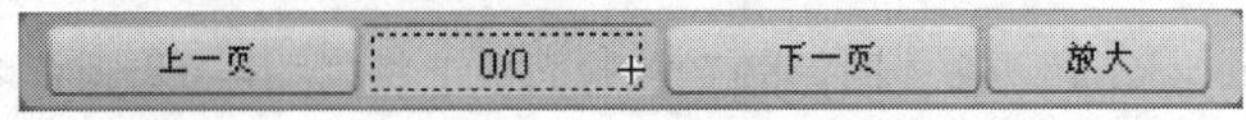


图 6-107　放置组件

**08** 选择左侧第一个组件“Button”，在“属性”面板上调整各属性如图 6-108 左图所示。再选择左侧第二个组件“Button”，在“属性”面板上调整各属性如图 6-108 右图所示。

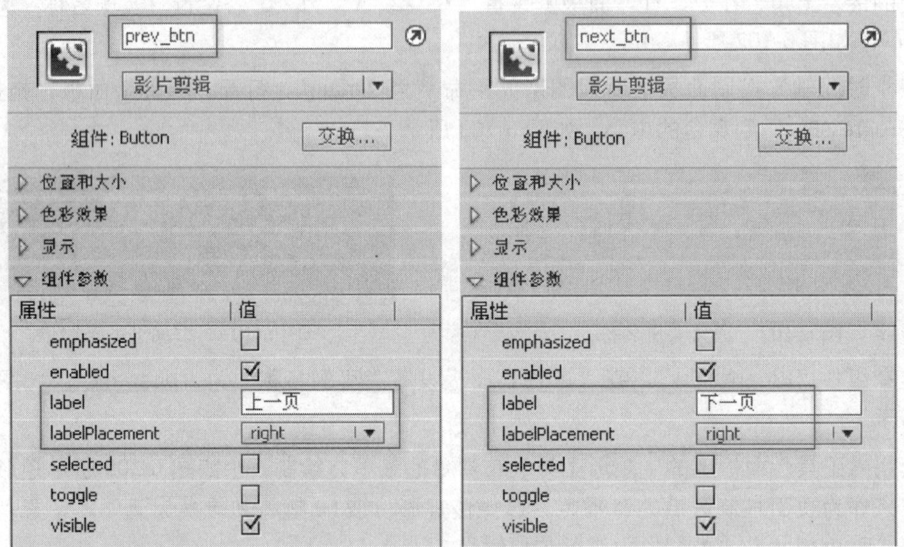


图 6-108　定义实例名称

**09** 选择最右侧的组件“Button”，在“属性”面板上调整各属性如图 6-109 所示。

**10** 选择文本框，在“属性”面板上调整各属性如图 6-110 所示。

图 6-109　定义实例名称

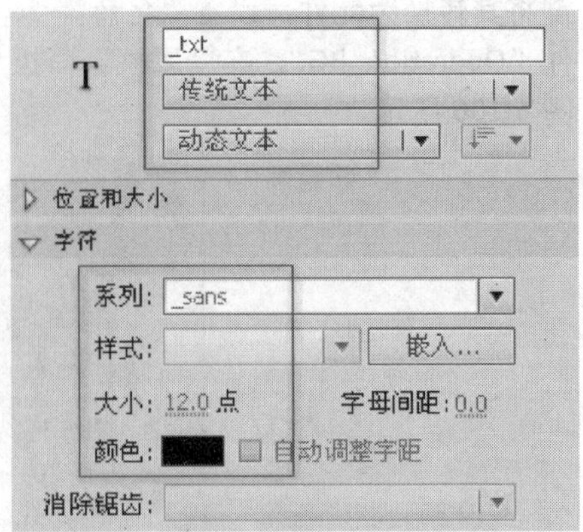


图 6-110　定义实例名称

**11** 在“编辑栏”单击“场景 1”，回到场景编辑模式。在舞台上选择元件“Operation”，在“属性”面板上设置“实例名称”为“operation_mc”，如图 6-111 所示。

**12** 按 Ctrl+F8 键创建新元件，设置“名称”为“brink_shadow”，“类型”为“影片剪辑”。如图 6-112 所示，使用“工具”面板上的“矩形工具”在舞台上绘制一个“白色的大小为“107×125”、“X”和“Y”为 0”的矩形，选择该矩形，按 F8 键将其转换为元件，设置“名称”为“bshadow_glow”，“类型”为“影片剪辑”。

图 6-111　定义实例名称

图 6-112　绘制矩形

**13** 在舞台上选择元件“bshadow_glow”，如图 6-113 所示，在“属性”面板上打开“滤镜”面板，为其添加“发光”滤镜。

**14** 选择元件“bshadow_glow”，按 Ctrl+D 键复制一个，如图 6-114 所示，将复制的元件放在元件“bshadow_glow”的左侧，并对齐。

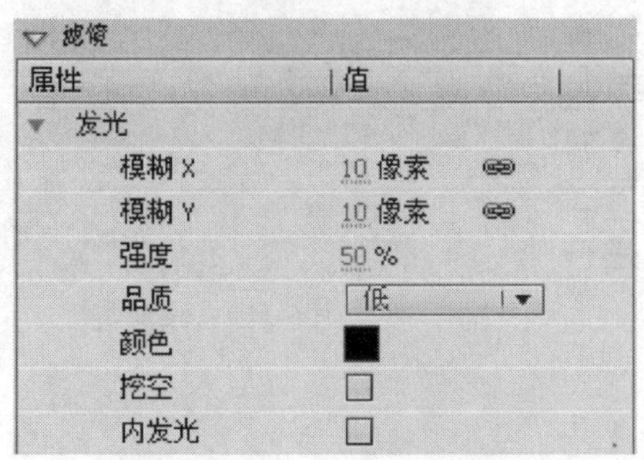

图 6-113　添加发光滤镜

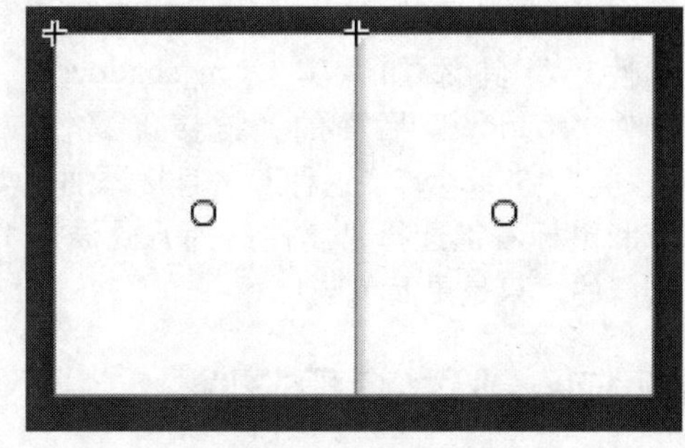
图 6-114　复制元件

**15** 选择左边的元件“bshadow_glow”，在“属性”面板上设置“实例名称”为“l_mc”，如图 6-115 左图所示。选择右侧的元件“bshadow_glow”，在“属性”面板，设置“实例名称”为“r_mc”，如图 6-115 右图所示。

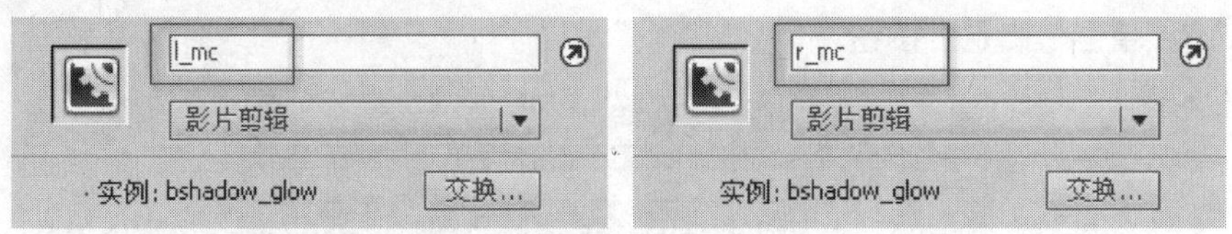

图 6-115　定义实例名称

**16** 按 Ctrl+F8 键创建新元件，设置“名称”为“m_shadow_l”，“类型”为“影片剪辑”。使用“工具”面板上的“线条工具”在“X”和“Y”为“0”的地方绘制一个“100”高的直线，再使用“矩形工具”在线条的左侧绘制一个“16.5×100”的透明渐变的矩形模拟页面翻过去后的阴影，如图 6-116 所示。

**17** 按 Ctrl+F8 键创建新元件，设置“名称”为“shadow”，“类型”为“影片剪辑”。如图 6-117 所示，使用“工具”面板上的“矩形工具”在舞台上绘制一个黑色渐变透明的、大小为“100×100”、“X”和“Y”为“0”的矩形，选择该矩形，按 F8 键将其转换为元件，设置“名称”为“shadow_blur”，“类型”为“影片剪辑”。

**18** 在舞台上选择元件“shadow_blur”，如图 6-118 所示，在“属性”面板上打开“滤镜”面板，为其添加“模糊”滤镜。

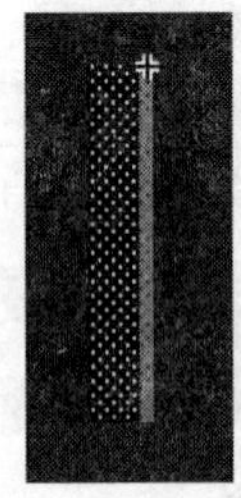

图 6-116　绘制阴影

图 6-117　绘制矩形

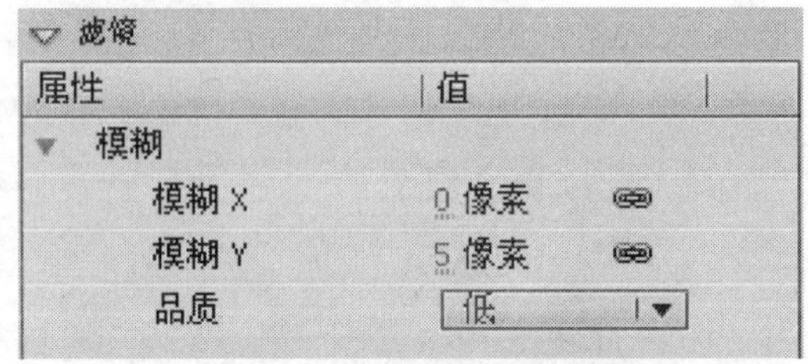


图 6-118　添加模糊滤镜

**19** 在“编辑栏”单击“场景 1”回到场景编辑模式。打开“库”面板，如图 6-119 所示，双击元件“Operation”后面的“链接”属性，为其添加“类”“Operation”，双击元件“brink_shadow”后面的“链接”属性，为其添加“类”“bshadow”，双击元件“m_shadow_l”后面的“链接”属性，为其添加“类”“m_shadow_l”，双击元件“shadow”后面的“链接”属性，为其添加“类”“Shadow”。这种双击直接添加“类”的方式和鼠标右键选择“属性”的方式添加“类”是一样的，只是更简单些！

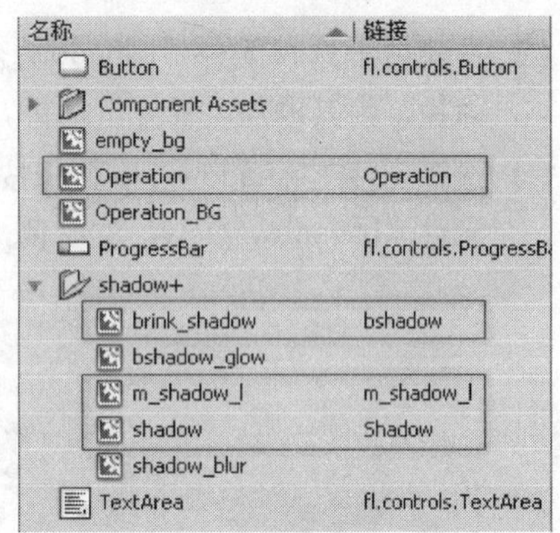


图 6-119　添加类

## 步骤四：制作 AS 类文件

当场景中的各个元件都制作好，并都设置了“实例名称”后，就能开始制作“类”文件了。首先，先制作页面的“类”文件。

**01** 选择“文件”|“新建”命令，在弹出的“新建文档”窗口中选择“ActionScript 3.0 类”。

**02** 在弹出的“创建 ActionScript 3.0 类”的对话框中，如图 6-120 所示，将“类名称”设置为“Book”，单击“确定”按钮。

图 6-120　新建类文件

**03** 在打开的输入窗口中输入如下代码：

```
package
{
```

```
import flash.display.Sprite;
import flash.events.Event;
import flash.events.MouseEvent;
import flash.display.DisplayObject;
import flash.text.TextField;
import flash.display.MovieClip;
import flash.display.Loader;
import flash.net.URLRequest;
import flash.events.IOErrorEvent;
import flash.display.Bitmap;
import flash.display.BitmapData;
public class Book extends Sprite
{
    public var pageNum:Number = 0;
    private var paperArr:Array = [];
    public var Width,Height;
    public var currentPage:Number = 0;
    private var currentPaperFlippedNum:Number = 0;
    private var sd,bsd;
    private var shadow;
    public var isZoomIn:Boolean = false;
    public var BGColor:Number;
    public var zoomOutScale:Number = 1;
    public var zoomInScale:Number = 2;
    public function Book(xmlPath:String)
    {
        bsd=new bshadow();
        bsd.l_mc.visible = false;
        addChild(bsd);
        sd=new Sprite();
        sd.addChild(new Shadow());
        shadow=new Sprite();
        shadow.addChild(sd);
        bsd.visible = shadow.visible = false;
        addEventListener(Event.ENTER_FRAME,updateShadow);
        loadXML(xmlPath);
    }
    private var myXL=new XMLLoader();
    private var imagePathArr:Array = [];
    private var loadedNum:int = 0;
    private var totalNum:int;
    private var loader:Loader;
    private function loadXML(xml_path:String):void
    {
        myXL.load(xml_path);
        myXL.addEventListener(Event.COMPLETE,myXLComplete);
    }
    private function myXLComplete(e):void
    {
        zoomOutScale = e.target.getSetting("ZoomOutScale");
        zoomInScale=e.target.getSetting("ZoomInScale")
        ;
        scaleX = scaleY = zoomOutScale;
        imagePathArr = e.target.getPathArr();
        totalNum = imagePathArr.length;
        BGColor = e.target.getSetting("BackgroundColor");
        loadImage(loadedNum);
    }
    private function loadImage(num:Number):void
    {
        if (loadedNum < totalNum)
```

```
        {
            loader=new Loader();
            loader.load(new URLRequest(MovieClip(parent).local?imagePathArr
            [loadedNum]:imagePathArr[loadedNum]+"?a="+Math.random()));
            loader.contentLoaderInfo.addEventListener(Event.COMPLETE,
            loaderComplete);
            loader.contentLoaderInfo.addEventListener(IOErrorEvent.IO_ERROR,
            loaderError);
        }
    }
    private var paper:Array = [];
    private var successNum:int = 0;
    private var paperNum:Number = 0;
    private function loaderComplete(e):void
    {
        loadedNum++;
        successNum++;
        var bm = loader;
        var shadow_and_bm:MovieClip=new MovieClip();
        var sl=new m_shadow_l();
        sl.height = e.currentTarget.height;
        if (loadedNum % 02   == 1)
        {
            sl.scaleX = -1;
        }
        else
        {
            sl.x = bm.width;
        }
        shadow_and_bm.addChild(bm);
        shadow_and_bm.addChild(sl);
        var bmd:BitmapData = new BitmapData(e.currentTarget.width,e.current-
        Target.height);
        bmd.draw(shadow_and_bm);
        paper.push(bmd);
        if (successNum % 02  == 0)
        {
            addPaper(paper[0],paper[1]);
            paper = [];
            paperNum++;         MovieClip(parent).operation_mc._txt.text=
            String((currentPaperFlippedNum==0?"1":(currentPaperFlippedNum*2)
            +(currentPaperFlippedNum==paperNum?"":("-"+(currentPaperFlipped-
            Num*2+1))))+"/"+(paperNum*2));
            if (paperNum == 2)
            {
                this.dispatchEvent(new Event(BookEvent.$2LOADED));
                shadow.visible = false;
                addChild(shadow);
                setChildIndex(shadow,numChildren-2);
                shadow.visible = true;
                MovieClip(parent).operation_mc.visible = true;
                MovieClip(root).removeChild(MovieClip(root).pbar_mc);
            }
        }
        loadImage(loadedNum);
    }
    private function loaderError(e):void
    {
        loadedNum++;
    }
    private var n = 0;
```

```
private var firstAddPaper:Boolean = true;
public function addPaper(_obj1,_obj2)
{
    bsd.visible = shadow.visible = true;
    var flipper = new Flipper(_obj1,_obj2);
    pageNum-currentPaperFlippedNum>3?flipper.visible=false:0;
    addChild(flipper);
    setChildIndex(flipper,1);
    flipper.addEventListener(MouseEvent.MOUSE_DOWN,mouseHandler);
    this.stage.addEventListener(MouseEvent.MOUSE_UP,mouseHandler);
    paperArr.push(flipper);
    pageNum++;
    if (firstAddPaper)
    {
        Width = _obj1.width;
        Height = _obj1.height;
        sd.width = Width;
        bsd.width = Width * 2;
        bsd.x = shadow.x = Width;
        bsd.height = sd.height = Height;
        this.dispatchEvent(new Event(BookEvent.XML_LOADED));
        firstAddPaper=false;
    }
}
private var canFlip = true;
private var memoDown:Flipper;
private var memory:Flipper;
private var autoL_R:String = "";
private var memoryLR:String;
private var mouseIsDown:Boolean = false;
private var isAuto:Boolean = false;
private function mouseHandler(e):void
{
    if (canFlip && ! isAuto && ! isZoomIn)
    {
        if (e.type == MouseEvent.MOUSE_DOWN)
        {
            mouseIsDown = true;
            memoDown = Flipper(e.currentTarget);
            memoDown.Start();
            setChildIndex(memoDown,numChildren-1);
            setChildIndex(shadow,numChildren-2);
            hideOrShowBackShadow(false);
        }
        else if (e.type==MouseEvent.MOUSE_UP&&mouseIsDown)
        {
            memoDown.freeFlip(memoDown.LR);
            memoDown.addEventListener(BookEvent.MOVE_COMPLETE,moveCom-
            pleteHandler); memoDown.addEventListener(BookEvent.FREE_
            COMPLETE,freeCompleteHandler); memoDown.addEventListener
            (BookEvent.LEFT_CHANGE_SUCCESS,changeHandler); memoDown
            .addEventListener(BookEvent.RIGHT_CHANGE_SUCCESS,change-
            Handler);
            canFlip = false;
            mouseIsDown = false;
        }
    }
}
private function hideOrShowBackShadow(auto:Boolean):void
{
    if (auto)
```

```
    {
        if (currentPaperFlippedNum == 0)
        {
            bsd.l_mc.visible = false;
        }
        else
        {
            bsd.l_mc.visible = true;
        }
        if (currentPaperFlippedNum != paperNum)
        {
            bsd.r_mc.visible = true;
        }
        else
        {
            bsd.r_mc.visible = false;
        }
    }
    else
    {
        if (memoDown == paperArr[0])
        {
            bsd.l_mc.visible = false;
        }
        if (memoDown == paperArr[paperArr.length -1])
        {
            bsd.r_mc.visible = false;
        }
    }
}
public function get currentPaper()
{
    return currentPaperFlippedNum;
}
private function moveCompleteHandler(e):void
{
    hideOrShowBackShadow(true);
}
private function changeHandler(e):void
{
    if (e.type == BookEvent.LEFT_CHANGE_SUCCESS)
    {
        if (currentPaperFlippedNum < paperNum)
        {
            currentPaperFlippedNum++;
        }
        setPaperVisible(currentPaperFlippedNum,"left",true);
        e.target.removeEventListener(BookEvent.LEFT_CHANGE_SUCCESS,change-
        Handler);
    }
    if (e.type == BookEvent.RIGHT_CHANGE_SUCCESS)
    {
        if (currentPaperFlippedNum > 0)
        {
            currentPaperFlippedNum--;
        }
        setPaperVisible(currentPaperFlippedNum,"right",true);
        e.target.removeEventListener(BookEvent.RIGHT_CHANGE_SUCCESS,
        changeHandler);
    }
    isAuto = false;
```

```
        canFlip = true;
        hideOrShowBackShadow(true);
        MovieClip(parent).operation_mc._txt.text=String((currentPaperFlipped-
        Num==0?"1":(currentPaperFlippedNum*2)+(currentPaperFlippedNum==
        paperNum?"":("-" +(currentPaperFlippedNum*2+1))))+"/"+(paperNum*2));
    }
    public function nextPage():void
    {
        if (canFlip && ! isAuto && currentPaperFlippedNum < paperNum && !
        isZoomIn)
        {
            memoDown = paperArr[currentPaperFlippedNum];
            hideOrShowBackShadow(false);
            setChildIndex(paperArr[currentPaperFlippedNum],numChildren-1);
            paperArr[currentPaperFlippedNum].addEventListener(BookEvent.
            LEFT_CHANGE_SUCCESS,changeHandler);
            paperArr[currentPaperFlippedNum].addEventListener(BookEvent.
            RIGHT_CHANGE_SUCCESS,changeHandler);
            paperArr[currentPaperFlippedNum].autoFlip("left");
            paperArr[currentPaperFlippedNum].addEventListener(BookEvent.
            PAGE_CHANGED,pageChangeHandler);
            paperArr[currentPaperFlippedNum].addEventListener(BookEvent.
            MOVE_COMPLETE,moveCompleteHandler);
            isAuto = true;
        }
    }
    public function prevPage():void
    {
        if (canFlip && ! isAuto && currentPaperFlippedNum > 0 && ! isZoomIn)
        {
            memoDown = paperArr[currentPaperFlippedNum -1];
            hideOrShowBackShadow(false);
            setChildIndex(paperArr[currentPaperFlippedNum-1],numChildren-1);
            paperArr[currentPaperFlippedNum -1].addEventListener(BookEvent.
            LEFT_CHANGE_SUCCESS,changeHandler);
            paperArr[currentPaperFlippedNum -1].addEventListener(BookEvent.
            RIGHT_CHANGE_SUCCESS,changeHandler);
            paperArr[currentPaperFlippedNum -1].autoFlip("right");
            paperArr[currentPaperFlippedNum -1].addEventListener(BookEvent.
            PAGE_CHANGED,pageChangeHandler);
            paperArr[currentPaperFlippedNum -1].addEventListener(BookEvent.
            MOVE_COMPLETE,moveCompleteHandler);
            isAuto = true;
        }
    }
    public function setPaperVisible(current:Number,fx:String,auto:Boolean)
    {
        if (paperArr[current + 3])
        {
            paperArr[current+3].visible=(fx=="left");
        }
        if (paperArr[current -3])
        {
            paperArr[current-3].visible=!(fx=="left");
        }
        if (paperArr[current + 1])
        {
            paperArr[current + 1].visible = true;
        }
        if (paperArr[current -1])
        {
```

```
                paperArr[current -1].visible = true;
            }
            if (paperArr[current + 2])
            {
                paperArr[current + 2].visible = true;
            }
            if (paperArr[current -2])
            {
                paperArr[current -2].visible = true;
            }
        }
        private function pageChangeHandler(e)
        {
            isAuto = false;
            canFlip = true;
            e.target.removeEventListener(BookEvent.PAGE_CHANGED,pageChangeHandler);
        }
        private function updateShadow(e)
        {
            if (memoDown)
            {
                shadow.transform.matrix = memoDown.matrix;
            }
        }
        private function freeCompleteHandler(e):void
        {
            canFlip = true;
        }
    }
}
```

**04** 按 Ctrl+S 键保存文件，将其与“ebook.fla”存放在同一目录下，存为“Book.as”。

**05** 再次选择“文件”|“新建”命令,在弹出的“新建文档”窗口选择“ActionScript 3.0 类”。

**06** 在弹出的“创建 ActionScript 3.0 类”的对话框中将“类名称”设置为“BookEvent”，如图 6-121 所示，单击“确定”按钮。

图 6-121　新建类文件

**07** 在打开的输入窗口输入如下代码：

```
package{
    public class BookEvent{
        public static const FREE_COMPLETE="freecomplete"
        public static const XML_LOADED="xmlloaded"
        public static const XML_LOADError="xmlloaderror"
        public static const $2LOADED="$2loaded"
        public static const AUTO_COMPLETE="autocomplete"
        public static const PAGE_CHANGED="pagechanged"
        public static const LEFT_CHANGE_SUCCESS="leftchangesuccess"
        public static const RIGHT_CHANGE_SUCCESS="rightchangesuccess"
        public static const MOVE_COMPLETE="movecomplete"
    }
}
```

**08** 按 Ctrl+S 键保存文件，将其与“ebook.fla”存放在同一目录下，存为“BookEvent.as”。

现在再编写翻页效果的类。

**09** 再次选择“文件”|“新建”命令,在弹出的“新建文档”窗口选择“ActionScript 3.0 类”。

**10** 在弹出的“创建 ActionScript 3.0 类”的对话框中，将“类名称”设置为“XMLLoader”，如图 6-122 所示，单击“确定”按钮。

图 6-122　新建类文件

**11** 在打开的输入窗口中输入如下代码：

```
package
{
    import flash.net.URLLoader;
    import flash.net.URLRequest;
    import flash.events.Event;
    import flash.events.EventDispatcher;
    public class XMLLoader extends EventDispatcher
    {
        private var myXML:XML;
        private var myUR:URLRequest;
        private var myUL:URLLoader;
        private var loaded:Boolean;
        private var pathArr:Array = [];
        private var URLArr:Array = [];
        private var HTMLDataArr:Array = [];
        private var SHObject:Object = {};
        public function XMLLoader()
        {
        }
        public function load(xmlPath:String):void
        {
            myUR = new URLRequest(xmlPath);
            myUL=new URLLoader();
            myUL.load(myUR);
            myUL.addEventListener(Event.COMPLETE,XMLLoadedHandler);
        }
        public function getPathArr():Array
        {
            return pathArr;
        }
        public function getURLArr():Array
        {
            return URLArr;
        }
        public function getHTMLDataArr():Array
        {
            return HTMLDataArr;
        }
        public function getSetting(setString)
        {
            return String(myXML.child("Setting").attribute(setString));
        }
        private function XMLLoadedHandler(event:Event):void
```

```
        {
            initDatas();
            dispatchEvent(new Event(Event.COMPLETE));
        }
        private function initDatas()
        {
            myXML = new XML(myUL.data);
            for (var j=0; j<myXML.child("FilePath").length(); j++)
            {
                pathArr.push(String(myXML.child("FilePath")[j].attribute("Path")));
            }
        }
    }
}
```

**12** 按 Ctrl+S 键保存文件，将其与“ebook.fla”存放在同一目录下，存为“XMLLoader.as”。

**13** 再次选择“文件”|“新建”命令,在弹出的“新建文档”窗口选择“ActionScript 3.0 类”。

**14** 在弹出的“创建 ActionScript 3.0 类”的对话框中将“类名称”设置为“SlicePiece”，如图 6-123 所示，单击“确定”按钮。

图 6-123　新建类文件

**15** 在打开的输入窗口输入如下代码：

```
package
{
    import flash.display.Bitmap;
    import flash.display.BitmapData;
    import flash.display.MovieClip;
    import flash.display.Sprite;
    import flash.geom.Matrix;
    import flash.geom.Point;
    import flash.geom.Rectangle;
    import flash.display.DisplayObject;
    public class SlicePiece extends Sprite
    {
        private var bm,bm2;
        public var memoMatrix;
        public function SlicePiece(_drawTarget:DisplayObject,_drawTarget2,
        _startX,_startY,_wid,_hei)
        {
            var matrix:Matrix=new Matrix();
            matrix.translate(-_startX,_startY);
            var bmd:BitmapData = new BitmapData(_wid,_hei,true,0xFF0000);
            bmd.draw(_drawTarget,matrix,null,null,null ,true);
            bm = new Bitmap(bmd);
            this.addChild(bm);
            var matrix2:Matrix=new Matrix();
            matrix2.translate(-_startX,_startY);
            var bmd2:BitmapData = new BitmapData(_wid,_hei,true,0xFF0000);
            bmd2.draw(_drawTarget2,matrix2,null,null,null ,true);
            bm02   = new Bitmap(bmd2);
            bm2.visible = false;
```

```
            this.addChild(bm2);
        }
        public function show(page:Number):void
        {
            if (page == 1)
            {
                bm.visible = true;
                bm2.visible = false;
            }
            else if (page==2)
            {
                bm2.visible = true;
                bm.visible = false;
            }
        }
    }
}
```

**16** 按 Ctrl+S 键保存文件，将其与“ebook.fla”存放在同一目录下，存为“SlicePiece.as”。

接下来添加两个柔化翻页效果的类文件。

**17** 再次选择“文件”|“新建”命令,在弹出的“新建文档”窗口中选择“ActionScript 3.0 类”。

**18** 在弹出的“创建 ActionScript 3.0 类”的对话框中将“类名称”设置为“Flipper”,如图 6-124 所示，单击“确定”按钮。

图 6-124　新建类文件

**19** 在打开的输入窗口输入如下代码:

```
package
{
    import flash.display.Sprite;
    import flash.display.Bitmap;
    import flash.display.BitmapData;
    import flash.events.Event;
    import flash.events.MouseEvent;
    import flash.display.DisplayObject;
    import flash.geom.*;
    public class Flipper extends Sprite
    {
        public var pageWidth:Number;
        public var pageHeight:Number;
        private var pageArr:Array = [];
        private var chain:Chain;
        private var sliceWidth:Number = 40;
        private var sliceNum:Number;
        private var sliceArr:Array = [];
        private var id:int;
        public function Flipper(P1,P2)
        {
            pageWidth = P1.width;
            pageHeight = P1.height;
            init(P1,P2);
```

```
        }
        private var lastWidth;
        private function init(page1BMD,page2BMD):void
        {
            sliceWidth=int(40*(pageWidth/400))+1;
            sliceNum = Math.ceil(pageWidth / sliceWidth);
            chain = new Chain(sliceNum + 1,sliceWidth,pageWidth);
            chain.x = pageWidth;
            chain.y = pageHeight;
            chain.deBug = false;
            addChild(chain);
            var page1:Sprite=new Sprite();
            page1.addChild(new Bitmap(page1BMD));
            var reverse = new Bitmap(page2BMD);
            reverse.scaleX = -1;
            reverse.x = reverse.width;
            var page2=new Sprite();
            page2.addChild(reverse);
            lastWidth = pageWidth % sliceWidth;
            lastWidth == 0 && [lastWidth = sliceWidth];
            for (var j=0; j<sliceNum+1; j++)
            {
                var sliceMC = new SlicePiece(page1,page2,sliceWidth * j,0,j ==
                sliceNum ? lastWidth:sliceWidth,page1.height);
                addChild(sliceMC).x = j * sliceWidth + pageWidth;
                sliceArr.push(sliceMC);
            }
            addEventListener(Event.ENTER_FRAME,update);
        }
        public function Start()
        {
            chain.Start();
        }
        public function freeFlip(direction:String):void
        {
            chain.free(direction);
        }
        public function autoFlip(direction:String):void
        {
            chain.autoMove(direction);
        }
        public function get LR()
        {
            return chain.getLR();
        }
        public function get scale()
        {
            var pArr:Array = chain.getPoint();
            var dis =  - pArr[pArr.length -1].x;
            var scale =  - dis / pageWidth;
            return scale;
        }
        public function get matrix()
        {
            var pArr:Array = chain.getPoint();
            var dis =  - pArr[pArr.length -1].x;
            var scale =  - dis / pageWidth;
            var b =  - Math.tan(Math.atan2( - pArr[pArr.length -1].y, - pArr
            [pArr.length -1].x)) / 2;
            var matx = new Matrix(scale,b * scale,0,1,pageWidth,0);
            return matx;
```

```
        }
        private function update(e):void
        {
            var pArr:Array = chain.getPoint();
            for (var j=0; j<pArr.length; j++)
            {
                var scale;
                if (sliceArr[j -1])
                {
                    var dis = pArr[j -1].x -pArr[j].x;
                    if (dis > 0)
                    {
                        dis = Math.ceil(dis);
                        sliceArr[j -1].show(2);
                    }
                    else
                    {
                        dis = Math.floor(dis);
                        sliceArr[j -1].show(1);
                    }
                    scale=-dis/((j==pArr.length-1)?lastWidth:sliceWidth);
                    var b = Math.tan(Math.atan2(pArr[j].y -pArr[j -1].y,pArr[j].
                    x -pArr[j -1].x));
                    var matx = new Matrix(scale,b * scale,0,1,pArr[j -1].x +
                    pageWidth,pArr[j -1].y);
                    if (sliceArr[j -1].memoMatrix != matx)
                    {
                        sliceArr[j -1] && [sliceArr[j -1].transform.matrix = matx];
                    }
                    sliceArr[j -1].memoMatrix = matx;
                }
                else
                {
                    dis = 0 -pArr[j].x;
                    if (dis > 0)
                    {
                        dis = Math.ceil(dis);
                        sliceArr[j].show(2);
                    }
                    else
                    {
                        dis = Math.floor(dis);
                        sliceArr[j].show(1);
                    }
                    scale=-dis/sliceWidth;
                    b = Math.tan(Math.atan2(pArr[j].y,pArr[j].x));
                    matx = new Matrix(scale,b * scale,0,1,0,0);
                    if (sliceArr[j].memoMatrix != matx)
                    {
                        sliceArr[j].transform.matrix = matx;
                        sliceArr[j].memoMatrix = sliceArr[j].transform.matrix;
                    }
                }
            }
        }
    }
}
```

**20** 按 Ctrl+S 键保存文件，将其与“ebook.fla”存放在同一目录下，存为“Flipper.as”。

**21** 再次选择“文件”|“新建”命令，在弹出的“新建文档”窗口选择“ActionScript 3.0 类”。

**22** 在弹出的“创建 ActionScript 3.0 类”的对话框中将“类名称”设置为“Chain”，如图 6-125 所示，单击“确定”按钮。

图 6-125 新建类文件

**23** 在打开的输入窗口输入如下代码：

```
package
{
    import flash.display.MovieClip;
    import flash.display.Sprite;
    import flash.events.Event;
    import flash.geom.Point;
    public class Chain extends Sprite
    {
        public var showDot:Boolean = true;
        private var pointArr:Array = [];
        private var _yscale:Number = 0.3;
        private var sliceNum:int;
        private var spaceNum:Number;
        private var dotArr:Array = [];
        private var wid:Number;
        private var spring:Number = 3;
        private var friction:Number = 0.2;
        public function Chain(_sliceNum:int,_spaceNum:Number,_wid)
        {
            wid = _wid;
            sliceNum = _sliceNum;
            spaceNum = _spaceNum;
            init(sliceNum,spaceNum);
        }
        public var firstDot;
        public function getLR():String
        {
            if (firstDot.x >= 0)
            {
                return "right";
            }
            return "left";
        }
        public function init(_sliceNum:int,_spaceNum:Number):void
        {
            for (var j=0; j<_sliceNum; j++)
            {
                var myDot:dot=new dot();
                myDot.x = j * _spaceNum;
                myDot.oriX = myDot.x;
                myDot.angle = 0;
                myDot.av = 0;
                dotArr.push(myDot);
                this.addChild(myDot);
                pointArr[j] = new Point(myDot.x,myDot.y);
            }
            firstDot = dotArr[dotArr.length -1];
            firstDot.x = wid;
```

```
        firstDot.oriX = wid;
    }
    public function Start():void
    {
        addEventListener(Event.ENTER_FRAME,updateHandler);
    }
    public function Stop():void
    {
        removeEventListener(Event.ENTER_FRAME,updateHandler);
    }
    public function getPoint():Array
    {
        for (var j=0; j<dotArr.length; j++)
        {
            pointArr[j].x = dotArr[j].x;
            pointArr[j].y = dotArr[j].y;
        }
        return pointArr;
    }
    private var isFree:Boolean = false;
    private var freeX:Number;
    private var autoX:Number;
    private var freeDirection:String;
    private var autoDirection:String;
    private var isAuto:Boolean = false;
    private var memoryDirection:String = "right";
    public function free(direction:String):void
    {
        isFree = true;
        freeDirection = direction;
        freeX = mouseX;
        Start();
    }
    public function autoMove(direction:String)
    {
        if (! isFree && ! isAuto)
        {
            Start();
            autoDirection = direction;
            isAuto = true;
            autoX=firstDot.x;
        }
    }
    private function update():void
    {
        if (! isFree && ! isAuto)
        {
            firstDot.x+=(mouseX-firstDot.x)/4;
        }
        else
        {
            if (isFree)
            {
                firstDot.x+=(freeX-firstDot.x)/4;
                if (freeDirection == "left")
                {
                    freeX -=  60;
                }
                else
                {
                    freeX +=  60;
```

```
                }
            }
            else if (isAuto)
            {
                firstDot.x+=(autoX-firstDot.x)/6;
                if (autoDirection == “left” )
                {
                    autoX -=  60;
                }
                else
                {
                    autoX +=  60;
                }
            }
        }
        if (firstDot.x >= wid)
        {
            firstDot.x = wid;
        }
        if (firstDot.x <=  - wid)
        {
            firstDot.x =  - wid;
        }
        firstDot.y =  - Math.sin(Math.acos(firstDot.x / wid)) * wid * _yscale;
        firstDot.angle = Math.atan2(firstDot.y / _yscale,firstDot.x) * 180 / Math.PI;
        for (var j=dotArr.length-2; j>0; j--)
        {
            var p_mc:dot = dotArr[j];
            var f_mc:dot = dotArr[j + 1];
            var targetAngle=(f_mc.angle<=0?f_mc.angle:-180);
            if (targetAngle > -90)
            {
                targetAngle+=(90-Math.abs(targetAngle))*0.05;
            }
            if (targetAngle < -90)
            {
                targetAngle-=(Math.abs(targetAngle)-90)*0.05;
            }
            p_mc.av+=(targetAngle-p_mc.angle)*spring;
            p_mc.av*=friction;
            p_mc.angle +=  p_mc.av;
            if (p_mc.angle >= 0)
            {
                p_mc.angle = 0;
            }
            if (p_mc.angle <= -180)
            {
                p_mc.angle = -180;
            }
            p_mc.x = Math.cos(p_mc.angle / 180 * Math.PI) * p_mc.oriX;
            p_mc.y = Math.sin(p_mc.angle / 180 * Math.PI) * p_mc.oriX * _yscale;
        }
    }
    private function checkComplete():Boolean
    {
        update();
        for (var j=0; j<dotArr.length; j++)
        {
            if (pointArr[j].y != 0)
            {
                return false;
```

```
            }
        }
        return true;
    }
    private var currentDirection;
    private function updateHandler(e):void
    {
        if (checkComplete())
        {
            if (isFree)
            {
                isFree = false;
                Stop();
                Flipper(parent).dispatchEvent(new Event(BookEvent.FREE_COMPLETE));
                Flipper(parent).dispatchEvent(new Event(BookEvent.MOVE_COMPLETE));
                if (firstDot.x > 0)
                {
                    currentDirection = "right";
                }
                else if (firstDot.x<0)
                {
                    currentDirection="left";
                }
                if (memoryDirection != currentDirection)
                {
                    Flipper(parent).dispatchEvent(new Event(BookEvent.PAGE_
                    CHANGED));
                    if (currentDirection == "left")
                    {
                        Flipper(parent).dispatchEvent(new Event(BookEvent.
                        LEFT_CHANGE_SUCCESS));
                    }
                    else if (currentDirection=="right")
                    {
                        Flipper(parent).dispatchEvent(new Event(BookEvent.
                        RIGHT_CHANGE_SUCCESS));
                    }
                    memoryDirection = currentDirection;
                }
            }
            else if (isAuto)
            {
                if (autoDirection == "left" && autoX < 0)
                {
                    isAuto = false;
                    Stop();
                    Flipper(parent).dispatchEvent(new Event(BookEvent.AUTO_
                    COMPLETE));
                    if (memoryDirection != "left")
                    {
                        Flipper(parent).dispatchEvent(new Event(BookEvent.
                        PAGE_CHANGED));
                        Flipper(parent).dispatchEvent(new Event(BookEvent.
                        LEFT_CHANGE_SUCCESS));
                        memoryDirection = "left";
                        Flipper(parent).dispatchEvent(new Event(BookEvent.
                        MOVE_COMPLETE));
                    }
                }
                else if (autoDirection=="right"&&autoX>0)
                {
```

```
                        isAuto = false;
                        Stop();
                        Flipper(parent).dispatchEvent(new Event(BookEvent.AUTO_
                        COMPLETE));
                        Flipper(parent).dispatchEvent(new Event(BookEvent.PAGE_
                        CHANGED));
                        if (memoryDirection != "right")
                        {
                            Flipper(parent).dispatchEvent(new Event(BookEvent.
                            PAGE_CHANGED));
                            Flipper(parent).dispatchEvent(new Event(BookEvent.
                            RIGHT_CHANGE_SUCCESS));
                            memoryDirection = "right";
                            Flipper(parent).dispatchEvent(new Event(BookEvent.
                            MOVE_COMPLETE));
                        }
                    }
                }
            }
        }
        public function set deBug(_b)
        {
            for (var j=0; j<dotArr.length; j++)
            {
                dotArr[j].visible = _b;
            }
        }
    }
}
import flash.display.Sprite;
class dot extends Sprite {;
public var av:Number;
public var angle:Number;
public var oriX:Number;
public function dot()
{
    this.graphics.beginFill(0xFF0000);
    this.graphics.drawCircle(0,0,1);
}
}
```

**24** 按 Ctrl+S 键保存文件，将其与“ebook.fla”存放在同一目录下，存为“Chain.as”。

接下里在编写页面控制的类文件。

**25** 再次选择“文件”|“新建”命令,在弹出的“新建文档”窗口选择“ActionScript 3.0 类”。

**26** 在弹出的“创建 ActionScript 3.0 类”的对话框中将“类名称”设置为“Operation”，如图 6-126 所示，单击“确定”按钮。

图 6-126 新建类文件

**27** 在打开的输入窗口输入如下代码：

```
package
{
```

```
import flash.display.Sprite;
import flash.events.MouseEvent;
import flash.display.MovieClip;
import flash.display.StageDisplayState;
import flash.text.TextField;
import flash.events.*;
import flash.net.FileReference;
import flash.net.URLRequest;
import flash.net.FileFilter;
import flash.geom.Rectangle;
public class Operation extends Sprite
{
    private var __target:Book;
    public function Operation()
    {
        next_btn.addEventListener(MouseEvent.MOUSE_DOWN,mouseHandler);
        prev_btn.addEventListener(MouseEvent.MOUSE_DOWN,mouseHandler);
        zoomInOut_btn.addEventListener(MouseEvent.MOUSE_DOWN,mouseHandler);
    }
    private var zoom:String = "in";
    private var momeryXY = [];
    private function mouseHandler(e)
    {
        if (e.currentTarget == next_btn)
        {
            __target.nextPage();
        }
        else if (e.currentTarget==prev_btn)
        {
            __target.prevPage();
        }
        else if (e.currentTarget==zoomInOut_btn)
        {
            if (zoom == "in")
            {
                MovieClip(root).setChildIndex(this,MovieClip(root).numChildren-1);
                momeryXY=[__target.x,__target.y];
                __target.scaleX = __target.scaleY = __target.zoomInScale;
                if (__target.Height)
                {
                    __target.x = stage.stageWidth / 2 -__target.Width *
                    __target.zoomInScale;
                    __target.y = stage.stageHeight -__target.Height *
                    __target.zoomInScale -2 2 -2 -15;
                }
                __target.buttonMode = true;
                __target.isZoomIn = true;
                __target.addEventListener(MouseEvent.MOUSE_DOWN,mouseH);
                __target.addEventListener(MouseEvent.MOUSE_UP,mouseH);
                next_btn.enabled = false;
                prev_btn.enabled = false;
                zoomInOut_btn.label="缩小";
                zoom = "out";
            }
            else
            {
                MovieClip(root).setChildIndex(__target,MovieClip(root).num-
                Children-1);
                __target.scaleX = __target.scaleY = __target.zoomOutScale;
                if (__target.Height)
                {
```

```
                    __target.x = stage.stageWidth / 2 -__target.Width *
                    __target.zoomOutScale;
                    __target.y = stage.stageHeight -__target.Height *
                    __target.zoomOutScale -2 2-2 -15;
                }
                __target.stopDrag();
                __target.removeEventListener(MouseEvent.MOUSE_DOWN,mouseH);
                __target.removeEventListener(MouseEvent.MOUSE_UP,mouseH);
                __target.isZoomIn = false;
                __target.buttonMode = false;
                next_btn.enabled = true;
                prev_btn.enabled = true;
                zoomInOut_btn.label = "放大";
                zoom = "in";
            }
        }
    }
    private function mouseH(e)
    {
        e.type == MouseEvent.MOUSE_DOWN ? __target.startDrag():__target.
        stopDrag();
    }
    public function set targetBook(book:Book)
    {
        __target = book;
    }
    private var downloadURL:URLRequest;
    private var file:FileReference;
    private function configureListeners(dispatcher:IEventDispatcher):void
    {
        dispatcher.addEventListener(Event.CANCEL, cancelHandler);
        dispatcher.addEventListener(Event.COMPLETE, completeHandler);
        dispatcher.addEventListener(IOErrorEvent.IO_ERROR, ioErrorHandler);
        dispatcher.addEventListener(Event.OPEN, openHandler);
        dispatcher.addEventListener(ProgressEvent.PROGRESS, progressHandler);
        dispatcher.addEventListener(SecurityErrorEvent.SECURITY_ERROR,
        securityErrorHandler);
        dispatcher.addEventListener(Event.SELECT, selectHandler);
    }
    private function cancelHandler(event:Event):void
    {
        next_btn.enabled = true;
        prev_btn.enabled = true;
    }
    private function completeHandler(event:Event):void
    {
    }
    private function ioErrorHandler(event:IOErrorEvent):void
    {
        next_btn.enabled = true;
        prev_btn.enabled = true;
    }
    private function openHandler(event:Event):void
    {
    }
    private function progressHandler(event:ProgressEvent):void
    {
        var file:FileReference = FileReference(event.target);
    }
    private function securityErrorHandler(event:SecurityErrorEvent):void
    {
```

```
        }
        private function selectHandler(event:Event):void
        {
            var file:FileReference = FileReference(event.target);
            next_btn.enabled = true;
            prev_btn.enabled = true;
        }
    }
}
```

**28** 按 Ctrl+S 键保存文件，将其与“ebook.fla”存放在同一目录下，存为“Operation.as”。

现在再编写最核心的串起各个类文件的主类文件。

**29** 再次选择“文件”|“新建”命令,在弹出的“新建文档”窗口选择“ActionScript 3.0 类”。

**30** 在弹出的“创建 ActionScript 3.0 类”的对话框中将“类名称”设置为“Main”,如图 6-127 所示，单击“确定”按钮。

图 6-127　新建类文件

**31** 在打开的输入窗口输入如下代码:

```
package{
    import flash.text.TextField
    import flash.display.Sprite
    import flash.display.MovieClip
    import flash.events.Event
    import flash.display.StageAlign
    import flash.display.StageScaleMode
    import flash.events.MouseEvent
    import flash.display.Loader
    import flash.display.Bitmap
    import flash.display.BitmapData
    import flash.events.IOErrorEvent;
    import flash.display.StageDisplayState
    import flash.net.URLRequest
    import flash.external.ExternalInterface;
    import flash.text.TextField

    public class Main extends MovieClip{
        private var book,pb_mc
        public var local:Boolean
        private function loadXML():void {
            if(!local){
            var urlStr:String=String(ExternalInterface.call("getXMLFile",
            "myXMLFile")+"?a="+Math.random())
            }
            loadBook(local?"xml/book.xml":urlStr)
        }

        public function Main(){
            stop();
            stage.scaleMode=StageScaleMode.NO_SCALE;
            stage.align=StageAlign.TOP_LEFT;
```

```
            stage.addEventListener(Event.RESIZE,resizeHandler);
            pb_mc=pbar_mc;
            pb_mc.x=stage.stageWidth/2+pb_mc.width/2;
            pb_mc.y=stage.stageHeight/2;
            local=loaderInfo.url.slice(0,4).toLocaleLowerCase()!="http";
            loadXML();
            operation_mc.visible=false;
        }
        function loadBook(path:String){
            book=new Book(local?path:path+"?a="+Math.random())
            addChild(book)
            book.visible=false
            book.addEventListener(BookEvent.$2LOADED,bookEventHandler)
            operation_mc.targetBook=book
        }
        function bookEventHandler(e):void{
            bg_mc.alpha=0
            bg_mc.graphics.beginFill(e.target.BGColor)
            bg_mc.graphics.drawRect(0,0,4000,4000)
            bg_mc.addEventListener(Event.ENTER_FRAME,alphaIn)

            function alphaIn(_e){
                _e.target.alpha+=0.1
                if(_e.target.alpha>=1){
                    _e.target.alpha=1
                    _e.target.removeEventListener(Event.ENTER_FRAME,alphaIn)
                }
            }
            e.target.x=stage.stageWidth/2-e.target.Width*e.target.scaleX
            e.target.y=stage.stageHeight-e.target.Height*e.target.scaleY-22-2-15
            e.target.visible=true
            operation_mc.visible=true
            operation_mc.x=stage.stageWidth/2
            operation_mc.y=stage.stageHeight-22/2-2
            operation_mc.visible=true

        }

        function resizeHandler(e):void{
            operation_mc.x=stage.stageWidth/2
            operation_mc.y=stage.stageHeight-22/2-2
            if(book.Height){
                book.x=stage.stageWidth/2-book.Width*book.scaleX
                book.y=stage.stageHeight-book.Height*book.scaleY-22-2-15
            }
            if(pb_mc){
                pb_mc.x=stage.stageWidth/2+pb_mc.width/2
                pb_mc.y=stage.stageHeight/2
            }
        }
    }
}
```

**32** 按 Ctrl+S 键保存文件，将其与“ebook.fla”存放在同一目录下，存为“Main.as”。

## 步骤四：添加 AS

切换到“ebook.fla”，如图 6-128 所示，在“属性”面板中打开“发布”面板，设置“类”为“Main”。

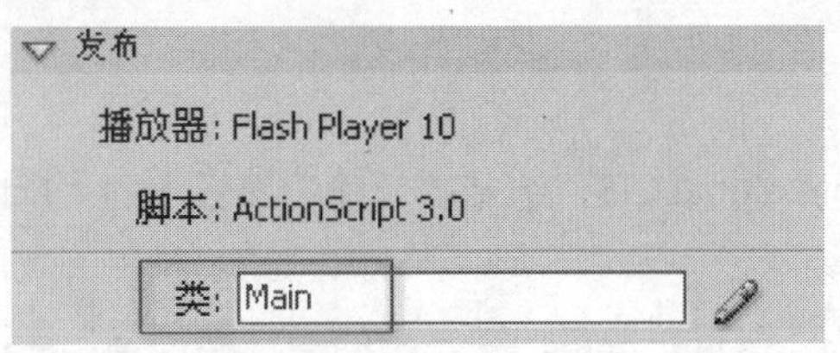


图 6-128　设置类文件

这时按 Ctrl+Enter 键测试一下电子杂志的效果吧！

本例到这里结束。你喜欢这个电子杂志的效果吗？期待着 AS3 版本下的电子杂志翻页组件能早日免费使用，这样我们就不用写那么多的类文件啦！

## 实例 100

# 课件点播

图 6-129　例子 100：课件点播

虽然这个例子的名称叫做课件点播，但实际上你可以应用它的思路制作复杂的网站及多媒体项目。

**提示：**

在这个例子里（如图 6-129 所示），你能综合利用前面所学过的“组件”、“Flv 载入”、“xml 载入”等知识制作一个基于Flv的视频点播平台。

当“优酷”、“土豆”等视频网站日益流行后，Flash 流媒体格式（即 .flv）日益进入人们的视野。Flash CS4 版推出的流媒体格式 .f4v 具有比 .flv 更佳的性能，尤其是对于手机等无线终端和 3G 网络而言。正因为这种技术的进步和流行，对传统的课件点播提出了革命性的要求。然而，在很多大学所采用的在线课件点播还在沿用很古老的方式。由于这些课件的修改需要大量的编程及后台数据整理，因而造成的直接后果往往就是这些课件无法持续更新。

课件点播一般包括课件列表，视频播放，课件标题，课件简介四个部分，有些复杂的课件点播系统可能还会有用户信息的记录——比如你是否已看过该视频，或者上次看到哪里；用户权限的控制——该视频是否收费或年龄限定；课件相关的 PPT、Word、PDF 文档——在线展示或打包下载等。

需要说明的是，本例制作的课件点播平台需要你有网页制作（Dreamweaver）的基础，因为为了实现课件点播平台的实时更新和动态显示，需利用 html 和 xml。

## 步骤一：创建文件

**01** 打开 Adobe Flash Professional CS5，选择“新建”面板下的“ActionScript 3.0”选项，新建一个 Flash 工程文件。

**02** 在“属性”面板单击“编辑”按钮，在弹出的“文档设置”面板中将“尺寸”设为“950 像素”×“420 像素”，“背景颜色”设为“#000000”，“帧频”设为“30.00”，单击“确定”按钮。

**03** 按 Ctrl+S 键将文件存为“flvshow.fla”。

**04** 在文件“flvshow.fla”的同一目录下新建文件夹“videos”用来放置 .flv 视频文件，新建“images”文件夹用来放置图片文件，新建“css”文件夹用来放置 .css 层级样式表文件。

## 步骤二：准备工作

通常，会使用 Photoshop 或 Fireworks 进行点播平台的界面设计。如图 6-130 所示，本例课件点播界面分为四大分区：课件标题区，视频播放区，课件简介区，当设计完成后，需要做哪些准备工作呢？

图 6-130　界面设计分区

**01** 首先，使用“Adobe Extension Manage CS5”安装“TableRendererAS3.mxp”和“ScrollBarAS3.mpx”组件。当安装完成以后打开“组件”面板，你就能看到如图 6-131 所示的新组件列表。“TableRendererAS3.mxp”用来导入 html 或 xml，“ScrollBarAS3.mpx”是对导入的 html 或 xml 添加滚动条。

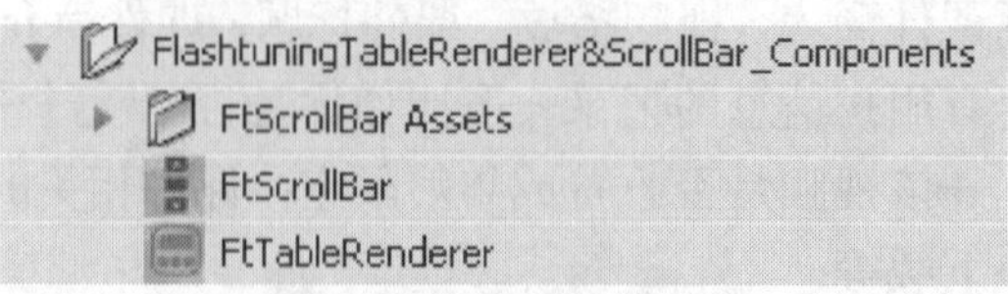


图 6-131　安装 .mxp 组件

**02** 使用“Adobe Media Encoder CS5”制作课件视频的源。本实例中设计的视频文件播放窗口大小为“480×204”即 16:9 的宽屏显示窗口，因此在输出“.flv”时，要将文件的尺寸调整为“480×204”的大小。如图 6-132 所示，分别将处理好的 .flv 文件存放在文件夹“videos”下备用。需要特别指出的是 .flv 的命名应该规范化，虽然这里我只用序号示意一下，但规范的命名应该如“科目 – 讲师 – 时间 – 章节”这样的组合方式来定义名称，这对于大量的 .flv 文件的管理和搜索都是有益的。

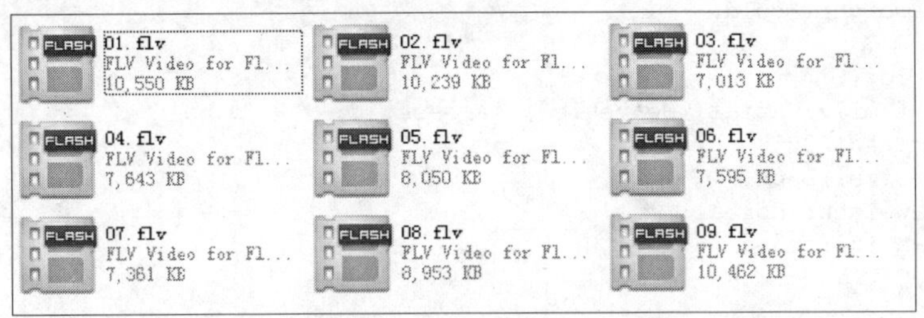


图 6-132　输出 flv 文件

**03** 使用键盘上的“Print Screen”或“SnagIt”等截屏软件，在“Adobe Photoshop CS5”中为每段视频制作一个“120×89”的缩略图。为什么是“120×89”呢，这是由设计决定的。这个尺寸可以改变，只要符合你最初的页面设计的样式。如图 6-133 所示，将图片存放在文件夹“images”下备用。用程序也可以动态实现缩略图效果，这就需要专业的计算机编程知识啦！

图 6-133　课件缩略图

## 步骤三：制作课件列表

本例采用 html 的方式显示课件列表。这种方式有利于快速更新、查找视频，能通过 css 的方式对页面效果进行定义和修改，提高页面加载的速度。Flash 需要做的就是调用 html 文件。

**01** 使用“Dreamweaver CS5”创建一个名为“style”的 css 文件，将其存放在文件夹“css”下。这个 css 样式表用来定义鼠标滑过、链接状态、标题样式等内容，当需要修改页面的外观时，只用修改 css 文件就可以。在“style.css”的编辑区输入以下代码：

```
a:link {
    font-size: 11px;
    color: #7b8ad5;
}
a:hover {
    font-size: 11px;
    color: #a5b3f5;
}
.text {
    font-family: Arial, Helvetica, sans-serif;
    color: #bbbbbb;
    font-size: 11px;
    font-weight: normal;
}
.title {
```

```
    font-family: Arial, Helvetica, sans-serif;
    color: #bbbbbb;
    font-size: 16px;
    font-weight: bold;
}
.videoTitle {
    font-family: Arial, Helvetica, sans-serif;
    color: #d13083;
    font-size: 12px;
    font-weight: normal;
    text-align:center;
}
```

**02** 按 Ctrl+S 键保存。再使用“Dreamweaver CS5”创建一个名为“videoLayout”的 html 文件，将其与文件“flvshow.fla”存放在同一目录下。在文件“videoLayout.html”的编辑区找到头文件，在 <head> 代码后输入如下代码，链接刚才写好的 css 样式表：

```
<link rel="stylesheet" type="text/css" href="css/style.css" />
```

**03** 在 <body> 代码后输入：

```
<table width="400" border="0" bordercolor="#999999" bgcolor="#1c1e20"
cellspacing="0" cellpadding="3">
  <tr>
    <td colspan="3" align="center"></td>
  </tr>
  <tr>
    <td><span class="videoTitle">视频文件一</span></td>
    <td><span class="videoTitle">视频文件二</span></td>
    <td><span class="videoTitle">视频文件三</span></td>
  </tr>
  <tr>
    <td align="center" id="v1"><img src="images/1.jpg" width="120" height="89"
    vspace="4" hspace="4"/></td>
    <td align="center" id="v2"><img src="images/2.jpg" width="120" height="89"
    vspace="4" hspace="4"/></td>
    <td align="center" id="v3"><img src="images/3.jpg" width="120" height="89"
    vspace="4" hspace="4"/></td>
  </tr>
  <tr>
    <td><span class="videoTitle">视频文件四</span></td>
    <td><span class="videoTitle">视频文件五</span></td>
    <td><span class="videoTitle">视频文件六</span></td>
  </tr>
  <tr>
    <td align="center" id="v4"><img src="images/4.jpg" width="120" height="89"
    vspace="4" hspace="4"/></td>
    <td align="center" id="v5"><img src="images/5.jpg" width="120" height="89"
    vspace="4" hspace="4"/></td>
    <td align="center" id="v6"><img src="images/6.jpg" width="120" height="89"
    vspace="4" hspace="4"/></td>
  </tr>
   <tr>
    <td><span class="videoTitle">视频文件七</span></td>
    <td><span class="videoTitle">视频文件八</span></td>
    <td><span class="videoTitle">视频文件九</span></td>
  </tr>
  <tr>
    <td align="center" id="v7"><img src="images/7.jpg" width="120" height="89"
    vspace="4" hspace="4"/></td>
```

```
  <td align="center" id="v8"><img src="images/8.jpg" width="120" height="89"
  vspace="4" hspace="4"/></td>
  <td align="center" id="v9"><img src="images/9.jpg" width="120" height="89"
  vspace="4" hspace="4"/></td>
</tr>
 <tr>
  <td><span class="videoTitle">视频文件十</span></td>
  <td><span class="videoTitle">视频文件十一</span></td>
  <td><span class="videoTitle">视频文件十二</span></td>
</tr>
<tr>
  <td align="center" id="v10"><img src="images/1.jpg" width="120" height="89"
  vspace="4" hspace="4"/></td>
  <td align="center" id="v11"><img src="images/2.jpg" width="120" height="89"
  vspace="4" hspace="4"/></td>
  <td align="center" id="v12"><img src="images/3.jpg" width="120" height="89"
  vspace="4" hspace="4"/></td>
</tr>
</table>
```

**04** 按Ctrl+S键保存文件。这时按F12键在浏览器窗口预览该html的文件，得到如图6-134所示效果。

图6-134　课件列表

**05** 继续使用“Dreamweaver CS5”创建一个名为“videoInfo”的xml文件，将其与文件“flvshow.fla”存放在同一目录下，这个xml文件是用来添加flv文件的链接地址与内容描述。在文件“videoInfo.xml”的编辑区输入如下代码：

```
<?xml version="1.0" encoding="utf-8"?>
<videos>
  <video id="v1" title="第一段视频标题提示栏" preview="videos/01.flv" description="
  第一段视频的文字描述区域。第一段视频的文字描述区域。第一段视频的文字描述区域。第一段视频的文
  字描述区域。第一段视频的文字描述区域。第一段视频的文字描述区域。第一段视频的文字描述区域。第
  一段视频的文字描述区域。" />
  <video id="v2" title="第二段视频标题提示栏" preview="videos/02.flv" description="
  第二段视频的文字描述区域。第二段视频的文字描述区域。第二段视频的文字描述区域。第二段视频的文
  字描述区域。第二段视频的文字描述区域。第二段视频的文字描述区域。第二段视频的文字描述区域。第
```

```
  二段视频的文字描述区域。" />
  <video id="v3" title="第三段视频标题提示栏" preview="videos/03.flv" description="
  第三段视频的文字描述区域。" />
  <video id="v4" title="第四段视频标题提示栏" preview="videos/04.flv" description="
  第四段视频的文字描述区域。" />
  <video id="v5" title="第五段视频标题提示栏" preview="videos/05.flv" description="
  第五段视频的文字描述区域。" />
  <video id="v6" title="第六段视频标题提示栏" preview="videos/06.flv" description="
  第六段视频的文字描述区域。" />
  <video id="v7" title="第七段视频标题提示栏" preview="videos/07.flv" description="
  第七段视频的文字描述区域。" />
  <video id="v8" title="第八段视频标题提示栏" preview="videos/08.flv" description="
  第八段视频的文字描述区域。" />
  <video id="v9" title="第九段视频标题提示栏" preview="videos/09.flv" description="
  第九段视频的文字描述区域。" />
  <video id="v10" title="第十段视频标题提示栏" preview="videos/01.flv" description=
  "第十段视频的文字描述区域。" />
  <video id="v11" title="第十一段视频标题提示栏" preview="videos/02.flv" description=
  "第十一段视频的文字描述区域。" />
  <video id="v12" title="第十二段视频标题提示栏" preview="videos/03.flv" description=
  "第十二段视频的文字描述区域。" />
</videos>
```

**06** 按 Ctrl+S 键保存文件。这样，针对视频文件列表的内容部分就制作好了。

## 步骤四：制作课件标题区

**01** 切换到 Flash CS5 的“flvshow.fla”文件，使用“工具”面板上的“文本工具”在舞台的左上角绘制一个矩形范围作为课件的标题显示区。选择该矩形范围，在“属性”面板设置其相关属性如图 6-135 所示。

**02** 在舞台上选择矩形范围，按 F8 键将其转换为元件，设置“名称”为“videoTitle”，“类型”为“影片剪辑”。选择元件“videoTitle”，在“属性”面板上将其“实例名称”设为“videoTitleBox”，如图 6-136 所示。

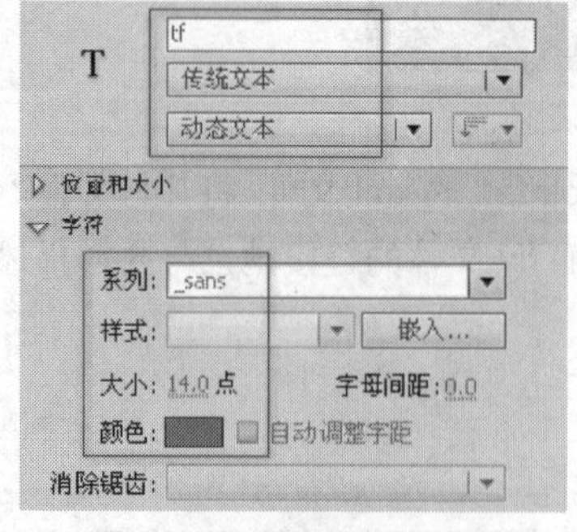


图 6-135　设置文本属性

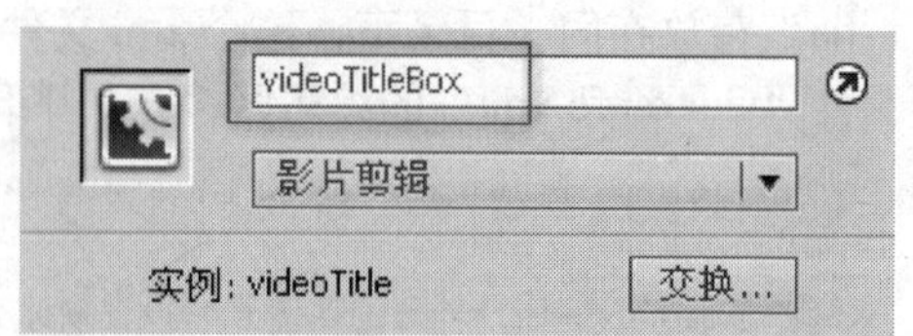


图 6-136　定义实例名称

## 步骤五：制作视频播放区

**01** 使用“工具”面板上的“矩形工具”在刚刚绘制的标题文本框的下方绘制一个“浅灰色、

无填充色、483×207”的矩形边框作为视频文件播放的范围。选择该矩形边框，按 F8 键将其转换为元件，设置“名称”为“border”，“类型”为“影片剪辑”，如图 6-137 所示。

**02** 在舞台上选择元件“border”，如图 6-138 所示，在“属性”面板上将其“实例名称”设为“border”。

图 6-137　绘制矩形

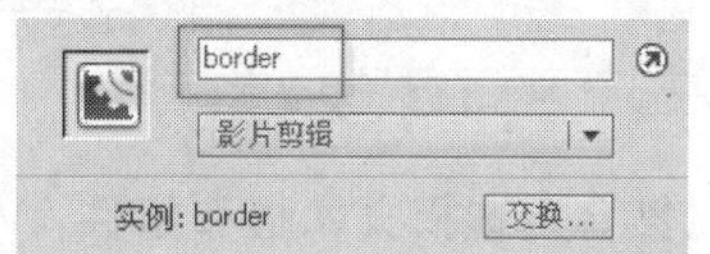


图 6-138　定义实例名称

**03** 在舞台上选择元件“border”，按 F8 键再次将其转换为元件，设置“名称”为“player”、“类型”为“影片剪辑”。双击元件“player”，进入元件“player”的编辑模式。

**04** 在“时间轴”控制面板上将“图层 1”重命名为“border”，新建图层并重命名为“videoPlayer”，从“组件”面板上拖拽组件“FLVPlayback”到舞台上“border”的上方，并与之中心对齐。在“属性”面板设置其“宽”为“480”，“高”为“204”。

**05** 选择组件“FLVPlayback”，在“属性”面板上设置其相关属性如图 6-139 所示。

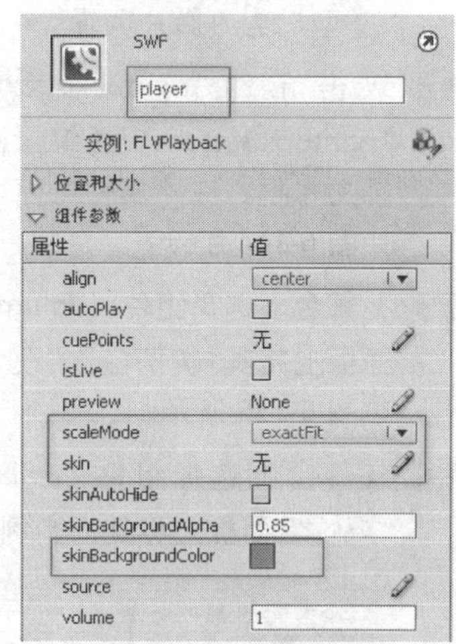


图 6-139　设置组件属性

**06** 在“时间轴”控制面板上新建图层并重命名为“video-ControlsBox”，使用“工具”面板上的“矩形工具”在视频播放窗口的下方绘制一个“深灰色、484×50”的矩形作为播放器控制栏的背景色块。选择该矩形，按 F8 键将其转换为元件，设置“名称”为“playerControlsBox”，“类型”为“影片剪辑”。

**07** 双击元件“playerControlsBox”进入元件“playerControlsBox”的编辑模式，在舞台上选择刚刚绘制的矩形，按 F8 键将其转换为元件，设置“名称”为“bg_normal”、“类型”为“影片剪辑”。在舞台上选择元件“bg_normal”，如图 6-140 所示，在“属性”面板将其“实例名称”设为“bg”。

**08** 在“时间轴”控制面板上将“图层 1”重命名为“bg”，新建图层并重命名为“buttons”。依次从“组件”面板上拖拽组件“PlayPauseButton”、组件“SeekBar”、组件“VolumeBar”、组件“FullScreenButton”到舞台上，并使用“工具”面板上的“文本工具”绘制一个矩形范围作为播放时间显示窗口。将它们相互排放整齐，如图 6-141 所示。

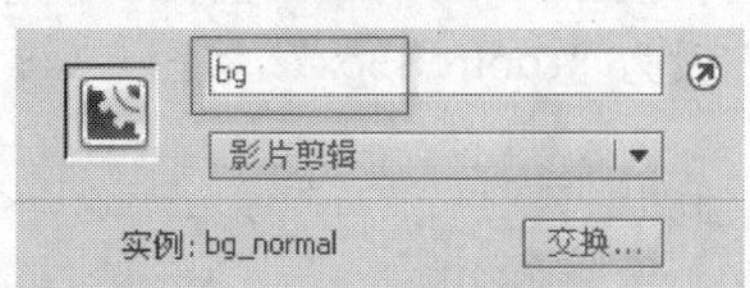


图 6-140　定义实例名称

图 6-141　排列组件位置

**09** 在舞台上选择组件“PlayPauseButton”，在“属性”面板上将其“实例名称”设为“play_btn”，如图 6-142 所示。

**10** 在舞台上选择组件“SeekBar”，在“属性”面板将其“实例名称”设为“timeLineBox”，如图 6-143 所示。

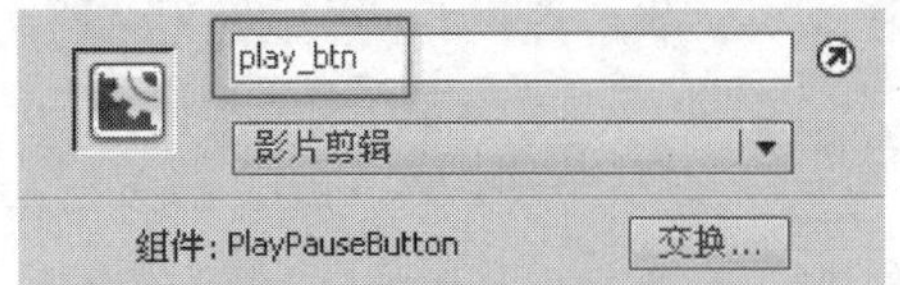


图 6-142　定义实例名称

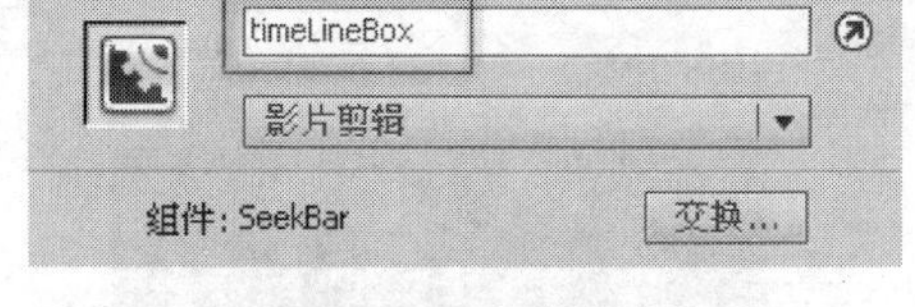


图 6-143　定义实例名称

**11** 在舞台上选择文本框和组件“VolumeBar”、组件“FullScreenButton”，按 F8 键将其转换为元件，设置“名称”为“rightBoxButtons”，“类型”为“影片剪辑”。

**12** 双击元件“rightBoxButtons”，进入元件“rightBoxButtons”的编辑模式。在舞台上选择文本框，在“属性”面板上设置相关属性如图 6-144 所示。

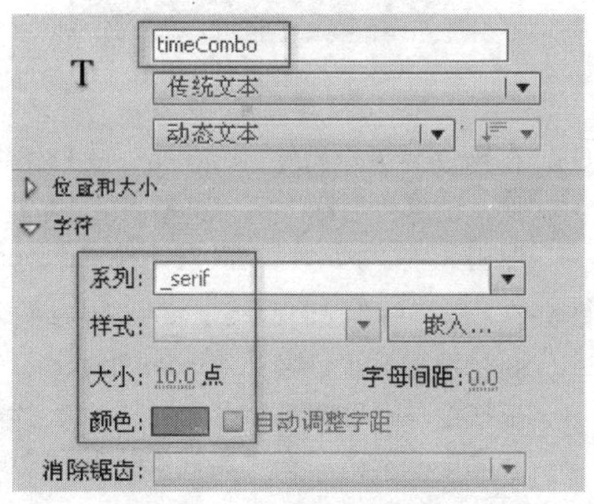


图 6-144　设置文本属性

**13** 在舞台上选择组件“VolumeBar”，在“属性”面板上将其“实例名称”设为“volumeRange”，如图 6-145 所示。

**14** 在舞台上选择组件“FullScreenButton”，在“属性”面板上将其“实例名称”设为“fullScreenBtn”，如图 6-146 所示。

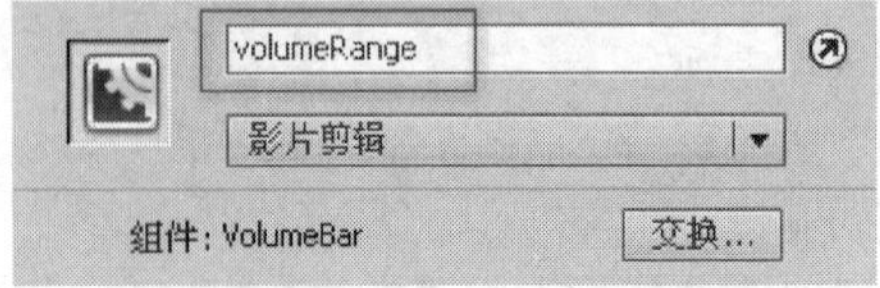


图 6-145　定义实例名称

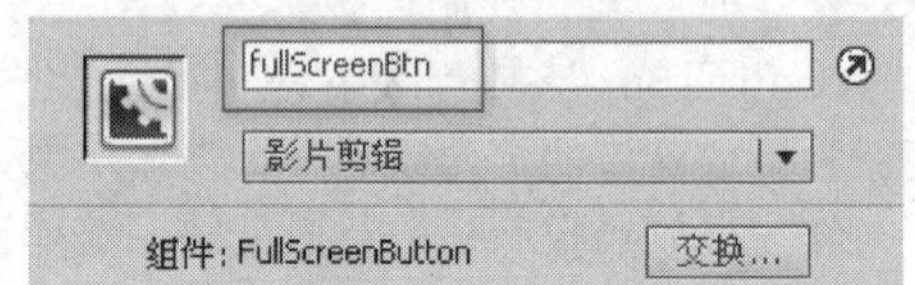


图 6-146　定义实例名称

**15** 在“时间轴”控制面板上新建图层并重命名为“actions”，选择第“1”帧，单击鼠标右键选择快捷菜单中的“动作”命令，在打开的“动作”面板输入如下代码：

```
timeCombo.autoSize = "left";
```

**16** 在“编辑栏”单击“playerControlsBox”，返回“playerControlsBox”的编辑模式。在舞台上选择元件“rightBoxButtons”，如图 6-147 所示，在“属性”面板上将其“实例名称”设为“rightBox”。

**17** 在“编辑栏”单击“player”，返回“player”的编辑模式。在舞台上选择元件“player-ControlsBox”，在“属性”面板上将其“实例名称”设为“controlsBox”，如图 6-148 所示。

图 6-147　定义实例名称

图 6-148　定义实例名称

**18** 按 Ctrl+F8 键创建新元件，设置“名称”为“timerController”，“类型”为“影片剪辑”。这时系统默认进入元件“timerController”的编辑模式。在“编辑栏”单击“player”，返回“player”的编辑模式。从“库”中拖拽元件“timerController”到舞台上。在舞台上选择元件“timerController”，在“属性”面板上将其“实例名称”设为“timerController”，如图 6-149 所示。

图 6-149　定义实例名称

**19** 在“时间轴”控制面板上新建图层并重命名为“actions”，选择第“1”帧，单击鼠标右键选择快捷菜单中的“动作”命令，在打开的“动作”面板中输入如下代码：

```
stage.align = "TL";
stage.scaleMode = "noScale";

var fullScreenVideoHeightGain = 2;
var fullScreenVideoWidthGain = 2;
var loopVideo = 1;
var playerBoxX = this.x;
var playerBoxY = this.y;
var defaultVideoWidth = player.width;
var defaultVideoHeight = player.height;
var vx = player.x;
var vy = player.y;
var vh = defaultVideoHeight;
var vw = defaultVideoWidth;
var butonsBoxX = controlsBox.x;
var butonsBoxY = controlsBox.y;
var timelineW = controlsBox["timeLineBox"].width;
var rightBoxX = controlsBox["rightBox"].x;
var fullw;
var fullh;
var currx;
var curry;
var prevStageW = stage.stageWidth;
var prevStageH = stage.stageHeight;

function resizeHandler(event:Event):void
{
    if (stage["displayState"] == "fullScreen")
    {
        hideBoxes();
        centerVideoWindow();
        arrangeButtonsFull();
    }
    else
    {
        moveBoxes();
        showBoxes();
        resetVideoWindow();
        arrangeButtonsNormal();
        var fsb = controlsBox["rightBox"]["fullScreenBtn"];
        if (fsb.currentLabel == "fullScreen")
        {
            fsb.gotoAndStop("normal");
        }
    }
}

function init()
```

```
{
    stage.addEventListener(Event.RESIZE, resizeHandler);
    player.fullScreenTakeOver = false;
    linkPlayerButtons();
    initTimerController();
    this.parent["w"] = this.parent.width;
    this.parent["h"] = this.parent.height;
    moveBoxes();
}

function linkPlayerButtons()
{
    player.playPauseButton = controlsBox.play_btn;
    player.volumeBar = controlsBox.rightBox.volumeRange;
    player.seekBar = controlsBox.timeLineBox;
}

function resetVideoWindow()
{
    this.x = playerBoxX;
    this.y = playerBoxY;
    border.visible = true;
    controlsBox["bg"].width = vw;
    currx = vx;
    curry = vy;
    player.width = vw;
    player.height = vh;
    player.x = vx;
    player.y = vy;
}

function centerVideoWindow()
{
    this.parent.x = 0;
    this.parent.y = 0;
    this.x = 0;
    this.y = 0;
    border.visible = false;
    fullh = vh + (vh*fullScreenVideoHeightGain);
    fullw = vw + (vw*fullScreenVideoWidthGain);
    if (fullw > stage.stageWidth)
    {
        fullw = stage.stageWidth;
    }
    if (fullh > stage.stageHeight)
    {
        fullh = stage.stageHeight;
    }
    currx = (stage.stageWidth -fullw)/2;
    curry = (stage.stageHeight -fullh)/2;
    player.width = fullw;
    player.height = fullh;
    player.x = currx;
    player.y = curry;
}

function arrangeButtonsFull()
{
    var hoffset = 0;
    var lroffset = 0;
    var yf = curry + fullh + hoffset;
```

```
    controlsBox.y = yf;
    controlsBox.x = player.x + (player.width -controlsBox.width)/2;
}

function arrangeButtonsNormal()
{
    controlsBox.x = butonsBoxX;
    controlsBox.y = butonsBoxY;
    var timelineRef = controlsBox["timeLineBox"];
    timelineRef.width = timelineW;
    controlsBox["rightBox"].x = rightBoxX;
}

controlsBox["rightBox"]["fullScreenBtn"].addEventListener("click",fullScreenHandler);
controlsBox["rightBox"]["fullScreenBtn"].mouseChildren = false;

function fullScreenHandler(e:Event)
{
    stage["displayState"] = ((stage["displayState"] == "normal") ? "fullScreen"
    : "normal");
    var frame = stage["displayState"];
    e.target.gotoAndStop(frame);
}

function hideBoxes()
{
    this.parent.movieListBox.visible = false;
    this.parent.videoTitleBox.visible = false;
    this.parent.videoDescriptionBox.visible = false;
}

function showBoxes()
{
    this.parent.movieListBox.visible = true;
    this.parent.videoTitleBox.visible = true;
    this.parent.videoDescriptionBox.visible = true;
}

function moveBoxes()
{
    var diffW = (stage.stageWidth -prevStageW)/2;
    var diffH = (Stage.stageHeight -prevStageH)/2;
    prevStageW = stage.stageWidth;
    prevStageH = stage.stageHeight;
    root.bgGradient.width +=  diffW;
    root.bgGradient.height +=  diffH;
    this.parent.x = Math.round((stage.stageWidth -this.parent["w"])/2);
    this.parent.y = Math.round((stage.stageHeight -this.parent["h"])/2);
}

function setTime(timeVal)
{
    var tsec = 0;
    var tmin = 0;
    var thour = 0;
    var ttime = "";
    tsec = Math.round(timeVal);
    if (tsec >= 60)
    {
        tmin = Math.floor(tsec / 60);
        tsec = Math.floor(tsec % 60);
```

```
    }
    if (tmin >= 60)
    {
        thour = Math.floor(tmin / 60);
        tmin = Math.floor(tmin % 60);
        if (thour < 10)
        {
            ttime = "0" + thour + ":";
        }
        else
        {
            ttime = thour + ":";
        }
    }
    if (tmin > 9)
    {
        ttime = tmin + ":";
    }
    else
    {
        ttime += ("0"+tmin+":");
    }
    if (tsec > 9)
    {
        ttime +=  tsec;
    }
    else
    {
        ttime += ("0"+tsec);
    }
    return ttime;
}

function refreshTimeHandler(e:Event)
{
    tTime = ((player.totalTime > 0) ? player.totalTime : 0);
    cTime = player.playheadTime;
    var dTime01   = setTime(cTime);
    var dTime02   = setTime(tTime);
    var dTime = dTime01   + " / " + dTime2;
    controlsBox.rightBox.timeCombo.text = dTime;
    if ((dTime1==dTime2)&&(tTime>0))
    {
        if (loopVideo)
        {
            player.seekPercent(0);
        }
    }
}

function initTimerController()
{
    if (timerController.hasEventListener("enterFrame"))
    {
        timerController.removeEventListener("enterFrame",refreshTimeHandler);
    }
    else
    {
        timerController.addEventListener("enterFrame",refreshTimeHandler);
    }
}
init();
```

## 步骤六：制作课件简介区

**01** 在“工具”面板上选择“文本工具”，在舞台视频播放区的下方绘制一个矩形范围作为课件简介显示区。选择该矩形范围，在“属性”面板上设置其相关属性如图 6-150 所示。

**02** 在舞台上选择矩形范围，按 F8 键将其转换为元件，设置“名称”为“videoDescriptionBox”，“类型”为“影片剪辑”。双击元件“videoDescriptionBox”，进入元件“videoDescriptionBox”的编辑模式。

**03** 在舞台上选择矩形范围，按 F8 键将其转换为元件，设置“名称”为“videoDescription”，“类型”为“影片剪辑”。双击元件“videoDescription”，进入元件“videoDescription”的编辑模式。

**04** 在“时间轴”控制面板上新建图层并重命名为“actions”，选择第“1”帧，单击鼠标右键选择快捷菜单中的“动作”命令，在打开的“动作”面板中输入如下代码：

```
tf.autoSize = "left";
tf.mouseWheelEnabled = false;
```

**05** 在“编辑栏”单击“videoDescriptionBox”，返回“videoDescriptionBox”的编辑模式。在舞台上选择元件“videoDescription”，如图 6-151 所示，在“属性”面板上将其“实例名称”设为“videoDescription”。

**06** 在“时间轴”控制面板上将“图层 1”重命名为“videoDescription”，新建图层并重命名为“scrollBar”。从“组件”面板上拖拽组件“FTScrollBar”到舞台上文本框的右侧，如图 6-152 所示，调整组件位置。

**07** 选择组件“FTScrollBar”，在“属性”面板上设置相关属性如图 6-153 所示。

图 6-151　定义实例名称

图 6-152　放置组件

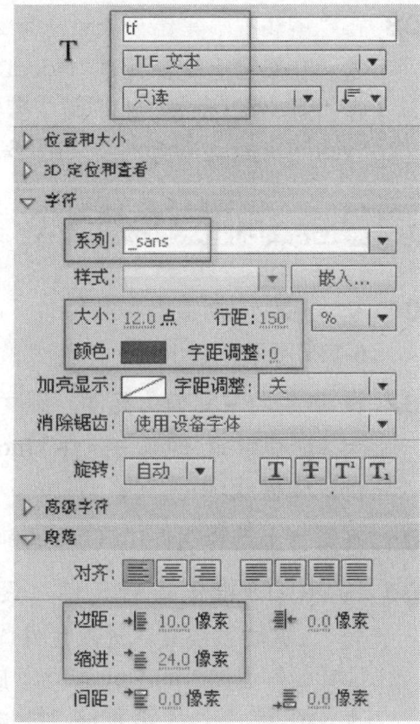


图 6-150　设置文本属性

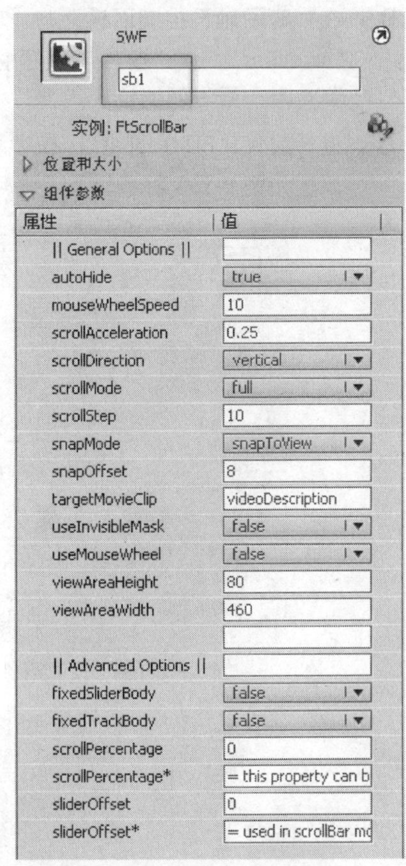


图 6-153　设置组件属性

**08** 在“编辑栏”单击“场景 1”，返回场景编辑模式。在舞台上选择元件“videoDescriptionBox”，在“属性”面板上将其“实例名称”设为“videoDescriptionBox”，如图 6-154 所示。

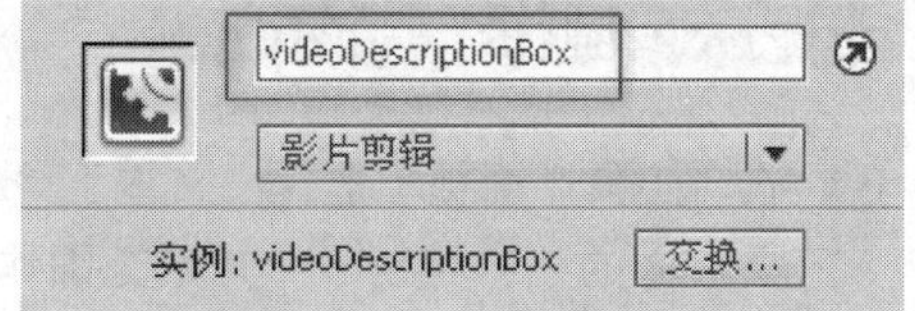


图 6-154 定义实例名称

## 步骤七：制作课件列表区

**01** 从“组件”面板上拖拽组件“FTTableRenderer”到舞台右侧，如图 6-155 所示，会出现一个组件的图标。

图 6-155 放置组件

**02** 按 F8 键将其转换为元件，设置“名称”为“movieListBox”，“类型”为“影片剪辑”。双击元件“movieListBox”，进入元件“movieListBox”的编辑模式。

**03** 在舞台上选择组件“FTTableRenderer”，在“属性”面板上设置相关属性如图 6-156 所示。

**04** 按 Ctrl+F8 键创建新元件，设置“名称”为“fadeController”，“类型”为“影片剪辑”，这时系统默认进入元件“fadeController”的编辑模式。在“编辑栏”单击“movieListBox”，返回“movieListBox”的编辑模式。从“库”中拖拽元件“fadeController”到舞台上。在舞台上选择元件“fadeController”，在“属性”面板上将其“实例名称”设为“fadeController”，如图 6-157 所示。

**05** 在“时间轴”控制面板上将“图层 1”重命名为“TableRenderer”，新建图层并重命名为“scrollBar”。从“组件”面板拖拽组件“FTScrollBar”到舞台上最右侧的位置。

**06** 选择组件“FTScrollBar”，在“属性”面板上设置相关属性如图 6-158 所示。

图 6-156 设置组件属性

图 6-157 定义实例名称

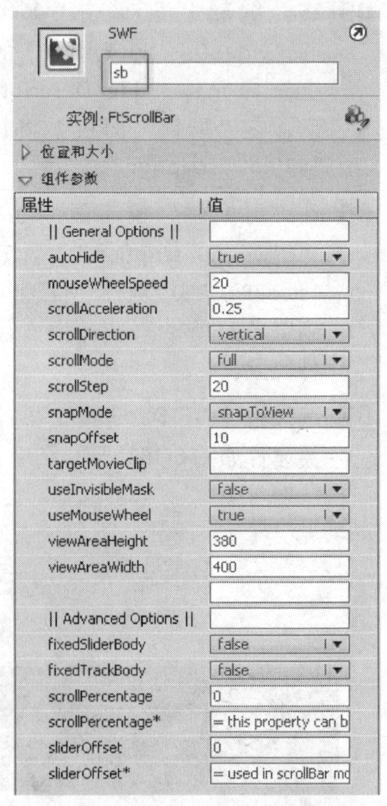


图 6-158 设置组件属性

**07** 在“时间轴”控制面板上新建图层并重命名为“actions”，选择图层“actions”的第“1”帧，单击鼠标右键选择“动作”命令，在打开的“动作”面板中输入以下代码：

```
import flash.geom.ColorTransform;
import fl.transitions.Tween;
import fl.transitions.easing.*;

var configXML = "config.xml";
var videoData = "videoInfo.xml";
var htmlTableList = "videoLayout.html";
var flvPlayerPath = this.parent.playerBox;
var descriptionBox = this.parent.videoDescriptionBox.videoDescription;
var titleBox = this.parent.videoTitleBox;
var useHandCursorOverCells = 1;
var useHandCursorOverScrollBar = 0;
var playFirstVideo = 1;
var useRollOverColoring = 1;
var rollOverColor = 25;
var rollOutColor = -25;
var coloringSpeed = 5;
var maxC = rollOverColor + Math.abs(rollOutColor);
var rollOverBgColor = "0x333333";
var rollOutBgColor = "0x1c1e20";
var xmlConfig;
var xmlObj;
var mcpath = this;

this.alpha = 0;
titleBox.alpha = 0;
descriptionBox.parent.alpha = 0;
flvPlayerPath.alpha = 0;

function tableRenderedHandler(evt:Event)
{
    sb.targetMovieClip = "table";
    startFadeVideoList();
    activateHandlers();
    resetScroller();
}

function init()
{
    xmlObj = new XMLDocument();
    xmlObj.ignoreWhite = true;
    var loader:URLLoader = new URLLoader();
    var request:URLRequest = new URLRequest(videoData);
    loader.load(request);
    loader.addEventListener("progress", onProgress);
    loader.addEventListener("complete", onComplete);
    loader.addEventListener("ioError", onIOError);
}

function onIOError(event:Event):void
{
    trace("IOERROR (maybe XML file does not exit or have an incorrect name)");
}

function onProgress(event:Event):void
{
}
```

```
function onComplete(event:Event):void
{
    var loader:URLLoader = event.target as URLLoader;
    if (loader != null)
    {
        xmlObj.parseXML(loader.data);
        table.sourceFile = htmlTableList;
        table.addEventListener("onTableRendered",tableRenderedHandler);
    }
    else
    {
        trace("Loader is not a URLLoader!");
    }
}

function activateHandlers()
{
    var tableCells = new Array();
    tableCells = table.getCells();

    for (var i=0; i<tableCells.length; i++)
    {
        var cellMc = tableCells[i];
        var firstChar = cellMc.name.charAt(0);
        if (firstChar == "v")
        {
            var infObj = getVideoInfo(cellMc.name);
            cellMc["info"] = infObj;
            var firstVideo = ((infObj!=0) ? cellMc["info"].attributes.preview : 0);
            if (cellMc.name == "v1")
            {
                flvPlayerPath.player.play(firstVideo);
                titleBox.tf.text = infObj.attributes.title;
                descriptionBox.tf.text = infObj.attributes.description;
                if (playFirstVideo == 0)
                {
                    flvPlayerPath.player.stop();
                }
            }

            if (useHandCursorOverCells == 1)
            {
                cellMc.buttonMode = true;
                cellMc.useHandCursor = true;
            }

            cellMc.mouseChildren = false;
            cellMc.addEventListener("mouseDown",pressHandler);
            cellMc.addEventListener("rollOver",rollOverHandler);
            cellMc.addEventListener("rollOut",rollOutHandler);
        }
    }
    if (useHandCursorOverScrollBar == 1)
    {
        sb.buttonMode = true;
        sb.useHandCursor = true;
    }
}

function getVideoInfo(id)
{
```

```
    var objects = xmlObj.firstChild.childNodes;
    for (var i=0; i<objects.length; i++)
    {
        if (id == objects[i].attributes.id)
        {
            return objects[i];
        }
    }
    return 0;
}

function pressHandler(e:MouseEvent)
{
    var videoCellRef = e.target;
    flvPlayerPath.player.play(videoCellRef["info"].attributes.preview);
    titleBox.tf.text = videoCellRef["info"].attributes.title;
    descriptionBox.tf.text = videoCellRef["info"].attributes.description;
}

function increaseColor(e:Event)
{
    var mc = e.target;
    if (mc["currC"] < maxC)
    {
        mc["currC"] +=  coloringSpeed;
        mc["r1"] = mc["g1"] = mc["b1"] = mc["currC"];
        mc.transform.colorTransform = new ColorTransform(1,1,1,mc.alpha,mc["r1"]
        ,mc["g1"],mc["b1"],1);
    }
    else
    {
        e.target.removeEventListener("enterFrame",increaseColor);
    }
}

function decreaseColor(e:Event)
{
    var mc = e.target;

    if (mc["currC"] > 0)
    {
        mc["currC"] -=  coloringSpeed;
        mc["r1"] = mc["g1"] = mc["b1"] = mc["currC"];
        mc.transform.colorTransform = new ColorTransform(1,1,1,mc.alpha,mc["r1"]
        ,mc["g1"],mc["b1"],1);
    }
    else
    {
        e.target.removeEventListener("enterFrame",decreaseColor);
    }
}

function setColor(obj)
{
    obj["r1"] = 0;
    obj["g1"] = 0;
    obj["b1"] = 0;
    obj["currC"] = 0;
    obj.transform.colorTransform = new ColorTransform(1,1,1,obj.alpha,obj["r1"],
    obj["g1"],obj["b1"],1);
    obj.addEventListener("enterFrame",increaseColor);
```

```
}

function resetColor(obj)
{
    obj["r1"] = maxC;
    obj["g1"] = maxC;
    obj["b1"] = maxC;
    obj["currC"] = maxC;
    obj.transform.colorTransform = new ColorTransform(1,1,1,obj.alpha,obj["r1"],
    obj["g1"],obj["b1"],1);
    obj.addEventListener("enterFrame",decreaseColor);
}

function rollOverHandler(e:MouseEvent)
{
    var cellRef01 = e.target;
    if (useRollOverColoring)
    {
        setColor(cellRef1);
    }
    else
    {
        table.setCell(cellRef1,"bgcolor","0x333333");
    }
}

function rollOutHandler(e:MouseEvent)
{
    var cellRef01 = e.target;
    if (useRollOverColoring)
    {
        resetColor(cellRef1);
    }
    else
    {
        table.setCell(cellRef1,"bgcolor","0x1c1e20");
    }
}

function startFadeVideoList()
{
    fadeController.addEventListener("enterFrame",fadeVideoList);
}
var xs = 0;
var xf = 100;
function fadeVideoList(e:Event)
{
    var listBox = table.parent;
    xs = tween(xs,xf);
    var av = xs / 100;

    if (av == 1)
    {
        e.target.removeEventListener("enterFrame",fadeVideoList);
    }
    listBox.alpha = av;
    titleBox.alpha = av;
    flvPlayerPath.alpha = av;
    descriptionBox.parent.alpha = av;
}
```

```
var tweendecay = .1;
var tweentoleration = .2;

function tween(pos1, pos2)
{
    if (Math.abs(pos02 -pos1) <= tweentoleration)
    {
        return pos2;
    }
    else
    {
        return (pos01 + tweendecay*(pos2-pos1));
    }
}

function setTop(e:Event)
{
    sb.scrollPercentage = 0;
    e.target.removeEventListener("enterFrame",setTop);
}

function resetScroller()
{
    addEventListener("enterFrame",setTop);
}

function setup(xml)
{
    var objects = xml.firstChild.childNodes;
    var item;
    var f = 0;
    for (var i=0; i<objects.length; i++)
    {
        if (objects[i].attributes.param != undefined)
        {
            if (objects[i].attributes.param == "rollOverBgColor")
            {
                this.rollOverBgColor = objects[i].attributes.value;
            }
            if (objects[i].attributes.param == "rollOutBgColor")
            {
                this.rollOutBgColor = objects[i].attributes.value;
            }
            if (objects[i].attributes.param == "playFirstVideo")
            {
                this.playFirstVideo = Number(objects[i].attributes.value);
            }
            if (objects[i].attributes.param == "videoListScrollAlpha")
            {
                this.sb.alpha = Number(objects[i].attributes.value);
            }
            if (objects[i].attributes.param == "videoListScrollViewAreaWidth")
            {
                this.sb.viewAreaWidth = objects[i].attributes.value;
            }
            if (objects[i].attributes.param == "videoListScrollViewAreaHeight")
            {
                this.sb.viewAreaHeight = objects[i].attributes.value;
            }
            if (objects[i].attributes.param == "videoListScrollAcceleration")
            {
```

```
                this.sb.scrollAcceleration = objects[i].attributes.value;
            }
            if (objects[i].attributes.param == "videoListScrollMode")
            {
                this.sb.scrollMode = objects[i].attributes.value;
            }
            var descBox = this.parent.videoDescriptionBox;
            if (objects[i].attributes.param == "descriptionBoxScrollAlpha")
            {
                descBox.sb1.alpha = Number(objects[i].attributes.value);
            }
            if (objects[i].attributes.param == "descriptionBoxScrollViewAreaWidth")
            {
                descBox.sb1.viewAreaWidth = objects[i].attributes.value;
            }
            if (objects[i].attributes.param == "descriptionBoxScrollViewAreaHeight")
            {
                descBox.sb1.viewAreaHeight = objects[i].attributes.value;
            }
            if (objects[i].attributes.param == "descriptionBoxScrollAcceleration")
            {
                descBox.sb1.scrollAcceleration = objects[i].attributes.value;
            }
            if (objects[i].attributes.param == "descriptionBoxScrollMode")
            {
                descBox.sb1.scrollMode = objects[i].attributes.value;
            }
            if (objects[i].attributes.param == "descriptionBoxX")
            {
                descBox.x = Number(objects[i].attributes.value);
            }
            if (objects[i].attributes.param == "descriptionBoxY")
            {
                descBox.y = Number(objects[i].attributes.value);
            }
            if (objects[i].attributes.param == "descriptionTextFieldWidth")
            {
                descBox.videoDescription.tf.width = Number(objects[i].attributes.
                value);
            }
            var videoBox = this.parent.playerBox;
            if (objects[i].attributes.param == "fullScreenVideoWidthGain")
            {
                videoBox.fullScreenVideoWidthGain = Number(objects[i].attributes.
                value);
            }
            if (objects[i].attributes.param == "fullScreenVideoHeightGain")
            {
                videoBox.fullScreenVideoHeightGain = Number(objects[i].attributes.
                value);
            }
        }
        else if (objects[i].nodeName == "playlist")
        {
            videoData = objects[i].attributes.info;
            htmlTableList = objects[i].attributes.layout;
        }
    }
    init();
}
```

```
function loadConfig()
{
    xmlConfig = new XMLDocument();
    xmlConfig.ignoreWhite = true;
    var loader:URLLoader = new URLLoader();
    var request:URLRequest = new URLRequest(configXML);
    loader.load(request);
    loader.addEventListener("progress", onProgress1);
    loader.addEventListener("complete", onComplete1);
    loader.addEventListener("ioError", onIOError1);
}

function onIOError1(event:Event):void
{
    trace("IOERROR (maybe XML file does not exit or have an incorrect name)");
}

function onProgress1(event:Event):void
{
}

function onComplete1(event:Event):void
{
    var loader:URLLoader = event.target as URLLoader;
    if (loader != null)
    {
        xmlConfig.parseXML(loader.data);
        setup(xmlConfig);
    }
    else
    {
        trace("Loader is not a URLLoader!");
    }
}

var paramObj:Object = LoaderInfo(this.root.loaderInfo).parameters;
if ((paramObj["xmlFile"]!=undefined) && (paramObj["xmlFile"]!=null))
{
    configXML = unescape(paramObj["xmlFile"]);
}

loadConfig();
```

**08** 在“编辑栏”单击“场景 1”，返回场景编辑模式。在舞台上选择元件“movieListBox”，如图 6-159 所示，在“属性”面板上将其“实例名称”设为“movieListBox”。

图 6-159　定义实例名称

## 步骤八：添加加载

**01** 全选舞台上的所有元件，即元件“videoTitle”、元件“player”、元件“videoDescriptionBox”、元件“movieListBox”，按 F8 键将其转换为元件，设置“名称”为“mainContentBox”，“类型”为“影片剪辑”。

**02** 选择元件“mainContentBox”，如图 6-160 所示，在“属性”面板上设置“实例名称”为“mainContent”。

**03** 在“时间轴”控制面板上将“图层 1”重命名为“content”，将第“1”帧移动到第“2”帧。

**04** 在“时间轴”控制面板上新建图层并重命名为“preloader”。使用“工具”面板上的“椭圆工具”绘制一个如图 6-161 所示的加载用图案。

**05** 选择该图案，按 F8 键将其转换为元件，设置“名称”为“loaderAnimation”，“类型”为“影片剪辑”。在舞台上选择元件“loaderAnimation”，如图 6-162 所示，在“属性”面板上设置“实例名称”为“loaderanim”。

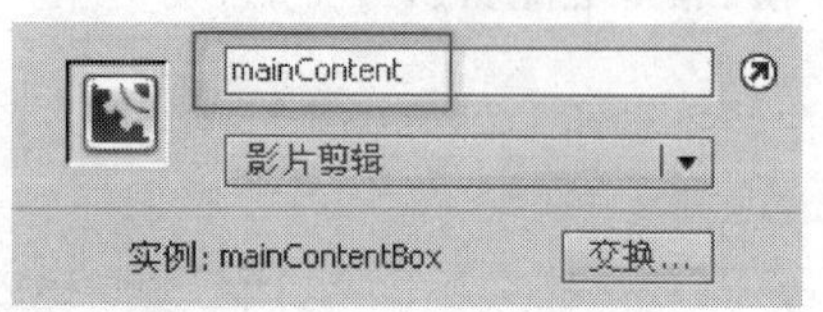


图 6-160　定义实例名称

图 6-161　制作加载图形

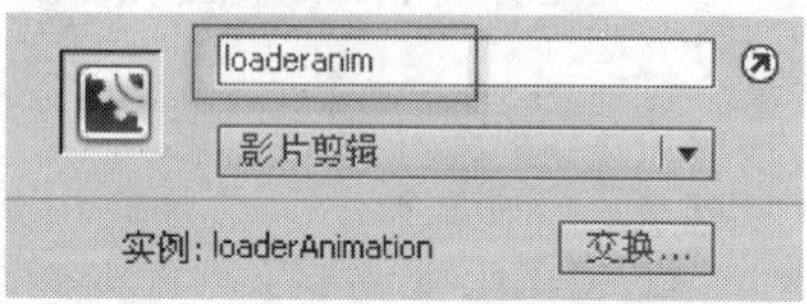


图 6-162　定义实例名称

**06** 在“时间轴”控制面板上选择图层“preloader”的第“2”帧，按 F7 键添加空白关键帧。

**07** 在“时间轴”控制面板上，新建图层并重命名为“actions”，选择图层“actions”第“1”帧，单击鼠标右键选择“动作”命令，在打开的“动作”面板中输入以下代码：

```
root.loaderInfo.addEventListener("complete", finished_loading);
root.loaderInfo.addEventListener("progress", progress_loading);

function progress_loading(e:Event)
{
    loaderanim.rotation +=  1;
}

function finished_loading(e:Event)
{
    var la = this.getChildByName("loaderanim");
    this.removeChild(la);
    la = null;

    root.loaderInfo.removeEventListener("complete", finished_loading);
    gotoAndStop(2);
}

stop();
```

这时按 Ctrl+Enter 键就能进行测试啦！

本例到这里结束。这个例子比较复杂，你最好参考光盘中的源代码文件学习，希望你能制作成功！

# 结 束 语

有读者问我，学完这本书后他的 Flash 技术能在这个行业内达到个什么程度？很有意思的问题。

如果你能将这本书中的 70% 以上的例子熟记于胸并应用自如，遇到问题知道去哪部分找答案，那么恭喜你，靠 Flash 吃饭是没有问题的。

如果你能将它们融会贯通举一反三，遇到问题知道给我写 E-mail，那么恭喜你，你能在 Flash 的相关工作岗位上取得很大成就。

如果你在 Flash 的“绘画”、“动画”、“互动”及“策划”任意方向有出人意料的表现力和创造力，遇到问题知道查看 Flash 帮助和 Adobe 网站，那么恭喜你，Flash 可以作为你的事业来追求。

虽然这本书写到这里可以画上一个还算圆满的句号，不过关于 Flash 的话题还远没有结束。我已尽可能让这 100 个实例每一个都能告诉你一些关于 Flash 学习的不同的知识点——虽然我知道你不大可能看完所有的例子。

Flash CS5 依然有许多让我不太满意的地方，比如 Deco 工具太过简单，自定义的功能太弱；还有骨骼工具，为什么不可以像别的动画那样进行曲线编辑呢？以及预设动画，太少太少……这些也许都会在 Flash 未来的版本中得到改进。还是那句话，任何有不明白的地方欢迎发送 E-mail:yudan333@yahoo.cn！一起探讨，一起实现梦想吧！

## Flash 学习资源

www.lynda.com
www.fmaonline.com
www.adobe.com
www.srceentime.com
www.flashload.com
http://www.flashkit.com/

## 经典 Flash 网站:（多年收集的，不要嫌多噢）

http://www.2advanced.com
http://www.cosmictrigger.com
http://www.andyfoulds.co.uk
http://juxtinteractive.com
http://www.rullkoetter.de
http://www.twice2.ch
http://www.3am.net
http://www.aidio.com
http://www.alexeifx.com
http://www.alessandrobavari.com
http://www.belief.com
http://www.bindii.com
http://www.burntgraphix.com
http://www.cakeopaz.com
http://www.typographic.com
http://www.curiumdesign.com
http://www.diecksgroup.com
http://www.dvize.com
http://www.eposinc.tv
http://www.estevedurba.com

http://www.andyfoulds.co.uk
http://www.designproject.com
http://www.ikda.co.uk
http://juxtinteractive.com
http://www.minus-2.com
http://www.the-eclectica.com
http://www.lunchboxstudios.com
http://www.bridgetlynch.com
http://www.gustavo-machado.com/english
http://www.madxs.com
http://www.neopod.net
http://www.novene.com
http://www.phoenixart.com
http://www.richard-may.com
http://www.poncededesign.com
http://www.rhinoceros.ch
http://www.rullkoetter.de
http://www.ths.nu
http://www.burning-chicken.com
http://www.expecting.de
http://www.fischer.com.au
http://www.2advanced.com
http://www.ikda.co.uk
http://www.3am.net
http://www.alexeifx.com
http://www.belief.com
http://www.burntgraphix.com
http://www.3dimillus.com
http://www.adobe.com
http://www.australianinfront.com.au
http://www.bda.tv
http://www.builder.com/graphics/masters/index.html
http://www.commarts.com
http://coolstop.com
http://www.coolhomepages.com
http://www.creativityannual.com
http://www.flashforward2000.com
http://www.flashkit.com
http://www.flashfilmfestival.com
http://www.flashplanet.com
http://www.flashwizards.com
http://www.goldenpixlaward.com
http://www.goldenwebawards.com
http://www.homdesign.com
http://www.iconfactory.com
http://www.idonline.com
http://www.spider.lu/awards
http://www.linkdup.com
http://www.macromedia.com
http://www.macromediawebcontest.com
http://www.mediainspiration.com
http://www.netdiver.net
http://www.praktica.net(.com)
http://www.printmag.com
http://www.projectcool.com
http://www.shift.jp.org
http://www.shockwave.com
http://www.sxsw.com
http://www.surfstation.lu
http://www.webawards.com.au
http://www.theeusites.com
http://www.thelinkz.com
http://www.flash-es.net
http://www.marketme.com/awards/winners.shtml
http://www.aidio.com
http://www.alessandrobavari.com
http://www.cakeopaz.com
http://www.typographic.com
http://www.cosmictictrigger.com
http://www.curiumdesign.com
http://www.diecksgroup.com
http://www.dvize.com
http://www.eposinc.tv
http://www.estevedurba.com